高等学校食品专业教材

现代食品高新技术与装备

主　编　孔庆军　任雪艳

副主编　赵　珂　任先艳

合肥工业大学出版社

内容简介

本书系统描述了现代食品高新技术与装备的种类、特点及其在食品加工生产中的应用；详细阐述了相关技术的工作原理、装备的结构特征和关键控制点；重点分析了现代食品高新技术与装备在食品加工生产中的应用方法、关键技术参数及其优势和局限性。本书是作者对自己多年从事高等学校食品加工课程教学经验的总结，同时也吸收了国内外关于该领域的最新研究成果。本书既拥有丰富的专业基础理论，又具有实际的生产应用价值。本书可供高等学校食品科学等相关专业的师生使用，也可供从事食品加工生产相关行业的科研人员和从业人员参考。

图书在版编目(CIP)数据

现代食品高新技术与装备/孔庆军，任雪艳主编．—合肥：合肥工业大学出版社，2021.9

ISBN 978－7－5650－4705－3

Ⅰ.①现…　Ⅱ.①孔…②任…　Ⅲ.①食品工业—高技术—高等学校—教学参考资料②食品加工设备—高等学校—教学参考资料　Ⅳ.①TS203－39

中国版本图书馆 CIP 数据核字(2019)第 261455 号

现代食品高新技术与装备

孔庆军　任雪艳　主编　　　　责任编辑　刘　露　汤礼广

出　版	合肥工业大学出版社	版　次	2021 年 9 月第 1 版
地　址	合肥市屯溪路 193 号	印　次	2021 年 9 月第 1 次印刷
邮　编	230009	开　本	787 毫米×1092 毫米　1/16
电　话	理工图书出版中心：0551－62903087	印　张	27.25
	营销与储运管理中心：0551－62903198	字　数	645 千字
网　址	www.hfutpress.com.cn	印　刷	安徽昶颉包装印务有限责任公司
E-mail	hfutpress@163.com	发　行	全国新华书店

ISBN 978－7－5650－4705－3　　　　定价：70.00 元

《现代食品高新技术与装备》编委会

主　编　孔庆军　任雪艳

副主编　赵　珂　任先艳

编　委　（排名不分先后）

　　　　　李　婷　张　忠　李　照

编写分工

孔庆军　陕西师范大学教授（前言，第十二章，第十三章）

任雪艳　陕西师范大学副教授（第五章，第六章）

任先艳　西南科技大学副教授（第九章，第十五章）

赵　珂　陕西师范大学副教授（第七章，第八章）

张　忠　陕西师范大学副教授（第二章，第十四章）

李　照　陕西师范大学副教授（第三章，第四章）

李　婷　陕西师范大学副教授（第一章，第十章，第十一章）

前　言

QIANYAN

民以食为天，食以安为先。随着社会和经济的快速发展，目前食品质量和安全已经成为关系人类健康和发展的重大国计民生问题。食品的不安全因素涉及从农田到餐桌的食品供应链全过程，其中食品加工是该供应链上必不可少的关键环节。食品在存贮、加工、流通过程中的食源性致病微生物污染、品质裂变、生成的危害物等都对食品质量和安全产生重大影响。

食品的种类繁多，并且随着食品工业化的进程，现代食品加工和生产对技术和装备的要求越来越高，不断推动着现代食品高新技术的发展和装备的更新换代。《现代食品高新技术与装备》的编写正是在这样的时代背景下进行的。在编写本书时，我们的指导思想主要是针对食品加工过程中的安全问题时有发生、能耗高、污染环境等核心问题，一方面重点解析食品分离、粉碎造粒、冷冻、加热、生物技术、贮藏保鲜、杀菌、包装、质构调整等高新技术的原理、发展和应用，引领我国食品工业向绿色、高效、节能、减排的可持续方向发展；另一方面，还阐释电子鼻、电子舌、质谱检测、高效液相色谱分析、气相色谱分析、高分子材料等高新技术在食品质量检测中的应用和发展，旨在引导建立食品质量检测新体系和标准，为提高食品质量安全保驾护航。

本书共有15章，分别介绍了食品分离新技术、食品粉碎和造粒新技术、食品冷冻新技术、食品加热新技术、食品生物技术、食品贮藏保鲜技术、食品杀菌新技术、食品包装新技术、食品质构调整新技术、食品电子鼻技术、食品电子舌技术、质谱、高效液相色谱法、气相色谱法以及高分子材料在食品包装中的应用等内容。本书可供高等学校食品科学等相关专业的师生使用，也可供从事食品加工生产相关行业的科研人员和从业人员参考。

本书由陕西师范大学食品工程与营养科学学院孔庆军、任雪艳担任主编，由陕西师范大学、西南科技大学相关专业的老师共同完成编写。全书由孔庆军统稿。本书在编写过程中获得了陕西师范大学研究生院教材建设项目（GERP-18-33）的资金支持，研究生李星艳、邓蓉蓉为本书的校对工作付出了辛勤汗水，合肥工业大学出版社为本书的出版提供了大力支持和帮助，在此对相关单位和人员表示衷心的感谢。由于编者知识水平有限，书中难免存在错漏之处，望同仁和读者批评指正。

编　者

2021年7月

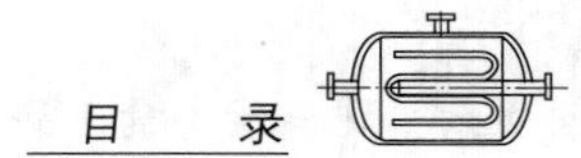

目　录

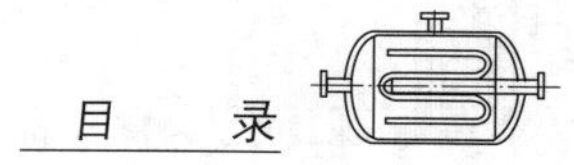

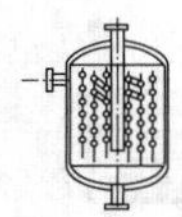

第一章 食品分离新技术

第一节 超临界流体萃取技术

一、超临界流体萃取技术概述

超临界流体萃取是国际上最先进的物理萃取技术。该技术利用流体（溶剂）在超临界区域兼具气液两性的特点（即具有与气体相当的高渗透能力和低黏度以及与液体相当的密度和对物质优良的溶解力）和它对溶质溶解能力随压力和温度改变且在相当宽的范围内变化这一特性而实现溶质溶解、分离的一项技术。众所周知，在较低温度下，不断增加气体的压力时，气体会转化成液体；对液体来说，当温度增高时，液体的体积会增大。对于某一特定的物质而言，总存在一个临界温度（T_c）和临界压力（P_c），高于临界温度和临界压力后，物质不会成为液体或气体，这一点就是临界点。在临界温度和临界压力以上的范围内，物质状态介于气体和液体之间，在这个范围之内的流体称为超临界流体（supercritical fluid，SF）。

超临界流体具有气体和液体的双重特性。超临界流体的密度和液体相近，黏度与气体相近，但扩散系数约比液体高 100 倍。由于溶解过程包含分子间的相互作用和扩散作用，因此超临界流体对许多物质有很强的溶解能力。超临界流体对物质进行溶解和分离的过程就叫超临界流体萃取（supercritical fluid extraction，SFE）。可作为超临界流体的物质（临界温度接近室温，且无色、无毒、无味、不易燃、化学惰性强、价廉、易制成高纯度气体）有很多，如二氧化碳（CO_2）、一氧化二氮（N_2O）、六氟化硫、乙烷、庚烷、氨等。利用这种超临界流体可从多种液态或固态混合物中萃取出待分离的组分。在分离、精制挥发性差和热敏性强的天然物质方面，与传统的水蒸气蒸馏和溶剂萃取法相比，采用 CO_2 作为萃取剂具有处理温度低、时间短、无氧化变质、安全卫生等特点。目前，超临界流体萃取（SFE）技术被广泛应用于粮油食品加工过程，如月见草中 γ-亚麻酸等植物油脂的提取，植物色素、香精的提取、分离，沙棘油与沙棘精的提取，等等。

超临界流体萃取技术作为一种新型的物质分离技术，与传统的液-液萃取相比，具有以下特点：

① 超临界流体萃取可在常温或接近常温的条件下溶解挥发性小的物质而形成一个负载的超临界流体相，在萃取后，溶质和超临界溶剂间的分离可用等温减压或等压升温的方法，故此技术特别适合于热敏性物质的提取，如从各种植物中提取生理活性物质。由于其分离温

度一般不超过 60 ℃，并且整个萃取过程处于密闭状态，因此排除了药物氧化和见光分解的可能性；而传统常用的液-液萃取需将溶剂加到要分离的混合物中，形成液体混合物，对萃取后的液体混合物通常用蒸馏方法把溶剂和溶质分开，这往往不利于对热敏性物质的处理。

② 超临界流体的萃取能力主要与其密度有关，而超临界流体的密度可在相当宽的范围内随其压力和温度的改变而改变，选用适当的压力和温度可对其萃取和分离过程进行方便的控制。而液-液萃取中溶剂萃取能力往往取决于温度和混合溶剂的组成，与压力的关系不大。

③ 超临界流体萃取溶质后，只需降压或升温即可将溶剂完全回收并循环使用，可以不必像液-液萃取那样通过蒸馏处理回收溶剂，从而节约大量能源。另外，由于溶剂完全从溶质中脱出，溶质中没有溶剂残留，因此被萃取物质不会被有毒的有机溶剂所污染。超临界流体萃取特别适用于食品、天然香料、医药及生物工程中各种物质的萃取和精制，是一种绿色、可持续发展的萃取技术。

④ 由于超临界流体物性的优越性，提高了溶质的传质速率和传质能力，大大缩短了萃取的操作时间，同时可得到较高的萃取率。

⑤ 超临界流体萃取的原料不需要繁复的预处理，且可同时进行萃取和分离操作。与传统的液-液萃取相比，超临界流体萃取流程简单、步骤少。

⑥ 在大多数情况下，溶质在超临界流体相中的浓度很小，超临界相组成接近于纯的超临界相；而液-液萃取的萃出相为液相，溶质的浓度可以相当大。

⑦ 超临界流体萃取一般在高压条件下进行，根据萃取物的不同，其最佳萃取压力为 9～40 MPa，设备的一次性投资较大，同时萃取釜一般无法连续操作；而液-液萃取往往在常压下操作。

近年来，国内的高科技企业研制了小规模、中试等具有一定自动化程度的超临界流体萃取装置。但是，目前我国的超临界萃取装置的发展状况还远远赶不上国际领先水平，特别是大规模、工业化生产所需的超临界流体萃取装置的研制。国内的大部分研究集中在超临界试验装置和中试装置上，因此，针对可解决超临界流体相平衡的理论与萃取装置相关的压力平衡、流体运动的控制、物料装填连续萃取等相关问题而研发出适合工业化规模生产的超临界萃取装置显得尤为重要。

二、超临界流体萃取工艺和系统

1. 超临界流体萃取工艺

超临界流体萃取技术的基本工艺流程为：原料经除杂、粉碎或轧片等一系列预处理后装入萃取器中，系统冲入超临界流体（SF）并加压；在 SF 的作用下，物料可溶成分进入 SF 相；流出萃取器的 SF 相经减压、调温或吸附作用，可选择性地从 SF 相分离出萃取物的各组分，SF 再经调温和压缩回到萃取器循环使用。

超临界二氧化碳流体萃取基本流程包括萃取和分离两个阶段：萃取阶段系指溶质由原料转移至二氧化碳流体中的过程，当温度、压力调节到超过二氧化碳临界状态时，其对原料中的某些特定溶质具有足够高的溶解度而进行溶解；分离阶段系指溶质与二氧化

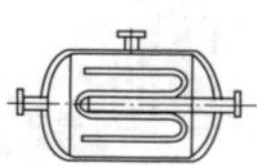

碳分离及不同溶质间的分离，溶解有溶质的二氧化碳流体进行节流减压，其后在热交换器中通过调节温度变为气体，对溶质的溶解度降低，使溶质析出，当析出的溶质和气体一同进入分离釜后，溶质与气体分离而沉降于分离釜底部，气体进入冷凝器冷凝液化，然后经高压泵升压（使其压力超过临界压力），在流经换热器时被加热（使其温度超过临界温度），重新达到超临界状态，进入萃取釜中再次进行提取。

根据分离方式的不同，超临界流体萃取工艺流程主要可以分为三类，即等温法、等压法与吸附法。

等温法萃取过程的特点是萃取釜和分离釜等温，萃取釜压力高于分离釜压力。利用高压下的CO_2对溶质的溶解度大大高于低压下的溶解度这一特性，将萃取釜中CO_2选择性溶解的目标组分在分离釜中析出成为产品。降压过程采用减压阀，降压后的CO_2流体通过制冷成为液态，压缩机或高压泵将其打回到萃取釜中循环使用。等压法萃取过程的特点是萃取釜和分离釜处于相同的压力下，利用二者温度不同时CO_2流体对物质溶解度的差别来达到分离的目的。吸附法一般在超临界萃取中很少应用，它是在萃取釜压力与分离釜压力相同、萃取釜和分离釜等温的状态下，利用分离釜中填充的特定吸附剂将CO_2流体中待分离目标组分选择性吸附除去，然后定期再生吸附剂从而达到分离目的的方法。表1-1所示为超临界二氧化碳萃取的三种典型工艺流程。

表1-1　超临界二氧化碳萃取的三种典型工艺流程

流　程	工作原理	优　点	缺　点
等温变压工艺	萃取和分离在同一温度下进行。萃取完毕，通过节流降压CO_2进入分离器。由于压力降低，CO_2流体对被萃取物的溶解能力逐步减小，萃取物被析出，得以分离	由于没有温度变化，因此操作简单，可实现对高沸点、热敏性、易氧化物质接近常温的萃取	压力高，投资大，能耗高
等压变温工艺	萃取和分离在同一压力下进行，萃取完毕，通过热交换升高温度，CO_2流体在特定压力下，溶解能力随温度升高而减小，溶质析出	压缩能耗相对较小	对热敏性物质有影响
恒温恒压工艺	萃取和分离在恒温恒压下进行。该工艺分离萃取物需特殊的吸附剂，如离子交换树脂、活性炭等，进行交换吸附。一般用于除去有害物质	始终处于恒定的超临界状态，所以十分节能	需要特殊的吸附剂

一般采用等温法进行超临界萃取，因为温度变化对CO_2流体的溶解度的影响远小于压力变化的影响，而通过改变温度的等压法工艺过程，虽然可节省压缩能耗，但是实际分离性能受到很多限制，使用价值较低。因此通常超临界CO_2萃取过程大多采用改变压力的等温法。超临界CO_2流体萃取工艺参数主要包括：萃取压力、萃取温度、CO_2流量、萃取时间、药材粉碎度、夹带剂种类及用量等。萃取工艺以充分利用CO_2流体溶解度的差别为主要控制指标。萃取釜压力提高，有利于溶解度的增加，但压力过高将增加设备的投入、增加能耗，从经济的指标考虑，通常工业化应用的萃取过程的压力都低于32 MPa。分离釜是用于分离产品和循环CO_2流体的组成部分。分离压力越低，萃取和分离解析的溶解度差值越大，越有利

于分离过程效率的提高。这对一般中小型装置较为适用，对于工业化装置来讲，由于CO_2流体需冷却液化后循环使用，不能选用过低的压力，在大型装置中的分离压力一般都在5.5～6 MPa，在个别装置中分离压力在10 MPa左右。

2. 超临界流体萃取设备

SFE过程的主要设备是高压萃取器、分离器、换热器、高压泵（压缩机）、储罐以及连接这些设备的管道、阀门和接头等。另外，因控制和测量的需要，还包括数据采集处理系统和控制系统。

（1）萃取器

萃取器是装置的核心部分，它必须耐高压、耐腐蚀、密封可靠、操作安全。目前大多数萃取器是间歇式的静态装置，进出固体物料须打开顶盖。为了提高操作效率，生产中大多采用并联式操作以便切换萃取器。图1-1为间歇式萃取器的结构图。设计压力为32 MPa，设计温度为100 ℃，筒体内径为42 mm，内高为290 mm，全容积约为400 mL。萃取器用不锈钢制造，按GB 150—1998《钢制压力容器》和HG 20584—1998《钢制化工容器制造技术要求》进行设计、制造、试验和验收。由于设备直径小、不易焊接，故筒体用不锈钢棒料钻孔车制而成。筒体和下法兰采用螺纹连接。上法兰和筒体之间采用透镜垫密封。水夹套用76 mm × 2.5 mm不锈钢无缝钢管焊制。筒体和法兰加工完之后，进行渗透探伤检查，保证没有裂纹和缺陷。萃取器制造完毕之后，以40 MPa的压力进行水压试验。萃取液体物料时，萃取器内加入螺旋填料；萃取固体物料时，将填料取出，代之以不锈钢提篮，物料加入篮内。

萃取某些不易进行粉碎预处理的固体物料（例如某些必须保持纤维结构不发生变化的天然产品），需要打开萃取器的封头加料和出料，进行间歇生产。为了提高生产效率，萃取器封头须设计成快开式结构（如图1-2所示）。大型萃取塔的快开式封头还配置了液压自控系统，从而实现了自动启闭。对于这种高压、大尺寸、快开式封头的结构、密封、强度设计及加工制造，国内压力容器的设计和制造部门尚缺乏经验。

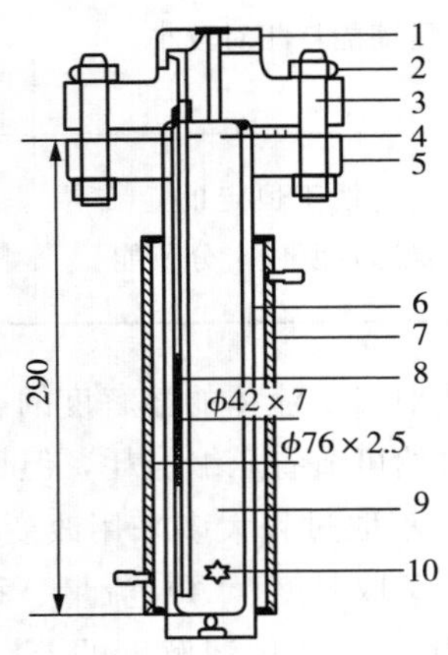

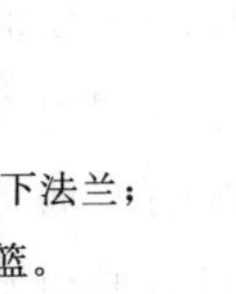

1—上法兰；2—法兰螺母；3—法兰螺栓；4—透镜垫；5—下法兰；6—筒体；7—水夹套；8—进料管；9—填料；10—提篮。

图1-1 间歇式萃取器的结构图

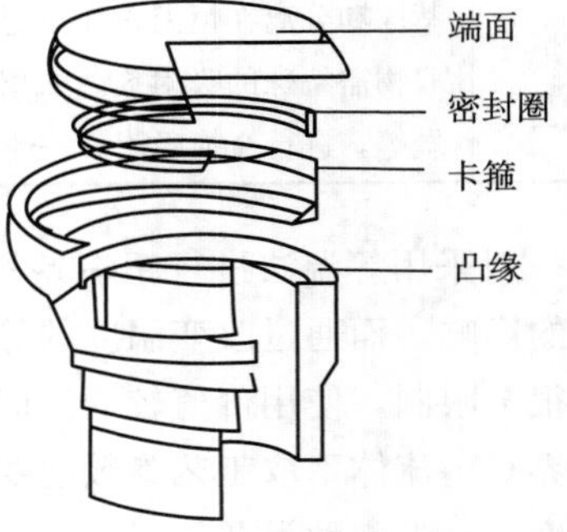

图1-2 快开式封头的结构图

(2) 其他设备

分离器是实现溶质与超临界溶剂分离的装置，结构与萃取器相似，内部不设进料管、填料和提篮，一般配备了温度和压力控制设备。分离器内应有足够的空间便于气固分离；同时，为方便清洗和回收萃取物，分离器内部一般设计为简单的几何形状，还设有收集器。新型的高效分离器可避免分离中出现的雾化现象。缓冲器的结构与萃取器和分离器相似，内部不设进料管、填料和提篮。换热器采用螺旋盘管式换热器。加压泵可选用高压计量泵，两台泵并联操作时，根据过程需要，开启一台或两台同时开动，以调节系统中CO_2的流量。管路系统可采用不锈钢无缝钢管，用卡套式接头连接。阀门选用不锈钢高压阀门，需要调节压力时采用节流阀，其他场合采用截止阀。值得注意的是，萃取器与一级分离器之间由于骤然减压且压差较大，会导致CO_2流体节流降温结冰，易将阀门堵塞，故在操作中须对节流阀进行加热。

(3) 对 SFE 连续化进料装置的初步探索

刘欣等人尝试利用螺旋输送机实现 SFE 的连续化进料，其装置如图 1-3 所示。螺旋输送机属于不具有挠性牵引构件的输送机械，其作用原理是：由带有螺旋片的转动轴在一封闭的料槽内旋转，使装入料槽的物料由于本身重力及其与料槽之间的摩擦力的作用，而不和螺旋一起旋转，只沿料槽向前运移，它可以沿水平及倾斜方向或垂直向上的方向输送物料，输送物料的同时可完成混合、掺合和冷却等作业。其优点是结构简单、紧凑，工作可靠，维修简单，成本低廉，可在线路任一点装载，也可在许多点卸载。在烟草机械行业中螺旋输送机被广泛应用于输送烟梗和烟末。

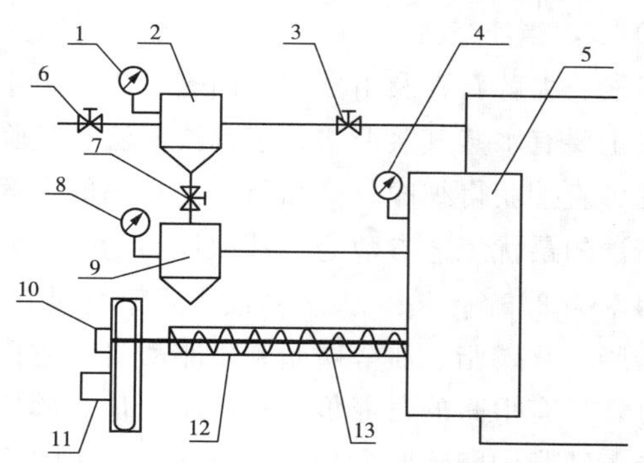

1，4，8—压力表；2，9—料仓；3，6，7—节流阀；5—萃取器；10—轴端集流阀；11—电机；12—螺旋输送机壳体；13—实体螺旋。

图 1-3　SFE 连续化进料装置

三、超临界流体萃取技术在食品工业中的应用

1. 动植物油脂的提取

与传统的分离方法相比，超临界CO_2流体萃取技术在食品工业中有着独特的优势。小麦胚芽富含优质的蛋白质、脂肪、多种维生素、矿物质和一些生物活性成分，被营养学家誉为“人类天然的营养宝库”。小麦胚芽含有10%左右的脂肪，且其油酸、亚油酸、亚麻酸等不饱和脂肪酸含量达84%，这些不饱和脂肪酸特别是亚油酸对人体有很重要的生理功能。利用超临界CO_2流体萃取小麦胚芽油，与用传统有机溶剂法相比，具有工艺简单、便于分离、无溶剂残留等优点，所得小麦胚芽油色泽浅、风味好、酸价低。南瓜子富含油脂，南瓜子油含有丰富的亚油酸、油酸等不饱和脂肪酸以及生理活性物质，可以有效预防湿疹和抗过敏。南瓜子油耐热性差，传统的热榨提取对其营养成分和色泽会产生较大影响。CO_2超临界流体萃取可以较好地保护南瓜子油中最主要的成分油酸，防止其在提取过程中氧化，较好地保持了南瓜子油原有的色泽，所得南瓜子油的理化性质优

于用传统的溶剂萃取所得油样。与传统的溶剂萃取工艺相比，超临界 CO_2 流体萃取具有工艺简单、步骤少、耗时短、无溶剂残留、惰性无氧、可在常温下操作等优点。

沙棘在我国西北、东北及华北等地区具有相当大的资源储备量，其果肉和种子具有较高的药用以及保健价值。以往的制油工艺多为机械压榨和溶剂萃取方法。前者所得油的纯度极低；后者会带来溶剂残留，且流程复杂、产品质量难以保证。用超临界流体萃取提取沙棘油，产品色泽清、品质好，且无溶剂残留。武练增等人已取得超临界 CO_2 萃取沙棘油的专利技术，并于 1993 年建成了 2 × 250 L 的工业装置，填补了我国 SFE 技术工业化空白。银建中等进行了超临界流体萃取沙棘油的实验研究，建议萃取压力为 25 MPa，萃取温度为 40 ℃，当流量为 0.2 m^3/h 时，萃取时间为 4～5 h。大蒜中含有大蒜精油，其主要成分为大蒜素、大蒜新素及由多种烯丙基、丙基、甲基组成的硫醚化合物。目前，提取大蒜精油的方法主要有水蒸气蒸馏法、溶剂浸出法和超临界 CO_2 萃取法。相比较而言，超临界 CO_2 萃取大蒜可直接获得纯净、高品质、高得率的大蒜精油。陈雪峰等人研究得出超临界 CO_2 萃取大蒜精油的最优工艺参数为：萃取压力为 20 Pa，萃取温度为 50 ℃，萃取时间4 h，大蒜精油获得率为 3.57 g/kg，大蒜精油中蒜素含量为 35.6%。磷脂是含磷酸根脂质的总称，主要有卵磷脂、脑磷脂、肌醇磷脂和磷脂酸等，它们是动植物细胞中细胞膜、核膜、质体膜的基本成分，具有很高的营养价值和医学价值。磷脂主要来自卵黄和大豆，而其主要成分是卵磷脂，蛋黄磷脂中卵磷脂含量为 73%左右，而大豆磷脂中卵磷脂含量为 20%左右，卵黄磷脂中的卵磷脂含量是大豆磷脂中卵磷脂的 3.5 倍以上，而且含中性脂质很少。然而传统的分离技术存在收率低、残留有毒有机溶剂以及破坏生物活性物质等问题，超临界萃取技术可以解决这个问题。武练增等人对用超临界 CO_2 萃取高纯度卵黄磷脂进行了试验研究，并已取得了以蛋黄粉为原料用超临界 CO_2 萃取高纯度卵黄磷脂的专利技术，还建成了年产 25 吨的卵黄磷脂工业装置。曹栋等人研究了超临界流体 CO_2/乙醇分离大豆磷脂酰胆碱时的影响因素，发现在温度为40 ℃、压力为 25 MPa、乙醇浓度为 25%时，磷脂酰胆碱含量可达 89%。

2. 动植物生理活性成分的提取

生物体内的一些生理活性物质，对人的营养保健和对疾病的治疗效果越来越为人们所重视，但这些物质易受常规分离条件的影响而失去生理活性。鱼油中含有多种生理活性组分，其中的二十碳五烯酸（EPA）具有降低胆固醇、抑制血液凝固等作用，二十二碳六烯酸（DHA）具有健脑、预防阿尔茨海默病、预防衰老等作用。传统的方法分离纯度低，有溶剂残留，操作温度高，容易破坏目标物质。而超临界 CO_2 流体萃取技术很适合于萃取像鱼油这样的热敏性天然产物。刘伟民等人在回流的填料塔中用超临界 CO_2 进行了连续浓缩鱼油 EPA 和 DHA 的研究，得到工艺参数的最优组合，即在填料塔的压力为12.5 MPa、温度为 40～85 ℃、CO_2 流量为 5 L/min、鱼油进料流量为 0.8 mL/min 时所得到的分离结果最好，得到的塔底 EPA 和 DHA 的浓度为 83%，回收率达到 84%。

3. 天然香料的提取

在天然香料提取中，传统的方法使部分不稳定的香气成分受热变质，溶剂残留以及低沸点头香成分的损失将影响产品的香气。在超临界条件下精油和特殊的香味成分可同时被抽出，并且植物油在超临界 CO_2 流体中溶解度很大，与液体 CO_2 几乎能完全互溶，因此，精油可以完全从植物组织中被抽提出来。香草兰是一种多年生藤本热带香料植物，有“食品香料之王”的美称，经济价值很高，要靠进口才可满足国内需求。香草兰用于水果制品业、化妆品业、烟草业和药品业，它是由香草兰豆荚制备的。传统的方法是用有机溶剂萃取，成本高、费时、溶剂会残留，用超临界 CO_2 萃取香草兰香料，最佳操作条件为：压力为 35 MPa，温度为 45 ℃，时间为 150 min。当压力为 16 MPa、温度为 40 ℃时，萃取率最高。在最佳工艺条件下萃取 150 min，1 g 香草兰豆荚可以得到 83.59 mg 干香料样品，香料萃取率达到 8.36%。

4. 有害物质的脱除

咖啡中含有的咖啡因对人体有害，利用超临界 CO_2 从咖啡豆中萃取咖啡因后，咖啡因含量可以从原来的 0.7%～3%下降到 0.02%以下，并保持原香味。茶叶中富含咖啡因，占茶叶干物质量的 2%～5%，茶浓缩液和速溶茶中的咖啡因含量更高。目前，从茶叶中脱出咖啡因的工艺主要有两种，即乙酸乙酯萃取法和超临界 CO_2 萃取法，乙酸乙酯法在去除咖啡因的同时也去除了茶叶中的部分有效成分；超临界 CO_2 法因其高选择性，无有效成分损失与劣变，无有机溶剂残留，所以有着明显的优势。用超临界 CO_2 脱出绿茶浓缩液中的咖啡因，其脱出率为 84.26%。用超临界 CO_2 技术处理烟草，既能使烟草中的尼古丁含量降低到所要求的标准，又使其香味损失极少。

5. 天然色素的提取

超临界 CO_2 流体萃取技术可以分离天然色素，如辣椒红色素、番茄红素、β-胡萝卜素等。辣椒红色素是天然色素，广泛应用于食品和化妆品中，在提取过程中加入少量极性溶剂乙醇，可以达到理想的萃取效果。β-胡萝卜素是国家允许的食品添加剂，具有着色和营养功效。廖传华等人进行了用超临界 CO_2 萃取 β-胡萝卜素的实验研究，对 CO_2 用量、萃取压力、温度等进行了考察。

与常规分离方法相比，超临界流体萃取技术在保证食品的纯天然性、生产过程中无污染物排放、能耗低等方面具有明显的优势。已有很多学者对超临界流体萃取过程中的影响因素，如压力、温度、萃取时间、溶剂的流量以及溶质颗粒的大小、含水量、组分的极性等进行了试验研究，也有人对描述过程的数学模型构建和过程模拟进行了研究，随着对超临界流体性质及其混合物相平衡热力学的深入研究，特别是对高附加值天然产物和生理活性物质的提取和分离研究，超临界流体萃取将因其独特的优势拥有广阔的应用前景。

第二节　超滤和反渗透技术

一、超滤与反渗透原理

1. 超滤原理

超滤亦称超过滤，即在一定的压力下，使小分子溶质和溶剂穿过一定孔径的特制薄膜到达另一侧，而使大分子溶质被截留下来，从而使大分子物质与小分子溶质和溶剂分离，以达到分离、纯化、富集等效果。超滤主要是物理筛分，超滤的截留相对分子质量

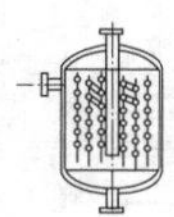

在1000 u到100000 u之间，选择某一截留相对分子质量的膜即可将杂质与目标产物分离。超滤是一种压力驱动的膜分离过程，压力通常高达1.0 MPa。运用液压迫使溶液透过膜并按溶质分子大小、形状等差异，把大分子溶质截留在膜的一侧，成为浓缩液；而小分子的溶质则随溶剂透过膜到另一侧，成为透过液流出。如果将所得浓缩液用水稀释，再进行超滤，可使料液中的低分子溶质进一步随透过液流出，而高分子物质逐步得到提纯，这样的过程称为全滤。

超滤是一种节能、环保的物质分离技术，其作用机理主要分为两个方面：一是由于膜表面膜孔大小与形状的限制，大分子溶质和微粒被截留在超滤膜一侧，溶剂和小分子溶质则可以透过膜孔到达超滤膜另一侧；二是在超滤进行稳定时，膜表面形成厚度稳定的滤饼层，滤饼层能有效阻止大分子透过。相对于膜孔的截留作用，滤饼层的截留作用更显著。溶液经泵加压进入超滤器时，与超滤膜形成错流，在膜两侧压力差的驱动下，溶液在膜表面发生分离，大分子溶质和微粒被截留，其他小分子溶质和溶剂则透过超滤膜，从而达到分离、提纯和浓缩的目的。超滤原理如图1-4所示。带有A和B两种溶质颗粒的原水进入设备的流道，流道的一侧为滤膜，膜孔大于B颗粒粒径，但小于A颗粒粒径。膜的两侧施加了压力差ΔP，设备的出水有超滤水和浓水两种流量。A颗粒被截留，从浓水中流出；B颗粒则通过滤膜从超滤水中流出。

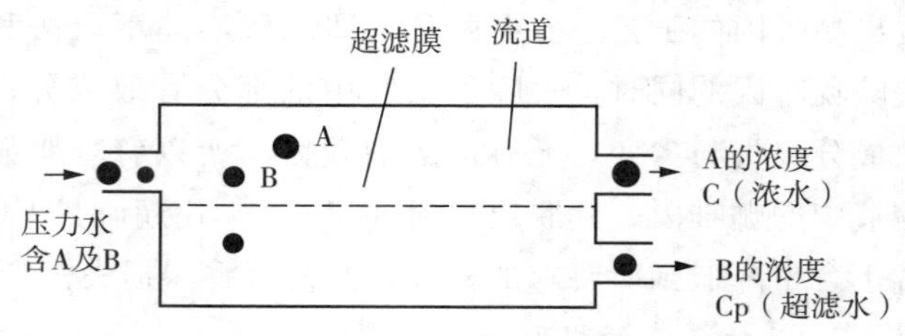

图1-4　超滤原理示意图

2. 反渗透原理

若用半透膜将一侧的纯溶剂与另一侧的溶液隔开，溶剂分子会自动地从纯溶剂一侧经半透膜流向溶液。一般而言，溶剂分子会从溶液的低浓度区域向高浓度区域流动。溶剂分子的这种流动的推动力，即是半透膜两侧溶剂化学势的差值。这种现象称为渗透。渗透要一直进行到溶液一侧的压力高到足以使溶剂分子不再流动为止。平衡时，此压力即为溶液的渗透压。如果在溶液一侧加上一个大于渗透压的压力，溶液中的溶剂就会从溶液一侧透过半透膜至纯溶剂一侧，此现象称为反渗透。反渗透又称逆向渗透，是膜分离技术的一种。在半透膜高浓度溶液的一侧施加足够的压力，使溶剂从高浓度的一侧移向低浓度一侧，做与自然渗透反向流动的过程，如图1-5所示。利用这一过程可达到溶液中的溶剂与溶质分离的目的。

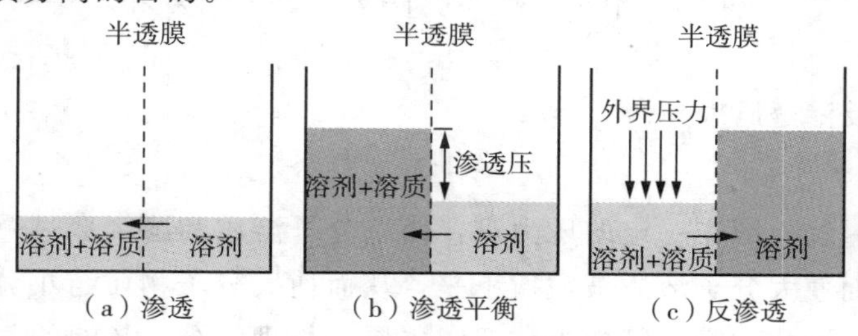

图1-5　反渗透原理示意图

在反渗透过程中，物质通过膜的分离过程不是简单地通过微孔的过程，而是受到膜材料的化学性质影响。不同物理性质（如粒度大小、分子质量），化学性质（如溶解情况）和传递属性（如扩散系数）的待分离物质，对于不同的膜，其渗透情况与机理各异。

（1）溶解-扩散模型

20 世纪 60 年代，Lonsdals 等人在假定膜是无缺陷的理想膜的基础上，提出利用溶解-扩散机理来描述反渗透过程。该机理认为反渗透过程可分成三步：①渗透分子在膜的高压侧吸附和溶解在膜中；②这些分子以扩散方式经由膜的均相无孔表面层而透过膜；③渗透过膜的分子从膜的低压侧解吸。按此模型，渗透分子透过膜不是靠膜的微孔，而是由溶解和扩散来完成的。因此，物质的渗透能力取决于其在膜中的溶解度和扩散系数。溶解-扩散模型特别适用于非常致密的均相膜和非多孔型膜。

（2）优先吸附-毛细管流动模型

1960 年，Sourirajan 在 Gibbs 吸附力方程基础上，提出了优先吸附-毛细管流动模型，为反渗透膜的研制和过程的开发奠定了基础。该模型认为要进行反渗透必须具备两个先决条件：①与溶液接触的膜，其表面必须具有一定数目和孔径尺寸合适的孔；②与溶液接触的多孔膜必须具有适当的化学性质，使它对于流体的某组分具有优先吸附或优先排斥作用，在膜-溶液界面上呈现出较大的浓度梯度和优先吸附的流层。这样，在界面流层中就富集了主体溶液中的某一组分，该组分在压力作用下流过膜的毛细管而连续移除。

反渗透分离的进行，必须先在膜-溶液界面形成优先吸附层，优先吸附的程度取决于溶液的化学性质和膜表面的化学性质，只要选择合适的膜材料，并简单地改变膜表面的微孔结构和操作条件，反渗透技术就可适用于任何分离度的溶质分离。值得注意的是，优先吸附-毛细管流动机理既适用于溶质在膜上优先吸附，也适用于溶剂在膜上优先吸附，是溶质优先吸附还是溶剂优先吸附取决于溶质、溶剂、膜材料和膜的物化性质及其相互作用关系。

（3）Kedem－Katchalsky 不可逆热力学模型

Kedem－Katchalsky 模型式方程中有表示膜传递性能的三个系数，其中溶质渗透系数与反射系数由溶质的性质决定，膜对不同的溶质有不同的渗透系数与反射系数。由于超滤传质过程基于筛孔机理，因此，设法将溶质的性质与膜的固有性质联系起来，以评价膜的传递性质是微孔模型的基础。

二、超滤膜与反渗透膜的性质

一般用于制备反渗透膜的材料也可用于制备超滤膜，只是制膜液的组分配比和成膜工艺不同。最常用的有醋酸纤维素膜、芳香聚酰胺膜、聚砜膜、聚砜酰胺膜和无机膜。

1. 超滤膜的性质

表征超滤膜特性有三个参数：透水通量、截留率和截留分子量。透水通量是在一定压力和温度下，单位膜面积在单位时间内可通过的水量。截留率是某一溶质被超滤膜截留的百分数。截留分子量是表征超滤膜截留特性的量，其测定方法是逐一用含有不同相对分子质量溶质（如蛋白质、聚乙二醇或葡聚糖）的水溶液做超滤实验，测定截留率。

理想截留表征的是大于截留分子量的溶质可百分之百地被膜截留，小于截留分子量的溶质可百分之百地透过膜。

由于截留率还与分子的形状和柔性有关，用来测定膜截留分子量的参照物可能是线形的，也可能是球形的，由此造成的影响较复杂，难以确定，因而厂家给出的截留分子量值仅能作为选择膜的相对标度。当分子量相同时，线型柔链分子的截留率是球形或环型分子的10%～50%。

2. 反渗透膜的性质

一般反渗透膜微孔尺寸在10 Å左右，操作压力为1.0～10.0 MPa，切割分子量小于500 u，能截留盐或小分子物质，可使水中离子的含量降低96%～99%。反渗透膜的去除性能一般有如下规律：①高价离子去除率大于低价离子：Al^{3+}＞Fe^{3+}＞Mg^{2+}＞Ca^{2+}＞Li^{+}。②去除有机物的特性受分子构造与膜亲和性影响，分子量：高分子量＞低分子量；亲和性：醛类＞酸类＞胺类；侧链结构：第三级＞异位＞第二级＞第一级。③对相对分子质量大于300的电解质、非电解质都可有效地除去，其中相对分子质量在100～300的去除率为90%以上。

反渗透膜大体可分为非荷电膜和荷电膜两大类。非荷电膜是指膜的固定电荷密度小到几乎可以忽略不计的膜，醋酸纤维素膜和芳香聚酰胺膜等大部分反渗透膜都属于这一类。其分离机理主要有毛细管流、溶解-扩散和空隙开闭理论等。

三、超滤膜与反渗透膜组件

超滤与反渗透操作的主要设备包括预处理过滤器、高压泵、膜组件。其中膜组件是超滤与反渗透操作的主体设备。由膜、固定膜的支撑材料、间隔物或管式外壳等组装成的一个单元称为膜组件。

工业上应用的超滤膜与反渗透膜组件主要有板框式（板式）、管式、螺旋卷式、中空纤维式等四种结构。板框式超滤膜是最原始的一种膜结构，主要用于大颗粒物质的分离，由于其占地面积大、能耗高，因此逐步被市场所淘汰。管式超滤膜能较大范围地耐悬浮颗粒和纤维、蛋白等物质，对料液的前处理要求低，对料液可以进行高倍浓缩，但其设备的投资费用高、占地面积大。螺旋卷式膜组件由于其所用的膜易于大规模工业化生产，制备的组件也易于工业化，因此获得了广泛的应用，涵盖了反渗透、纳滤、超滤、微滤四种膜分离过程，并在反渗透、纳滤领域有着最高的使用率。在众多的膜组件结构形式中，目前以中空纤维式超滤膜为主，组件的结构要考虑尽量提高膜的填充密度，增加单位体积的产水量，尽量降低浓差极化的影响，便于清洗，降低成本。

目前中空纤维式超滤膜以其不可比拟的优势成为超滤的最主要形式。根据致密层位置的不同，中空纤维式超滤膜又可分为内压膜、外压膜两种，如图1-6所示。外压中空纤维式超滤膜是将原液经压力差沿径向由外向内渗透过中空纤维成为透过液，而其截留的物质则汇在中空纤维的外部。该膜进水流道在膜丝之间，膜丝存在一定的自由活动空间，因而更适合原水水质较差、悬浮物含量较高的情况。内压中空纤维式超滤膜中的原液进入中空纤维的内部，经压力差驱动，沿径向由内向外透过中空纤维成为透过液，浓缩液则留在中空纤维的内部，由另一端流出。该膜进水流道是中空纤维的内腔，为防止堵塞，对进水的颗粒粒径和含量都有较严格的要求，因而适合于原水水质较好的情况。

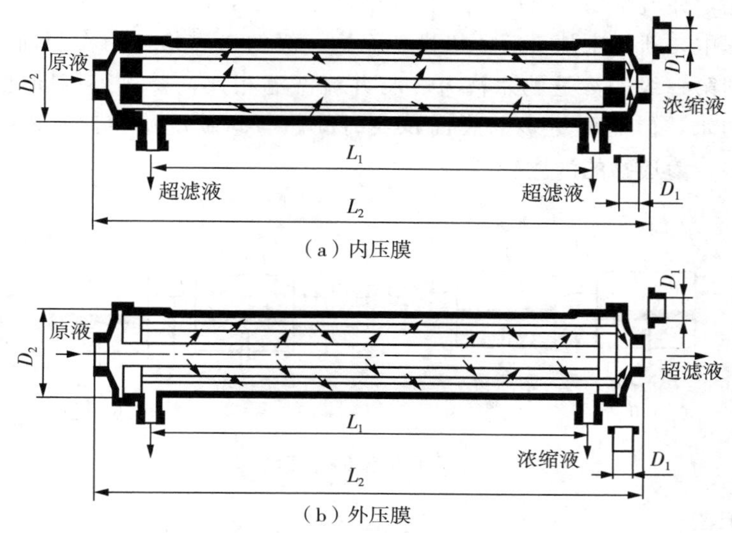

（a）内压膜

（b）外压膜

图 1－6　中空纤维式超滤膜

四、超滤与反渗透系统的工艺流程

1. 超滤工艺流程

超滤系统的运行有重过滤和错流过滤两种操作模式。重过滤常用于蛋白质、酶等大分子的分离，错流过滤广泛应用于生产。

（1）重过滤工艺

在超滤过程中，有时在被超滤的混合物溶液中加入纯溶剂（通常为水），以增加总渗透量，并带走残留在溶液中的小分子溶质，达到分离、纯化产品的目的，这种超滤过程被称为重过滤或洗滤。洗滤是超滤的一种衍生过程，常用于小分子和大分子混合物的分离或精制，被分离的两种溶质的相对分子质量差异较大，通常选取截留相对分子质量介于两者之间的膜，对大分子的截留率为100％，而对小分子则完全透过。对间歇洗滤，洗滤前的溶液体积为100％，溶液中含有大分子和小分子两种溶质，随着洗滤过程的进行，小分子溶质随溶剂（水）透过膜后，溶液体积减少到20％，再加水至100％，将未透过的溶质稀释，重新进行洗滤，这种过程可重复进行，直至溶液中的小分子溶质全部除净。对连续洗滤过程，设原液量与膜面积一定，则在洗滤过程中，任一时刻的各种溶质浓度可通过简单的物料平衡来计算。假定在操作过程中，原液的体积保持不变，也即透过膜的液体量不断用加入相等的纯水来补充，若溶质完全被截留，则该溶液在渗透池中的浓度为常数；若溶质全部透过膜，则该溶质在洗滤池中的浓度将按指数函数下降；若大分子溶质只有部分被截留，则大分子溶质在连续洗滤过程中会损失。因此，对于洗滤过程，总是希望低相对分子质量溶质的截留率接近于零，而对大分子溶质的截留率要求为100％。这是洗滤的理想条件。

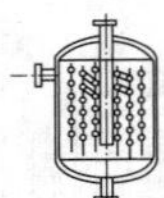

图 1－7 中两种流型的连续洗滤过程由 Merry 提出。在并流洗滤过程中，洗滤水在每一级中加入，并假定洗滤水充分混合，加入的水又基本上作为渗透物在每一级中离开。与间歇洗滤相比，并流洗滤需要的膜面积和洗滤水更多，因此，导致渗透物的浓度更稀。在逆流洗滤过程中，新鲜水从最后一级进，而这一级的渗透物被用作为前一级的洗滤水，以此类推，直到第一级的渗透物水离开。与并流洗滤相比，要获得相同纯化纯度，逆流过程需要较少的水，但需要更多的膜面积或时间。与间歇洗滤相比，逆流过程节省水，但需膜面积较多、渗透物的浓度较高。

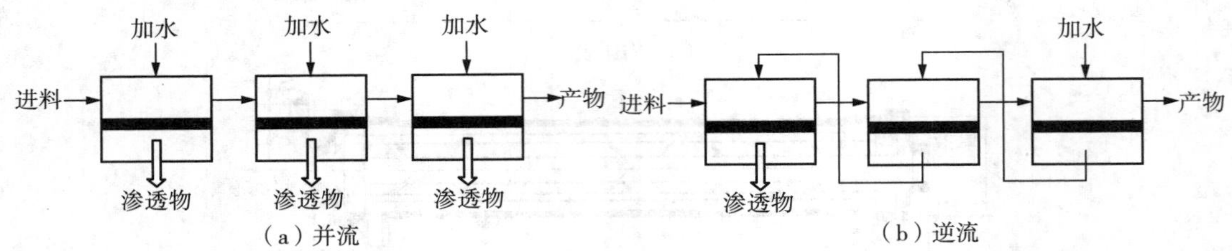

图 1－7　两种流型的连续洗滤系统

（2）浓缩工艺

超滤过程的操作方式可分为间歇式和连续式两种，间歇式常用于小规模生产，浓缩速度快，所需面积最小。间歇式操作又可分为截留液全循环和部分循环两种方式。Zeman 将商用的错流超滤过程分成四种基本形式：单级连续超滤过程、单级部分循环间歇超滤过程、部分截留液循环连续超滤过程和多级连续超滤过程，如图 1－8～图 1－11所示。

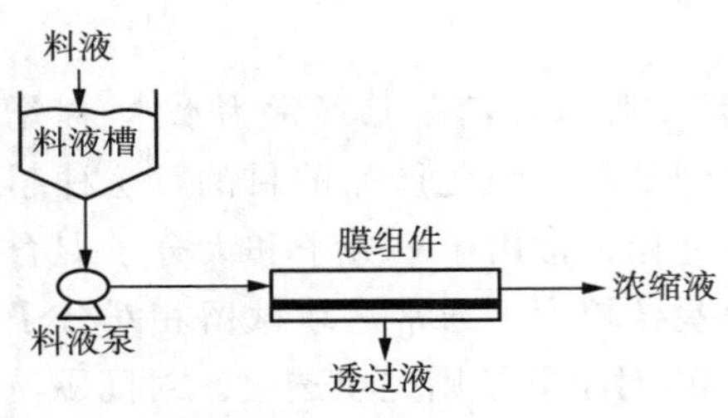

图 1－8　单级连续超滤过程

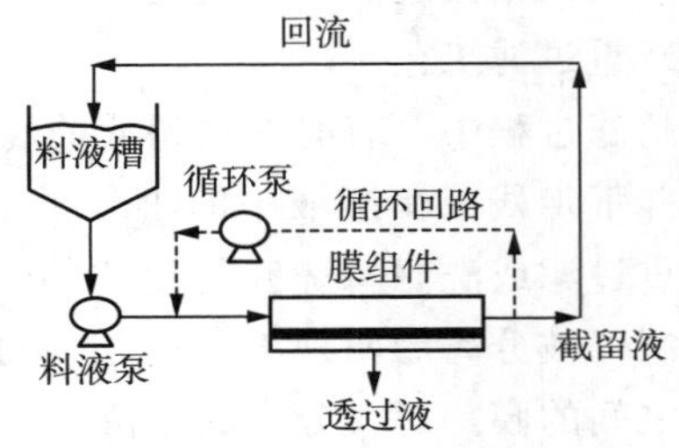

图 1－9　单级部分循环间歇超滤过程

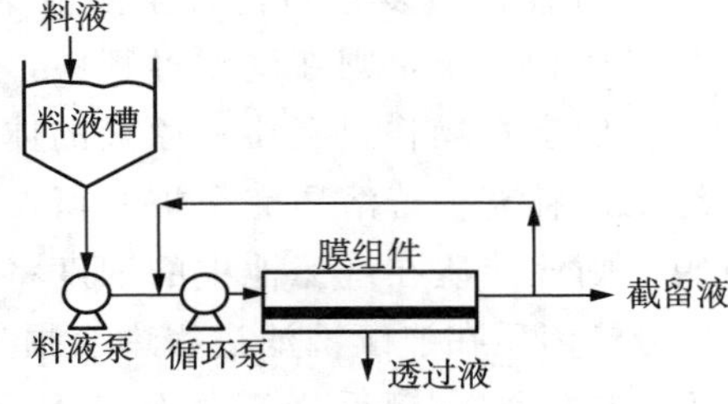

图 1－10　部分截留液循环连续超滤过程

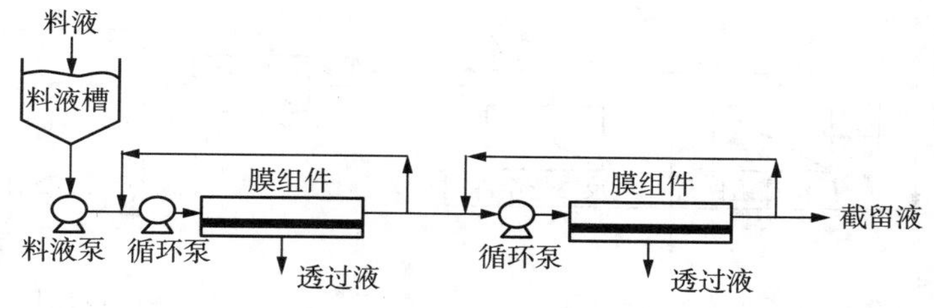

图 1-11　多级连续超滤过程

单级连续超滤式的规模一般较小，具有渗透液流量小、浓缩比低、组分在系统中的停留时间短等特点，常用于某些水溶液的纯化；小规模的间歇式错流超滤是最通用的一种形式，过程中的所有截留物循环返回到进料罐内，这种形式的特点是操作简单、浓缩速度快、所需膜面积小、料液全循环时泵的能耗高，采用部分循环可适当降低能耗；部分截留液循环连续超滤式将部分截留液返回循环，剩余的截留液被连续地收集或送入下一级，这种形式常用于大规模错流超滤过程中，也常被设计成多级过程。

2. 反渗透工艺流程

由于反渗透膜的溶质脱除率大多在 0.9～0.95 范围内，因此，要获得高脱除率的产品往往需采用多级或多段反渗透工艺。在反渗透过程中，所谓级数是指进料经过加压的次数，即二级是料液在过程中经过二次加压，在同一级中以并联排列的组件组成一段，多个组件以前后串联方式连接组成多段。

图 1-12 表示一级一段连续式反渗透流程，在这种流程中，料液进入膜组件后，浓缩液和纯水连续排出，水的回收率不高，但可保证出水水质。另一种为一级一段循环式反渗透流程，如图 1-13 所示，在循环式流程中，浓水一部分返回料液槽，随着过程的进行，浓缩液的浓度不断提高，因此产水量较大，但水质有所下降。

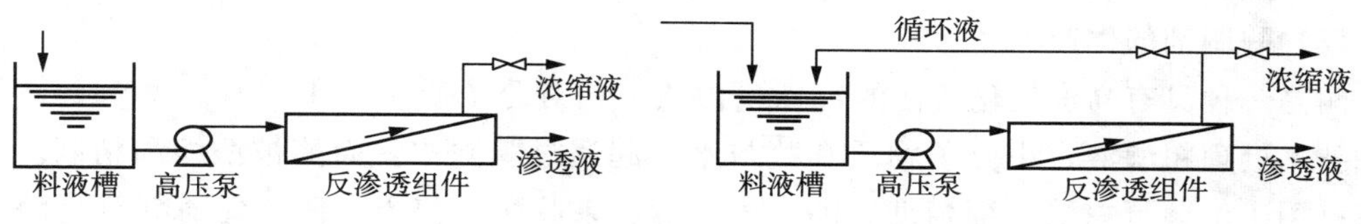

图 1-12　一级一段连续式反渗透流程　　图 1-13　一级一段循环式反渗透流程

图 1-14 表示一级三段连续式反渗透流程。该流程常用于料液的浓缩，料液在过程中经多步浓缩，其体积减少而浓度提高，产水量相应增大，但出水水质差。图 1-15 表示二级一段循环式反渗透流程，当对膜的脱除率偏低，而水的渗透率较高时，采用一级工艺常达不到要求，此时采用两步法比较合理。由于操作过程中将第二级的浓缩液循环返回到第一级，因此降低了第一级的进料液浓度，使整个过程在低压、低浓度下运行，可提高膜的使用寿命。

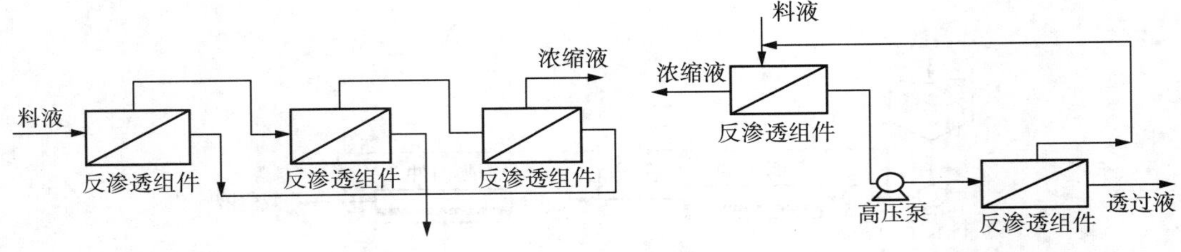

图 1-14　一级三段连续式反渗透流程　　图 1-15　二级一段循环式反渗透流程

除了以上几种反渗透流程外，还有多级多段流程。对于流程的选择，除了考虑产量和产品的浓度两个主要指标外，还需对装置的整体寿命、设备费、维护、管理、技术可靠性等因素进行综合考虑。例如将高压的一级流程改成二级时，使用过程在低压下运行，因而对膜、装置、密封、水泵等方面均有利。

五、超滤和反渗透技术在食品工业中的应用

1. 超滤技术在食品工业中的应用

(1) 过滤澄清鲜果汁

裴亮采用内压聚偏氟乙烯超滤膜对果汁进行过滤澄清，考察了膜面流速和膜的操作压力对膜通量的影响，并进一步研究了膜对果汁的色度、浊度、电导率和糖度的影响。聚偏氟乙烯超滤膜截留分子质量为 30000～50000 u，膜孔径为 0.01 μm，有效膜面积为 0.311 m^2，滤芯长度为 840 mm，中空纤维内、外孔径分别为 0.9 mm 和 1.5 mm。结果表明，聚偏氟乙烯超滤膜可以较好地去除果汁的浊度，平均去除率为 90%；其透过液在室温保存半年无沉淀生成，其对果汁的色度影响较小，平均去除率为 20%，其对电导率和糖度基本没有影响。

(2) 矿泉水的制造

矿泉水的水源必须是地下水，而这种水在地下流动时会溶入某些无机盐。采用超滤工艺可制造合乎饮用水标准的矿泉水。

(3) 酶制剂的生产

酶是一种具有高度催化活性的特殊蛋白质，相对分子质量为 $1\times10^4\sim1\times10^6$。采用超滤技术处理粗酶液，小分子物质和盐与水一起透过膜除去，而酶被浓缩和精制。目前超滤已用于细菌蛋白酶、葡萄糖苷酶、凝乳酶、果胶酶、胰蛋白酶、葡萄糖氧化酶等的分离。与传统的盐析沉淀和真空浓缩等方法相比，采用超滤法可提高酶的回收率，防止酶失活，而且可简化提取工艺，降低操作成本。图 1-16 为糖化酶超滤浓缩流程示意图。糖化酶发酵液加 2%酸性白土处理，经板框压滤，除去培养基等杂质，澄清的滤液经过过滤器压入循环槽进行超滤浓缩。透过液由超滤器上端排出，循环液中糖化酶被超滤膜截留返回循环液贮槽循环操作，直至达到要求的浓缩倍数。

2. 反渗透技术在食品工业中的应用

(1) 果汁浓缩

Jensus 选用聚砜/聚乙烯作为反渗透膜材料，滤膜面积为 0.72 m^2。选取三种不同的

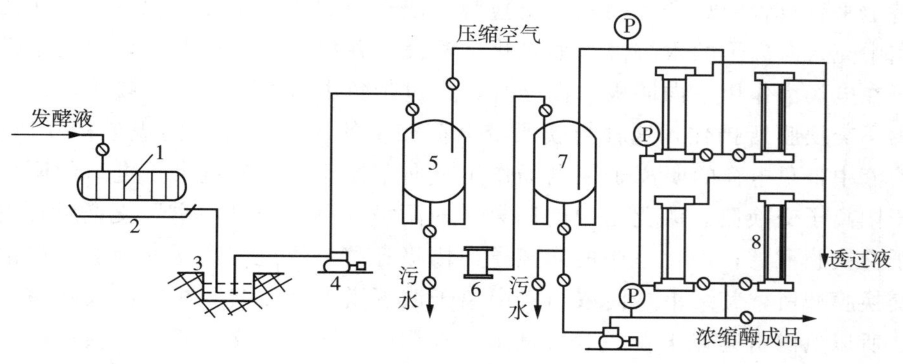

1—板框压滤机；2—压滤液汇集槽；3—地池；4—离心泵；5—酶液贮槽；
6—泡沫塑料过滤器；7—循环液贮槽；8—超滤器。

图 1-16' 糖化酶超滤浓缩流程

传质压力分别为 20 bar、40 bar、60 bar（1 bar＝100 kPa），获得了相应的浓度参数分别为 2.3、3.8、5.8，得到可溶性固形物含量分别为 16 °Bx、28 °Bx、36 °Bx，浓缩液中维生素 C 的含量也呈线性上升趋势。在传质压力为 60 bar 下，膜通量最大达到 28 L/hm^2。经过感官评定和实验鉴定，通过稀释浓缩果汁所得到的重组果汁，与鲜果汁相比丧失了原有的一些特征风味，但比热加工浓缩得到的果汁更好地保留了味道。该研究从理论上验证了反渗透膜在果汁的浓缩中可以起到预期的作用。

（2）废料利用处理

已有许多全套的操作设备可以用于苹果汁的浓缩加工中，包括微滤分离、反渗透前处理（使果汁 SSC 达到 25 °Bx）、全蒸发保留芳香风味、热处理浓缩（使 SSC 达 25～72 °Bx）等操作。对废料的综合利用，可减少其对土壤的污染，增加有机酸作为饲料的利用率，降低能耗。实验结果还表明，影响渗透的主要因素包括：应用压力、有效压力、渗透压力、供给流速、扩散阻滞系数、温度以及反渗透反应系数等。

（3）海水、苦碱水淡化

反渗透膜法海水淡化工艺最高运转压力为 5.6～7.0 MPa，能耗为多段蒸发法的 1/2～1/3，淡水水质好；反渗透膜对＋1 价金属离子的阻止率大于 99.4%，对＋2 价金属离子的阻止率为 99.9%，对总溶解固体量的阻止率大于 99.6%。在全世界海水淡化装置中约有 30%是用反渗透方式来实现的，用反渗透膜可脱去海水中 99%以上的盐离子。我国早在 1968 年就在山东潮连岛试用反渗透膜分离技术用海水制取饮用水。

第三节　电渗析技术

一、电渗析原理

电渗析是指在直流电场的作用下，溶液中的荷电粒子选择性地定向迁移、透过离子交换膜并得以去除的一种膜分离技术。电渗析过程的原理如图 1-17 所示，在正负两电极之间交替地平行放置阳离子和阴离子交换膜，依次构成浓缩室和淡化室，当在两膜所形成的隔室中充入含离子的水溶液（如氯化钠溶液）并接上直流电源后，溶液中带正电荷的阳离子在电场力作用下向阴极方向迁移，穿过带负电荷的阳离子交换膜，而被带正电荷的阴离子交换膜所挡住，这种与膜所带电荷相反的离子透过膜的现象称反离子迁移。同理，溶液中带负电荷的阴离子在电场作用下向阳极运动，透过带正电荷的阴离子交换膜被阻于阳离子交换膜。淡化室中的阳离子向阴极迁移，透过阳离子交换膜，被浓缩室的阴离子交换膜截留；淡化室中的阴离子向阳极迁移，透过阴离子交换膜，被浓缩室的阳离子交换膜截留，其结果是使浓缩室中离子浓度增加，而与其相间的淡化室的离子浓度下降。所以电渗析是以电位差为推动力，利用阴、阳离子交换膜对溶液中阴、阳离子的选择透过性（即阳膜只允许阳离子通过，阴膜只允许阴离子通过），而使溶液中的溶质与水分离，从而实现溶液的浓缩、淡化、精制和提纯的一种膜分离过程。

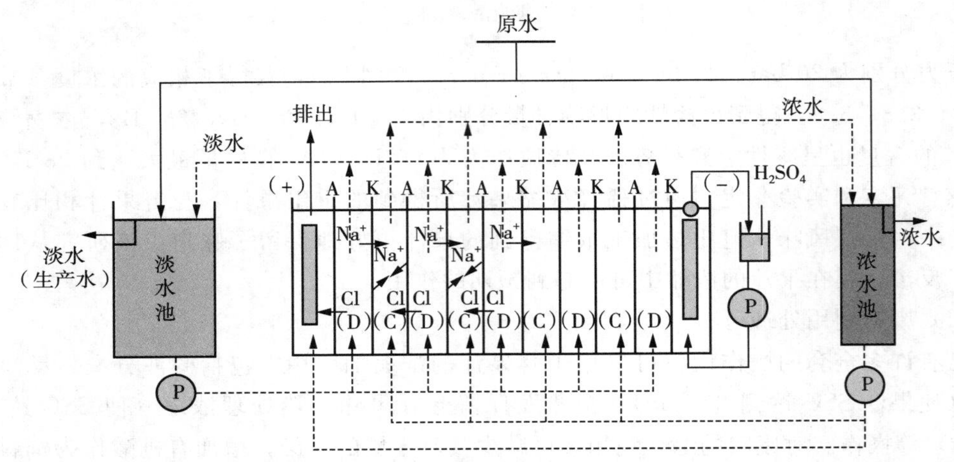

A—阴离子交换膜；K—阳离子交换膜；C—浓水室；D—淡水室。

图 1-17　电渗析过程原理图

在实际的电渗析系统中，电渗析器通常由 100～200 对阴、阳离子交换膜与特制的隔板等组装而成，具有相应数量的浓水室和淡水室。含盐溶液从淡水室进入，在直流电场的作用下，溶液中荷电离子分别定向迁移并透过相应的离子交换膜，使淡水室溶液脱盐淡化并被引出，而透过离子在浓水室中增浓排出。由此可知，采用电渗析过程脱除溶液中的离子基于两个基本条件：直流电场的作用，使溶液中正、负离子分别向阴极和阳极做定向迁移；离子交换膜的选择透过性，使溶液中的荷电离子在膜上实现反离子迁移。电渗析器中，阴、阳离子交换膜交替排列是最常用的一种形式。事实上，对于一定的分离要求，电渗析器也可单独由阴离子交换膜或阳离子交换膜组成。

二、离子交换膜

离子交换膜是具有选择透过性能的网状立体结构的高分子功能膜或分离膜，常应用于膜电解和电渗析等离子交换膜技术中。它具有选择透过性高、分离效率高、能耗低、污染少等特点，在水处理、环保、化工、冶金等领域都有广泛应用。电渗析脱盐过程与离子交换膜的性能有关，其重要性能有高选择性渗透率、低电阻力、优良的化学和热稳定性以及具有一定的机械强度等。

根据膜体结构（或制造工艺）的不同，离子交换膜分为异相膜和均相膜两种。均相膜的离子交换树脂与成膜相合为一体，膜结构中只存在一种相态，不存在相界面。异相膜的制备需要使用黏合剂，使其具有分相结构，含有离子交换活性基团的部分与黏合剂部分具有不同的化学组成，离子交换基团在膜内的分布是不均匀和不连续的。从膜的微观角度来看，均相膜的膜孔径均匀程度以及离子交换基团分布的均匀程度均高于异相膜，但是均相膜厚度和膜内孔道长度均小于异相膜。另外，膜体结构的不同对水的解离过程也会产生影响。对于同样高度的树脂床层，采用均相膜时其离子传递速率较大。由于水中较低的离子浓度和淡化室内不同位置离子浓度的差异，产生较大的离子浓度梯度，从而促使了水解离反应的发生和床层树脂的电再生。虽然在离子脱除过程中，均相膜离子传递速率大，但因均相膜的费用较高，在很多应用中使用起来不经济，所以，目前来讲，在应用中以异相膜为主。

离子交换膜按选择透过性可分为阳离子交换膜（简称阳膜）、阴离子交换膜（简称阴膜）和特殊离子交换膜三大类。根据双电层理论：阳膜含有酸性活性基团，解离出阳离子，使膜呈负电性，选择性透过阳离子；阴膜含有碱性活性基团，解离出阴离子，使膜呈正电性，选择性透过阴离子，如图 1-18 所示。这种与膜所带电荷相反的离子透过膜的现象称为反离子迁移。特殊离子交换膜包括表面涂层膜、双极膜、两性膜、镶嵌膜等。离子交换膜对离子的选择性透过机理与膜的静电作用、孔隙作用和扩散作用有关。

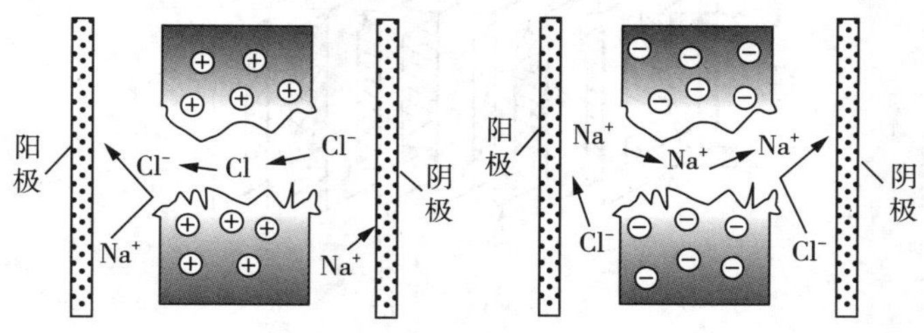

图 1-18 阴膜与阳膜的选择性透过过程

1. 孔隙作用

离子交换膜具有贯穿膜体内部的弯曲孔隙，其孔径多为几十纳米至几百纳米，这些孔隙形成的通道可以使被选择吸附的离子从膜的一侧移动到另一侧。孔隙作用的强弱主要取决于孔隙度的大小与均匀程度。而且只有当被选择的离子的水合半径小于孔隙半径时，才有可能使离子透过膜。

2. 静电作用

离子交换膜上分布着大量带电荷的基团。因此，膜内构成了强烈的电场——阳膜为负电场，阴膜为正电场。根据静电效应的原理，膜与带电离子将发生同电相斥、异电相吸的静电作用。结果使阳膜只能选择性吸附阳离子，阴膜只能选择性吸附阴离子。它们都分别排斥与各自电场性质相同的同名离子。对于两性膜，因为它们同时存在正、负电场，对阴、阳离子的选择透过能力就取决于正、负电场之间强度的大小。

3. 扩散作用

膜对溶解离子所具有的传递迁移能力称为扩散作用。它依赖于膜内活性离子交换基和孔隙的存在，而离子的定向迁移则是外加电场推动的结果。离子交换膜的透过现象可以分为选择吸附、交换解吸、传递转移三个阶段。由膜孔穴形成的通道口和内壁上分布着活性离子交换基，对进入膜相的溶解离子继续进行鉴别选择。通过吸附—解吸—迁移的方式，把离子从膜的一端输送到另一端，完成了膜对溶解离子定向扩散的全过程。

三、电渗析器

电渗析器主要由膜堆、极区和压紧装置三部分组成，如图 1－19 所示。在电渗析器中，膜对是最小的电渗析工作单元，它由一张阳膜、一张浓水隔板、一张阴膜、一张淡水隔板组成。由若干个膜对组装而成的总体称为膜堆。极区包括电极、极框和导水板等部件。置于电渗析器夹紧装置内侧的电极称为“端电极”。在电渗析器膜堆内，前后两极共同的电极称为“共电极”。极框放置在电极和膜之间，防止膜贴到电极上去，起到支撑的作用。压紧装置由盖板和螺杆组成，用来压紧电渗析器，使膜堆、电极等部件组成不漏水的电渗析器整体。

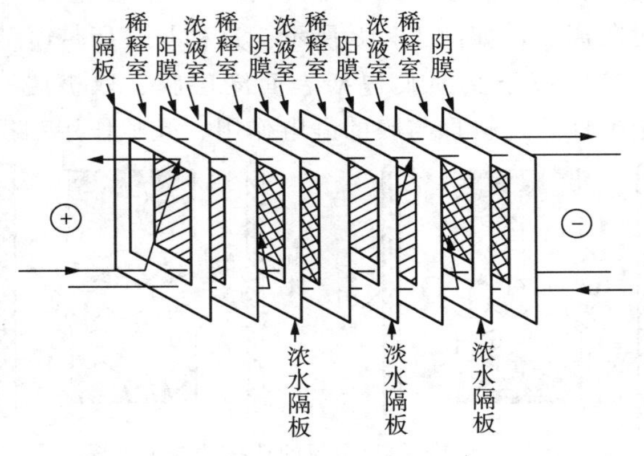

图 1－19　电渗析器的基本结构

电渗析器的组装方式有串联、并联及串并联几种，常用“级”和“段”来表示。“级”是指电极对的数目；“段”是指水流方向，水流通过一个膜堆后，改变方向进入后一个膜堆，即增加一段。电渗析器的组装方式有一级一段、一级多段、多级多段等。图 1－20是电渗析器的组装方式示意图。

一级一段电渗析器即一台电渗析器仅含一段膜堆，由于只有一对端电极，通过每个膜对的电流强度相等。水流通过膜堆时，是平行地向同一方向通过各膜对，实际上这样的膜堆以并联的形式组成一段。这种电渗析器的产水量大，整台脱盐率就是一张隔板流程长度的脱盐率，多用于大中型制水场地。国内一级一段电渗析器一般含有 200～360 个膜对。一级多段电渗析器通常含有 2～3 段，使用一对电极，膜堆中通过每个膜对的电流强度相等。这类电渗析器段与段之间的水流方向相反，内部必须装有用来改变水流方向

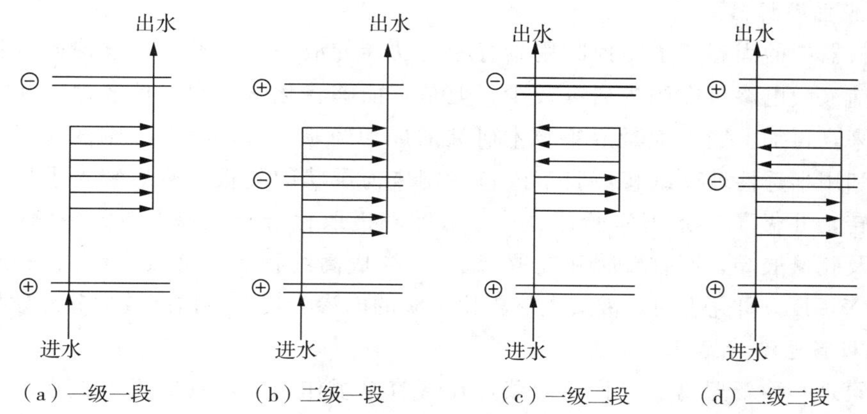

图 1-20 电渗析器的组装方式示意图

的导向隔板，使水流从一段出来后改变方向流入另一段，这种方式实际是串联组装。在级内分段是为了增加脱盐流程长度，以提高脱盐率。这种形式的电渗析器单台产水量较小、压降较大、脱盐率较高，适用于中小型制水场地。多级多段电渗析器使用共电极使膜堆分级，一台电渗析器含有 2～3 级、4～6 段。将一台电渗析器分成多级多段进行组装，是为了获得更高的脱盐率，多用于小型海水淡化器和小型纯水装置。以下是几种常用的电渗析器。

1. 倒极电渗析器

倒极电渗析器就是根据电渗析的原理，每隔特定时间（一般为 15～20 min），正负电极极性相互倒换，能自动清洗离子交换膜和电极表面形成的污垢，以确保离子交换膜工作效率的长期稳定及淡化水的水质、水量。倒极电渗析器包括两方面内容：一是电极极性的倒换；二是电渗析浓淡水进出口阀门的切换，可以长期连续生产合格的淡水。当自动运行时，系统无须操作便可自动连续制水。我国倒极电渗析器技术的应用始于 1985 年，倒极电渗析器的使用，大大提高了水回收率，延长了运行周期。倒极电渗析的缺点是其结构较为复杂、故障排除较困难、抗干扰性较差、对安装地点环境要求较高，这些使得倒极电渗析的应用在一定程度上受到限制。

2. 填充床电渗析器

填充床电渗析器是将电渗析与离子交换法结合起来的一种新型水处理方法，通常是在电渗析器的淡室隔板中装填阴、阳离子交换树脂，结合离子交换膜，在直流电场作用下实现去离子过程。填充床电渗析的最大特点是利用水解离产生的 H^+ 和 OH^-，自动再生填充在电渗析器淡水室中的混床离子交换树脂，从而实现了持续深度脱盐。它集中了电渗析和离子交换法的优点，提高了极限电流密度和电流效率。由于填充床电渗析中填充的离子交换剂具有降低膜堆电阻、促进离子传输的特点，一些研究者将该技术用于去除废水中的金属离子，如从 $NiSO_4$ 溶液中去除 Ni^{2+}，处理含 Cu^{2+} 以及 Cr^{6+} 的溶液。填充床电渗析技术具有高度先进性和实用性，在电子、医药、能源等领域具有广阔的应用前景，有望成为纯水制造的主流技术。

3. 液膜电渗析器

电渗析器中的固态离子交换膜用具有相同功能的液态膜来代替，就构成液膜电渗析工艺。目前液膜电渗析在国内研究较少，但是它能够将化学反应、扩散过程和电迁移三者结合起来，再加上国外大量液膜技术研究的成功经验，未来将有广阔的应用前景。张瑞华等人利用半透性玻璃纸将液膜溶液包封制成薄层状的隔板，然后装入小型电渗析器中进行运转，并做了一系列实验研究——浓缩和提取化合物（提取铁、浓缩铂系金属、硫氰酸锌及硫氰酸镧，回收硫酸和提取硫酸）、合成高纯物质（合成高纯高铼酸铵）、脱盐（脱除 NaCl）。研究表明，液膜电渗析比传统的电渗析具有更加高效的分离效果。

4. 双极膜电渗析器

双极膜是一种新型离子交换复合膜，在直流电场作用下，双极膜可将水解离，在膜两侧分别得到氢离子和氢氧根离子，能够在不引入新组分的情况下将水溶液中的盐转化为对应的酸和碱。尤其是以双极膜技术为基础的水解离领域现已成为电渗析工业中新的增长点，也是目前增长较快和潜力较大的领域之一。目前双极膜电渗析工艺主要应用在酸、碱制备领域，也涉及环境、化工、生物、食品、海洋化工和能源等各个领域。另外，在发展清洁生产和循环经济过程中所起到的作用日益显著。因为利用双极膜电渗析进行水解离比直接电解水要经济得多，双极膜电渗析器的优点是过程简单、能效高、废物排放少。以双极膜为基础的水解离技术已成为电渗析技术目前研究和应用的首要目标。

四、电渗析技术在食品工业中的应用

随着科学技术的发展，电渗析技术在食品行业中的应用是近年来的一大热点，而且发展非常迅速。它不仅可以提高产品的纯度，而且还能有效地脱除酸、盐等杂质，使食品的质量得到保证，并能够保持原有的营养成分。目前，电渗析法是海水、苦咸水、自来水制备初级纯水和高级纯水的重要方法之一。浓缩海水、蒸发结晶制取食盐也是电渗析的主要应用之一。在食品工业方面，电渗析技术被广泛应用于牛乳和乳清的脱盐、果汁的去酸、食品添加剂的制备等。

1. 白酒勾兑用水的制备

在白酒生产中要想把握质量，最关键的一环是勾兑，而勾兑用水的质量是很重要的，它不仅影响白酒的内在质量（如杂质含量高使酒产生沉淀），还影响白酒的外观质量。近几年，国家对白酒在标准上增加了固形物含量项目，而酒的固形物大部分来自勾兑用水。使用电渗析法处理勾兑用水，可使水质明显改善，达到国家标准，口感爽甜，无色透明，无沉淀物、悬浮物。用该水加浆降度，酒质明显提高，固形物下降，避免了白酒货架期沉淀现象的发生。而电渗析处理水还具有设备简单、投资小、操作简单、管理方便等优点，适合中小型白酒企业使用，是值得其选用的提高白酒降度用水质量的好方法。

2. 葡萄酒冷稳定

酒石酸盐沉淀是影响葡萄酒质量的主要因素之一，解决其稳定性是葡萄酒稳定处理的重要工艺，也是目前我国葡萄酒行业所面临的困难及必须解决的问题。传统的处理工艺难以应对快速变化的市场需求，且耗电量大，成为制约葡萄酒生产企业降低生产成本、

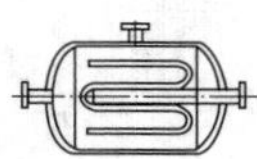

提高生产效率的重要因素。电渗析法是一种新型的去除酒石酸盐的方法，利用直流电场作用，将构成酒石酸盐的阴、阳离子通过选择性离子透过膜分别去除，从而达到酒体冷稳定的目的。预过滤后的葡萄酒经过电渗析处理系统，其中的阴离子和阳离子在直流电场作用下分别向相反的电极方向移动，通过选择性离子透过膜，钾离子和酒石酸氢根离子则被分别被排除到相邻的硝酸溶液冲洗回路中，经电渗析处理后，葡萄酒中形成酒石酸盐的有效成分即被间接地按预定的处理量去除掉。葡萄酒和硝酸溶液分别在不同的流路内通过，两者被离子选择性透过膜隔离。有研究者对电渗析处理后的葡萄酒进行了各项指标的分析，结果表明：用电渗析法去除葡萄酒中的酒石酸盐，比用传统冷冻法更高效，更加节约能源资源，且得到的葡萄酒的感官品质更佳。

3. 味精生产

现在大多数味精生产厂家都采用发酵法生产谷氨酸，然后采用一次低温等电点法提取工艺来分离谷氨酸。离心分离后的母液中一般还含有 1.5%～2%谷氨酸、2.0%～2.5% NH_4Cl、葡萄糖及菌体等。若用电渗析脱去一部分铵盐，然后再用离子交换树脂提取，不但能减少离子交换树脂的用量、提高谷氨酸的提取率，同时也可以节省酸、碱的用量，减少对环境的污染。

谷氨酸是两性电解质，在等电点时以偶极离子存在，呈电中性。在直流电场作用下，既不向阳极迁移，也不向阴极迁移，因此在等电点 pH＝3.22 时，可把发酵液中谷氨酸与 NH_4Cl类分离。电渗析过程中膜体上活性交换基团所吸附的离子在直流电场作用下通过相互接触的活性交换基团或在它们之间的溶液中做不停的定向迁移，直到透过膜体进入浓缩室为止。因此电渗析离子膜在使用期内无所谓失效，也不需要再生。有研究结果表明，味精母液在等电点脱盐后，谷氨酸损失很小。电渗析先脱去一部分铵盐及其他离子，然后再用离子交换法提取谷氨酸，这样既节省了树脂，又可以减少酸、碱的用量，在经济上是可行的，且还对环境保护有利。

4. 酱油脱盐

一般酱油中食盐含量在 16%～18%，这是由于酱油是在开放状态下制成的，为避免微生物的污染，需在高食盐浓度下进行，而且酱油特有的香味只有在此食盐浓度下才能酿成。现代医学已表明，高钠膳食易导致高血压、肾脏病等疾病发生，由于普通酱油的含盐量偏高，为满足人们对低钠膳食的需求，可以将普通酱油中的盐分脱除成为低盐酱油。利用电渗析技术对酱油进行脱盐处理，可以制得低盐酱油并基本保持酱油原有风味，但要损失一部分作为酱油指标的氨基酸态氮和有机酸等有效成分，从而将酱油的含盐量降低。有研究人员采用国产离子交换膜，运用电渗析技术进行酱油脱盐的可行性试验，同时研究了电渗析进行酱油脱盐的工艺条件，将含盐 19.4%的酱油脱盐至 9.1%的减盐酱油，作为酱油指标的氨基酸态氮损失 8.3%，酱油原有风味变化不大，证明了电渗析对酱油的脱盐是切实可行的分离方法。

5. 粗菊糖纯化

菊糖是一种具有保健功能的多糖，广泛地分布于各种植物中。有研究表明，每日摄入适量的菊糖可以帮助人们调理肠胃，增加肠胃蠕动，使排便时间和排出粪便量更加有规律。菊糖还能被大肠内的有益细菌（包括双歧杆菌）分解利用，产生短链脂肪酸和B族维生素，有利于矿物质的吸收。菊糖还可作为天然植物提取物中的食品配料使用，达到改善食品质构的目的。菊糖具有很高的营养价值和良好的功能特性，但粗菊糖中盐分、粗蛋白、单糖、双糖含量较高，这限制了其在食品工业中的应用，因此需要对粗菊糖进行纯化。有研究人员探讨了电渗析对粗菊糖纯化过程的影响，在不同操作电压下，分析了粗菊糖在电渗析过程中电导率、pH值、灰分、粗蛋白质含量和糖分组成的变化。结果显示，电渗析1 h后，粗菊糖料液中灰分的去除率达到70%，粗蛋白质去除率达到47%，同时电渗析不会引起菊糖糖分组成的明显变化。他们的试验证明电渗析对去除粗菊糖中的无机盐和游离氨基酸非常有效，能大大减轻后续纯化操作的压力，是纯化粗菊糖的一种经济、有效的方法。

6. 食品工业中的其他应用

乳酸是一种重要的有机酸，一般采用发酵法制备，但由于发酵液组分比较复杂，从中提取含量较低的乳酸相当困难，而采用电渗析法将乳酸等电解质离子和发酵液中其他大分子糖以及中性物质等分开，可以节约原材料，降低成本，大大提高产率。电渗析技术还可用于柠檬酸、苹果酸和其他有机酸的分离。此外，电渗析技术在大豆低聚糖溶液脱盐、牛乳酪分离蛋白的沉淀分离、澄清西番莲果汁的电去酸化，以及大豆豆腐乳清中镁和蛋白质的回收等食品工业过程中均有应用。王秋霜等人利用电渗析技术对大豆低聚糖溶液进行脱盐，经过电渗析处理后，测得脱盐率可以达到96.07%，低聚糖的保留率达到83.82%。因此认为，利用电渗析法对大豆低聚糖的粗提液进行脱盐处理具有一定的可行性。

第四节　工业色谱技术

一、工业色谱分离原理

色谱（层析）是一类分离技术的总称。色谱分离指非均一体系（多孔的固体或凝胶）中原子、分子或离子在两相间互相作用，两相间的界面可以是气-固、气-液、液-固和液-液等各种不同的界面，在特殊的情况下，也可以在两个固定相之间形成的表面上互相作用。在色谱柱内填充吸附剂，在填充状况良好的情况下，当含有溶质的流动相流过此床层并和固定相接触时，二者互相作用。在一定的时间内，溶质在两相内达到动态平衡。此平衡值在恒温下，取决于吸附等温线上的相应值，气-固或液-固色谱为吸附等温方程的吸附平衡常数，液-液色谱为分配等温方程的分配系数。这些常数表征溶质在一定的温度和浓度下，与固定相（以及流动相）的亲和力大小。体系和所处温度一定时，亲和力（或平衡常数）和溶质的浓度无关，为定值，是理想或线性的吸附等温线。通常亲和力或平衡常数均随流体相中溶质浓度的增加而增大（或减少），是非理想或非线性的吸附等温线，使所得的色谱峰不对称。流动相在床层内不断地流动，溶质组分在床层固定相内不断地达到平衡，传质非平衡又平衡的过程，使色谱峰（或透过曲线）不断地移动。移动速度除需考虑流动相的流速外，相平衡常数（表征亲和力大小的常数）是决定性的因素，可以说溶质组分在床层内滞留时间的长短与亲和力有关，亲和力小的组分滞留时间短；亲和力大的组分滞留时间长，从而使亲和力不同的溶质组分得到分离。

组分在吸附剂固定相表面的吸附（或对固定相内固定液的溶解吸附），可以是化学吸附也可以是物理吸附。化学吸附指具有一定活化能的分子与吸附剂表面的原子起化学反应，生成表面络合物，其吸附容量的大小，与被吸附分子和吸附剂表面原子之间形成吸附化学键力的大小有关。物理吸附，即由范德华力产生的吸附，这种作用力没有分子间化学键的作用力那么强。范德华力包括静电力、诱导力、色散力和氢键作用力，是一种吸引力较弱的物理作用力。影响物理吸附平衡常数和分配系数的因素，取决于物质的物理常数，如溶解度、沸点、汽化热和表面张力等，也取决于化学热力学性质如黏度，以及色谱分离过程保留值、色谱峰形等。

① 静电力。分子之间的作用力主要是静电力，是由极性分子的永久偶极间存在的静电作用产生的，其中氢键是重要的。当用极性固定液的色谱柱分离极性的组分时，极性越强，二者的作用力越强，组分在固定相内的保留时间越长；反之，极性较弱的组分分子的保留时间则较短。

② 诱导力。极性分子的永久偶极电场对另一个非极性分子产生的诱导偶极，使两个分子相互吸引，这种作用力称为诱导力，这种力一般是比较小的。

③ 色散力。色散力是非极性分子之间主要的互相作用力，是分子互相作用力中最常见的分散非极性力。非极性分子之间虽然没有静电力和诱导力的作用，但由于在其他原子的可极化电子体系中，电子和原子核互相作用形成的偶极矩会产生作用力，即是由分子周期性位置变化形成的偶极矩，因此产生的同步电场使周围分子极化而生成色散力。色散力是比较弱的力，因而类似的非极性分子都不会互相排斥。非极性或弱极性分子之间唯一互相作用的力是色散力，并随作用中心距离的增加而迅速下降。极性分子和非极性分子之间也有色散力在作用，但同时可能还有诱导力和静电力的存在。

④ 氢键作用力。氢键作用力是一种比较特殊的范德华力，它是氢原子在和分子中的一个电负性较大的原子（如氧、氮等）构成共价键的同时，又和另一个电负性较大的原子形成有方向性的力，其大小与电负性原子的电负性大小有关，电负性越大，电负性原子半径越小，氢键作用力越强。

二、工业色谱分离系统

工业规模制备色谱是适应科技和生产需要发展起来的一种新型、高效、节能的分离技术。工业高效制备色谱（high performance preparative chromatography，HPPC）通常是由多根装填小颗粒填料的色谱柱组成的色谱系统，填料的粒径与操作方式有关，间歇操作时粒径一般为 15 μm 左右，连续操作时则为 20～30 μm，每米板效率在 20000 理论板以上，操作压力为 3～6 MPa。工业高效制备色谱一般在 5～10 cm/min 的高流速下操作，所以可以大大提高生产效率，节省产品的纯化成本。以下是三种主要的工业高效制备色谱。

1. 模拟移动床色谱

模拟移动床（simulated moving bed，SMB）色谱是连续色谱的一种主要形式，其关键是使固定相与流动相形成逆流移动，然而两相之间的逆流移动在工业过程中并不容易实现，例如固定相的移动会造成填料颗粒的磨损以及填料的分散，流动相流速又受填料颗粒沉降速度的限制等。通过模拟移动固定相代替固定相的真实移动是模拟移动床色谱的基本思想。模拟移动床色谱由多根色谱柱组成，柱子之间用多位阀和管子连接在一起，每根柱子均设有样品的进出口，并通过多位阀沿着流动相的流动方向周期性地改变样品进出口位置，以此来模拟固定相与流动相之间的逆流移动，实现组分的连续分离。SMB色谱由各进出口将系统分为4个带，在分离过程中，尽管进出口的位置会变化，但是各带中色谱柱的数目不随时间变化。如6柱SMB色谱中，色谱柱数目分配为1∶2∶2∶1，在整个运行周期中保持不变。

图1-21所示的真实移动床色谱中，固定相自上向下移动，淋洗液自下向上移动，同时连续地进行再循环。固定相由Ⅰ区循环到Ⅳ区，而淋洗液则由Ⅳ区再循环到Ⅰ区。含有组分A和B的样品由柱中间的样品入口处注入，新鲜的淋洗液由Ⅰ区引入。在选择的流速下，在固定相上保留弱的组分A向上移动，由提余液出口流出，而保留强的组分B则向下移动，由提取液出口流出，使组分A和B得到分离。模拟移动床的固定相实际上并没有移动，而是通过阀切换技术改变。这一操作过程如图1-22所示，t_0时刻流动相样品的入口点和提取液、提余液的出口点的位置如图1-22（a）所示，经过Δt时间后，各进样点和出样点的位置如图1-22（b）所示。经过位置切换，造成的结果相当于固定相以L/t的速度与流动相做相对运动，从而实现了逆流操作。但在操作过程中，固定相并未移动。

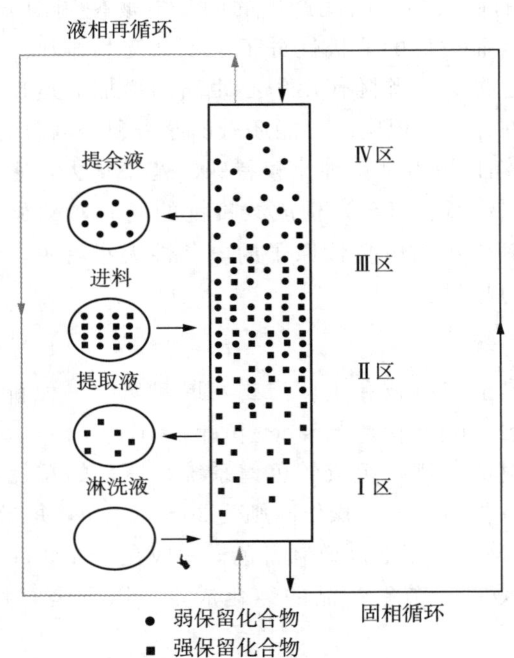

图1-21　真实移动床色谱示意图

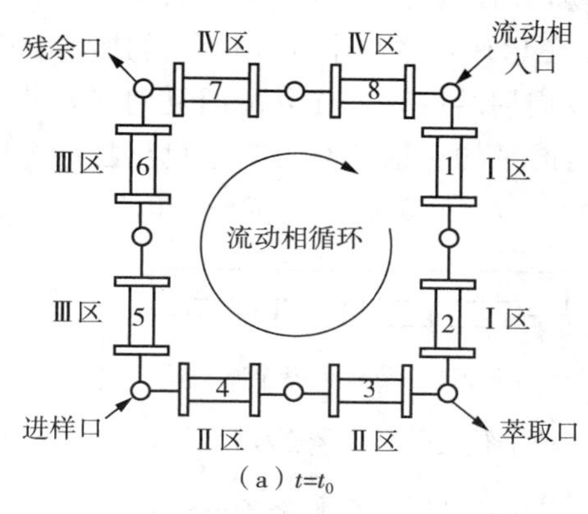

(a) $t=t_0$

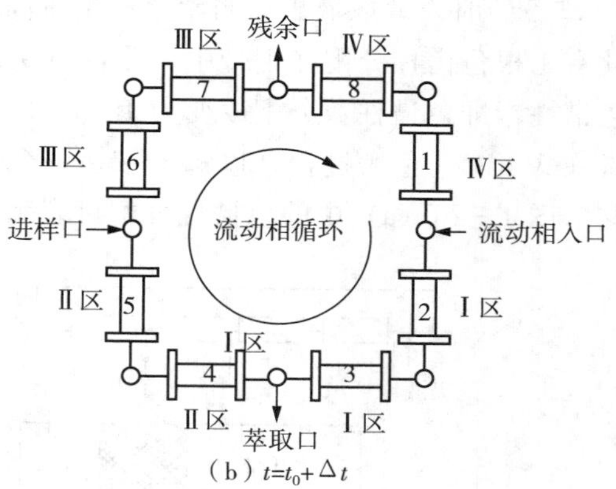

(b) $t=t_0+\Delta t$

图 1-22 模拟移动床色谱装置工作示意图

SMB 色谱还有一些改进的操作模式。温度梯度 SMB 和溶剂梯度 SMB 分别是通过温度、溶剂组成的变化改变溶质在各带的吸附强度而改善色谱的分离性能的。多组分 SMB 通过增加带的数目而增加能够得到的纯组分数目，如采用四带与五带 SMB 色谱分离纯化三组分体系。此外还有一种称为“Powerfeed Operation”的 SMB 色谱操作模式，它的特点是在进出口切换时可改变液体流速。

SMB 色谱技术可用于药物尤其是手性药物的分离，目前新技术已发展到吨级工艺。SMB 色谱技术在生物分离领域也有较广泛的应用，如：从细胞培养液的上清液中分离纯化单克隆抗体，产率达 90%以上。

SMB 色谱的技术优势主要表现在以下三个方面：①SMB 色谱是一个连续分离过程，易于实现自动化操作和稳定的产品质量控制。与传统的间歇制备色谱相比，SMB 色谱在提高生产能力和降低溶剂消耗量方面都有不同程度的改善，如将 SMB 色谱用于喹啉甲羟戊酸乙酯（DOLE）的拆分中，生产能力可提高 20 倍；多项研究表明，溶剂消耗量可节省 84%～95%。②SMB 色谱技术比其他制备色谱的分离效率高：一方面，生产同样纯度的产品，SMB 色谱的理论板数少得多；另一方面，研究表明当色谱柱效率降低 20%时，SMB 色谱的生产能力仅降低 10%，而一般的制备色谱生产能力却降低 50%。③SMB 色谱技术可以通过放大分析型色谱的条件快速、可靠地实现旋光异构体分离。通过应用分析型色谱，对流动相的溶解样品能力、保留时间、选择性进行研究，可以很方便地评价出大规模 SMB 色谱分离的可行性。

2. VariCol 色谱

VariCol 色谱是新发展起来的一种多柱色谱工艺，与 SMB 色谱工艺相比，这种工艺对固定相的利用率更高。它的基本原理是多柱色谱系统的进出管线非协同移动，以实现带长度随时间而变化。SMB 色谱基于真实移动床过程，而 VariCol 色谱则基于带移动过程。图 1-23 为四柱 VariCol 工艺过程中色谱柱的时间分配图。VariCol 的操作单元有进出口，也分为 4 个带，但每个带的进出口不是同时移动的，而是带间色谱柱的分配随着时间变化。以图 1-23（a）为例，初始状态的色谱柱数目分配为 0：2：1：1，在半周期

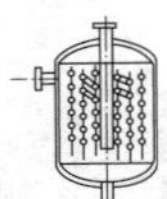

$(t+0.5\Delta T)$时，萃取液出口与萃余液出口同时移动，而洗提液出口与进料液出口不移动，因此有1根色谱柱分配在Ⅰ带中，Ⅱ带中变为1根色谱柱，Ⅲ带中为2根色谱柱，Ⅵ带中无色谱柱，即色谱柱数分配改变为1∶1∶2∶0，在周期结束时，柱分配回复到初始状态。通常在VariCol色谱过程，以每个带在一个周期内的平均色谱柱数目表示色谱柱的分配，因此，图1-23（a）中的色谱柱分配可表示为＜0.5＞/＜1.5＞/＜1.5＞/＜0.5＞。

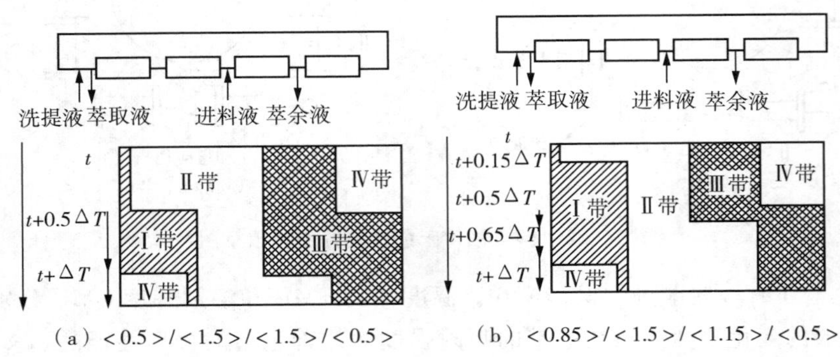

图1-23　四柱VariCol工艺过程中色谱柱的时间分配图

VariCol色谱与SMB色谱相比，操作更加灵活，分离效率更高，尤其是对于柱数较少的情况。例如：4柱SMB色谱仅有一种色谱柱分配法，即每带只有1根色谱柱，而VariCol色谱的柱分配法不受此限制，可能的方案无穷多，可根据实际情况选择，如图1-23（b）中的色谱柱分配可表示为＜0.85＞/＜1.5＞/＜1.15＞/＜0.5＞。

3. 超临界流体色谱

超临界流体色谱（supercritical fluid chromatography，SFC）因使用超临界流体（通常为CO_2）作为流动相而得名，与其他色谱分离过程相比具有独特的优势。通过改变操作温度或压力，可使单一流动相用于多种用途的分离，通过简单降压使超临界CO_2气化就可收集到产品；流动相回收简便，成本低廉，易于实现梯度操作。目前SFC已用于许多工业领域的提取过程，最常见的是用于提取香料和咖啡因。间歇SFC在鱼油提取分离、发酵液提取环孢素、分离叶绿醇异构体等方面的应用，表明其在降低溶剂用量和提高分离效率方面具有优势。在间歇超临界CO_2制备工艺中，CO_2是循环使用的。液体CO_2通过泵加压输送，受热后变为超临界CO_2。在超临界条件下，分离过程在色谱柱中完成。色谱系统出口压力降低时CO_2又成为气体状态，在气相中收集各纯组分。气体CO_2通过适当的设备得到净化、冷却后成为CO_2液体流入储罐中，继续循环使用。在许多分离过程中还需要加入改良剂以调节超临界CO_2的溶解能力，如加入2%～3%的甲醇或乙醇，可大大提高超临界CO_2对极性物质的溶解度。

超临界CO_2/SMB色谱综合了SFC和SMB这两种分离技术的优势，解决了利用SMB色谱进行梯度操作的困难。图1-24为超临界CO_2/SMB的压力梯度操作原理图。

以超临界CO_2作为流动相，通过控制SMB系统中不同带的平均压力，可容易地实现梯度洗脱。例如：为了提高Ⅰ带的效率，应增加洗脱剂的洗脱强度，以使吸附作用强的组分易于解吸，这时就要提高超临界CO_2压力；相反，在Ⅳ带应降低洗脱强度，以使吸

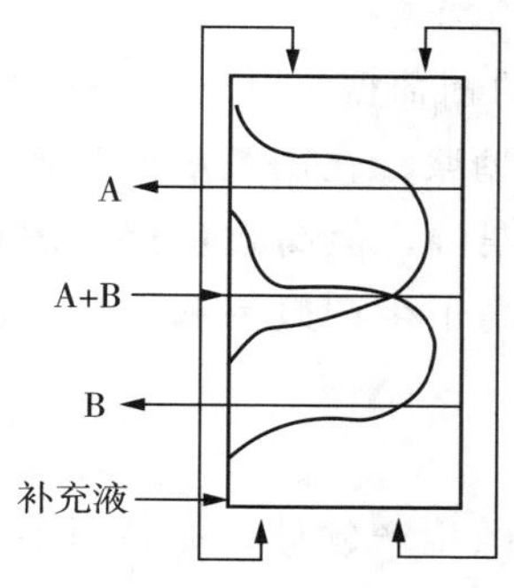

带	目标	洗脱强度	压力
Ⅳ	A↓	$E_4<E_3$	$P_4<P_3$
Ⅲ	B↓	$E_3<E_2$	$P_3<P_2$
Ⅱ	A↑	$E_2<E_1$	$P_2<P_1$
Ⅰ	B↑	E_1	P_1

图 1－24　超临界 CO_2/SMB 的压力梯度操作原理图

附作用弱的组分能够进行吸附，使Ⅳ带效率提高，从而由Ⅰ带到Ⅳ带的平均压力依次降低。用超临界 CO_2/SMB 色谱纯化 1，2，3，4－四氢－1－萘酚的工艺数据表明，当压力梯度为 10～25 MPa 时，与等梯度压力操作相比，前者生产能力为后者的 3 倍，而溶剂消耗量却不足后者的 1/5。

超临界流体色谱的应用存在以下限制因素：①费用相当昂贵。例如色谱柱应能承受相当高的压力变化，而且色谱柱在承受压力的增加时要防止对填料的损坏。目前动态轴向压缩柱能满足此要求，但不能完全解决费用昂贵的问题。②超临界 CO_2 不可能溶解所有物质，通常需加入改良剂以改善溶解性能，但同时部分抵消了其他一些优势。

三、工业色谱技术在食品工业中的应用

20 世纪 80 年代，工业色谱技术被广泛应用于食品工业中。随着人们生活水平的提高，食品工业的科技需求迅速高涨，从最初的果葡分离开始，目前已逐渐发展到各种高纯度优等食品添加剂以及大规模高纯度氨基酸的生产中。

1. 采用色谱分离技术分离果糖和葡萄糖

模拟移动床在糖工业中主要应用于果糖和葡萄糖的分离。美国通用石油公司开发了以分子筛作为吸附剂，用模拟流动床分离果糖的 Sarex 工艺，这是迄今从玉米糖浆中分离果糖与葡萄糖的最佳方法，国外已有年产万吨果糖的成套商品化设备，果糖回收率达 96.7%，浓度 97.5%。20 世纪 80 年代初，我国大庆石化研究院成功地将模拟移动床技术应用于制取高纯度果糖，并同南宁木薯开发中心合作，在中试装置上得到阿勒晶体果糖；广东湛江也于 1993 年建成了模拟移动床吸附分离高级纯果糖工业试验装置，并试车成功。李纪亮以含有 Ca^{2+} 的离子交换树脂作为分离介质，经过模拟移动床的分离操作后，从果葡糖浆中得到的果糖含量高达 90%。

2. 采用色谱分离技术从结晶葡萄糖母液中回收葡萄糖

在淀粉糖的生产过程中，无论是无水葡萄糖还是一水葡萄糖，在结晶后均会产生大量的结晶母液，该结晶母液葡萄糖浓度通常介于 78%～85%（以干固含量计）。色谱分离技术能将结晶糖母液分成两种主要组分：葡萄糖组分，葡萄糖 DX 值大于 95%，母液中葡萄糖收率为 90%以上；低聚糖组分，主要成分为低聚糖，母液中有 10%左右的葡萄糖继续保留在残留液中。

3. 采用色谱分离技术一步法生产高质量葡萄糖浆

色谱分离技术的应用可以直接将低 *DX* 值的葡萄糖浆（90%～96%）进行有效分离，从而得到 *DX* 值为 99%～99.7%的高纯度葡萄糖浆。在山梨醇的生产中，现行工艺需要先得到结晶葡萄糖，回溶后再进行氢化制得山梨醇，但高效色谱技术可以直接从糖化液制得高纯度的糖浆进行氢化反应，从而大大提高了生产效率和得率，简化了整个工艺过程，显著降低了运行成本。

4. 采用色谱分离技术生产多元醇及低聚糖

色谱分离技术也被广泛应用于功能性糖醇的生产领域，如甘露醇、麦芽糖醇、低聚果糖等。以结晶麦芽糖醇的生产为例，由于结晶麦芽糖醇溶解度非常大，只有在经济分离条件下得到高纯度的麦芽糖醇溶液，才有可能在结晶收率、分离收率上得到满意的结果，最终实现在生产成本上具有核心竞争力。采用顺序式模拟移动床连续色谱分离技术，根据原料的物料特征可以得到纯度在 95%～98%的高纯度麦芽糖醇溶液，为后续的结晶、分离、干燥及提高最终收率创造良好的工业基础。孙培冬等利用 SMB 技术分离木糖醇母液中的木糖和木糖醇，分离后的木糖、木糖醇质量分数分别为 99.3%和 99.8%。木糖醇母液经分离后，可以重新结晶利用，大大提高了母液的利用价值，具有很好的经济效益。SMB 技术还可以将甘露醇结晶母液中的甘露醇与山梨醇分离，从而使甘露醇含量提高，收率增加；也能将麦芽糖醇、多元醇和山梨醇分离，使麦芽糖醇含量由 75%提高到 95%以上，分离收率在 85%以上，完全满足了麦芽糖醇液的结晶要求。

5. 采用色谱分离工艺进行柠檬酸生产

现在的柠檬酸生产工艺普遍采用钙盐法，用钙盐法生产具有不可回避的缺点，即以化学反应为基础，每吨柠檬酸大约消耗 1 吨硫酸和 1 吨碳酸钙，产生大约 1.3 吨石膏。而采用色谱分离工艺建立的柠檬酸工厂，以物理分离为基础，只消耗水和蒸汽，不需要硫酸和碳酸钙的消耗，也没有大量固体废弃物的产生，同时回收率可达 97%以上，产品质量大大提高。

6. 采用色谱分离技术生产氨基酸

SMB 技术被广泛应用于赖氨酸、苯丙氨酸、缬氨酸和色氨酸等产品的分离和精制中。Walsem 等人将 SMB 技术用于赖氨酸的生产，生产过程中发酵液直接经 SMB 进行分离交换、回收和净化，*L*-赖氨酸含量为 97.5%，再以弱酸型阳离子树脂除去无机杂质，产品最终含量大于 98.5%。Wu 等人采用 SMB 系统分离苯丙氨酸和色氨酸，分离后苯丙氨酸、色氨酸含量分别为 96.7%和 97.7%。此外，HaruhikoM 利用 SMB 系统，以阳离子交换树脂为吸附剂，从谷氨酸中分离提取谷胱甘肽，产品回收率约 99%。吴昊等人利用 SMB 技术分离 *L*-苯丙氨酸，其收率大于 97.6%，而且产品成本大为下降，具有很大的市场优势。江阴某企业在 *L*-苯丙氨酸项目中采用了 SMB 技术，年产达到 800 吨。万红贵等人研究了 SMB 技术在缬氨酸发酵液分离中的应用，实现了两种中性氨基酸的分离，分离效果远好于普通的分离方法，系统操作温度保持在 25 ℃时得到了含量为 98.6%的缬氨酸和含量为 82.9%的丙氨酸产品，提高了生产效率。

参考文献

[1] 金永强，李凯，周玉琴．超临界流体萃取技术和设备及应用［J］．大东方，2017，10：338.

[2] 段筱薇．超临界流体萃取技术的发展及应用［J］．广东蚕业，2018，52（4）：35.

[3] 苗笑雨，谷大海，程志斌，等．超临界流体萃取技术及其在食品工业中的应用［J］．食品研究与开发，2018（5）：209－218.

[4] 银建中，毕明树，孙献文，等．超临界 CO_2 萃取沙棘油的实验研究及数值模拟［J］．高校化学工程学报，2001（5）：481－485.

[5] 陈雪峰，刘爱香，刘金平，等．超临界流体萃取大蒜油的工艺研究［J］．食品与机械，2002（4）：9－11.

[6] 刘伟民，马海乐，李国文．超临界 CO_2 连续浓缩鱼油 EPA 和 DHA 的研究［J］．农业工程学报，2003，19（2）：167－170.

[7] 廖传华，周玲，顾海明，等．超临界 CO_2 萃取β-胡萝卜素的实验研究［J］．精细化工，2002，19（6）：365－367.

[8] 陈欢林．新型分离技术［M］．北京：化学工业出版社，2005.

[9] 冯光．超滤和反渗透分离技术的原理及应用［J］．中国食品工业，2013（3）：42－44.

[10] 裴亮，董波，姚秉华，等．超滤新技术应用于果汁澄清的研究［J］．过滤与分离，2007，17（2）：12－14.

[11] 莫增宽，陆海勤，何惠欢．超滤技术的原理及其在甘蔗制糖行业的应用研究进展［J］．中国调味品，2015（3）：137－140.

[12] 李媛，王立国．电渗析技术的原理及应用［J］．城镇供水，2015（5）：16－22.

[13] 李长海，党小建，张雅潇．电渗析技术及其应用［J］．电力科技与环保，2012（4）：27－30.

[14] 于璐．电渗析技术在食品与医药工业方面的应用［J］．中国环境管理，2010（2）：40－41＋43.

[15] 王秋霜，应铁进，赵超艺，等．电渗析技术在大豆低聚糖溶液脱盐上的应用［J］．农业工程学报，2008，24（10）：243－247.

[16] 叶振华，宋清，朱建华．工业色谱基础理论和应用［M］．北京：中国石化出版社，1998.

[17] 王华，韩金玉，常贺英．新型分离技术：工业高效制备色谱［J］．现代化工，2004，24（10）：63－70.

[18] 翟学萍，齐建平，尤慧艳．模拟移动床色谱技术研究进展［J］．化学教育，2018，39（4）：1－9.

[19] 孙菲菲，崔波，张晓旭．模拟移动床色谱（SMB）技术在食品工业中的应用［J］．中国食品添加剂，2011（3）：201－205.

[20] 李纪亮．F－55 高果葡糖浆厂设计和生产［J］．食品工业科技，2008，10：170－173.

[21] 吴昊，韦萍，万红贵，等．模拟移动床连续分离 *L*－苯丙氨酸的研究［J］．食品科学，2007（4）：64－68.

[22] 万红贵，方煜宇，叶慧．模拟移动床技术分离缬氨酸和丙氨酸［J］．食品与发酵工业，2005，31（12）：50－53.

第二章　食品粉碎和造粒新技术

第一节　超微粉碎技术

超微粉碎技术是近年来随着现代化工、电子、生物、材料及矿产开发等高新技术的不断发展而兴起的，是国内外食品加工领域的高科技技术。现在市场上常常销售的果味凉茶、冻干水果粉、超低温速冻龟鳖粉、海带粉、花粉和胎盘粉等，多是采用超微粉碎技术加工而成，中国从 20 世纪 90 年代起将此技术应用于食品调味品、饮料、蔬菜制品的生产中，一些口感好、营养配比合理、易消化吸收的功能性食品（如山楂粉、魔芋粉、香菇粉等）便应运而生。

一、超微粉碎技术的定义和分类

超微粉碎技术是利用特殊的粉碎设备，通过一定的加工工艺流程，对物料进行碾磨、冲击、剪切等，将粒径为 3 mm 以上的物料粉碎至粒径为 10～25 μm 的微细颗粒，从而使产品具有较高的界面活性，呈现出特殊的功能。与传统的粉碎、破碎、碾碎等加工技术相比，超微粉碎法制备得到的产品粒度更加微小。在食品加工领域里，通常把粒度低于25 μm的粉末称为超微粉体，将制备超微粉体的方法称为超微粉碎技术。

普通超微粉碎方法按性质通常分为化学方法和物理方法（机械式粉碎法）。化学合成法得到的产量低、加工成本高和应用范围窄；而物理制备法得到的物料不发生化学反应，保持了物料原有的化学性质，具有良好的稳定性。根据粉碎过程中物料载体种类的不同，又可分为干法粉碎和湿法粉碎。干法粉碎有气流式、高频振动式、旋转球（棒）磨式、锤击式和自磨式等几种形式；湿法粉碎主要用到胶体磨和均质机。针对具有韧性、黏性、热敏性的物料和纤维类物料的超微粉碎，可采用冷冻超微粉碎方法。食品中常用的超微粉碎技术主要有气流式、高频振动式、旋转球（棒）磨式、转辊式等。其中，气流式超微粉碎技术较为先进，利用气体通过压力喷嘴快速喷射产生剧烈的冲击、碰撞和摩擦等作用力实现对物料的粉碎作用。

当颗粒粒度变化超过某一范围时，颗粒必将伴随从量变到质变的过程，这种情况在超微粉碎阶段表现得更为突出。经过超微粉碎后的超微粉体处于微观粒子和宏观物体之间的过渡状态，根据聚集状态的不同，物质可分为稳态、非稳态和亚稳态。通常块状物质是稳定的；粒度在 2 nm 左右的颗粒处于不稳定的状态，在高倍电子显微镜下观察其结构，发现其会不断发生变化；而粒度在微米级左右的粉体都处于亚稳态，其原因是颗粒

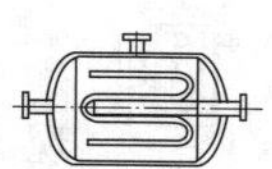

的表面原子数占颗粒总原子数的比例随粉末粒度的减少而增大。超微粉体表面能的增加，使其性质发生一系列变化，产生超微粉体的“表面效应”。超微粉体单个粒子体积小，原子数少，其性质与含“无限”个原子的块状物质显著不同，产生超微粉体的“体积效应”，这些效应引起了超微粉体的独特性质。超微粉体的性质与应用密切相关。目前，人们对超微粉体的特性还没有完全了解，一些已经比较清楚的本征特性可归纳如下：

① 比表面积大。由于超微粉体的粒度较小，因此其比表面积相应较大，表面能也较高，如平均粒径为 0.01～0.1 μm 的粉体，其比表面积一般可达 10～70 m^2/g。

② 表面张力大，渗透压高。粒子的表面张力大，对其内部会产生很高的压力。质量均匀，具有很好的溶解性、很强的吸附性和流动性。

③ 熔点降低。许多研究表明，物质的粒径越小，其熔点就越低，烧结温度降低且烧结体强度高。如 Au 的熔点为 1063 ℃，若粉碎到粒径为 2～5 nm 时，则其熔点降低到 300 ℃左右；普通钨粉的烧结温度高达 3000 ℃，但掺入质量分数为 0.1%～0.5%的超细钨粉后可降至 1200～1300 ℃。物质熔点下降的程度与粒径大小成反比。究其原因是粒径减小，表面层原子数相对增多，物质表面和内部的晶格振动发生变化，表面原子处于高能量状态，活性比内部原子高，故熔化时所需能量较少。

④ 光吸收性和热导性好。有些超微粒子可以吸收紫外线和红外线，粒度小于0.1 μm 的超微粉体大部分呈黑色，且粒度越细、色越黑。大多数超微粉体在低温或超低温下几乎没有热阻，如 Ag 粉在超低温下具有最佳的热传导性。

⑤ 活性大，化学反应速度快。随着粒径变小，超微粉体粒子的表面原子数增加，表现出很高的化学活性。

从微观角度上看，超微粉碎使机械能转化为过剩自由能和弹性应力，弹性应力发生迟豫，从而引起晶格畸变、晶格缺陷、无定形化、表面自由能增大、生成自由基等机械力化学效应。又因超微粉体具有量子体积效应、量子尺寸效应、表面效应、介电限域效应和宏观量子隧道效应，故能被广泛应用于高档涂料、医药、高技术陶瓷、微电子及信息材料、高级耐火及保温材料、填料和新材料等产业。

超微粉体很容易发生团聚，尤其是纳米级粉体，伴随形成二次粒子，导致超微粉体材料性能发生严重劣化，故在特殊领域需对超微粉体进行改性，防止其团聚和结块，以提高其分散性、流变性以及光催化效果等。至今国内外已开发出气流磨、高压辊磨、离心磨、胶体磨、振动磨、搅拌磨等超细粉碎设备（表 2-1）。随着物料性质的变化和使用范围的不同，人们已对某些超细粉碎设备做了相应的技术改造。

表 2-1 超细粉碎设备及适用范围

类 型	粉碎原理	给料/mm	产品/μm	适用范围	粉碎方式
气流磨	冲击，碰撞	<2	1～30	中硬，软	干式
胶体磨	分散，剪切，摩擦	<0.2	1～20	中硬，软	湿式
震动磨	冲击，剪切，摩擦	<6	1～70	硬，中硬，软	干式，湿式

（续表）

类　型	粉碎原理	给料/mm	产品/μm	适用范围	粉碎方式
搅拌磨	冲击，剪切，摩擦	＜1	1～5	硬，中硬，软	干式，湿式
球磨机	冲击，剪切，摩擦	＜1	1～100	硬，中硬，软	干式，湿式
高速冲击磨	冲击，剪切，摩擦	＜8	3～74	中硬，软	干式

二、气流式超微粉碎技术

气流粉碎技术的应用几乎遍及所有的精细加工行业，如化工、医药、食品、塑料、矿业和金属材料等。据国内外不完全统计，可供气流粉碎的产品多达千余种，这说明该技术在许多特定的粉体领域中具有特殊的地位。该技术的原理是利用物料在高速气流的作用下，获得巨大的动能，在粉碎室中使物料颗粒之间高速碰撞、剧烈摩擦，以及高速气流对物料进行剪切作用，从而达到粉碎物料的目的。加工成的细小粉末（粒径小于10 μm）具有了一系列新的理化特征，与普通机械式超微粉碎机相比，气流粉碎机可将产品粉碎得很细，使得粒度分布范围更窄，粒度更加均匀。因为气体在喷嘴处膨胀可降温，粉碎过程不伴随热量产生，所以粉碎温升很慢，这一特性对于低熔点和热敏性物料的超微粉碎特别重要。但是，气流粉碎能耗大，一般要高出其他粉碎方法数倍，气流粉碎还存在粉碎极限，粉碎粒度与产量呈线性关系，产量越大，粒度越大。

我国有非常丰富的保健品、中药资源，传统粗放的加工手段已不适应当前食品和药品加工产业的要求。超微粉碎技术的发展与延伸，将对开发出疗效更好、品质更优的保健品和中药微粉具有深远的理论和现实意义。目前，将气流粉碎技术应用于中药加工的相关理论研究也不断获得突破，并开发了一系列中药微粉品种，主要是一些作用独特的名贵细料中药，如附片、首乌、黄芪、三七、当归、人参、虫草、大黄、川芎、白芷、甘草、该仁、犀牛角、羚羊角、鹿茸、珍珠和虫草等多种中药微粉。

三、高频振动式超微粉碎技术

高频振动式超微粉碎是利用球形或棒形磨介做高频振动，而产生的冲击、摩擦、剪切等作用力来实现对物料的超微粉碎。此方法不产生横向的移动和轴向的转动，因而能方便地适应特种粉磨的要求。例如，超细粉磨金属粉末时，为了避免金属粉末的氧化、燃烧或爆炸，需要隔离空气或在惰性气体环境中进行超细粉磨，此时可将振动磨机筒体密闭，充以惰性气体干法粉磨，或充填溶剂湿法粉磨；某些化工工艺要求粉磨过程与化学反应同时进行，此时以振动磨机作为反应发生器，需将粉磨筒体的温度控制在一定范围内，常常在密闭的粉磨筒体内充填制冷剂达到低温粉磨的要求，或者通入热风进行加热粉磨，这样就可以实现粉磨过程与化学反应同时进行。

振动磨是用弹簧支撑磨机体，由一个带有偏心块的主轴使其振动，磨机通常呈圆柱形或槽形。振动磨的效率比普通磨高10～20倍，其粉磨速度比常规球磨机快得多，并且其能耗比普通球磨机低数倍。

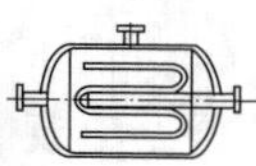

四、旋转球（棒）磨式超微粉碎技术

旋转球（棒）磨式超微粉碎设备主要有球磨机、棒磨机等。常规球磨机一直是细磨过程中的主要加工设备，主要靠冲击进行破碎，当物料粒度小于 20 μm 时，便会显示出其效率低、耗能大、加工时间长等缺点。搅拌式球磨机是超微粉碎机中能量利用率最高的超微粉碎设备，主要由搅拌器、筒体、传动装置和机架组成，工作时搅拌器以一定速度运转带动研磨介质运动，物料在研磨介质中被摩擦力和少量的冲击力研磨粉碎。

球磨机包括磨机筒体、主轴承、盖板、传动装置和进料装置等。球磨机对物料的粉碎大部分借助了离心力和摩擦力等作用力。筒体保持一定的速度绕水平轴转动，原料上升到一定高度后，会沿着内壁做抛物线运动，物料与磨球之间、物料相互之间、物料和内壁之间发生冲击碰撞而使得物料被粉碎。而磨球只有处于泻落和抛落两种状态时，才会对物料有粉碎作用，因此筒体的转速是关键。球磨机的种类有很多，它的类型也在不断地增多。李社哲等人采用球磨法粉碎三七，研究了球料比、转速、球磨时间对产品粒度的影响，通过正交试验得出三七球磨的最佳参数。经球磨法粉碎后的粉体粒度分布、颜色和气味都发生了显著变化。此外，通过电子显微镜观察它的微观形貌发现，未出现大颗粒团块和大片破裂的细胞碎片，因此该球磨法可使得单细胞充分破壁。

五、超微粉碎技术的优点

在传统的机械粉碎过程中，很大一部分机械能经过摩擦转化为热能，既消耗了能量又达不到物料所需的粉碎粒度，对被粉碎的有机物料（如中药、人参、珍珠、花粉、灵芝孢子、水产饲料等）来说，还会因升温变质而失去使用价值。超微粉碎技术能在很短的时间内将固体物料粉碎成粒径均匀的超微粉体。在有机物料的粉碎过程中，通过优化超微粉碎设备加工条件，可在短时（甚至是瞬时）、低温、干燥、密封的环境下获得超微粉体，避免了有机物料营养成分的流失和组成变化，避免了被污染的可能性，并可对物料进行最大程度的利用。

随着测量技术和粉碎理论的不断发展与完善、制备工程学的逐步建立，以及粉粒稳定性与微粒最适度筛选的确定等基础性问题的解决，超微粉碎技术必将进一步在食品、中药、农产品加工等行业得到广泛应用。其主要优点有：

① 速度快，可低温粉碎。超微粉碎技术采用超音速气流粉碎、冷浆粉碎等方法，在粉碎过程中不会产生局部过热现象，甚至可在低温状态下进行，粉碎瞬时即可完成，因而能最大限度地保留粉体中的生物活性成分，有利于制成高质量产品。

② 粒径细，分布均匀。由于采用了气流超音速粉碎，原料外力的分布非常均匀。分级系统的设置既严格限制了大颗粒，又避免了过碎，能得到粒径分布均匀的超细粉，很大程度上增加了微粉的比表面积，使吸附性、溶解性等亦相应增大。

③ 节省原料，提高利用率。物体经超微粉碎后的超微粉一般可直接用于制剂生产，而用常规粉碎方法得到的粉碎产品，仍需一些中间环节才能达到直接用于生产的要求，这样很可能造成原料的浪费。因此，超微粉碎技术非常适合用于价格高昂的珍稀原料粉碎。

④ 减少污染。超微粉碎是在封闭系统内进行的，既避免了微粉四处飘散污染周围环

境，又可防止空气中的灰尘污染产品，在食品及医疗保健品中运用该技术，可控制微生物和灰尘对产品的污染。

⑤ 提高了发酵、酶解过程的化学反应速度。由于经过超微粉碎后的原料具有较大的比表面积，因此在生物、化学等反应过程中，大大增加了反应接触的面积，因而可以提高发酵、酶解过程的反应速度，在生产中节约了时间、提高了效率。

⑥ 提高了食品营养成分的吸收率。研究表明，经过超微粉碎的食品，由于其粒径非常小，营养物质不必经过较长的路程就能被释放出来，并且微粉体由于粒径小而更容易被吸附在小肠内壁，加快了营养物质的释放速率，使食品在小肠内有足够的时间被吸收。

总之，超微粉碎技术的特点有速度快、时间短、可低温粉碎、粒径细且分布均匀、节省原料、提高利用率、减少污染、提高发酵、酶解过程的化学反应速度、利于机体对营养成分的吸收。然而，超微粉碎后的食品和中药材粉体粒径较小，服用后是否会因此而滞留在胃肠道黏膜上，以及超微粉碎后更多的成分被释放出来，这些成分进入体内后是否会发生安全性问题，等等，这些问题都有待于开展深入的研究。

六、超微粉碎技术在食品工业中的应用

食品超微粉碎技术虽然问世不久，却已经在调味品、饮料、罐头、冷冻食品、焙烤食品、保健食品等方面大显身手，且效果较佳。

1. 软饮料加工

目前，利用气流微粉碎技术已开发出的软饮料有粉茶、豆类固体饮料和超微骨粉配制的富钙饮料等。茶文化在中国有着悠久的历史，传统的饮茶是用开水冲泡茶叶，人体并没有大量吸收茶的营养成分，大部分蛋白质、碳水化合物及部分矿物质、维生素等都存留于茶渣中。若将茶叶在常温、干燥状态下制成茶粉（粒径 5 μm 以下），可提高人体对其营养成分的吸收率。将茶粉添加到其他食品中，还可开发出新的茶制品。植物蛋白饮料是以富含蛋白质的植物种子和果核为原料，经浸泡、磨浆、均质等操作制成的乳状制品。磨浆时，可用胶磨机磨至粒径为 5～8 μm，再均质至 1～2 μm。在这样的粒度下，蛋白质的固体颗粒和脂肪颗粒变小，从而能够防止蛋白质下沉和脂肪上浮。

2. 果蔬加工

蔬菜在低温下被磨成微膏粉，既保存了营养成分，其纤维质也因微细化而使口感更佳。如一般被人们视为废物的柿树叶，其富含芦丁、胆碱、黄酮苷、胡萝卜素、多糖、氨基酸、维生素 C 及多种微量元素，若经超微粉碎加工制成柿树叶精粉，可作为食品添加剂制成面条、面包等各类柿树叶保健食品，也可以制成柿树叶保健茶。成人每日饮用柿树叶茶 6 g，可获取维生素 C 200 mg，具有明显的阻断亚硝胺致癌物生成的作用。另外，柿叶茶不含咖啡碱，风味独特、清香自然。可见，开发柿树叶产品可变废为宝，前景广阔。利用超微粉碎技术对植物进行深加工得到的产品种类繁多，如枇杷叶粉、红薯叶粉、桑叶粉、银杏叶粉、茉莉花粉、月季花粉、甘草粉、脱水蔬菜粉、辣椒粉等。

3. 粮油加工

将超微粉碎的麦麸粉、大豆微粉等添加到面粉中，可制成高纤维或高蛋白面粉。将

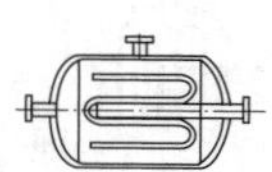

稻米、小麦等粮食类加工成超微米粉，由于粒度细小，表面态淀粉受到活化，将其填充或混配制成的食品具有易于熟化、风味和口感好的优良性能。大豆经超微粉碎后加工成豆奶粉，可以脱去腥味。绿豆、红豆等豆类也可经超微粉碎后制成高质量的豆沙、豆奶等产品。潘思轶等比较了早籼米经超微粉碎后被分级为 3 个不同粒度范围的米粉的理化特性，并以普通粉碎米粉为对照。结果表明，随着米粉颗粒粒径的减小，其粒度分布范围减小，酶解速度、冲调性能及溶解度提高，糊化液沉降性能和对蛋白发泡体系的持泡能力增强。郑慧等研究了超微粉碎处理对苦荞麸理化功能特性的影响，发现超微粉碎处理能提高苦荞麸中的功能成分溶出率，改善苦荞麸的加工适应性。Ranik 等研究小麦粉碎产品时发现，α-淀粉酶和蛋白酶在面粉胚乳组分中活性较高，而脂肪氧化酶、多酚氧化酶以及过氧化物酶在麸皮含量高的组分中体现了较高的活力，而酶活力正是影响面粉品质的重要因素。

4. 水产料加工

螺旋藻、珍珠、龟鳖等软骨超微粉具有独特的优点。如珍珠粉的传统加工是经过十几个小时的球磨使颗粒度达几百目，而若在－67 ℃左右的低温和严格的净化气流条件下瞬时粉碎珍珠，可以得到平均粒径为 10 μm 以下的超微珍珠粉。与传统加工相比，此法充分保留了珍珠的有效成分，得到的产品钙含量高达 42%，可作为药膳或食品添加剂制成补钙营养品。

5. 功能性食品加工

当今，药食同源、食疗重于药疗的思想已普遍为人们所接受。对于功能性食品的生产，超微粉碎技术主要在基料（如膳食纤维、脂肪替代品等）的制备中发挥作用。超微粉体可提高功能物质的生物利用率，降低基料在食品中的用量，微粒子在人体内的缓释作用可使功效性延长。在研制开发固体蜂蜜的工艺中，用胶体磨将配料进行超微粉碎可增加产品的细腻度。另外，用超微细骨粉、海虾粉补钙，用超微细海带粉补碘，人体易吸收且简便易行。

6. 香辛料、调味料加工

超微粉碎技术作为新型的食品加工方法，可以使得用传统工艺加工的香辛料、调味产品（主要指豆类发酵固态制品）更加优质。香辛料、调味料在微粒化后产生的巨大孔隙产生的集合孔腔可吸收并容纳香气，味道经久不散，香气和滋味更加浓郁。同时，超微粉碎技术可以使传统调味料细碎成粒度均一、分散性能好的优良超微颗粒，流动性、溶解速度和吸收率均有很大地增加，口感效果也得到十分明显的改善，经超微粉碎方法加工的香辛料、调味料的入味强度是传统加工方法的十余倍乃至数倍。对于感官要求较高的产品来讲，经超微粉碎后的香辛料粒度极细，可达 300～500 目，肉眼根本无法观察到颗粒的存在，杜绝了产品中黑点的产生，提高了产品的外观质量。同时，超微粉碎技术的相应设备兼备包覆、乳化、固体乳化、改性等物理化学功能，为调味产品的开发创造了现实前景。可以说，超微粉碎技术将会对中国传统调味产品的发展带来革命性的变化。

7. 畜禽制品加工

随着人们对饮食营养日益重视，绿色肉类粉体食品逐渐成为市场的热点。各种畜禽鲜骨含有丰富的蛋白质和磷脂质，能促进儿童大脑神经的发育，有健脑增智的功效，其中骨胶原、软骨素等营养素具有滋润皮肤、延缓衰老的作用。另外，鲜骨中富含钙、铁及维生素A、维生素 B_1、维生素 B_2 等营养成分。人们一般将鲜骨熬煮之后食用，营养并未被充分利用，造成资源浪费。若用气流式超微粉碎技术将鲜骨多级粉碎加工制成超微骨泥或经脱水制成骨粉，既能保持95%以上的营养素，又能提高吸收率。骨髓粉（泥）还可作为添加剂，制成高钙高铁的骨粉（泥）系列食品，具有独特的保健功能，被誉为“21世纪的功能性食品”。超微粉碎技术改变了人们长期以来通过长时间煲汤而获取鲜骨营养的传统，使得鲜骨的开发成为可能。

超微粉碎加工技术适用范围广，操作工艺简单，产品附加值高，经济效益显著，是食品加工业的新技术、新手段，对于传统食品加工工艺和配方的改进及新产品的开发，尤其是保健食品（功能食品）的开发将产生巨大的推动作用。

超微粉碎技术已经成为食品加工领域研究的热点，与传统的加工技术相交叉衍生出许多新的学科，促进了相关领域的发展。在食品工业中，超微粉碎技术与超高压灭菌技术、膜分离技术、微胶囊技术、辐射技术、微波技术、冷冻干燥技术以及食品生物技术共同被列为国际性食品加工新技术。因此，随着超微粉碎技术的成熟和发展，其必将成为在食品和药品行业占重要位置的新型加工技术。

第二节　冷冻粉碎技术

一、冷冻粉碎原理

冷冻粉碎技术产生于20世纪初，在橡胶及塑料行业已得到应用。自日本在20世纪80年代对食品进行低温冷冻粉碎研究之后，美国、欧洲国家及中国也陆续开始进行开发研究，形成一股热潮。冷冻粉碎是利用物料在低温状态下的“低温脆性”（即物料随着温度的降低，其硬度和脆性增加，而塑性及韧性降低），在一定温度下，用一个很小的力就能将其粉碎。经冷冻粉碎的物料，其粒度可达到“超细微”的程度，因此可以生产“超细微食品”。

物料的“低温脆性”与一种被称为玻璃化转变的现象密切相关。所谓玻璃化转变原本是指非晶态聚合物在温度变化时会出现力学性质的变化，形成橡胶态和玻璃态两种物理状态；而且温度变化过程可以产生由橡胶态向玻璃态的转变。在橡胶态时，物料的韧性大，变形能力强；而在玻璃态时，物料硬度和脆性大，变形能力很小。其实玻璃化转变现象并非聚合物所特有，食品和农产品同样会出现玻璃化转变过程。不过，因为食品和农产品的组成结构比较复杂，所以其玻璃化转变要复杂得多，如可能存在多级玻璃化转变过程和反玻璃化转变现象。一般而言，我们称物料由玻璃态转变为高弹态所对应的温度为玻璃化转变温度。根据前面提到的橡胶态和玻璃态的性质，可以认为物料的玻璃化转变温度对应着物料的“脆化温度”。

因此，食品和农产品的冷冻粉碎原理就是：首先使物料低温冷冻到玻璃化转变温度或脆化温度以下，再用粉碎机将其粉碎。在食品和农产品快速降温过程中，其内部各部位会不均匀地收缩而产生内应力，在此应力的作用下，物料内部薄弱部位产生微裂纹并导致内部组织的结合力降低，在外部施加较小作用力就可使内部裂纹迅速扩大而破碎。冷冻粉碎对含油脂、糖分和水分多的物料（如肉类、中草药、巧克力等）特别有效。因为含有这些成分的物料在常温粉碎时，常常容易产生黏结、堵塞和性质变化等问题，导致粉碎效率和效果比较差。

通过冷冻处理，冷冻粉碎不但能保持粉碎产品的色、香、味及活性物质的性质基本不变，还能保证产品在微细程度方面具有常规粉碎无法比拟的优势。由于冷冻粉碎能最大程度地保存原有营养物质分子结构、成分及活性，大大提高了人体对各种营养成分和微量元素的吸收，因此，冷冻粉碎食品符合“绿色食品”的要求。

食品冷冻粉碎具有冷冻温度带宽，适合单一品种和多品种混合粉碎，防止食品氧化，无热现象发生，防止食品变性，可使食品纤维化，适合各类原料等特点。低温粉碎主要具有以下几大特点：

① 可以粉碎油脂、糖类含量较高物料。对油脂、糖类成分含量较高的物料，在常温粉碎时，不可避免地会发生升温现象，引起物料的软化、熔融，致使有些物料黏结在粉碎室腔体内，堵塞筛网和管道，导致粉碎系统难以正常运行。而在低温条件下，这些使物料变软的油脂和糖分都变成晶体状态，同时，粉碎热会被冷剂随时带走。因此，物料不会发生软化和堵塞等情况，可以使粉碎过程正常进行。

② 可保持芳香产品色、香、味性质及有效营养成分。在常温下粉碎含有芳香成分的物料时，会使物料升温，而使其中的香气和营养成分损失严重，采用冷冻粉碎可在很大程度上避免这些现象。这是因为冷冻粉碎可带走粉碎机因为摩擦产生的粉碎热，使得机器保持相对较低的温度，消除因升温而引起的品质劣化；在低温条件下，细菌繁殖也会受到抑制，从而避免了微生物污染；物料与空气不直接接触，避免了物料的氧化；能够对产品中的营养成分起到很好的保护作用。

③ 冷冻粉碎可以获得更细的粉末。物料经过低温处理后，其冲击韧性、延伸率降低，即呈脆性。同时，快速降温造成物料各部位因收缩不均匀而产生内应力，该内应力又容易引起物质的薄弱部位产生破坏和龟裂，促使物质内部缺陷得到传递和扩大，并导致物质内部组织结合力降低。因此，当受到一定的冲击力时，物料更容易碎成细粒，且粉体的粒度分布均较好。

④ 相同条件时冷冻粉碎的处理能力显著高于常温粉碎。研究羚羊角冷冻粉碎温度与处理量的关系，结果表明羚羊角的低温处理量比常温粉碎高出10倍以上。

⑤ 可使物料的流动性得到较大改善。在低温处理过程中，物料在短时间内温度急剧变化，其薄弱部位迅速扩大。当受到外部冲击力作用时，在颗粒内部产生向四方传播的应力波，并在内部缺陷、裂纹等处产生应力集中，使物料首先沿这些薄弱面粉碎，从而使物料内部微观裂纹和脆弱面的数目相对减少，生成颗粒无撕裂毛边，表面变得更加光滑，其流动性得到很大的改善。这一特性对于以后粉末在混合粉中的均匀分布会起到很好的作用。

二、冷冻粉碎设备

低温粉碎机以液氮为冷源，物料经过冷却在低温下形成脆化易粉碎状态后，进入机械粉碎机腔体内，经过叶轮高速旋转被粉碎。低温粉碎机如今已被广泛应用于制药行业中，可为行业的便捷生产带来较多的益处。其已逐渐在中药材加工上，尤其是在高脂肪、高蛋白的动物类中药材以及名贵中草药的粉碎加工领域上使用较多。有关专家也指出，对物料进行粉碎是工业加工的重要环节，尤其是在中医药产品的加工上。粉碎效果的好坏甚至可以直接影响产品质量的高低，而且中药材中有许多难以粉碎的品种，因此，低温粉碎具有更大的应用意义。根据粉碎的原理可将冷冻粉碎机分为两大类：

① 锤片式冷冻粉碎机。锤片式冷冻粉碎机的工作原理是，冷冻食品送入粉碎室后，受到高速回转锤片的打击而破碎，并以较高的速度撞击齿板，进一步粉碎，然后弹回再次受到锤片打击，循环往复。最终，粒度小于筛片目数的颗粒在离心力的作用下穿过筛片，经出料口排出；粒度大于筛片目数的颗粒在粉碎室内继续粉碎，直到小于筛片目数后从筛片排出。粉碎室外层装有保温材料，冷却剂进出口与液氮循环制冷系统相连接，保证冷冻蔬菜在粉碎过程中不被融化。

② 碾磨式冷冻粉碎机。碾磨式冷冻粉碎机的工作原理是，冷冻食品进入碾磨室后，首先经过上面几组碾磨辊的碾磨，然后靠自重下落，至下面几组碾磨辊进行碾磨，碾磨后的物料落在筛片上，在旋转筛片的离心力作用下，食品的颗粒紧贴筛片一起旋转，旋转到碾磨辊处再次接受碾磨。反复循环碾磨后，粒度小于筛片目数的颗粒穿过筛片经出料口排出；大于筛片目数的颗粒继续碾磨，直到小于筛片的目数后穿过筛片排出。碾磨室外层装有保温材料，冷却剂进出口与液氮循环制冷系统相连接，保证冷冻蔬菜在碾磨过程中不被融化。

三、冷冻粉碎技术在食品工业中的应用

由于冷冻粉碎能最大程度地保存原有营养物质的分子结构、成分及活性，促进人体对各种营养成分的吸收。因此，它符合目前人们追求"绿色食品"的要求，在食品及农畜产品加工行业将有很好的应用前景。

1. 冷冻粉碎技术在鱼类加工中的应用

鱼类产品包括的物种范围较广，但用冷冻粉碎方法加工时，其加工工艺都有类似之处，其基本流程大体如下：

原料→前处理→低温冷冻→真空升华干燥→低温粉碎→包装→杀菌→检验→成品

日本已成功地将甲鱼加工成100%保持原有风味的超微粉末。利用液氮具有的超低温（−196 ℃）、惰性（99.999%）、超干燥（露点−70 ℃）三大特性，将食品在瞬间冻结和微粉化。由于这一设备的出现，稍受热就会损失香味的香料和高油脂食品得以进行微粉碎处理。同时，由于整个工艺都是在低温液氮条件中进行的，因此食品不会发生变质，十分卫生。此外，进行微粉碎处理，该食品所具有的味、香、滋补成分等均无损失。新型食品甲鱼粉的研制应用了上述技术，将活甲鱼进行粉末化处理，其质量佳，并具有与活甲鱼相同的风味和营养价值。

2. 冷冻粉碎技术在藻类产品生产加工中的应用

我国水产资源丰富，沿海各地藻类（包括海带、紫菜、麒麟菜、马尾藻等）近年产量大幅度增长。藻类营养丰富，富含人体自身不能合成的多种氨基酸和碘、钙、锌等多种矿物质元素。目前对藻类的加工，除了部分经提取有效成分用于制药外，大部分采用粗加工，即高温高热加工方法，产品中的营养成分损失很大，失去了天然食品的原有营养成分、风味和活性物质。这样加工出来的藻类，由于其结构紧密，因此人体的吸收率很低，既影响到了营养保健效果，又造成了资源的浪费。而采用在深低温下粉碎的超微细加工新技术，不仅能最大程度地保持藻类的分子结构、生理活性及营养成分，提高人体的吸收率，而且便于运输、贮藏和食用，从而提高了其食用价值和应用价值。因此，开展藻类深低温冷冻粉碎技术的研究、开发系列保健食品和方便食品，对提高我国人民的身体素质具有重要的意义，对促进水产新产品的开发也将起着重要的作用，并将产生显著的社会效益和经济效益。

3. 冷冻粉碎技术在调味品制备中的研究与应用

传统的植物香辛料一直是人们餐桌上不可或缺的组成部分，尤其粉体加工在调味品制备中占据着重要地位。但是在普通的粉碎手段里，由于物料在粉碎时温度上升，物料里面的营养物质流失，品质下降，已不能适应现代食品工业的生产需求。有研究表明，在常温粉碎情况下，胡椒碱流失率达到18.1%，而在超低温情况下粉碎，胡椒碱的流失率仅为9.2%，流失率较常温下粉碎减少一半。将超低温粉碎技术运用于调味品制备工艺中，大大减少了常温粉碎技术在调味品制备过程中对于原材料生物活性成分的破坏，最大程度地保存了调味料的有效成分，使产品色、香、味俱全。同时，采用超低温粉碎技术粉碎调味料效果更好，可以有效减少调味料中有效成分的流失，提高了产品的质量与品质。

4. 冷冻粉碎技术在蔬菜加工中的应用

蔬菜粉是蔬菜深加工得到的新型产品，可以作为食品的添加剂来调节食品的营养成分。目前加工的蔬菜粉多为干粉，加工方法主要是热风干燥技术，工艺复杂、能耗较大，而且营养成分的流失较为严重。国外比较流行的是冷冻干燥技术，加工出的蔬菜粉很好地保持了蔬菜原有的营养和色泽。但由于其成本太高因此造价过高，难以在生产复合工程食品中大量应用。根据冷冻粉碎加工的特点，提出一种全新的蔬菜粉加工技术，该技术与传统的热风烘干相比，很好地保持了蔬菜中原有的营养成分；与冷冻干燥技术相比，大大降低了成本，因此有着十分广泛的应用前景。冷冻蔬菜粉加工技术的原理是利用蔬菜低温下会脆化的特性，将蔬菜冷冻到一定的温度下进行粉碎，形成一定粒度的粉末。

5. 冷冻粉碎技术在麦麸膳食纤维制备中的应用

黄晟等研究了超微粉碎和冷冻粉碎对麦麸膳食纤维性质的影响。麦麸膳食纤维通过超微粉碎和冷冻粉碎 3 h 分别可以得到平均粒径为 20.86 μm 和 13.38 μm 的超微粉体，冷冻粉碎得到的粉体粒径分布较超微粉碎均匀。超微和冷冻粉碎后水溶性膳食纤维含量分别提高到7.59%和11.47%；膨胀力分别增加了9.91%和37.77%；以化学吸附为主的重金属离子吸附能力、阳离子交换能力增强；以物理吸附为主的持水力、持油力和胆固醇吸附能力减弱，其中冷冻粉碎样品各功能性质均要优于超微粉碎样品。冷冻粉碎能使富含纤维的韧性物料进入“低温脆性”，从而使常温下难以被粉碎的物料变得容易粉碎。X射线衍射图显示冷冻粉碎未改变膳食纤维结晶结构，纤维晶区基本未受影响。

第三节　微胶囊造粒技术

一、微胶囊造粒原理

微胶囊（microcapsule）是一种能包埋和保护某些物质的具有聚合物壁壳的半透性或密封的微型“容器”或“包装物”。微胶囊造粒技术就是将固体、液体或气体物质包埋、封存在一种微型胶囊内成为一种固体微粒产品的技术。微胶囊内部装载的物料称为芯材（或称囊心物质），外部包囊的壁膜称为壁材（或称包囊材料）。微胶囊造粒技术的基本原理是针对不同的芯材和用途，选用一种或几种复合的壁材进行包裹。

从不同的角度出发，微胶囊有多种分类方法：从芯材来看，分为单核和复核微胶囊；从透过性来讲，又分为不透和半透微胶囊，半透微胶囊通常也称为缓释微胶囊；从壁材结构来分，可分为单层膜和多层膜微胶囊；从壁材的组成来看，分为天然高分子材料（如动物胶、植物浆料、海藻胶等）、纤维素衍生物（如乙基纤维素、羧甲基纤维素等）、合成高分子化合物（如聚脲、聚酰胺、聚乙烯醇、聚丙烯、聚苯乙烯、聚酯、环氧树脂、脲醛树脂等），见表2-2所列。通常要根据芯材的物理性质来选择适宜的壁材，油溶性芯材需选水溶性的包囊材料，水溶性的芯材则选油溶性的包囊材料，即包囊材料应不与芯材反应，不与芯材混溶。在选择包囊材料的时候还要考虑高分子包囊材料本身的性能，如渗透性、稳定性、机械强度、溶解性、可聚合性、黏度、电性能、吸湿性及成膜性等，对于生物活性物质的芯材，还要着重考虑囊材的毒性，与芯材的相容性。此外，在制备微胶囊的时候，高分子包囊材料的价格、制备微胶囊所选择的方法、对包囊材料的要求，都是选择包囊材料时应着重考虑的因素。

表2-2　常用作微胶囊壁材的几种材料

壁　材	物　质	优缺点
天然高分子材料	淀粉、蔗糖、麦芽糊精、玉米糖浆、纤维素、壳聚糖、大豆蛋白、乳清蛋白、麦醇溶蛋白、石蜡松香、硬脂酸、卵磷脂、海藻酸盐、阿拉伯胶、明胶、琼脂等	有无毒、成膜性好、稳定性好等优点，但机械强度差，原料质量不稳定
纤维素衍生物	甲基纤维素、乙基纤维素、羧甲基纤维素、硝酸纤维素、羟丙基纤维素、变性淀粉等	优点是毒性小、黏度大、成盐后溶解度增加，缺点是不耐高温、耐酸性差、易水解，需要时需临时配制
合成高分子材料	聚乙烯、聚氯乙烯、聚苯乙烯、聚丁二烯、聚酰胺、聚酯、聚醚、聚丙烯酰胺、合成橡胶、聚氨基酸、聚丙烯酸、聚甲基丙烯酸甲酯等	稳定性好，有一定的毒性

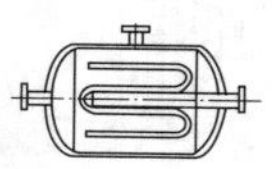

微胶囊技术应用于食品工业，使得许多传统的工艺过程得到简化，同时也使许多用传统技术手段无法解决的问题得到了解决，极大地推动了食品工业由低级初加工向高级深加工产业的转变。简单来说，微胶囊具有保护物质免受环境的影响，降低毒性，掩蔽不良味道，控制核心释放，延长存储期，改变物态使其便于携带和运输，改变物性使不能相容的成分均匀混合，易于降解等功能。这些功能使微胶囊技术成为工业领域中一种有效的商品化方法。概括起来，微胶囊技术应用于食品工业可以起到以下作用：

① 改变物料的状态。能将液态、气态或半固态物料固态化，如粉末香精、粉末油脂、固体饮料等，以提高其溶解性、流动性和贮藏稳定性。这种固体产品可以很容易与其他原料混合均匀，便于加工处理、使用、运输和保存，提高物料的使用方便性。

② 保护敏感成分。可防止某些不稳定的食品辅料挥发、氧化、变质，提高敏感性物质对环境因素的耐受力，确保营养成分不受损失，特殊功能不丧失。例如，应用于生产肉类香精和海鲜香精的美拉德反应产物是一种很重要的呈味物质，这种物质以液态形式存在时极不稳定，制成了微胶囊产品后，稳定性得以提高，应用起来更加方便、广泛。

③ 控制芯材释放。微胶囊产品可通过预先设计的溶解和释放机理，在最适时间内以最佳速率释放芯材物质。例如，烘焙工业中使用膨松剂时，要求在面胚表面升温到某一程度，淀粉糊化和蛋白质变性，已具备了保气功能后再产气。这样生成的气体所形成的气泡才不会溢散，从而使产品蓬松性好，这是烘焙食品的关键工艺。采用微胶囊技术，以具有一定耐热性的材料为壁材，所制备出的微胶囊蓬松剂就会在温度升高到一定程度后才破裂或熔化，释放出产气材料，这样即可有效地解决该工艺的难点，加工出高质量的烘焙食品。

④ 降低或掩盖不良味道。某些营养物质具有令人不愉快的气味或滋味，如臭味、辛辣味、苦味、异味等，这些味道可以用微胶囊技术加以降低或掩盖。制得的微胶囊产品在口腔中不溶化，而在消化道中溶解释放出内容物，发挥营养作用。

⑤ 隔离组分。运用微胶囊技术将可能相互反应的组分分别微胶囊化后，就可使组分稳定地共存于同一物系中，各种有效成分有序地释放，分别在相应时刻发生作用，以提高和增进食品的风味和营养。例如，有些粉状食品对酸味剂十分敏感，因为酸味剂吸潮会引起产品结块，并且酸味剂所在部位 pH 值变化很大，导致周围色泽发生变化，使整包产品外观不雅，将酸味剂微胶囊化后，即可解决上述问题。

此外，应用微胶囊技术还可以延缓食品的腐败变质进程，降低食品添加剂的毒理作用等。如能在保证质量的前提下，尽可能降低微胶囊的生产成本，其应用前景将更加广阔。微胶囊制备方法通常根据其性质、囊壁形成的机制和成囊条件分为物理法、物理化学法、化学法三大类。在每大类方法中依据不同的操作工艺又可进一步分成若干种制备方法。各种制备方法都具有各自的特点、适用范围和适用对象，具体方法可达 20 多种：如喷雾干燥法、喷雾冻凝法、空气悬浮法、真空蒸发沉积法、多孔离心法、静电结合法、单凝聚法、复合凝聚法、油相分离法、挤压法、锐孔法、复相乳液法、界面聚合法、原位聚合法、分子包埋法等。其中有一部分方法尚停留在发明专利上，没有形成规模化的工业生产；部分应用于医药工业、化学工业上，可真正用于食品工业的微胶囊方法则需符合以下几个条件：①有成套相应生产设备，设备简单，能批量连续化生产；②生产成本低，具有较好的经济效益；③生产中不产生大量污染物，如含化学物或高浓度COD（chemical oxygen demand）、BOD（biochemical oxygen demand）的废水；④壁材是可食用的，符合食品卫生法和食品添加剂标准；⑤使用微胶囊技术后，可切实提高产品的特性，譬如提高食品质量、外观口感或延长货架期。因此目前能在食品工业中应用的方法只有几种，今后随着微胶囊的技术进步、新材料的不断开发引进，会有更多的方法应用于食品工业。

下面简单介绍几种目前可用于食品工业的微胶囊制作方法。

二、喷雾干燥法微胶囊造粒技术

喷雾干燥法是香精香料微胶囊制造方法中最广泛采用的方法，用此法生产的微胶囊销售额占总销售额的90%。尽管已发展了多种方法，仍未能动摇其主导地位，这主要是因为这一方法方便、经济，使用的都是常规设备，产品颗粒均匀，且溶解性好。但这一方法又有其缺陷：

① 颗粒太小（粒径一般小于100 μm），使得流动性较差；

② 芯材物质会吸附于微胶囊表面，易引起氧化，使风味破坏；

③ 为了除去水分，使产品相对湿度不高于60%（这对微胶囊结构的稳定起到重要作用），需要200 ℃左右的温度，这会造成高挥发性物质的损失和热敏风味物质的破坏；

④ 由于喷雾干燥法所采用的温度较高，会产生暴沸的蒸汽，使产品颗粒表面呈多孔的结构而无法阻止氧气的进入，产品的货架寿命较短。

微胶囊的固形物含量直接关系到其对风味物质的持留能力，固形物含量越高，对风味的持留能力越好。这主要是因为高的固形物含量能缩短干燥所需的时间，迅速形成保护膜。研究结果表明，固形物含量对风味持留的影响比固形物的种类这一因素要大。而增加固形物含量还得考虑其他方面的影响，首先就是黏度的问题。要进行喷雾干燥，黏度不能过高，但黏度过低又会影响干燥时微胶囊壁的形成，导致风味物质的散失。因此，选择一些黏度较低、能提高固形物含量的壁材，可制成风味持留时间较长的微胶囊化产品。

除了固形物的含量，所选用壁材的性质对微胶囊的质量也有影响，研究人员也在这方面做了大量工作。蛋白质的乳化能力对于油溶性风味物质的持留产生很大作用，但它存在着冷水溶解性差、羰基发生化学反应和价格较高的缺点。麦芽糊精价格便宜，但无乳化能力，而且黏度较低，对乳状液的稳定不利。为了改善糖类化合物的成膜性能，就应该改变其亲水/疏水的特性，增加其界面活性，蛋白-糖复合物和辛烯琥珀酸改性淀粉能够满足这样的要求，其中辛烯琥珀酸改性淀粉已在制药和食品工业中被使用。将天然谷类淀粉进行水解，得到的各种*DE*值的麦芽糊精也被广泛使用为壁材。

为了增加产品的流动性，目前在后道工序中还增加了蒸汽造粒工序。改进的方法还有“冷脱水”法，即将乳状液直接喷入室温的乙醇或多元醇的有机液体中，然后利用过滤和真空干燥法来制得吸湿性小、质量高的产品。有人将喷雾干燥法和后面将要介绍的

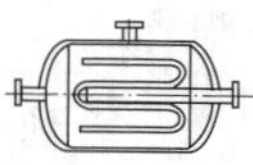

挤压法结合起来，将喷雾干燥出的颗粒和熔化的糖一起挤压，生产出了新型的产品。

三、喷雾冻凝法微胶囊造粒技术

喷雾干燥是在喷雾时升高温度，使液体蒸发，形成固体的颗粒。喷雾冷凝是在喷雾时降低温度，使表面液体转变成固体，形成固体颗粒。这一方法主要适用于壁材是植物油、脂肪和蜡的微胶囊的生产。如果要求生产具有缓释作用的产品，那么脂类物质就是合适的壁材，因为按照选择性扩散的理论，当脂肪作为壁材时，风味物质在脂肪中的扩散系数小于水，这样就不易从微胶囊中扩散从而造成损失。当前适用于微波食品和挤压食品的香精香料微胶囊已成为研究热点，高温短时加工的风味释放使脂类物质成为必不可少的壁材。因此，喷雾冷凝法成为一种很重要的微胶囊方法。

喷雾冷凝法主要用于生产食品添加剂，如硫化铁、酸味剂、维生素、固体风味物质、敏感性物质或不溶于一般溶剂的物质，也可用于液体物质，产品是较大颗粒的小珠。操作温度是非常关键的因素，直接影响到脂肪的聚集状态和结晶形式，如果操作时温度太高，微胶囊会熔化或成糊状。

四、空气悬浮法微胶囊造粒技术

空气悬浮法制备微胶囊是一个流态化操作的化工过程。这是一种底喷流化包衣装置：热气流经分布板将床层上的芯粒吹拂流化起来，中心的气流较大，并置有导流管柱，而容器设计为锥形，芯粒上升到一定高度受气流举力和容器截面积的变化影响而从腔体外缘下落，循环往复；底部的喷雾装置将包衣材料的溶液、乳液或熔融液体喷洒于芯粒表面，同时进行干燥。雾滴与芯粒同向运动，喷雾行程短而料粒干燥行程长，且料粒运动遵循严格的轨迹，机会均等，所以可形成连续均匀的衣膜，不易粘连，适于喷雾薄膜包衣操作。

在不同形式的装置上进行了乳液包衣制备微胶囊的实验，工艺效果和设备分析均表明，带有导流管柱的底喷流化床适合本项工作的要求，能够提供均匀、致密、表面光滑的膜层和相对高的包衣效率。简单的顶喷流化造粒包衣装置在乳液喷雾包衣时，由于料粒运动的无序性，不易包覆均匀并容易产生粘连情况，使得前期释放率较高，明显降低了保护效果和成品率；同时，由于不需要制粒且不希望出现芯粒破碎的情况，因此也不倾向于使用存在强机械力的带有旋转部件的装置。

五、水相分离法微胶囊造粒技术

水相分离法，即由胶体间电荷的中和以及亲水胶粒周围水相溶剂层的消失而成囊的方法。水相体系中的相分离法可分为复凝聚法、单凝聚法、盐凝聚法和调节 pH 值聚合物沉淀法。复凝聚法，即指在壁材分散相中含有两种以上的亲水胶体，通过调节介质 pH 值等，使带异性电荷的两种胶体之间因电荷中和而溶解度降低，引起相分离而产生凝聚；单凝聚法是以一种高分子材料为胶囊囊壁材料，将囊芯物分散到囊壁材料中，然后加入凝聚剂，由于水与凝聚剂结合，囊壁材料的溶解度降低而凝聚出来，形成微胶囊；盐凝聚法是指把一种电解质加到聚合物的水溶液中，因引起相分离而微胶囊化；调节 pH 聚合物沉积法是利用某些聚合物在碱性或酸性条件下变得不溶解的性质来实现微胶囊化。

六、油相分离法微胶囊造粒技术

油相分离法，其原理是向作为囊壁材料的聚合物有机溶剂溶液中，加入一种对于该聚合物为非溶媒的液体，引发相分离形成微胶囊。

有机相体系的相分离法适用于水溶性或亲水性物质的微胶囊化，所分离出来的聚合物的数量和状态，取决于体系中聚合物的浓度、沉淀剂的用量及温度。其胶囊化的关键是：在体系中形成可以自由流动的凝聚相，并使其能稳定地环绕在芯材微粒的周围。还有重要的一点是芯材在聚合物、溶剂和非溶剂中不溶解，且溶剂与非溶剂应相互混溶。研究表明：用聚苯乙烯包囊后，酞氰铜的表面性质发生了变化，亲水性、流动性和分散度均增大，这些性质与聚苯乙烯的分子量和浓度有关。当聚苯乙烯的浓度为2%～5%时，可得到分散性极好的染料，不仅黏度降低，还可增大固体含量。由于采用油性溶剂做分散介质，因此油相分离法存在污染、易燃易爆、毒性等问题。另外，溶剂价格高，产品成本高。

七、挤压法与锐孔法微胶囊造粒技术

挤压法是目前最受推崇的香精香料的微胶囊方法。将芯材物质分散于熔化了的糖类物质中，然后将其挤压通过一系列模具并进入脱水液体，这时糖类物质凝固变硬。同时将芯材物质包埋于其中，得到一种硬糖状的微胶囊产品，这便是挤压法生产微胶囊的简单过程。

这一方法最早在1956年由美国的Schultz等人提出，后来又有很多相关专利发表。Swicher设计的挤压方法成为目前商业生产方法的基础，他将香精油、抗氧化剂及分散剂加入谷物淀粉糖浆，谷物淀粉糖浆含有一定的水分，并将温度控制在一定的范围内，将这一混合物剧烈搅拌，并用氮气排除氧气，形成的乳状液被挤入不相溶的液体（如植物油或矿物油）中。将冷凝的固体磨成一定大小的颗粒，并用溶剂（如异丁醇）除去表面油，然后真空干燥，得到含香精油的产品。后来他又在其第二份专利中建议在谷物淀粉糖浆中加入甘油，以达到助溶和增塑的作用，并只用异丁醇就实现冷凝、清洗、除水等作用。后来的一些美国专利又提出了用商品挤压机将多种壁材和风味物质熔化，生产出挤压产品的方法。但这些方法还没有在实际生产中推广。

挤压法的优点在于：微胶囊表面孔面积非常小，能防止物质挥发和氧气的渗入；表面油量小，货架寿命长；操作温度较低，对风味物质的损害小；具有吸引人的颜色、大小和外观，适合于对外观有较高要求的产品。挤压法美中不足之处在于产率不高，只有70%，而喷雾干燥法可达到90%～95%。另外，它的硬糖颗粒物性也限制了它在某些食品体系中的应用。

锐孔法是先将芯材物质溶解于壁材溶液中，再通过一定的器皿使其固化成型后加入固化液中，通过共沉淀法固化成型，真空干燥得到微胶囊产品。可采用能溶于水或有机溶剂的聚合物作为壁材。其固化通常采用加入固化剂或热凝聚的方法来完成，也可利用带有不同电荷的聚合物的络合来实现。近来，多采用无毒且具有生物活性的壳聚糖阳离子与带有负电荷的多酶糖如海藻酸盐、羧甲基纤维素、硫酸软骨素、透明质酸等的络合来形成囊壁。该方法的优点是操作简单，不用使用有机溶剂，无须高速搅拌且所得胶囊的机械强度大，粒径小；适于对紫外光敏感的生物活性体的包囊。

八、复相乳液法微胶囊造粒技术

干燥浴法（复相乳化法）的基本原理是将芯材分散到壁材的溶剂中，形成的混合物以微滴状态分散到介质中，随后，除去连续的介质而实现胶囊化。

根据所用介质的不同，可分为 W/O/W 型和 O/W/O 型复相乳液法。

1. W/O/W 复相乳液法

该法应用于水溶物质的微胶囊化，其操作过程包括：①将成膜聚合物溶解在与水不相溶的溶剂（此溶剂的沸点比水高）中；②芯材的水溶液分散在上述溶液中，形成 W/O 乳液；③加入作为保护胶稳定剂的溶液并分散开，形成 W/O/W 型复相乳液；④除去囊壁中的溶剂，形成微胶囊。最后的溶剂通常用蒸发、萃取、沉淀、冷冻干燥等手段除去。起始溶液的黏度、搅拌速度、温度及保护胶的用量对微胶囊的粒度大小和产率有很大影响。

马爱洁等采用复相乳液法制备聚乳酸(PLA) /胰岛素缓释微胶囊：以聚乳酸为包裹载体，胰岛素为模型药物，通过复相乳液法制备出胰岛素缓释微胶囊。经粒度分析仪、扫描电镜、激光共聚焦显微镜观察结果显示，制备的微胶囊表面光滑圆整，平均粒径在 4 μm左右。

复相乳液法制备载药微球工艺简单，乳液稳定性好，可以负载具有生物活性的药物。这种结构不仅适于分散溶质，有利于溶剂的除去，还可大大提高药物的释放性。

W/O/W 型复相乳液的优点是体系稳定，不必调节 pH 值或剧烈加热，也不需特殊的反应试剂，且包囊过程中不会引起任何质变，适合于活性物质的包囊。但也有一个缺陷，即形成 W/O/W 乳液后，需要很长时间才能从包围在水溶液周围的聚合物溶液中排除溶剂，通常用萃取聚合物的溶剂或冷冻干燥法来克服此问题。

2. O/W/O 复相乳液法

O/W/O 型乳液法的实质是采用水溶性的成膜材料对油溶性物质进行微胶囊化。其操作过程与 W/O/W 复相乳液法相似，最后还要增加一步，即从囊壁中除去作为介质的油。

Ribeiro 等将 $CaCO_3$ 微晶体与海藻酸盐混合后，加到植物油中，在冰槽中高速搅拌、乳化形成 O/W 乳液，用混合机投入硅油中，$CaCO_3$ 溶解，加入 $CaCl_2$ 溶液固化、洗涤，投入含有 $CaCl_2$ 的壳聚糖溶液中涂层，后处理得微胶囊。对其释放性研究表明：与未涂层的相比，涂层后的微胶囊具有较高的机械强度，在肠胃中释放较慢，这适合于对油溶性的药物进行包囊。

干燥浴法（复相乳液法）制备微胶囊时，若成膜过程依赖于溶剂的挥发，则在所制备的微胶囊的囊壁上会形成小孔或气泡，小孔大小及孔隙率与温度（挥发速度）有关。如果要获得比较致密的囊壁，则挥发速度不能太快，固化过程可能要持续若干小时，这是干燥浴法的一个缺点。

九、微胶囊技术在食品工业中的应用

随着微胶囊技术的发展，因为该技术的众多优点，其在食品工业中的应用越来越广泛，主要有以下领域。

1. 香精香料

香料和风味剂具有易挥发，易与其他组分反应，对热、湿敏感等特性。在食品加工或储藏过程中，香料和风味剂的损失经常发生。微胶囊化技术和控制释放技术可以很好地保护这些物质，提高其加工性和稳定性。微胶囊化香料和风味料作为添加剂，应用于食品工业的许多方面。用于焙烤食品中，可以减少在焙烤中由于水分的蒸发而被带走的部分香料损失，并且避免香料在高温和高 pH 值下变质；用于膨化食品中，可以减少由于水分的快速蒸发而引起的香料损失；用于口香糖中，可以使香料能在口中耐咀嚼并持续一段时间；用在汤粉食品中，可以避免香味物质在生产和贮运过程中的损失，也可以掩盖如大蒜、洋葱之类的强烈性气味。将液体香料用微胶囊化转变为固态应用于米果制品生产工艺中，既方便使用，又起到保护作用，不易变质，同时可与其他配料均匀地混合，大大提高其耐氧、光、热的能力，增强其稳定性。由于微胶囊可延缓挥发性物质的挥发，保香率一般可提高到50％～95％。

2. 甜味剂

许多人造甜味剂，如阿斯巴甜等在食品工业中的应用十分广泛，其与风味物质相似，具有不稳定，对热、湿敏感，易与其他物质反应的特性。研究认为，微胶囊技术能够很好地保护这些物质，常用的壁材有脂肪、淀粉、聚乙烯醇（PVA）、玉米蛋白等。微胶囊化的甜味剂可以降低吸湿性、提高流动性并延长甜味感。口香糖中的甜味剂就是用硬化油包覆的微胶囊，其稳定性和贮藏时间都得以提高，这种产品里的阿斯巴甜的释放速率取决于其粒度大小。

3. 防腐剂

为防止食品被细菌污染，往往在食品中添加防腐剂。然而，添加防腐剂不仅影响产品的感观，一些常用的化学合成防腐剂还对人类健康不利，许多国家的食品卫生法规中对防腐剂的用量有严格的限制。为了解决这些矛盾，人们研制开发出微胶囊防腐剂，在实际应用中这类产品主要利用微胶囊的控制释放及缓释特点，避免在加工过程中由于直接加入山梨酸、苯甲酸等防腐剂影响产品质量。这类产品主要有微胶囊化柠檬酸、抗坏血酸、乳酸、山梨酸、苯甲酸等。例如，饮料、罐头等食品的防腐剂微胶囊化，可以减少防腐剂添加量，控制其缓效释放，达到对使用者健康有利的目的。微胶囊化低度乙醇杀菌防腐剂，是采用改性淀粉、乙基纤维素、硅胶等为壁材制成的高浓度固体防腐剂，应用于食品、水果的包装袋中，通过缓慢释放乙醇蒸气而达到杀菌的目的。山梨酸钾是一种低毒、抗菌性良好的防腐剂，但如果直接将它加到肉类食品上会使肉蛋白变性而失去弹性和保水性。选用山梨酸钾为芯材，用氢化油脂为壁材做成微胶囊，一方面可避免山梨酸钾与食品直接接触；另一方面利用微胶囊的缓释作用，缓慢释放出防腐剂起到杀菌作用。

4. 酸味剂

随着各种方便食品的开发，酸味剂的品种也越来越丰富。常用的有柠檬酸、乳酸、酒石酸、草酸、磷酸、醋酸、富马酸等。但有时把某些酸味剂直接添加到食品配料中，

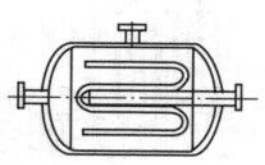

其会与果胶、蛋白质、淀粉等成分发生反应，而使食品产生劣变。酸味剂还可促进食品氧化、改变配料系统的 pH 值，且有很强的吸湿性等。采用微胶囊技术将酸味剂包覆起来，减少其与食品组分的直接接触，不仅可保证食品的品质及贮藏期，而且增加了酸味剂的稳定性。在腌制肉品中添加微胶囊化乳酸和柠檬酸，通过控制熏烟温度，逐步释放出酸，从而保证了产品质量，免除发酵工序，使制造时间缩短 5 小时。生产微胶囊化酸味剂通常使用物理方法，如采用氢化油脂、脂肪酸等材料将酸味剂包埋，冷却形成微胶囊。该技术已广泛应用于馅饼填充物、点心粉、固体饮料及肉类的加工中。

5. 抗氧化剂

抗氧化剂类物质如维生素、黄酮、茶多酚、二丁基羟甲苯（BHT）等在食品中的应用较为广泛，但这些物质较不稳定，易受外界环境的影响。因此，通过微胶囊化技术改变其特征性质是十分必要的。维生素 E 是一种天然的油溶性抗氧化剂，它的氧化物可以与维生素 C 反应重新生成维生素 E。但在食品系统中，它的氧化物存在于油相中，不可能与水相中的维生素 C 反应。于是，有人采用油溶性的维生素 C 盐的衍生物，但只有在高温下维生素 C 盐的衍生物才能在油相中良好分散；另一方面高温又会加快不饱和脂肪酸的氧化。为了解决此矛盾，出现了一种脂质体包埋天然抗氧化剂如维生素 E 的产品。研究用脂质体包埋抗氧化剂如维生素 E 形成稳定的微囊系统，维生素 E 被包裹在脂质体壁内，而维生素 C 盐被亲水相捕获。微胶囊加到亲水相中，并聚集在水油界面，因此，抗氧化剂就集中在氧化反应发生的地方，也避免了与其他食品组分的反应。Angelo 等采用喷雾干燥法对天然维生素 E 进行了微胶囊化研究，得到的产品具有良好的水溶性和流动性。

6. 膨松剂

采用微胶囊技术对膨松剂进行包埋处理，可使膨松剂在适当条件下才开始反应，可有效地控制气体的产气速度，避免烘烤前发生反应。林家莲等采用复相乳化法用淀粉和固体奶油对$Ca(H_2PO_4)\cdot H_2O$进行包埋，并在馒头生产中加以应用，试验发现该法可改善膨松剂的产气性能，具有良好的效果。

7. 酶制剂

酶制剂在食品中的应用极为广泛，酶作为生物催化剂具有不稳定性，在食品加工过程中易受到外界环境的影响而被破坏。例如在制造切达干酪时，常在牛奶中添加蛋白酶来分解蛋白质以增加风味。但如果直接将蛋白酶加入牛奶中，这些酶会在加工过程中流失。因此，可以采用某些高分子物质为壁材，将多种酶以微胶囊形式包埋于半透性膜内制成微胶囊化酶制剂，保持酶的活性，延长作用时间，实现连续化酶促生产或发酵。控制酶释放的常用方法是用脂质体将其包埋，脂质体是一种人工合成的微细泡囊，由一层或同心的几层磷脂泡囊组成。脂质体的渗透性、稳定性、亲和性和表面活性取决于泡囊的大小和脂类的组成。脂质体微胶囊的包埋率与脂的浓度直接有关，脂的浓度越高，包埋率就越大。最常用的脂质体为磷脂，脂质体包埋酶制剂有两个用途：①用作食品中酶的控制释放系统；②用作固定的酶反应器，提高酶的稳定性，却允许反应底物和产物的进出自由，并利于酶的回收。

8. 粉末油脂

油脂是人们日常生活和食品加工中的重要物质，但其易氧化变质产生不良风味，且流动性差，包装和食用较为不便。因此，有必要用微胶囊技术处理，以保持其功能特性。用微胶囊化技术将液体油转变成粉末状态油脂，应用方便、风味独特、营养丰富、稳定性极佳。功能性油脂微胶囊不仅起了保护其中功能成分、防止氧化的作用，而且作为粉末状油脂，其稳定性、流动性好，产品颗粒大小均匀并能按照实际需要调整，具有生物消化率、吸收率、生物效价高等特点。

由于液态鱼油在贮存、运输和使用上存在许多缺陷，迫切需要一种能适应现代饲料工业，并且贮存、运输和使用均相当方便的新型鱼油产品，鱼油微胶囊的出现顺应了这种需要。它的出现，为饲料工业的鱼油添加朝着功能化和方便化方向发展，提供了使用方便、性质稳定且营养价值高的优质原料。鱼油微胶囊可广泛应用于水产饲料、家禽饲料、猪饲料和反刍动物饲料等各种饲料和饲料添加剂中，代替液态鱼油及其他动植物油而使饲料获得良好的品质。与液态鱼油相比，鱼油微胶囊具有以下特点：

① 使用方便。微胶囊鱼油呈粉状，温度的变化不会使鱼油微胶囊变硬或黏糊，能够较长时间地保存，无结块和油脂渗出的现象，状态不发生改变，有良好的自由流动状态，可以方便地被称量、包装、存放和运输。

② 混合均匀。粉末状微胶囊鱼油易与其他物料混合，不会产生结块和油污，没有鱼油添加量的限制，可以以任何比例与其他物料均匀混合，可以生产出传统方法不能生产出的高鱼油含量的饲料。

③ 稳定性好。鱼油微胶囊用具有保护性的壁材将活性成分包埋起来，鱼油不与空气直接接触，可大大提高其抗氧化能力。另外可采用维生素等抗氧化剂保护易氧化的高不饱和脂肪酸，使其长期贮存，不易出现过氧化升值高或酸败的现象。不会出现因温度升高而鱼油渗出或温度降低而结块的现象，也不会因加热而使鱼油大量挥发。

④ 优良的水溶性。鱼油微胶囊的微细油滴包埋在水溶性的壁材中，易乳化分散于水中，保持稳定的乳化状态，不会像液态油脂那样成为油滴浮在液面上，对水的溶解性、乳化性都很强。

⑤ 消化吸收率高。鱼油微胶囊肠溶性的壁材在动物肠道的中性或碱性环境下裂解，释放出未被氧化的鱼油，机体对其消化吸收率高。

因此，这种粉末油脂可作为一种营养强化成分添加于食品当中，如用于乳品（婴幼儿、中老年、孕妇、产妇等配方奶粉和含乳饮料），婴儿食品（婴幼儿米粉、米糊），冷食，饮品，面食，糖果，肉制品等的加工，生产出高质量、上档次的功能性产品，同时也为开发新产品提供了性能优良的原料。

9. 微胶囊化益生菌

益生菌在机体内发挥益生作用必须满足两个条件：①益生菌在被人体摄入时必须是活的；②必须要有足够数量的益生菌定植于肠道中。如双歧杆菌必须到达人体肠道才能发挥生理功能，而菌对营养条件要求高、对氧极为敏感、对低 pH 值的抵抗力差，以及胃酸的杀菌作用等使得产品中绝大多数活菌被杀死。

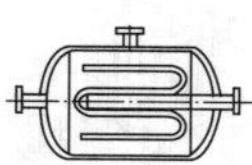

目前大多数活性益生菌制剂存在的问题就是：益生菌被人体摄入后，对消化道中低值的胃酸、胆汁酸、消化酶等的耐受性较差，活性会被降低，致使进入肠道中定植的活菌数量低于理论上能够发挥生理作用的最小值。而利用微胶囊技术，将益生菌包埋在肠溶性壁材中。一方面能增强菌体对消化道逆环境的抵抗力，防止被胃液破坏，从而使尽可能多的活菌体到达肠道；另一方面在肠道适当条件的作用下，微胶囊中的益生菌又可以被释放出来，显著提高菌体在到达肠道后的存活率，从而使尽可能多的活菌到达肠道，真正发挥益生菌的有益作用。

益生菌的微胶囊化是将益生菌细胞截留在包囊膜内，减少培养过程中细胞的损伤和损失。目前运用得最多的方法是挤压法和乳化法。挤压法的基本原理是将益生菌与亲水性胶体混合，通过针或喷嘴挤出细胞悬液，逐滴滴入硬化液中，胶粒的大小和形状取决于针的直径和落下的距离。利用挤压法制备微胶囊，不仅方法简单易操作，且成本低廉，此外，还能够保持较高的细胞密度和活性，已成为应用最广的一种方法。

乳化法的原理是利用乳化作用将细胞与载体的混合液分散，从而制备益生菌微胶囊。其过程大致为：将少量菌悬液与壁材溶液混合均匀后，添加到大量的植物油中，混合物被均质后形成乳化液，当加入凝胶剂如氯化钠后，乳化液就被破坏，形成微小的胶粒，再通过过滤或离心收集胶粒。有报道采用双层包裹法，用棕榈油作为内层壁材将双歧杆菌包裹起来，再用大分子明胶溶液包裹制成双层微囊，产品中活菌数高、保存性好，可到达人体肠道发挥相应的生理功能，真正起到益于健康的作用。

10. 其他微胶囊化产品

一些营养强化剂、色素、维生素、矿物质、多肽、风味剂等不稳定的成分都可以采用微胶囊技术增加其稳定性，提高缓释性，改善活性成分的形态，拓展其应用范围，得到更加优良的食品。

微胶囊化技术是21世纪重点研究开发的高新技术之一，具有独特的优越性能，应用于食品工业上极大地推动了其由低级产业向高级产业的转变。今后，微胶囊化技术以及理论研究还需进一步深入：开发安全无毒副作用、易降解的壁材；发展脂质体和多层复合微囊化新技术；尽可能降低微胶囊的生产成本；研究微胶囊芯材的控制释放机理及其测定方法；尽可能实现微胶囊工业化等方面将是近期研究发展的重点。我们相信微胶囊技术将成为食品科学家强有力的“工具”，从而制造出新颖安全的微胶囊食品，进而为整个食品行业的发展壮大提供理论保障。

参考文献

[1] 高福成．现代食品工业高新技术 [M]．北京：中国轻工业出版社，1997.

[2] 杨再，陈俊平，陈佳铭．超微粉碎技术的原理和应用 [J]．饲料博览，2007 (19)：36-38.

[3] 刘树立，王春艳，盛占武．超微粉碎技术在食品工业中的优势及应用研究现状 [J]．四川食品与发酵，2006 (6)：5-7.

[4] 李春华．中药超微细化及有效成分溶出特性研究 [D]．昆明：昆明理工大学，2002.

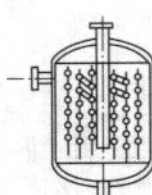

[5] 徐羽展．超细粉体的制备方法 [J]．浙江教育学院学报，2005，9 (5)：53－59.

[6] 张炳文，郝征红．超微粉碎技术在可食与药用动物资源开发中的应用 [J]．食品工业科技，2004 (3)：138－140.

[7] 张莉，于燕莉，潘菡清．超微粉碎技术及设备国内中药领域应用概述 [J]．实用医药杂志，2006，23 (6)：752－753.

[8] 郭妍婷，黄雪，陈曼，等．超微粉碎技术的应用研究进展 [J]．广东化工，2016，43 (16)：276－277.

[9] 程敏，刘保国，王攀，等．小麦麸皮超微粉碎技术研究进展 [J]．河南工业大学学报（自然科学版），2017 (6)：123－130.

[10] 李学鹏，谢晓霞，范大明，等．鲽鱼骨超微细鱼骨泥的加工工艺研究 [J]．食品工业科技，2018，39 (11)：161－165.

[11] 李学鹏，周明言，李聪，等．鱼骨泥残留肌原纤维蛋白在加工过程中结构及性质的变化 [J]．食品科学，2017，38 (7)：77－81.

[12] 张婷，张崟，熊伟，等．畜禽骨微粉碎技术及其在食品中的应用 [J]．农产品加工，2016 (11)：52－53.

[13] 宋彦显，闵玉涛．食品加工的高新技术及其发展趋势 [J]．中国食物与营养，2010 (4)：32－35.

[14] 姜巍．冷冻粉碎技术的特点及在食品工业中的应用 [J]．现代化农业，2016 (11)：35－36.

[15] 江水泉，刘木华，赵杰文，等．食品及农畜产品的冷冻粉碎技术及其应用 [J]．粮油食品科技，2003，11 (5)：44－45.

[16] 向智男，宁正祥．超微粉碎技术及其在食品工业中的应用 [J]．食品研究与开发，2006，27 (2)：88－90.

[17] 毕燕芳，郝学财，邢海鹏．低温粉碎技术制备道口烧鸡风味超微辛香调味粉工艺研究 [J]．中国调味品，2008，33 (7)：60－63.

[18] 范毅强，王华，徐春雅，等．葡萄皮超微粉碎工艺的研究 [J]．食品工业科技，2008 (6)：223－225.

[19] 张霞，李琳，李冰．功能食品的超微粉碎技术 [J]．食品工业科技，2010，31 (11)：375－378.

[20] 黄晟，钱海峰，周惠明．超微及冷冻粉碎对麦麸膳食纤维理化性质的影响 [J]．食品科学，2009，30 (15)：40－44.

[21] 黄秋婷，黄惠华．微胶囊技术在功能性油脂生产中的应用 [J]．中国油脂，2005，30 (3)：27－29.

[22] 白春清．功能性油脂微纳米胶囊的制备及其性能评价 [D]．南昌：南昌大学，2014.

[23] 刘晓庚，谢亚桐．微胶囊制备方法的比较 [J]．粮食与食品工业，2005，12 (1)：30－33.

[24] 张可达，徐冬梅，王平．微胶囊化方法 [J]．功能高分子学报，2001，14 (4)：474－480.

[25] 王忠合，朱俊晨，陈惠音．微胶囊技术的新进展 [J]．现代食品科技，2005，21 (3)：171－174.

[26] 曹健，刘洪升，朗学军，等．空气悬浮法制备微胶囊延迟破胶剂的研究 [J]．石油与天然气化工，2004，33 (1)：39－42.

[27] 程正伟，包宗宏．固体芯材微胶囊制备技术研究进展 [J]．高分子通报，2010 (4)：55－61.

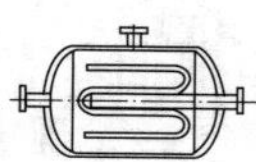

[28] 杜双奎，吕新刚，于修烛，等．锐孔法制作食醋微胶囊［J］．食品与发酵工业，2009，35（5）：85－89.

[29] 马爱洁，张玉祥，陈卫星．复相乳液法制备聚乳酸/胰岛素缓释微胶囊［J］．西安工业大学学报，2009，29（4）：341－344.

[30] RIBEIRO A J，NEUFELD R J，ARNAUD P，et al. Microencapsulation of lipophilic drugs in chitosan－coated alginate microspheres［J］. International Journal Pharmaceutics，1999，187（1）：115.

[31] 祝战斌，马兆瑞，李元瑞．微胶囊技术及其在食品工业中的应用［J］．食品与发酵科技，2004，40（3）：19－22.

[32] ANGELO A，ACHIM S. Vitamin E：non－antioxidant roles［J］. Progress in Lipid Research，2000，39：231－255.

[33] 林家莲，周凌霄，蒋予箭．微胶囊工艺在膨松剂中的应用研究［J］．河南工业大学学报（自然科学版），2001，22（2）：80－83.

[34] 李良，魏庆梅，杜鹏，等．双歧杆菌微胶囊技术及应用［J］．中国乳品工业，2006，34（5）：40－43.

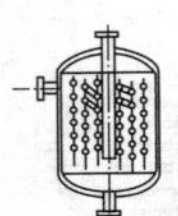

第三章 食品冷冻新技术

冷冻加工可以很好地保存食品及生物样品，能减缓食品劣变及病原体微生物的生长速度，降低绝大多数生化反应速度，延长食品货架期，保持生物样品活性，在各种食品加工手段中具有高度的安全性。用冷冻的方法保藏和运输易腐食品具有重要的意义，在食品工业中应用十分广泛。本章将着重归纳和介绍冷冻干燥技术、冷冻浓缩技术、流化速冻技术。

第一节 冷冻干燥技术

一、冷冻干燥原理

冷冻干燥又称真空冷冻干燥、冷冻升华干燥、分子干燥等。它是将含水物质先冻结至冰点以下，使水分变为固态冰，然后在较高的真空度下，将冰直接转化为蒸汽而除去，物料即被干燥。真空冷冻干燥技术是一门跨学科的复杂技术，由于干燥过程是在低温、真空状态下进行的，物料中的水分直接从固态升华为气态，因而可以最大限度地保持被干燥物料的色、香、味、形状和营养成分，而且复水性能好。自 20 世纪初创立以来，真空冷冻干燥的技术有了很大的完善和发展，其应用范围也在逐步扩大。

真空冷冻干燥是将湿物料冻结到共晶点温度以下，使水分变成固态的冰，然后在适当的温度和真空度下，使冰升华为水蒸气，再用真空系统的捕水器（水汽凝结器）将水蒸气冷凝，从而获得干燥制品的技术。干燥过程是水的物态变化和移动的过程，由于这种变化和移动发生在低温、低压下，因此真空冷冻干燥的基本原理就是低温、低压下传热、传质的机理。

1. 真空冷冻干燥基本原理

物质的聚集态由一定的温度和压强条件所决定，分子间的相互位置随这些外部条件的改变而改变。物质的相态转变过程可用相图表示。图 3 - 1 为水的相图，图中 AB、AC、AD 三条曲线分别表示冰和水蒸气、冰和水、水和水蒸气两相共存时其压强和温度之间的关系，分别称为升华曲线、融解曲线和汽化曲线。此三条曲线将图分成三个区域，对应于水的三种不同聚集态，分别称为固相区、液相区和气相区。箭头 1、2、3 分别表示冰升华成水蒸气、冰融化成水、水汽化成水蒸气的过程。三曲线交点 A 为三相共存的状态点，称为三相点。

在三相点以下不存在液相，若冰面的压力保持低于 610 Pa，且给冰加热，冰就会不经液相直接变为气相，这一过程称为升华。升华是物质从固态不经液态直接转变为气态的现象。

升华曲线是固态物质在温度低于三相点时温度的饱和蒸汽压曲线。由图 3－1 可知，冰的温度不同，对应的饱和蒸气压也不同，只有在环境压强低于对应的冰的蒸气压时，冰才会发生升华，冷冻干燥即基于此原理。升华相变的过程一般为吸热过程，这一相变热称为升华热。冰的升华热为 2.840 kJ/kg，约为熔化热和汽化热之和。

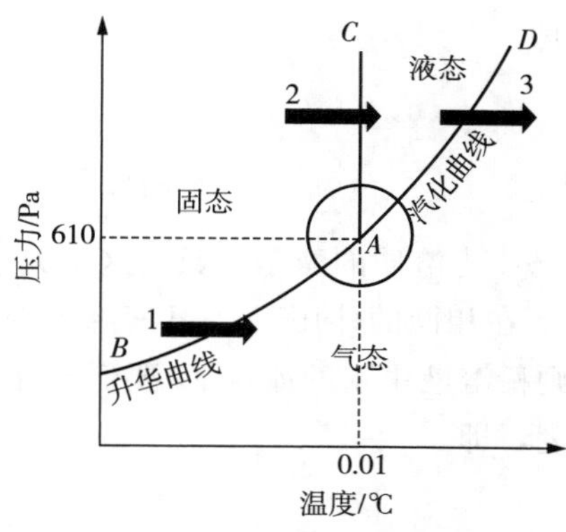

图 3－1 水的相图

2. 溶液及其冻结过程的共晶点和共熔点

(1) 溶液

一种或几种物质以分子或离子状态均匀地分布于另一种物质中，所得到的均匀稳定的液体叫作溶液。构成溶液的组分有溶质、溶剂，习惯上将组分比例较大的称为溶剂，组分比例较小的称为溶质。由水与其他物质组成的溶液称为水溶液，且一般将水溶液中的水称为溶剂，而不论其在溶液中比例为多少。为说明一种溶液，除了基本参数（如压力、温度），还需指出它的成分（浓度），常用质量摩尔浓度和质量浓度表示溶液成分。

① 摩尔分数 χ_S

溶液中某一溶质 S 的摩尔分数 χ_S 为

$$\chi_S = \frac{n_S}{n_水 + \sum n_S} = n_S / n_总 \tag{3-1}$$

式中，n_S、$n_水$、$\sum n_S$ 及 $n_总$ 分别为该种溶质的摩尔数、水的摩尔数、各种溶质摩尔数之和和总溶液的摩尔数。

② 质量摩尔浓度 m_S

$$m_S = n_S / m_水 \tag{3-2}$$

式中，$m_水$ 为水的质量(kg)；m_S 是溶质 S 的质量摩尔浓度(mol/kg)，即 1kg 水(溶剂)中所含某种溶质 S 的摩尔数。χ_S 和 m_S 的关系是

$$\chi_S = \frac{n_S}{n_水 + \sum n_S} = m_S / (\frac{1}{M_水} + \sum m_S) \tag{3-3}$$

式中，$M_水$ 为水的摩尔质量，其值为 1.802×10^{-2} kg/mol。

③ 质量分数 ε_S

$$\varepsilon_S = \frac{m'_S}{m'_总} \tag{3-4}$$

式中，m'_S、$m'_总$ 分别是指溶质 S 的质量和溶质溶剂的总质量(kg)。

④ 稀溶液的一些依数性质

对于由水和不挥发性非电解质组成的二元溶液，存在下列关系。

a. 稀溶液中水的蒸汽压 $P_水$ 等于该温度下纯水的蒸汽压 $P^0_水$ 乘以溶液中水的摩尔分数

$\chi_{水}$，即

$$P_{水} = P^0_{水}\ \chi_{水} \tag{3-5}$$

$$或 P^0_{水} - P_{水} = P^0_{水}(1 - \chi_{水}) = P^0_{水}\ \chi_S \tag{3-6}$$

式中，χ_S 为溶质的摩尔分数，这个关系称为拉乌尔定律(Raoult's Law)。

b. 在相同的外压下，温度降低时，若水和溶质不生成固溶体，且生成的固态是纯冰，则稀溶液中水的冰点 T_f 要低于纯水的冰点 T^0_f，其冰点的降低值正比于溶液的质量摩尔浓度，即

$$\Delta T_f = T^0_f — T_f = k_f m_S \tag{3-7}$$

$$k_f = R\,M_{水}(T^0_f)^2/L_f \tag{3-8}$$

式中，k_f 为凝固点降低常数；L_f 为冰在 T^0_f 时的摩尔熔化热。

(2) 溶液的冻结过程的共晶点和共熔点

如图 3-2 所示，点 A 表示温度为 T_1、质量分数为 ξ_1 的氯化钠水溶液。线 BE、CE 为饱和溶解度线，该线上的点表示溶液处于饱和状态，且该线上部区域的点表示溶液的溶解度为不饱和状态，其下部的点为过饱和状态。

若使状态为 A(温度 T_1，质量分数 ξ_1) 的溶液冷却，开始时质量分数 ξ_1 不变，温度下降，过程沿 AH 进行，冷却到 H 以后，若溶液中有"冰"(或晶核)，则溶液中的一部分水会结晶析出，溶液的浓度将上升，过程将沿析冰线 BE 进行，直到点 E。溶液质量分数达到其共晶浓度，温度降到共晶温度以下溶液才全部冻结，点 E 称为溶液的共晶点。同理，若使状态为 A' 的溶液冷却，到达 H' 后先析出盐，然后沿析盐线 CE，析出盐的同时温度下降，直到共晶点 E 才全部冻结。当溶液冷却到平衡状态 H 却无"晶核"存在时，溶液不会结晶，温度将继续下降，直到溶液受外界干扰(如植入"种晶" 振动等)或冷却到某一核化温度 T_{het} 在溶液中产生晶核，其超熔组分才会结晶，并迅速生长，放出结晶热，使溶液温度升到平衡状态，其浓度也随超熔组分的析出而变化。其过程线为 $A—H—G—D—E$ 或 $A'—H'—G'—D'—E$。图 3-3 为典型的冷冻曲线。

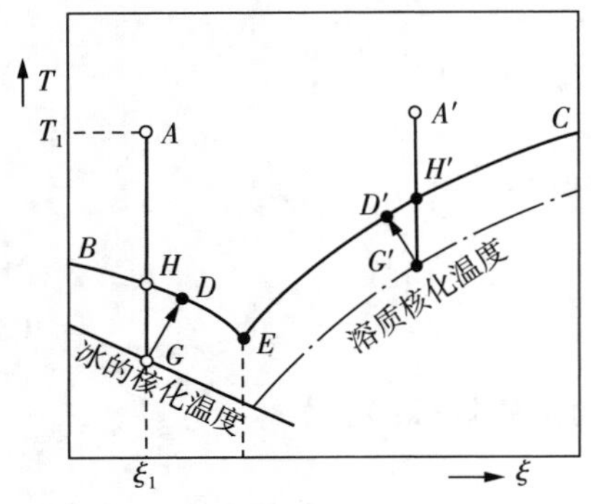

图 3-2　氯化钠水溶液的温度-质量分数图

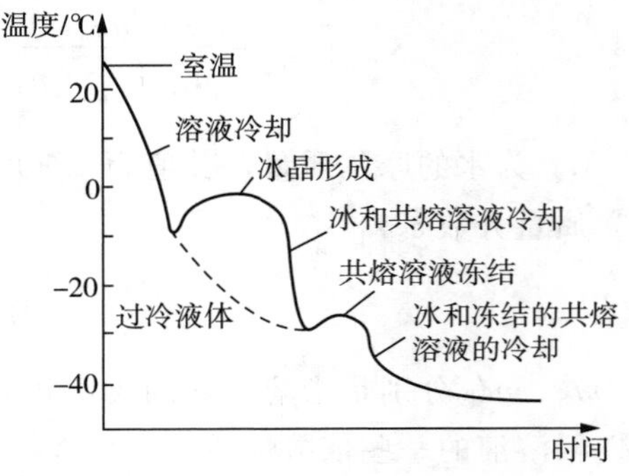

图 3-3　典型的冷冻曲线

完全冻结的溶液或制品，当温度升高至某一点时，开始出现冰晶熔化现象，该温度称为共熔点温度，简称共熔点。一般来说，制品的共晶点和共熔点并不相等，升华的温度必须低于共熔点。

(3) 冻干制品溶液的共熔点和共晶点

一般来说，冻干药品的溶液是由主要功能组分（如细菌等药用成分）、多种添加组分（抗冻剂、抗氧化剂、填充剂等）和蒸馏水混合而成的胶体悬浮液，它与一般能互溶的溶液不完全相同，具有一系列的低共熔点温度。对于冻干加工来说，需要确定一个较高的安全操作温度，当在该温度以上时，产品中存在已熔化的液体；在该温度以下时，产品将全部冻结，这个温度称为冻干产品的共熔点温度。制品溶液在降温冻结过程中温度最低的共晶点温度称为该溶液的共晶点温度。表 3－1 列出了一些饱和水溶液的共熔点温度。

表 3－1 一些饱和水溶液的共熔点温度

溶 质	摩尔溶解度（30℃）	观察共熔温度/℃	计算温度/℃
甲基芬尼定磷酸盐	1.953	－4.29	－3.97
酚妥胺磷酸盐	0.12	－0.75	－0.88
甘露醇	1.0	－2.24	—
乳糖	0.6	－5.4	—
氯化钠	6.21	－21.6	－24.0
氯化钾	4.97	－11.1	－12.66
溴化钾	5.93	－12.9	－13.26
甘油	—	－46.5	—
二甲亚砜	—	－73	—

(4) 冻结速率与冰晶大小和形状的关系

溶液结晶的晶粒数量和大小除与溶液本身性质有关外，还与晶核生成速率和晶体生长速率有关，而这二者都随冷却速率和温度而变化。一般来说，冷却速率越快，过冷温度越低，形成的晶核数量越多，晶体来不及生长就被冻结了，所形成的晶粒数量越多，晶粒越细。由图 3－4 可知，接近 0 ℃时，晶核生成速率很小，晶体生长速率迅速增加，若溶液在接近 0 ℃时冻结，会得到粗而大的结晶。晶体的形状也与冻结温度有关，在 0 ℃附近开始冻结时，冰晶呈六角对称形，在六个主轴方向生长，同时还会延伸出若干副轴，所有冰晶连接起来在溶液中形成一个网络结构。随过冷度的增加，冰晶将逐渐丧失易被辨认的六角对称形状，加之成核数多，冰晶可能呈一种不规则的树枝状，它们是有任意数目轴的柱状体（轴柱），而不像六方晶型那样只有六条。在最高冷却速率时获得渐消球晶，它是一种初始的或不完全的球状结晶，通过重结晶可以完成其再结晶过程。生物体液（如血浆、肌肉浆液等）的结晶类型主要取决于冷却速率和液体浓度。例如，血浆、肌肉浆液等在正常浓度下结冰时，在较高零下温度和慢冷却速率下形成六方结晶单元，快速冷却至低温时形成不规则树枝状晶体。

(5) 玻璃化冻结和脱玻

如图3-5所示，K状态的溶液快速急冷，在未开始析冰的情况下温度降至G点以下，由于溶液的黏度很大，水分子来不及聚集结晶就在原地被固化，此种冻结称为玻璃化冻结。G点的温度T_g称为玻璃化温度，各种浓度下的T_g组成的连线称为玻璃化温度线（图中点画线）。

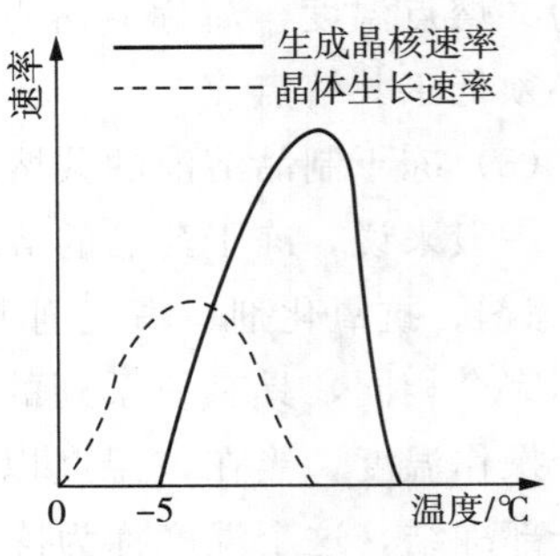

图3-4 水的结晶速率

玻璃化冻结不形成结晶也无体积膨胀，组成物料的分子被固化在原来位置，升华时水分子很难逸出，对于冻干来说是很不利的，因而须消除这种结晶。

图3-5中Ⅰ、Ⅱ、Ⅲ区稀溶液的玻璃化冻结是不稳定的。在急冷条件下获得的玻璃体中，不可避免地形成大量的细小晶核，急冷时来不及生长，一旦加热复温或在T_g附近长期保温退火，这些晶核可能长大，发生反玻璃化转变。图中T_d就是反玻璃化转变温度。图中的双点画线称为反玻璃化温度线。

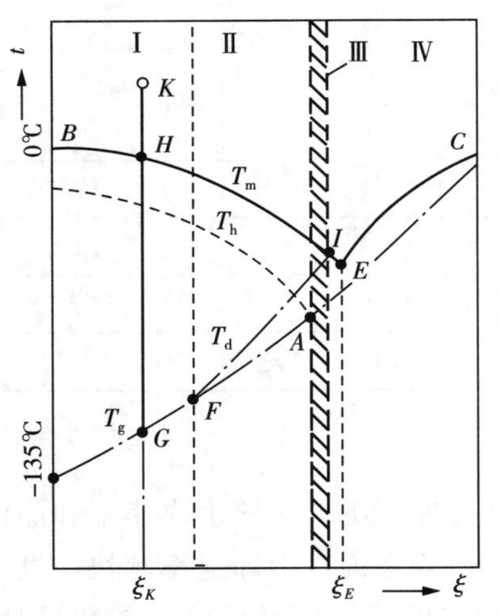

T_m—析冰温度；T_g—玻璃化转变温度；T_h—成核温度；T_d—反玻璃化温度。

图3-5 二元水溶液补充相图

由图3-5可看出，纯水的玻璃化温度为−135 ℃，只有在冷却速率达10^8 ℃/s的数量级超急冷下和小体积样品中才能实现。但随着溶液质量分数的增加，T_g逐步上升，很容易形成玻璃化，对这些制品冻干时往往需要使之在共熔点以下升温再结晶，消除其玻璃化结晶，这一过程称为脱玻。

二、冷冻干燥装置系统

1. 真空冷冻干燥基本过程

食品物料真空冷冻干燥主要由以下几个过程组成：物料的预处理、物料的预冻、升华干燥、解吸干燥、封装和储存。

(1) 物料的预处理或制备

真空冷冻干燥食品的原料若按其组织形态来分，可分为固态食品和液体食品。对固态食品原料的预处理过程，包括选料、清洗、切分、烫漂和装盘等。其目的是清除杂物，使其易于升华干燥。避免加热过度，无论蒸煮还是浸渍都要按工艺要求加工，只有预处理过关，才有可能生产出高品质的冻干食品。不同食品的预处理内容也有所不同，食品冷冻干燥时一般不加添加剂，而对药品和细胞进行冷冻干燥之前，必须加入一些添加剂，以保证冻干产品效果良好，保持药品的活性和保证细胞的存活。添加剂按其功能可大致分成冻干保护剂、乳化剂、填充剂、抗气化剂、酸碱调整剂等。近年来发现糖类（海藻糖、蔗糖等）是很有效的冻干保护剂。

（2）物料的冷却固化过程

物料首先要预冻，再抽真空。这是因为物料内部含有大量的水分，若先抽真空，会使溶解在水中的气体因外界压力降低很快逸出，形成气泡而成“沸腾”状态。水分蒸发时又吸收自身热量而结成冰，冰再汽化，则产品发泡气鼓，内部形成较多气孔。因隔板的温度有所不同，需要有充分的预冻时间，从低于共熔点温度算起，预冻时间 2 h 左右。预冻的速度控制在每分钟下降 1～4 ℃为宜，过高、过低都会影响产品质量，不同物料的预冻速度应由试验确定。

物料的冷却固化过程是进行冷冻干燥的预备操作，也称为冻结或预冻。冷却固化不仅要使物料中的自由水完全结成冰，还要使物料中其他部分也完全固化成固态的非晶体（玻璃态），使产品干燥前后具有相同的形态，防止真空干燥时产生起泡、浓缩、收缩和溶质移动等不可逆变化，减少因温度下降引起的物质可溶性降低和生命特性变化。冷却固化后的物料，实际上是既具有晶态又具有玻璃态的坚硬的网状结构。

① 预冻温度。冷却固化过程的最终温度应当是完全固化温度，应低于物料的共晶温度或玻璃化转化温度，一般预冻温度要比共晶点温度低 5～10 ℃。表 3－2 给出了一些物质的共晶点温度。

表 3－2 一些物质的共晶点温度

物质名称	共晶点/℃	物质名称	共晶点/℃
纯水	0	2％明胶，10％葡萄糖溶液	－32
0.85％氯化钠溶液	－22	2％明胶，10％蔗糖溶液	－19
10％蔗糖溶液	－26	马血清	－35
10％葡萄糖溶液	－27	一般生物制品	－30
脱脂牛奶	－26	菠菜	－6
人参	－15	甘油水	－46.5

② 预冻速率。冻结速率是冷冻干燥的主要影响因素，主要包括对食品组织结构和干燥速率的影响。物料预冻时形成冰晶，冰晶升华后留下的空隙是后续冰晶升华时水蒸气的逸出通道。预冻速率较慢时，形成大而连续的六方晶体，在物料中形成网状的骨架结构，冰晶升华后空出的网状通道空隙大，则后续冰晶升华时水蒸气逸出的阻力小，制品干燥速度快；预冻速率较快时，形成的树枝形和不连续的球状冰晶升华后通道小或不连续，水蒸气靠扩散或渗透方能逸出，干燥速度慢。慢速冻结对食品物料组织结构破坏较大，影响制品品质。

③ 预冻时间。物料的冻结过程是放热过程，达到规定的预冻温度以后，为使产品完全固化，一般需要保持 2 h 左右的时间，这是个经验值，应根据冻干机、总装量、物品与搁板之间接触的不同，由实验确定具体时间。

④ 预冻过程的传热模型。被冻干物料有固、液态之分。不同性质的物料要求的预冻

温度、预冻速率各不相同，不同类型物料的预冻地点不同，因此很难用统一的预冻模型来描述预冻过程。

一般生物制品和药品都是放置在冻干箱内搁板上进行预冻的，预冻过程以热传导为主。冻干箱内搁板上物料预冻过程的传热模型如图3-6所示。为简化计算作如下假定：① 预冻过程中冻结相变界面 S 均匀地向物料内移动，传热是一维的，只沿 X 方向进行；② 预冻过程中相变界面 S 处温度不变，为共晶点温度；③ 物料冻结前后各物性参数为常数，未冻结部分内有温差梯度。

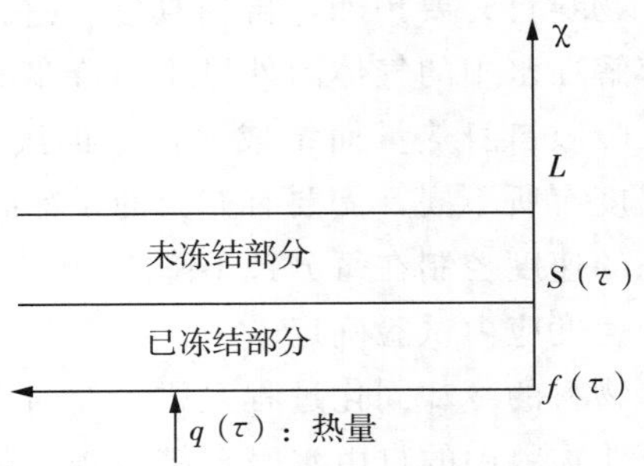

图3-6 冻干箱内搁板上物料预冻过程的传热模型

热传导方程、冻结相变界面平衡方程式如下：

$$\varepsilon\frac{\partial\theta_s}{\partial_\tau}=\frac{\partial^2\theta_s}{\partial X^2},\ 0<X<S(\tau), \tag{3-9}$$

$$\frac{\partial\theta_s}{\partial X}-\frac{\partial\theta_L}{\partial X}=\frac{\mathrm{d}S(\tau)}{\mathrm{d}\tau},\ X=S(\tau) \tag{3-10}$$

边界条件、初始条件：

$$\theta_s=f(\tau)(X=0) \tag{3-11}$$

$$\frac{\partial\theta_s}{\partial X}=q(\tau)(X=0) \tag{3-12}$$

$$S(\tau)=0(\tau=0) \tag{3-13}$$

$$\theta_s=0[X=S(\tau)] \tag{3-14}$$

式中，θ 为量纲一的温度，$\theta=\frac{T-T_f}{T_\tau-T_f}$；$\varepsilon$ 为Stefan常数，$\varepsilon=\frac{C(T_r-T_f)}{\gamma}$；$X$ 为量纲一的坐标，$X=\frac{x}{L}$；τ 为量纲一的时间，$\tau=\frac{\alpha t\varepsilon}{L^2}$；$S$ 为相变界面坐标，$S=\frac{s}{L}$；α 为热扩散系数，$\alpha=\frac{\lambda}{\rho c}$；$L$ 为平板物料厚度；ρ 为物料的密度；T_f 为共晶点温度；c 为物料的比热容度；T_r 为参考温度；λ 为物料热导率；γ 为潜热；s 为相界面坐标率；x 为坐标；$f(\tau)$ 为量纲一的边界温度；$q(\tau)$ 为量纲一的边界热流。

(3) 升华干燥（一次干燥）过程

升华干燥是第一阶段干燥，也称一次干燥，是指在低温下对物料加热，使其中被冻结成冰的“自由水”直接升华成水蒸气，约除去全部水分的80%。将冻结后的产品置于

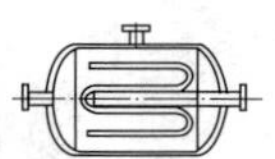

密闭的真空容器中抽真空，再加热，物料中的冰晶就会升华成水蒸气逸出，使产品脱水干燥。干燥层从物料外表面向内部推进，冰晶升华后留下的空隙成为后续冰晶升华水蒸气的逸出通道。

为使密封在干燥箱中的冻结物料较快地升华干燥，必须启动真空系统使干燥箱内达到并保持足够的真空度，并对物料精细供热，一般冷冻干燥采取的绝对压力为 0.2 kPa 左右。升华时所需的热量由加热设备（通过搁板）提供，热量从下搁板通过物料底部传到物料的升华前沿，也从上搁板以辐射形式传到物料上部表面，再以热传导方式经已干层传到升华前沿。此时，应控制热流量使供热仅转变为升华热而又不使物料升温熔化，冻结层的温度应低于产品共熔点温度，干燥层温度应低于产品的崩解温度或容许的最高温度（不烧焦或变性）。升华产生的大量水蒸气在冷阱表面形成凝霜，部分水蒸气以及不凝气由真空泵抽走。

① 物料冻结和干燥过程中的含水量变化。物料中的水分可分为两类：一类是在低温下可被冻结成冰的水分，称为自由水或物理截留水；另一类是在低温下不可被冻结的水分，称为结合水或束缚水。含水量高的物料中自由水的含量占总水分量的 90%以上。

如图 3-7 所示，一次干燥的物料温度 T_{w1} 必须低于物料的最高允许温度 T_{max1}，T_{max1} 为物料的玻璃化转变温度 T_g 或共晶温度 T_E。冻结和干燥过程中物料的相对含水量最初为 100%，最终为要求的剩余含水量（residual moisture final，RMF）。

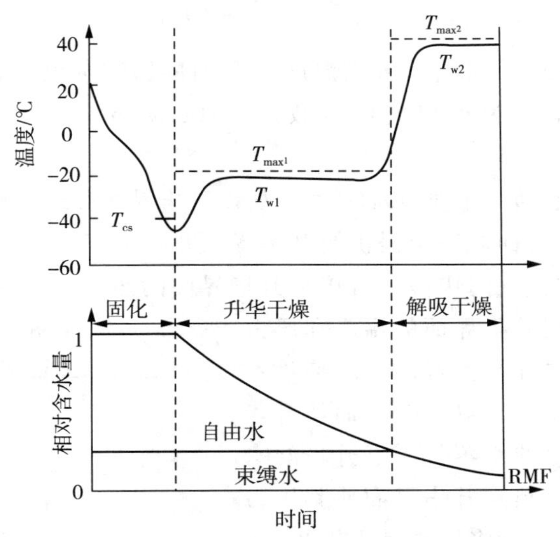

图 3-7 冻结和干燥过程中物料的温度和含水量变化的示意图

② 物料冻结和干燥过程中所需要的热量为冰的升华热。加热的方式可以是搁板导热加热或辐射加热。要维持升华干燥的顺利进行，必须满足两个基本条件：一是升华产生的水蒸气必须不断地从升华表面被移走；二是传递给升华界面的热量等于从升华界面逸出的水蒸气所需的热量。上述条件如控制不好，会出现物料软化、融化、隆起、塌陷等现象。

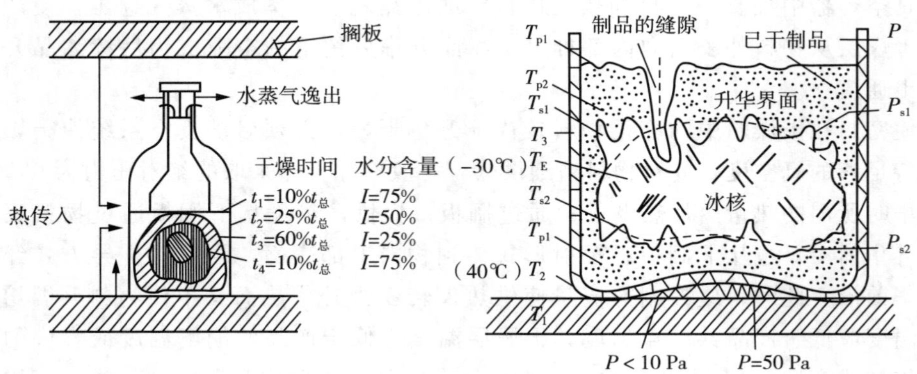

图 3-8 升华界面和升华时的热质传递

冰的升华是在升华界面处进行的，如图 3-8 所示，以瓶装物料为例，升华时所需的热量由加热设备（通过搁板）提供。图中 T 为搁板温度，T_E 为冰核温度，T_s 为升华界面温度，P_s 为升华界面压力，左图为冻干品的水分含量随干燥时间和总干燥时间之比的变化。

③ 升华速率。纯冰的绝对升华速率可用 Knudscn 方程来表示，即

$$G_s = \alpha p_s \left(\frac{M}{2\pi RT}\right) \tag{3-15}$$

式中，α 为蒸发系数；P_s 为冰升华界面温度为 T 时的饱和蒸汽压，kPa；M 为水蒸气的摩尔质量，g·mol^{-1}；R 为理想气体常数，8.314 J/(mol·K)；T 为冰的热力学温度，K。

因 P_s 随冰的饱和温度 T 的增大而增大，所以升华界面温度越高，升华量 G 也越大。冷冻干燥的升华速率一方面取决于提供给升华界面热量的多少，另一方面取决于从升华界面通过干燥层逸出水蒸气的快慢。若传给升华界面的热量等于从升华界面逸出的水蒸气升华所需的热量，则升华界面的温度和压力均达到平衡，升华正常进行。若供给的热量不足，水的升华夺走了制品自身的热量而使升华界面的温度降低，逸出的水蒸气少于升华的水蒸气，多余的水蒸气聚集在升华界面使其压力增高，升华温度提高，最后将导致制品融化。

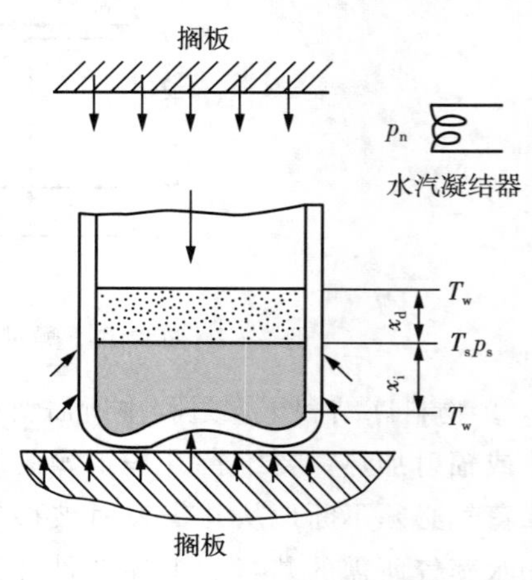

图 3-9 冻干过程的热质传输

为简化计算，将冻干的传热、传质过程简化成如图 3-9 所示模型。通过冻层和已干燥层的传热量可用下列公式表示，即

$$Q' = \frac{A\lambda_i(T_w - T_i)}{x_i} \tag{3-16}$$

$$Q' = \frac{A\lambda_d(T'_w - T_i)}{x_d} \tag{3-17}$$

式中，A 为升华界面面积，m^2；λ_i、λ_d 为冻层和干层的热导率，W/(m·K)；T_w、T'_w 为冻层和干层外表面的热力学温度，K；x'_i、x_d 为冻层厚度和干层厚度，m。

升华出来的水蒸气通过已干燥层积箱内空间输送到水汽凝结器，其传输速率为

$$G_S = \frac{A(p_s - p_n)}{R_d + R_s + K_1^{-1}} \tag{3-18}$$

式中，p_s、p_n 为升华界面和水汽凝结器的压力，Pa；R_d、R_s 为干燥层的阻力和干燥层表面到水汽凝结器之间的空气阻力，Pa·m^2·s/kg；K_1 为由升华物质的分子量所决定的常数，kg/(Pa·m^2·s)。

从上述各公式可见，欲提高升华速率，应注意以下几点：

一是冻层底部或干层表面的温度在允许的最高值以下尽可能高。

二是制品厚度越薄其热阻和流动阻力越小，热量和质量传输越快，升华速率越高。但每批制品的产量与厚度成正比，每批加工的辅助工作量又大致相等，制品太薄会造成产品总成本的提高，需选择一个总成本最低的最佳厚度。一般来说，生物制品的厚度为 10 ～ 15 mm。

三是冻结层的热导率 λ_i 主要取决于制品成分，已干燥层的热导率 A_d 取决于其压力和气体的成分。如图 3－10 所示，箱内压力越高，冻干层的热导率越高，也可视为 P_s 越高，水蒸气不易从升华面逸出，造成升华面温度过高，冻层融化和干层崩解。

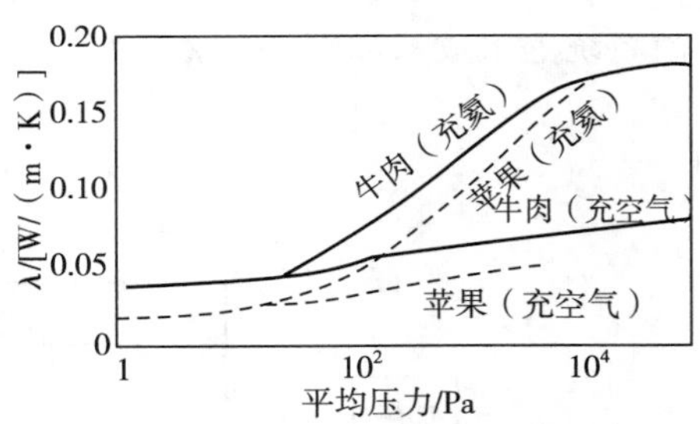

图 3－10　热导率和箱内压力的关系(冻干牛肉和苹果)

四是水蒸气的排出还取决于 R_d、R_s。由实验可知，R_d 比 R_s 大 6 ～ 10 倍，所以穿过已干多孔层的水蒸气的流率大体上决定了干燥速率，而 R_d 主要与干层厚度和晶粒大小形状有关。

(4) 解吸干燥（二次干燥）过程

解吸干燥是第二阶段干燥，也称二次干燥，是在较高温度下加热，使物料中被吸附的部分“束缚水”解吸，变成“自由”的液态水，再吸热蒸发成水蒸气。解吸干燥过程中温度不能过高，否则会造成药品过热而变性。升华干燥结束后在干燥物质的多孔结构表面和极性基团中还吸附有一部分水分，这些水分是未被冻结的。因此，为了保证冻干产品的安全储藏，还应进一步将其干燥。由于结合水吸附的能量很大，因此必须提供较高的温度和足够的热量，才能实现结合水的解吸过程。二次干燥过程中所需要的热量为解吸附热与蒸发热之和，一般简单称之为“解吸热”，解吸干燥一般采用 30～60 ℃的温度。如图 3－7 上半部分所示，物料的温度 T_{w2} 必须低于物料的最高允许温度 T_{max2}，最高

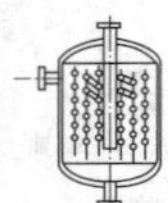

允许温度 T_{max2} 由物料的性质所决定，如蛋白质药物的 T_{max2} 一般低于 40 ℃；果蔬等食品的 T_{max2} 可以到 60～70 ℃。冻干后物料中剩余含水量过高不利于物料长期储存，过低也会损伤物料的活性。二次干燥结束时，物料中的剩余水分含量应当达到最终要求的剩余含水量，一般应低于 5%（0.5%～4%）。

（5）封装和储存

物料经二次干燥后，要进行封装和储存。在干燥状态下，如果不与空气中的氧气和水蒸气接触，冻干食品可以长时间储存，待需要使用时，将其复水。封装须在真空条件或充惰性气体（氮气或氩气）的条件下进行，储藏温度一般是室温。如图 3-11 所示，对于瓶装物料，可在干燥室内用压瓶塞器直接将橡胶瓶塞压下，堵住蒸汽通道保证密封；对于安瓿装的物料或较大块的物料，可通过真空通道从干燥室引出，送至真空室或充惰性气体室，用机械手封装。对于某些药品，要求储藏温度为 4 ℃，特殊的要求 -18 ℃。

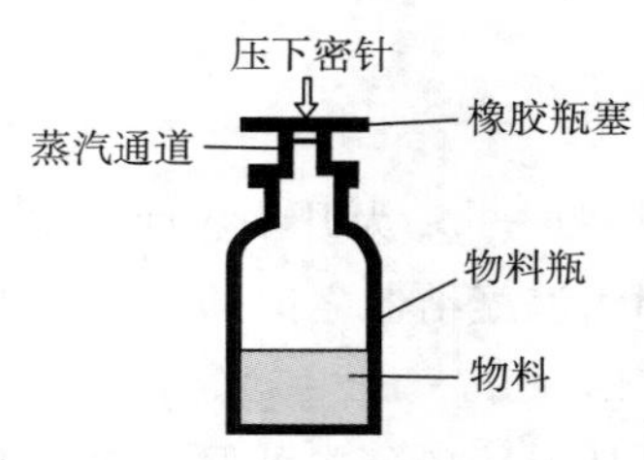

图 3-11　瓶装物料的干燥

2. 真空冷冻干燥系统的主要组成

冷冻干燥系统主要由干燥室（或称冻干箱）、冷阱、制冷系统、真空系统、加热系统和控制系统等组成，如图 3-12 所示。

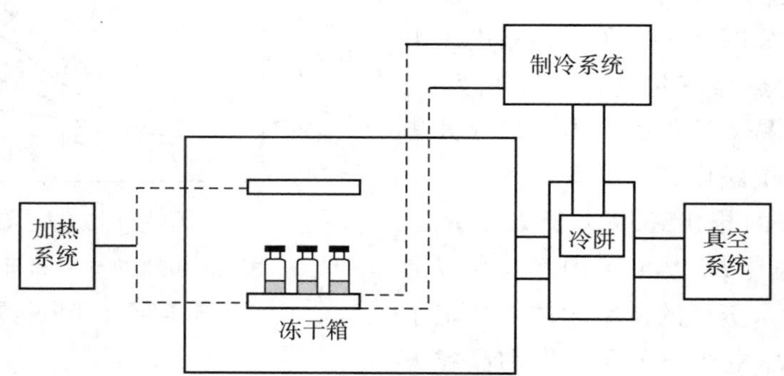

图 3-12　冷冻干燥系统组成的框图

（1）冻干箱

冻干箱是物料进行真空干燥的场所，物料瓶置于下搁板上。可以用下搁板以导热的方式对物料加热，也可以以辐射的方式用上搁板加热。药剂的冻干要求冻干箱与真空系统等都是无菌的，就必须考虑经常进行清洗和灭菌的问题，一般采用高温蒸汽灭菌，故要求冻干箱箱体采用不锈钢材，箱内全部零部件都应具有耐受高温蒸汽的能力。物料的冷却固化过程（冻结过程）可以在冻干箱（干燥室）内进行，此时下搁板内有载冷剂，通过制冷系统进行降温。物料的冻结过程也可以在干燥室外进行，待物料完全冷却固化后放入干燥室内进行真空干燥，冻干箱要求密封良好，有的干燥室内还设有压瓶塞器，干燥结束时就立即对物料瓶进行密封。

(2) 冷阱

冷阱是冷冻干燥系统中十分重要的部件，是水蒸气的“冷凝器”，它的作用是在真空系统中提供一个低温的环境，其温度要比物料升华界面的温度低得多，如－20 ℃或更低，逸出的水蒸气遇到冷阱的低温表面凝结成液态水，被排出系统。冷阱表面的饱和水蒸气压力就会比物料升华界面的低，这两者之间的压力之差就是水蒸气逸出的传质驱动力。物料升华温度与冷阱温度之间的差值越大，升华的传质驱动力就越大，但是在两者的温差过大的情况下，传质驱动力的差别很小，对提高干燥速率已没有实际意义。

(3) 制冷系统

制冷系统是在冷阱处形成低温条件，有些还在冻干箱内起着制冷冷却的作用。制冷系统有蒸气压缩式制冷、热电制冷和利用液氨制冷等多种方式。在蒸气压缩式制冷系统中，冷阱是制冷系统中的蒸发器，如果要求冷阱的温度很低，则要采用双级压缩制冷循环或复叠式制冷循环。

(4) 真空系统

真空系统的主要功能是抽走“非凝性”气体，在冷冻干燥系统的温度范围内，它既包括由外界大气漏入干燥箱的空气，也包括由物料中逸出的空气或其他“非凝性”气体。水蒸气主要是靠冷阱将其凝结成液态水再被排出系统的，但也会有些少量的水蒸气进入真空泵。

对于冷冻干燥系统真空泵的要求，除了真空度和抽气速率外，还要求能用于水蒸气，并有一定的水蒸气抽除能力。冷冻干燥系统对真空度的要求并不高，约 1 Pa，可以采用旋片式机械真空泵或在旋片式真空泵的低压侧加罗茨泵，若罗茨泵的排气压力低于大气压力，就要用旋片式真空泵增压，将抽出的气体排至大气。

(5) 加热系统

对冻干箱中物料的加热一般是通过搁板进行的。下搁板以导热的方式对物料进行加热，上搁板以辐射的方式对物料进行加热。搁板中可以装置电加热器，也可以装载热剂，搁板的温度由温控系统控制。

三、冷冻干燥的主要设备

真空冷冻干燥机由制冷系统、真空系统、加热系统、参数测量与电气控制系统组成。真空冷冻干燥机的制冷系统类似于电冰箱的制冷系统，由制冷压缩机、冷凝器、节流阀和蒸发器等器件组成。制冷系统在真空冷冻干燥设备中的功能是：在样品干燥前进行预冻结和对样品在冷冻干燥过程中的水蒸气进行捕捉（将水蒸气冷凝为液体水）。捕捉水蒸气的区域为冷阱，表面温度一般在－40 ℃以下，以保证从食品中升华出来的水蒸气有足够的扩散动力，也能避免水蒸气进入真空汞。为保证水蒸气的捕捉效果，冷阱必须有足够的面积，一般以结霜厚度 4～6 mm 为准。冷阱的结构主要有图 3－13 所示的几种。布置方式有立式和卧式两种，立式冷阱占地面积较小，可用浸泡式化霜，但水蒸气的流动阻力较大。卧式冷阱则相反，若用浸泡式化霜则应防止化霜水流入冻干箱。真空系统的功能是保证样品在冻干过程中处于一定的真空度下，能在一定时间内抽除一定量的水蒸气和干空气，衡量真空系统性能的指标主要是水蒸气抽除能力和最低真空度。真空系统可以带冷阱也可以不带冷阱，主要由真空泵、真空阀、真空计及其他元件组成。图 3－14 是带有冷阱的真空系统示意图。

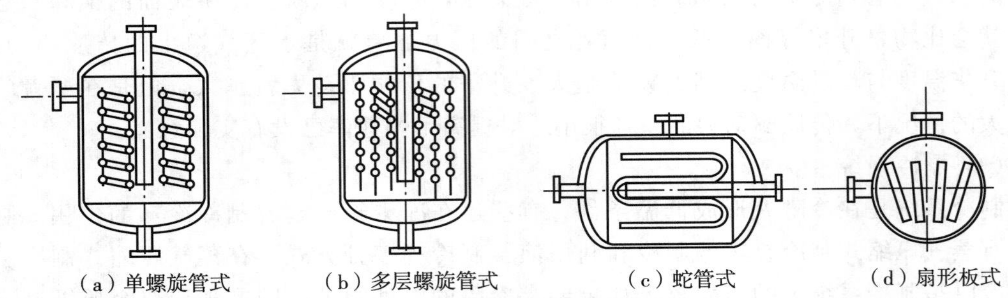

图 3－13　常见的冷阱结构示意图

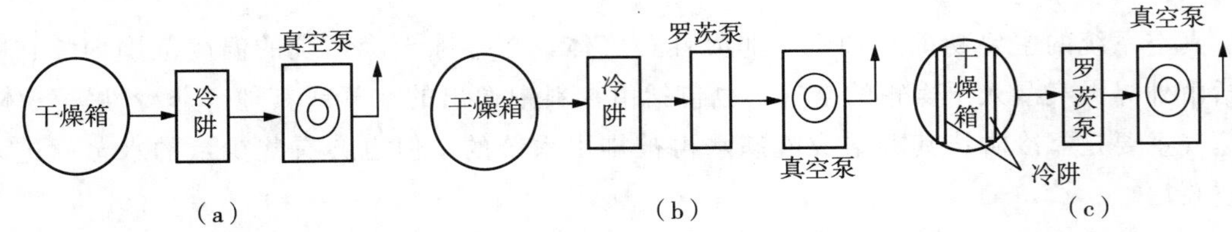

图 3－14　带有冷阱的真空系统示意图

加热系统包括干燥箱体和加热元件。干燥箱体有矩形和圆筒形两种，矩形干燥箱有效空间大，但受力差，所用材料多且不易加工；圆筒形干燥箱反之。为避免在真空状态下箱体受外压变形，大型冷冻干燥机多采用圆筒形箱体。加热方式可分直接加热法和间接加热法两种，直接加热法一般用到外包绝缘材料和金属保护套的电热丝，这要求搁板有一定的厚度以放入电阻丝，并保证加热温度的均匀分布；间接加热时利用载热介质，将干燥机外部的热源热量导入干燥箱内部搁板中，外部加热热源可以是电、煤、天然气等，载热介质可以是水和乙二醇等流体介质。

测量与电气控制系统是指挥冷冻干燥设备各部件正常工作、控制工艺参数准确运行、保证冷冻干燥过程顺利完成的核心部分。常见的控制系统可分为手动控制、半自动控制、全自动控制和网络控制四类系统，目前的主流是全自动控制系统。在冷冻干燥设备中，测量系统主要测量干燥室真空压力、搁板加热温度、干燥样品温度等。图 3－15 是某大型真空冷冻干燥设备组成示意图。

四、冷冻干燥装置的型式

冷冻干燥设备按照设备运行方式分为间歇式干燥机和连续式干燥机；按加工容量分为工业用干燥机和实验用干燥机；按加热方式分为接触导热式干燥机和辐射传热式干燥机。间歇式冷冻干燥机一般是小容量干燥机，如图 3－16 和图 3－17 所示。样品在干燥过程静止，操作简单方便，但一次只能干燥一批样品，只适合用于小批量生产的样品，生

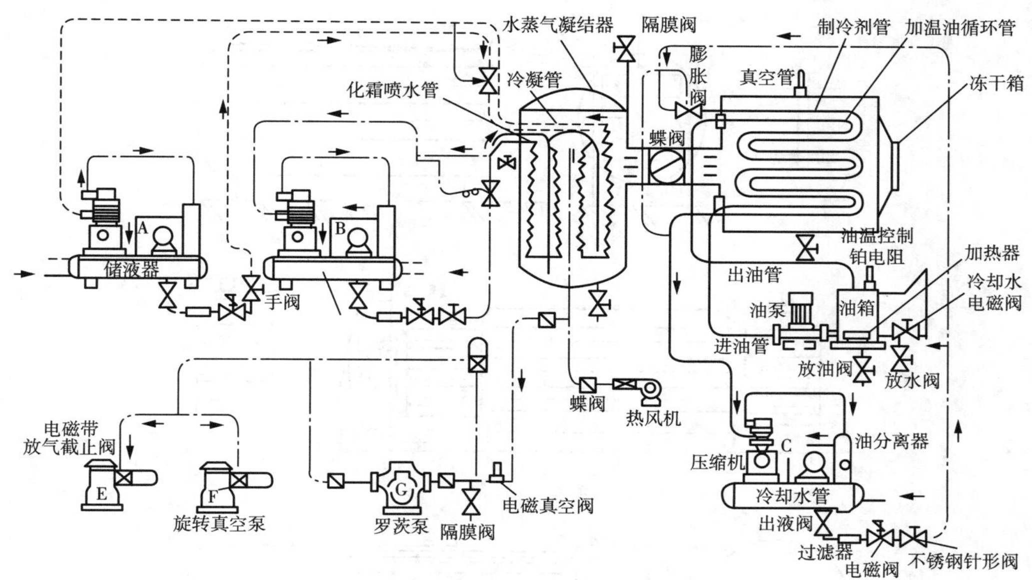

A、B、C—制冷机组；E、F、G—真空泵组。

图 3－15 某大型真空冷冻干燥设备组成示意图

产率不高。接触式导热真空冷冻干燥机的工作原理是将样品或托盘置于有电加热丝的搁板上，通电后产生热量，热量经过搁板传导至样品中，样品受热干燥。辐射传热式干燥机的工作原理是将样品置于两块加热板之间，热量主要以辐射的方式传至样品内，装卸、干燥样品方便。

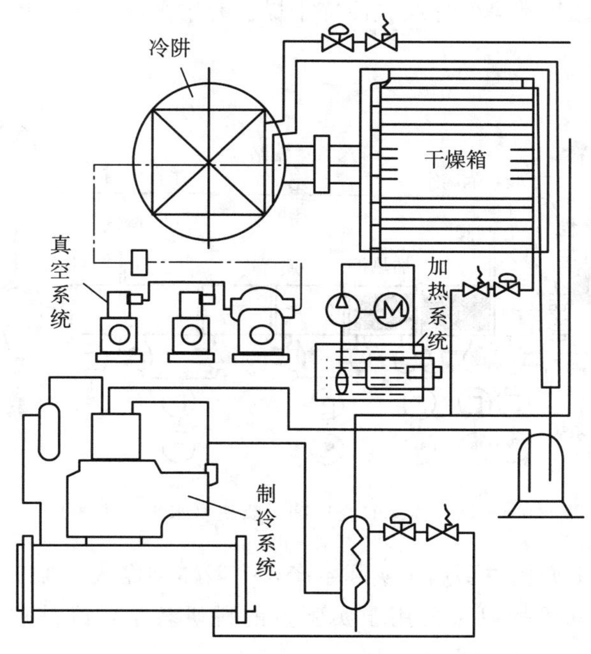

图 3－16 间歇式真空冷冻干燥机（接触式导热）

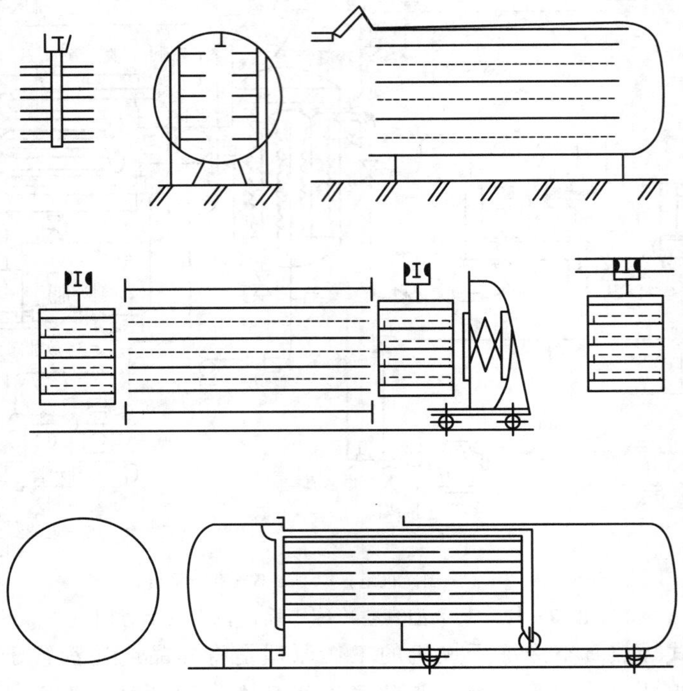
图 3-17　间歇式冷冻干燥（辐射传热）

连续式冷冻干燥机机型庞大、设备复杂，但生产量大，适合品种单一、产量大、原料充足的产品生产。比较常见的连续式冷冻干燥机有水平隧道式（图 3-18）和垂直螺旋式两种。

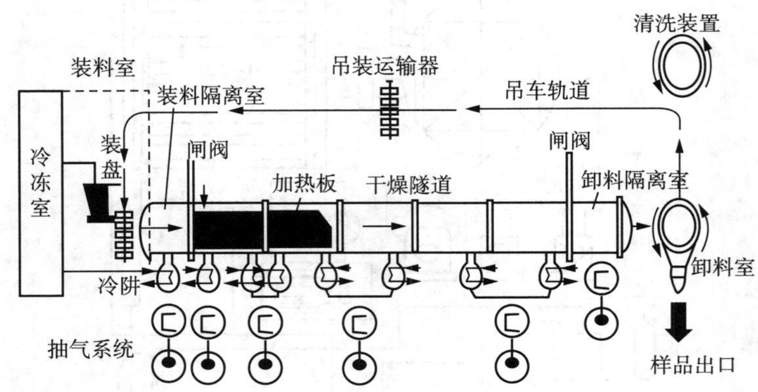

图 3-18　连续真空冷冻干燥机（水平隧道式）

工业用真空冷冻干燥机主要用于实际生产，一般体型庞大、加工量较大，如图 3-15 所示；实验室真空冷冻干燥机主要用于实验室的科研教学，或是加工量非常小的场合，如图 3-19 所示。

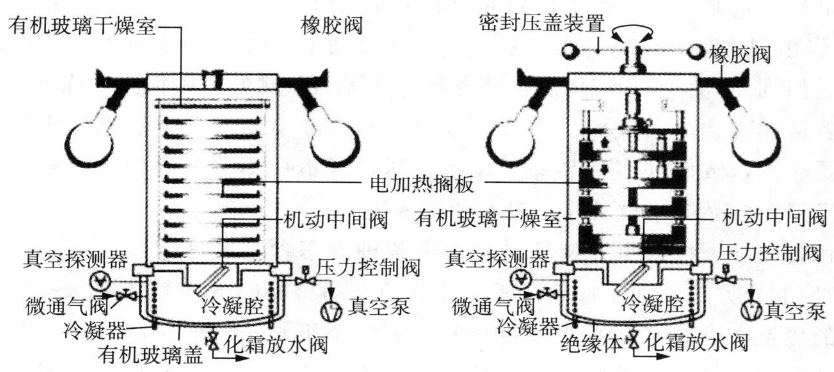

图 3-19　小型实验用真空冷冻干燥机

五、冷冻干燥技术在食品工业中的应用

真空冷冻干燥食品与其他干燥食品相比，最大限度地保持了新鲜食品的营养成分及色、香、味。真空冷冻干燥食品价格是热风干燥食品的 4～6 倍，是速冻食品价格的7～8倍，这表明真空冷冻干燥技术在我国食品加工业中的应用是可行的。

1. 冷冻干燥的优点

（1）冻干是在低温下干燥的，不会使蛋白质产生变性，但可使微生物等失去生物活力，特别适用于热稳定性能差的生物活性制品、基因工程类制品和血液制品等的干燥保存。

（2）低温干燥使物质中的挥发性成分、受热变性的营养成分和芳香成分损失很小，是化学制品、药品和食品的优质干燥方法。

（3）在低温干燥过程中，微生物的生长和酶的作用几乎无法进行，从而能最好地保持物质原来的性状。

（4）干燥后物质体积、形状基本不变，呈海绵状，无干缩，复水时物质与水的接触面大，能迅速还原成原来的形状。

（5）因一般是在真空下干燥的，故氧气极少，使易氧化的物质得到了保护。

（6）能除去物质中 95%～99.5%的水分，制品的保存期长。

2. 冷冻干燥技术在食品工业中的应用

冻干是一种优质的干燥方法，但需要比较昂贵的专用设备，干燥过程的能耗较大，因此加工成本较高。目前应用于的食品主要有咖啡、茶叶、肉鱼蛋类、海藻、水果、蔬菜、调料、豆腐、方便食品等。

1930 年 Flosdorf 进行了食品冻干的试验，他在 1949 年的著作中展望了冻干在食品和其他疏松材料方面应用的前景。1941 年英国的 Kidd 利用热泵原理冻干食品。食品冻干的系统研究始于 20 世纪 50 年代。其中规模最大的是英国食品部在 Aberdeen 试验工厂进行的研究。他们在综合了当时一些研究成果的基础上，于 1961 年公布了试验成果，证明用冻干法加工食品是一种能获得优质加工食品的方法。20 世纪 50 年代后期，欧美国家相继建立了一批冻干食品厂，开始了食品冻干的工业生产。20世纪60年代初，美国农业部的“Bird”报告预测食品冻干将有很大发展，在此推动下，许多制造商参与了食品冻干机的开发制造。但到20世纪60年代后半期发现，实际与预测的差距很大。除冻干咖啡有较大增长外，各种固态食品（蔬菜、肉类、海产品）的冻干未见多大发展。旅行、郊游食品也只是少量生产，致使许多食品冻干设备积压，或不得不改装成咖啡生产设备，限制了新设备的发展，食品冻干设备几乎没有什么改进。

第一代食品冻干机的主要特征是：加工各种固态食品的冻干设备采用与医药冻干机相同的托盘/搁板方式，即用加热搁板、托盘与食品材料间的接触传热来提供升华热，各厂商竞争的焦点在于如何提高接触传热的效率。至于水蒸气的排除，开始时是用蒸气喷射泵直接抽除的，后来随着制冷技术的完善，改为冷阱捕集。但是生产用装置与实验室条件是不同的，固体材料要像实验时那样均匀地装盘和均匀地接触传热是很困难的。总之，第一代食品冻干机冻干食品时的生产效率低、成本高，这也是当时食品冻干发展缓慢的主要原因之一。

针对托盘/搁板接触传热方式的缺点，人们提出了微波加热冻结干燥、大气压（减压）对流冻结干燥、真空喷雾冻结干燥等方式。但由于除咖啡以外的冻干设备市场需求量太少，因而许多厂商放弃了对托盘/搁板接触传热方式的改良，而将注意力集中到咖啡连续冻干装置的开发上，在20世纪60年代后期和70年代初期相继开发了将浓缩咖啡冻结后，破碎成无定型颗粒，在冻干机内用振动筛或旋转筒，或刮片（刀）输送制品，并在输送过程中干燥制品的非托盘连续冻干机。只有丹麦的Atlas公司认为，这些输送方式会造成至少1%的制品的飞散损失，且飞散的制品残留在设备中，这是一种难以克服的缺点。因此他们仍然坚持用托盘装载制品，将托盘搁于吊笼（或小车）上，一盘一盘地向干燥室输送，并在箱内向箱的出口移动，用加热板从托盘上下两面辐射提供升华热，用双冷阱交替冷凝水蒸气和化霜的连续型冻干机，后来又开发了与连续型冻干方法相似的批次式冻干机。这种将制品置于托盘中、在干燥室内输送的方式，避免了制品微粉的飞散。因此在竞争中，Altas取得了胜利，其产品几乎完全垄断了欧美市场。后来亚洲一些厂商生产的食品冻干机也采用了这种方式。这就是沿用至今的第二代食品冻干机。第二代食品冻干机的开发成功缩短了食品冻干周期，降低了生产成本，对食品冻干的发展是一个有力的推动。

正当欧美食品冻干业处于低潮之时，日本的民族饮食文化发展起来了，冻干葱、藻、豆酱、方便面、汤料等的需要量很大，使得日本的食品冻干业也迅速发展起来。食品冻干设备的制造业也跟着兴起，其中共和真空株式会社便是当今世界上生产食品冻干机和医药冻干机的主要厂商之一，其食品冻干机机型亦以Altas公司的托盘吊笼（小车）加热板辐射加热方式为基础。

在我国，食品冻干技术起步较晚，1964年原天津市通用机械工业公司利用法国的RP45型冻干机进行了蔬菜、水果、肉类食品的冻干试验，并于1965年成功研制GL45型食品冻干机。1965—1967年原辽宁省机械研究所成功研制日处理原料500 kg的冻干设备。1965—1969年原北京人民食品厂研制了日脱水500 kg的冻干设备，并对许多果蔬、肉食的冻干工艺进行了研究。1965—1978年上海梅林罐头食品厂建成了年产300 t冻干食品的车间，采用的设备基本上属于第一代食品冻干设备，冻干食品的生产成本高，加之当时还未实行对外开放政策，国内消费水平又低，因此冻干食品缺乏销路，最终导致车间停产。进入20世纪80年代以后，冻干食品的生产在我国有了较大的发展。

第二节 冷冻浓缩技术

一、冷冻浓缩原理

冷冻浓缩利用了冰与水溶液之间的固液相平衡原理。冷冻浓缩对溶液的浓度是有限度的，当溶液中溶质浓度超过低共熔浓度时，过饱和溶液冷却的结果表现为溶质转化成晶体析出，此即结晶操作的原理，这种操作会降低溶液中溶质的浓度。但当溶质浓度低于低共熔浓度时，冷却结果表现为溶剂（水分）成晶体（冰晶）析出，余下溶液中的溶质浓度就提高了，此即冷冻浓缩的基本原理。

冷冻浓缩方法对热敏性食品的浓缩特别有利。由于溶液中水分的排除是靠从溶液到冰晶的相际传递的，因此可避免芳香物质因加热而造成挥发损失。为了更好地防止操作时过多的溶质损失，结晶操作要尽量避免局部过冷。在这种情况下，冷冻浓缩就可以充分显示出它独特的优越性，含挥发性芳香物质的食品采用冷冻浓缩，其品质将优于蒸发法和膜浓缩法。然而，冷冻浓缩的主要缺点是：（1）制品加工后还需通过冷冻或加热等方法处理，以便保藏。（2）采用这种方法，不仅受到溶液浓度的限制，还取决于冰晶与浓缩液的分离程度。一般而言，溶液黏度愈高，分离就愈困难。（3）浓缩过程中会造成不可避免的损失，且成本较高。

冷冻浓缩是将稀溶液中的水冻结并分离出冰晶，从而使溶液增浓，涉及液-固系统的相平衡，但又与常规的结晶操作有所不同。如图3-20所示，使状态为A(温度t_1，浓度χ_1)的溶液冷却，开始时浓度χ_1不变，温度下降，过程沿AH进行，冷却到H以后，如溶液中有“种冰”(或晶核)，则溶液中的一部分水会结晶析出，过程将沿冰点曲线BE进行，直到点E，E点称为溶液的共晶点(低共熔点)，溶液浓度达到其共晶浓度(又称低共熔浓度)，温度降到共晶温度(低共熔温度)以下时，溶液才全部冻结。多数液体食品没有明显的低共熔点，而且在远未到达此点之前，浓溶液的黏度便已经很高，其体积与冰晶相比甚小，此时就不可能很好地将冰晶与浓缩液分开。由上述分析可知，冷冻浓缩与常规冷却法结晶的不同之处在于：冷冻浓缩是当水溶液的浓度低于低共熔点E时，冰晶析出而溶液被浓缩；常规的冷却法结晶是当

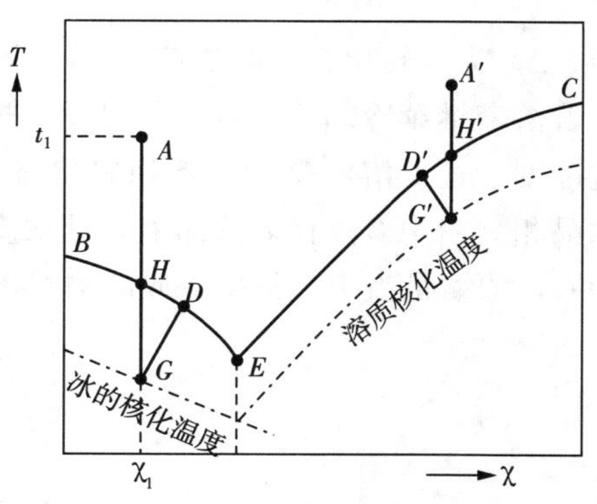

图3-20 氯化钠水溶液的温度-浓度图

溶液浓度高于低共熔点 E 时，溶质结晶析出而溶液变得更稀。

1. 冷冻浓缩操作中的相平衡

图 3-21 中的曲线 DE 为溶液的冰点曲线亦即冻结曲线，A 点代表浓度为 χ_1 的溶液，D 点代表纯水（$\chi=0$），它们的温度都处于冰点。由图显然可知，溶液的冰点 θ_1 低于纯水的冰点，此即溶液的冰点下降，以 ΔT_i 表示，冰点下降现象的本质是溶液中水分化学势小于纯水的化学势。冰点下降的计算式：

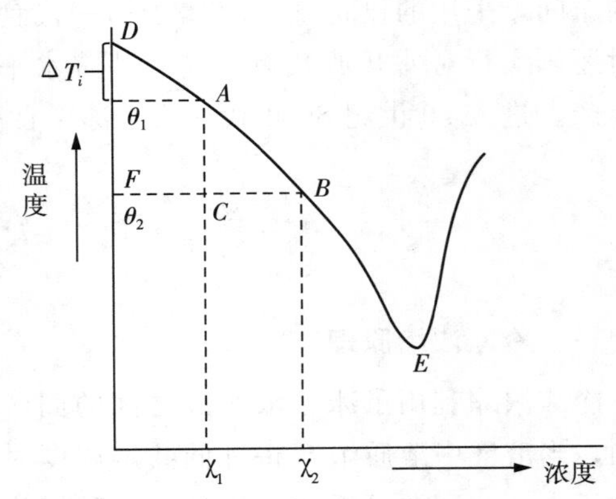

图 3-21　冷冻浓缩过程示意图

$$\Delta T_i=\frac{RT_0^2}{L_m}\ln(1-\chi_B) \quad (3-19)$$

对于稀溶液有

$$\Delta T_i=\frac{RT_0^2}{L_m}\chi_B \quad (3-20)$$

由于过程是等温等压的可逆过程，故

$$\frac{L_m}{T_0}=\Delta S \quad (3-21)$$

结合溶液渗透压的计算式可以推得

$$\frac{\pi}{\Delta T_i}=\Delta S\cdot\rho_0 \quad (3-22)$$

式中，ΔS 为水转化为冰时的熵变；ρ_0 为水的密度；$\pi/\Delta T_i$ 约等于 1.2×10^6 Pa/K。

若溶液继续冷却至 C 点，其温度为 θ_2，此时溶液为过冷溶液，温差（$\theta_1-\theta_2$）称为溶液的过冷度。过冷溶液是处于不稳定状态的溶液，它分为互成平衡的两个相，即浓缩液相和冰晶相。图中 B 点代表浓缩液，其浓度为 χ_2，F 点代表冰晶。设原溶液总量为 M，冰晶量为 G，浓缩量为 P，根据溶质的物料衡算应有：

$$(G+P)X_1=PX_2 \quad (3-23)$$

或

$$GX_1=P(X_2-X_1) \quad (3-24)$$

$$\frac{G}{P}=\frac{X_2-X_1}{X_1}=\frac{\overline{BC}}{\overline{FC}} \quad (3-25)$$

上式表示，冰晶量与浓缩量之比等于线段 BC 与线段 FC 长度之比，这个关系称为杠杆法则。根据此关系式可以计算冷冻浓缩操作中的冰晶量和浓缩液量。图 3-22 为某些流体食品的冻结曲线，利用这些曲线可以进行冷冻浓缩过程的物料衡算。

2. 冷冻浓缩中的结晶过程

冷冻浓缩中的结晶为溶剂的结晶，同常规的溶质结晶操作一样，被浓缩的溶液中的水分也是利用冷却除去结晶热的方法使其结晶析出的。

冷冻浓缩要求冰晶有适当的大小，结晶的大小与结晶成本有关，也与此后的分离有关。一般而言，结晶操作的成本随晶体尺寸的增大而增加。分离操作与生产能力紧密相关，分离操作所需的费用以及因冰晶夹带所引起的溶质损失，一般随晶体尺寸的减小而大幅度增加。

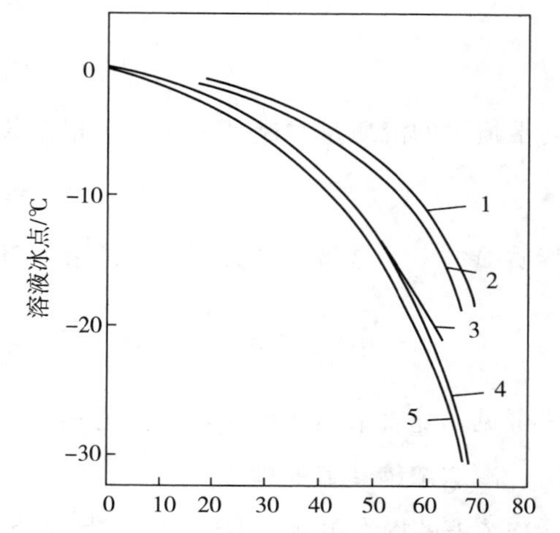

1— 咖啡；2— 蔗糖；3— 苹果汁；4— 葡萄汁；5— 果糖。

图 3-22 若干流体食品的冻结曲线

工业结晶操作中可通过控制结晶操作的条件来控制最终晶体数量和粒度。一般缓慢冷却时产生数量少的大晶体，快速冷却反之。另外，单位时间内晶体的大小取决于晶体的成长速度，晶体成长速度与溶质向曲面的扩散作用和晶面上的晶析反应作用有关，这两种作用构成了结晶过程的双重阻力。当扩散阻力为控制因素时，增加固体和溶液之间的相对速度(例如加强搅拌)就会促进晶体的成长，但增加相对速度至一定限度后，扩散阻力转为次要因素，则表面反应居于支配因素，此时再继续增加速度便无明显效果。

3. 冰晶-浓缩液的分离

分离的主要原理是悬浮液过滤，对于冰晶-浓缩液的过滤分离，过滤床层为冰晶床(简称冰床)，滤液即为浓缩液。通常浓缩液透过冰床的流动为层流，过滤速度的计算式如下，在分离操作中，生产能力与浓缩液的黏度成反比，与冰晶粒度平方成正比。

$$\frac{l}{A} \cdot \frac{\mathrm{d}V}{\mathrm{d}t} = K \cdot \frac{\Delta P}{\mu L} \tag{3-26}$$

而

$$K = \frac{\varepsilon_0^3 \cdot d_\mathrm{p}^3}{200(1-\varepsilon_0)^2} \tag{3-27}$$

式中，V 为滤液体积，m^3；K 为冰床透过率；t 为过滤时间，s；ε_0 为冰床孔隙率；ΔP 为冰床上、下游压力差，Pa；d_p 为冰晶平均粒径，m；μ 为滤液黏度，Pa·s；A 为冰床过滤面积，m^2；L 为冰床厚度，m。

冷冻浓缩时因溶质为冰晶所携带而引起的损失与许多操作因素有关，也与浓缩比有关。

设：F、B_F 为进入冷冻浓缩设备的料液量和料液浓度，P、B_P 为离开冷冻浓缩设备的浓缩液量和浓缩液浓度，G 为离开冷冻浓缩设备的冰晶量，β 为单位质量冰晶所夹带的浓缩液量，则总的物料衡算和溶质的物料衡算如下：

$$F = P + G \tag{3-28}$$

$$FB_F = PB_P + G\beta B_P \tag{3-29}$$

由于夹带损失的溶质量与制品中溶质量相比甚小，故又有

$$FB_F \approx PB_P \tag{3-30}$$

所谓溶质损失率 γ 是指冰晶夹带损失的溶质量与原料液中原有溶质量之比，故

$$\gamma = \frac{G\beta B_P}{FB_F} = \beta \cdot \frac{B_P}{B_F} \cdot \frac{F-P}{F} = \beta \cdot \frac{B_P}{B_F}\left(1 - \frac{P}{F}\right) \approx \beta \cdot \left(\frac{B_P}{B_F} - 1\right) \tag{3-31}$$

由上式可见，随着浓缩比增大，分离的不完全性增加。

二、冷冻浓缩装置的构成

冷冻浓缩的操作包括两个步骤：一是部分水分从水溶液中结晶析出；二是将冰晶与浓缩液分离。因此，冷冻浓缩设备主要由冷却结晶设备和冰晶悬浮液分离设备两大部分组成。

1. 冷却结晶设备

冷冻浓缩中的冷却结晶设备可实现两个功能：冷却除去结晶热和进行结晶。根据冷却方法可分为直接冷却式和间接冷却式结晶器，间接式又可分为内冷式与外冷式结晶器。

(1) 直接冷却式结晶器

直接冷却式结晶器中，溶液在绝对压力 266.6 Pa 下沸腾，液温为−3℃。直接冷却法蒸发掉的部分芳香物质将随同蒸汽或惰性气体一起逸出而损失，结晶器所产生的低温水蒸气必须不断排除。直接冷却与间接冷却相比有两大明显的优点：一是省掉了冷却面，不需要用昂贵的刮板式换热器；二是如果能将低压力二次蒸汽再压缩提高其绝对压力，并利用分离到的冰晶对此压缩后的二次蒸汽进行冷凝，还可进一步降低能耗。

直接冷却式真空结晶器的设备费和能耗相对较低，但减压蒸发时会损失芳香物质，以致浓缩液质量较差。如果能用吸收器吸收芳香物，就能减少芳香物的损失。图 3-23 为

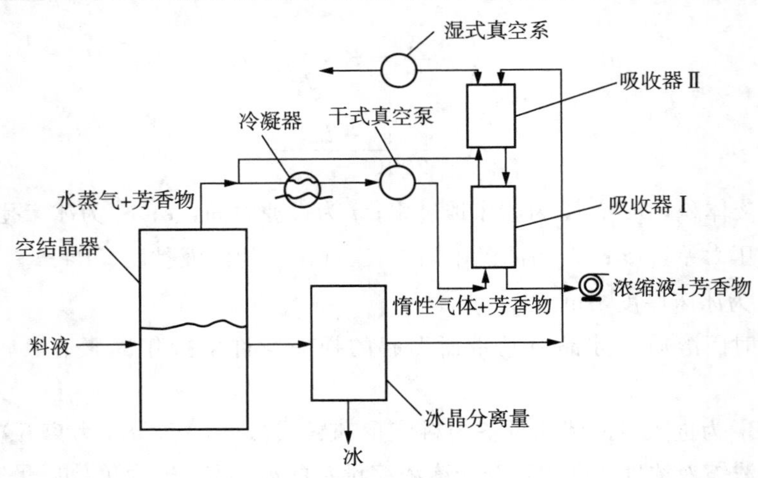

图 3-23　带有芳香回收的真空冻结装置

带有芳香回收的真空冻结装置，料液进入真空冻结器后，于绝对压力下蒸发冷却，部分水分即转化为冰晶，冰晶悬浮液经分离器分离后，浓缩液从吸收器上部进入，从下部作为制品排出，从冻结器出来的带芳香物的水蒸气先经冷凝器除去水分后，从下部进入吸收器，并从上部将惰性气体抽出，吸收器内浓缩液与含芳香物的惰性气体逆流流动。若冷凝器温度并不过低，为进一步减少芳香物损失，可将离开吸收器Ⅰ的部分惰性气体返回冷凝器做再循环处理。

（2）内冷式结晶器

内冷式结晶器可分为两种：一种是产生固化或近于固化悬浮液的结晶器；另一种是产生可泵送的浆液的结晶器。第一种结晶器中，没有搅拌的液体与冷却壁面相接触，直至水分几乎完全固化，在原理上属于层状冻结，冻结的晶体用机械方法除去。即使是非常稀的溶液也能一步浓缩至40%，洗涤简单方便，但浓缩液与冰晶的分离比较困难。第二种结晶器是将结晶和分离操作分开，由一个大型内冷却不锈钢转鼓和一个料槽组成，转鼓在料槽内转动，固化晶层由刮刀除去。冷冻浓缩采用的大多数内冷式结晶器都属于第二种，图3-24所示的刮板式换热器是第二种内冷式结晶器的典型运用之一。

（3）外冷式结晶器

外冷式结晶器有三种主要形式。第一种外冷式结晶器如图3-25所示。料液在外部热交换器中生产亚临界晶体，部分不含晶体的料液在结晶器与换热器之间再循环。换热器形式为刮板式，因热流大，晶核形成非常剧烈，由于浆料在换热器中停留时间甚短，故产生的晶体极小。当小晶体进入结晶器后，即与含大晶体的悬浮液均匀混合，在器内的停留时间较长，至少30分钟，主体过冷度很小，约−0.02℃。进入结晶器的料液中的小晶体呈亚临界结晶状态，与含有大晶体的悬浮液混合时即被熔化，其熔化热来自大晶体的生长过程。

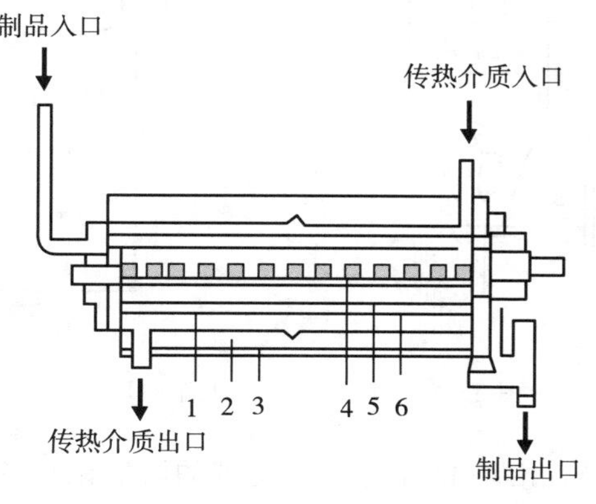

图3-24 刮板式换热器

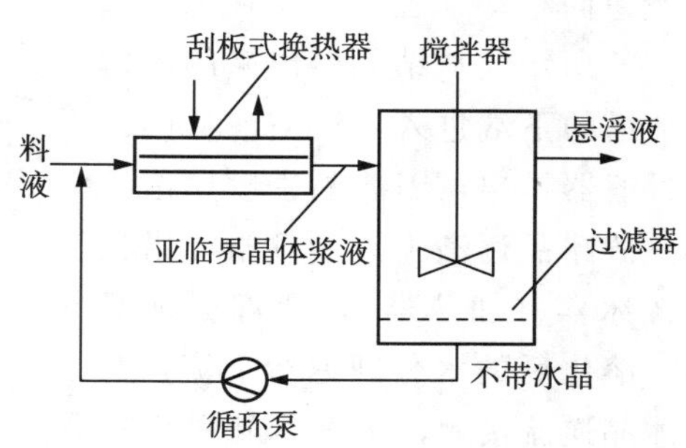

图3-25 外冷式结晶器

第二种外冷式结晶器的特点是料液全部悬浮在结晶器和换热器之间进行再循环，晶体在换热器内的停留时间比在结晶器中短，故晶体主要是在结晶器内长大的。

第三种形式是先使料液过冷，过冷的无晶体料液在结晶器中释放出“冷量”。为了减少晶核形成，避免流体流动造成堵塞，与料液接触的冷却器壁面必须抛光。从结晶器出来的液体可由泵再循环至换热器，而晶体则借助泵吸入管路中的过滤器而被截留于结晶器中。

2. 冷冻浓缩的分离设备

冷冻浓缩时冰与浓缩液的分离设备有压榨机、过滤式离心机、洗涤塔以及这些设备的组合形式等。

(1) 压榨机

压榨机有液压活塞式压榨机和螺旋式压榨机两种。采用压榨机分离时，可溶性固体的损失量取决于已压缩冰饼中夹带的溶液量。冰饼经压缩后，夹带的液体被紧紧地吸住，以致不能采用洗涤方法将它洗净。冰饼中的夹带量与压榨机采用的压力有关，压强高、压缩时间长时，会降低溶液的吸留量。由于压榨法会损失较多的可溶性固体，因此只用作前期分离，为冰与溶液的最后完全分离提供含冰量较高的浆料。

(2) 离心机

冷冻浓缩中使用的离心机是转鼓式离心机，其分离时的溶质损失取决于晶体大小和液体黏度。离心时，所得冰床的空隙率为0.4～0.7。球形晶体冰床的空隙率最低，树枝状晶体冰床的空隙率较高。离心机分离的缺点是当液体从滤饼中流出时，将损失芳香物质，这是液体与大量空气密切接触所致。

(3) 洗涤塔

洗涤塔能较好地分离冰与浓缩液，在洗涤塔内分离比较完全，而且没有稀释现象。因为操作时完全密闭且无顶部空隙，从而避免了芳香物质的损失。

洗涤塔的分离主要是利用纯冰溶解的水分来排除冰晶间残留的浓缩液，分为连续法或间歇法。间歇法只用于管内或板间生成的晶体进行原地洗涤。在连续式洗涤塔中，晶体相和液相做逆向移动，进行密切接触。如图3-26所示，从结晶器出来的晶体浆料从塔的下端进入，浓缩液从同一端经过滤器排出，因冰晶密度比浓缩液小，故冰晶逐渐上浮到顶端，塔顶设有融冰器（加热器），使部分冰晶溶解，溶化后的水分即返行下流，与上浮冰晶逆流接触，洗去冰晶间浓缩液。这样，沿塔高方向冰晶夹带的溶质浓度逐渐降低，当向下流动的洗涤水量占融化水量的比率提高时，其洗涤效果亦提高。洗涤塔按冰晶沿塔移动的推动力不同，可分为浮床式、螺旋推式和活塞式三种。

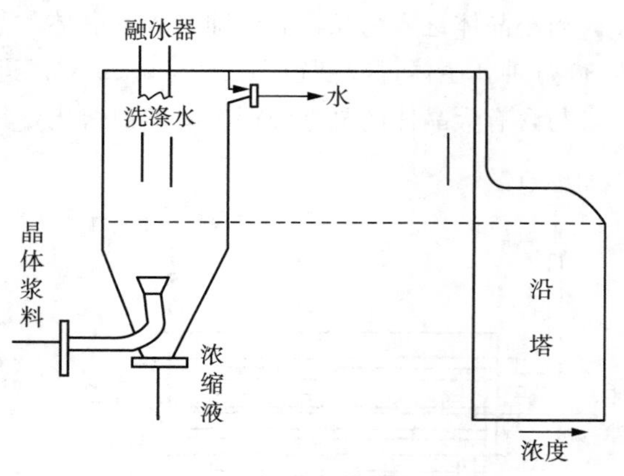

图3-26　连续洗涤塔工作原理

(4) 压榨机与洗涤塔的组合

压榨机与洗涤塔组合使用可实现最经济的分离过程，图3-27为这种组合的一个典型实例。从结晶器出来的晶体悬浮液在压榨机中分离，浓缩液与冰饼在混合器中与进料稀液混合，成为含冰晶的中浓缩液，然后在洗涤塔内被完全洗涤，纯水从塔顶侧排出，中浓缩液进入结晶器与从压榨机来的浓缩液相混合。

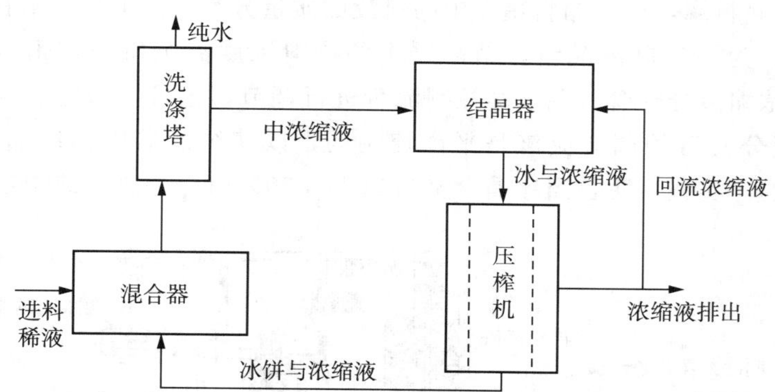

图 3 - 27　压榨机与洗涤塔典型组合流程

压榨机和洗涤塔相结合具有如下优点：①可以用比较简单的洗涤塔代替复杂的，以降低成本；②由于浓度降低，进洗涤塔的液体黏度显著降低，故洗涤塔的生产能力大大提高；③若离开结晶器的晶体悬浮液中晶体平均直径过小，或液体黏度过高，采用组合设备仍能获得完全的分离。

三、冷冻浓缩装置系统

冷冻浓缩装置系统主要由结晶设备和分离设备两部分构成。将冷冻结晶装置与分离装置有机地结合在一起，便可构成冷冻浓缩装置系统。冷冻浓缩装置系统大致可分为两类：单级冷冻浓缩装置系统和二级冷冻浓缩装置系统。

1. 单级冷冻浓缩装置系统

单级冷冻浓缩系统使料液中的部分水分一次性结成冰晶，然后对冰晶悬浮液进行分离，得到冷冻浓缩液。如图 3 - 28 所示，原料罐中稀溶液通过循环泵输入刮板式热交换器，在冷媒作用下冷却生成细微的冰晶，然后进入再结晶罐（成熟罐）。结晶罐保持较小的过冷却度，溶液的主体温度应高于小晶体的平衡温度而低于大晶体的平衡温度，小冰晶开始融化，大冰晶成长。结晶罐下部有一个过滤网，通过滤网从罐底出来的浓缩液一部分作为浓缩产物排出系统，另一部分与进料液一起再循环冷却进行结晶。未通过滤网的大冰晶料浆从罐底出来后进入活塞式洗涤塔。从洗涤塔出来的浓缩液再循环冷却结晶，融化的冰水由系统排出。

2. 二级冷冻浓缩装置系统

二级冷冻浓缩系统将前一级的浓缩液作为原料液进一步通过更低的温度使部分水结成冰晶，再进行分离。控制料液在结晶器中的循环速度，可以使料液获得不同的过冷度，从而可以利用同一状态制冷剂实现多级冷冻浓缩所要求的冻结温度差异。如图 3 - 29 所示，咖啡料液（质量分数约为 26%）经管进入储料罐，被泵送至（一级）结晶器，然后冰晶和一次浓缩液的混合液进入（一级）分离机离心分离；浓缩液（质量分数在 30%以下）由管进入储料罐，再由泵送入（二级）结晶器，混合液进入（二级）分离机进行离

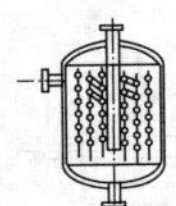

心分离，浓缩液（质量分数在37%以上）作为产品从成品管排出。为了减少冰晶夹带浓缩液的损失，分离机的冰晶需洗涤，若采用融冰水（沿管进入）洗涤，洗涤下来的稀咖啡液通过管进入储料罐，所以储料罐1中的料液的质量分数实际上低于最初进料液质量分数（24%以下）。为了控制冰晶量，结晶器中的进料浓度需维持一定值（高于来自管1的），这可利用浓缩液分支管、调节阀控制流量进行调节，也可以通过管与泵来调节。但通过管与浓缩液分支管的调节应该是平衡控制的，以使结晶器中的冰晶含量在20%～30%（质量分数）。实践表明，当冰晶含量为26%～30%时，分离后的咖啡损失小于1%。

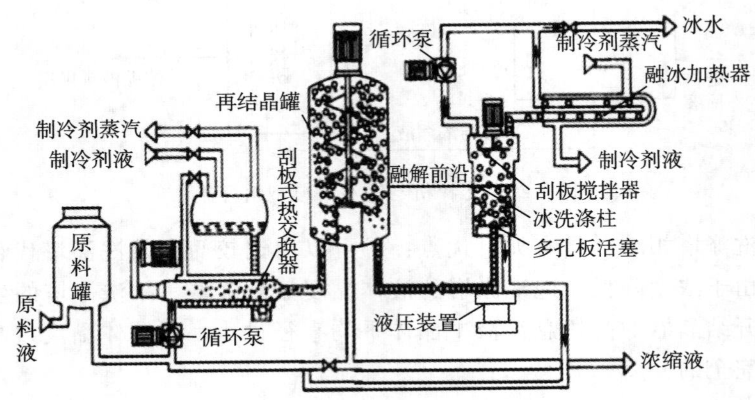

图3-28　单级冷却浓缩系统示意图

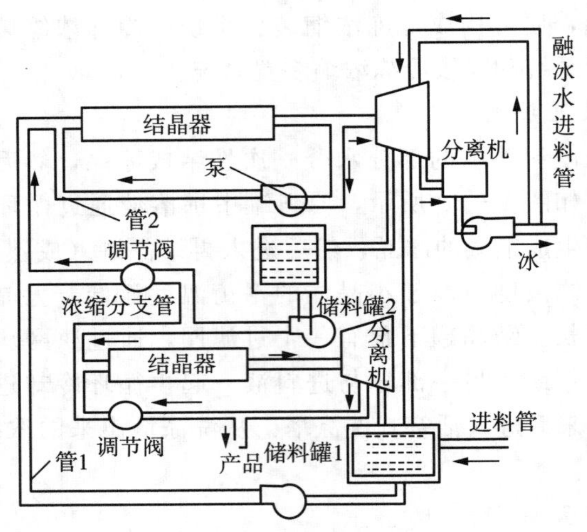

图3-29　二级冷冻浓缩装置流程示意图

四、冷冻浓缩的国内外研究现状

自20世纪50年代末学者们开始关注冷冻浓缩这一工艺以来，人类对冷冻浓缩技术的研究已有较长的历史。荷兰Eind-hoven大学的Thijssen等在20世纪70年代成功地利用奥斯特瓦尔德成熟效应设置了再结晶过程造大冰晶，并建立了冰晶生长与种晶大小及添加量的数学模型，从此冷冻浓缩技术被应用于工业化生产。依此制造的Grenco冷冻浓缩设备在食品工业中用于果汁、葡萄酒、乳制品等的浓缩，得到了高质量的产品。随着众多学者的深入研究及实验设备的不断改进，近年来有关冷冻浓缩技术的研究成果时常见诸报道。

Osato Miyawaki等将管式结冰渐进式冷冻浓缩系统应用于咖啡萃取物，可将其溶液浓缩至30%，含果肉的番茄汁可浓缩至12.5%，而将夹带有5%果肉的冰相溶解再次经过管状结冰器浓缩后所得冰相的浓度低至0.25%，如果事先将果肉去除，则番茄汁可浓缩至40%，蔗糖水溶液可由41.8%浓缩至54.8%，且浓缩效果非常好。

Milind V. Rane等对甘蔗汁进行冷冻浓缩时，在原有设备基础上安装了热泵，建立了相应的数学模型，研究表明热泵性能系数相对较高。该技术将甘蔗汁由20 °Bx浓缩至40 °Bx，因减少了焦糖化现象而改善了蔗糖的色值，保证了产品的质量，而且每天可节约蔗渣1338 kg。

冷冻浓缩的基本原理很简单，我国传统的老陈醋生产工艺中就曾应用过冷冻浓缩技术。近年来，该技术在国内已被广泛应用于各行业中，并在相关理论和设备开发上取得了许多新进展。

冷冻浓缩的优势尤其可用于酿酒产业。詹晓北最早介绍了冷冻浓缩技术在啤酒工业中的应用，表明该技术可在除去冰晶的同时除去形成混浊的多酚、丹宁酸等物质，从而减少啤酒的贮存容积，特别是对冷冻浓缩后的啤酒采用混合水技术可以将其完全恢复到原来的状态。

张春娅等通过对葡萄酒进行冷冻分离实验，发现酒精和还原糖比较易于利用冷冻法在液相中进行浓缩分离，通过冷冻浓缩技术改善了干白葡萄酒的品质。肖旭霖等应用渐进冷冻浓缩原理对苹果汁冷冻浓缩特性进行研究，证明了渐进浓缩法对苹果汁的浓缩效果良好，对苹果汁中酸度和维生素C含量无影响，浓缩产品感官质量均匀一致，保持了果汁的原有风味。

冷冻浓缩已发展应用到制药工业，因此它为开发新产品和改良品种大开方便之门，并且通过其高效的加工方式节省了能源。冯毅用冷冻浓缩工艺对中药水提取液进行中试规模的浓缩试验制取口服液，试验表明用冷冻浓缩工艺代替真空蒸发浓缩可免去某些口服液制造过程中的醇沉工序，从而改善口服液的口感。此外，他们还对新鲜茶叶水提取液进行了冷冻浓缩实验，定量检测了浓缩液的主要有效成分（茶多酚）的含量，发现冷冻浓缩引起的茶多酚损失与冷冻温度及结冰速率有关，冷冻温度高于-8 ℃及结冰速率小于213 kg/（h·m^2），则茶多酚损失小于7%。江华等研究了低聚木糖溶液冷冻浓缩时的冰晶生长动力学以及在悬浮结晶法冷冻浓缩低聚木糖溶液过程中，各因素对低聚木糖在固液两相中分配的影响，为低聚木糖冷冻浓缩过程的开发利用提供了理论依据。

第三节　流化速冻技术

食品冻藏是利用低温来保藏食品的过程，食品要经过从非冻结态到冻结态转变的结冻过程，这一转变过程对该冻制品品质的影响极为重要。长期的研究与实践证明，快速结冻相比缓慢结冻可以得到品质更为优良的制品。

为了适应各种食品的速冻需要，速冻理论、技术和设备方面的研究得到了很大的发展。流态化速冻是目前实现食品快速冻结（individually quick freezing，IQF）的一种理想方法，特别适用于颗粒状食品，它利用传送带的振动或自下而上吹动的冷风，使食品颗粒呈现出类似“沸腾”的状态，确保冻结物品间互不粘连。与板式冻结等相比，流态化冻结大大提高了冻结质量和效率，得到的产品具有质量好和包装、食用方便等优点。

一、食品的速冻过程

食品的冻结是食品中自由水形成冰晶体的一个物理过程，冷冻食品往往含有大量水分，其冻结过程大致和水结冰的情况接近，但有其自身的特点。

1. 水的冻结过程

水的冻结是其温度降到冰点形成冰晶体的过程，水的冰点为 0 ℃，可实际上冰晶体往往并不在 0 ℃时开始出现，将要结冻的水常常要先经历一个过冷状态，即温度先要降到冰点以下才发生从液态水到固态冰的相变。降温过程中水分子的运动逐渐减慢，以致它的内部结构在定向排列的引力下逐渐趋向于形成结晶体的稳定性聚集体，当温度降到低于冰点的一定程度时，开始出现稳定性冰晶核，并放出潜热，促使温度回升到水的冰点。降温过程中开始形成稳定性晶核时的温度或在开始回升时的最低温度称为过冷临界温度或过冷温度。水冻结的过冷温度总是低于冰点，但不是一个定值，例如，振动可以促使过冷的水在较靠近冰点的温度实现相转变。

2. 食品冻结过程的特征

食品中的水分包括自由水和结合水，自由水中溶有可溶性的物质，是可以结冰的水分。结合水与固形物结合在一起，若结合力很强，没有流动性，这种水分便不能冻结成冰。食品都有一个类似于水的冰点的初始结冻点，由于食品中的自由水溶有可溶性固形物，因此，根据溶液冰点降低的原理（表 3－3），可以预料食品的初始冻结点温度总是低于0 ℃，这是食品冻结过程的特点之一。

表 3－3　各种食品的冰点

名称	含水量/%	冻结点/℃	名称	含水量/%	冻结点/℃
牛肉	72	－2.2～－1.7	椰子	83	－2.8
猪肉	35～72	－2.2～－1.7	柠檬	89	－2.1
羊肉	60～70	－1.7	橘子	90	－2.2
家禽	74	－1.7	青刀豆	88.9	－1.3
鲜鱼	73	－2～－1	龙须菜	94	－2
对虾	76	－2.0	甜菜	72	－2
牛奶	87	－2.8	卷心菜	91	－0.5
蛋	70	－2.2	胡萝卜	83	－1.7
兔肉	60	－1.7	芹菜	94	－1.2

（续表）

名称	含水量/%	冻结点/℃	名称	含水量/%	冻结点/℃
苹果	85	−2	黄瓜	96.4	−0.8
杏	85.4	−2	韭菜	88.2	−1.4
香蕉	75	−1.7	洋葱	87.5	−1
樱桃	82	−4.5	青豌豆	74	−1.1
葡萄	82	−4	土豆	77.8	−1.8
柑橘	85	−2.2	南瓜	90.5	−1
桃子	86.9	−1.5	萝卜	93.6	−2.2
梨	83	−2	菠菜	92.7	−0.9
菠萝	85.3	−1.2	西红柿	94	−0.9
李子	86	−2.2	芦笋	93	−2.2
杨梅	90	−1.3	茄子	92.7	−1.6～−0.9
西瓜	92.1	−1.6	蘑菇	91.1	−1.8
甜瓜	92.7	−1.7	青椒	92.4	−1.9～−1.1
草莓	90.0	−1.17	甜玉米	73.9	−1.7～−1.1

食品冻结过程的另一个特征是，食品中的水分不像纯水那样在一个冻结温度下全部冻结成冰。出现这一现象主要原因是水以水溶液形式存在，一部分水先结成冰后，余下的水溶液的浓度会升高，导致残留溶液的冰点不断下降。因此即使在温度远低于初始冻结点的情况下，仍有部分自由水是非冻结的。食品的低共熔点范围大致在−55～−65 ℃，冻藏食品的温度仅为−18 ℃左右，因此冻藏食品中的水分实际上并未完全冻结固化。

图 3－30 所示为牛肉薄片在冻结室内冻结不同时间测得的由牛肉温度变化所构成的冻结曲线。牛肉冷却时，首先从它的初温降低到稍低于冻结温度的过冷温度。在形成稳定晶核或振动的促进下，牛肉开始冻结并放出潜热，促使温度回升到它的冻结点为止。继后随着冻结的进行，牛肉的温度继续下降。由图可见，其冰点低于 0 ℃，并且其中的水冻结成冰的量是随温度变化的。食品冻结是否出现过冷现象和出现过冷的程度与食品的种类有关，过冷点不是一个定值，而且在有些情况下，看不出有过冷现象发生，因此过冷不是

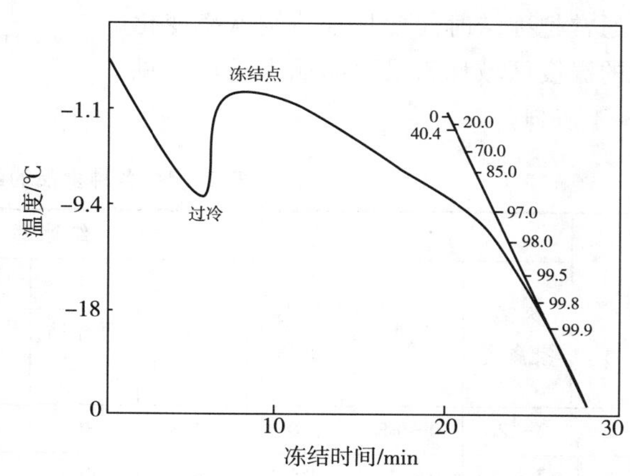

图 3－30　牛肉薄片的冻结曲线

食品结冻时要考虑的主要因素。

3. 食品冻结过程中的水分结冰率与最大冰晶区

食品冻结过程中水分转化为冰晶体的程度，通常用水分结冰率（ψ）表示。

$$\psi=\frac{G_{冰}}{G_{水}+G_{冰}}\times 100\% \tag{3-32}$$

水分结冰率指的是食品冻结时，其水分转化为冰晶体的比率，也就是一定温度时形成的冰晶体质量（$G_{冰}$）与此温度下食品所含液态水分（$G_{水}$）和冰晶体（$G_{冰}$）总质量之比的百分数，或冰晶体质量占食品中水分总含量的比例，即冻结过程中水分结冰率与食品的温度有关，冻结前它的数值为0，冻结过程中随着温度降低而增加，当温度降到低共熔点或更低一些时，水分结冰率达到最高值，等于1.0，即食品内部水分全部成为冻结状态。冻结过程中水分结冰率与食品的温度有以下近似关系：

$$\psi=\left(1-\frac{t_{冰}}{t}\right)\times 100\% \tag{3-33}$$

式中，ψ 为结冰率，%；$t_{冰}$ 为食品冻结点，℃；t 为食品低于冻结点的某一温度，℃。

根据式（3-33）和某食品的始冻结点，就可以得出食品冻结时的温度与水分结冰率的关系曲线。例如，已知青豌豆的结冻点温度为－1.1 ℃，可以得出图3-31所示的温度与水分结冰率的关系曲线。

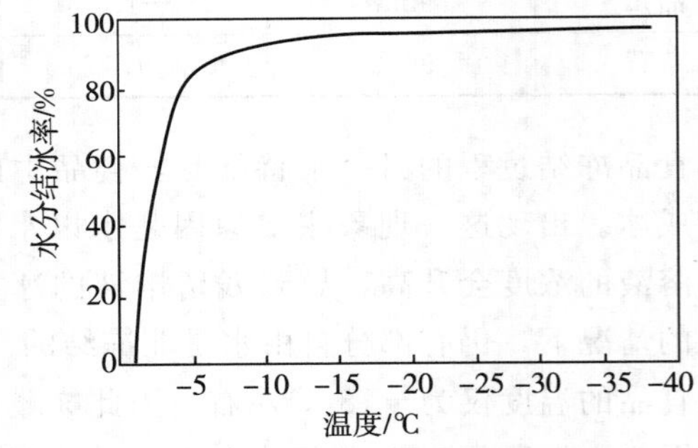

图3-31　青豌豆冻结时水分结冰率与温度的关系

食品冻结时，其中的大部分水分是在靠近冻结点的温度区域内形成冰晶体的，到后面水分结冰率随温度变化的程度不大。通常把冻结时使食品水分结冰率变化最大的温度区域称为最大冰晶生成区，见表3-4所列。

表3-4　各种食品的结冰率

温度/℃	结冰率/%									
	肉类 家禽类	鱼类	蛋类 菜类	乳类	西红柿	苹果 梨 土豆	大豆 萝卜	椰子 柠檬 葡萄	葱 豌豆	樱桃
－1	0～25	0～45	60	45	30	0	0	0	10	0
－2	52～60	0～68	78	68	60	0	28	0	50	0
－3	67～73	32～77	84.5	77	70	32	50	20	65	0
－4	72～77	45～82	81	82	76	45	58	32	71	20
－5	75～80	84	89	84	80	53	64.5	41	75	32

（续表）

温度/℃	结冰率/%									
	肉类 家禽类	鱼类	蛋类 菜类	乳类	西红柿	苹果 梨 土豆	大豆 萝卜	椰子 柠檬 葡萄	葱 豌豆	樱桃
−6	77～82	85	90.5	85.5	82	58	68	48	77	40
−7	79～84	87	91.5	87	84	62	71	54	79	47
−8	80～85	89	92	88.5	85.5	65	73	58.5	80.5	52
−9	81～86	90	93	89.5	87	68	75	62.5	82	55.5
−10	82～87	91	94	90.5	88	70	77	69	83.5	58
−12.5	85～89	92	94.5	92	89	74	80.5	72	86	63
−15	87～90	93	95	93.5	90	78	83	75	87.5	67
−18	89～91	95	95.5	95	91	80	84	76	89	71

4. 食品冻结时的放热量

从能量变化上来说，食品冻结是一个放热过程，为了开始形成冰晶体或在溶质浓度升高的情形下进一步形成冰晶体，就必须降低食品的湿度，除去其显热，而结冰释放的是潜热。因此，结冻过程中热量转移的形式有两种，即显热与潜热。这些热量可分为三个部分：

（1）冻结开始前食品的放热量

食品从初温冷却到食品冻结点时放热量：

$$q_1 = c_0 \left(T_{初} - T_{冻}\right) \tag{3-34}$$

式中，q_1 为冻结前食品冷却时的放热量，kJ/kg；c_0 为温度在冻结点以上时食品的比热容，kJ/（kg·K）；$T_{初}$ 为食品的最初温度；$T_{冻}$ 为食品的初始冻结点。

（2）冰晶形成时的放热量

这是食品温度从冻结点温度降低到最终温度时因形成冰晶体而放出的潜热：

$$q_2 = W\psi_{冰} \tag{3-35}$$

式中，q_2 为冰晶形成时食品放出的水分潜热量，kJ/kg；W 为食品的水分含量，kg/kg；$\psi_{冰}$ 为最终冻结食品温度时的水分结冰率，kg/kg；$r_{冰}$ 为水结冰时所放出的潜热，即相变热，kJ/kg。

$$r_{冰} = 2.092\left(T - 273\right) + 334.72 \tag{3-36}$$

式中，T 值宜用冻结点和最终温度间的平均温度值。

（3）冻结食品降温过程中的放热量

冻结食品从冻结点冷却到最终温度时的散热量：

$$q_1 = C_T \left(T_{冻} - T_{终} \right) \tag{3-37}$$

式中，C_T为冻结过程中以冻结点和最终温度的平均值计算得到的冻结食品（水分与非水成分混合物）的比热容，kJ/（kg·K）；$T_{冻}$为食品的初始冻结点温度，K。

5. 冻结过程中的热量传递、食品的温度变化与分布

食品冻结时，所有从食品中释放出的热量都是通过食品表层与冷冻介质间的换热实现的，由于食品多为固体，因而食品表层的温度总是首先降低，这使得食品内部存在一个传热的温度差，即食品内部的温度较外部的高，因而热可以自内向外流出而被冷冻介质带走。可见食品冻结时，存在两个温差，一个是食品与冷冻介质之间的温差；一个是食品内部的温差。这两个温差都会随着冻结过程发生变化，由于冷冻介质的温度可假定为恒定的，因此，温差的变化可以说就是食品温度的变化，变化的总趋势是食品的温度由外到内先后逐渐降低。食品冻结的最终温度实际上是一个平均温度，内部的温度会比这个温度高，但会比食品初始冻结点低得多；而表层的温度会较这个温度低，但不会等于冷冻介质的温度。

6. 冻结速度与冻结时间

食品冻结时，外表层的温度首先降低，低到食品初始冻结点时，食品表层开始冻结，后来由于传热的原因，内部温度也要相继降低。因此，在食品的冻结过程中存在一个外部冻结层向内部非冻结区扩张推进的过程，可以用两者之间界面的位移速度来表示物体的冻结速度。由于冻结过程中冻结层达到物体中心时，物体冻结层内未冻结水分仍然将随着温度的继续下降而进一步形成冰晶体，即该点上水分冻结率仍然将随着温度下降而增加，因而用界面位移速度不能完全反映冻结速度，所以又提出了“冰晶体形成速度”来表示冻结速度的概念。

“冰晶体形成速度”就是物体在任何单位容积内或任意点上单位时间内的水分冻结率，即 dy/dr。冻结物体在最终温度时的水分冻结量（$\psi_{终}$）和物体降温到同一最终温度时所需时间的比值（$\psi_{终}/\tau_{终}$）就是平均冰晶体的形成速度。物体温度下降越慢，冰晶体形成速度越慢。冻结过程中物体表面的温度的降低比深层的迅速，因而物体表面上冰晶体形成速度也比较迅速。食品冻结速度受内部传热与表面放热两个因素制约，因此描述冻结速度都要考虑到这两方面的因素。

更为具体描述冻结速度快慢的指标是冻结时间。对于同一种食品，为了冻结到同样的程度，冻结所需的时间与冻结速度成反比。国际制冷学会推荐的冻结时间计算式如式 3－38 所示，食品的冻结时间受到多方面的因素影响，这些因素中，食品的密度、导热系数是特定食品固有的特性，其余的是可以被人为控制的，其中对冻结速度的控制最有意义的因素是放热系数和食品的形状和大小。

$$Z = \frac{\Delta_i \rho}{\Delta_t} \left(\frac{PX}{a} + \frac{RX_2}{\lambda} \right) \tag{3-38}$$

式中，Z 为食品冻结时间，h；Δ_i 为食品初、终温时的焓差，kJ/kg；ρ 为食品密度，kg/m^3；Δ_t 为食品冻结点与冷却介质的温差，℃；X 为块状或片状食品的厚度；X_2 为球状或

柱状食品的直径，m；α 为放热系数，W/（m^2・K）；λ 为冻结食品的导热系数，W/（m・K）；P、R 为形状系数。

二、流态化速冻方法

食品流态化速冻是指食品颗粒在一定流速的冷气体自下而上的作用下保持流化状态，继而实现快速冻结的一种冻结方法，是目前在食品速冻领域中被广泛采用的一种冻结方法。由于食品处于流化状态，因此，冻结时食品颗粒间彼此在做相对运动。食品流态化速冻的前提有两个：一是作为冷却介质的冷空气在流经被冻结食品时必须具有足够的流速，且必须是自下而上地通过食品；二是单个食品的体积不能太大。

在冻结过程中，比食品温度低的冷风既作为冷冻介质，也用作保持食品颗粒流化状态的介质，利用流化床气固之间以及固体之间的剧烈接触、传热效果好等优点，强化了食品与冷风的热交换作用，较结构复杂、能耗大、成本高的真空制冷和沉浸式冷冻等传统工艺，具有冻结速度快、冻结产品质量好、能耗低、干耗少等优点，能最大限度地保持食品原有的营养成分和新鲜状态。此外，食品颗粒保持流态化操作方式，能有效地避免黏结的发生，便于包装与食用。

1. 固体颗粒的流态化原理

固体力学中将固体颗粒与气体介质并存的流动过程称为气固两相流体的流动过程。食品流态化冻结过程中，颗粒状、片状、块状等食品与冷气流间的流动过程表现出的正是气固两相流体的流动过程。根据流体的流动特点，气固两相流体的流动有以下三种运动状态：固定床阶段、流化床阶段和气流输送阶段（如图 3－32 所示）。

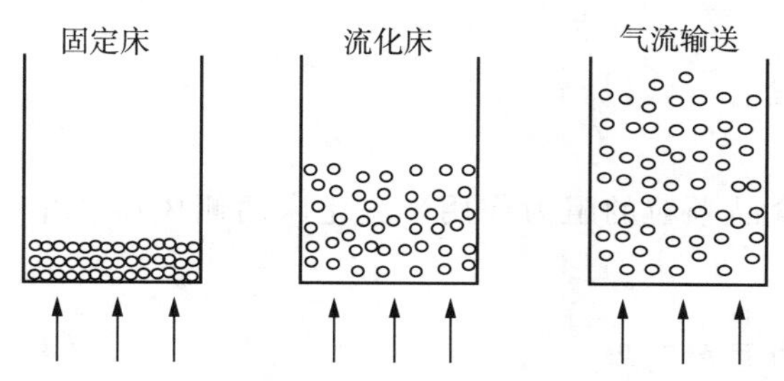

图 3－32 气体通过固体颗粒床层的三个变化阶段

（1）固定床阶段

气体通过床层的压力降 Δp 与空塔空气流速有如图 3－33 所示的关系。当气流以较低的相对速度通过物料层时，固体颗粒的相对位置不发生变化。在这一阶段，Δp 与 v 在对数坐标纸上成直线，对应于图中 AB 段。但在 B 点后面，空气流速再增大，会使固体颗粒的位置略有调整，床层略有膨胀、变松，空隙率稍有增大，但固体颗粒仍保持紧密接触，这状态可以维持到图 3－33 中的 D 点。在 B 点到 D 点之间的 C 点，床层的压力降有一个最大值，这主要是由气流速度和床层空隙率变化造成的。从开始操作至 D 点的阶段，称为固定床阶段。

（2）流化床阶段

当气固间相对速度达到一定数值时床层不再维持固定状态，固体颗粒的相对位置发生明显变化，在床层中时上时下做不规则沸腾状运动，并且具有与流体同样的流动性，称为流态化状态。颗粒特性、床层几何尺寸和气流速度一定时，流态化系统具有确定的性质，如密度、热传导系数、黏度等。这种流态化状态可以在一定的气体流速范围内维

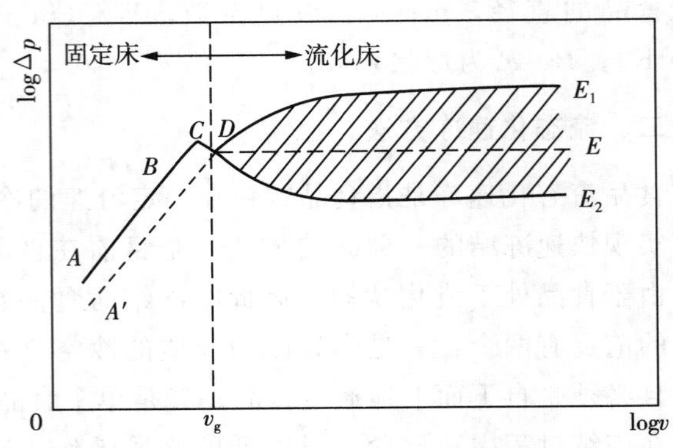

图 3-33 固体颗粒流态化，Δp-v 关系

持，床层的高度和空隙率会随气流速度提高，而床层上下两侧的压力降基本维持不变，如图 3-33 中的 DE 段所示，此阶段称为流化床阶段。当流化床操作从 E 点开始，降低流速做相反操作时，到达 D 点后即转入静止的固定床，将不再回到 B 点的状态，而是沿 DA' 线做固定床操作，原因是固定床层经历一次流化过程后，获得颗粒重新排列、空隙率稍微增大的固定床且具有不可逆性。与 D 点相应的气流速度称为临界流化速度，冷空气达到临界流化速度是形成流态化的必要条件。

气-固流化系统大都表现出聚式流态化行为，随着流速增加，超过临界速度，这时流化床没有一个稳定的界面，压力也随之波动，但固定在图 3-33 中的 DE_1 和 DE_2 之间，DE 代表了这一范围的平均值。

(3) 气流输送阶段

在流化床流动的基础上进一步提高气流速度，床层不能保持流化状态，固体颗粒悬浮在气流中随之运动，称为气力输送阶段。对流化操作来说，超过 E 点，正常操作就会遭到破坏。与 E 点相对应的流速称为最大流化速度（或称固体颗粒的带出速度或悬浮速度）。

2. 流化速冻中流化床的流体力学原理

(1) 流化床压降

气流通过流化床层时，由于筛网、食品颗粒的阻力作用，流化床两侧风压产生一个压力差，称为流化床压降，即

$$\Delta p_L = p_1 - p_2 \tag{3-39}$$

式中，Δp_L 为流化床压降，N/m^2；p_1 为风机出口风压，N/m^2；p_2 为流化床食品层上部风压，N/m^2。

流化床压降是影响流态化形成的重要参数，主要包括食品层阻力损失 Δp_c 和筛网阻力损失 Δp_b，即食品层阻力造成的压力降为

$$\Delta p_l = \Delta p_c + \Delta p_b \tag{3-40}$$

$$\Delta p_c = H_k (1-\varepsilon_k)(\rho_0 - \rho_f) \tag{3-41}$$

式中，Δp_c 为食品层阻力损失，N/m^2；H_k 为临界流化状态时食品床层高度，m；ε_k 为临界流化状态时食品床层空隙率，果蔬 ε_k 的范围在 0.53～0.73；ρ_0 为食品颗粒密度，kg/

m^3；ρ_f为空气密度，kg/m^3；g 为重力加速度，m/s^2。

筛网阻力 Δp_b 损失与空气流速和筛网的孔隙率有关，流速越大或孔隙率越小，阻力越大。实际操作经验证明，筛网阻力损失的范围相当于流化床食品层阻力损失的10%～20%。

筛网孔隙率的选择必须考虑以下两个方面：①筛网孔规格必须小于被冻结食品最小颗粒，以防止漏料；②筛网阻力 Δp_b 值必须满足流化床出现 10%左右的空床（即筛网表面部分裸露）时，床层其余部分的气流速度不低于临界速度 v_k，以保证正常流态化操作。

（2）临界流化速度与操作速度

在流化床层中，决定固定床与流化床分界点的气流速度称为临界流化速度。即当气流速度增加一定数值时，固定床层不再保持静止状态，部分颗粒悬浮向上造成床层膨胀，空隙率增大，即开始进入流化状态，如图 3－33 中的 D 点所示。具体的临界流化速度可以通过实验测定或计算得到。

① 实验测定临界流化速度

如图 3－34 所示为测定临界流化速度 v_k 的小型流化床实验装置，具有一定压力的气体经流量计进入静压箱，以均匀速度通过筛网，使筛网上的物料层松动，然后逐渐加大气流速度，使床层由固定床转变为流化床，再逐渐减小气流速度，回复到固定床。目测固定床转变为流化床状态，记录气流速度和压力差值，并用所获得的一系列气流速度 v 和对应的床层压降 Δp 值描绘曲线图 3－33，即可测出临界流化速度 v_k 值。

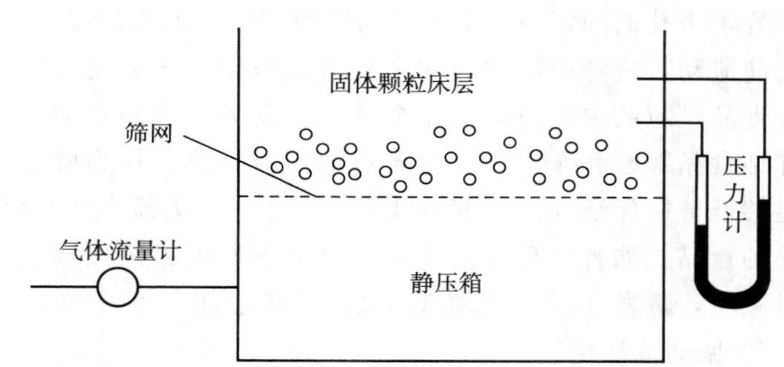

图 3－34 气体流速与床层压降关系的测量装置

② 临界流化速度的计算

床前气流速度、风压、筛网孔隙率、食品颗粒的单个质量和大小、堆积密度、料层厚度以及传送方式等，是影响流化速度的主要因素。A. G. 费金根据试验推导的临界流化速度的计算公式为

$$\nu_k = 1.25 + 1.95 \lg g_d \qquad (3-42)$$

式中，g_d为单个食品颗粒的质量，g/个。

当气流速度高于临界流化速度 v_k 值，且颗粒状食品床层处于正常流态化操作范围内，这时的气流速度称为操作速度。不同产品的操作速度不相同，例如，青刀豆操作速度已超过黄瓜片带出速度时，可迫使质量较轻、表面积较大的瓜片飞出流化床，造成不良流化现象。所以对于只适用于一种操作速度的流化床装置，不可能满足不同食品的要求，为解决这个问题，可以采用变速风机或节流控制，但装置的成本会相应增加。

3. 流化速冻中的流态化操作

根据食品层悬浮状态，可将流化速冻中的流态化操作分为半流态化操作与全流态化操作。

（1）半流态化操作

半流态化操作指用速度低于临界值的冷气将传送带上的食品层吹成离网不高的悬浮状态，其流态化操作的范围在图 3－33 中的曲线 AB 间。这种操作方法特别适用于加工软罐和易碎的食品。传动装置采用无级变速，其运行速度可以随冻结产品情况进行调整。半流态化操作很容易出现黏结现象，不利于流态化正常操作，影响食品冻结质量。

（2）全流态化操作

全流态化操作范围在图 3－33 中曲线 DE 之间，属于全流态化操作范围的有气力流态化和振动流态化。

① 气力流态化

置于带孔的固定斜槽上的食品颗粒完全靠上吹的冷风克服自身的重力而成沸腾状态，并向前流动，这种操作方式称作气力流态化。气力流态化操作的特点是没有机械传送装置，食品颗粒的沸腾与运动完全靠空气动力和自身重力。在正常流态化操作过程中要求被冻结食品颗粒和作用于食品各点的气流速度、压力降必须十分均匀；固定斜槽阻力必须足够低，以保证气流速度不低于临界值。气力流态化冻结方法只适用于加工颗粒均匀、较小的食品，如青豌豆等。此外，食品层厚度必须按规定值操作，因为层厚增加，风机风量减少，蒸发器迎风面风速降低，传热系数 K 值下降，制冷机功耗增加。

② 振动流态化

利用机械振动原理使食品在带孔的槽体上按一定振幅和频率呈跳跃式抛物线型向前运动，并辅以自下而上的冷风，使食品层沸腾而呈流态化，这种方法称作振动流态化冻结方法。目前，应用于食品冻结加工的振动方法有两种：一种是往复式振动，即连杆式振动机械；另一种是直线振动，即双轴惯性振动机械。

连杆式振动机械特点是振幅大、频率低，食品的传送方式为高抛物线向前运动。为取得理想的流化效果，一般采用脉动旁通机构使气流脉动。

双轴惯性振动机械应用直线振动原理实现食品颗粒的流态化冻结，其优点主要有以下几点：

a. 可以实现食品颗粒的均匀冻结。食品颗粒按一定的振幅恒速流动，在空间的滞留时间与冷风的接触时间上是均一的，因此可以实现均匀冻结。

b. 不损伤食品。作用于食品颗粒上的力仅仅是槽面上下的振动力，且由于自下而上的冷风吹过对食品起到了缓冲作用，因此不会使食品颗粒剧烈地撞击槽面而受到机械损伤。

c. 可以通过调节振动输送机的振幅频率自由调节食品层厚度。

d. 传热效率高，冻结能力大。根据传热公式 $Q=Fa\Delta t$ 可知，由于食品颗粒呈跳跃式抛物线型向前运动，冷风绕流食品颗粒的表面积 F 值和放热系数 a 值提高，热交换程度增强。

e. 耗能低。利用机械振动强化流化，只需较小的风压和风量就可以使食品颗粒沸腾，达到正常流态化操作，因此风机功率可以相应减少，达到了节能目的。

4. 不良流化现象及改善措施

正常的流态化操作取决于气流速度、压力降、气流分布的均匀性、食品层层厚、筛网孔隙率、食品颗粒的形状和质量及其潮湿程度等因素，而这些因素的不良状态极易造成不良流化现象，即沟流现象、黏结现象、夹带现象等，影响了食品的单体快速冻结(individually quick freezing，IQF)。

(1) 沟流现象

由于气流组织或食品层层厚不均匀，因此床层出现沟道，气流不能均匀地通过床层，而从沟道中流过，床层压力不断下降，作用于食品层各点的压力降发生变化造成整个床“沸腾”的急剧恶化，破坏正常流态化操作，这种现象称为沟流现象。

通过下述方法可以防止沟流现象并改善气流分配的均匀性：①设置振动装置与脉动机构，强迫食品层运动并使气流脉动，造成良好流化状态；②在风机与流化床之间设置蒸发器，既可以增加空气阻力，又可以防止气流速度明显波动；③加大风机与流化床之间的距离，设置相应的导风机构，使气流在流动过程中趋于均衡；④均匀布料和保证规定的食品层厚度。

(2) 黏结现象

黏结现象是食品流态化冻结过程中常见的一种现象，表面潮湿的食品颗粒在低温状态下相互冻黏或冻黏在筛网上，在采用非振动传送方式（半流态化操作）的微冻区域内（快速冷却和表层冻结）更明显，这种黏结现象使食品层变成了固定床层而不能形成流态化。不同食品颗粒其黏结程度也不同，片状食品（如黄瓜片）比球状、圆柱状或块状食品（如马铃薯块）的黏结程度要严重得多。经验表明，采取以下措施可以防止黏结现象：

① 滤去食品的表面水分。在冻结加工前，采用振动滤水机或离心甩干机除去食品颗粒表面的水分。但应注意，对不同品种的食品应选择不同滤水方法。

② 设置微冻区。微冻区的长度应尽量短，使食品经过快速冷却后能迅速冻结形成冰壳，避免黏结。微冻区采用较高风压，迫使食品颗粒沸腾，食品层不宜太厚，一般为30～40 mm。

③ 采用机械振动。机械振动对防止黏结现象更有效。

④ 除了上述措施外，还可将传送带设计成驼峰状，或装设机械手、耙类、刮板等装置，使食品颗粒在冻结后迅速松散，这也能防止黏结现象。

(3) 夹带现象

在流化床中，食品颗粒受自下而上冷气流的作用呈向上运动状态，当气流速度等于食品颗粒降落速度 v_q 时，食品颗粒悬浮在气流中；若气流速度大于降落速度 v_q 时，食品颗粒以 $(v-v_q)$ 的净速度向上运动，被气流带出流化床，这种现象称为夹带现象。夹带现象在片状食品（如黄瓜片、西葫芦片等）的流态化冻结过程中最容易出现。食品形状及质量也是流态化形成时不可忽视的因素，见表 3-5 所列。夹带现象可从三方面考虑加以避免：①同一种食品颗粒必须均匀，严防太小颗粒进入流化床；②采用变速风机调整风速，以适应不同食品颗粒；③在流化床上面加设金属网罩，减轻夹带程度。

表 3-5 青豌豆与青刀豆流化床层的各种参数

品种	青豌豆	青刀豆
质量/g	1.18	8.67
密度/kg·m^{-3}	1020	950
不冻层高度/mm	40	40
悬浮层高度/mm	50	60
Δp_b/N·m^{-2}	2.55	2.93
v_b/m·s^{-1}	2.25	3.08
筛网孔隙率/m^2·m^{-2}	0.461	0.56
形状	球状	圆柱状

5. 流化速冻中的传热

流化速冻传热主要是冷空气与固体颗粒之间进行热交换，这是冻结过程中食品释放热量的主要途径。由于人们对流化床中固体粒子与流体之间的传热问题本身研究得不够成熟，再加上在低温状况下，湿度、风速、食品颗粒的形状及大小等因素对于流化速冻传热均有影响。因此，这里只介绍与实际操作比较接近的计算式。

冷气流与食品颗粒之间的换热量用牛顿冷却公式表示为

$$Q = F\alpha\Delta t \tag{3-43}$$

式中，Q 为食品颗粒与冷空气之间的换热量，kW；F 为食品层有效换热面积，m^2；α 为放热系数，W/（m·K）；Δt 为冷却介质与食品表面的平均温差，K。

从上式可以看出，增加上式三因素中任何因素的值都可以达到增强换热的目的，但是从经济上考虑，一般不采用提高传热温差 Δt 的方法，而是在适宜的冷媒温度(－35～－30 ℃)下，采取适当措施提高放热系数 α 值和有效换热面积 F 值。

(1) 放热系数 α

流态化冻结过程中，风速、食品颗粒潮湿程度、振动机械对食品颗粒搅拌或扰动程度、食品颗粒的形状及大小、温度等都会影响放热系数 α，因此想要建立一个普遍适用的 α 值的计算公式是比较困难的。在目前的研究工作中，一般采用实验的方法，运用各准数方程式求出 α，此时 α 是近似值，需要根据实际操作情况加以修正。

流化冻结过程中的放热系数 α 是对流换热过程的放热系数 α_d 和蒸发过程的放热系数 α_x 之和，即

$$\alpha = \alpha_d + \alpha_x \tag{3-44}$$

① 对流放热系数

$$\alpha_a = \frac{\lambda Nu}{d} \tag{3-45}$$

式中，λ 为流化床层中心空气导热系数，W/(m·K)；Nu 为努塞尔准数，见表 3-6 所列；

d 为食品的当量直径，m。

表 3-6 不同形式的努塞尔准数计算式及适用范围

计算式	适用范围
哥鲁达计算式 $Nu=2+0.203\ (ArPr)^{0.31}$	食品颗粒直径 d 为 20～40 mm
费罗斯伦计算式 $Nu=2+0.6Pr^{0.33}Re^{0.5}$	Re 为 1～70000；Pr 为 0.6～4000
马克·阿唐计算式 $Nu=0.37Re^{0.6}$	Re 为 17～70000
阿·瓦特科加斯·格勒博计算式 $Nu=0.0037Re^{1.18}$ $Nu=0.123Re^{0.74}$	液化床 Re 为 2000～25000； 固定床 Re 为 1300～31000
克·梅特·夏里克计算式 $Nu=0.62Re^{0.5}$ $Nu=0.26Re^{0.5}$ $Nu=0.023Re^{0.5}$	Re 为 150～30000； Re 为 150～100000； Re 为 200～10000

注：① Ar 为阿基米德准数，$Ar=\frac{d^a g\rho_0\rho_m}{v_m^2}$。式中，$d$ 为食品当量直径，m；ρ_m 为空气密度，kg/m^3；g 为重力加速度，m/s^2；v_m 为空气运动黏度，m^2/s；ρ_0 为食品密度，kg/m^3。

② Pr 为普基兰特准数，$Pr=\frac{v\,c_p}{\lambda}$。式中，$c_p$ 为空气定压比热容，kJ/(kg·K)；v 为空气运动黏度，Pa·s；λ 为空气导热系数，W/(m·K)。

③ Re 为雷诺准数，$Re=\frac{v\,d_m}{v_m}$。式中，v 为筛网下气流速度，m/s；d_m 为筛网气流通道当量直径，m。

④ 整条青刀豆的努塞尔准数可用以下两式计算：

当 Re 为 40～4000 时，$Nu=0.615\,Re^{0.466}$；

当 Re 为 4000～40000 时，$Nu=0.174\,Re^{0.581}$。对于呈小块或短条状($L\leqslant 3d$) 颗粒食品，可以近似于球体来进行计算。

气流速度是影响对流放热系数的决定因素。对固定床而言，床前气流速度越大，放热系数越大。对于流化床，当食品颗粒达到最佳流化状态时，放热系数值与床前气流速度关系很小，即使继续提高气流速度，放热系数也不会明显增加。这是由于颗粒之间的空隙逐渐增大，随着筛下气流速度的增加，颗粒间的气流速度(也称缝隙速度) 无明显变化。

(2) 蒸发放热系数

冷却后的食品虽然滤去了大部分的水分，但表面仍很潮湿，进入流化床冻结时，表面首先被冷却，由于水分的蒸发，一部分热量被带走，食品颗粒表层温度迅速降低，继续冻结时，已冻结的表层仍有蒸发现象。因此，深层冻结阶段食品蒸发热量极少，可忽略不计。

快速冷却和表层冻结两阶段的蒸发放热系数分别为：

$$a_{\pm 1} = 1500 a_{d1} \frac{\Delta p_1}{\Delta t_1} \tag{3-46}$$

$$a_{\pm 2} = 1700 a_{d2} \frac{\Delta p_2}{\Delta t_2} \tag{3-47}$$

式中，a_{d1}、a_{d2} 为对流放热系数，W/(m^2·K)；Δp_1、Δp_2 为食品颗粒表面与空气中水蒸气分压差，Pa；Δt_1、Δt_2 为食品颗粒表面与床层中冷空气间的平均温度，K。

(3) 有效换热面积 F

由式(3-43)可知，增加换热面积 F 可以使换热量大大增强。有效换热面积 F 的增加是食品流态化冻结优于一般冻结的一个重要因素，F 增加的原因在于气流绕食品颗粒表面的机会增多，加之颗粒本身的运动，使其各方面都可以受到气流的冲击，从而实现均匀冻结。一般认为，气流速度、风压、食品颗粒的形状及大小等都直接影响换热面积的增加，流化床层中出现不良流化现象时，其有效换热面积都会相应减少，使冻结时间延长、冻结质量降低。

(4) 平均温差

食品流化速冻中，流化床层冷却介质与食品颗粒间的平均温差十分重要。由于食品颗粒连续地进入冻结室，在流化床上被冷风吹成流动状态，并且气固两相流体基本属于稳定流动，在冷却区、表层冻结区和冻结区等不同位置上的温度也不一样，因此这种传热可以称为稳定的变温传热，流动方式如图 3-35 所示。

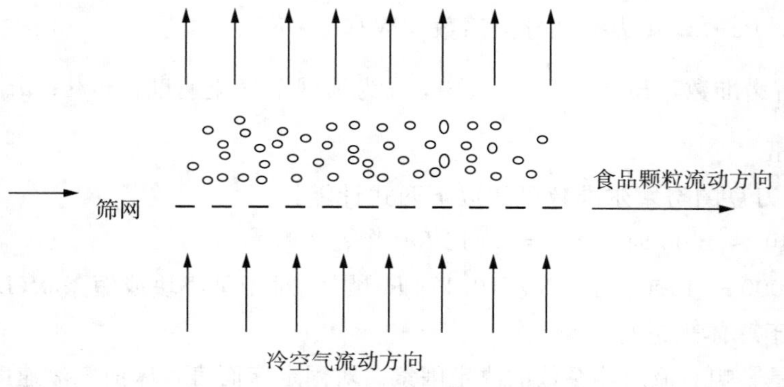

图 3-35　流化速冻中气固两相流体流动方式

从传热温差公式可推导出冷却介质与食品颗粒间的平均温差：

① 当 $t_2 - t_1 > 6$ ℃ 时

$$\Delta t = \frac{t_2 - t}{\ln \dfrac{t_m - t_1}{t_m - t_2}} \tag{3-48}$$

② 当床高 $H < 100$ mm 时

$$\Delta t = t_{\mathrm{m}} - \frac{t_1 + t_2}{2} \tag{3-49}$$

式中，Δt_{m} 为冷却介质与食品颗粒的平均温差，℃；t_{m} 为食品表面温度，℃；t_1 为筛下空气温度，℃；t_2 为悬浮层上部空气温度，℃。

6. 流化速冻的三个阶段

颗粒状食品在任何流化床冻结装置中的冻结都必须经过快速冷却、表层冻结及深层冻结三个阶段。

(1) 快速冷却

冷却时间的计算可以依据下列公式计算：

$$Z_{\mathrm{L}} \frac{c \cdot \rho_0}{A\lambda}\delta\left(\delta + \frac{B\lambda}{\alpha}\right)\lg\frac{t_0 - t_{\mathrm{r}}}{t - t_{\mathrm{r}}} \tag{3-50}$$

式中，Z_{L} 为冷却时间，h；c 为比热容，kJ/(kg·K)；ρ_0 为食品容重，kg/m^3；λ 为食品导热系数，W/(m·K)；δ 为食品厚度(对球状、圆柱状食品表示为直径)，m；α 为食品放热系数，W/(m^2·K)；t_0 为食品初始温度，℃；t 为冷却后食品表层温度，℃；t_{r} 为空气温度，℃；A、B 为食品形状系数(对于圆柱体，$A=2.73$，$B=3$；对于球状体，$A=4.9$，$B=3.7$；对于块状或片状体，$A=4.65$，$B=5.3$)。

(2) 表层冻结

颗粒状食品在快速冷却后表层即被迅速冻结，其目的在于防止颗粒间或颗粒与筛网间的黏结，这是两区段冻结工艺中的重要一环。表层形成冻壳的食品颗粒由于相互碰撞等因素，彼此脱离呈散粒状，因此表层冻结速度越快，越有利于提高冻结质量。

表层冻结时间计算式：

① 对于球状颗粒食品

$$Z_{\mathrm{B}} = \frac{q}{\Delta t}\left[\left(\frac{r_1}{3a} + \frac{r_1^2}{6\lambda}\right) - \left(\frac{r_2^3}{3ar_1^2} + \frac{r_2^2}{2\lambda} - \frac{r_2^3}{3\lambda r_1}\right)\right] \tag{3-51}$$

② 对于柱状颗粒食品

$$Z_{\mathrm{B}} = \frac{q}{\Delta t}\left\{\left(\frac{r_1}{2a} + \frac{r^2}{4\lambda}\right) - \left[\frac{r_2^2}{2a\lambda} + \frac{r_2^2}{4\lambda}\left(2\lg\frac{r_1}{r_2} + 1\right)\right]\right\} \tag{3-52}$$

式中，Z_{B} 为表层冻结时间，h；q 为食品冻结潜热，kJ/kg；Δt 为食品与空气间的温差，℃，$\Delta t = t_{\mathrm{p}} - t$；$t_{\mathrm{p}}$ 为食品冻点温度，℃；t 为空气温度，℃；a 为食品表面放热系数，W/(m^2·K)；λ 为冻结层表面的导热系数，W/(m·K)；r_1 为球状或柱状食品的半径，m；r_2 为球状或柱状食品未冻结部分的半径($r_2 = r_1 - \delta$)，m；δ 为表层冻结层厚度(表层冻结层厚度一般按 1～2mm 计算)，mm。

(3) 深层冻结

深层冻结即从表层冻结后开始将食品冻结到温度中心点为贮藏温度(－18 ℃)的冻结过程，此过程的冻结时间计算式为

$$Z_S=\frac{\Delta i\rho_0}{\Delta t}\left(\frac{PX}{a}+\frac{RX^2}{\lambda}\right) \tag{3-53}$$

式中，Z_S 为食品深层冻结时间，h；Δi 为食品初终温时的焓差，kJ/kg；ρ_0 为食品容重，kg/m³；t_p 为食品冰点温度，℃；Δt 为食品与空气间的温差，$\Delta t=t_p-t$；X 为块状或片状食品的厚度、球状或柱状食品的直径，m；t 为空气温度，℃；a 为放热系数，W/(m²·K)；λ 为冻结食品的导热系数，W/(m·K)；P、R 为形状系数(对于块状、片状食品 $P=1/2$，$R=1/8$；对于圆柱状食品 $P=1/4$，$R=1/16$；对于球状食品 $P=1/6$，$R=1/24$)。

三、流化速冻装置

食品流态化速冻装置是实现食品单体快速冻结（IQF）的一种理想设备，与其他隧道式冻结装置比较，这种装置具有冻结速度快、冻结产品质量好、能耗低、易冻结颗粒食品等优点，尤其适宜蔬菜单体食品的冻结加工。

1. 食品流态化冻结装置分类

一般流化速冻装置可大致按机料传递形式、流态化程度和冻结区段来划分，见表3－7所列。

表 3－7　流化速冻装置的分类

分类依据	形　式
物料传递形式	带式（单层，多层）；振动式（往复式，直线式）；斜槽式
流态化程度	半流化；全流化
冻结区段	一段；两段

2. 流化速冻装置的一般构成与工作原理

流化速冻装置常由物料传送系统、冷风系统、冲霜机构、围护结构、进料机构和控制系统等组成。物料传送系统构成了装置的流化速冻床层区。冷风系统围绕物料传送系统安排，主要由风机、蒸发器和导风结构所组成。冲霜机构是为除去蒸发器表面的积霜而设置的。围护结构是速冻装置的绝热外壳，由绝热材料和结构材料组成，围护结构的内壁往往也是装置内部导风结构的一部分。进料机构通常是带孔的斗式提升机，在进料口端，常配有滤水器和布料器，滤水器是为了去除某些（通常是经过预处理的）原料表面所带的过多水分；布料器可使原料均匀地布置在传送装置上，以减少黏结现象和获得良好的流化状态。

有些类型的流化速冻装置按速冻过程三个阶段的不同传热和冻结时间要求，将装置内部分为前后两段：前段为快速冷却和表面冻结区，后段为深层冻结区，一般前段都采用带式传输，而后段可以用带式、振动模式或斜槽式传输。

经预处理的物料，由进料机送入流化速冻装置后，会自动（或借助于布料机的作用）分布在传输面入口端，同时随着传输系统做向前运动，随由下而上的冷气流做垂直于传输面的运动。物料在向前运动的不同区段先后完成速冻的三个阶段，成为满足要求的速冻制品，由出料口从装置排出。

3. 不同传输形式的流化速冻装置

流化速冻装置按物料传输系统通常分为带式、振动槽式和斜槽式三种形式，前两种传输系统是运动的，后一种是固定的。传输系统决定了流化速冻装置操作条件以及物料在速冻时的流态化程度。譬如，斜槽式速冻装置必须使物料处于全流化状态。

（1）带式流化速冻装置

传送带往往由不锈钢网带制成，按传送带的条数可以在冻结装置内安排为单流程和多流程形式；按冻结区分可分为一段和两段的带式速冻装置。

如图 3－36 所示，早期的流化速冻装置的传输系统只用一条传送带，且只有一个冻结区，这种单流程一段带式速冻装置的主要特点是结构简单，但耗能高、食品颗粒易黏结。

多流程一段带式流态化冻结装置也只有一个冻结区段，但有两条或两条以上的传送带，传送带摆放位置为上下串联式。图 3－37 所示为双流程和三流程带式流化速冻装置传送带的排列形式，与单流程相比，缩短了外形总长度，减小了装机功率，改善了食品颗粒的黏结性。

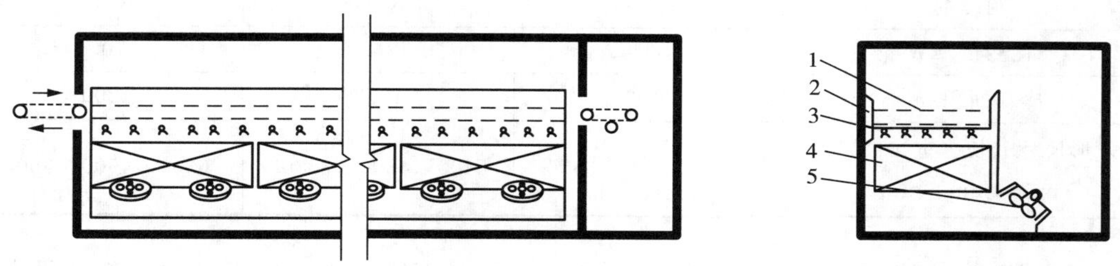

1—传送带；2—导板；3—除霜水喷嘴；4—空气冷却器；5—风机。

图 3－36 单流程一段带式流化速冻装置示意图

两段带式流态化冻结装置是将食品分成两区段冻结：第一区段为表层冻结区，第二区段为深层冻结区。颗粒状食品流入冻结室后，首先进行快速冷却，即表层冷却至冰点温度，然后表面冻结，使颗粒间或颗粒与传送带不锈钢网间呈不黏结的散离状态，最后进入第二区段，深层冻结至中心温度为－18 ℃完成冻结。传送带造成的黏结现象，可以通过在传送带上的附设“驼峰”得到改善。该装置适用范围广泛，可以用于青刀豆、蘑菇、葡萄等果蔬类食品的冻结加工。

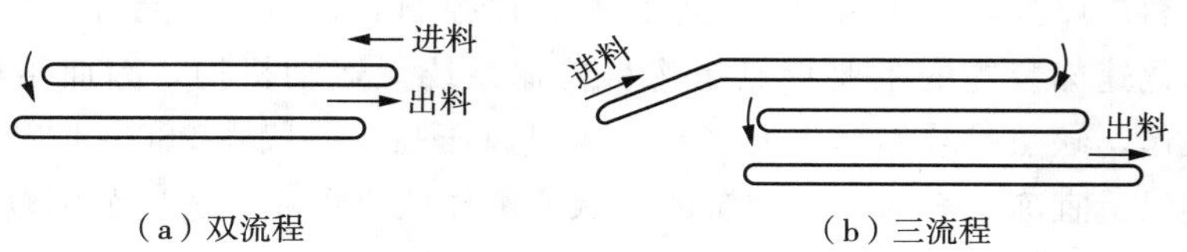

（a）双流程　（b）三流程

图 3－37 双流程和三流程带式流化速冻装置传送带的排列形式

（2）振动流化速冻装置

物料在冻结区的行进是通过振动传输槽的作用实现的，由于物料在行进过程中受到振动作用，因此可显著减少黏结现象出现。振动槽传输系统主要由两侧带有挡板的振动筛和传动机构构成。根据传动方式的不同，振动筛分为往复式振动筛和直线振动筛。表3-8列出了速冻青豌豆时6MA型和速冻青刀豆时ZLS-1型及ZLS-0.5型振动流态化食品速冻装置的主要技术参数。

表3-8　振动流态化速冻装置的技术参数

项　目	型号		
	6MA型	ZLS-1型	ZLS-0.5型
冻结能力/（$kg \cdot h^{-1}$）	3150	1000	500
冻结时间/min	10	10	7～10
冻结温度/℃	−35	−30 ± 5	−30 ± 5
食品初温/℃	15	15	15
食品终温/℃	−18	−18	−18
装机功率/kW	47	32.5	19.4
制冷剂	R717	R717	R717
耗冷量/kW	384	174.4	105
冷却面积/m^2	2100	1373	1200
外形尺寸（长×宽×高）/mm×mm×mm	5450×2360×3600	8400×4800×33700	6300×4500×3500

国产ZLS-1型和ZLS-0.5型装置的振动系统是直线式的，ZLS-1型设有两段冻结区；ZLS-0.5型装置只有一个由振动槽传输的冻结区段，属于全流态化冻结装置，这种装置的机械传送系统是按直线振动原理设计的一种双轴惯性振动槽，使物料借助于振动电机偏心体相对同步回转运动产生的定向激振力，呈跳跃式抛物线型向前运动，并在上吹风的作用下形成全流态化。这样，既取代了强制通风流化，节省能耗，又改善了气流组织的均匀性。

（3）斜槽式流化速冻装置

这种形式的速冻装置对物料所进行的是全流态化速冻。食品颗粒完全依赖于上吹的高压冷气流，形成像流体一样的流动状态，借助带有一定倾斜角的槽体（打孔底板）向出料端流动。料层厚度通过出料口导流板调整，以控制装置的冻结能力。

斜槽式流化速冻装置的主要特点是物料传输系统无运动机构，因而结构紧凑、维修量小、易于操作，缺点是装机功率大（要求风机风压高，一般在980～1372 Pa）、单位耗电指标高。其只适宜冻结表面不太潮湿的球状或圆柱状等食品，适应范围较小。

4. 冷风系统

所有的流化速冻装置都要有一套冷风系统才能工作。风机、风道（包括冷风静压箱）

和蒸发器构成了冷风系统，并且与物料传输器及上面的物料串联构成一个冷循环圈，且风总是自下而上通过物料层的。风机的类型有离心式和轴流式，在循环中，冷风经过风机后，可以先进入蒸发器再通向物料层，也可以先经过物料层再经过蒸发器，蒸发器在速冻装置截面中相对物料层而言可以有下面和侧面两种位置。

设计循环风道可以改善经过流化层冷风流的分配。如图 3－38 所示的 MA 型系列往复式振动流化速冻装置，设置了脉动旁通机构，其结构为：电机带动风门按一定速度（可调）旋转，使通过流化床和蒸发器的气流量时增时减（10%～15%），搅动食品层，并获得低温，更有效地冻结软嫩易碎的食品。由于风门旋转速度可调，因此可以调节以适宜不同食品的脉动旁通气量，以实现最佳流态化。

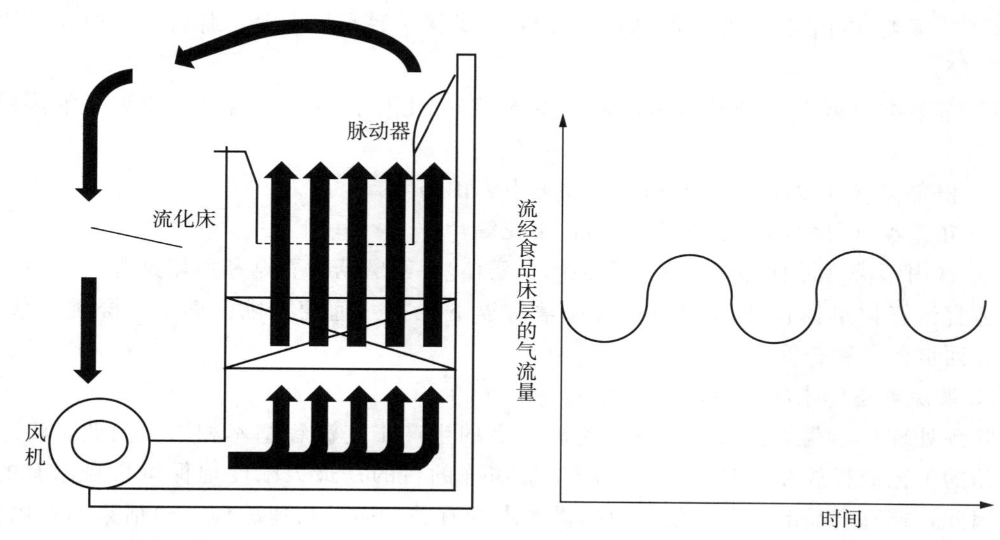

图 3－38　空气脉动旁通机构示意图

5. *冲霜系统*

对各种强烈通风冻结装置而言，蒸发器翅片管表面处于空气析湿和负温状态，在这种运行的状况下，翅片管表面的霜层厚度不断增大，导致翅片间的空气通道堵塞而减少了传热面积，使传热效率降低，空气循环恶化，冻结温度持续上升，影响正常运行和操作。为了保证装置的连续生产，必须及时停产，除去蒸发器翅片管表面的积霜。

冲霜方式有多种，如热气、淋水、淋水加蒸汽、电热和乙二醇连续喷洒等，冲霜的方式规定了速冻装置操作的连续化程度。如果用热气、淋水、电热等除霜方式，则装置的冻结操作只能是间歇的。例如，W 型冻结装置的蒸发器上侧设有自动水冲霜系统，当霜层达到一定厚度时，装置和制冷系统自动停止工作，水系统开启，自动喷水融霜。对于连续冻结装置，早期使用的乙二醇连续喷淋冲霜方式具有系统复杂、投资及运转费用高等缺点，使用范围有限。而空气冲霜（air defroster system，ADS）利用了压缩机出来的压缩空气，经油水分离、过滤除杂质、干燥和冷却等系列处理后输送到冻结室分气缸，再经由喷嘴喷出高压气流，利用空气射流的动能和升华原理来清除蒸发器翅片管表面积霜，能保证其高效率传热和良好的空气循环效果，从而实现装置较长周期连续运行，减少中间停产冲霜和重新降温等环节，提高装置的利用率。

四、流化速冻技术在食品工业中的应用

流态化速冻工艺可用来冻结多种食品，但应用最多的还是果蔬类的产品，下面就常见的适合于流化单体速冻的果蔬品种和流态化速冻工艺做简单介绍。

1. 适合流化速冻的果蔬品种

适宜流态化单体快速冻结的蔬菜，一般有以下六类：

① 果菜类（可食部分是菜的果实和嫩种子）：青刀豆、豇豆、豌豆、嫩蚕豆、茄子、西红柿、青椒、辣椒、黄瓜、西葫芦、丝瓜和南瓜等。

② 叶菜类（可食部分是菜叶和鲜嫩叶柄）：菠菜、芹菜、韭菜、蒜苔、小白菜、油菜和香菜等。

③ 茎菜类（可食部分是鲜嫩的茎和变态茎）：土豆、芦笋、莴笋、芋头、冬笋和香椿等。

④ 根菜类（可食部分是变态根）：胡萝卜、山药等。

⑤ 花菜类（可食部分是花部器官）：菜花等。

⑥ 食用菌类（可食部分是无毒真菌的子实体）：鲜蘑菇、香菇和凤尾菇等。

适宜流态化单体快速冻结的水果通常有以下几类：葡萄、桃、李子、樱桃、草莓、荔枝、西瓜、梨和杏等。

2. 果蔬流态化速冻产品的工艺流程

除预处理外，蔬菜、水果流态化速冻产品的生产工艺流程基本相同。因此，将这两类产品的工艺流程放在一起介绍。由于果蔬速冻的目的是最大限度地保留自身原有的质地，因此，速冻产品的品质不仅与速冻操作本身有关，而且与速冻前（包括采摘在内的）对原料的处理和速冻后产品的包装与成品的贮藏等都有关系。果蔬流化速冻产品生产的一般工艺流程为：

原料采摘→运输→原料处理→预处理→预冷却→滤水→布料→单体快速冻结→定量包装→冷藏

（1）原料采摘

原料的质量是决定速冻产品质量的重要因素。一般要求原料品种优良、成熟适宜、规格整齐、无病虫害、无农药和微生物污染、无斑疤，采摘无机械损伤并要求不浸水、扎捆和重叠挤压等，采摘后应立即运往加工地点。

（2）运输

新鲜的水果、蔬菜在运输中要避免剧烈颠簸，防止日光长时间曝晒。

（3）原料处理

原料处理主要内容包括：①对原料进行挑选，除去畸形、带伤、有病虫害、成熟过度或不成熟的原料。如对叶菜类应保持其鲜嫩，剔除老根、老叶、黄叶、病虫叶，不能食用的应整株剔除；对食用菌类应切除老根等。②某些品种要进行去皮、荚、筋、核等

处理。③将原料按大小或成熟度等规格进行分级处理，如蘑菇、桃子要按大小分级。④对原料进行清洗，并非所有的果蔬原料都必须经过前面三项处理，但清洗是必须的，且清洗环节必须符合食品卫生要求。清洗方式一般有手工法和机械法两种，需要进行消毒处理的品种，消毒以后应用清水洗净。

（4）预处理

预处理通常包括：切分、浸泡和热烫等。对果蔬进行切分有利于流化操作，果蔬速冻制品往往是按照烹饪或食用等各种需要的规格形状进行切分的。

蔬菜和水果一般都要进行浸泡处理，但所用的浸泡液是不同的，前者为了护色常用盐水浸泡，后者一般用糖溶液进行浸泡处理。对水果加糖预处理的主要目的在于：①减轻冰结晶对水果内部组织的破坏作用；②护色，抑制酶的作用，使水果形成糖衣，控制氧化作用；③防止芳香成分的挥发；④防止干耗；⑤保持水果原有品质及风味。另外，在浸泡液中加入一定量的维生素 C 可以防止某些速冻制品在贮藏期间发生褐变。

漂烫主要应用于速冻蔬菜，目的是灭酶。某些品种的蔬菜不经过漂烫直接进行冻结贮藏，一段时间后其风味、颜色等发生了变化，这是酶的活性所致。影响速冻蔬菜质量的酶有过氧化酶、氧化酶、过氧化氢酶和维生素 C 氧化酶等，这些酶一般在 70～100 ℃或－40 ℃以下才失去活性。低温消除酶的活力有一定的困难，所以要用热水或蒸汽对蔬菜进行漂烫，这不仅可以消除大部分酶的活性，而且可以排除组织内的气体、部分水分，消灭沾附在蔬菜表面的虫卵和微生物。漂烫的方法有热水漂烫法、蒸气漂烫法、微波漂烫法和红外线漂烫法等。多数水果由于经过加糖处理，因此不用漂烫处理。

（5）预冷却

进行预冷却有两方面的原因：一是在漂烫处理中温度升高了的果蔬，会因余热的作用导致物料过热、颜色改变或被微生物重新污染，因此漂烫后要尽快对其进行冷却处理；二是将果蔬物料的温度降到较低的温度进料，可以减轻速冻设备的负荷。一般温度每降低 1 ℃，冻结时间大约缩短 1%，此外，将物料温度降低到统一的进料温度，也便于速冻装置操作控制。

冷却的方法有冷水浸泡、冲淋、喷雾冷却、冰水冷却、空气冷却、冷水喷淋和空气混合冷却等。其中冷水或冰水冷却比空气冷却要快得多，采用冷水冷却至少要 2 次以上，特别是水温较高的地区。蔬菜漂烫后用自来水或符合卫生要求的地下水浸泡、喷淋等方式冷却。冷却槽内的水温一般应低于 5 ℃，但不能达到结冰状态。

（6）滤水

用水冷却后的果蔬必须进行滤水，以避免残留水带进包装或流化床内影响外观、质量。一般用机械滤水，晾干时间以 10～15 min 为宜，机械滤水有离心式滤水机和振动式滤水机两种。不能选择转速过高的离心机，滤水时间也不能过长，以免将原料组织内的水分甩出；采用振动滤水机滤水时倒入的物料应均匀。

（7）布料

滤水后的蔬菜、水果由提升机输送到振动布料机，布料机的布料质量对于实现流态化均匀冻结和提高蔬菜水果的冻结质量具有很重要的作用。布料质量不好会造成物料堆积或空床，出现沟流现象，影响冻结能力和制品质量。

(8) 单体快速冻结

经过前处理的果蔬应尽快被送入冻结室内，时间越长其鲜度下降越多，产品的质量越差，物料通过的每一个区域必须保证有相应的冻结温度、风速，以确保一定的冻结时间和冻品质量。

(9) 定量包装

为加快冻结速度、提高冻结效率，一般采用冻后包装，只有叶菜类如菠菜在冻结前包装。对于冻结后包装的蔬菜，在没有低温包装条件的情况下应先进行大包装，一般每一塑料袋15～20 kg，然后装入纸箱内，加底盘堆垛、贮藏，具有低温包装条件的可以直接包装成小包装或真空包装。

速冻果蔬制品多用聚乙烯塑料薄膜、玻璃纸等包装材料进行包装，这些材料具有透明、无毒、隔气性好、低温下耐冲击等特性，有利于防止果蔬制品干耗和氧化作用，包装要注明食用方法、保藏条件，既要符合食品卫生要求，又要便于贮藏、运输、销售。

(10) 冷藏

速冻制品包装后应立即进行冷藏，冷藏过程中应保持稳定的库房温度和湿度。贮藏温度一般要在−18 ℃以下，较大的温度波动会使速冻制品组织内的冰晶重新排列，制品质量下降。

速冻制品的贮藏时间较长，要注意堆放整齐，每5层加一个底盘，防止压坏纸箱，损伤速冻制品。无外包装的速冻制品应分层堆放，严禁码垛堆放，因为码垛堆放会使下部的速冻制品结坨，丧失单体速冻的特点。冻果蔬制品应单独存放，不能与鱼、肉类食品混放，防止串味变质，更不能漏氨污染。严格执行库房内货位的间距要求。库房要清洁卫生，防止鼠害，库门不能频繁开启。

参考文献

[1] 王静，张卫卫，石勇，等．真空冷冻干燥技术对食品品质的影响［J］．农产品加工，2018 (1)：36－38.

[2] 郭雅翠，杜钦生，朱鸣丽，等．真空冷冻干燥技术在食品工业中的应用［J］．长春大学学报，2008 (2)：101－103.

[3] 张静，袁惠新．几种食品干燥新技术的进展与应用［J］．包装与食品机械，2003 (1)：29－32.

[4] 李志军，贾忠伟，李八方．真空冷冻干燥技术在水产品加工中的应用［J］．齐鲁渔业，1999 (4)：43－44.

[5] 赵鹤皋，林秀诚．冷冻干燥技术［M］．武汉：华中理工大学出版社，1990.

[6] 赵鹤皋，郑效东，黄良瑾，等．冷冻干燥技术与设备［M］．武汉：华中科技大学出版社，2004.

[7] 华泽钊，李云飞，刘宝林．食品冷冻冷藏原理与设备［M］．北京：机械工业出版社，1999.

[8] 王志岚，李书魁，许勇泉，等．国内外冷冻浓缩的应用及研究进展［J］．饮料工业，2009，12 (5)：9－12.

[9] 李亚，孙潇，孙卫东．冷冻浓缩技术的应用及研究进展 [J]．广西轻工业，2008 (3)：9－16.

[10] Miyawaki O，Liu L，Shirai Y，et al. Tubular ice system for scale - up of progressive freeze - concentration [J]．Journal of food engineering，2005，69 (1)：107－113.

[11] Rane M V，Jabade S K. Freeze concentration of sugarcane juice in a jaggery making process [J]．Applied thermal engineering，2005，25 (14)：2122－2137.

[12] 詹晓北．冷冻浓缩技术在啤酒工业中的应用 [J]．冷饮与速冻食品工业，1996，(1)：14－16.

[13] 张春娅，张军，王树生，等．葡萄酒冷冻浓缩技术的研究及应用 [J]．酿酒科技，2007 (2)：55－57.

[14] 肖旭霖，李慧．苹果汁冷冻浓缩工艺的研究 [J]．农业工程学报，2006 (1)：192－194.

[15] 冯毅，史森直，宁方芹．中药水提取液冷冻浓缩的研究 [J]．制冷，2005 (1)：5－8.

[16] 冯毅，唐伟强，宁方芹．冷冻浓缩提取新鲜茶浓缩液工艺的研究 [J]．农业机械学报，2006 (8)：66－67.

[17] 江华，余世袁．低聚木糖溶液冷冻浓缩时冰晶生长动力学研究 [J]．林产化学与工业，2007 (3)：53－56.

[18] 高福成．现代食品工程高新技术 [M]．北京：中国轻工业出版社，2006.

[19] 无锡轻工业学院，天津轻工业学院．食品工艺学 [M]．北京：轻工业出版社，1984.

[20] 康景隆．食品流态化冻结技术 [M]．北京：中国商业出版社，1991.

[21] 杨倩玉，宋晓燕，刘宝林．食品流态化速冻技术研究进展 [J]．轻工机械，2018，36 (6)：96－100.

[22] 李云飞，葛克山．食品工程原理 [M]．北京：中国农业大学出版社，2002.

[23] 张裕中，臧其梅．食品加工技术装备 [M]．北京：中国轻工业出版社，2000.

[24] 任霞．流态化技术在食品工业领域的研究及应用进展 [J]．农产品加工，2014 (2)：56－59.

第四章　食品加热新技术

加热处理是食品加工工艺重要的环节之一，目前，国内食品加工领域通常采用间接加热法。由于间接加热法存在热表面效应，被加热的食品物料品质会显著降低，并且热能利用率较低。因此人们迫切要求在食品热加工过程中尽可能地保留住食品物料的营养成分以及色、香、味，并提高热能的利用效率。本章着重归纳和介绍微波加热技术、过热蒸汽应用技术、水油混合油炸技术、真空低温油炸技术和远红外加热技术。

第一节　微波加热技术

一、微波加热原理

微波一般是指频率为 300 MHz～300 GHz，波长为 1 mm～1 m 的高频电磁波，其方向与大小随时间做周期性变化。微波加热利用电磁波把能量传递到被加热物体的内部。微波加热主要有选择性好、穿透度深、热惯性小等特性。

微波加热是一种加热物体内部的方式，不同于其他先加热物体表面，再将热量从物体表面传到内部的加热方式，微波加热是依靠电磁波将能量直接传播到被加热物体的内部，使物料整体迅速升高温度、被加热和熟化。

通常，一些介质材料是由许多偶极子组成的，其一端带正电，另一端带负电。无电场的作用时，这些偶极子在介质中做无规则运动；当施加直流电场时，偶极子分子就进行重新排列，带正电的一端向负极运动，带负电的一端向正极运动。当施加交流电场时，偶极子的运动方向随着电场方向的交替变化而迅速摆动。由于分子的热运动和相邻分子间的相互作用，偶极子随外加电场方向改变而做规则摆动的行为受到阻碍，产生了类似摩擦的效果，使分子获得能量，并以热的形式表现出来，表现为介质的温度升高。外部施加电场的变化频率越高，则分子摆动越快，产生的能量越多；外部施加的电场越强，则分子的振幅越大，由此产生的热量也越大。使用 50 MHz 的工业用电作为外加电场产生的热效应是有限的，在实际工业生产中，则需要更高的微波。在食品加工过程中，常用的微波频率为 915～2450 MHz。

微波加热主要有加热速度快，加热均匀性好，加热易于瞬间控制，可选择性吸收，加热效率高等优点。基于以上这些优点，微波加热以一种全新的热能技术被推广于食品工业生产中。影响微波加热的主要因素有微波频率、电场强度、物料介电常数和介质损耗正切值等。

二、微波加热的设备

微波加热的设备主要由微波管、电源、连接波导、加热器及冷却系统等构成，微波加热体系如图 4－1 所示。

电源提供直流高压电流。微波管将电能转换成微波能量。微波能量通过连接波导传输到加热器，对被加热物料进行加热。冷却系统以风冷或水冷的形式对微波管的腔体及阴极部分进行冷却。

按微波电场的作用形式，微波加热器可分为驻波场谐振腔加热器、行波场波导加热器、辐射型加热器和慢波型加热器等，按结构形式可分为箱式、隧道式、平板式、曲波导式和直波导式等。

1. 箱式微波加热器

箱式微波加热器是在微波加热中应用较为普遍的一种加热器，属于驻波场谐振腔加热器。食品烹调的微波炉就是典型的箱式微波加热器。箱式微波加热器的结构如图 4－2 所示，由谐振腔、输入波导、反射板和搅拌器等组成。谐振腔为矩形空腔，在此结构中，被加热物体（食品介质）在谐振腔内的各个方向都受热。

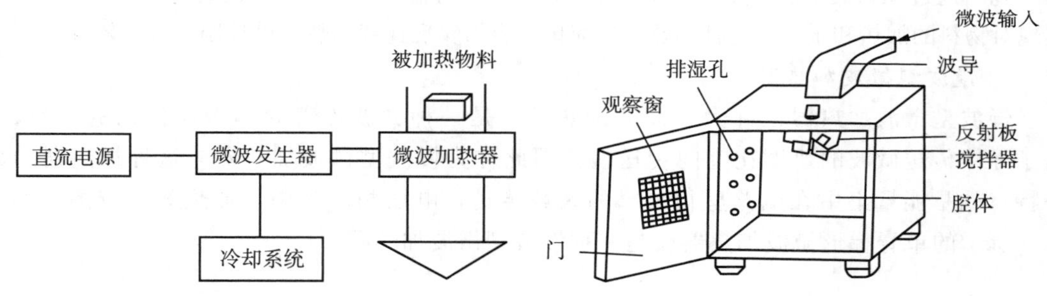

图 4－1　微波加热体系　　　　图 4－2　箱式微波加热器结构示意图

微波在箱壁上的损失极小，未被物料吸收掉的能量在谐振腔内穿透介质到达箱壁后，由于反射又重新回到介质中形成多次反复的加热过程。由于谐振腔是密闭的，因此微波能量的泄露很少，不会危及操作人员的安全。

这种微波加热器比较适宜对块状物体进行加工，通常用于食品的快速加热、快速烹调和快速消毒等方面。

2. 隧道式微波加热器

隧道式微波加热器又称为连续式谐振腔加热器，这种设备可以连续加热物料。隧道式微波加热器结构如图 4－3 所示，被加热的物料通过输送带经微波加热后连续输出。由于腔体的两侧有入口和出口，可能造成微波能量的泄露，因此，需在输送

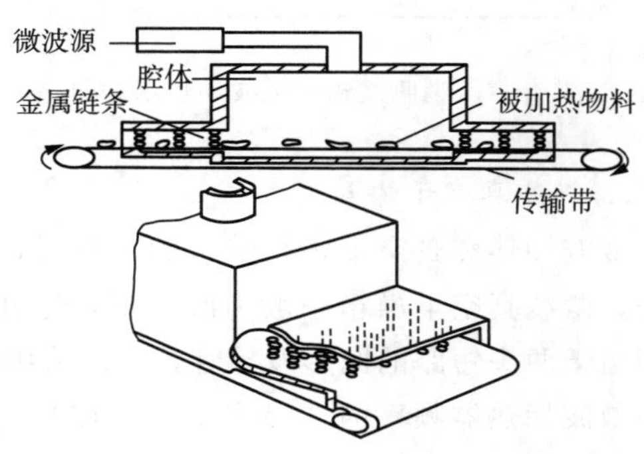

图 4－3　隧道式微波加热器结构

带上安装金属挡板或在腔体两侧开口处的波导里安装许多金属链条，形成局部短路，防止微波能的辐射。由于加热会伴随着水分的蒸发，因此同时安装了排湿装置。

为了防止微波能的辐射，也可以在炉体出口和入口处加上可吸收能量的水负载。这种加热器可应用于奶糕、茶叶等的加工。

3. 波导型微波加热器

波导型微波加热是在波导的一端输入微波，在另一端有吸收剩余能量的水负载，这样使微波能在波导内无反射地传输，构成行波场，所以这类加热器又被称为行波场波导加热器。这类加热器主要有：①开槽波导加热器，又称为蛇形波导加热器；②V形波导加热器；③直波导加热器等形式。为了达到对不同物料的加工要求，可设计出各种结构形式的行波场波导加热器。这类加热器在合成皮革、纸制品加工中用得比较多，在食品加工中也有应用。

4. 辐射微波加热器

辐射微波加热器是利用微波发生器产生的微波，通过一定的转换装置，再经辐射器（又称照射器、天线）等向外辐射的一种加热器。喇叭式辐射微波加热示意图如图 4-4 所示。

物料通过喇叭式辐射加热器（又称喇叭天线）照射，使微波能量穿透到物料的内部，从而实现对物料的加热和干燥。这种加热方法简单，容易实现连续加热，设计制造也比较方便。

5. 慢波型微波加热器

慢波型微波加热器也称为表面波加热器，是一种微波沿着导体表面传输的加热器。由于导体传送微波的速度比空间传送慢，因此称为慢波型微波加热器。这种加热器的另一特点就是能量集中在电路里很狭窄的区域传送，电场相对集中，加热效率较高。如图 4-5所示的单脊梯形微波加热器就是一种慢波型微波加热器。

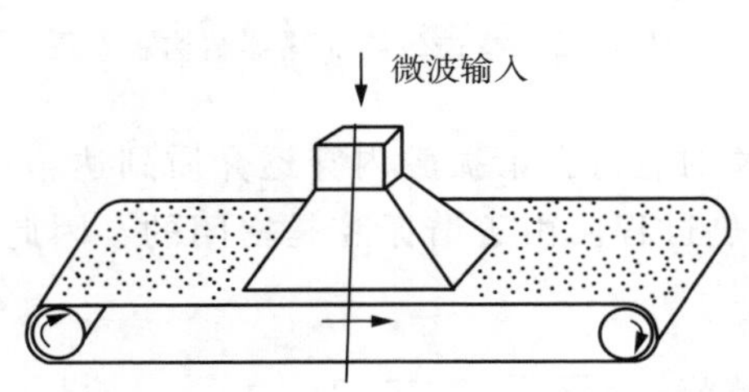

图 4-4 喇叭式辐射微波加热示意图

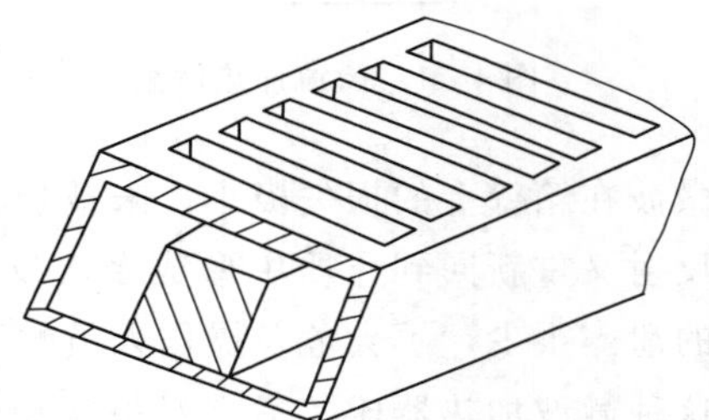

图 4-5 单脊梯形加热器示意图

6. 微波真空干燥箱

微波加热和真空干燥相结合的方法可以加快干燥速度，是食品工业中常采用的干燥方法。微波真空干燥箱一般为圆筒形，这样箱壁能承受较大的压力而不变形。圆筒形箱体相当于两头短路的圆形波导管，一般采用 2450 MHz 的微波源。

微波加热器频率的选择主要考虑被加工食品的体积、厚度、含水量及介质损耗，生产量及成本和设备体积等方面。加热器型式的选择主要根据加工食品的形状、数量及加工要求来选定。要求连续生产时，需要选用有输送带的加热器；小批量生产或实验室试验等场合可以选用箱式加热器；对薄片材料进行加热一般可选用开槽波导或慢波结构的加热器；加热材料较大或形状复杂时，为了达到均匀加热，往往选用隧道式加热器。

三、微波加热技术在食品工业中的应用

微波技术在食品加工方面的应用始于1946年，而在1960年以前，微波加热的应用只局限于食品的烹调和解冻等方面。现在微波加热技术逐渐应用到了食品加工的其他领域，如对食品进行加热杀菌、干燥、烘烤、膨化、热烫和炼油等。

1. 烹调

微波烹调食品具有加热效率高，烹调时间短，减少高温对营养成分的破坏，避免食物烹调过程中产生化学污染物，同时能较好地杀灭食品中的微生物，烹调过程中无油烟，清洁安全等优点。最主要的微波加热形式是家庭烹调食品和商业预制的微波炉方便食品。

2. 解冻

解冻是利用电磁波对冷冻食品中的高、低极性分子基团（主要是水分子）起作用原理，它能使极性分子在电场中高速震荡，同时使分子间剧烈摩擦，从而产生热量，使细胞内冻结点低的冰晶融化。冷冻食品的解冻工艺可分为调温和融化。调温是将冷冻的固态食品的温度升高到冰点以下的过程，此时物料仍处于固态，更易于切片、切丁或进行其他加工。融化是指冻品的快速解冻。相较于传统的解冻方法，微波解冻有解冻速度快、时间短，物料不易受污染，色泽好，营养成分损失小，无污染等特点。常见的用微波加热解冻的食品有：肉、肉制品、水产品、水果和水果制品等。

3. 杀菌

食品杀菌的传统方式是利用高温干燥、烫漂、巴氏杀菌、防腐剂等技术来实现的。但这些设备通常都比较庞大，处理时间长，灭菌不彻底或不易实现自动化生产，同时对食品营养成分的损失比较大，影响食品原有的风味。而微波杀菌是使食品中的微生物在受到热效应和非热效应的共同作用下内部的蛋白质和生理活性物质发生变异或破坏，从而发育迟缓和死亡，达到食品杀菌保鲜的目的。微波杀菌的温度通常为70～90 ℃，时间为90～120 s。

以牛奶杀菌为例，牛奶生产的过程中，杀菌消毒是最重要的处理工艺，传统的方法是采用超高温瞬时杀菌技术，但是其需要庞大的锅炉系统和复杂的管道系统，而且耗费资源、劳动强度大、占地空间大，还会带来环境污染等问题。如果用微波加热法对牛奶进行消毒灭菌处理，鲜奶只需在80 ℃左右灭菌数秒，杂菌和大肠杆菌数即可完全达到卫生标准要求，不仅营养成分保持不变，而且经过微波作用的脂肪球直径减小，具有均质的作用，增加了奶香味，提高了产品的稳定性，有利于营养成分的吸收。微波加热杀菌技术具有广阔的应用前景，尤其是在改造传统食品加工工艺中。

4. 焙烤

糕点的微波焙烤工艺已应用在工业化生产中，除了可以更好地保持营养，微波焙烤点心的体积比常规焙烤的体积大25％～30％，且微波焙烤产品中的霉菌较少。但由于微波焙烤时产品表面温度低，焙烤时间短，不足以产生充分的美拉德反应，产品的表面往

往往缺少人们所喜爱的金黄色泽。因此，在生产产品时通常采用微波焙烤与常规焙烤结合的方式。微波焙烤的优点主要表现在以下几点：①产品营养价值高；②加热时间短；③产品结构蓬松；④设备占地面积小。

5. 膨化

微波膨化是利用微波内部加热的特性，使物料内部迅速受热升温，水分迅速蒸发形成较高的内部蒸汽压力，迫使物料膨化，形成无数的小孔道，使得物料组织膨胀、疏松。在一定的辐照时间下，微波功率越大，膨化率和膨化速度也越大。采用微波膨化技术可以制作许多方便食品和点心，如生产膨化糯米、膨化鱼片和美式爆米花等。

第二节　过热蒸汽应用技术

将干饱和蒸汽继续定压加热，蒸汽温度上升而超过饱和温度，其超过的温度值称为过热度，具有过热度的蒸汽称为过热蒸汽，过热过程吸收的热量称为过热热。随着过热蒸汽技术的发展，美国、日本等国家逐步生产出用于食品加工的过热蒸汽装置或者电器。过热蒸汽在食品加工、烹饪领域的应用越来越广泛。使用过热蒸汽进行烹饪和食品加工，具有受热均匀、加热速度快、食物更加美味、防止营养流失等显著优点。同时过热蒸汽技术还可以用于食品工厂中输送带的清洗和杀菌以及食材的加热处理、食物残渣的粉末化及除臭等。

一、过热蒸汽的概念和性质

当饱和蒸汽从最初的湿饱和蒸汽全部汽化为干饱和蒸汽并继续加热，此时蒸汽的温度大于饱和温度，得到的蒸汽就是过热蒸汽。当加大压力时，饱和水和干饱和蒸汽之间的距离逐渐缩短，当压力增大到某一临界值时，饱和水和干饱和蒸汽不仅具有同样的压力和温度，还具有相同的比体积和熵。这时，饱和水和干饱和蒸汽之间的差异完全消失，这个点称为临界点，这种特殊的状态称作临界状态。对应于临界点的温度、压力和比体积分别称作临界温度、临界压力和临界比体积。

与相同压力下的干饱和蒸汽相比，过热蒸汽具有温度更高、比体积更大、水分子运动更加剧烈、质量焓高、对加热有利等优点。

二、产生过热蒸汽的设备

当水加热蒸发到干饱和蒸汽状态时，在压力保持不变的情况下继续加热，则水蒸气就变成过热水蒸气。过热器是将干饱和蒸汽加热成过热蒸汽的设备，主要分为以下几类：

1. 对流式过热器

对流式过热器是指布置在对流烟道内主要吸收烟气对流放热的过热器。对流过热器由许多平行连接的蛇形管和进、出口集箱组成。蛇形管一般采用无缝钢管弯制而成，管壁厚度由强度计算决定，管子材料根据其工作条件而定。蛇形管的外径一般采用 28～42 mm，管子横向节距与管子外径之比 S_1/d 为 2～3，纵向节距与弯管半径有关，一般此节距与管子外径之比 S_2/d 为 1.6～2.5。过热器管与集箱连接采用焊接工艺。图 4-6 所示为130 t/h锅炉对流过热结构图，在高温水平烟道中采用立式顺列布置的受热面，这就可以避免燃烧多灰分燃料时产生结渣，减轻积灰的程度。对流过热器入口烟温较高，接近1000 ℃，为防止结渣，常把过热器管的前几排拉稀成错列位置，如图 4－7 对流过热器前排管束的拉稀结构所示，过热器前几排管子横向节距拉稀后，纵向节距也相应增大，以免结渣搭桥，其横向节距 $S_1/d \geqslant 4.5$，纵向节距 $S_2/d \geqslant 3.5$。

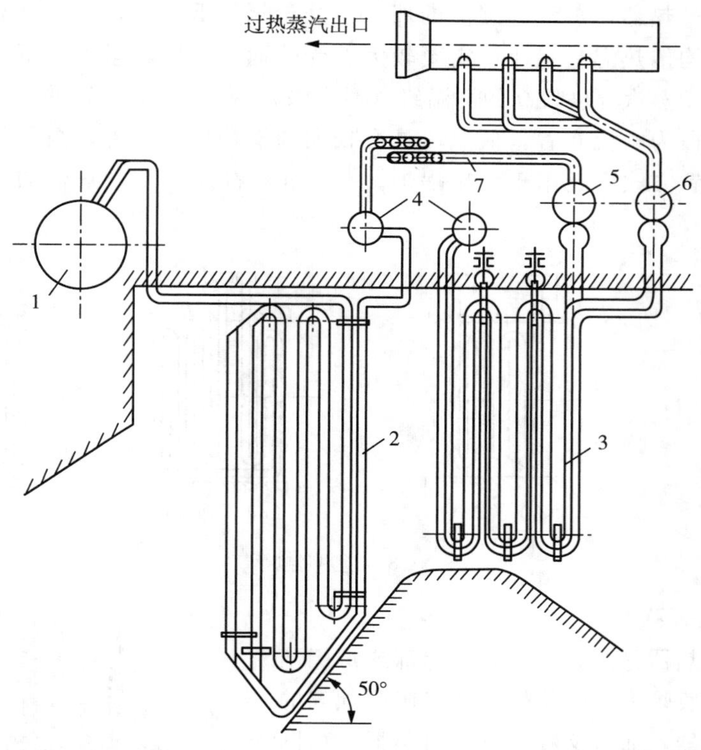

1—锅筒；2—对流过热器；3—高温对流过热器；4—中间集箱；5—表面式减温器；6—过热器出口集箱；7—交叉管。

图 4－6　130 t/h 锅炉对流过热器结构图

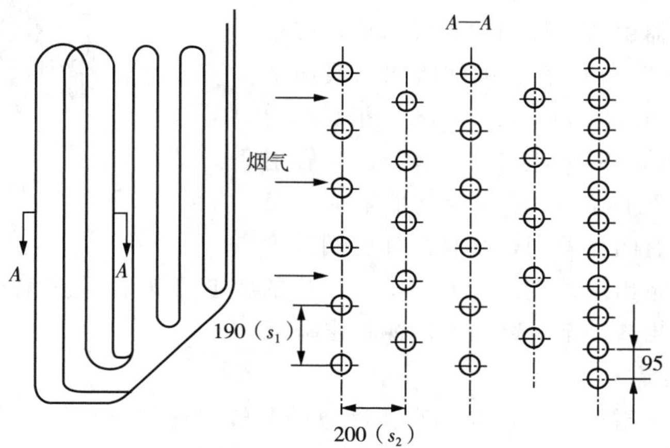

图 4－7　对流过热器管前排管束的拉稀结构

一般蒸汽的流向与烟气的流向可呈逆流、顺流或混流，如图 4－8 所示，根据烟气与蒸汽相对流动方向划分的过热蒸汽型式，可分为顺流式、逆流式、双逆流式和混流式四种。纯逆流时，温压大，节省金属，但管子壁温高，故高温过热器常采用混流布置。对于逆流布置的过热器，蒸汽温度高的那一段处于烟气高温区，金属壁温高，但由于平均传热温差大，受热面可少些，比较经济，该布置方式常用于过热器的低温级（进口级）。对于顺流布置的过热器，蒸汽温度高的那一段处于烟气低温区，金属壁温较低，安全性较好，但由于平均传热温差最小，需要较大的受热面，金属耗量大，不经济，因此，顺流布置方式多用于蒸汽温度较高的高温级（最末级）。对于混流布置的过热器，低温段为逆流布置，高温段为顺流布置，低温段具有较大的平均传热温差，高温段管壁温度也不致过高，混流布置方式广泛用于中压锅炉。高压和超高压锅炉过热器的最后一级也常采用这种布置方式。

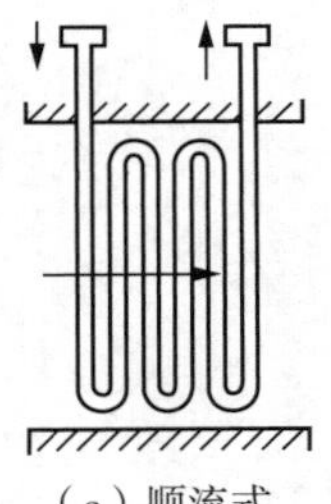
（a）顺流式

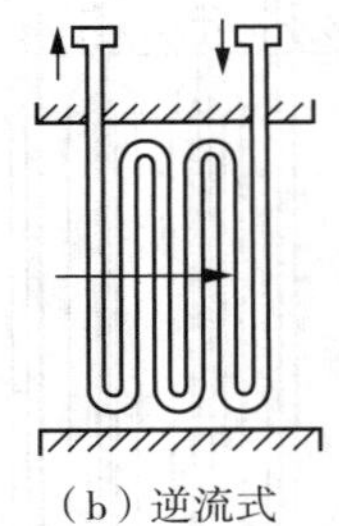
（b）逆流式

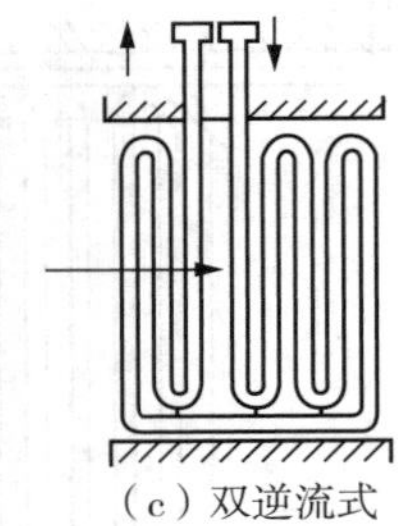
（c）双逆流式

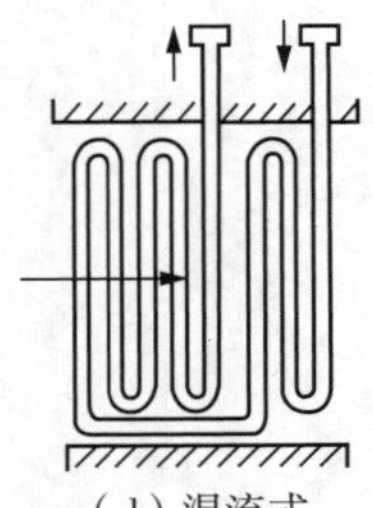
（d）混流式

图 4－8　过热器类型

2. 半辐射式过热器

半辐射式过热器是指布置在炉膛上部或炉膛出口烟窗处，既吸收炉内的直接辐射热又吸收烟气的对流放热的过热器，通常又称为屏式过热器，如图 4－9 所示。同时具有前屏过热器的锅炉，则称为后屏过热器。

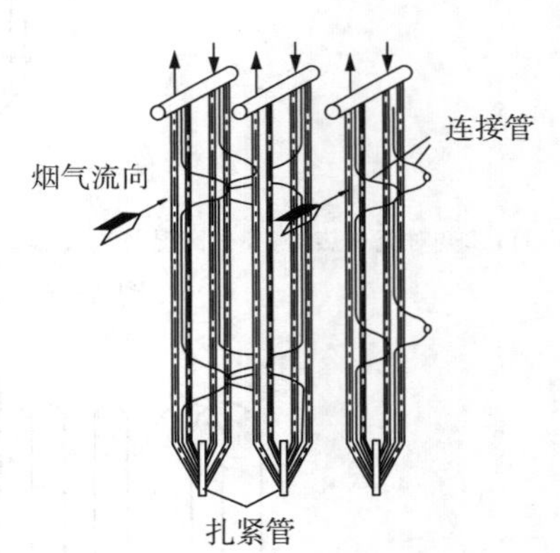

图 4－9　屏式过热器

半辐射式过热器由紧密排列的管屏组成，屏中并列管子的根数为 15～30 根。屏间距离（横向节距）S_1较大，通常 S_1为 600～1200 mm，相对纵向节距 S_2/d 很小，通常 S_2/d 为 1.1～1.25。半辐射式过热器中紧密排列的各 U 形管受到的辐射热及所接触的烟气温度有明显差别，并且内外管圈长度不同会导致蒸汽流量出现差别。因此，平行工作的各 U 形管的吸热偏差较大。运行时应注意对屏式过热器出口端金属壁温的监视和控制。

3. 辐射式过热器

辐射式过热器是指布置在炉膛中直接吸收炉膛辐射热的过热器。辐射式过热器有多种布置方式，若辐射式过热器设置在炉膛内壁上，称为墙式过热器，结构与水冷壁相似；

若辐射式过热器布置在炉顶，称为顶棚过热器；若设置在尾部竖井的内壁上，则称为包覆过热器；若辐射式过热器悬挂在炉膛上部，称为前屏过热器。

在大型锅炉中，为了采用悬吊结构和敷管式炉墙，在水平烟道或尾部烟道内壁布置了过热器管，这种过热器称为包覆过热器。包覆过热器作为炉壁，主要用于悬吊炉墙。由于包覆过热器仅受烟气的单面冲刷，贴壁处烟气流速又低，因此对流传热效果差；又由于包覆过热器较紧密地布置在烟温较低的尾部烟道内，辐射吸热量很小，因此，包覆过热器不能作为主受热面。包覆过热器的直径与对流过热器的直径相同。当包覆过热器采用光管结构时，管子间的相对节距 S/d 为 1.1～1.2；当包覆过热器采用膜式结构时，管子间的相对节距 S/d 为 2～3。为了保证锅炉对流烟道的严密性，并且减少金属消耗量，一般在管间焊上扁钢或圆钢使之成为膜式结构。

辐射式过热器蒸汽温变化的主要特性是：过热水蒸气的温度随着锅炉负荷的增加而降低。由于锅炉的负荷增加时，炉膛火焰的平均温度变化不大，辐射传热量增加不多，达不到蒸汽流量增加的速度，工质的热焓增量因此减少。因此，在设计过热器的时候，通常同时采用对流过热器和辐射过热器，在保持适当的比例时，即可得到较平稳的蒸汽温度特性。

4. 电加热蒸汽过热器

设置在锅炉内的过热器，一般适合应用于对过热蒸汽需求量大、经常使用过热蒸汽的场合。有时过热器也可以在需要过热蒸汽加工的流程中作为一个单元设备组合。过热器可等同于一台再热器工作，饱和蒸汽进入加热器经加热后称为过热蒸汽，过热蒸汽在流程中使用后温度下降，再次回到加热器继续加热成为过热蒸汽，可进行循环使用。除此之外，还可设计单独的过热器单元服务于流程。这种独立单元操作的蒸汽过热器称为电加热蒸汽过热器，其工作原理如图 4－10 所示，即在有加热元件的密闭容器中加入许多蛇管，加热元件在对密闭容器进行加热的同时，也加热了蛇管。饱和的水蒸气在蛇管中进行加热，成为过热蒸汽，过热蒸汽的压力由饱和蒸汽的压力所决定，而过热蒸汽的温度由加热元件的加热功率和蒸汽在蛇管中停留的时间所决定。因此，可以通过调节加热元件的加热功率来调节过热蒸汽的温度。除此之外，设备产生的过热蒸汽的温度还与加热蛇管的耐热程度有关。要想获得较高的过热蒸汽温度，就要采用耐热性较好的蛇形管材料和密闭容器内壁材料。

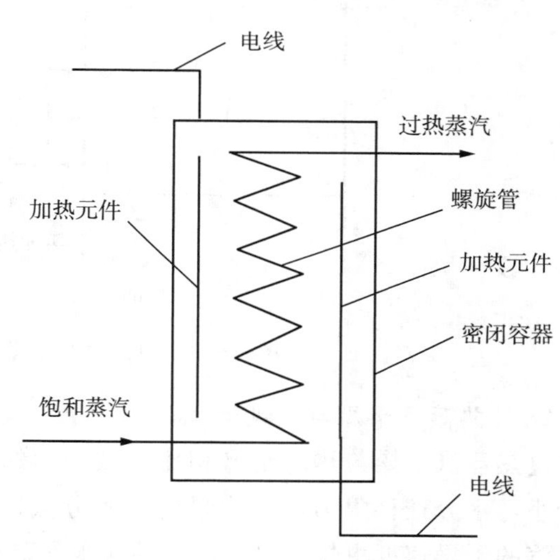

图 4－10　独立型蒸汽过热器工作原理图

三、过热蒸汽用于食品的干燥处理

过热蒸汽用于食品干燥的研究和应用始于 20 世纪 70 年代初，最早利用其进行工业规模应用的国家是美国和日本。过热蒸汽干燥是指利用过热蒸汽直接与物料接触而除去水分的一种干燥方式，具有节能效果显著、干燥品质好、传热效率高、无失火和爆炸危险等特点。

1. 过热蒸汽干燥法的工艺流程图

图 4-11 所示的是典型的过热蒸汽干燥食品的工艺流程图，待干燥的食品物料直接从干燥器上部加入，加入量由定量调节阀控制，干后物料从干燥器底部放出。过热蒸汽通过干燥器的下部和不同高度处引入，与待干燥的物料充分接触，将热量传给物料，使其受热并将所含水分汽化逸出。在整个干燥过程中，过热蒸汽循环使用，不需要补充新的蒸汽。

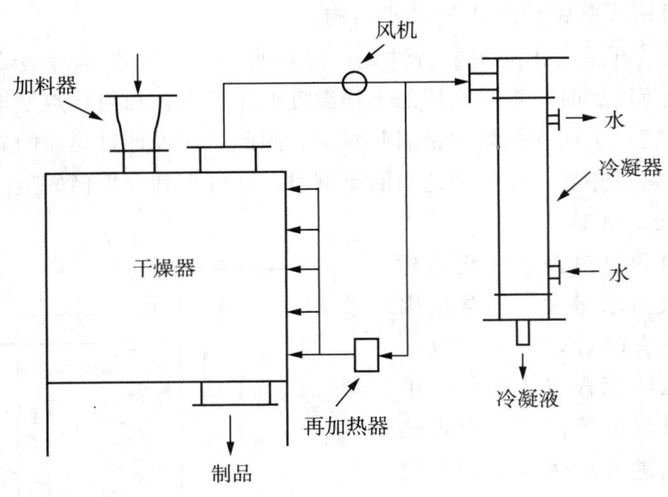

图 4-11　过热蒸汽干燥食品物料工艺流程图

2. 过热蒸汽干燥与热风干燥

过热蒸汽干燥与热风干燥相比，被干燥的物料温度高，物料内部毛细血管中水分黏度变小，水分迁移阻力小，物料内部水分蒸发所产生的水蒸气的移动阻力小。因此，过热蒸汽的干燥速度更快，可使产品的含水率降得更低。

对于要求低水分的产品的干燥，采用过热蒸汽干燥是很有利的。但过热蒸汽干燥时物料温度高、传热温差小，需要更大的设备，干燥装置成本较高。

3. 应用实例

常见的应用过热蒸汽干燥的产品有芹菜、菠菜、洋葱和方便面等。

用过热蒸汽干燥面条的工艺主要过程：

① 首先用 150～200 kPa 的过热蒸汽蒸熟面条，再用风将其冷却，冷却后的面条用太阳晒干。

② 用过热蒸汽先将面条的淀粉糊化并将面条部分干燥，然后再将处理过的面条油炸制成方便面。

③ 先用热风预干燥，再用过热蒸汽处理，最后油炸制成方便面。

④ 在生面中通入流速为 1～60 m/s、温度为 110～150 ℃的过热蒸汽进行预干燥，预干燥完成后进行冷却，冷却后再用热风干燥。

将过热蒸汽法应用于方便面的生产，大大缩短了方便面制作过程中的干燥时间。

4. 过热蒸汽干燥的优缺点

作为一种新型的干燥技术，过热蒸汽干燥主要具有以下优点：

① 热效率高、节能，可以回收尾气进行重复利用。

② 安全，无失火和爆炸危险。过热蒸汽干燥中不存在氧化和燃烧反应。

③ 干燥速率快。过热蒸汽干燥的导热性和热容量高，因此物料的表面水分干燥速率快。

④ 干燥后产品质量好。过热蒸汽干燥能够提高产品的品质和等级。

⑤ 具有消毒、灭菌作用。在过热蒸汽干燥过程中物料的温度超过 100 ℃，高温能对一些食品进行消毒和药品进行消毒。

过热蒸汽干燥也存在一些缺点：

① 设备复杂。过热蒸汽干燥过程不允许有泄露，喂料和卸料时不能有空气渗入，因此需要采用复杂的喂料系统和产品收集系统，导致过热蒸汽干燥设备费用高。

② 启动和停止时容易出现凝结现象。过热蒸汽温度高于 100 ℃，而物料进入时的温度通常为环境温度，因此物料在被加热到蒸发温度的过程中会产生凝结。

③ 不适合干燥热敏性物料。过热蒸汽干燥过程中物料温度高，有些物料可能会熔化、玻璃化或产生其他破坏。

四、过热蒸汽用于食品的膨化加工

膨化过程是在加压的情况下，将物料加热到 100 ℃以上，然后突然消除所加压力，让物料处于大气压力之下，这样，物料内部的水分急剧汽化成蒸汽，从物料内部猛烈冲出，使物料膨胀。简而言之，膨胀现象的实质就是利用物料的瞬间体积膨胀力使物料膨胀。不同食品原料的膨化难易程度不同，不同加热条件下的膨化效果不同。大米、高粱等在 200～600 kPa 的压力下，玉米在 600～800 kPa 压力下能很好地膨化。但是小麦、燕麦等宜先用饱和水蒸气加热，再用过热蒸汽和热空气加热，如此可以在较低的工作压力下取得较好的膨化效果。一般膨化使用的热源是热空气、直接火、饱和水蒸气、过热蒸汽和电能等。

过热蒸汽在食品膨化加工方面的主要应用设备是过热蒸汽加热的连续膨化机。如图 4－12所示，该装置主要由耐压密闭外筒、内筒、内外筒之间的加热元件以及内筒的螺旋输送机构成。过热蒸汽导入内外筒之间的环形空间，再由加热元件加热到过热状态并保持，原料由进料阀进入内筒，再由螺旋输送器向前输送，原料在向前运动的过程中受到内外筒之间的过热蒸汽的加热，再从内筒挤出到外筒，最后从排料阀中排出。

此种膨化机在原料出口端的导阀上装有消音装置，因此与间歇式膨化机相比，其噪音小得多。该装置可以在最高压力 1400 kPa 的压力下连续工作，膨化玉米和小麦的生产能力可达到 150～200 kg/h。过热蒸汽的连续膨化机已应用于方便米饭的生产和酿造原料的预处理，如大豆、脱脂大豆、小麦等，而大豆经过热蒸汽加热的膨化处理，在 5～7 s 内含水量可达 10%～12%。

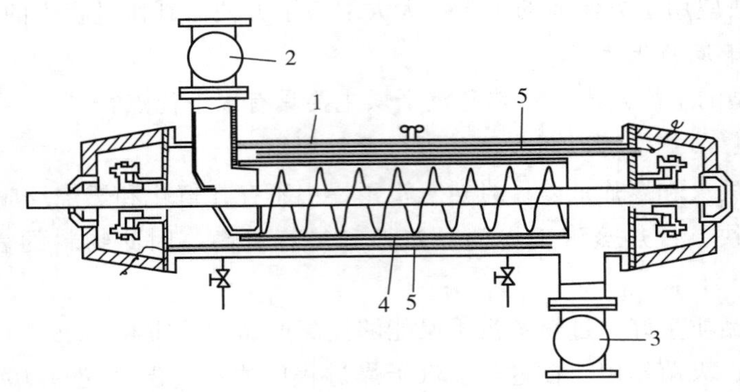

1—外筒（密装容器）；2—旋转式进料阀；3—旋转式排料阀；4—内筒（固定）；5—加热器。

图 4-12　过热蒸汽连续膨化装置

五、过热蒸汽用于物料的瞬间杀菌

过热蒸汽主要应用于粉粒状原料的瞬间杀菌，主要目的在于防止低水分的香料、小麦粉等原料的品质劣化。低水分香料、小麦粉等原料的杀菌难题主要是：原料内部传导性差，难以均匀加热；原料水分含量少，难以有效地杀灭细菌；湿热杀菌时粉粒状原料易黏在装置内并结块，不适于工业化；与液态或高水分原料相比，低水分原料在加热时容易变质，易发生氧化变色、挥发性成分损失等；与液体的原料相比，定量输送和在装置内的流动困难。

由此可知，粉粒状原料的加热杀菌存在许多问题，但是采用过热蒸汽与粉粒状物料直接接触的方式进行瞬时杀菌，不仅不会使原料的水分增加，而且可以将品质劣化程度控制在最低的程度。通过控制压力和温度，在真空环境下，使用过热蒸汽杀菌，既能起到杀菌作用，又可以避免辐照残留或高温下物料脱水变性等问题。很多研究者结合实际操作设计了符合试验研究的装置。

1. 气流式过热蒸汽杀菌装置

图 4-13 所示为气流式过热蒸汽杀菌装置的流程图，其工作过程如下：将待杀菌的粉粒状原料加入过热蒸汽管道，过热蒸汽以约 20 m/s 的高速在管道中流动，并夹带加入的原料一起向前输送。原料颗粒在管道中处于悬浮状态，经 3～7 s 处理，过热蒸汽和原料的气溶胶混合物进入旋风分离器进行第一次分离，分离出的蒸汽由风机送入过热器加热后重新使用，分离出的固体为杀菌后的产品。为了使产品的含菌率进一步降低，可对第一级分离出来的固体用饱和水蒸气替代过热蒸汽进行第二级杀菌处理，杀菌后再进行分离。该装置可用于香味料、荞麦粉、可可豆和谷类的杀菌。这种过热蒸汽不仅杀菌效果好，而且热敏性物质的保存率也很高。

2. 高速搅拌式过热蒸汽杀菌装置

图 4-14 所示为一高速搅拌式过热蒸汽杀菌装置，其工作原理为：原料首先进入定量

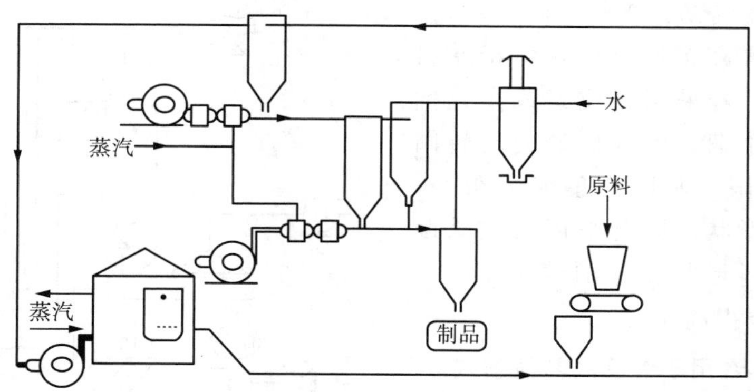

图 4-13 气流式过热蒸汽杀菌装置流程图

喂料器，然后由进料阀控制进入过热蒸汽瞬时杀菌器。原料在杀菌器中与过热蒸汽混合，过热蒸汽加热原料使其温度升高，从而达到杀菌的目的。为了使过热蒸汽与原料很好地混合，使物料的温度均一，在杀菌器中设置高速搅拌器来搅拌物料。原料在杀菌器中停留 5～15 s 后由排料阀排出，排出的物料经旋风分离器分离出产品和蒸汽。冷却后经排料阀排出的产品即为杀菌产品。

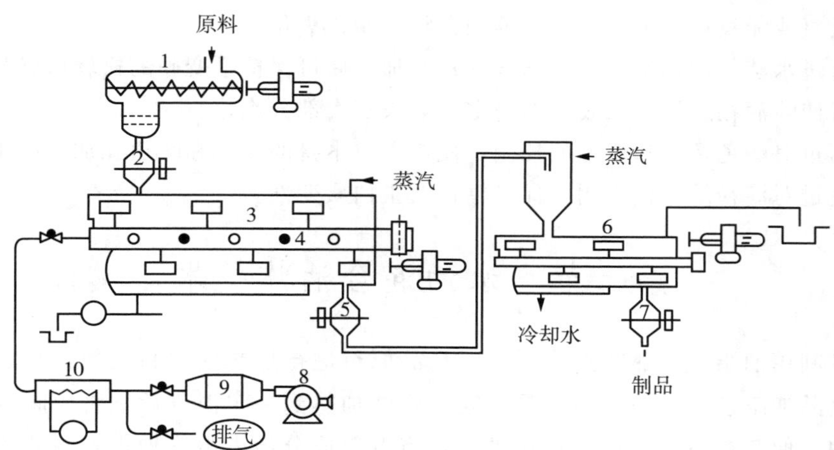

1—定量喂料器；2—进料阀；3—过热蒸汽瞬时杀菌器；4—喷嘴；5，7—排料阀；6，8，9—除菌器；10—过热器。

图 4-14 高速搅拌式过热蒸汽杀菌装置

为了保证杀菌效果的稳定、可靠，操作过程采用间歇式操作，但是整个过程设计成由程序控制的全自动控制操作。已采用该装置进行杀菌的原料有甘草、桂皮、卡拉胶和淀粉等。

3. 塔式过热蒸汽杀菌装置

如图 4-15 所示，塔式过热蒸汽杀菌装置的杀菌原理为：过热蒸汽在直径为 500～800 mm、高约 5000 mm 的塔式杀菌器内呈螺旋状上升，待杀菌的原料从塔的上部落下与上升的过热蒸汽相遇。上升的过热蒸汽使下降的原料颗粒呈悬浮状态，能够保证颗粒原料与过热蒸汽充分接触，温度均匀。在处理冷冻干燥蔬菜制品时，由于原料柔软且容重小，若采用气流式或高速搅拌式杀菌装置杀菌，因入口处的旋转阀的输送容积有限，所以处理能力很小，且容易破坏其形状。因此采用塔式杀菌器可在保证原料形状完好的情况下，生产能力也可大幅提高。

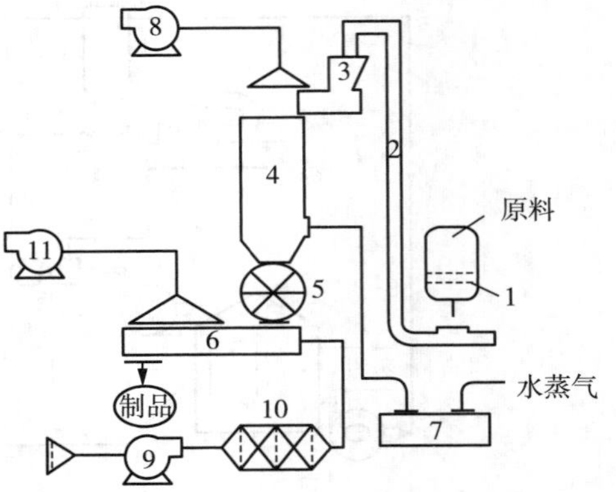

1，3—喂料器；2—斗士提升机；4—塔式杀菌装置；5—旋转阀；6—冷却器；7—过热器；8，11—排风机；9—鼓风机；10—除菌过滤器。

图 4－15　塔式过热蒸汽杀菌装置

六、过热蒸汽用于食品的其他领域

(1) 使用过热蒸汽进行烹饪和食品加工，具有使食品受热均匀、加热速度快、食品更加美味、防止维生素流失等优点。

(2) 过热蒸汽技术还可以用于食品加工厂中输送带的清洗、杀菌以及食材加热处理、食物残渣的粉末化及除臭等。

(3) 在无添加剂的情况下，改善食物的味道。

(4) 低氧或无氧环境下加工，可抑制食物的腐化氧化。

(5) 通过水蒸气加热烹饪，大部分食物经加工后可保持不变硬的松软口感和水分。

(6) 可使喷洒在新鲜水果表面的防霉剂等农药大部分汽化。

(7) 通过对颜色及气味成分的控制，使得食材本身的颜色和味道在加工中不被破坏。

(8) 通过对淀粉的糊化作用，促进糖化及蛋白质变性。

第三节　水油混合油炸技术

油炸是利用油脂作为热交换介质，对食品原料进行加热使原料成熟，并赋予原料独特风味的食品加工过程。油炸一般是以旺火将油加热到一定温度后，将生胚置于较高温度的油脂中，使其在高温下可以快速熟化，将营养成分最大限度地保持在食物内部，赋予食品特有的油香味和金黄色泽，经过高温灭菌可以进行短期贮存。

影响食品油炸时间的主要因素有：①食品原料的导热系数；②油的温度；③油炸的方法（浅层油炸或深层油炸）；④食品原料的厚度；⑤所要求的食品品质改善程度等。油炸方法可分为浅层油炸和深层油炸，后者可分为常压深层油炸和真空深层油炸。影响油炸食品质量的主要因素有：①油的品质；②油的使用时间及其热稳定性；③油炸温度和油炸时间；④食品的大小与表面特性；⑤油炸后的处理等。油炸工艺早期多用于菜肴烹调方面，近年来则应用于食品的加工业，如肉制品的加工。

一、油炸的基本原理

油炸食品时，将食物置于一定温度的热油中，油可以快速均匀地传导热能，使得食物表面温度迅速升高，水分汽化，食物表面出现一层干燥层，形成壳膜层。然后水分汽化层逐渐向内部迁移，当食物表面温度升高至热油的温度时，食物内部的温度慢慢趋于100 ℃，使食品在短时间内熟化，同时食品表面焦糖化，蛋白质和其他物质分解，产生具有油炸风味的挥发性物质，制品变得外焦里嫩。

二、水油混合式深层油炸技术

传统油炸方式中常常出现高温使油快速氧化变质，黏度升高，变黑褐色；锅底积存食物残渣，会产生致癌物质，使食品表面质量劣化；高温反复煎炸会产生毒性油脂聚合物；降低食品营养价值等问题。而水油混合油炸技术从根本上解决了以上难题，使得油炸食品向着节油、健康、环保的方向发展。

水油混合油炸是指在同一容器内加入水和油而进行的油炸方法，工业上应用得比较多。水油混合后因为相对密度不同而形成分层，上层是相对密度较小的油层，下层是相对密度较大的水层，一般在油层中部水平设置加热器加热，油炸时食品处在油层中，油水界面处设置水平冷却器以及强制循环风机对水进行冷却，使油水分解的温度控制在 55 ℃以下。水油混合式深层油炸工艺原理如图 4－16 所示。对食品进行水油混合油炸时，食品的残渣碎屑从高温油层落下，积存于底部温度较低的水层中，同时残渣中所含的油经过水层分离后又返回油层，落入水中的残渣可以随水排出。由于水层温度低于油层，因此，可降低油炸的氧化程度，同时可以过滤除去沉入水层的食物残渣，如此，就大大减少了油炸用油的污染，保持了良好的卫生状况。

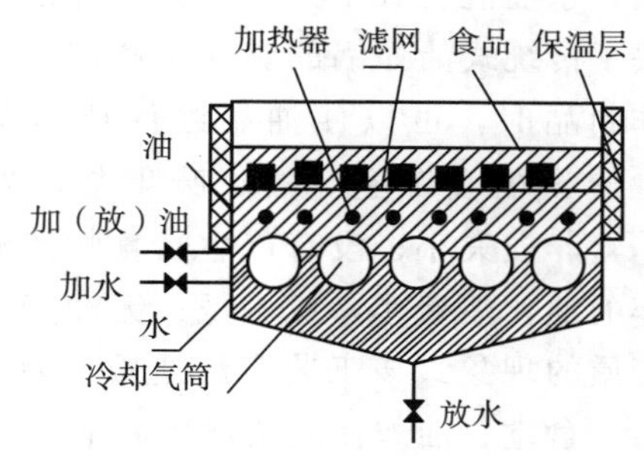

图 4－16　水油混合式深层油炸工艺原理示意图

水油混合式深层油炸工艺具有限位控制、分区控温、自动过滤、自我净化等优点，在油炸过程中，油始终保持新鲜的状态，所制作的食品色、香、味俱全且外观品质良好，营养损失小。油脂的氧化变质现象得到明显改善。更重要的是，其所消耗的油量几乎等于食品所吸收的油量，节油效果十分明显，比传统油炸方式节约用油 50％以上。该法产生的油烟少、污染少，有利于环保，也有利于操作者的健康。

三、水油混合油炸设备

1. 传统油炸技术与设备

油炸设备一般包括加热元件、盛油槽、油过滤装置、承料构件、温控装置等。典型小型台式油炸锅设备结构如图 4－17 所示，其普遍应用于宾馆、饭店和食堂等。一般电功率为 15 kW，炸笼容积为 5～15 L。油炸时，待炸物置于炸笼内后放入油中炸制，炸好后连同物料篮一起取出。炸笼只起拦截物料的作用，而无滤油作用。

这种油炸设备在工作过程中，全部油均处于高温状态，易氧化变质，反复使用数次即可变成深褐色，不能食用；积存在锅底的残渣碎屑使油变得污浊且反复被炸成碳屑，并易附着在食物表面使其表面劣化；高温下长时间煎炸使用的油会产生多种不同毒性的油脂聚合物，同时会因为氧化反应生成不饱和脂肪酸的过氧化物，阻碍机体对油脂和蛋白质的吸收。由于存在以上种种问题，这种小型间歇式油炸设备不宜用于大规模工业化生产。

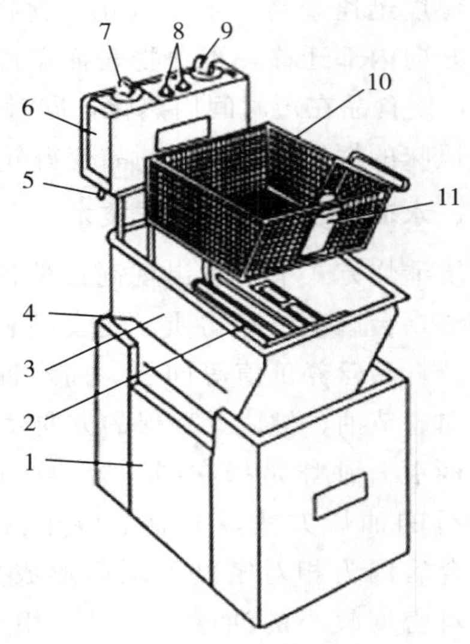

1—不锈钢底座；2—不锈钢电加热管；3—移动式不锈钢锅；4—油位指示计；5—最高温度设置旋钮；6—移动式控制盘；7—电源开关；8—指示灯；9—温度调节旋钮；10—炸笼；11—篮支架。

图 4-17　典型小型台式油炸锅设备结构图

2. 间歇式水油混合式油炸设备

间歇式水油混合设备是一种无烟型、多功能、水油混合式油炸设备，这种油炸设备解决了传统式油炸锅的弊端。利用这种工艺油炸制品时，可以使油始终保持新鲜的状态，炸出的食品色、香、味俱佳，外形漂亮，营养损失小；没有产生与食物残渣一起丢弃的油，浪费小，成本低；无油脂严重氧化变质的现象。该工艺广泛适用于酒店、快餐店、食堂、油炸食品及食品企业等。

如图 4-18 所示为无烟型多功能水油混合式油炸装置，炸制时，滤网置于加热器上方，在油炸锅内先加入水至油位指示计显示的规定位置，再加入油至油面高出加热器上方约 60 mm；加热器上方油层温度保持在 180～230 ℃，并通过温度数字显示系统准确显示其最高温度；加热器被设计仅在上表面 240 ℃圆周上发热，所产生的热量就能有效地被油炸层所吸收；水油分界层面的温度自动控制在 55 ℃以下。

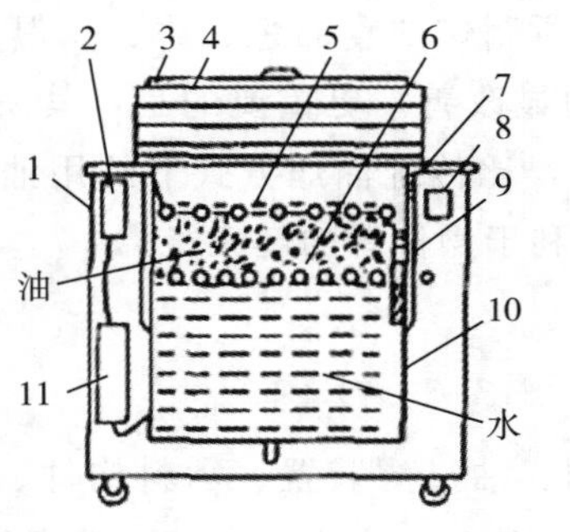

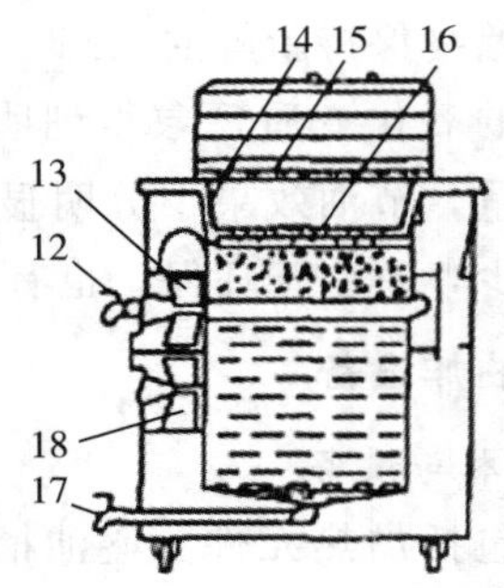

1—箱体；2—操作系统；3—锅盖；4—蒸笼；5—滤网；6—冷却循环系统；7—排油烟管；8—温控显示系统；9—油位指示器；10—油炸锅；11—电气控制系统；12—放油阀；13—冷却装置；14—蒸煮锅；15，16—加热器；17—排污阀；18—脱排油烟装置。

图 4-18　无烟型多功能水油混合式油炸装置

3. 连续深层油炸设备

连续式水油混合油炸设备由一条在恒温油槽中的不锈钢网格传送带构成。食品被缓慢地定量送入油中，下沉到浸泡在油中的传送带上。食品在生胚时呈悬浮状，会造成食品色泽、成熟度不一，所以用潜油网带促使面胚进入油中。食品下端采用倾斜传送带使多余的油流回油槽中。

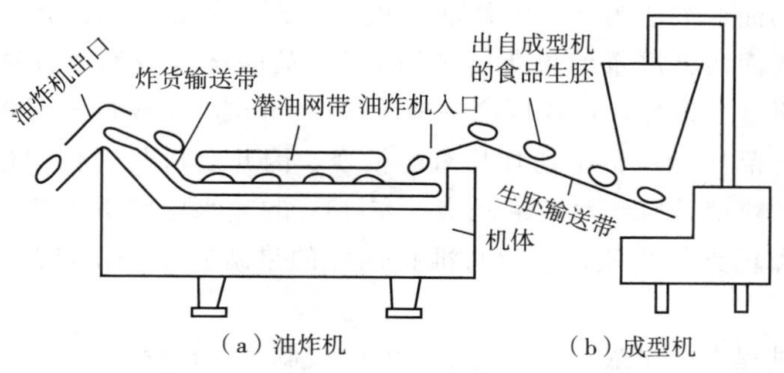

图 4－19　连续深层油炸设备

第四节　真空低温油炸技术

真空低温油炸是在 20 世纪 50 年代末至 70 年代初兴起的，开始时用于油炸土豆片，得到了比传统油炸工艺品质更好的产品，后来又有人用它干燥苹果片。20 世纪 80 年代以后，该技术发展得更快，应用的范围更广，尤其是对水含量高的果蔬效果理想。

一、真空低温油炸原理

真空低温油炸是指在减压的条件下，食品中水分汽化温度降低，能在短时间内迅速脱水，实现在低温条件下（80～120 ℃）的油炸，热油脂作为食品供热的介质，还能使食品熟化，起到改善风味的作用。因此，真空低温油炸能加工出优质油炸产品。

真空低温油炸温度低，产品营养成分损失小。油炸油温一般在 160 ℃左右，有的甚至达 230 ℃以上，这样高的温度对食品的营养成分有一定的破坏作用，而真空油炸油温只有 100 ℃左右，使食品的营养成分得到了有效保护，特别适用于含热敏性营养成分的食品。在真空油炸条件下油炸，产品脱水速度快、时间短，能较好地保持食品的原有色泽，产品不褪色、不变色、不发生褐变等。由于真空油炸在密封且低温条件下进行，随着水分的蒸发，一些风味成分进一步浓缩，因此真空油炸能较好地保持食品原有的风味和香气。真空油炸由于温度低且是缺氧条件，因此可以阻止油脂的氧化，分解、聚合等劣化反应减慢，减少了油脂的变质和浪费，真空油炸产品含油量低，有利于贮藏。真空低温油炸对食品具有膨化效果，因此可以提高产品的复水性。

常见的油炸制品的预处理方式主要有：溶液浸泡、热水漂洗和速冻处理三种，其目的是使酶充分失活及提高制品的组织强度。

二、真空低温油炸技术

采用真空低温油炸技术炸制食品时，其工艺主要分为以下三步：油炸前处理、真空炸制和油炸后处理。

油炸前油需要预热，油预热主要是为了提高产热效率，减少启动时间；防止原料长期停留以发生褐变；避免微生物在低温下滋生。

以果蔬制品的油炸方法为例，油炸前处理，首先进行原料的挑选、清洗，一般用清水直接清洗，对表面污染严重的果蔬可先用0.5%盐酸溶液浸泡数分钟后用清水清洗干净；清洗完成后再进行切片，切片厚度一般为2～4 mm，原料置于网状容器中油炸，堆积厚度也可影响产品质量；由于切片易氧化褐变，因此要对其进行护色、灭酶处理，护色采用一定浓度的亚硫酸氢钠水溶液浸泡，在98℃的热水中漂烫数分钟灭酶；经过漂洗去除亚硫酸氢钠和色素等物质；最后将准备油炸的果蔬置于一定浓度的糖溶液中熬煮，进行糖置换。

在真空炸制过程中，注意对真空度和温度的控制，一般保持在92.0～98.7 kPa真空度下，温度控制在100 ℃左右。真空低温油炸过程中存在暴沸现象，为克服这一现象常采用逐步减压、缓慢加温的方法。油炸一段时间后，真空度达到某一水平，且保持平衡，温度上升则加快，这说明原料中水分含量已显著下降。直至几乎没有水分逸出时，就可停止操作。因此可通过真空度、温度随时间而变化的情况来判定油炸作业的终点。

炸制完成后，要进行脱油和加香处理，通常通过溶剂法或离心分离法脱油，将产品的含油率控制在10%以下。离心脱油的一般程序是在原真空度下沥油数分钟后，消除真空后1000～15000 r/min离心脱油10 min。加香是为了弥补油炸过程中损失的香味，脱油后的产品可用0.2%的香精加香。

真空低温油炸目前主要应用于水果、蔬菜、干果、水产品及畜禽肉类等领域，如苹果、猕猴桃、香蕉、西红柿、红薯、土豆、香菇、蘑菇、大蒜、青椒、胡萝卜、南瓜、大枣、花生等。

三、真空低温油炸产品的品质特性与包装要求

1. 品质特性

(1) 吸湿性

松脆口感是真空油炸产品的关键，要保持食品的松脆状态，水分含量应控制在5%以内。油炸制品应进行真空包装，若环境相对湿度超过50%，则产品会很快吸潮。真空油炸产品吸湿性强主要是因为真空油炸具有膨化作用，其产品组织呈现多孔结构。不同的真空油炸食品的吸湿性不同，真空油炸制品要保证其松脆特性和较长的保质期，应进行防潮包装。

(2) 过氧化物价和酸价

真空油炸产品具有多孔结构，在孔隙的表面吸附了一层油脂，这一层油脂并不能为离心脱油所除去，因此，真空油炸产品都有一定的含油率。在产品的贮存过程中，如果油脂和氧气接触则发生会油脂的氧化反应，油脂的氧化程度用过氧化物价来衡量。

《中华人民共和国食品卫生法》规定：脂肪含量在10%以上的糕点，若其酸价超过3.0，同时过氧化物价超过30，或者仅酸价超过5.0或仅过氧化物价超过50，都是不允许的。过氧化物价升高的促进因子：贮存温度、氧气浓度和生化物质。

（3）生化物质

金属对脂质的氧化有促进作用，因此在选择油炸设备，脱油设备，油炸、传输和包装器具时，应选取那些不会引入金属离子的设备和器具。除金属外，铁卟啉衍生物如羟基血红素、肌红蛋白和细胞色素等在畜肉和鱼肉中含量较高，因此，对于该类制品的制造应注意去除这些物质。脂肪氧化酶广泛存在于蔬菜和水果中，不过对其的处理容易，82℃处理15 min即可将其灭活。还有叶绿素等物质也可加速油脂的氧化。绿色蔬菜类真空油炸制品的过氧化物价比其他蔬菜类的真空油炸产品高许多。

2. 真空低温油炸产品的包装要求

（1）容器的大小和包装容量

若食品的包装大而内容物少，内容物间的空隙就大，氧气的量就越多，会促进油脂的氧化劣变，不利于产品的保质，影响产品的货架寿命。因此，在包装的大小和内容物的多少的选择上，应尽量既保证内容物的品质又使得商品的外观好看。

（2）包装的避光性

真空低温油炸产品保藏时应重点考虑内容物的避光问题，因为紫外线对产品的质量有很大的影响，包装能够挡住550 nm波长的光线是很有必要的。但是从销售的角度看，消费者希望透过包装看到内容物。因此，用铝箔包装时，在包装盒或袋子上印上产品的照片或设置一个小孔以便消费者观察其中的内容物。

（3）包装的隔气性

真空低温油炸制品遇氧气时，油脂易氧化，导致过氧化物价升高，故包装时应注意隔气性。同时还应考虑保湿性和保香性。

（4）微生物污染

一般情况下，真空低温油炸产品的微生物含量不会超标，即能保证每千克所含细菌总数在10个以下，基本上不会含有大肠杆菌和致病葡萄球菌。但是在进行小包装和转运过程中还需防止微生物污染，否则微生物含量会超标。

四、真空低温油炸设备

真空低温油炸设备主要有间歇式和连续式两种。目前采用的真空低温油炸技术将油炸和脱水有机地结合在一起，发展更快、应用范围更广，尤其适用于含水量较高的果蔬产品。真空油炸食品具有较好保留原有风味和营养成分、味道松脆可口等特点，拥有广阔的开发前景。

1. 间歇式真空低温油炸设备

如图4-20所示为间歇式真空低温油炸装置的简图，油炸釜为密闭装置，上部与真空泵连接，为了方便脱油操作，内部设有离心甩油装置。甩油装置由电机带动，油炸完成后降低油面，使油面低于油炸产品，开动电机离心甩油，甩油结束后，取出产品，再进行下一周期的操作。

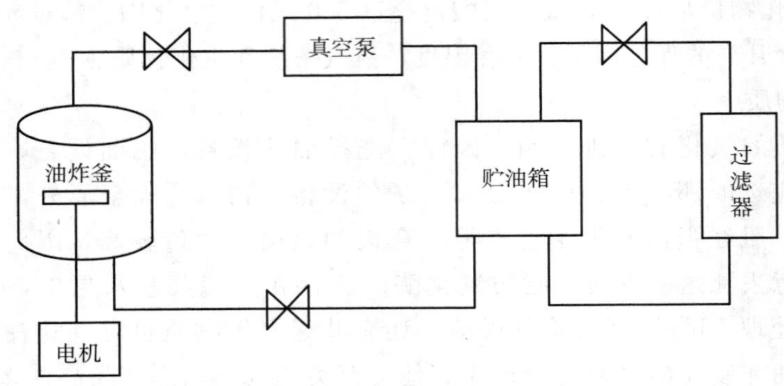

图 4-20 间歇式真空低温油炸装置

2. 连续式真空低温油炸设备

连续式真空低温油炸设备主体为卧式筒体，筒体设有与真空泵相接的真空接口，内部设有输送带，进、出料口采用关风器结构，如图 4-21 所示工作时，筒内保持真空状态，待炸坯料经进料关风器连续分批进入，落至充有一定油位的筒内进行油炸，坯料经输送带带动向前运动，其速度可依产品要求进行调节。炸好的产品由输送带送入无油区和输送带，沥油后由出料关风器连续分批排出。

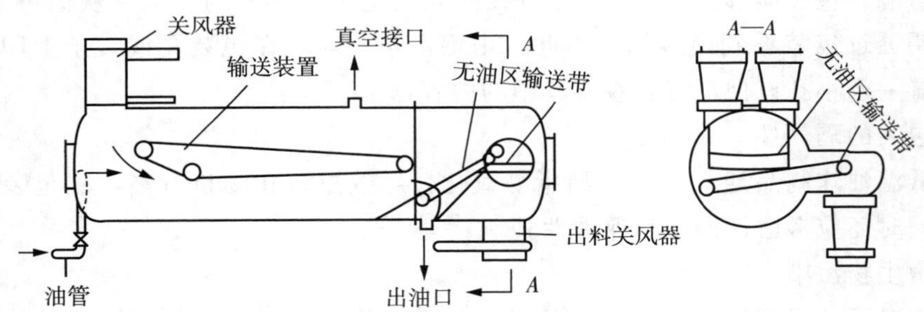

图 4-21 连续式真空低温油炸机

3. BRN 隧道式连续油炸机

BRN 隧道式连续油炸机是 Coppens 公司的 CFS 系列产品之一，属于大型油炸设备，整体呈隧道结构，常采用的加热方式有电热、加热油和高压蒸汽三种。其中电加热的能耗最低，加热元件安装在隧道不锈钢内，通过控制箱调节油温。加热不锈钢管的表面加热负荷仅 2～3 W/cm^2，可防止沉渣在其表面烧焦。加热元件电源的通断实行自动分组控制，可以准确保持油温位于设定值。如图 4-22 所示为 BRN 隧道式连续油炸机的结构分解示意图，热交换器表面热负荷低于 2.5 W/cm^2。使用高压蒸汽加热时的蒸汽压力为 280～300 kPa。

隧道内布置多条宽 400～1000 mm 的链条，包括实现主要输送功能的下输送链、控制炸制过程中产品上浮的上输送链和适于涂糊炸制产品的特氟纶喷涂的喂入链等。炸油由

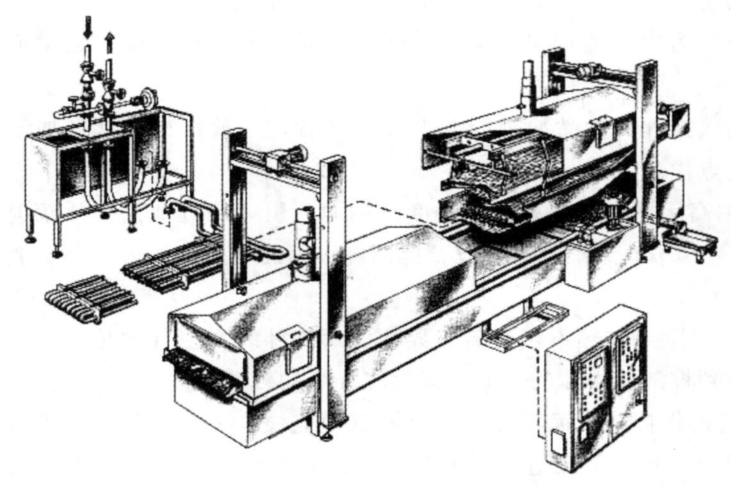

图 4－22　BRN 隧道式连续油炸机

泵强制循环，油槽底层设有刮板式沉渣清理器，末端设置有缝隙板式油过滤器及沉渣排出螺旋，用以连续过滤并排出沉渣。隧道两侧设有水封，用于防止大气进入隧道，同时收集并排出冷凝水。为便于清洗，机座上方放置的油炸槽、加热元件、输送链、机罩等全部可利用自配的升降机吊起。为进一步分离炸油中更为细微的颗粒，还可配置热油微滤机，清除粒径为 10 μm 的细小微粒。

第五节　远红外加热技术

一、远红外加热原理

远红外线又称为长波红外线，其波长范围为 5.6～1000 μm。远红外加热技术是利用热物体源所发射出来的远红外线照射被加热物料，使物料吸收远红外线后内部分子和原子“共振”产生热能，以达到加热的目的，是一种辐射传热的过程。利用这项技术可提高加热效率，节约能源。

在任何加热装置中，热源均以对流、辐射和传导三种形式的热能传递给被加热物体。导热是指物体各部分无相对位移或不同物体直接接触时依靠物质分子、原子及自由电子等微观粒子的热运动而进行的热量传递现象。对流是依靠流体运动，把热量由一处传递到另一处的现象。无论是导热还是对流，都必须通过冷、热物体的直接接触或依靠常规物质为媒介来传递热量。但是热辐射的机理则完全不同，它是依靠物体表面对外发射可见和不可见的射线来传递热量。辐射加热的热能传递速度快，又不通过任何介质，因而大大减少了热能在传递过程中的损失，从而提高了热能利用率。

在远红外加热技术中以辐射加热为主。远红外线照射到被加热的物体时，一部分射线被反射回来，一部分被穿透过去。当发射的远红外线波长和被加热物体的吸收波长一致时，被加热的物体大量吸收远红外线，从而改变了物体本身分子的振动和运动状态，扩大了以平衡位置为中心的振幅，增加了运动能量，分子由摩擦和运动而产生热，达到了加热的目的。

从远红外加热原理和食品加工的要求方面来看，一般认为在食品加工中应用远红外加热具有以下几点优点：

① 热辐射率高。在食品热加工的温度范围内，黑体和近似黑体热辐射密度的最大波长恰好是在 2.5～20 μm 远红外线的波长范围内，因此利用远红外线加热食品有着较高的热辐射率。

② 热损失小。辐射加热不存在传热界面，远红外线在空气中传播时的损失很小，可以直接把热辐射到被加热物体的表面，即远红外线的传热损失小。

③ 容易进行操作控制。远红外线具有和其他光波一样的性质，例如直线传播、镜面反射和漫反射等。因此，可以通过光的集散、遮断机构，更加合理地控制辐射热，并且使之在加热器中得到更好的利用和控制，提高加热质量、减少热损失。

④ 加热速度快，传热效率高。由于食品物料在加工工程中大都对于温度的限制比较严格，使用远红外加热，热源与物料不直接接触，因此远红外加热在保证物料不过热的情况下，可以提高发热体的温度。远红外加热的速度与热源表面温度和物料温度的 4 次方之差成正比，其加热速度比传导和对流传热的速度快很多。

⑤ 有一定的穿透能力，受热均匀。波长越长，透过物体的深度越大。因此比起其他光波，远红外热辐射不仅可以把热能传播到物体的表面，而且还能把热能直接传播到物体的一定深度。此外，远红外被物体吸收的程度与被加热物料（食品）的颜色无关，因此采用远红外加热时，加热不受食品颜色的影响，食品受热比较均匀，不会局部过热。

⑥ 产品质量好。远红外加热的速度快、加热时间短，并且远红外线的光子能量比紫外线、可见光线的都要小。因此远红外加热产生的热效果，不但不会引起食物成分的化学变化，同时使食物受热分解的可能性也大大减小。

二、远红外加热设备

远红外加热技术的应用很广，尤其是在食品工业中，如烘烤、干燥、杀菌和解冻等。根据食品物料各式各样的形态和形状，为满足食品加热的要求，远红外加热设备随之也有多种形式，具体的可以分成两大类。

一类是只有一个炉门出入的密闭箱式加热炉，称为烘箱或者烤箱。这类设备多用于焙烤工业中，属于间歇操作方式。其只有在放入和取出产品时才开启关闭炉门各一次，出入口散失的热量少，如图 4－23 所示的远红外箱式炉。

另一类是用于生产线上连续加热物料或者对物料进行干燥、杀菌等处理的远红外加热设备。此类设备将物料从输入端输入再经输出端输出，形成通道形式，因此称为“烘道”，也可称为隧道炉。如图 4－24 所示的远红外隧道炉，其加热装置主要依靠远红外加热元件进行加热，再由控制装置、输送装置等辅助组成。该装置进口和出口为敞开式设计，因此视具体情况而有不同程度的热量散失，多用于食品的干燥和灭菌。

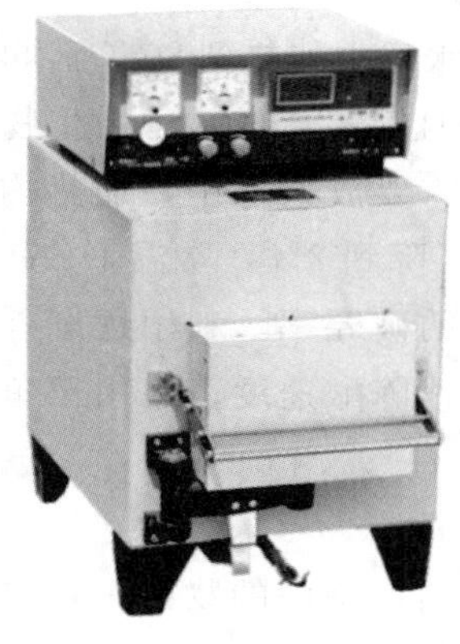

图 4-23 远红外箱式炉

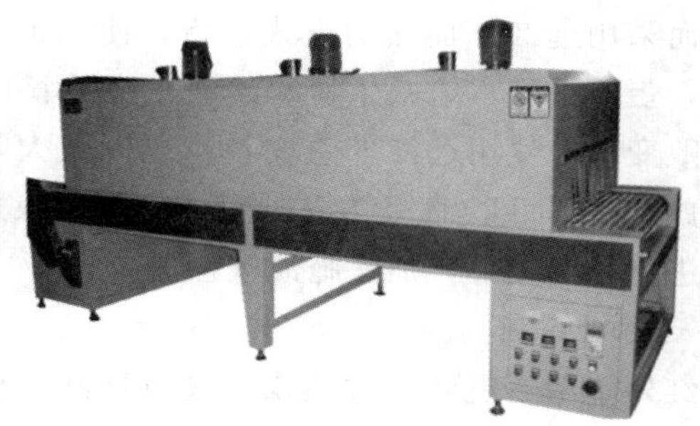

图 4-24 远红外隧道炉

三、远红外加热技术在食品工业中的应用

1. 远红外干燥

远红外加热具有加热迅速、吸收均一、加热效率高、化学分解作用小、食品原料不易变性等优点。红外线加热技术具有广阔的应用前景，如今远红外加热技术已应用于蔬菜、水产品等的干燥。采用远红外加热明显地提高了营养成分的保存率，大大缩短了干燥时间。

例如菠菜的干燥，直径 38 mm 的菠菜在 70℃下，经 3～10 μm 的远红外干燥，每 100 g 产品中维生素 C 的残存量为 217 mg，是一般电热干燥产品的 2 倍。应用远红外干燥青葱，产品的透光度为 72％（透光度越好，说明叶绿素含量越低，新鲜青葱的透光度为 63％），而热风干燥的制品超过 80％，即远红外干燥的叶绿素的保存率较高。而且远红外干燥的青葱用 90 ℃热水浸渍 3 min 的复水性要比热风干燥的好，因此，远红外干燥的产品表面硬化程度较低。日本的清水贤对马铃薯和胡萝卜进行远红外干燥的试验表明，干制品的表面具有多孔特性，因此远红外干燥对产品的复水性有很大的好处。

2. 远红外焙烤

由于远红外焙烤具有加热速度快、表层加热效果好等突出优点，因此可以满足焙烤要求。目前远红外焙烤在国内外的应用相当普遍，如远红外烤箱、烤炉的应用。常将远红外加热技术和微波焙烤技术结合起来使用，先进行微波焙烤，再进行远红外处理，使得焙烤制品表面产生焦黄色泽的同时伴随产生芳香性气味。

在酥性饼干的制造中，传统的做法是在 80 ℃下对其进行第一次干燥，但在该条件下，表面和内部的水分分布不均匀，膨化时产生大小不一的气泡，因此产品口感较差。而采用远红外干燥，不仅无此现象，还可以节约 10 min 左右的时间，在第二次干燥时，还可以节约 2/3 的时间，同时可节约 62％的厂房面积和 19％的燃料费用。

3. 远红外熟成

远红外熟成是指利用远红外线辐射食品，引起食品内部水分及有机物质分子振动，导致蛋白质、碳水化合物等物质的变化，从而达到熟化的效果。

传统的煮蛋方法是，先将蛋放入20 ℃的水中，然后在水浴中加热到80 ℃，再用冷水冷却到20 ℃。由于蛋与水的温差较大，所以破壳率较高，且容易造成水中微生物对蛋的污染。而采用远红外加热的方式煮蛋，使用干式加热，不需要放入水中，加热均匀，熟度一致，蛋不会受水中微生物的污染，破壳率由10%～15%降到2%，常温下放置1个月不会腐败变坏。使用远红外熟成技术可以大大降低煮蛋时的破壳率。利用远红外对食品进行熟成处理，可以缩短熟成时间，常用于酿造食品，加速陈酿速度；也用于鱼肉炼制品，促进制品的发酵，加速腌渍进程。

4. 远红外杀菌

远红外杀菌不需要经过热媒，是将远红外线直接照射到待杀菌的物品上，再传热由表面渗透到内部，另外有部分远红外线直接穿透表面，进行内部加热，但其穿透力比微波加热稍差。远红外线不仅可以用于一般粉状和块状食品的加热，而且还可以用于坚果食品如咖啡豆、花生和谷物的杀菌及灭霉以及袋装食品的直接杀菌。而传统的谷物杀菌方法是，向谷物中通入有毒气体，如氧化乙烷、氧化丙烷和溴甲烷等，但毒气会带来食品安全问题。而采用远红外技术对谷物和果实的表层进行杀菌处理，不仅可以杀灭谷物表面的微生物，并且无毒，有助于脱壳和提高产品的消化性能。

5. 食品远红外解冻

利用远红外线对冷冻食品进行解冻处理试验，结果表明食品内部和外部的温差小，中心温度上升快，适于解冻的要求。

如使用远红外线对肉进行解冻，波长3～10 μm的远红外线可以很好地被水吸收，并使水分子振动产生内部能量而促进冻肉解冻。

参考文献

[1] 王丽霞．食品生产新技术［M］．北京：化学工业出版社，2016.

[2] 赵征，张民．食品技术原理［M］．北京：中国轻工业出版社，2014.

[3] 周家春．食品工业新技术［M］．北京：化学工业出版社，2004.

[4] 高福成，郑建仙．食品工程高新技术［M］．北京：中国轻工业出版社，2009.

[5] 袁仲．肉品加工技术［M］．北京：科学出版社，2012.

[6] 牛广财．微波技术在食品工业中的应用［J］．延边大学农学报，2003，25（4）：295－297.

[7] 李里特．微波在食品加工中应用的原理和特点［J］．食品工业科技，1991，(6)：3－7.

[8] 陈启和，何国庆．微波技术在食品中的应用和食品杀菌研究进展［J］．粮油加工与食品机械，2002（4）：30－32.

[9] 王绍林．微波加热技术在食品加工中应用［J］．食品科学，2000（2）：6－9.

[10] 潘永康，王忠喜，刘相东．现代干燥技术［M］．北京：化学工业出版社，2006.

[11] 曹崇文．过热蒸汽干燥的现状和发展综述［J］．中国农机化，1997（S1）：30－39.

[12] 车得福，庄正宁，李军，等．锅炉［M］．西安：西安交通大学出版社，2008.

[13] 史勇春，李捷，李选友，等．过热蒸汽干燥技术的研究进展［J］．干燥技术与设备，2012，

10 (01)：3—9.

[14] 赵厚林，丁慧博．过热蒸汽气流干燥机可行性浅析 [J]．医药工程设计，2009，30 (06)：36—38.

[15] 蔡淑君．连续式油水混合油炸工艺及设备 [J]．渔业现代化，2007，(5)：53—54.

[16] 张聪，陈德慰．油炸食品风味的研究进展 [J]．食品安全质量检测学报，2014，5 (10)：3085—3091.

[17] 张炳文，郝征红．水油混合深层油炸食品工程技术 [J]．适用技术市场，2000，(6)：32—33.

[18] 杨建刚，弓志青，王月明，等．真空低温油炸技术在食品加工中的应用 [J]．农产品加工，2018 (3)：63—64.

[19] 张俊艳．真空油炸技术在食品加工中的应用 [J]．食品研究与开发，2013，34 (10)：129—132.

[20] 刘勤生，吴堃，张浩，等．低温真空油炸果蔬 [J]．食品科学，1994 (3)：28—30.

[21] 高扬，解铁民，李哲滨，等．红外加热技术在食品加工中的应用及研究进展 [J]．食品与机械，2013，29 (2)：218—222.

[22] 程晓燕，刘建学．远红外技术在食品工程中的应用与进展 [J]．食品科技，2003 (10)：14—16.

[23] 吴继红，张欣，葛毅强，等．特征远红外技术用于果蔬干制的研究 [J]．食品科学，1998 (8)：26—29.

[24] 武晓鲁，吴忠林．远红外加热技术的发展及远红外定向强辐射器的应用 [J]．中国能源，1999 (1)：44—45.

[25] 崔金福，廖敏超，蒋宝泉．远红外线辐射加热在谷物干燥上的应用 [J]．现代化农业，2001 (8)：34—35.

[26] 黄鸣，黎锡流，李泽坤．微波与远红外线加热在食品加工中的应用 [J]．广州食品工业科技，2002 (2)：60—63.

第五章 食品生物技术

生物技术在食品生产中的应用已经有几个世纪，早期人们采用微生物发酵来制造面包、奶酪、酱油、啤酒等食品就是最初的生物技术在食品方面的应用。20 世纪 70 年代，生物技术学术界明确提出了食品生物技术（food biotechnology）的概念，即食品生物技术就是将生物技术应用于食品原料生产、加工和制造过程的技术。随着基因工程的出现和发展，食品生物技术也进入快速发展阶段。它既包括了食品发酵、酿造等古老的生物技术，也包括了目前广泛应用于食品工业的现代生物技术，例如基因工程、细胞工程、酶工程和发酵工程等。

食品生物技术作为一项高新技术，在食品工业中的应用范围越来越广，也在食品工业各个领域中都有着举足轻重的位置，具体作用表现在以下方面：第一，利用食品生物技术改良食品加工的原料；第二，利用食品生物技术将农副产品原料加工成产品，并将这些产品进行二次开发，生产出新的产品并产业化，如功能性食品、食品添加剂等；第三，现代食品工业的发展，对食品包装、保鲜与防腐方面提出了更高的要求，生物技术依据其独特的优势已被越来越多地应用于食品的绿色包装、保鲜与防腐等方面；第四，食品生物技术在食品检测方面也得到了广泛的应用。

随着科学技术与经济的发展、人们生活水平的不断提高，人们对食品的色、香、味、营养、安全等提出了越来越高的要求。生物技术在食品领域的应用，比如优质食品原料生产、食品加工与贮藏、食品质量与安全控制、食品生产废弃物利用及改善和增加食品营养价值等方面，都将日益显示其巨大的作用与意义。

第一节 发酵工程技术

发酵是微生物在有氧或无氧条件下，通过分解代谢、合成代谢或次生代谢等微生物代谢活动，大量积累人类所需的微生物体、微生物酶或代谢产物的过程。基于此，我们对于发酵工程的解读，即可以认定为，其是通过利用微生物的生命活动来完成相应生产的一种生物技术工程。发酵工程在食品工业中应用十分广泛，比如我们日常生活中啤酒、醋、果酒等都是通过发酵来生产的。此外，在目前的食品工业中常见的食品添加剂、稳定剂等也多为发酵所制得，比较常见的有乳酸、黄原胶、胡萝卜素等。除以上两种以外，还有将制糖、淀粉水解液等废液来作为原料制备一些家禽的饲料的单细胞蛋白发酵工程，利用微生物发酵途径来形成单细胞蛋白，并且采用单细胞蛋白所制备的饲料，能够有效提高家禽体重并且有助于家禽的产蛋。

一、发酵工程技术的发展趋势

发酵工程技术的发展经历如下几个阶段。

① 自然发酵阶段：这个阶段为从史前到19世纪末，主要特征为人类利用自然接种的方法进行传统酿造食品的生产。

② 纯培养厌氧发酵技术的建立：这个阶段始于19世纪末20世纪初，主要特征为人类在显微镜的帮助下，对单一的微生物进行纯培养，在密闭容器中进行厌氧发酵生产酒精等工业产品。

③ 通气搅拌发酵技术的建立：这个阶段始于20世纪40年代，其技术特征为，成功地建立起深层通气进行微生物发酵的一整套技术，有效地控制了微生物有氧发酵的通气量、温度、pH值和营养物质的供给，使得抗生素、柠檬酸、酶制剂等好氧发酵产品的生产成为可能，是现代发酵工业的开端。

④ 代谢调控发酵技术的建立：这个阶段始于20世纪60年代，其技术特征为，以生物化学和遗传学为基础，研究代谢产物的生物合成途径和代谢调节机制，选择巧妙的技术路线，人为地控制目的代谢产物的大量合成，从而得到所需产品。

⑤ 现代发酵工程技术的建立：这个阶段始于20世纪70年代，原生质体融合技术、基因工程技术的发展和在微生物菌种选育方面的应用，为发酵工程技术带来了方法上、手段上的重大变化和革命。

现代发酵工程技术是在生物技术与现代化工程技术相结合的基础上发展起来的新型工程技术，是基因工程、酶工程、细胞工程技术等实现产业化的桥梁，与现代工程技术密切相关。例如，基因工程技术为酿造与发酵工程技术提供了无限的潜力，掌握基因工程技术就可按照人们的意志来创造新的物种，利用这些新的物种为人类做出不可估量的贡献。细胞融合技术使动植物细胞的人工培养进入了一个新的阶段，借助微生物细胞培养与发酵的先进技术，大量培养动植物细胞，能够产生许多微生物细胞不具备的特有的代谢产物。产物的分离提取纯化技术是现代生物技术产业化重要环节，其技术水平的高低对能否取得应有的经济效益起到至关重要的作用。因此，深入研究并开发适应现代发酵工程技术的现代工程技术，是今后现代工程技术的发展方向。

发酵工程技术未来发展的重点是：

① 采用基因工程、细胞工程等先进技术，选育菌种，大幅度提高菌种的生产能力。

② 深入研究发酵过程，如过程中的生物学行为、化学反应、物质变化、发酵动力学、发酵传递力学等，以探索选用菌种的最适生产环境和有效的调控措施。

③ 设计合适于合成产物的反应器和分离技术。

④ 为了提高生产能力，将发酵工程与细胞固定化技术相结合，将发酵工程与酶工程相结合，会起到更加有效的催化作用。

二、微生物的发酵过程

1. 微生物的发酵方式

固态发酵和液体发酵是微生物发酵的两大技术领域，各具特征，并存在明显的区别。

固态发酵（solid state fermentation）是指微生物在没有游离水或几乎没有游离水的较湿的固态培养基上的发酵，培养基一般根据成分不同，控制含水量在40%～80%。固态发酵投资少，设备简单，操作容易，可以因陋就简、因地制宜地利用农副产品以及下脚料作为原料进行生产。与之相比，液体发酵适合菌体生长和物质传递，发酵在均质条件下进行，便于控制，液体输送方便，易于机械化操作，产品易精制；同时，液体发酵设备占地少，容量大，可自动化控制，适合大规模生产，具有很大的优势。

分批发酵（batch fermentation）是指发酵罐进行的间歇操作。在好氧发酵过程中，需要不断通入无菌空气并加入酸、碱以调节发酵液的pH值，除此以外，与外界没有其他的物料交换。

补料分批发酵（fed-batch fermentation）是指以某种方式定时向培养系统补加一定营养物质的发酵方式。它是介于分批发酵和连续发酵之间的发酵形式。定时补料的同时向外排放发酵液，所以使发酵系统不再封闭，且培养液体积随时间和物料流速而变化。由于营养底物缓慢补入，既满足微生物生长和产物合成的持续需要，又避免由于底物基质过量所引起的各种调控反应。定时补充物料，可使培养液中的底物浓度较长时间地保持在一定的范围内，保证了微生物生长，又不会产生不利影响，从而达到提高容量产率、产物浓度和得率的目的。

连续发酵（continuous fermentation）是指以一定的速度向培养系统内添加新鲜的培养基，同时以相同的速度流出培养液，从而使培养系统内培养液的体积维持恒定，使微生物细胞处于近似恒定状态下生长的微生物发酵方式。连续发酵的最大特点是微生物细胞的生长速度、产物的代谢均处于恒定状态，可达到稳定、高速培养微生物细胞或产生大量代谢产物的目的。

2. 种子的制备

种子培养是指将保存在砂土管、冷冻干燥管中处于休眠状态的生产菌种接入试管斜面活化后，再经过摇瓶或扁瓶及种子罐逐级扩大培养，最终获得一定数量和质量的纯种过程。种子扩大培养的主要目的是获得大量的活力强的种子，以便在发酵罐的发酵培养过程中尽可能地缩短延迟期。种子最好采用处于对数生长期的菌种，此时的微生物细胞具有较强的代谢活力。

种子制备技术步骤：在斜面培养基中活化→在扁瓶固体培养基或摇瓶培养基中扩大培养完成实验室种子制备→视情况确定扩大级数制备生产用种子→将种子转种至发酵罐。

大量地接入培养成熟的菌种会缩短菌种生长过程的延缓期，从而缩短了发酵周期，提高了设备利用率，节约发酵培养的动力消耗，同时减少染菌机会，所以对将种子的质量控制在发酵过程至关重要。

种子质量的判断方法：一是检测培养液中参数，包括pH值是否在种子要求的范围之内，糖、氨基氮、磷酸盐的含量，菌丝形态、菌丝浓度和培养液外观，有无杂菌污染等；二是检测其他参数，如接种前酶活性、种子罐的溶解氧浓度等。

种子质量的控制措施：一是菌种稳定性的检查，主要是测定其生产能力，从中挑选高产菌株，并及时对退化菌种进行复壮；二是提供适宜的生长环境；三是种子无杂菌检查，保证纯种发酵。

3. 发酵培养

培养基应选择有利于菌体的生长的。菌种产孢子能力强及孢子发芽、生长繁殖迅速，可用固体培养基培养孢子；菌种产孢子能力不强或孢子发芽慢，可用摇瓶液体培养法；不产孢子的菌种，保藏基础上，在一定温度下活化即可。

接种量的确定：①接种量过多，易造成菌丝生长过快、溶解氧不足、衰老细胞增加等，发酵后劲不足；②接种量过少则需延长发酵周期，易形成异常形态，而且易造成染菌；③以生产菌种在发酵罐中的繁殖速度为依据；④接种量的多少直接影响发酵周期。

三、发酵过程的控制

生物细胞培养与发酵同时受到细胞内部遗传特性和外部发酵条件两个方面的制约。在选育获得优良生物细胞或菌种的前提下，发酵过程的控制对发酵产品的高产、稳产起着至关重要的作用。同一个细胞或同一种菌种在不同厂家，由于设备、原材料来源、发酵过程控制的差别，其发酵水平也不尽相同。熟悉菌种性能，优化发酵条件和发酵过程，则可充分发挥细胞或菌种潜力，获得满意的发酵结果。发酵过程的复杂性，使得发酵过程的控制较为复杂。发酵过程控制的参数很多，可分为物理参数和化学参数两大类，但一些参数的在线控制比较困难，目前生产中较常见的主要控制参数包括：酸碱度、温度、溶解氧浓度、基质浓度、空气流量、泡沫、压力、搅拌速率、菌体浓度等。发酵过程的控制主要包括发酵产物、发酵进程、发酵条件的控制。发酵工程过程研究的本质是通过控制发酵罐中的操作参数，为微生物提供一个最有利于产物合成及积累的培养环境，通过在发酵过程中及时检测培养液中菌种和产物的浓度实时了解发酵程度，通过添加必要的培养基成分或改变培养条件等方式来延长菌体生长稳定期的时间，以得到更多的发酵产物。

1. 发酵工艺过程控制的重要性

一是微生物发酵的生产水平不但取决于生产菌种本身的性能，而且需要合适的环境调节才能使它的生产能力充分表达出来。

二是了解有关生产菌种对环境条件的要求，如培养基、培养温度、pH 值等，并深入了解生产菌在生产合成过程中的代谢调控机制以及可能的代谢途径，为设计合理的生产工艺提供理论条件。

三是通过各种监测手段，如取样测定随时间变化的菌体浓度，糖、氮消耗及产物，以及采用传感器测定发酵罐中的培养温度、pH 值、溶解氧等参数情况，并给予有效的控制，使生产菌种处于产物合成的优化环境中。

2. 微生物发酵条件控制

（1）温度

温度对微生物的影响是多方面的。首先，温度影响酶的活性。在最适温度范围内，随着温度的升高，菌体生长和代谢加快，发酵反应的速率加快。当超过最适温度范围以后，随着温度的升高，酶很快失活，菌体衰老，发酵周期缩短，产量降低。温度也能影响生物合成的途径。例如，金色链霉菌在 30 ℃以下时，合成金霉素的能力较强，但当温度超过 35 ℃时，则只合成四环素而不合成金霉素。此外，温度还会影响发酵液的物理性质，以及菌种对营养物质的分解吸收等。因此，要保证正常的发酵过程，就需维持最适温度。但菌体生长和产物合成所需的最适温度不一定相同。如灰色链霉菌的最适生长温度是 37 ℃，但产生抗生素的最适温度是 28 ℃。通常，必须通过试验来确定不同菌种各发酵阶段的最适温度，采取分段控制。

温度对发酵过程的影响还表现在它会影响各种酶反应的速率，改变微生物代谢产物的合成方向，影响微生物的代谢调控机制。除这些直接影响外，温度还对发酵液的理化性质产生影响，如发酵液的黏度、基质和氧气在发酵液中的溶解度和传递速率、某些基质的分解和吸收速率等，进而影响发酵的动力学特性和产物的生物合成。例如温度升高，气体在溶液中的溶解度减小，氧传递速率改变，影响基质的分解速率；同时菌体生长快，反应速度快，酶失活快，菌体衰老快，发酵提前结束。

① 影响发酵温度变化的因素

发酵热是引起发酵温度变化的主要因素。发酵热是指发酵过程中释放出来的净热量。所谓净热量是指在发酵过程中同时存在产热（微生物分解基质产生热量，机械搅拌产生热量）和散热（如罐壁散热、水分蒸发、空气排气带走热量），所有产生的热量和散失的热量的代数和。

发酵过程中产热因素有生物热和搅拌热，散热因素有蒸发热和辐射热。发酵热为产热因素与散热因素之差。生物热是菌体氧化分解培养基中的营养物质产生大量能量，而自身细胞合成和代谢产物合成未消耗完以热的形式散发出来的能量。搅拌热是在机械搅拌通气发酵罐中，由于机械搅拌带动发酵液做机械运动，造成液体之间、液体与搅拌器等设备之间的摩擦，产生可观的热量。蒸发热指通气时引起发酵液的水分蒸发，水分蒸发所需的热量。辐射热指发酵罐温度与罐外温度不同，发酵液中有部分热量通过罐壁向外辐射的热量。由于生物热和蒸发热，特别是生物热在发酵过程中随时间变化，因此发酵热在整个发酵过程中也随时间变化，引起发酵温度的波动。为了使发酵能在一定温度下进行，要设法进行控制。

② 对发酵过程中温度的调控

一般接种后发酵的温度大多数是下降的，应适当提高培养温度，以利于孢子的萌发或加快微生物的生长、繁殖；当发酵液的温度表现为上升时，发酵液的温度应控制在生物生长的最适温度；到发酵旺盛阶段，温度应控制在低于生长最适温度的水平上，即罐内总热与微生物代谢产物合成的最适温度相一致；发酵后期，温度会出现下降的趋势。在发酵过程中，如果所培养的微生物能承受高一些的温度进行生长和繁殖，对生产是有利的，既可以减少杂菌污染的机会，又可以减少夏季培养中所需要的降温辅助设备。因此选择和培育耐高温的微生物菌种具有重要意义，生产上为了使发酵温度维持在一定的范围内，常在发酵设备上安装热交换器。例如，采用夹套、排管或蛇形管等将冷却水通入发酵罐夹层通过热交换来保持恒温发酵。冬季发酵生产时，还需对空气进行加热，如果在夏季，可使用比热容大的冷冻盐水作为冷却液进行循环式降温。

（2）pH 值

① pH 值对发酵的影响

pH 值对发酵的影响主要表现在以下几个方面：影响微生物的生长繁殖；影响微生物的形态；影响代谢产物的形成的数量和方向；影响产物的稳定性。

② 影响 pH 值变化的因素

第一，发酵过程中的糖代谢、氮代谢以及生理酸碱性物质被利用都会改变 pH 值。糖代谢：糖代谢过程中被快速利用的糖被分解成小分子酸、醇，使 pH 值下降；糖被耗尽后，pH 值又开始回升，这是补料分批发酵中决定补料的重要标志之一。氮代谢：当氨基酸中的氨基（$—NH_2$）被利用后 pH 值会下降；尿素被分解成 NH_3，pH 值上升；NH_3 值利用后 pH 值下降；当碳源不足时，氮源被当作碳源利用，pH 值上升。生理酸碱性物质被利用：生理酸性物质被利用后 pH 值会上升，碱性物质被利用后 pH 值会下降。

第二，某些产物本身呈酸性或碱性，使发酵液 pH 值变化。如有机酸类的产生使 pH 值下降，红霉素、洁霉素、螺旋霉素等抗生素呈碱性，使 pH 值上升。

第三，发酵后期，菌体自溶，pH 值上升。

③ pH 值的控制

在发酵过程中，发酵液的 pH 值随着微生物活动而不断变化，为提供菌体适宜的生长或产物积累的 pH 值，需要对发酵生产过程各阶段的 pH 值实时监控，实际生产中，从以下几个方面进行。

一是调整培养基组分。适当调整 C/N 比，使盐类与碳源配比平衡，一般情况，C/N 高时，pH 值降低；C/N 低时，经过发酵后，pH 值上升。

二是在基础料中加入维持 pH 值的物质。添加 $CaCO_3$：当用 NH_4^+ 盐作为氮源时，可在培养基中加入 $CaCO_3$，用于中和 NH_4^+ 被吸收后剩余的酸。氨水流加法：氨水可以中和发酵中产生的酸，且 NH_4^+ 可作为氮源，供给菌体营养。通氨一般使用压缩氨气或工业用氨水（浓度 20%左右），采用少量间歇添加或连续自动流加，可避免一次加入过多造成局部偏碱。氨极易和铜反应产生毒性物质，对发酵产生影响，故须避免使用铜制的通氨设备。尿素流加法：尿素首先被菌体尿酶分解成氨，氨进入发酵液，使 pH 值上升，当 NH_4^+ 被菌体作为氮源消耗并形成有机酸时，发酵液 pH 值下降，这时随着尿素的补加，氨进入发酵液，又使发酵液 pH 值上升及补充氮源，如此循环，至发酵液中碳源耗尽，完成发酵。

三是通过补料调节 pH 值。在发酵过程中根据碳氮消耗需要进行补料。在补料与调节 pH 值没有矛盾时，采用补料调节 pH 值，如通过调节补糖速率来调节 pH 值、当 $NH_2—N$ 低而 pH 值低时，补氨水；当 $NH_2—N$ 低且 pH 值高时，补 $(NH_4)_2SO_4$ 等；当补料与调 pH 值发生矛盾时，加酸、碱调 pH 值。

（3）溶解氧

氧的供应对需氧发酵来说，是一个关键因素。溶解氧对发酵的影响分为两方面：一是溶解氧浓度影响与呼吸链有关的能量代谢，从而影响微生物生长；二是氧直接参与产物合成。好氧型微生物对氧的需要量大，但在发酵过程中菌种只能利用发酵液中的溶解氧，然而在标准大气压下，氧在发酵液中的溶解度低，而且随着温度的升高，氧溶解度还会下降。因此，必须向发酵液中连续补充大量的氧，以保证微生物的生理活动。

① 溶解氧对发酵的影响及其控制

一方面，溶解氧对微生物自身生长产生影响：根据对氧的需求，微生物可分为专性好氧微生物、兼性好氧微生物和专性厌氧微生物。专性好氧微生物把氧作为最终电子受体，通过有氧呼吸获取能量，如霉菌；兼性好氧微生物的生长不一定需要氧，但如果在培养中供给氧，则菌体生长更好，如酵母菌；厌氧和微好氧微生物能耐受环境中的氧，但它们的生长并不需要氧，这些微生物在发酵生产中应用较少。而对于专性厌氧微生物，氧则可对其显示毒性，如产甲烷杆菌。

另一方面，溶解氧对发酵产物产生影响：对于好氧发酵来说，溶解氧既是营养因素，又是环境因素。特别是对于具有一定氧化还原性质的代谢产物的生产来说，溶解氧值的改变势必会影响到菌株培养体系的氧化还原电位，同时也会对细胞生长和产物的形成产生影响。同时，需氧微生物酶的活性对氧有着很强的依赖性。溶解氧值的高低还会改变微生物代谢途径，以致改变发酵环境甚至使目标产物发生偏离。研究表明，L-异亮氨酸的代谢流量与溶解氧浓度有密切关系，可以通过控制不同时期的溶解氧值来改变发酵过程中的代谢流分布，从而改变氨基酸合成的代谢流量。

② 影响微生物需氧量的因素

在需氧微生物发酵过程中影响微生物需氧量的因素很多，除了和菌体本身的遗传特性有关外，培养基、菌龄及细胞浓度、培养条件、有毒产物的形成及积累、挥发性中间产物的损失等与微生物需氧量也有关系。

一是培养基。培养基的成分和浓度对产生菌的需氧量的影响是显著的。培养基中碳源的种类和浓度对微生物的需氧量的影响尤其显著。一般来说，碳源在一定范围内，需氧量随碳源浓度的增加而增加。

二是菌龄及细胞浓度。不同的生产菌种，其需氧量各异。同一种菌种的不同生长阶段，其需氧量也不同。一般来说，菌体处于对数生长阶段的呼吸强度较高，生长阶段的摄氧率大于产物合成期的摄氧率。

三是培养液中溶解氧浓度。在发酵过程中，培养液中的溶解氧浓度高于菌体生长的临界氧浓度时，菌体的呼吸就不受影响，菌体的各种代谢活动不受干扰；如果培养液中的溶解氧浓度低于临界氧浓度时，菌体的多种生化代谢就要受到影响，严重时会产生不可逆的抑制菌体生长和产物合成的现象。

四是培养条件。若干实验表明，微生物呼吸强度的临界值除受到培养基组成的影响外，还与培养液的pH值、温度等培养条件相关。一般说，温度愈高，营养成分愈丰富，其呼吸强度的临界值也愈高。

五是有毒产物的形成及积累。在发酵过程中，有时会产生一些对菌体生长有毒性的（如CO_2等）代谢产物，如不能及时从培养液中排除，势必影响菌体的呼吸，进而影响菌体的代谢活动。

对发酵过程中溶解氧的调控：调节搅拌转速或通气速率控制；调节补料速度控制基

质的浓度，从而达到最适菌体浓度；调节温度、液化培养基、中间补水、添加表面活性剂提高溶解氧水平。

(4) 营养物质的浓度

发酵液中各种营养物质的浓度，特别是碳氮比、无机盐和维生素的浓度，会直接影响菌体的生长和代谢产物的积累。如在谷氨酸发酵中，NH_4^+浓度的变化，会影响代谢途径。因此，在发酵过程中，也应根据具体情况进行控制。

对发酵过程中菌体浓度的调控方法：采用合适的碳氮比的培养基，中间补料控制，菌体生长缓慢，菌体浓度较低时加入磷酸盐，利用菌体代谢产生的二氧化碳量控制生产过程的补糖量，控制菌体的生长和浓度。

(5) 泡沫

泡沫是气体被分散在少量液体中的胶体体系，通气搅拌和代谢产生的气体是泡沫产生的原因。泡沫按发酵液性质分为两种类型：一种存在于发酵液的液面上，气相所占比例特别大，并且泡沫与它下面液体之间有明显界线；另一种是出现在黏稠的发酵液中均匀而细腻的泡沫，比较稳定，其气相所占比例由下而上逐渐增加，气泡与液面没有明显界限，此类泡沫又称为流态型泡沫。

发酵过程中产生一定数量的泡沫是正常现象，但过多的持久性泡沫对发酵是不利的，会使发酵罐的装料系数减少、氧传递系数减小，降低发酵设备的利用率；造成大量逃液，增加染菌机会；严重时通气搅拌无法进行，菌体呼吸受到阻碍，导致代谢异常或菌体自溶；部分菌丝黏附在罐盖或罐壁上而失去作用，导致产物损失；大量泡沫给后续提取工序带来困难。泡沫会占据发酵罐的容积，影响通气和搅拌的正常进行，甚至导致代谢异常，因而必须消除泡沫。

发酵过程泡沫产生的影响因素主要包括：一是通气搅拌的强烈程度；二是培养基配比与原料组成；三是菌种、种子质量和接种量。

发酵过程中泡沫的控制主要有三条途径：一是调整培养基中的成分（如少加或缓加易起泡的原料）或改变某些物理、化学参数（如 pH 值、温度、通气和搅拌）或者改变发酵工艺（如采用分次投料）来控制，以减少泡沫形成的机会。二是安装消泡沫挡板，通过强烈的机械振荡，促使泡沫破裂，或使用消泡沫剂。三是采用菌种选育的方法，筛选不产生流态泡沫的菌种，消除泡沫。

(6) 菌体浓度和基质对发酵的影响及其控制

① 菌体浓度对发酵的影响及控制

菌体细胞浓度（简称菌浓）是指单位体积培养液中菌体的含量，菌浓与菌体生长速率直接相关。菌浓控制可以通过控制培养基中营养物质的含量来实现，首先确定基础培养基配方中有个适当的配比，避免产生过浓（或过稀）的菌体量，然后通过中间补料来控制，如当菌体生长缓慢、菌浓太低时，则可补加一部分磷酸盐，促进生长，提高菌浓。

另外，CO_2对菌体生长和产物形成也有较大影响。CO_2影响细胞膜的结构、细胞膜的运输效率，使细胞生长受抑制，进而致使细胞形态发生改变。可以利用菌体代谢产生的CO_2量来控制生产过程的补糖量，以控制菌体的生长和浓度。

② 基质对发酵的影响及控制

基质即培养微生物的营养物质，主要有碳源、氮源和磷酸盐三大类。

a. 碳源对发酵的影响及控制：迅速利用的碳源如葡萄糖、蔗糖等，迅速参与代谢、合成菌体和产生能量，并产生分解产物，有利于菌体生长。缓慢利用的碳源如聚合物、淀粉等，为菌体缓慢利用，有利于延长代谢产物的合成，特别有利于延长抗生素的分泌期。在工业上，发酵培养基中常采用含迅速和缓慢利用的混合碳源。

b. 氮源对发酵的影响及控制：迅速利用的氮源如氨基态氮的氨基酸（或硫酸铵等）、玉米浆等，容易被菌体利用，促进菌体生长。缓慢利用的氮源可延长代谢产物的分泌期、提高产物的产量。发酵培养基一般选用含有快速和慢速利用的混合氮源，还要在发酵过程中补加氮源来控制浓度。补加有机氮源，如酵母汁、玉米浆、尿素；补加无机氮源，如氨水或硫酸铵。

c. 磷酸盐对发酵的影响及控制：磷是微生物菌体生长繁殖所必需的成分，也是合成代谢产物所必需的。微生物生长良好所允许的磷酸盐浓度为 0.32～300 mmol/L，次级代谢产物合成良好所允许的最高平均浓度仅为 1.0 mmol/L。

（7）发酵时间对发酵的影响及其控制

随着微生物发酵的进行、发酵培养基营养的不断消耗，微生物发酵产物随着营养的消耗从产生到增加到一个最大值。随着菌体细胞趋向衰老自溶，到后期，产物生产能力相应地减慢或停止。因此确定微生物发酵的终点、控制发酵时间，可以减少能源的消耗、提高设备的使用率，对提高产物的生产能力和经济效益是很重要的。在实际生产中，可以综合考虑经济因素、产品质量因素和特殊因素，确定发酵周期，准确判断放罐时间。

四、发酵设备

现代发酵工程中的发酵生产设备主要是指发酵罐，发酵罐又称生物反应器，是为特定生物化学过程的操作提供的容器，具有严密的结构、良好的液体混合特性和较高的传质传热速率，广泛应用于乳制品、饮料、生物工程、制药、精细化工等行业。发酵罐在发酵过程中占据中心地位，是现代生物技术产业化的关键设备，附带有原料调制、蒸煮、灭菌和冷却设备，通气调节和除菌设备以及搅拌器等。机械发酵罐如图 5-1 所示。

按照不同的划分标准，发酵生产设备的类型也不同。根据菌种生理特性，有好氧发酵设备和厌氧发酵设备；根据发酵培养基性质，有固体发酵设备和液体发酵设备；根据发酵培养基厚度，有浅层发酵设备和深层发酵设备；根据工艺操作，有分批式发酵设备和连续式发酵设备。其中，好氧液体深层发酵设备在发酵工业中应用最多、最广泛。

1. 发酵罐的基本要求

（1）发酵罐应具有适宜的径高比，罐身越长，氧的利用率越高，一般的高度是直径的 1.7～4 倍。

（2）发酵罐能承受一定压力，由于发酵罐在消毒及正常运转时，罐内有一定压力（气压和液压）和温度，因此罐体各部件要有一定的强度，能承受相当的压力。

（3）发酵罐的搅拌通风装置能使气液充分混合，保证发酵液必需的溶解氧。发酵罐

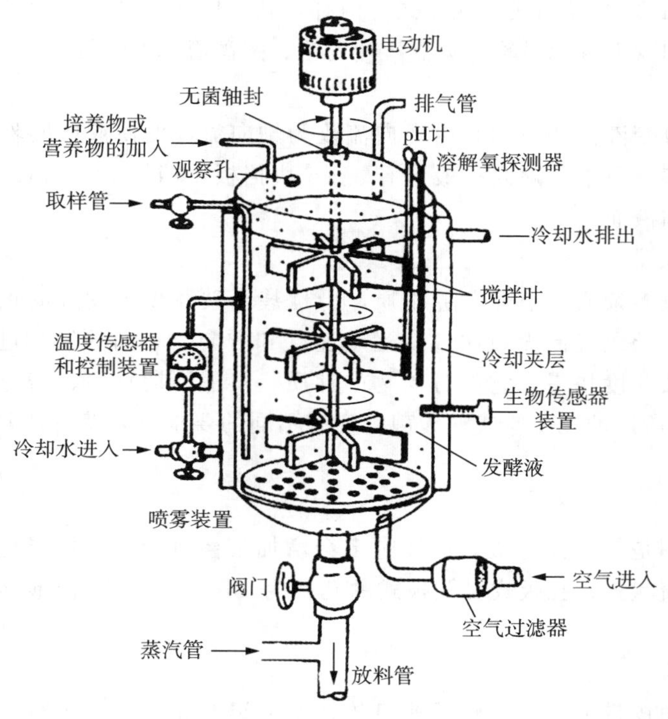

图 5-1 机械发酵罐

应具有足够的冷却面积。微生物在生长代谢过程中放出大量的热，为了控制发酵过程不同阶段所需的温度应装有足够的冷却部件，发酵罐内应尽量减少死角，避免藏积垢。

(4) 搅拌器的轴封应严密，尽量减少泄漏。

2. *发酵罐主要部件*

发酵罐的主要结构部件包括罐体、搅拌器、挡板、通风管、热交换器（冷却器）、消泡器、连轴器、中间轴承、端面轴封、变速装置、视镜等。

(1) 罐体

罐体由圆柱体及椭圆形或碟形封头焊接而成，小型发酵罐罐顶和罐身采用法兰连接，材料一般为不锈钢，为了便于清洗，小型发酵罐顶设有清洗用的手孔。中大型发酵罐则装有快开人孔及清洗用的快开手孔。罐顶还装有视镜及灯镜，在罐顶上的接管有：进料管、补料管、排气管、接种管和压力表接管，在罐身上的接管有冷却水进出管、进空气管、取样管、温度计管和测控仪表接口。

(2) 搅拌器

搅拌器的作用是打碎气泡，使空气与溶液均匀接触，使氧溶解于发酵液中。作用机理：一是液体通风后进入的气泡在搅拌中随着液体旋转使之所走路程延长，使发酵液中的空气数量增加，实际上是增加了传质量；二是通过搅拌，大气泡被搅拌器打碎，使空气与溶液均匀接触，增加比表面积，延长气液接触时间，加速和提高溶解氧，并有利于传质和传热；三是搅拌速度提高，搅拌雷诺准数增加，增加传氧速率。搅拌器有轴向式

（桨叶式、螺旋桨式）和径向式（涡轮式）两种，其中以涡轮式使用最广泛。涡轮式搅拌器的涡轮类型有圆盘平直叶涡轮、圆盘弯叶涡轮、圆盘箭叶涡轮等。

（3）挡板

挡板作用是改变液流的方向，由径向流改为轴向流，促使液体剧烈翻动，增加溶解氧，提高搅拌效率。通常，罐内一般装有4～6块挡板，挡板一般为长方形，垂直向下，接近罐底，上部与液面相平。

（4）空气过滤器

空气中含有较多杂质，消耗营养物质，干扰甚至破坏预定发酵的正常进行。空气过滤器会阻遏气流，导致气流无数次改变运动速度和方向。不同的发酵过程，由于菌种生长能力强弱、生长速度快慢，它的分泌物的性质、发酵周期长短、培养物的营养成分和pH值的差异，对所用的无菌空气的无菌程度有不同的要求。除菌方法常有静电吸附、介质过滤。

（5）消泡器

消泡器的作用是将泡沫打破，泡沫过多会增加染菌机会，增加能耗。常用的消泡器形式有锯齿式、梳状式、孔板式。孔板式的孔径为10～20 mm，消泡器的长度约为罐体直径的65%。

（6）减速装置

一般采用三角皮带传动、齿轮减速机传动及无级变速器装置等减速装置来控制发酵过程中的搅拌速率。三角皮带传动结构简单，成本低，操作灵活，噪声小，但转速控制不准确。齿轮减速机传动结构复杂，安装麻烦；但传动速率高，且稳定。无级变速器操作简单，自动化，成本高。

（7）联轴器

大型发酵罐搅拌轴较长，常分为2～3段，用联轴器使上下搅拌轴成牢固的刚性连接。常用的联轴器有鼓形及夹壳形两种，小型的发酵罐可采用法兰将搅拌轴连接，轴的连接应垂直，中心线对正。

（8）轴承

为了减少震动，中型发酵一般在罐内装有底轴承，而大型发酵罐有中间轴承。底轴承和中间轴承的水平位置应能适当调节，为了防止轴磨损，可以在与轴承接触处的轴上增加一个轴套。

（9）轴封

轴封的作用是使罐顶或罐底与轴之间的缝隙加以密封，防止泄漏和杂菌污染。常用的轴封有填料函和端面轴封两种。填料函式轴封是由填料箱体、填料底衬套、填料压盖和压紧螺栓等零件构成，使旋转轴达到密封的效果。端面式轴封又称机械轴封，密封作用是靠弹性元件（弹簧、波纹管等）的压力使垂直于轴线的动环和静环的光滑表面紧密地相互贴合，并做相对转动而达到密封。

3. 发酵罐的换热装置

夹套式换热装置多应用于容积较小的发酵罐、种子罐；夹套的高度比静止液面高度稍高即可，无须进行冷却面积的设计。竖式蛇管换热装置中，竖式的蛇管被分组安装于发酵罐内，有四组、六组或八组不等，根据管的直径大小而定，容积 5 m^3 以上的发酵罐多用这种换热装置。竖式列管换热装置以列管形式分组对称装于发酵罐内。

五、发酵工程在食品工业中的应用

近年来，发酵工程应用于食品生产和开发，促进了食品工业的飞速发展，主要体现在四个方面：一是对食品资源的改造与改良；二是将农副原材料加工成商品，如酒类、调味品等发酵产品；三是对产品进行二次开发，形成新的产品，如许多食品添加剂等；四是对传统食品加工工艺进行改造，降低能耗，提高产率，改善食品品质等。

1. 发酵工程在传统食品工业中的应用

在传统食品工业中也大范围地应用了发酵技术，最为常见的有酿酒、制醋技术。发酵工程的发展有效地促进了传统食品工业的优质发展。在酿酒过程中，由原先的慢工程逐步变为较快的工程，最为显著的就是现在酿造啤酒工程，时间已经缩短 90 分钟左右。还有我国传统的制造腐乳、黄酒、酱类等工程也伴随着发酵工程的发展得到了很大的进步。并且在原料的利用率上也得到了大幅度的提高，产品的品质并没有降低，相反却提高了。

2. 功能性保健食品的开发

膳食纤维在保健品中很常见，有防治便秘、利于减肥、预防结肠和直肠癌、防治痔疮、促进钙吸收、降低血脂、预防冠心病等作用。膳食纤维如此重要，它的制取为人类赢得了巨大的福利。它是由巴氏醋酸菌和木醋杆菌一起发酵制取的，利用这种发酵方法产生的膳食纤维具有良好的可溶性、持水性，在食品中添加后对人的消化吸收有巨大的帮助。

3. 发酵工程在新糖源开发中的应用

糖类是人体必需的重要营养物质，传统的糖类容易导致人们患上糖尿病、肥胖症等疾病。在物质生活的改善下，人们饮食观也发生了显著的转变。如今，人们追求的是食品的健康，目前，研究人员已经成功利用微生物发酵，生产出新的糖源，新糖源口感好，甜度不输于传统糖类，可以满足糖尿病、肝肾疾病、肥胖症患者的糖类摄取需求。此外，新糖源还具有降血糖、提高免疫力、抗变老的功效。

总之现代食品工业的蓬勃发展，已显示出发酵工程技术的巨大生命力。

随着我国经济水平以及生物技术的提高，发酵工程也得到了发展，在食品工业的领域也得到了有效的利用。发酵技术对于促进我国食品工业的蓬勃发展有着重要的意义。

第二节 酶工程技术

酶工程（enzyme engineering）又称酶技术，是指利用酶催化作用，通过适当的反应器工业化生产人类所需的产品或是达到某一目的，它是酶学理论与化工技术相结合而形成的一种新技术。酶工程包括自然酶的开发和利用、固定化酶、固定化细胞、多酶反应器、酶传感器等。酶学研究的迅速发展，特别是酶应用的推广，使酶学基本原理与化学相结合，便形成了酶工程。酶工程是生物工程的重要组成部分，它与基因工程、细胞工

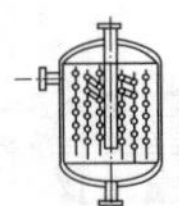

程、发酵工程相互依存、相互促进，它们在生物工程的研究、开发和产业化过程中要靠彼此合作来实现。根据酶工程研究和解决问题的手段不同，可将酶工程分为化学酶工程和生物酶工程两大类。在食品行业中，这两类酶工程的应用都很广泛。化学酶工程亦称初级酶工程，是指自然酶、化学修饰酶、固定化酶及化学人工酶的研究和应用。生物酶工程也叫高级酶工程，是酶学和以基因重组技术为主的现代分子生物学技术结合的产物。

一、酶的性质和生产技术

1. 酶的特性

酶的特性主要有以下五点。（1）酶具有高效的催化能力，其效率是一般无机催化剂的 $10^7 \sim 10^{13}$ 倍。（2）酶具有专一性。（3）酶在每次反应后它本身的性质和数量都不会发生改变。（4）易变性：大多数酶都是蛋白质，因而会被高温、强酸、强碱等破坏。（5）酶的作用条件较温和：一是酶所催化的化学反应一般是在比较温和的条件下进行的；二是在最适宜的温度和 pH 值条件下，酶的活性最高；三是过酸、过碱或温度过高，会使酶的空间结构遭到破坏，使酶永久失活。

2. 酶的生产

酶的生产方法有提取分离法、生物合成法和化学合成法。生物合成法主要包括微生物细胞发酵产酶、植物细胞发酵产酶和动物细胞发酵产酶。化学合成法是 20 世纪 60 年代中期出现的技术，只能合成那些已知化学结构的酶，成本比较高，目前仍然停留在实验室内合成的阶段。

（1）提取分离法

① 细胞破碎处理。破碎的方法主要包括机械破碎法、物理破碎法、化学破碎法和酶学破碎法等。机械破碎法是指利用捣碎机、研磨器或匀浆器等将细胞破碎，植物细胞有坚韧的细胞壁，需要强烈的方法去破碎。为降低研磨或匀浆过程中发热，所用器皿和溶液需要预冷。物理破碎法是指利用温度差、压力差或超声波等将细胞破碎。化学破碎法是指利用甲醛、丙酮等有机溶剂或表面活性剂作用于细胞膜，使细胞膜的结构遭到破坏或透性发生改变。酶学破碎法是指选用合适的酶，使细胞壁遭到破坏，进而在低渗溶液中将原生质体破碎。

② 提取。在一定条件下，用适当的溶剂处理细胞破碎后的含酶原料，使酶充分地溶解至提取液中。酶的提取方法有过柱法、盐溶液提取法、碱溶液提取法和有机溶剂提取法等。为了提高酶的提取率和防止酶提取后变性失活，提取过程中必须注意保持适宜的温度和 pH 值，并且添加适量的保护剂。

③ 分离。分离得到的提取液中，除含有所需要的酶外，还含有其他蛋白质，以及其他大分子和小分子化合物杂质，要在许多蛋白质的混合物中分离出所需要的酶蛋白，要想从提取液中分离纯化出某一种酶，必须根据这种酶的特性，选择合适的分离纯化方法。目前常用的酶分离纯化方法有盐析法、柱层析法、薄膜超滤法、亲和层析法、电泳法等。

（2）生物合成法

理论：DNA→转录为 RNA→翻译为蛋白质→加工为成熟蛋白质→分泌胞外或胞内

① 微生物法生产酶的优点：

a. 微生物种类繁多，酶种丰富，凡是动植物体内有的酶几乎都能从微生物中找到；

b. 微生物生长繁殖快，发酵周期短，培养简单，能通过控制培养条件大幅度提高酶的产量，同时易提取酶，特别是胞外酶；

c. 微生物培养基来源广泛，价格便宜；

d. 可采用微电脑等新技术，控制酶发酵生产过程；

e. 微生物具有较强的适应能力，可采用各种遗传变异手段培育理想菌株；

f. 可利用以基因工程为主的近代分子生物学技术选育菌种，增加酶的产率和开发新酶种。

② 常用酶生产菌

产酶菌种的要求：a. 产酶量高；b. 繁殖快，发酵周期短；c. 产酶稳定性好，不易退化，不易被感染；d. 能够利用廉价原料，容易培养和管理；e. 安全性可靠，非致病菌。

酶发酵生产的工艺流程：

保藏菌种→菌种活化→菌种扩大培养→发酵→分离纯化→酶

③ 生产种子的制备

生产种子是指由原始保藏菌种经过活化、扩大培养，用于发酵罐接种的大量菌体。种子制备的工艺流程：

保藏菌种→活化培养→逐级摇瓶培养→种子罐培养→接种至发酵罐

④ 提高酶产量的措施

a. 通过条件控制提高酶产量。添加诱导物、降低阻遏物浓度，可以显著提高酶产量。不同的酶有各自不同的诱导物。但有时一种诱导物可诱导生成同一个酶系的若干种酶，同一种酶往往有多种诱导物，但是诱导物浓度必须控制在适宜浓度范围内。控制阻遏物的浓度，一是降低培养基中酶作用产物的浓度，添加终产物的类似物；二是控制培养基中葡萄糖等容易利用的碳源浓度，可采用其他较难利用的碳源，或采用补料，分次流加碳源等方法，以控制碳源浓度在较低的水平，以利于酶产量的提高。

b. 通过基因突变提高酶产量。

c. 其他提高酶产量的方法：添加表面活性剂，在发酵过程中的适宜时机，可以显著提高酶的产量；表面活性剂可以与细胞膜相互作用，增加细胞的透过性，有利于胞外酶的分泌，从而提高酶的产量。添加其他产酶促进剂，植酸钙可提高霉菌蛋白酶的产量；聚乙烯醇衍生物可防止霉菌菌丝结球，提高糖化酶产量；聚乙烯醇、醋酸钠等作用于纤维素酶。

二、固定化酶技术

生物体内的各种化学反应都是在酶催化下进行的，但是酶在水溶液中很不稳定，只能一次性地起催化作用。同时，酶是蛋白质，对热、高离子浓度、强酸、强碱及部分有机溶剂等均敏感，容易失活而降低其催化能力，这些不足大大限制了酶促反应的广泛应用。固定化酶技术用物理或化学的方法使酶与水不溶性大分子载体结合或把酶包埋在不溶性凝胶或半透膜中，限制酶在一定区域内进行活跃的、特有的催化作用。

固定化酶同自由酶相比，具有以下优点：①稳定性高；②酶可反复使用；③产物纯度高，极易将固定化酶与底物、产物分开；④固定化酶的反应条件易于控制；⑤生产可连续化和自动化，节约劳动力；⑥设备小型化，可节约能源。

固定化酶制备的基本原则为必须注意维持酶的催化活性及专一性：①酶与载体的结合部位不应当是酶的活性部位；②避免那些可能导致酶蛋白高级结构被破坏的条件；③由于酶蛋白的高级结构是凭借氢键、疏水键和离子键等弱键维持的，所以固定化时要采取尽量温和的条件，尽可能保护好酶蛋白的活性基团；④载体能抗一定的机械力，固定化酶应有最小的空间位阻；⑤酶与载体必须结合牢固，利于固定化酶的回收及反复使用；⑥固定化酶应有最大的稳定性，所选载体不与废物、产物或反应液发生化学反应。

1. 酶的固定化四大类方法

（1）吸附法

吸附法是最简单的固定化方法，包括物理吸附法和离子吸附法。离子吸附法是酶与载体通过范德华力、离子键和氢键等作用力固定；物理吸附法是指通过疏水作用、电子亲和力等物理作用，将酶吸附到固体吸附剂表面的方法，常用的吸附剂有活性炭、硅藻土、多孔玻璃等。

（2）结合法

结合法包括离子键结合法和共价结合法。离子键结合法是指通过离子键将酶结合到具有离子交换基团的非水溶性载体上，离子结合法操作简单，处理条件温和，酶的高级结构和活性中心的氨基酸残基不易被破坏，能得到酶活回收率较高的固定化酶。载体偶联法是指酶分子的非必需基团与载体表面的活性功能基团通过形成化学共价键实现不可逆结合的酶固定方法，又称共价结合法。归纳起来有两种方式：将载体有关基团活化，然后与酶有关基团发生偶联反应；在载体上接上一个双功能试剂，然后将酶偶联上去。

（3）交联法

交联法是利用双功能或多功能交联试剂，在酶分子和交联试剂之间形成共价键的一种酶固定方法。已报道的如利用几丁聚糖、壳聚糖等为载体，将戊二醛、乙二醛等多功能试剂交联半乳糖苷酶、胃蛋白酶、脲酶等多种酶。单独使用交联法所得到的固定化酶颗粒小、机械性能差、酶活低，故常与其他方法联用。

（4）包埋法

包埋法的基本原理是载体与酶溶液混合后，借助引发剂进行聚合反应，通过物理作用将酶限定在载体的网格中，从而实现酶的固定化，常用的有凝胶包埋法及微胶囊包埋法两种。凝胶包埋法是将酶或含酶菌体包埋在各种凝胶内部的微孔中，制成一定形状的固定化酶或固定化含酶菌体，是固定化微生物中用的最多、最有效的方法。微胶囊包埋法是将酶包埋在有各种高分子聚合物制成的小囊中，制成固定化酶。

2. 固定化酶的发展与展望

用酶技术生产化工产品，条件温和，无“三废”产生，随着人类对环保的日益关注，酶的固定化及应用研究已得到长足进展。目前，如何充分利用天然高分子载体对其改性，或利用超临界技术、纳米技术、膜技术等来固定酶，必定会成为研究的热点。

三、酶反应器

酶反应器（enzyme reactor）是在体外进行酶和固定化酶催化反应时，为控制酶催化反应速率的反应容器及其附属设备。酶反应器是用于完成酶促反应的核心装置，为酶催化反应提供适合的场所和最佳的反应条件，以便在酶的催化下，底物能最大限度地转化为产物。它处于酶催化反应过程的中心地位，是连接原料和产物的桥梁。

理想酶反应器的要求：①所用生物催化剂应具有较高的比活和酶浓度（或细胞浓度）才能得到较大的产品转化率；②能用电脑自动检测和调控，从而获得最佳的反应条件；③应具有良好的传质和混合性能，传质是指底物和产物在反应介质中的传递，传质阻力是反应器速度限制的主要因素；④应具有最佳的无菌条件，否则杂菌污染使反应器的生产能力下降。

1. 常见的酶反应器类型

按结构型式分为：搅拌罐式反应器、鼓泡式反应器、填充床式反应器、流化床式反应器、膜反应器；按操作方式分为：分批式反应器、连续式反应器、流加分批式反应器；按混合形式分为：连续搅拌罐反应器、分批搅拌罐反应器。

各种酶反应器的特点有以下几点。

① 间歇式酶反应器又称为分批搅拌罐反应器（batch stirred tank reactor，BSTR）、间歇式搅拌罐、搅拌式反应罐，其特点是：底物与酶被一次性投入反应器内，产物被一次性取出；反应完成之后，固定化酶（细胞）用过滤法或超滤法回收，再转入下一批反应。优点：装置较简单，造价较低，传质阻力很小，反应能很迅速达到稳态；缺点：操作麻烦，固定化酶经反复回收使用时，易失去活性。故在工业生产中，间歇式酶反应器很少用于固定化酶，但常用于游离酶。

② 连续式酶反应器又称为连续搅拌釜式反应器（continuous stirred tank reactor，CSTR）、连续式搅拌罐。向反应器投入固定化酶和底物溶液，不断搅拌，反应达到平衡之后，再以恒定的流速连续流入底物溶液，同时，以相同流速输出反应液（含产物）。优点是在理想状况下，混合良好，各部分组成相同，并与输出成分一致；缺点是搅拌浆剪切力大，易打碎、磨损固定化酶颗粒。

③ 填充床反应器又称固定床反应器（packed bed reactor，PBR），将固定化酶填充于反应器内，制成稳定的柱床，然后，通入底物溶液，在一定的反应条件下实现酶催化反应，以一定的流速，收集输出的转化液（含产物）。优点是高效率、易操作、结构简单等，因而，PBR 是目前工业生产及研究中应用最为普遍的反应器，它适用于各种形状的固定化酶和不含固体颗粒、黏度不大的底物溶液，以及有产物抑制的转化反应。缺点是传质系数和传热系数相对较低，当底物溶液含固体颗粒或黏度很大时，不宜采用 PBR。

④ 流化床反应器（fluidized bed reactor，FBR），底物溶液以足够大的流速，从反应

器底部向上通过固定化酶柱床时，便能使固定化酶颗粒始终处于流化状态，其流动方式使反应液的混合程度介于 CSTR 的全混型和 PBR 的平推流型之间。FBR 可用于处理黏度较大和含有固体颗粒的底物溶液，同时，亦可用于需要提供气体或排放气体的酶反应（即固、液、气三相反应）。但因 FBR 混合均匀故不适用于有产物抑制的酶反应。

⑤ 鼓泡式反应器（bubble column reactor，BCR）利用从反应器底部通入的气体产生的大量气泡，在上升过程中起到提供反应底物和混合两种作用的一类反应器，也是一种无搅拌装置的反应器。鼓泡式反应器可以用于游离酶和固定化酶的催化反应。在使用鼓泡式反应器进行固定化酶的催化反应时，反应系统中存在固、液、气三相，又称为三相流化床式反应器。鼓泡式反应器的结构简单，操作容易，剪切力小，物质与热的传递效率高，是有气体参与的酶催化反应中常用的一种反应器。

⑥ 膜反应器（membrane reactor，MR）将酶催化反应与半透膜的分离作用组合在一起而成的反应器。可以用于游离酶的催化反应，也可以用于固定化酶的催化反应。用于固定化酶催化反应的膜反应器是将酶固定在具有一定孔径的多孔薄膜中，而制成的一种生物反应器。膜反应器可以制成平板型、螺旋型、管型、中空纤维型、转盘型等多种形状，常用的是中空纤维反应器。

⑦ 超滤膜反应器（ultrafiltration membrane reactor，UMR）是在连续式搅拌罐出口处设置一个超滤器的反应器，可以将小分子产物与大分子酶和底物分开，有利于产物回收。该反应器适用于底物粒径较小的固定化酶、游离酶。游离酶在膜反应器中进行催化反应时，底物溶液连续地进入反应器，酶在反应容器的溶液中与底物反应，反应后，酶与反应产物一起，进入膜分离器进行分离，小分子的产物透过超滤膜而排出，大分子的酶分子被截留，可以再循环使用。

2. 酶反应器的选择

选择酶反应器时考虑的因素有酶的形式、固定化酶的形状、底物的物理性质、酶反应动力学性质、酶的稳定性、操作要求、反应器制作及控制成本。

① 根据酶应用形式选择。在应用游离酶进行催化反应时，可以选用搅拌罐式反应器、膜反应器、鼓泡式反应器、喷射式反应器等；对于有气体参与的酶反应，宜采用鼓泡式反应器。对于价格昂贵的酶，为便于回收，通常采用游离酶膜反应器。对于某些耐高温的酶，可以采用喷射式反应器。

② 根据酶反应动力学性质选择。对于底物高浓度抑制的反应，可采用流加分批式搅拌反应器；对于底物抑制的固定化酶反应，可通过控制较低的底物浓度进行连续反应；对于产物抑制的反应，可以采用填充床式反应器和膜反应器。

③ 根据底物产物的理化性质选择。底物和产物分子量较大时，应选择搅拌罐式反应器或流化床反应器，一般不采用填充床或膜反应器；反应底物为气体时，采用鼓泡式反应器；反应需要小分子物质作为辅酶时，不采用膜反应器。

四、酶工程技术在食品工业中的应用

1. 酶用于淀粉糖的生产

以淀粉为原料，经 α-淀粉酶和葡萄糖淀粉酶催化水解，得 D-葡萄糖，将它通过固

定化 D-葡萄糖异构酶柱完成葡萄糖至果糖的转化，再通过精制、浓缩等手段，即可得到不同种类的高果糖浆。

2. 酶用于甜味剂的生产

淀粉糖均以淀粉为原料进行生产，其甜度增加有限，所以从根本上解决食用糖短缺问题应生产甜度高而又不以淀粉为原料的甜味剂。国外大量生产的阿斯巴甜（APM）就是一种高甜度的甜味剂。APM（天门冬酰丙氨酸甲酯）是二肽甜味剂，其甜度是蔗糖的200倍。过去是以 L-天冬氨酸与 L-苯丙氢酸为原料用化学法合成的。现在日本采用酶法合成新工艺，可用价格较低的 DL-苯丙氨酸为原料，且产品都是 α-型体，使生产成本下降30%。

3. 酶用于乳品加工

（1）干酪生产

将牛奶用乳酸菌发酵制成酸奶，然后加凝乳酶水解酪蛋白，在酸性条件下，钙离子使酪蛋白凝固，再经切块、加热、压榨、熟化而成干酪。

（2）分解乳糖

牛奶中含有45%的乳糖，它是一种缺乏甜味且溶解度很低的双糖，难以消化，而且由于乳糖难溶于水，常在炼乳、冰淇淋中呈砂状结晶析出至牛奶中，从而影响食品风味。有些人饮奶后常发生腹泻、呕吐等症状。将牛奶用乳糖酶处理，使奶中乳糖水解为半乳糖和葡萄糖即可解决上述问题。

（3）黄油增香

乳制品特有香味主要是加工时所产生的挥发性物质（如脂肪酸、醇、醛、酮、酯以及胺类等）所致。乳品加工时添加适量的脂肪酶可增加干酪和黄油的香味。将增香黄油用于奶糖、糕点等食品，可节约黄油用量，增强风味。

（4）婴儿奶粉。

4. 酶用于肉类和鱼类加工

（1）改善组织、嫩化肉类

酶技术可以促使肉类嫩化。老年动物的肉因耐热键多，烹煮时软化较难，因而肉质显得粗糙，难以烹调，口感差。采用蛋白酶可以将肌肉组织中胶原蛋白分解，从而使肉质嫩化。

（2）转化废弃蛋白

海洋中许多鱼类因其色泽、外观或味道欠佳等原因，都不能食用，而这类水产却高达海洋水产的80%。采用酶技术，使其中绝大部分蛋白质溶解，经浓缩干燥可制成含氯量高、富含各种水溶性维生素的产品，且营养价值不低于奶粉，可掺入面包、面条等中食用，或用作饲料，其经济效益十分显著。

（3）其他方面的应用

用酸性蛋白酶在pH值呈中性条件下处理解冻鱼类，可以脱腥。现今开发利用碱性蛋白酶水解动物脱色来制造无色血粉，作为廉价而安全的补充蛋白资源，这一项技术已用于工业化生产。

第三节　细胞工程技术

一、细胞工程的定义和内容

细胞工程（cell engineering）是以细胞生物学和分子生物学为基础理论，采用原生质体、细胞或组织培养等试验方法或技术，在细胞水平上研究改造生物遗传特性，以获得具有新性状的细胞系或生物体以及生物的次生代谢产物，并发展有关理论和技术方法的学科，目的是获得具有新性状的个体。细胞工程包括细胞融合、细胞大规模培养以及植物组织培养快速繁殖等技术，核心技术是细胞培养与繁殖，研究对象有动物、植物及微生物的细胞（细胞器、染色体、细胞核）等，由此可以将细胞工程分为植物细胞工程、动物细胞工程和微生物细胞工程。

二、植物细胞工程技术

植物细胞工程技术的原理是植物细胞的全能性，全能性是指植物的每个细胞都含有该物种所特有的全套遗传物质，都具有发育成为完整个体所必需的全部基因，因此具有发育成完整个体的潜能的特性，从理论上讲，生物体的每一个活细胞都应该具有全能性。植物细胞工程通常采用的技术手段有植物组织培养和植物体细胞杂交，植物细胞技术间的对比见表 5 - 1 所列。

表 5 - 1　植物细胞技术间的对比

项　目	植物组织培养	植物体细胞杂交技术
所属范畴	无性繁殖	染色体变异、基因重组
原　理	细胞全能性	膜流动性、细胞全能性
步　骤	①脱分化 ②再分化	①去除细胞壁，获得有活力的原生质 ②融合形成杂种细胞 ③组织培养
意　义	保持优良性状、繁殖速度快、 大规模生产提高经济效益	克服不同种生物远缘杂交的障碍
联　系	杂交技术应用到组织培养技术	

1. 植物组织培养

植物组织培养是在无菌和人工控制条件下，将离体的植物器官、组织、细胞，培养在人工配制的培养基上，给予适宜的培养条件，诱导其产生愈伤组织、丛芽，最终形成完整的植株，主要包括非试管微组织快繁、试管组织培养两类方法。非试管微组织快繁技术是将外植体（一般要求带叶、芽）放置在培养基上进行培养，利用植物随芽自然倍增达到快速繁殖的目的。一般植物 7～15 d 可以生长出根系。

植物组织培养技术流程：

将消毒的植物片段接种到诱导培养基→脱分化得到愈伤组织→接种至分化培养基上→再分化出幼苗→完整植株→移栽农田

愈伤组织是指离体的植物器官、组织或细胞，在培养一段时间以后，通过细胞分裂，形成一种高度液泡化、由无定形的薄壁细胞组成的排列疏松、无规则的组织。组织培养过程中的脱分化，又称去分化，是指高度分化的植物器官、组织或细胞产生愈伤组织的过程，实质是恢复细胞全能性的过程；脱分化产生的愈伤组织在培养过程中重新分化根或芽等器官的过程叫作再分化。其中细胞分裂素和生长素共同决定脱分化和再分化过程。

2. 植物体细胞杂交

体细胞杂交技术指将两个来自不同植物的体细胞融合成一个杂种细胞，且将杂种细胞培育成新的植物体的过程。其与有性杂交相比克服了远缘杂交不亲和的障碍，扩展了用于杂交的亲本组合的范围。体细胞杂交过程：将不同来源的植物细胞分别去除细胞壁得到其原生质体，将原生质体通过物理化学方法使其融合为一个细胞，此细胞在培养后得到具有细胞壁的杂种细胞，在激素的刺激下去分化形成愈伤组织，再分化生产杂种植株，鉴定所得植株。

原生质体融合分为自发融合和诱发融合，诱发融合又包括 $NaNO_3$ 法、高 pH 高浓度钙离子处理法、聚乙二醇处理法及电融合法。

(1) 自发融合

在酶解细胞壁的过程中，由不同细胞间胞丝扩展和粘连造成有些相邻的原生质体能彼此融合形成同核体，即每个细胞中包含 2～40 个细胞核。在用酶液处理前，使细胞受到强烈的质壁分离药物的作用，以切断胞间连丝、减少自发融合的措施。

(2) 聚乙二醇处理

细胞除去细胞壁后得到原生质体，混合加入 40% 的聚乙二醇使原生质体融合，涂在能使细胞壁再生的培养基上直至长出菌落，在选择培养基上检出重合子的菌落。

(3) 电融合

将一定密度的原生质体悬浮液置于一个融合小室中，小室两端有电极，在不均匀的交变电场的作用下，原生质体彼此靠近，在两个电极间排列成串珠状。这时，如果有足够强度的电脉冲，就可以使质膜发生可逆性电击穿，从而导致融合。

三、动物细胞工程技术

动物细胞工程技术是指从动物机体内取出胚胎、器官或相关的组织，剪碎后用胰蛋白酶处理将其分散成单个细胞，然后放在适宜的培养基中，让这些细胞生长和增殖，得到细胞系遗传物质已发生改变的新细胞。其原理为细胞的分裂增殖，主要包括动物细胞培养、细胞核移植、动物细胞融合及单克隆抗体制备四大技术，其中动物细胞培养是动物细胞工程的基础。

1. 动物细胞培养

动物细胞工程操作流程：

幼龄动物细胞→胰蛋白酶处理→原代培养→胰蛋白酶处理→传代培养→得到目的细胞

原代培养指细胞从机体取出后立即培养至10代以内的过程，传代培养是将原代细胞从培养瓶中取出，配制成细胞悬浮液，分装到两个或两个以上的培养基中继续培养的过程。原代细胞培养期间会发生接触抑制，细胞接触抑制是指细胞在贴壁生长过程中，随着细胞分裂，数量不断增加，最后形成一个单层，此时细胞间相互接触，细胞分裂和生长停止，数量不再增加。由于组织细胞靠在一起限制了细胞的生长和增殖，且细胞不能与培养液充分接触，不利于培养，故培养前需要用胰蛋白酶将其分散为单细胞，作用是催化蛋白质水解。

动物细胞培养条件：无菌无毒的环境，添加一定量抗生素至培养液中，并定期更换培养液；保证细胞生长增殖的营养物质，如糖类、氨基酸、促生长因子、无机盐及动物血清等；适宜的温度和酸碱度；适当的氧气和二氧化碳的供应。

植物组织培养和动物细胞培养的比较，见表5-2所列。

表5-2 植物组织培养和动物细胞培养的比较

项 目	植物组织培养	动物细胞培养
原 理	细胞的全能性	细胞增殖
培养基特有成分	蔗糖、植物激素	葡萄糖、动物血清
培养结果	植物体	细胞系、细胞株
培养目的	快速繁殖、培养无病毒植株	得到细胞、某些蛋白质

2. 细胞核移植

细胞核移植是将动物的一个细胞的细胞核，移植到去核的卵母细胞中，使其重组并发育成一个新的胚胎，这个新的胚胎最终会发育为动物个体。细胞核移植分为体细胞核移植和胚胎细胞核移植两种：体细胞核移植细胞分化程度高，恢复全能性困难；胚胎细胞核移植则刚好相反。

细胞核应来自传代10代以内的细胞，一般来说，培养的动物细胞传代至10～50代时，部分细胞核型可能会发生变化，其细胞遗传物质可能会发生突变，而10代以内的细胞一般能保持正常的二倍体核型。卵母细胞去核是为使进行核移植的胚胎或动物的遗传物质全部来自有重要利用价值的动物提供的体细胞，在供体细胞的细胞核移至受体细胞之前，必须将受体细胞的遗传物质除去或破坏掉，因为高度分化的动物细胞发育潜能变窄，失去了发育成完整个体的能力。所以，动物细胞也没有类似植物组织或细胞培养时的脱分化过程了。要想使培养的动物细胞定向分化，通常通过定向诱导动物干细胞，使其分化成所需要的组织或器官。

核移植技术得来的个体叫克隆动物，克隆（clone）是指通过无性生殖而产生的遗传上均一的生物群，即由具有完全相同的遗传组成的一群细胞或者生物个体。克隆动物绝大部分DNA来自供体细胞核，但其核外还有少量DNA，即线粒体中的DNA来自受体卵母细胞，所以克隆出的动物不完全是对供核动物的复制。此外，即便动物的遗传基础完全相同，但动物的一些行为习性的形成与所处环境有很大关系，核供体动物生活的环境与克隆动物所生活的环境不会完全相同，其形成的行为、习性也不可能和核供体动物完全相同，故克隆动物不会是核供体动物100%的复制。

3. 动物细胞融合

动物细胞融合是利用细胞膜的流动性，将含有不同遗传物质的两个细胞，通过一定的方法融合，重组细胞通过有性分裂后形成两个完整的杂交细胞。常用的诱导方式有病毒诱导融合、化学诱导融合和电刺激诱导融合，其中使用灭活的病毒刺激融合最常用。动物细胞融合突破了有性杂交的局限，使远缘杂交成为可能，主要用于诱导形成杂交瘤细胞、制备单克隆抗体。

病毒诱导融合：对于仙台病毒、牛痘病毒、鸡瘟病毒等，使用前用紫外线处理使其失活，但不破坏其抗原结构。

化学诱导融合：聚乙二醇、山梨醇、溶血性卵磷脂、甘油等，这些物质能够改变细胞膜脂质分子的排列，去除这些物质之后，细胞膜趋向于恢复原有的有序结构。在恢复过程中，相接触的细胞由于接口处脂质双分子层的相互亲和与表面张力，细胞膜融合，因此胞质流通，发生融合。此方法操作方便，诱导融合的概率比较高，效果稳定，适用于动植物细胞，但对细胞具有一定的毒性。PEG是广泛使用的化学融合剂，具有亲脂性，其与质膜结合可改变磷脂双分子层的结构，PEG可使膜脱水以收缩，促进膜融合，进而促进细胞凝集作用。

电激诱导融合：电诱导、激光诱导等。其中，电诱导是先使细胞在电场中极化成为偶极子并沿电力线排布成串，再利用高强度、短时程的电脉冲击破细胞膜，使细胞膜的脂质分子发生重排，由于表面张力的作用，两细胞发生融合。电诱导方法具有融合过程易控制、融合概率高、无毒性、作用机制明确、可重复性高等优点。

4. 单克隆抗体

抗体是机体受抗原刺激后生成能与该抗原发生特异性结合的具有免疫功能的球蛋白。单克隆抗体是由单个B淋巴细胞经过无性繁殖，形成的基因型相同的细胞群，这一个细胞群所产生的化学性质单一、特异性强的抗体称为单克隆抗体。特点：特异性强，灵敏度高。

单克隆抗体制备流程：从注射过抗原的小鼠体内提取B淋巴细胞，与骨髓瘤细胞融合，筛选得到杂交瘤细胞，扩大培养得到产生特定抗体的细胞群，体外注射至小鼠腹腔，由小鼠体内分泌得到单克隆抗体。单克隆抗体制备流程图，如图5-2所示。

在制备单克隆抗体的过程中，选用浆细胞和骨髓瘤细胞进行融合，是因为浆细胞能产生单一抗体，但不能无限增殖；骨髓瘤细胞能无限增殖，但不能产生单一抗体。这样融合成的杂交瘤细胞，继承了双亲细胞的遗传物质，不仅具有B细胞分泌抗体的能力，而且还有无限增殖的本领，因而可以获得大量单克隆抗体。

在这个过程中进行了两次筛选，第一次在选择培养基筛选培养B细胞和骨髓瘤细胞融合以后的杂交瘤细胞；第二次在多孔培养板上培养杂交瘤细胞，每孔只放一个杂交瘤

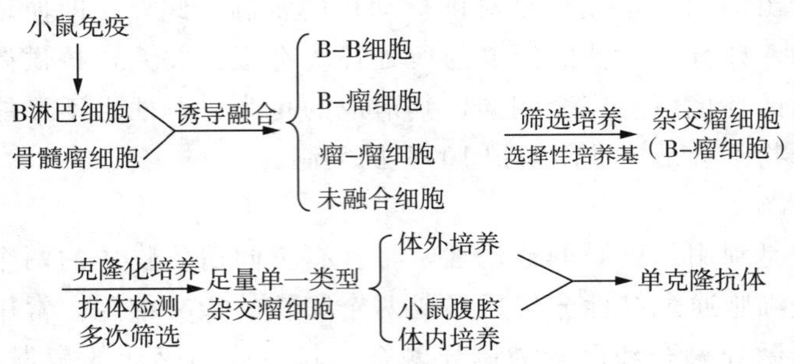

图 5-2　单克隆抗体制备流程图

细胞进行克隆化培养，并进行单一抗体检测，检测为阳性的孔内即是所需要的杂交瘤细胞。

四、微生物细胞工程技术

微生物细胞工程是指应用微生物细胞进行细胞水平的研究和生产，内容包括各种微生物细胞的培养、遗传性状的改变、微生物细胞的直接利用以及获得微生物细胞代谢产物等。

微生物细胞融合工艺流程：

菌种选择→扩大培养→大量菌体细胞→除去细胞壁得到原生质体→原生质体融合→培养后细胞壁再生→菌落繁殖→融合体筛选

影响微生物细胞融合因素：①参与融合的菌株一般都需要有选择标记，标记主要通过诱变获得。在进行融合时，应先测定各个标记的自发回复突变率。若回复突变率过高，则不宜作为选择标记。②制备原生质体的菌龄，制备细菌原生质体应取对数生长中期菌龄的细胞，因为此时的细胞壁中肽聚糖的含量最低，对溶菌酶也最敏感。③培养基成分，细菌在不同的培养基中培养对溶菌酶的敏感程度不同，用基本培养基培养比用完全培养基效果更好。④细胞的前处理，由于细胞壁结构的差异，同样是革兰氏阳性菌，对溶菌酶的敏感程度也不一样。

五、细胞工程技术在食品工业中的应用

1. 细胞融合技术在食品工业中的应用

（1）酵母菌的育种

酵母菌是人类应用最早的微生物，在现代食品工业中占据着非常重要的地位，人们对它的研究非常广泛。目前用于生产酒精的酵母，是经过物理、化学方法诱变而得到的菌种，虽然具有生长快、耐酒精的优点，但是不能分解淀粉或糊精，也不发酵乳糖。克鲁维酵母具有很好的乳糖发酵能力，将克鲁维酵母与酿酒酵母通过聚乙二醇诱导融合，获得的种间融合子，不仅能发酵葡萄糖、果糖、麦芽糖、棉籽糖，而且在以乳糖为碳源的培养基中其发酵能力是克鲁维酵母的两倍。

（2）酶制剂生产菌株的育种

芽孢杆菌是生产淀粉酶、蛋白酶等酶制剂的菌株，也是细胞融合技术研究较多的一

类菌株。自1976年以来，关于芽孢杆菌原生质体融合的应用有大量的报道。将产蛋白酶的枯草芽孢杆菌和地衣芽孢杆菌进行原生质体的融合，得到一种产酶能力提高了15%～20%的菌株。再经过紫外诱变，得到的菌株产酶能力进一步提高了20%～30%，具有极大的工业生产价值。

2. 动物细胞培养的应用

动物细胞的大规模培养直接应用在食品工业中的非常少，主要是用于生产通过植物和微生物难以生产的具有特殊功能的生物活性物质，比如激素、疫苗、药用蛋白质等。

3. 植物细胞培养在食品工业的应用

（1）食品添加剂的生产

直到20世纪70年代，人们才开始利用植物细胞培养生产天然食品添加剂。如在甜菊叶中含有一种类皂角苷，是一种天然甜味剂，甜度大约是蔗糖的300倍，这种植物不能在温带地区生长。将甜菊叶愈伤组织进行细胞培养，经薄层色谱检验，验证了愈伤组织和悬浮培养物的提取液中都含有该种类皂角苷。

（2）香料的生产

利用植物细胞大规模培养技术已经生产出了多种香料物质。在玫瑰的细胞培养中发现成熟度增加的不分裂细胞能产生除五倍子酸、儿茶酚之外的更多的酚。

（3）天然食品的生产

利用植物细胞培养技术还可生产天然食品，从咖啡培养细胞中可收集到可可碱和咖啡碱，从海藻（石花菜、江蓠等）的愈伤组织培养物中可得到琼脂。

第四节　基因工程技术

一、基因工程的定义和内容

基因工程又叫基因拼接技术或DNA重组技术，是指在微观领域（分子水平）中，根据分子生物学和遗传学原理，设计并实施把一个生物体中目的DNA（遗传信息）转入另一个生物体中，使后者获得新的遗传性状或表达所需要的产物，最终实现该技术的商业价值。这是在DNA上进行的分子水平的设计加工，基因工程需要的基本工具有DNA连接酶、限制性核酸内切酶及载体。基因工程可以克服远缘杂交不亲和障碍，按照人们的意愿，通过改良遗传物质定向改造生物性状，培育出新品种。所以基因工程是人们在分子生物学理论指导下进行的遗传重组技术，是一种能像工程一样被事先设计和控制的育种新技术，一种可完全超远缘杂交的育种新技术，因而是有前途的定向育种新技术。基因工程具有跨物种性、无性扩增、分子水平操作及细胞水平表达的特性。

基因工程的基本操作步骤：

目的基因的获取→基因表达载体的构建→将目的基因导入受体细胞→目的基因的检测与鉴定

1. 主要操作过程

(1) 基因分离

分别提取供体细胞的DNA与作为载体的细菌质粒DNA（也可用噬菌体或病毒作载体）；根据“工程蓝图”的要求，在供体DNA中加入专一性很强的限制性核酸内切酶，从而获得带有特定基因并露出黏性末端的DNA单链部分（必须时可人工合成黏性末端）。

(2) 体外重组

把供体细胞DNA片段与质粒混合，在较低的温度（56 ℃）下混合进行“退火”。由于每一种限制性核酸内切酶所切断的双链DNA片段的黏性末端由相同的核苷酸组成，因此当两者混合在一起时，凡黏性末端上碱基互补的片段就会因氢键的作用而彼此吸引，重新形成双链，这时在外加连接酶的作用下，供体的DNA与质粒相连，形成了一个具备完整复制能力的环状重组体“杂种质粒”。

(3) 重组载体导入受体细胞

(4) 复制、表达

重组质粒进入受体细胞后，通过自我复制而扩增，并使受体细胞表达为供体细胞所固有的部分遗传性状。

(5) 筛选、繁殖

所带DNA能表达产生一定质粒，可通过选择性培养基或试剂鉴别出来。

2. 基因工程在医学中的应用

基因工程在医学中的应用主要分为两方面内容，一是疾病的诊断、治疗和预防，疾病的诊断包括基因诊断、基因工程抗原诊断制剂等，疾病的治疗包括基因工程药物、基因工程抗体、基因治疗等，疾病的预防包括基因工程疫苗——亚单位疫苗、核酸疫苗等；二是医学基础研究，包括探讨基因结构和表达，探讨抗体产生的遗传基础，探讨疾病发生机制，探讨发育和分化、人体衰老之谜等。

(1) 疾病诊断

① 基因诊断。用分子生物学方法检测患者体内遗传物质（基因）的存在与水平，分析基因的类型或结构变化以辅助临床诊断的技术称为基因诊断。基因诊断常用方法：多聚合酶链式反应（PCR）；核酸杂交技术如Southern印迹法；限制性片段长度多态性分析。用以上基因诊断方法可诊断得出110余种人类遗传性疾病、感染性疾病及肿瘤。

② 基因工程抗原诊断制剂。将编码某种抗原的基因与适当载体DNA连接，构建成DNA重组体，导入受体细胞中使之表达，从工程菌种提取、纯化出的蛋白即可作为诊断抗原，这一种蛋白即疫苗。梅毒螺旋体、麻疹病毒等的基因工程抗原诊断试剂均有研究报道。

(2) 疾病治疗

① 基因工程药物（蛋白质和多肽类活性物质）

② 基因工程抗体

将编码抗体的基因片断与其他基因嵌合后，直接插入到合适的载体中并转入宿主细胞进行基因表达，从而产生具有高特异性又能被机体接受的抗体。

③ 基因治疗（gene therapy）

狭义的基因治疗指用具有正常功能的基因置换或增补患者体内有缺陷的基因，从而达到治疗疾病的目的。现代基因治疗是指通过导入某些具有治疗作用的基因到患者体内，使其在体内表达，通过基因校正、基因置换或基因增强与基因失活方式，最终达到治疗某种疾病的目的。

目前基因疗法已用于遗传性疾病、肿瘤、心脑血管疾病等的治疗研究：展望21世纪是基因组医学的时代，随着基因功能、基因调控、疾病基因、基因诊断和基因治疗研究的深入，人类对疾病的认识将产生质的飞跃，由组织器官水平、细胞水平到分子水平，并逐步形成以基因和蛋白质等大分子为核心的分子医学新体系。基因工程技术作为基础技术，其应用必将进一步促进医学各领域的发展。

二、基因工程操作技术

1. 核酸凝胶电泳技术

核酸凝胶电泳是分子克隆核心技术之一，用于分离鉴定和纯化DNA或RNA片段，其优点是便于分离、检测及回收。将某种分子放到特定的电场中，这种物质在电场作用下的迁移速度与电场强度成正比，它会以一定的速度向适当的电极移动。在生理条件下，核酸分子中的磷酸基团是离子化的，所以，DNA和RNA实际上呈多聚阴离子状态（polyanions）。DNA、RNA放到电场中，它就会由负极向正极移动，由于在电泳中往往使用无反应活性的稳定的支持介质，电泳迁移率与分子的摩擦系数成反比，而摩擦系数是分子大小、介质黏度等的函数，故可在同一种凝胶中、一定电场强度下分离出不同分子量大小或相同分子量但构型有差异的核酸分子。

① 影响DNA迁移速率的因素：一是DNA分子的大小，双链DNA分子迁移的速率与其碱基对数的常用对数近似成反比；二是琼脂糖浓度，浓度越低，相同核酸分子迁移越快；三是DNA的构象，一般同一个分子呈超螺旋环状时快于线状，呈线状时快于切口环状；四是凝胶和电泳缓冲液中的溴化乙锭（ethidium bromide，EB）插入双链DNA造成其负电荷减少，刚性和长度增加；五是所用的电压，低电压时DNA片段迁移率与所用的电压成正比；六是琼脂糖种类，常见的有两种，即标准琼脂糖和低熔点琼脂糖。

② 琼脂糖凝胶中DNA的检测：通过EB和SYBR Gold染色，在紫外灯下检测。

2. 分子杂交技术

核酸分子单链之间有互补的碱基顺序，碱基对之间非共价键（主要为氢键）的形成使之出现稳定的双链区，这是核酸分子杂交的基础。杂交分子的形成并不要求两条单链的碱基完全互补，不同来源的核酸单链只要彼此之间有一定程度的互补顺序（即某种程度的同源性）就可以形成杂交双链。分子杂交可在DNA与DNA、RNA与RNA或RNA与DNA的两条单链之间进行。由于DNA一般都以双链形式存在，因此在进行分子杂交时，应先将双链DNA分子通过加热或提高pH值解聚成为单链，然后经过复性使单链重新聚合为双链。将一种核酸单链用同位素或非同位素标记成为探针再与另一种核酸单链进行分子杂交，可以用作已知分子链的定性或定量分析。从化学和生物学意义上理解，探针是利用分子杂交技术获得的一种 DNA 或 RNA 分子，它带有供反应后检测的合适标记物，并仅与特异靶分子反应。

3. PCR 技术

PCR（polymerase chain reaction）：聚合酶链式反应，又称体外 DNA 扩增技术，是近年来发展起来的一种用于体外扩增特异 DNA 片段的技术，可用于扩增已知两端序列的 DNA 片段，类似于天然 DNA 的复制过程。以目的 DNA 分子为模板，以分别与模板 5′末端和 3′末端互补的寡核苷酸片段为引物，在 DNA 聚合酶的作用下，按照半保留复制的机制沿着模板链延伸直至合成新的 DNA，重复这一过程，即可使目的 DNA 片段得到扩增。PCR 的优点是灵敏度高、特异性强、拷贝数高、重复性好以及快速、简便等。传统的分子克隆技术将构建的含有目的基因的载体导入细胞进行扩增，并需要用探针进行筛选，涉及 DNA 酶切、连接、转化、培养及探针杂交等技术，而 PCR 简化了传统的分子克隆技术，从而可比较容易地对目的基因进行分析、鉴定。

4. DNA 序列分析

分析 DNA 序列包括分析序列及所代表的类群间的系统发育关系、限制性酶切位点图谱，通过内含子和外显子预测所确定的遗传结构，通过对可读框的分析推导蛋白质编码序列（CDS）、基因结构与序列分析。

5. DNA 片段序列测定的方法

随着人类基因组图谱绘制工作趋于完成，测序策略的成熟、测序方法的改进、自动测序仪的广泛应用、计算机数据分析系统的扩展以及测序分析能力的提高，大大推进了大规模 DNA 测序的进程。

定向测序策略是从一个大片段 DNA 的一端开始按顺序进行分析。传统的方法是用高分辨率限制酶切图谱确定小片段的排列顺序，然后将小片段亚克隆进合适的克隆载体并进行序列分析。

随机测序战略又称鸟枪战略（shotgun strategy），此策略是将人类基因组 DNA 用机械方法随机切割成 2 bp 左右的小片段，把这些 DNA 片段装入适当载体，建立亚克隆文库，从中随机挑取克隆片段。最后通过克隆片段的重叠组装确定大片段 DNA 序列。

多路测序战略（multiplex method）是鸟枪法的一种发展策略，是通过多个随机克隆同时进行电泳及阅读以快速分析 DNA 序列的一种技术，这种方法的复合随机克隆文库来源于相同的基因组 DNA，将 DNA 片段克隆到 20 种不同的质粒载体上，再亚克隆进不同的质粒载体，接着将来源于 20 个亚克隆库的克隆进行测序。

三、工具酶

基因工程的工具酶（instrumental enzyme of gene engineering）是应用于基因工程的各种酶的总称，包括核酸序列分析、标记探针制备、载体构建、目的基因选取、重组体 DNA 制备等程序中所需要的酶类。基因工程常用的工具酶，主要是限制性核酸内切酶和 DNA 连接酶，还有 DNA 聚合酶、反转录酶和修饰酶等。

1. 限制性核酸内切酶

分子手术刀——限制性核酸内切酶来源于原核细胞，能够识别双链 DNA 分子中的某些特定部位两个核苷酸之间的磷酸二酯键并将其断开，产生两种不同的DNA片段末端，分别为黏性末端和平末端。限制性核酸内切酶的识别和酶切活性在一定的温度、离子强度、pH值等条件下最佳，故经常使用专一的反应缓冲液。

很多细胞能识别外来的核酸并将其分解，这是因为细胞中含有特异的核酸内切酶，能识别特定的核酸序列而将核酸切断，同时细胞中有特定的核酸修饰酶，最常见的是甲基化酶，能使细胞自身核酸特定的序列上碱基甲基化，从而避免核酸被内切酶水解，而外来核酸没有这种特异的甲基化修饰，就会被细胞的核酸酶所水解。这样，细胞就构成了限制-修饰体系，其功能就是保护自身的DNA，分解外来的DNA，以保护和维持自身遗传信息的稳定，这对生存和繁衍具有重要意义。这就是限制性核酸内切酶名称中“限制”二字概念的由来。

按限制酶的组成、与修饰酶活性的关系、切断核酸的情况，将限制酶分为三类：

Ⅰ类限制性核酸内切酶由3种不同亚基构成，兼具有修饰酶活性和依赖于ATP的限制性内切酶活性，它能识别和结合于特定的DNA序列位点，随机切断在识别位点以外的DNA序列，通常在识别位点周围400～700 bp。

Ⅱ类限制性核酸内切酶与Ⅰ类酶相似，是多亚蛋白质，既有内切酶活性，又有修饰酶活性，切断位点在识别序列周围25～30 bp范围内，酶促反应除Mg^{2+}外，也需要ATP供给能量。

Ⅲ类限制性核酸内切酶只由一条肽链构成，仅需Mg^{2+}，切割DNA特异性最强，且就在识别位点范围内切断DNA，是分子生物学中应用最广的限制性内切酶。通常在重组DNA技术中提到的限制性核酸内切酶主要指Ⅲ类限制性核酸内切酶。

2. 连接酶

分子缝合针——连接酶分为DNA连接酶和T_4 DNA连接酶，能够连接被切开的磷酸二酯键。这两种连接酶中，DNA连接酶用NAD^+作能源辅助因子，T_4 DNA连接酶用ATP作能源辅助因子。T_4 DNA连接酶是从T_4噬菌体感染的大肠杆菌中纯化的，比较容易制备，还能够将由限制酶切割产生的平末端DNA片段连接起来，因此在分子生物学研究及基因克隆中都有广泛的用途。

体外DNA连接酶的最适温度为37 ℃，但考虑到黏性末端形成的氢键在低温下更加稳定，一般在连接黏性末端时，反应温度可用10～16 ℃。反应时间根据各种连接酶的活性确定，目前大部分市场化的连接酶连接时间在1～12 h。

3. DNA聚合酶

分子克隆操作中，常使用的聚合酶有大肠杆菌DNA聚合酶Ⅰ、大肠杆菌DNA聚合酶、T_4 DNA聚合酶、T_7 DNA聚合酶、逆转录酶等。这些DNA聚合酶能把脱氧核糖核苷酸连续加到双链DNA分子引物链3′-OH末端，催化核苷酸的聚合，其中T_7 DNA聚合酶的聚合能力最强。

(1) DNA聚合酶Ⅰ

DNA聚合酶Ⅰ是在DNA模板的方向上催化核苷酸聚合的酶，是由单一多肽组成的球蛋白。DNA聚合酶Ⅰ是一个多功能酶，有三个不同的活性中心。

① 5′→3′合酶活性：催化单核苷酸结合到DNA模板的3′-OH末端，ssDNA作模板，沿引物的3′-OH方向按模板顺序从5′→3′延伸。

② 5′→3′外切酶活性：DNA聚合酶Ⅰ也能从游离的5末端降解dsDNA成为单核苷酸。

③ 3′→5′外切酶活性：DNA聚合酶还能从游离的3′-OH末端降解dsDNA或ssDNA成为单核苷酸。

(2) Klenow片段

大肠杆菌DNA聚合酶Ⅰ的Klenow片段，又叫作Klenow聚合酶。它是出自大肠杆菌DNA聚合酶Ⅰ全酶，经枯草杆菌蛋白酶（一种蛋白质分解酶）处理之后，产生出来的分子量为76 kDa的大片段分子。Klenow聚合酶仍具有DNA聚合酶Ⅰ5′-3′聚合酶和3′-5′外切酶活性，但缺少完整酶的5′-3′核酸外切酶活性。在DNA分子克隆中，Klenow聚合酶主要用于标记DNA末端和修补DNA经限制酶消化所形成的3′隐蔽末端。

DNA聚合酶的作用是把多个脱氧核糖核苷酸连接为单链DNA，DNA连接酶把DNA单链连接为DNA双链。两者都用于连接脱氧核糖和磷酸之间的磷酸二酯键。

四、基因工程载体

分子运输车——载体是携带目的基因进入宿主细胞进行扩增和表达的工具，决定了目的基因能否有效转入并维持高效表达。由于分离或重建的基因和核酸序列自身不能繁殖，因此需要载体携带它们到合适的细胞中复制和表现功能。理想的基因工程载体一般至少有以下几点要求：

① 能在宿主细胞中复制繁殖，而且最好要有较高的自主复制能力。

② 容易进入宿主细胞，而且进入效率越高越好。

③ 容易插入外来核酸片段，插入后不影响其进入宿主细胞和在细胞中的复制。这就要求载体DNA上要有合适的限制性核酸内切酶位点。

④ 容易从宿主细胞中分离纯化出来便于重组操作。

⑤ 有容易被识别筛选的标志，当其进入宿主细胞或携带着外来的核酸序列进入宿主细胞时都能容易被辨认和分离出来。

按功能分类，基因工程载体有克隆载体、表达载体和整合载体，按来源将载体分为质粒、λ噬菌体衍生物或动植物病毒等。不同质粒如果被导入同一个细胞中，它们在复制及随后被分配到子细胞的过程中，就会彼此竞争，几种质粒中只能有一种长期稳定地留在细胞中，形成所谓质粒不相容的现象。

1. 质粒载体

质粒存在于许多真核细胞中，是除细胞染色体外能够携带遗传信息的环状DNA分子，可以自主复制和表达。特点为能在宿主细胞中稳定保存并大量复制；有多个限制酶切点，便于与外源基因相连；有标记基因，利于筛选；质粒DNA携带有自己的复制起始区以及一个控制质粒拷贝数的基因，因此它能独立于宿主细胞的染色体DNA而自主复制。

2. 动物病毒载体

质粒和噬菌体载体只能在细菌中繁殖，不能满足真核DNA重组需要。感染动物的病毒可经改造用作动物细胞的载体。因动物细胞的培养和操作较复杂，花费也较多，故病毒载体构建时一般都把质粒复制起始序列放置其中，使载体及其携带的外来序列能方便地在细菌中繁殖和克隆，然后再引入真核细胞。目前常用病毒载体有猴肾病毒、逆转录病毒和昆虫杆状病毒等，使用这些病毒载体的目的是将目的基因放入动物细胞中表达，或试验其功能，或用作基因治疗等。

3. 酵母人工染色体

该载体在酵母细胞中以线性双链DNA的形式存在，每个细胞内只有单拷贝，包含酵母染色体自主复制序列、端粒序列、酵母菌选择标记基因等。在细胞分裂和遗传过程中，它能将染色体载体均匀分配到子细胞中，并保持相对独立和稳定。酵母菌选择标记基因SUP4表达时转化的子菌落呈白色，不表达时呈红色。外源基因的插入可灭活SUP4基因，获得红色的重组转化子。此载体可插入200～800 kb的外源基因片段，因而特别适合高等真核生物基因组的克隆与表达研究。

五、目的基因的获得

目的基因是指需要研究的带有特定基因片段的结构基因。目的基因的来源为自然物种分离和人工合成两种方式。实验室的目的基因常从基因文库中获取，或通过PCR技术扩增目的基因。

1. 基因组DNA文库

从生物组织细胞提取出全部DNA，用物理方法或酶法将DNA降解成预期大小的片段，然后将这些片段与适当的载体连接，转入受体细菌或细胞，这样，每一个细胞含有基因组DNA片段与载体连接的重组DNA分子，而且可以繁殖扩增，这些细胞组成含有基因组各DNA片段克隆的集合体，就称为基因组DNA文库（genomic DNA library）。基因文库又分为只含有一种生物的全部基因的基因组文库及只包含一种生物的部分基因的部分基因文库。可以根据目的基因DNA序列、基因功能、转录产物等特性，在基因文库中便可找到我们需要的目的基因。

如果这个文库足够大，能包含该生物基因组DNA全部的序列，就是该生物完整的基因组文库，则能从此文库中调取该生物的全部基因或DNA序列，从基因组含有生物生存、活动和繁殖的全部遗传信息的概念出发，基因组文库是具有生物种属特异性的。构建基因组文库，再用分子杂交等技术去克隆基因的方法，称为鸟枪法或散弹射击法，意味着从含有众多的基因序列克隆群中去获取目的基因或序列。当生物基因组比较小时，此法较易成功；当生物基因组很大时，构建其完整的基因组文库就非易事，从庞大的文库中去克隆目的基因的工程量也很大。

2. cDNA文库

提取出组织细胞的全部mRNA，在体外反转录成cDNA，与适当的载体连接后转化受体菌，则每个细菌都含有cDNA，并能繁殖扩增，这样包含着细胞全部mRNA信息的

cDNA 克隆集合称为该组织细胞的 cDNA 文库，基因组含有的基因在特定的组织细胞中只有一部分表达，而且处在不同环境条件、不同分化时期的细胞，其基因表达的种类和强度也不尽相同，所以 cDNA 文库具有组织细胞特异性。cDNA 文库显然比基因组 DNA 文库小得多，能够比较容易从中筛选克隆得到细胞特异表达的基因。但对真核细胞来说，从基因组 DNA 文库获得的基因与从 cDNA 文库获得的不同，基因组 DNA 文库所含的是带内含子和外显子的基因组基因，而从 cDNA 文库中获得的是已经过剪接、去除内含子的 cDNA。

3. 多聚酶链式反应

若已知目的基因的序列，可通过 PCR 技术从基因组中获得目的基因，不必经过复杂的 DNA 文库构建过程。PCR 全称为多聚酶链式反应，是生物体外复制特定 DNA 片段的核酸合成技术，利用 DNA 复制的原理，以模板 DNA、引物、四种脱氧核苷酸及聚合酶、含有镁离子的缓冲液为原料，根据碱基互补配对原则得到目的基因，其中，人工合成引物的序列设计是 PCR 成功的关键。整个过程分为三步，依次为 DNA 变性、复性和延伸，PCR 技术基本反应步骤见表 5－3 所列。其后再按高温变性、低温退火、适温合成三步反复循环，新合成的 DNA 在下一个循环中又用作模板使用，每循环一次，合成的目的序列扩增一倍，且很快扩增出的序列主要被限制在所设计的一对引物规定的模板序列范围内，一般循环 30～40 次，按理论计算，目的序列可扩增 2^{30}～2^{40} 倍，而实际上由于底物和引物的消耗、酶的失活等因素，产物量并不是始终以指数速率增加的，但通常从实验中获得目的序列 10^{6}～10^{8} 倍的扩增产物并不困难，因而 PCR 具有高灵敏度；由于引物与模板的配对、互补结合的特异性，因而 PCR 也具有高特异性。所以使用 PCR 在成千上万的基因序列中获得微量的特定目的基因序列，将 PCR 获得的目的序列产物接在适当的载体上，转化进入受体细胞，经筛选就能得到带有目的序列的克隆。

表 5－3　PCR 技术基本反应步骤

步骤	温度	反应过程
变性	90 ～ 95 ℃	双链 DNA 模板在热作用下氢键断裂，形成单链 DNA
复性	55 ～ 60 ℃	引物与 DNA 模板结合，形成局部双链
延伸	70 ～ 75 ℃	在 DNA 聚合酶的作用下，从引物的 5′端到 3′端延伸，合成与模板互补的 DNA 链

现在 PCR 技术还在不断发展，已知部分序列或未知序列的基因也能设计 PCR 来扩增和克隆，模板核酸可用双链 DNA、单链 DNA，甚至 RNA。由于 PCR 的高灵敏度和特异性，在基因诊断上有更广泛的应用。

4. 人工合成目的基因

化学合成法：蛋白质→氨基酸序列→RNA 碱基序列→DNA 碱基序列→用 4 种脱氧核糖核苷酸人工合成目的基因

反转录法：分离出供体细胞 mRNA→在逆转录酶作用下生成单链 DNA→在 DNA 聚合酶作用下合成目的基因

(1) 基因表达载体的构建——基因工程的核心

基因表达载体的目的是使目的基因在受体细胞中稳定存在，并且可以遗传给下一代，同时使目的基因能够表达和发挥作用，基因表达载体的组成包括启动子、目的基因、终止子以及标记基因。启动子是位于基因首端的一段特殊的 DNA 片段，它是 RNA 聚合酶识别和结合的部位，能够驱动 mRNA 转录，获得蛋白质；终止子是位于基因尾端的 DNA 片段，能够终止 mRNA 转录；标记基因是为了鉴别受体细胞中是否含有携带目的基因的 DNA 片段。

基因表达载体的构建过程：①用一定的限制酶切割质粒，使其出现一个切口，露出黏性末端；②用同一种限制酶切断目的基因，使其产生相同的黏性末端；③将切下的目的基因片段插入质粒的切口处，加入适量 DNA 连接酶，形成一个重组 DNA 分子。

(2) 重组子导入细胞

目的基因序列与载体连接后，要导入细胞中才能繁殖扩增，再经过筛选，获得重组 DNA 分子克隆，不同的载体在不同的宿主细胞中繁殖，导入细胞的方法也不相同。

① 转化。即外源 DNA 的进入而使细胞遗传性状改变，并在受体细胞中维持稳定表达的过程，实质是将目的基因整合到受体细胞染色体上。常用的受体细胞有动植物细胞、大肠杆菌、农杆菌等。工作中可采取一些方法处理受体细胞使其变为感受态细胞，经处理后的细胞再与外源 DNA 接触就容易接受外界 DNA，从而提高转化效率。例如大肠杆菌经冰冷 $CaCl_2$ 的处理，就成为感受态细菌，当加入重组质粒并迅速由 4 ℃转入 42 ℃做短时间处理，质粒 DNA 就能进入感受态细菌不变。不同细胞间重组子转化方式比较见表 5-4 所列。

表 5-4　不同细胞间重组子转化方式比较

项　目	植物细胞	动物细胞	微生物细胞
常用转化法	农杆菌转化法	显微注射法	钙离子处理法
受体细胞	体细胞	受精卵	原核细胞
转化过程	将目的基因插入 T 质粒→转入农杆菌→导入植物细胞→整合到受体细胞的 DNA	目的基因的表达载体提纯→取卵→获得受精卵→显微注射→早期胚胎培养→胚胎移植→发育成为具有新性状的动物	用钙离子处理细胞→感受态细胞→重组表达载体 DNA 分子与感受态细胞混合→感受态细胞吸收

② 感染。即噬菌体进入宿主细菌，病毒进入宿主细胞中繁殖。用经人工改造的噬菌体活病毒作载体，以其 DNA 与目的 DNA 序列重组后，在体外用噬菌体或病毒的外壳蛋白将重组 DNA 包装成有活力的噬菌体或病毒，就能以感染的方式进入宿主细菌或细胞，使目的序列得以复制、繁殖。感染的效率很高，但将 DNA 包装成噬菌体或病毒的操作较

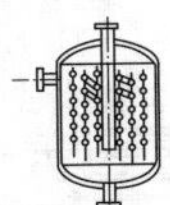

麻烦。

③ 转染。重组的噬菌体 DNA 以类似质粒 DNA 的方式进入宿主菌，即受体菌先经过 $CaCl_2$、电穿孔等方法处理成感受态细菌后，再接受质粒 DNA，进入感受态细菌的噬菌体 DNA 可以同样复制和繁殖。

六、基因的重组与检测

导入过程完成后，目的序列与载体 DNA 正确连接的概率、重组导入细胞的概率都不是百分之百的，真正能摄入重组 DNA 分子的受体细胞很少，因而最后生长繁殖出来的细胞并不一定都带有目的序列，且重组 DNA 分子即使进入受体细胞也不一定能稳定维持和表达，故需要进行目的基因的检测和鉴定。在构建载体、选择宿主细胞、设计分子克隆方案时都必须仔细考虑筛选的问题。

1. 筛选

载体携带的最常见的标志是抗药性标志，如抗氨苄青霉素、抗四环素、抗卡那霉素等。当培养基中含有抗生素时，只有携带相应抗药性基因的载体细胞能生存繁殖。如果外源目的序列插在载体的抗药性基因中间使抗药性基因失活，这个抗药性标志就会消失。根据重组载体的标志，可以筛选出大量的非目的重组体，但这还只是粗筛。有时细菌可能发生变异而引起抗药性改变，却并不代表目的序列的插入，所以需要做进一步细致的筛选。PCR 技术的出现给克隆的筛选增加了一个新手段。如果已知目的序列的长度和两端的序列，则可以设计合成一对引物，以转化细胞所得的 DNA 为模板进行扩增，若能得到预期长度的 PCR 产物，则该转化细胞就可能含有目的序列。

2. 鉴定

利用标记的核酸作为探针与转化细胞的 DNA 进行分子杂交，可以直接筛选和鉴定目的序列克隆。常用的方法是将转化后生长的菌落复印到硝酸纤维膜上，用碱裂解菌，菌落释放的 DNA 就吸附在膜上了，再与标记的核酸探针温育杂交，核酸探针就结合在含有目的序列的菌落 DNA 上而不被洗脱。核酸探针可以用放射性核素标记，结合了放射性核酸探针的菌落团可用放射性自显影法指示出来，核酸探针也可以用非放射性物质标记，通常是经颜色呈现来指示位置，这样就可以将含有目的序列的菌落挑选出来。

根据鉴定层面不同，分为分子水平和个体水平鉴定。

（1）分子水平鉴定

检测转基因生物的染色体 DNA 上是否插入了目的基因，使用 DNA 分子杂交技术，现象为是否出现杂交带；检测目的基因是否转录出 mRNA，使用 DNA 分子杂交技术，现象为是否出现杂交带；检测目的基因是否翻译成蛋白质，使用抗原-抗体杂交法，现象为是否出现杂交带。

（2）个体水平鉴定

常用于抗虫、抗病和活性鉴定等，使用侵染实验法，现象为是否出现病害。

七、外源基因的表达

基因表达是指结构基因在调控序列的作用下转录成 mRNA，加工后在核糖体的协助下又得到相应基因的产物蛋白质，在受体细胞环境中经修饰而显示出相应的功能。从基因到有功能的产物，这整个转录、翻译及加工过程就是基因表达过程，它是在一系列酶和调控序列的共同作用下完成的。

1. 基因表达在原核生物与真核生物中的差别

目前已构建出了多种基因表达系统，包括原核生物表达系统和真核生物表达系统，不同的表达系统具有各自的特点。在原核生物中，基因表达是以操纵子的形式进行的。当操纵子的调节基因与 RNA 聚合酶作用时，结构基因则开始转录成相应的 mRNA，与此同时，mRNA 立即与核糖体结合转译出相应的多肽或蛋白质，转录完毕时转译也完成，随之 mRNA 也被水解掉。在真核生物基因表达系统中，转录是在核内进行的，首先生成 hnRNA，再加工去掉内含子使外显子相连接，并修饰 5′和 3′末端后才形成 mRNA。而 mRNA 只能在细胞浆中的核糖体上转译成多肽或蛋白质，再经过加工、糖化，形成高级结构。

2. 基因的表达机制

（1）外源基因的起始转录

外源基因的起始转录是基因表达的关键步骤。转录起始的速率是基因表达的限速步骤，选择可调控的启动子和其相关调控序列是构建表达系统至关重要的问题。

（2）mRNA 的延伸与稳定

外源基因起始转录后，保持 mRNA 的有效延伸、终止及稳定存在是外源基因有效表达的关键。注意，要防止因转录物内的衰减和非特异性终止而诱发的 mRNA 转录提前终止的现象；要存在正常的转录终止序列以防止产生不必要的转录产物，使 mRNA 的长度限制在一定范围内，从而增加外源基因表达的稳定性。

（3）外源基因 mRNA 的有效翻译

若外源基因 mRNA 的主密码子与受体细胞基因组的主密码子相同或接近，则该基因表达的效率就高。①AUG（ATG）是首选的起始密码子。②SD 序列为与核糖体 16S rRNA 互补结合的位点，该序列至少含 AGGAGG 序列中的 4 个碱基。③SD 序列与翻译起始密码子之间的距离为 3～9 个碱基。④在翻译起始区周围序列不易形成明显的二级结构。

（4）表达蛋白在细胞中的稳定性

避免外源基因表达蛋白降解；构建融合蛋白表达系统；构建分泌蛋白表达系统；构建包涵体表达系统；选择蛋白水解酶基因缺陷型的受体系统。

3. 基因表达调控元件

（1）启动子

启动子是 RNA 聚合酶用于识别和结合的一段 DNA 序列，它位于基因的上游，RNA 聚合酶正是通过与它的结合而启动基因的转录。启动子特征：序列特异性、方向性、位置特性、种属特异性。

（2）增强子

增强子是能够增强启动子转录活性的 DNA 顺式作用元件，又称强化子。增强子的特性：双向性、重复序列、行使功能与所处的位置无关、特异性。增强子不仅与同源基因相连时有调控功能，与异源基因相连时也有功能。

(3) 终止子

本征终止子不需要其他蛋白辅助因子便可在特殊的RNA结构区内实现终止作用，依赖终止信号的终止子要依赖专一的蛋白质辅助因子发挥作用。

(4) 衰减子

衰减子是位于mRNA分子前导序列中的一段控制蛋白质合成起始速率的调节区，亦为发生弱化作用的转录终止信号序列，又称弱化子。

(5) 绝缘子

绝缘子既是基因表达的调控元件，也是一种边界元件，它能阻止邻近的调控元件对其所界定基因的启动子起增强或抑制作用。绝缘子抑制增强子的功能是有极性的，它只能抑制处于自身所在边界另一侧的增强子的作用，而对处于同一结构域的增强子没有抑制作用。绝缘子对基因表达的调控是一个非常复杂的过程，它是通过细胞内特定的蛋白质因子相互作用而产生调控效应的。

(6) 反义子

同某种天然mRNA反向互补的RNA分子称为反义子，即反义RNA，是一种基因表达抑制因子，它是由双链DNA中的无意义链转录产生的，可以用来阻止被其转化的细胞中存在的与之互补mRNA的转录活性。反义子从DNA的复制、转录和翻译三个水平上对基因的表达起调节作用，其中以对蛋白质合成的抑制最为普遍。

4. 外源基因表达的调节

(1) 复制水平的调节

一是直接抑制，反义RNA与引物RNA前体通过碱基配对的方式互补，使得引物RNA无法与DNA模板结合，抑制基因的正常表达；二是间接抑制，反义RNA通过阻断复制激活蛋白因子的合成而间接抑制DNA的复制。

(2) 转录水平的调节

反义RNA通过与mRNA的5′端互补结合而阻止转录的延伸；作用于mRNA的poly (A)区域，抑制mRNA的成熟及其运输。

(3) 翻译水平的调节

通过与mRNA的5′端SD序列结合，改变其空间构象，从而影响核糖体在mRNA上的定位；通过与mRNA的5′端编码区（如起始密码子）结合，直接抑制翻译的起始。

八、基因工程技术在食品工业中的应用

1. 改造食品原材料

(1) 转基因植物源食品

转基因植物可通过改造而具有抗病虫害的能力，有深远的经济意义。1986年首次获得能够抗烟草花叶病毒的转基因烟草植株，其对烟草花叶病毒的预防效果可达70%。目前利用基因工程不断获得了各种抗病毒植株，如抗病虫害长颈南瓜和抗虫害转基因

土豆。我国及菲律宾培育出的超级水稻，为人口日益增长、粮食日益短缺的世界带来一线光明。

（2）转基因动物源食品

动物转基因技术尚未达到高等植物转基因技术的发展水平，但人们仍设法用它来表达高价值蛋白，并且已在家畜及鱼类育种上初见成效。将人生长激素基因和鱼生长激素基因导入鲤鱼，培育成当代转基因鱼，其生长速度比对照组快，并从子代中测得了生长激素基因的表达。

2. 改良食品营养品质

（1）蛋白质的改良

食品中动植物蛋白含量不高或比例不恰当，可能导致蛋白营养不良。采用基因工程技术，生产具有合理营养价值的食品，让人们只需吃较少的食品，就可以满足营养需求。例如，豆类植物中蛋氨酸的含量很低，但赖氨酸的含量很高；而谷类作物中对应的氨基酸含量正好相反，通过基因工程技术，可将谷类植物基因导入豆类植物，开发蛋氨酸含量高的转基因大豆。把玉米种子中克隆得到的富含必需氨基酸的玉米醇溶蛋白基因导入马铃薯中，使转基因马铃薯块茎中的必需氨基酸含量提高了10%以上，含硫氨基酸提高效果尤为显著。

（2）油脂的改良

对油脂品质的改善主要集中在两个方面：控制脂肪酸的长度和饱和度。油脂的酸败是油脂品质下降的主要原因。目前已知豆类中的脂氧合酶在酸败过程中扮演重要角色。美国 Dupont 公司通过反义抑制或共同抑制油酸酯脱氢酶活性，成功开发高油酸含量的大豆油。这种新型油具有良好的氧化稳定性，很适合用作煎炸油和烹调油。导入硬脂酸-ACP 脱氢酶的反义基因，油菜种子中硬脂酸的含量从 2%增加到 40%；硬脂酸-CoA 可使转基因作物中饱和脂肪酸（软脂酸、硬脂酸）的含量下降，不饱和脂肪酸（油酸、亚油酸）的含量增加，其中油酸的含量可增加 7 倍。

（3）碳水化合物的改良

对碳水化合物的改进，只有通过对酶的改变来调节其含量。高等植物体中涉及淀粉合成的酶类主要有 ADPP 葡萄糖焦磷酸酶、淀粉合成酶。通过反义基因抑制淀粉分支酶可获得完全只含直链淀粉的转基因马铃薯，其淀粉含量平均提高 20%～30%。

3. 改良微生物菌种的性能

（1）改良面包酵母菌的性能

面包酵母是最早采用基因工程技术改造的食品微生物。国外专家将优良酶基因转入面包酵母菌后，其含有的麦芽糖透性酶及麦芽糖的含量比普通面包酵母高，面包加工中产生二氧化碳气体量提高，最终可生产出膨发性更加良好和更加松软可口的面包。

（2）改良啤酒酵母菌的性能

国外专家采用基因工程技术将大麦中的淀粉酶基因转入啤酒酵母中，即可直接利用淀粉发酵，使生产流程缩短，简化工序。根据同源重组的原理，通过自克隆技术改造啤酒酵母工业菌株，工程菌的谷胱甘肽含量比受体菌株提高，酒的抗老化能力得到了显著提高，而营养指标没发生显著变化。

4. 开发保健食品和食品疫苗

食品疫苗就是将致病微生物的有关蛋白（抗原）基因，通过转基因技术导入植物受体中进行表达，得到具有抵抗相关疾病能力的疫苗。已获成功的有狂犬病病毒，乙肝表面抗原，链球菌突变株表面蛋白，转基因马铃薯、香蕉、番茄等10多种的食品疫苗，等等。

5. 改善食品风味

利用基因工程技术还可以生产食品香味剂和风味剂，如香草可可香素、菠萝风味剂，以及高级的天然色素，如类胡萝卜素、花色苷素、咖喱黄、紫色素，并且通过杂种选育的色素含量高，色调和稳定性好。

九、转基因食品及其安全性

转基因技术（transgenic technique）是通过人工方式将外源基因整合到生物体基因组内，并使该转基因生物能稳定地将此基因遗传给后代的技术。转基因技术标志着不同种类生物的基因都能通过基因工程技术进行重组，人类可以根据自己的意愿定向地改造生物的遗传特性，创造新的生命类型。

转基因食品不仅为解决人类的食物短缺问题提供了有效的办法，还可以增加食品的种类，改进食品的营养成分，延长食品货架期，增加作物的抗虫害、耐寒、抗高温、耐盐碱、抗倒伏、抗除草剂的能力等，具有潜在的巨大的经济效益和社会效益。

转基因食品是否会因突变而有害人体健康，是人们对转基因食品安全性产生怀疑的主要原因。对转基因食品的担忧主要涉及以下几个方面：其一，转基因食品的直接影响，包括损害营养成分、增加毒性或过敏物质的可能性；其二，转基因食品的间接影响，如经遗传工程修饰的基因片段导入后，引发基因突变或改变代谢途径，致使其最终产物可能含有新的成分或改变现有成分的含量；其三，植物里导入了具有抗除草剂或杀虫功能的基因后，是否会像其他有害物质那样能通过食物链进入人体；其四，转基因食品经由胃肠道的吸收而将基因转移至肠道微生物中，是否会对人体健康造成影响。

对于环境安全性的问题主要是指转基因植物释放到田间后，是否会将该基因转移到野生植物中，是否会破坏自然生态环境，打破原有生物种群的动态平衡，包括转基因生物对农业和生态环境的影响；产生超级杂草的可能性；种植抗虫转基因植物后，可能使害虫产生免疫并遗传，是否产生更加难以消灭的超级害虫；转基因向非目标生物转移的可能性；转基因生物是否会破坏生物的多样性。

近年来，转基因食品的研发进展十分迅速，生产规模不断扩大，生产品种日趋增多，转基因食品在解决食品短缺、保障食物安全、促进人类健康、保护生态环境等方面无疑将产生越来越大的影响。虽然全球范围内对转基因食品安全性的争论仍持久不休，有些国际组织及国家对转基因食品仍持观望、怀疑甚至否定态度，但从发展的总体趋势来看，越来越多的国家对转基因食品的发展采取了积极扶持的态度，越来越多的消费者已逐步接受转基因食品。

第五节 蛋白质工程技术

一、蛋白质工程的定义和内容

基因工程原则上只能生产自然界已存在的蛋白质，这些天然蛋白质是在生物长期进化过程中形成的，它们的结构和功能符合物种生存的需要，但却不一定符合人类生活和生产的需要。天然的正常构象是蛋白质的最佳状态，这时它既能高效地发挥功能，又便于机体的正常调控，因其极易失活而中止作用。但在生物体外，特别是工业化的粗放生产条件下，表现为酶分子性质的极不稳定，导致其难以持续发挥应有的功能，这成为限制其推广应用的主要原因，如温度、压力、机械力、重金属、有机溶剂、氧化剂以及极端pH值等都会影响它的作用。

蛋白质工程技术针对这一现状，对天然蛋白质进行改造、改良或全新设计模拟，使目的蛋白质具有特殊的结构和性质，能够抵御外界的不良环境，即使在极端恶劣条件下也能继续发挥作用，因而蛋白质工程具有广阔的应用前景。蛋白质工程（protein engineering）是基于已知蛋白质的结构与生物功能之间的关系，通过物理、化学和分子生物学等技术手段对蛋白质结构基因进行修饰或改造，让生物表达合成具有特定功能的全新蛋白质的技术，是在基因重组技术、生物化学、分子生物学、分子遗传学等学科的基础之上，融合了蛋白质晶体学等多学科而发展起来的新兴研究领域。蛋白质工程的主要目标是改善已知蛋白质分子的特性和功能缺陷，包括提高热稳定性及酸碱稳定性，增强抗氧化能力和抗重金属离子能力，改善酶学性质等。蛋白质组学时代将从对基因信息的研究转向对蛋白质信息的研究，包括研究蛋白质结构、功能、应用及蛋白质相互关系和作用。蛋白质工程就是在对蛋白质的化学、晶体学、动力学等结构与功能的认识的基础上，对蛋白质进行人工改造与合成，最终获得商业化的产品。

蛋白质工程内容主要有两个方面：一是根据需要，合成具有特定氨基酸序列和空间结构的蛋白质；二是确定蛋白质化学组成、空间结构与生物功能之间的关系。在此基础之上，实现从氨基酸序列预测蛋白质的空间结构和生物功能，设计合成具有特定生物功能的全新的蛋白质，这也是蛋白质工程根本的目标之一。

1. 蛋白质工程研究的基本步骤

① 分离纯化目的蛋白，使之结晶，并做X晶体衍射分析，结合核磁共振等其他方法的分析结果，得到其空间结构的尽可能多的信息；

② 对目的蛋白的功能做详尽的研究，确定它的功能域；

③ 通过对蛋白质的一级结构、空间结构和功能之间的相互关系的分析，找出关键的基团和结构；

④ 提出对目的蛋白分子的改建或构建方案，并用基因工程的方法实施；

⑤ 对经过改造的蛋白质进行功能性测定，检验改造的效果如何。

2. 蛋白质改造方法

蛋白质工程研究的内容是以蛋白质结构功能关系的知识为基础，通过周密的分子设计把蛋白质改造为预期的、有新特征的突变蛋白质，在基因水平上对蛋白质进行改造，按改造的规模和程度可以分为：

大改——根据氨基酸的性质和特点，设计并制造出自然界中不存在的全新蛋白质，具有特定的氨基酸序列、空间结构和预期功能；

中改——蛋白质分子中替代某一段或者一个特定的结构域；

小改——通过基因工程的定点诱变技术，有目的地改造蛋白质分子中某活性部位的一个或几个氨基酸残基，以改善蛋白质的性质和功能。

3. 合成全新蛋白质方法

基于天然蛋白质结构改造的蛋白质工程可以优化蛋白质的活性，而全新蛋白质设计的目的是合成具有新奇的结构与功能的新蛋白质。

从头设计一个蛋白质的基本步骤：

从已知三维结构的数据库中挑选出一个合适的片段，进行修改和组合→构建一个多肽链骨架模型→依据氨基酸残基的统计学数据和排列的优先顺序，确定每个残基位置上的氨基酸→优化目标蛋白的三维模型→检验和考核所给定的目标蛋白质结构是否合理，对所设计的模型做进一步修正→经几轮的设计、检验和再设计，获得一个正确折叠和带有人们预期功能的目标蛋白质

二、定点突变技术

定点突变技术（site - directed mutagenesis）可以有目的性地在已知的DNA序列中取代、插入或删除一定的核苷酸片段，可以有目的或有针对性地改变DNA序列中的碱基次序，可以用来阐明基因的调控机理，可以用来研究蛋白质结构与功能之间的关系，其实质是目的基因上碱基的置换。定点突变能迅速、高效地提高DNA所表达的目的蛋白的性状及表征，是基因研究工作中一种非常有用的手段。

1. 定点突变的目的

基因定点突变是指按照设计的要求，使基因的特定序列发生碱基插入、删除、置换和重排等变异。体外定点突变技术是研究蛋白质结构和功能之间关系的有力工具之一。蛋白质的结构决定其功能，对某个已知基因的特定碱基进行定点删除或者插入，可以改变对应的氨基酸序列和蛋白质结构与功能，从而改造酶的不同活性或者动力学特性。

2. 常见的定点突变技术

（1）盒式突变

利用一段人工合成的含基因突变序列的寡核苷酸片段，取代野生型基因中的相应序列，该法虽简单易行，但成本较高。然而，并非在所有变异区附近都能找到合适的限制位点，如果不存在限制位点，就要用寡核苷酸指导的定位诱变引入限制位点。

（2）寡核苷酸引物介导

利用含有突变碱基的寡核苷酸片段作引物，在聚合酶的作用下启动对DNA分子的复制，随后这段寡核苷酸引物成为新合成DNA子链的一部分，新链便具有已发生突变的碱

基序列。

（3）PCR 介导的定点突变

最初所建立的 PCR 方法中，只要引物带有错配碱基便可使 PCR 产物的末端引入突变。但是诱变部分并不总在 DNA 的中间部分进行诱变。目前采用重组 PCR 进行定位诱变，可以在 DNA 片段的任意部位产生定位突变。PCR 介导的定点突变具有以下优势：突变体回收率高，有时不需要进行突变体筛选；能用双链 DNA 作为模板，可以在任何位点引入突变；可以在同一支试管中完成所有反应；快速简便，无须在噬菌体 M_{13} 载体上进行分子克隆。

3. 定点突变用途

近年来，由于突变技术使得人们可以按照自己的意愿改造基因或蛋白质，从而可取得改变后的产物，使其造福于人类。因此突变技术已广泛应用在各个领域，具有广阔的应用前景。定点突变法不仅广泛用于基因工程技术领域，还可用于农业培育抗虫、抗病的良种，用于医学矫正遗传病、治疗癌症等。定点突变技术的潜在应用领域很广，比如研究蛋白质相互作用位点的结构，改造酶的不同活性或者动力学特性，改造启动子或者 DNA 作用元件，引入新的酶切位点，提高蛋白的抗原性或者稳定性、活性，研究蛋白的晶体结构，以及药物研发、基因治疗等方面。在分子生物学和基因工程中可以探明未知序列的结构和功能的关系，如启动子诱变筛选、真核的 TATA 盒保守序列确定。

三、蛋白质工程技术在食品工业中的应用

蛋白质工程自问世以来，已取得了引人注目的进展，在医学和工业用酶等各方面获得了良好的应用前景。在实际生产中，可以应用蛋白质工程对一些生产中的重要酶或蛋白质性质加以改造，提高现有酶或蛋白质的工业实用性。

利用蛋白质工程技术提高溶菌酶的热稳定性是其应用的典型事例。溶菌酶是一种广泛应用于食品工业的酶制剂，其催化速率随温度升高而升高，蛋白质晶体结构研究表明，T_4溶菌酶分子的一个特性是其第 97 位和 54 位残基上是两个未形成二硫键的半胱氨酸。所以采用定位突变技术使该菌肽链第 9 位和第 164 位氨基酸残基转变为半胱氨酸，并形成一对二硫键，获得的突变体的酶活性比天然酶高 6%，熔点温度提高 6.4 ℃；新引入的“工程二硫键”能够稳定两个结构域之间的相对位置，进而稳定了由两个结构域所形成的活性中心，显著提高溶菌酶的热稳定性。

蛋白质工程技术还可以通过转化氨基酸残基提高酶的热稳定性。通过寡核苷酸介导的定向诱变技术，将酿酒酵母的磷酸丙糖异构酶第 14 位和第 78 位上的两个天冬酰胺分别转变成苏氨酸和异亮氨酸残基，大幅度提高突变酶的热稳定性。采用盒式突变技术将葡萄糖异构酶分子中酸性氨基酸集中的区域置换为碱性氨基酸，可使葡萄糖异构酶的最适 pH 值范围变为酸性，即可在高温下进行反应，扩宽酶的适用范围。利用定向诱变技术将酶分子第 51 位苏氨酸残基改变为脯氨酸残基，使酶与 ATP 的亲和力增加了近 100 倍，提高了酶的催化活性，而且大幅度提高了最大反应速度。

参考文献

[1] 张栩．发酵工程在食品工业中的应用［J］．食品安全导刊，2018（14）：31.
[2] 韩北忠．发酵工程［M］．北京：中国轻工业出版社，2013.
[3] 韩德权．发酵工程［M］．哈尔滨：黑龙江大学出版社，2008.
[4] 李玉英．发酵工程［M］．北京：中国农业大学出版社，2009.
[5] 吴士筠．酶工程技术［M］．武汉：华中师范大学出版社，2009.
[6] 杜翠红．酶工程［M］．武汉：华中科技大学出版社，2014.
[7] 袁勤生．酶与酶工程［M］．上海：华东理工大学出版社，2012.
[8] 周晓云．酶学原理与酶工程［M］．北京：中国轻工业出版社，2005.
[9] 郭勇．酶工程研究进展与发展前景［J］．华南理工大学学报（自然科学），2002（11）：130－133.
[10] 盛国华．国内外生物技术、酶工程与发酵工程的发展概况［C］．北京食品学会，1987：43.
[11] 刘建福．细胞工程［M］．武汉：华中科技大学出版社，2014.
[12] 李志勇．细胞工程［M］．北京：科学出版社，2003.
[13] 潘瑞炽．植物细胞工程［M］．广州：广东高等教育出版社，2008.
[14] 李青旺．动物细胞工程与实践［M］．北京：化学工业出版社，2005.
[15] 邱忠毅．细胞工程技术的应用［J］．生物化工，2018（04）：140－143.
[16] 郑振宇．基因工程［M］．武汉：华中科技大学出版社，2015.
[17] 彭银祥．基因工程［M］．武汉：华中科技大学出版社，2007.
[18] 张惠展．基因工程［M］．上海：华东理工大学出版社，2005.
[19] 才琳．现代生物技术在食品工程中的应用［J］．食品安全导刊，2016（36）：66.
[20] 马萌．基因工程的利与弊及发展前景［J］．科技风，2013（18）：236.
[21] 薄惠，张利娟．蛋白质工程发展的现实意义［J］．信息化建设，2016（03）：406.
[22] 梅慧生．蛋白质工程：生物技术竞争的新焦点［J］．国际技术经济研究学报，1988（04）：28－34.
[23] 杨丽妲，东梅，冷滨，等．蛋白质工程的发展与应用［J］．黑龙江科学，2014，5（11）：39.
[24] 黄耀江．蛋白质工程原理及应用［M］．北京：中央民族大学出版社，2007.
[25] 刘贤锡．蛋白质工程原理与技术［M］．济南：山东大学出版社，2002.

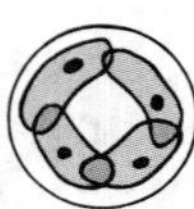

第六章　食品贮藏保鲜技术

果蔬采收后如若不做保鲜处理，则会因生理衰老、细菌性危害及机械损伤等因素而腐烂变质。据统计，果蔬从田间到餐桌过程中因保鲜技术不善而造成的损失达20%～40%。果蔬在贮运过程中不断地进行着生命活动，主要表现形式为呼吸作用。贮藏保鲜的基本原理是将果蔬的生命活动控制在最小限度，以延长果蔬的生存期，在果蔬保鲜过程中，采用最多的方式是降低果蔬贮藏温度，在不破坏果蔬缓慢而正常的代谢机能的前提下，温度愈低，愈能延缓其衰老过程。为保证果蔬产品附加值的实现和资源的充分利用，进一步研究开发果蔬保鲜技术刻不容缓。

一、速冻保藏技术

速冻保藏是食品在快速冻结过程中，以最快的速度通过最大冰晶带，细胞中的水分来不及迁移，在原处冻结，形成均匀、细小的冰晶，对组织结构破坏小，解冻后的食品基本能保持原有的新鲜程度，贮藏温度一般为－30 ℃。食品快速低温冻结具有高质量的长期保存食品的优越性。冷冻保藏是对食品品质影响最小的、安全性高的保藏方法，能最大程度地保持食品的新鲜度、营养价值和原有风味。与罐藏相比，冷冻保藏不经高温处理便能够保持着食品原有品质；与干藏相比，具有好的复原性；与化学保藏相比，食品内无任何残留添加剂；与生物化学法相比，较多地保留了食品的固有成分。

1. 低温对微生物的作用机理

微生物对低温的敏感性较差，绝大多数微生物处于最低生长温度时，酶活性随之下降，物质代谢减缓，微生物的生长繁殖就随之减慢。由于各种生化反应的温度系数不同，降温破坏了原来的协调一致性，影响微生物的生活机能，此时新陈代谢已减弱到极低的程度，细胞呈休眠状态。进一步降温就会导致微生物的死亡，温度降低到最低生长点时，它们就停止生长并死亡。根据微生物的适宜生长温度范围可将微生物分为三大类，嗜热菌、嗜温菌和嗜冷菌。

2. 低温导致微生物活力减弱和死亡

（1）微生物代谢失调

微生物的生长繁殖是酶活动下物质代谢的结果，因此温度下降，酶活性随之下降，物质代谢减缓，微生物的生长繁殖就随之减慢。降温时，由于各种生化反应的温度系数不同，破坏了各种反应原来的协调一致性，影响了微生物的生活机能。温度降得越低，失调程度也越大。

（2）细胞内原生质稠度增加

温度下降时，微生物细胞内原生质黏度增加，胶体吸水性下降，蛋白质分散度被改变，并且最后还可能导致了不可逆性蛋白质变性，从而破坏正常代谢。冷冻时介质中冰晶体的形成会促使细胞内原生质或胶体脱水，使溶质浓度增加，促使蛋白质变性。

（3）冰晶体引起的机械伤害

冰晶体的形成和增大使细胞遭受机械性破坏。冰晶体越大，细胞膜越容易破裂。

3. 食品的冻结及冻藏

冷却是冻藏的必要前处理，其本质是一种热交换的过程，冷却的最终温度在冰点以上。食品冻藏，就是采用缓冻或速冻方法将食品冻结，而后在能保持食品冻结状态的温度下贮藏的保藏方法。冻藏适用于长期贮藏，短的可达数日，长的可经年。常用的贮藏温度为－12 ～ －23 ℃，而以－18 ℃为适用温度。合理冻结和贮藏的食品在大小、形状、质地、色泽和风味方面一般不会发生明显的变化，而且还能保持原始的新鲜状态。速冻是迅速冷冻，使食物形成极小的冰晶，不严重损伤细胞组织，从而保存了食物的原汁与香味，延长储存期。冻制食品最后的品质及其耐藏性决定于各种因素，例如冻制用原料的成分和性质，冻制用原料的严格选用、处理和加工，冻结方法，贮藏情况等。

（1）冻制对食品原料的要求

只有新鲜优质的原材料才能供冻制之用。就水果来说，还必须选用适宜于冻制的品种，有些品种不宜冻制，否则容易品质低劣、不耐久藏。冻制用果蔬应在成熟度最高时采收。此外，为了避免酶和微生物活动引起不良变化，采收后应尽快冻制。

果蔬冻制前都应先加工处理。就蔬菜来说，表面上的尘土、昆虫、汁液等杂质被清除后，原料还需要在 100 ℃热水或蒸汽中进行预煮，以破坏蔬菜中原有酶的活力，因为低温并不能破坏酶的活力，仅能减少它的活力。预煮时破坏掉大部分酶的活力后，就可以显著地提高冻制蔬菜的耐藏性。预煮时间随蔬菜种类、性质而异。预煮时虽杀灭了大量的微生物，但仍有不少细菌残留了下来。为了阻止这些残存细菌发生腐败活动，预煮后和包装冻制前应立即将原料冷却到 10 ℃以下。

（2）食品的冻结及其质量

食品的冻结或冻制就是运用现代冻结技术在尽可能短的时间内，将食品温度降低到它的冻结点（即冰点）以下——预期的冻藏温度，使它所含的全部或大部分水分，随着食品内部热量的外散而形成冰晶体，以减少生命活动和生化变化所必需的液态水分；并便于运用更低的贮藏温度，抑制微生物活动和高度减缓食品的生化变化，从而保证食品在冷藏过程中的稳定性。冻结技术也常用于特殊食品的制造，如冰淇淋、冷冻脱水食品，及食品水分的分离和浓缩。

① 食品的冻结点。冰晶开始出现的温度即冰点或冻结点。水的冰点是 0 ℃，而水中溶入糖、盐一类非挥发性物质时，冰点就会下降。食品一般都是由来自动植物的原料制成的，动植物原料则由大量细胞构成，细胞中含有大量有机物质和无机物质，包括水、盐、糖及复杂的蛋白质、核糖、核酸等，有些还溶有气体。大部分食品，特别是预制食品，在加工过程中要添加盐、糖、油脂等辅料，使食品体系更为复杂。因此，食品的冻结点低于纯水的冰

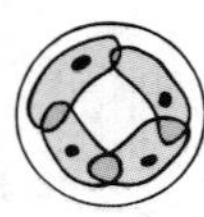

点。由于水分和可溶性固形物的种类及数量各有差异，因此食品的冻结点也不一样。

② 食品冻结规律。由于食品中含有可溶性物质，其冻结规律比纯水要复杂，食品中的水分不像纯水那样在一个温度下全部冻结成冰。食品冻结时首先是含溶质较少的低浓度部分水分冻结，并使溶质向非冻结区扩散，造成未冻结区的浓度随之升高，使未冻结区的冻结点不断下降。随着食品温度的继续下降，食品中冻结区域不断扩大。

③ 冻结速度。按时间划分：快速冻结是指食品中心温度从－1 ℃降到－5 ℃的时间在30 min以内；慢速冻结是食品中心温度从－1 ℃降到－5 ℃的时间超过30 min。一般冻结以快速为好，因鱼肉肌球蛋白在－3～－2 ℃之间变性效率最高。淀粉的老化在－1～1 ℃之间进行最快，所以必须快速通过1 ～ －5 ℃温度区域。

④ 影响冻结速度的因素。一是冷却介质，在相同条件下，冷却介质温度越低冻结速度越快；二是放热系数，提高放热系数可以提高冻结速度；三是食品成分，食品的导热性因所含成分而异，导热性越强，冻结速度越快；四是导热系数，空气的导热系数＜脂肪的导热系数＜水的导热系数＜冰的导热系数；五是食品的形状、大小、厚薄，这是影响冻结速度的重要因素。冻结时间与食品的厚度的平方成正比，减少厚度是提高冻结速度的重要措施，3～100 mm厚的食品可以获得最有利的冻结条件。

⑤ 冻结速度与冰晶分布的关系。冻结速度越快，组织内冰层推进速度大于水分移动速度时，冰晶分布越接近天然食品中液态水的分布情况，且冰晶的针状结晶体数量多。大多数食品是在温度降低到－1 ℃以下才开始冻结的，大多数冰晶体都是在－4～－1 ℃间形成的，这个温度区间称为最高冰晶体形成阶段。

(3) 冻结对食品品质的影响

食品中溶质的转移和水分的重新分布与冻结速度密切相关。快速冻结时溶质的转移和水分扩散现象不显著，溶质和水分基本在原始状态下被冻结固定住，食品解冻时有较好的复原性和较高的品质。缓慢冻结时，溶质转移和水分扩散现象较为严重，这将给食品造成危害，食品解冻时复原性较差，食品品质低。

冰晶体的成长具危害性，冰结晶的成长变大是冰结晶周围的水分以液相或气相的形式向冰结晶转移，并冻结在其上面的结果。

冷冻会使溶质重新分布，发生盐析作用。盐浓度较高时，大多数水分子与盐强烈结合，并减少了蛋白质分子的水化，使蛋白质分子之间的作用加强，导致蛋白质分子聚集和沉淀。盐析作用使蛋白质持水能力下降。严重时会导致蛋白质的变性，使冻结食品解冻后汁液流失增加，烹调后口感变差。

二、气调保鲜技术

气调贮藏是指通过调整和控制食品储藏环境的气体成分和比例以及环境温度和湿度来延长食品储藏的寿命和货架期的一种保鲜技术，主要应用于新鲜水果蔬菜的保藏。

1. 气调贮藏的特点

(1) 储藏时间长

气调贮藏综合了低温和环境气体成分调节两方面的技术，延缓了成熟衰老，使得果蔬储藏期得以较大程度地延长。

（2）保鲜效果好

气调贮藏应用于新鲜园艺产品贮藏时，能延缓产品的成熟衰老，抑制乙烯生成，防止病害的发生，使经气调贮藏的水果色泽亮、果柄青绿、果实丰满、果味纯正、汁多肉脆，与其他储藏方法比，气调贮藏引起的水果品质下降情况要少得多。

（3）货架期长

经气调贮藏后的水果由于长期处于低氧和较高 CO_2 浓度的环境下，在解除气调状态后，仍有很长一段时间的滞后效应。

（4）“绿色”储藏

在果蔬气调贮藏过程中，由于低温、低氧和较高含量的 CO_2 的相互作用，基本可以抑制病菌的发生，储藏过程中基本可不用化学药物进行防腐处理。其贮藏环境中，气体成分与空气相似，不会使果蔬产生对人体有害的物质，在储藏环境中，采用密封循环制冷系统调节温度，使用饮用水提高相对湿度，不会对果蔬产生任何污染，完全符合食品卫生要求。

2. 气调贮藏基本原理

（1）抑制果蔬的呼吸作用

新鲜果蔬在采摘后仍有旺盛的呼吸和蒸发作用，会从空气中吸收氧气，分解消耗自身的营养物质，产生 CO_2、水和能量，发生这一反应使得果蔬的品质、质量、外观和风味发生不可逆的变化，进而影响果蔬的商品价值和储藏期。故通过调节氧气（O_2）与 CO_2 之间的比值来降低果蔬在运输售卖期间自身的呼吸作用。

（2）抑制乙烯的生成

乙烯是一种植物生长激素，能促进果蔬的生长和成熟，并能加速产品的后熟和衰老，低氧或缺氧的环境下可以抑制乙烯的生产，减弱乙烯对新陈代谢的作用。

（3）抑制微生物的生长繁殖

好气性微生物在低氧环境下的生长繁殖就会受到抑制。氧气的浓度还和某些果蔬的病害发展有关。如苹果的虎皮病症，随着氧气浓度的下降而减轻；高浓度的 CO_2 也能较强地抑制果蔬中某些微生物生长繁殖。

3. 气调贮藏分类

（1）自发气调（modified atmosphere，MA）贮藏

MA 贮藏指的是利用贮藏对象（水果和蔬菜）自身的呼吸作用降低贮藏环境中的氧气浓度，同时提高 CO_2 浓度的一种气调贮藏方法。MA 贮藏的特点是贮藏成本低，操作简单，但达到设定 O_2 和 CO_2 浓度水平所需的时间较长，操作上较难维持要求的 O_2 和 CO_2 浓度，因而贮藏效果不佳。

（2）人工气调（controlled atmosphere，CA）贮藏

CA 贮藏指的是根据产品的需要和人的意愿调节贮藏环境中各气体成分的浓度并保持其稳定的一种气调贮藏方法。按贮藏环境中 O_2和 CO_2的含量可分为以下几类：

① 单指标 CA 贮藏。仅控制贮藏环境中的某一种气体如 O_2、CO_2 或 CO 等，而对其

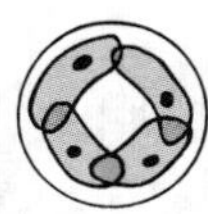

他气体不加调节。这一方法对被控制气体浓度的要求较低，管理较简单，但被调节气体浓度低于或超过规定的指标时有导致伤害发生的可能。我国习惯上把 O_2 和 CO_2 含量的总和在 2%～5%范围的称为低指标，在 5%～8%范围的称为中指标。其中，大多数冷藏货都以低指标为最适宜，效果较好，但这种贮藏方式对管理的要求较高，设施也较为复杂。

② 多指标 CA 贮藏。多指标 CA 贮藏不仅控制贮藏环境中的 O_2 和 CO_2，同时还对其他与贮藏效果有关的气体成分如乙烯、CO 等进行调节，这种气调贮藏效果好，但调控气体成分的难度提高，需要在传统气调基础上增添相应的设备，投资增大。大部分水果和蔬菜气调贮藏的 O_2 标准气体比例是 2%～3%，但许多研究发现进一步降低 O_2 浓度（O_2 浓度低于 1.0%）会更有利，并且低氧下储藏的果实硬度和可滴定酸含量较高，储藏效果好。但 O_2 浓度过低会对果实产生伤害，造成严重损失，生产上需要特别注意。

③ 低乙烯气调贮藏。因为乙烯可以加快果实衰老，利用乙烯脱除剂清除环境中的乙烯，使其浓度保持在 1.0%以下，可有效抑制后熟，延长储藏期。但该法需专门的乙烯脱除剂及设备，成本较高，小范围处理可采用高锰酸钾和硅酸盐制剂以及乙烯抑制剂。

④ 双相变动气调贮藏。双相变动气调贮藏在入贮初期采用高温和高浓度 CO_2，以后逐步降低温度和 CO_2 浓度，可以有效保持果实品质和果肉硬度，抑制果实中原果胶的水解、乙烯的生物合成积累，从而有效延长贮存期，双相变动气调由于在储藏过程中变动了温度和 CO_2 两项指标，因而可大大节约能源，提高经济效益。

⑤ 减压气调贮藏。该法是通过真空泵将贮藏室内的一部分气体抽出，使室内的气体降压，同时将外界的新鲜空气经压力调节装置降压，通过加湿装置提高湿度后输入贮藏室。在贮藏期间，真空泵和输气装置应保持连续运转以维持贮藏室内恒定的低压，使果蔬始终处于恒定的低压、低温和新鲜的气体环境之中。

三、涂膜保鲜技术

由于温度、湿度及气调贮藏环境条件等要求较严格，果蔬储藏保存存在投资成本高、技术复杂、难以控制等问题。涂膜是近年兴起的保鲜方法之一，选择纯天然、无毒、无害的大分子多糖、蛋白类、脂类物质等作为被膜剂，采用浸渍、涂抹、喷洒等方式涂覆于果实表面，形成一层薄薄的透明膜。该方法可以增强果实表皮的防护作用，适当覆盖表皮开孔，抑制呼吸作用，减少营养损耗，抑制水分蒸发、皱缩萎缩，抑制微生物侵入，防腐变质。该技术因其生态环保功能逐渐受到人们的重视，对于推动保鲜技术进一步发展具有积极意义。常用的涂层有果蜡、各类可食用膜等。

1. 涂膜保鲜的分类

近年来国内外对多糖类涂膜保鲜剂的研究比较多，此类保鲜剂主要有壳聚糖、纤维素、淀粉、褐藻酸钠、魔芋葡甘聚糖以及它们的衍生物。

蛋白类涂膜保鲜。蛋白类涂膜保鲜剂主要包括以玉米醇溶蛋白、大豆分离蛋白和一些动物蛋白（如骨有机质、乳清蛋白、卵白蛋白和鱼肌原蛋白）等为主要涂膜材料，再加入其他一些抑菌剂、表面活性剂等辅助成分所制成的膜。

脂质类涂膜保鲜。以脂类为基料的可食用膜主要包括蜡类（石蜡、蜂蜡、巴西棕榈蜡、米蜡等）、乙酰单甘醋、表面活性剂（单硬脂酸甘油酯等）及各种油类。应用的一般形式是以热熔态浸涂或喷涂于食品表面，然后在室温下固化。

复合膜类涂膜保鲜复合型。可食用膜是近年来研究的热点，它主要是通过合理配比两种或三种多糖、蛋白质及脂类物质，再加入一些抑菌剂和表面活性剂混合而成，随组成成分种类、含量的不同，性质各异，使三者的性质和功能达到相互补充，所形成的膜具有更为理想的性能。

2. 涂膜保藏原理

（1）隔离保护作用

涂层具有一定的机械强度、弹性和韧性，对果蔬有一定的加固作用，从而减轻果蔬遭受的机械性损伤。

（2）抑制果蔬水分变化

涂层具有一定的阻湿性，可以阻止水分的蒸发，减少果蔬失重情况发生，防止其干缩。

（3）抑制果蔬内外气体交换

涂层的透气性较差，对果蔬内外气体交换具有阻碍作用，可抑制空气中的 O_2 向果蔬内扩散，同时阻止涂层内的 CO_2 外溢，使果蔬处于微气调环境。

3. 果蔬涂膜保鲜未来的发展趋势

（1）纳米技术进入果蔬涂膜保鲜领域

纳米复合涂膜保鲜剂具有更强的机械性能、调气性能及保湿能力，除此之外，还应具有抗菌防霉、抗紫外线等功能，将纳米技术应用于果蔬保鲜领域的工作尚处于起步阶段，国内外的研究文献比较少，但现有的试验已经证明它在果蔬保鲜中具有很大的优越性。

（2）涂膜保鲜与低温、气调等其他的保鲜方式相结合

对果蔬涂膜保鲜的研究主要是在常温下用涂膜保鲜剂保持果蔬鲜度，但现有的一些试验证明，在果蔬涂膜的同时，若能够结合低温、气调等其他果蔬保鲜方式，将会得到更好的保鲜效果，这种多种保鲜方式相结合的果蔬保藏方式将会越来越得到普及。

（3）开发天然高效无毒的防腐剂

为了达到较好的保鲜效果，涂膜保鲜剂中大多添加各种防腐剂，常用各种化学合成防腐剂，如苯甲酸。虽然这些防腐剂的保鲜效果好，但对人体始终有一定的毒副作用，使用时若不注意控制用量，则可能会影响人们的身体健康。而且，某种防腐剂的长期使用，会导致微生物对其产生抗性，使它们的应用受到限制。因此，近年来国内外研究者都在努力研究并应用高效低毒甚至天然无毒的防腐剂。在我国，许多具有防腐抑菌作用的中草药已经应用于果蔬的贮藏保鲜中。此外，随着果蔬采后病害和生物防治技术的不断进步，一些植物抗菌物质、生防微生物会被广泛采用，开发天然高效无毒的防腐保鲜剂将会成为果蔬涂膜保鲜领域的发展走向。

参考文献

[1] 郑永华．食品贮藏保鲜［M］．北京：中国计量出版社，2006.

[2] 于海杰．食品贮藏保鲜技术［M］．武汉：武汉理工大学出版社，2017.

[3] 王向阳．食品贮藏与保鲜［M］．杭州：浙江科学技术出版社，2002.

[4] 韩艳丽．食品贮藏保鲜技术［M］．北京：中国轻工业出版社，2015.

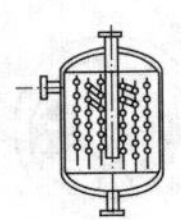

第七章　食品杀菌新技术

食品杀菌技术是以食品原料和加工产品为对象，通过一系列物理化学方法对引起食品变质的主要微生物进行杀灭和去除，达到稳定食品品质、有效延长食品保质期、降低食品中有害细菌及其代谢毒素含量的目的，从而避免由此而引起的食源性污染导致的人类中毒，保障食品的质量安全。

杀菌是食品加工中十分重要的环节，按杀（除）菌方式的不同，食品杀菌技术一般可分为加热杀菌技术、化学药剂杀菌技术、辐射杀菌技术、过滤除菌技术以及加热与其他手段相结合的杀菌技术等。由于热杀菌会破坏食品中热敏性营养成分，并且对食品的质构、色泽、风味等方面会产生负面影响；化学杀菌常常需要引入具有杀菌作用的化学试剂，存在食品中有化学残留的安全隐患。因此，随着社会的进步和人们对健康饮食需求的提升，现代食品杀菌技术越来越趋向于物理杀菌法。同时，在食品加工和生产中对杀菌技术的要求越来越高：不仅要求杀死食品中的致病菌和腐败菌，还要求在杀菌过程中尽可能保护食品中的营养成分不受损害，特别是生物活性物质的营养活性和风味特色。

超高温杀菌技术、欧姆杀菌技术、高压杀菌技术和辐射保鲜技术是近年来在食品加工和生产过程中应用较多的新型物理杀菌技术。这些杀菌技术具有高效、快速的共同特点，并且在不同食品原料和加工过程中具有各自的优势，这些食品杀菌新技术的发展保障了食品的安全生产，并对食品工业的快速发展起到了重要推动作用。

第一节　超高温杀菌技术

超高温杀菌是热力杀菌的一种。热力杀菌是把食品密封在容器中，加热到一定温度并保持一段时间，杀死食品中所含有的致病菌、产毒菌及腐败菌，并破坏食品中的酶，尽可能地保持食品原有的风味、色泽、组织形态及营养成分等，并达到商业无菌的要求，包括低温杀菌法（巴氏杀菌）、高温杀菌法和超高温杀菌法。巴氏杀菌是指温度低于水的沸点（100 ℃）的加热处理，故又常被称为低温杀菌。高温杀菌是食品经非常压（加压）、100 ℃以上温度杀菌处理，而杀菌温度在150～160 ℃，时间在0.1～0.01 s的杀菌类型称为超高温杀菌。低温杀菌法、高温短时杀菌法广泛应用在各类罐藏食品、饮料、酒类、药品、乳品的生产中，而超高温杀菌法因能在很短时间内有效地杀死微生物，并较好地保持食品应有的品质，已发展为一种高新食品杀菌技术。

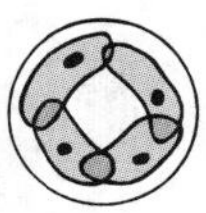

一、超高温杀菌原理

超高温杀菌又称超高温（ultra－high temperature，UHT）瞬时杀菌（instantaneous sterilization），是指将产品在封闭的系统中加热到 120 ℃以上，持续几秒钟后迅速冷却至室温，使得加热后的产品达到商业无菌要求的一种杀菌方法。超高温杀菌起源于英国，1956 年首创后，经过大量的基础理论研究和细菌学研究广泛应用于工业生产中。世界上首台超高温灭菌设备由荷兰的斯托克（Stork）公司于 20 世纪 50 年代研制成功，之后无菌灌装技术与超高温杀菌技术相结合从而使超高温灭菌工艺得以快速发展，特别是在乳品行业中发展最为迅速。近年来，随着欧姆加热装置、气流式杀菌装置、塔式杀菌装置等技术的发展，超高温杀菌技术又得到进一步的发展，并在食品加工和保藏以及其他工业生产过程中都发挥着越来越重要的作用。

超高温杀菌是按照微生物的一般热致死原理，最大限度保持食品的原有品质及风味进行的。微生物对高温的敏感性远远大于多数食品成分对高温的敏感性，因此通过直接蒸汽或热交换器使食品升温至 120 ℃以上（常用 130～ 150 ℃）保持几秒或者几十秒。微生物在高于其耐受温度的热环境中，可发生蛋白质不可逆变性、体内代谢酶失活、新陈代谢受阻等致命伤害，从而在很短时间内有效地杀死微生物或使其无法存活、生长。此外，由于超高温杀菌的时间极短，减少了高温处理下食品组分中可能发生的营养损失、产品褐变、蛋白质凝固沉淀等物理化学变化，从而更好地保持了食品成分的营养和品质。一般情况下，超高温杀菌过程中，嗜冷菌、嗜温菌和低温菌对超热处理很敏感，在处理过程中会失活，而嗜温菌和耐热菌的芽孢（包括需氧芽孢和厌氧芽孢）不易在超高温灭菌过程中失活。但是，绝大多数嗜热菌在 20～30 ℃时会停止生长，从而达到商业无菌要求。当然，超高温杀菌在一定程度上也会对所处理产品的外观、风味和营养价值产生不良影响，但是相较于常规的高温杀菌，超高温杀菌能最大限度地保持食品营养成分，具有杀菌效率高、节约能源、设备体积小、产品质量稳定等优点，并且在设备原地无拆卸循环清洗等方面具有明显的优势。

超高温杀菌在牛奶、果汁等流体或半流体食品的加工中应用较多。因为超高温杀菌加工产品的保质期长、口味稳定，符合我国因经济发展和人民生活水平提高而对多种饮品和乳品品质的更高需求，因此该技术在食品行业中发展迅速。

二、超高温杀菌的装置系统

热杀菌的方法和工艺与杀菌的装置密切相关，良好的杀菌装置是保证杀菌操作完善的必要条件。根据杀菌温度不同，设备可分为低温杀菌设备、高温杀菌设备和超高温杀菌设备；根据操作方法的不同，可分为间歇操作和连续操作杀菌设备；根据设备所用热源的不同，可分为直接蒸汽加热杀菌设备、热水加热杀菌设备等；根据杀菌设备的形态不同，可分为板式杀菌设备、管式杀菌设备和釜式杀菌设备。其中，按照热交换方式的不同，即加工的物料是否与加热介质直接接触，超高温杀菌设备可分为间接式加热系统和直接混合式加热系统两大类。市面上常见的国外著名超高温杀菌设备见表7－1所列。

表 7-1　国外著名超高温杀菌设备

类型		商品名	生产公司	
间接式加热法	管式热交换型	Sterideal and Mini-sterideal stork	Stock	荷兰
		Rosewell	Rosewell	美国
		Gerbig	Gerbig	德国
	板式热交换型	Ultramatic	APV	英国
		Dual-pupose system	Alfa-Laval	瑞典
		Ahlbom		德国
	刮板式热交换型	Vatator scraped surface Heater	Votator Division. chemtom corp	美国
直接混合式加热法	蒸汽注射式	Vacu-Therm instant	Alfa-Laval	瑞典
		Upelizati（VTIS）	APV	英国
		Pasterizing & Deodorizing	SEIKENSHA CO. LTD	日本
	加热物料喷射式	Palarisato	Paasch and silkeborg	丹麦
		Free-Falling-Film	Dasi. industries	美国

间接加热式超高温杀菌设备采用中压蒸汽或者中压水作为加热介质，热量经过固体换热壁传给待加热杀菌的物料。根据加热系统形态的不同，目前市面上主要有 3 种类型的间接式加热超高温杀菌设备，分别是：管式热交换型、板式热交换型和刮板式热交换型。直接混合式加热超高温杀菌设备对物料进行直接加热，根据加热方式的不同，又分为注射式加热和喷射式加热两种方式，其中注射式加热是将高压蒸汽注射到待杀菌的物料中，而喷射式加热则是将待杀菌物料喷射到蒸汽中。

1. *环形套管式超高温杀菌设备*

环形套管式超高温杀菌设备属于间接加热式超高温杀菌系统，以牛奶杀菌为例，环形套管式超高温杀菌设备的结构及工作原理如图 7-1 所示。

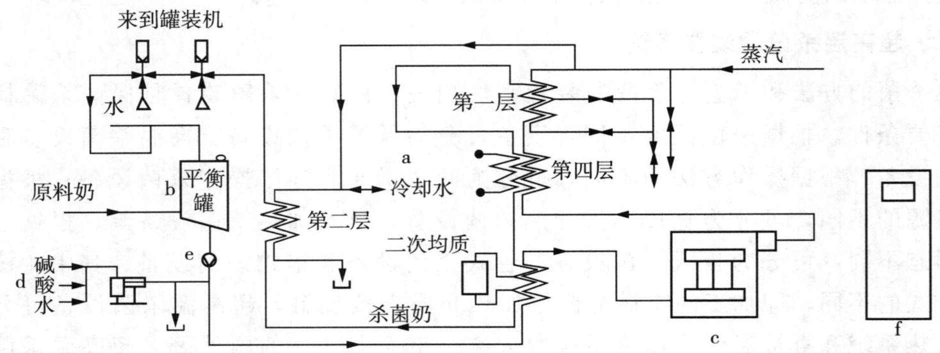

a—1～4 层环形管主体；b—平衡罐系统；c—均质机；d—酸、碱、水箱及计量系统；e—泵、阀及管道；f—电气控制系统。

图 7-1　环形套管式超高温杀菌设备的结构及工作原理

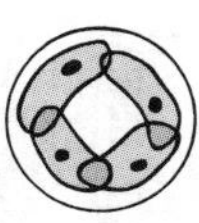

环形套管式超高温杀菌设备的主体共有4层环形管道，每一层环形管道中含有1～2层的套管，其基本工作流程如下：杀菌液态物料经过平衡罐由泵送入第三层环形套管进行预热，预热后的物料进入均质机进行一次均质，均质后的物料进入第四层套管继续预热，之后直接进入环形套管第一层进行超高温杀菌，杀菌温度迅速升高至预设杀菌温度，加热几秒杀死细菌。杀菌后热的物料进入环形套管的夹层中进行热能回收后，再进行二次均质。最后，物料在环形套管的第二层中进行冷却并从出料口出料，出料温度一般在25 ℃左右。工作完毕，整个装置由自动原位清洗（cleaning in place，CIP）系统进行消毒。

环形套管式超高温杀菌设备在食品加工生产中应用十分广泛，特别是在牛奶等液态食品杀菌中优势明显。此类产品的主要特点是设备体积小、占地面积少、投资成本不高、热效率高、清洗系统十分稳定，同时操作控制系统准确、灵敏。但该设备在使用过程中要特别注意保证套管同心，并且管子内壁要保持光滑和清洁。同时，为了保证杀菌物料出料后的无菌状态，对自动无菌包装工艺也有较高的要求。

2. 板式换热超高温杀菌设备

板式换热超高温杀菌设备也属于间接加热式超高温杀菌系统，目前在果汁和茶等饮料生产线中广泛应用。板式换热超高温杀菌设备的结构及工艺简要流程如图7－2所示。

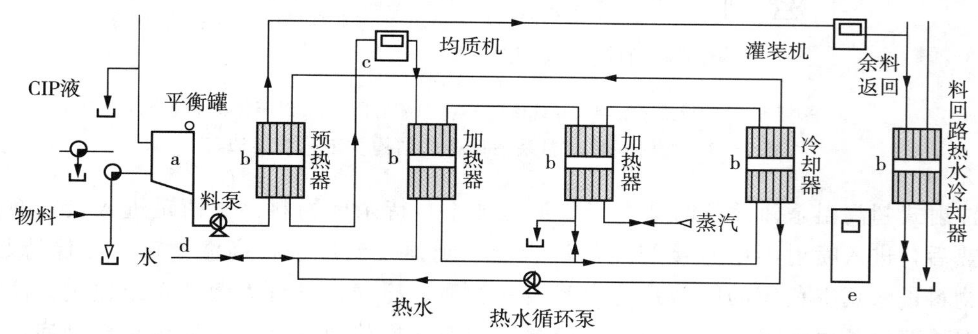

a—平衡罐；b—板式换热器；c—均质机；d—泵、阀及管道；e—电气控制系统。

图7－2 板式换热超高温杀菌设备的结构及工艺简要流程

板式换热超高温杀菌设备的主体部件是板式换热器，是由许多冲压成型的薄板组合而成的。其基本工作流程如下：待杀菌物料经平衡罐泵入板式换热器中，在在预热后再进入均质机进行均质，随后均质物料进入后续板式换热器迅速升温达到灭菌所需温度，保持该温度几秒后即可将物料中的细菌杀死。杀菌后的物料返回至预热板式换热器中，在预热新的待杀菌物料的同时自身进行冷却，达到灌装温度后从出料口排出，并进行灌装和密封保存。工作完毕，整个装置可进行CIP消毒。

板式换热超高温杀菌设备具有以下优点：(1) 由于加热过程中热流体高速通过换热的薄层，可以实现超高温的瞬时杀菌，不会产生过热现象，因此对热敏性物料的杀菌效果尤为理想；(2) 板式换热器中传热板的数量和排列可以根据需求进行任意组合，具有很大的灵活性，可实现不同工艺对温度的要求，操作灵活；(3) 该设备的体积小，附属配件少，投资成本不高；（4）板式换热器中板与板之间的空隙小，换热流体可获得较高的流速，且传热板上压有一定形状的凸凹沟纹，流体通过时形成急剧的湍流现象，因而传热系数较高。鉴于此，板式换热超高温杀菌设备的应用范围很广。当然，对于板式换热超高温杀菌设备，由于板式换热器拆卸清洗十分复杂，因此该设备必须配备自动原位清洗配件。

3. 注射式超高温杀菌设备

注射式超高温杀菌设备属于直接混合式超高温杀菌系统，其典型设备是 Pasterizing & Deodorizing 超高温杀菌机，该仪器由日本研制生产，在牛奶和豆奶等生产线中应用较多。以此仪器为例，注射式超高温杀菌设备的结构及工艺简要流程如图 7－3 所示。

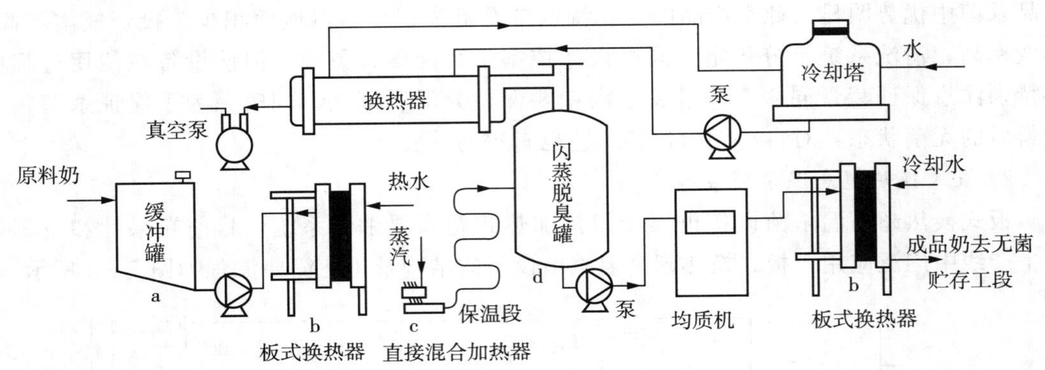

a—平衡罐；b—板式热换器及其管道；c—蒸汽喷射器；d—闪蒸管及冷凝器。

图 7－3　注射式超高温杀菌设备的结构及工艺简要流程

注射式超高温杀菌设备的基本工作流程如下：待杀菌物料经平衡罐进入板式换热器中预热后，进入喷射器中直接与蒸汽混合，达到预设温度进行高温杀菌，并保持数秒；杀菌物料进入真空负压的闪蒸系统中降温并均质、冷却；进行无菌储存或包装。注射式超高温杀菌设备由于蒸汽可与物料直接混合，因此换热效率高，杀菌效果更彻底，但是其占地面积较大、附属设备多、投资较高，清洗过程必须配备相应的 CIP 工段。

注射式超高温杀菌设备的关键是喷射泵装置，要求其不但能高效地使工作流体均匀地分布在管道中，而且要保证通过的物料能与流体充分混合，因此喷射泵的加工精度要求很高。根据工作流体的不同，喷射泵主要有蒸汽喷射泵和液体喷射泵两种。这两种喷射泵的差别主要在于喷嘴结构不同，蒸汽喷射泵的喷嘴呈扩散状，而液体喷射泵的喷嘴是缩口喷嘴。喷射泵结构示意图如图 7－4 所示。它主要由喷嘴、混合室、喉管和扩散管等组成，工作流体在压力作用下经管子进入喷嘴，并以很高的速度由喷嘴喷出。由于喷出的工作流体速度极高，因此喷嘴附近的液体或气体被带走，此时，在喷嘴口的后部吸入室便形成真空，从而使得吸

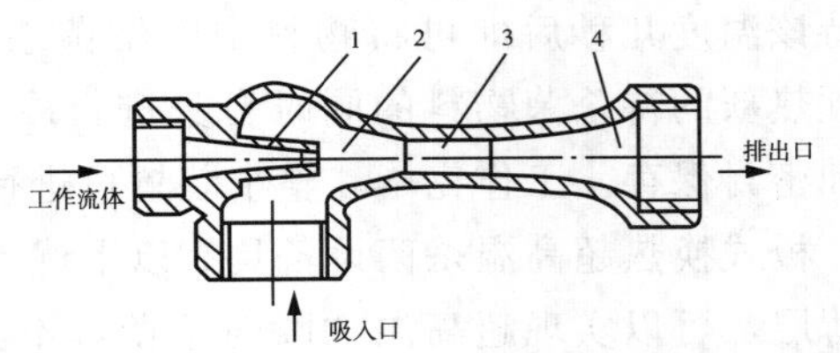

1—喷嘴；2—混合室；3—喉管；4—扩散管。

图 7－4　喷射泵结构示意图

入室可以从吸入管中吸进流体并和工作流体混合，经扩散室进入排出管。

4. 直接蒸汽喷射杀菌设备

直接蒸汽喷射杀菌方法和设备是由瑞士的 Alpura 公司和 Sulzer bros 公司共同研制的，最初应用在菱形袋装牛奶的 UHT 杀菌中。直接蒸汽喷射杀菌装置流程图如图 7－5 所示，待杀菌物料先通过预热器，预热至 75～80 ℃，这时直接蒸汽喷射器喷入高压蒸汽，使物料的温度瞬时升至 150 ℃左右（冷凝水增加，物料被稀释），在 150 ℃下保温 2～3 s 后进入膨胀室，在这里，用真空系统迅速将凝结的水分全部蒸发掉，物料又恢复到原来的浓度，同时使物料温度迅速降至80 ℃左右。杀菌后的物料在无菌条件下进行均质，冷却后进入无菌充填机。

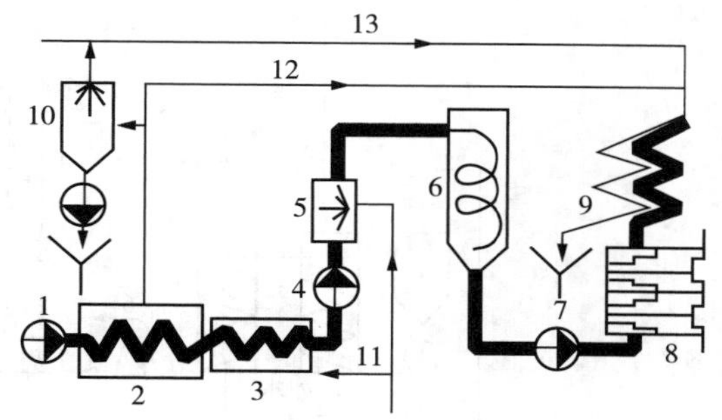

1—输送泵；2—第一预热室；3—第二预热室；4—牛奶泵；5—直接蒸汽喷射杀菌器；6—膨胀室；7—牛奶泵；8—均质机；9—灭菌奶冷却器；10—冷凝器；11—高压蒸汽；12—低压蒸汽；13—冷却水。

图 7－5　直接蒸汽喷射杀菌装置流程图

5. 真空瞬时加热杀菌设备

真空瞬时加热杀菌装置流程图如图 7－6 所示。以乳制品的杀菌为例，原乳或乳制品从贮槽抽至有一定液位高度的平衡槽，再由离心泵输送到两台片式预热器，预热到 75 ℃左右。在预热器中，牛乳由来自真空罐的过热蒸汽加热，在预热器中，则由生蒸汽加热。然后，用高压离心泵继续把牛乳抽送到喷射器中，在不到 1 s 的时间内牛乳即由喷入的蒸汽加热到 140 ℃，其中一部分蒸汽冷凝，其潜热传递给牛乳，几乎在瞬间就把牛乳加热到杀菌温度。牛乳通过保温管约 4s 后，经转向阀进入保持着一定真空度的真空罐。在此罐内，牛乳的压力突然降低，体积迅速增大，结果温度瞬间下降到大约77 ℃，同时喷射器中进入的水蒸气也被急剧蒸发放出。该蒸汽先被片式热交换器经过的冷乳制品所冷却，然后在片式热交换器中被冷凝成水而排出。然后，经过超高温处理的灭菌乳品用无菌泵从真空罐中抽出，进行无菌均质机。最后，乳品在无菌乳冷却器中冷却到 20 ℃，必要时，可冷却到比 20 ℃更低的温度。至此，处理过程结束，灭菌乳品可以进行无菌包装，也可以贮存在无菌贮槽中。

整个真空瞬时加热杀菌装置的清洗和消毒，完全按照预先编程的程序实行自动操作和自动控制，不需要任何人工处理。当然，程序可根据加工和生产的需求加以更换或修正。设备的消毒必须在产品进行处理之前完成。

三、超高温杀菌系统的加热设备

超高温杀菌系统的温度控制和加热设备是关键部件，与设备的杀菌效率和性能密切相关。一般温度控制系统主要由两部分组成，超高温温度控制系统如图 7－7 所示，分别是温度检测部分和温度控制部分。温度检测部分主要由温度传感器、变送器和 A/D 转换

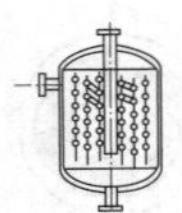

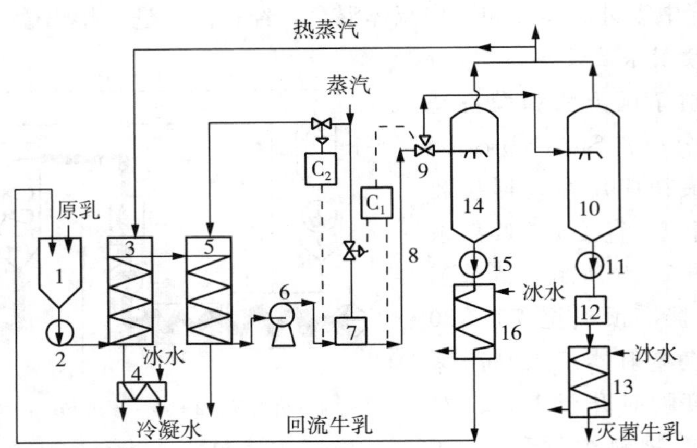

1—平衡槽；2—离心泵；3—预热器；4—热交换器；5—预热器；6—高压离心泵；7—喷射器；8—保温管；9—转向阀；10—真空罐；11—无菌泵；12—无菌均质机；13—冷却器；14—容器；15—回流磁；16—片式热交换器。

图 7-6　真空瞬时加热杀菌装置流程图

器组成，这些组件与控温的范围和精度相关。而温度控制系统则主要由电阻丝、可控硅调功器、驱动器和光耦组成，该系统通过可控硅调功器控制极上的触发脉冲控制、改变加热丝的功率，最终达到调节温度的目的。

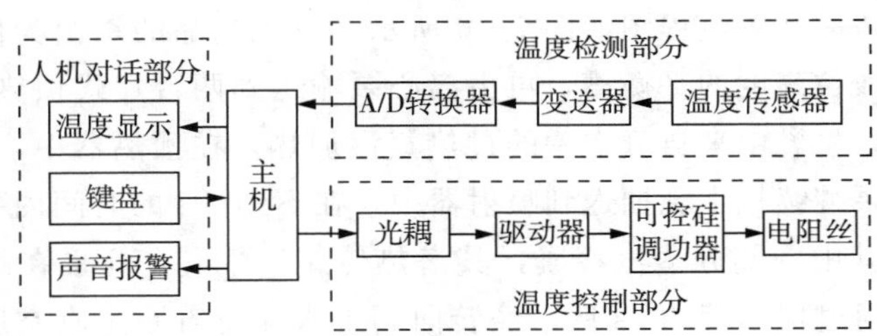

图 7-7　超高温温度控制系统

在超高温杀菌系统中，加热设备主要是换热器，换热器又称热交换器，是用来将热量从热流体传递到冷流体，以实现热量传递的装置，在食品、化工、机械等工业生产中应用十分广泛。换热器可以是单独的设备，如加热器、冷却器等，也可以作为某种工艺设备的组成部分存在。在超高温杀菌系统中，换热器是系统的加热设备，与杀菌设备的杀菌性能密切相关，是超高温杀菌系统的核心部件。

换热器按照其传热原理可分为表面式换热器、蓄热式换热器、流体连接间接式换热器、直接接触式换热器。同时，换热器按照其表面的紧凑程度又可分为紧凑式和非紧凑式换热器。一般换热器的内部都有两个管道回路，一个管道是热源（温度高），另外一个是被加热源（温度低）。流体通过管道时，通过热源将热量传输给被加热源从而提高被加热源的温度。目前用于超高温杀菌系统的加热设备主要是管式换热器和板式换热器。

1. 管式换热器

管式换热器是最典型的间壁式换热器，它在工业上的应用有着悠久的历史，而且至

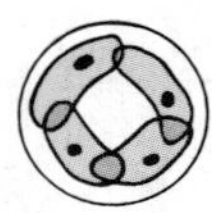

今仍在所有换热器中占据主导地位。一台管式换热器由若干组装成组件的管子组成，这些组件通过并联或者串联连接在一起，组成一个可以完成加热或冷却功能的系统。管式换热器中管子的长度、直径、曲度和外形可变性较大，并且可以在数量和连接上灵活组合。根据其结构组成的不同，管式换热器主要分为套管式换热器和管壳式换热器。

（1）套管式换热器

套管式换热器，是由直径不同的直管制成的同心套管，并由多个U形弯头连接而成，其中每一段套管称为一程，程数可以根据传热面积和温度的需求而增减，套管式换热器示意图如图7－8所示。套管式换热器的工作过程如下：待杀菌物料通过高压泵送入内管中，蒸汽通入外管后将管内流动的物料加热，物料在管内逆流受热而达到杀菌所需要的温度，保持该温度一定时间后，物料中的细菌被杀死，随后灭菌产品被排出套管，进行后续的冷却。

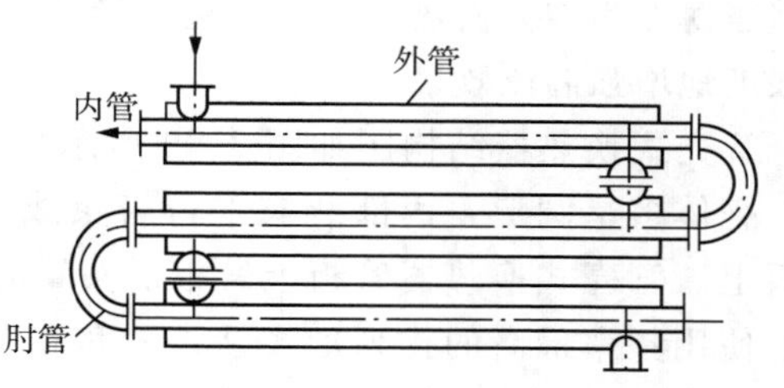

图7－8 套管式热换器示意图

套管式换热器在设计和使用过程中，可根据需要对管段数目和截面积尺寸进行筛选和组合，从而达到提高管内流体流速、增大流体传热系数等目的。套管式换热器根据其套管的组成，一般可分为单套管式和多套管式换热器。其中，多套管式换热器具有换热面积大、传热系数和传热效率高、不容易堵塞、易拆洗更换内管等特点，可以满足高黏度介质换热的加工需求，目前在生产中使用较为广泛。

套管式换热器长期运行会导致设备被水垢堵塞，使其效率降低、能耗增加、寿命缩短。如果水垢不能被及时地清除，就会面临设备维修、停机或者报废更换的风险。长期以来传统的清洗方式如机械方法（刮、刷）、高压水法、化学清洗（酸洗）法等在清洗换热器时会出现不能彻底清除水垢等沉积物、对设备造成腐蚀、残留的酸对材质产生二次腐蚀或垢下腐蚀等问题，此外，清洗废液有毒，还需要大量资金进行废水处理。因此，应采用高效环保清洗剂，其应具有高效、环保、安全、无腐蚀等特点，不但清洗效果良好，而且对设备没有腐蚀，能够保证空压机的长期使用。

套管式换热器的优点是：一种流体走管内，另一种流体走环隙，两者皆可得到较高的流速，故传热系数较大；在套管换热器中，两种流体可为纯逆流，对数平均推动力较大；套管式换热器结构简单，能承受高压，特别是由于套管换热器同时具备传热系数大、传热推动力大及能够承受高压强的优点，在超高压生产过程中所用的换热器几乎全部是套管式；应用很方便，可根据需要对管段进行增减，并且可适当地选择管内径、外径，使流体的流速增大。套管式换热器的缺点是：单位传热面积的金属消耗量大，管子接头多，检修清洗不方便。因此，套管式换热器在生产过程中更适用于高温、高压条件及小流量流体间的换热。

（2）管壳式换热器

管壳式换热器又称列管式热换器，是以封闭在壳体内管束的壁面作为传热面的换热

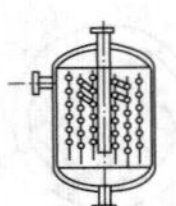

器，由壳体、传热管束、管板、折流板（挡板）和管箱等部件组成。壳体多为圆筒形，内部装有管束，管束两端固定在管板上。在管壳换热器内进行换热的两种流体，一种在管内流动，其行程称为管程；一种在管外流动，其行程称为壳程。管束的壁面即为传热面。管子的型号不一，一般为直径 16 mm、20 mm 或 25 mm 三个型号，管壁厚度一般为 1 mm、1.5 mm、2 mm 和 2.5 mm。管壳式换热器的换热效率越高，其管子的直径越小，管壁越薄。为增大换热效率，管壳式换热器在设计过程中可将管束设计为螺旋管，以最大限度地增强湍流效果。

管壳式换热器结构图如图 7－9 所示，其主要由壳体、管束、管板和封头等部分组成，壳体多呈圆形，内部装有平行管束或者螺旋管，再把管束的一端或者两端固定于管板上。管壳式换热器管板上管束的布置有固定的标准，一般为正三角形或者正方形，其中使用频率最高的排列形式是正三角形排列，这种排列方式下管间的距离相等，能充分利用管板面积，并且流速高。根据其结构形式的不同，管壳式热换器一般分为以下几种类型。

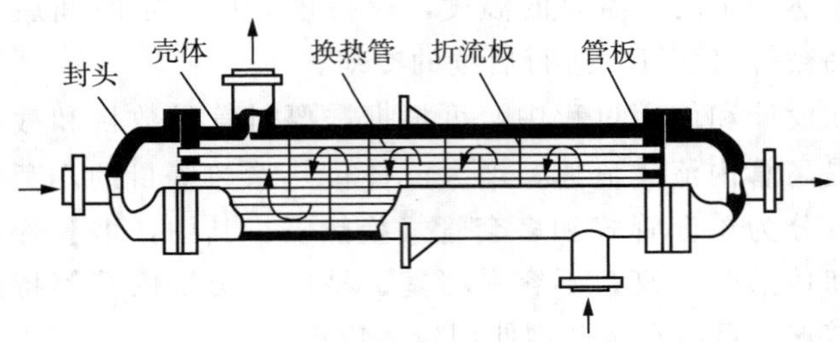

图 7－9　管壳式换热器结构图

固定管板式换热器，两块管板上换热器的管端与管板连接固定，其连接的质量是决定换热器质量的重要因素。目前常用的连接方式主要有强度胀接、强度焊和胀焊三种，其各自的适用范围如下：强度胀接的密封性好，抗拖拉强度高，适用于压力在4 MPa以下、温度低于 300 ℃、环境安静、应力腐蚀小的操作环境；强度焊适用于标准压力条件下，并且要求振动幅度和腐蚀程度不能太高；胀焊不仅密封性高，还能阻止管束振动对焊接处造成的损伤，在振动幅度大和一定的腐蚀性条件下均可使用。由于固定管板式换热器中不存在弯管部分，因此污垢不容易在管内聚集，易于清洗。但是在管壁温度或材料膨胀系数差异较大时，固定管板式换热器壳体与管束中会出现较大的温差应力。

浮头式换热器，两端管板中只有一端管板与壳体固定，而另一端的管板可在壳体内自由移动，该端称为浮头。这类换热器壳体和管束对膨胀是自由的，这种设计一方面克服了温差较大时管束与壳体间产生的温差应力；另一方面由于浮头的便拆卸性，管束更容易插入或抽出，为检修、清洗提供了便捷。

U 形管式换热器，换热管呈 U 形，两端固定在管板上，其中换热管的进口和出口处分别集中在管板的两端，中间由管箱的分程板分开。U 形管式换热器的壳体和管束是分开的，因此管束可以自由伸缩，不会因为温差而产生热应力，并且一般 U 形管式换热器为双管程，流程长、流速高，传热性能较高，能承受高温、高压。但是，U 形管如果发生损坏和泄露等情况，其管道无法修复，因此其更适用于管壳程温差大、管内介质清洁无腐蚀性并且压力较高的环境。

填料函式换热器，管板一端与壳体相连固定，另一端采用填料函密封，其中的管束可以自由膨胀，温差较大时不会产生热应力，并且管程与壳程都可清洗，易于检修，设备的设计和制造都相对简单，造价更低，适用于腐蚀性强并且加工温差较大的流体。但是，填料函式热换器的填料密封处容易泄露，因此使用中压力不能过高。

总之，管壳式换热器相较于其他类型换热器的优势在于：单位体积的传热面积更大，传热效果好；同时，管壳式换热器的结构稳定性和可靠性高，适用性广泛。当然，管壳式换热器在运行过程中，由于水处理设备及水质的问题，其换热器管壁上会经常沉积污垢，从而引起导热性能下降，有时甚至会发生泄漏等问题。

2. 板面式换热器

板面式换热器又叫平板式换热器，主要通过板面进行换热。板面式换热器的板面一般都有凹凸不平的纹路，流体流经板面时传热面积大，促使流体的湍动，换热效率高。因此，板面式换热器的传热性能要比管式换热器优越。板面式换热器采用板材制作，在大规模组织生产时，可降低设备成本，但其耐压性能比管式换热器差。常用板面上的波纹形状有很多种，如水平波纹、人字形波纹和圆弧形波纹等。与其他换热器相比，板式换热器的优点是占地面积小、质量轻，但是板式换热器的换热器流道狭窄，处理量较小，流动阻力大。因此，板式换热器一般不耐高温、高压。根据形式的不同，板面式换热器可以分为板式换热器、螺旋板式换热器、板翅式换热器、板壳式换热器等。

（1） 板式换热器

板式换热器在工业生产中被广泛应用，并在换热器中占据主导地位，换热板片是其中的核心部件，一般由不锈钢冲压成型的金属薄板组合而成。板式换热器的结构如图7-10所示，主要由支柱、夹紧板、密封胶垫、换热板片、导杆等部件组成。通过加紧夹紧板将换热板片进行密封衔接，使得各个板片间角孔连通，从而使得冷热流体在换热板

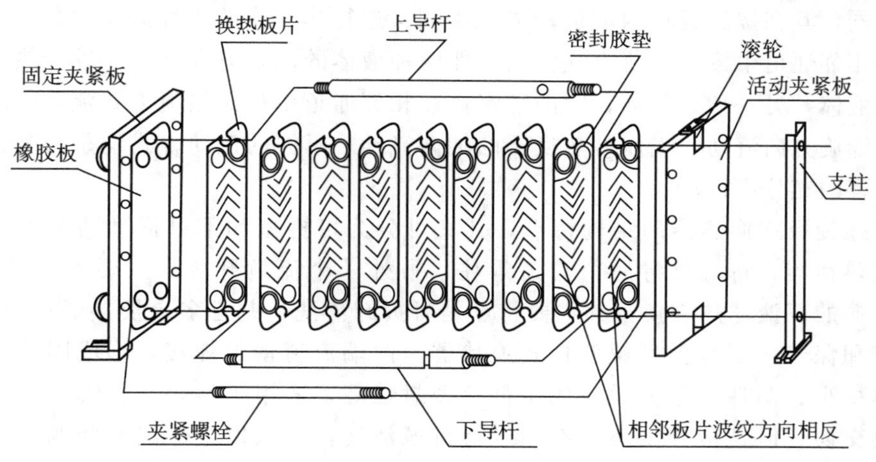

图 7-10　板式热换器的结构

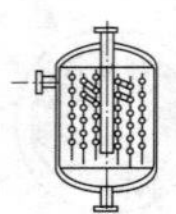

片的通道两侧流动进行热交换。板式换热器内部采用间壁式传热方式实现流体间的热传导，其热交换过程由以下几步完成：首先，热流体与换热板壁一侧通过对流方式进行热传递使得板壁温度升高；之后，板壁内的高温部分将热量传递给板壁外侧的低温部分；最后板壁外侧通过对流方式将热量传递给冷流体。

板式换热器板与板之间的间隙小，换热的冷热流体在其中流动的速度较高，并且由于传热板在设计过程中都有一定形状的凹凸纹路，增加了流体的湍流，从而使得板式换热器具有较高的传热系数；由于在板式换热器中流体以薄层形式通过，因此避免了高温和超高温杀菌过程中的过热现象，适合用于热敏性物料的杀菌；板式换热器还具有结构紧凑、能耗低、占地面积小、组装灵活、操作安全、容易清洗等特点。其缺点是密封周边太长，不易密封，渗漏的可能性大；承压能力低；受密封垫片材料耐温性能的限制，使用温度不宜过高；流道狭窄，易堵塞，处理量小，流动阻力大。

（2）螺旋板式换热器

螺旋板式换热器属于间壁式换热器，螺旋板式换热器结构图如图7-11所示，由两张钢板卷制而成，板间由定距柱分隔开，冷热流体在螺旋板构成的相邻通道内独立流动，通过金属板进行热交换。这些定距柱一方面起支撑作用，另一方面，在流体通过时，可加强对流体的搅动，达到强化热交换的目的。螺旋板式换热器板间通道的距离可以相同，也可以不同，但是其大小需要根据所加工物料的性质进行设计，太小容易堵塞，太大则不利于热传递，一般板间通道的距离为8～30 mm为宜。

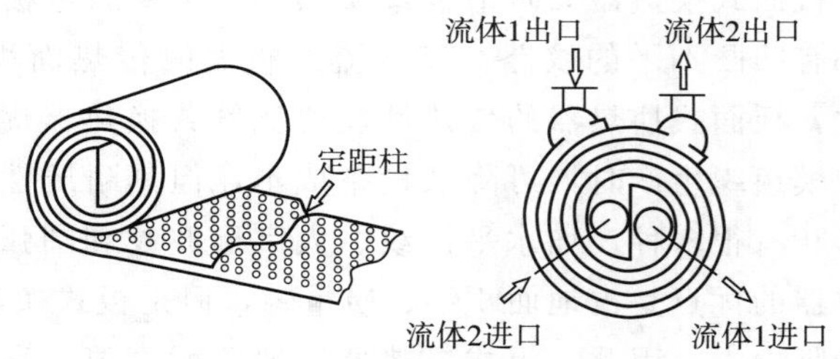

图7-11　螺旋板式换热器结构图

螺旋板式换热器中两种传热介质可进行全逆流流动，换热效率高。根据进行热交换介质的不同，其在螺旋通道内的流动方向不同：进行热交换的两种流体均是液体，则两种液体在相邻通道中按照逆流方式流动，即两种液体的流动方向相反；进行热交换的流体一种是液体，另一种是气体，则两种流体在相邻通道中按照错流方式流动，即液体按换热器的螺旋方向流动，气体沿热换器的轴向流动。不同的流动方式均是为了保证流体热交换过程的充分进行。

根据螺旋板式换热器的结构特点，其又可分为可拆型和不可拆型两大类：可拆型螺旋板式热换器，每端只将一个流道焊住，另外一个流道开放。主要用于黏性较高、有沉淀颗粒的双液体热交换，其主要特点是可拆卸清洗，并且多台换热器可组合使用，便于维修和保养；不可拆型螺旋板式换热器，两端流道密封焊接，形成固定结构，其优点是体积小、制造工艺简单、成本低、密封性好，适用于易燃、易爆、有毒和贵重流体的热交换，但是检修困难，不能进行机械清洗，一旦发生泄漏等问题，只能将整台仪器报废。

综上所述，螺旋板式换热器较其他换热器有如下优点：结构紧凑，单位体积设备的

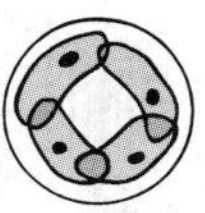

传热面积大，传热系数大，可充分利用热源，能耗低；同时，由于流道内流体的流速较高，同时有离心力的作用，因此流道内没有流动死区，内部物料不易发生沉积，不易堵塞。但是，螺旋板式换热器的承压能力较差，并且由于其结构特点，检修难度大。

(3) 板翅式换热器

板翅式换热器的基本结构是在两块平行金属板（隔板）之间放置一种波纹状的金属导热翅片，翅片称“二次表面”，在其两侧边缘以封条密封而组成单元体，对各单元体进行不同的组合和适当的排列，并通过钎焊焊牢组成的板束，把若干板束按需要组装在一起，便构成逆流、错流、错逆流板翅式换热器。

冷、热流体分别流过间隔排列的冷流层和换热层而实现热量交换。翅片与隔板间通过钎焊连接，大部分热量由翅片经隔板传出，小部分热量直接通过隔板传出。不同几何形状的翅片使流体在流道中形成强烈的湍流，使热阻边界层不断被破坏，从而有效地降低热阻，提高传热效率。另外，由于翅片焊于隔板之间，起到了骨架和支撑作用，因此薄板单元体结构有较高的强度和较强的承压能力。

板翅式换热器的优点有：结构紧凑、轻巧，单位体积内的传热面积较大；适应性广，可用于气气、气液和液液的热交换，亦可用于冷凝和蒸发；同时适用于多种不同的流体在同一设备中操作，特别适用于低温或超低温的场合。其主要缺点是结构复杂、造价高、流道小、易堵塞、不易清洗、难以检修等。

(4) 板壳式换热器

板壳式换热器主要由板束和壳体两部分组成，是介于管壳式和板式换热器之间的一种换热器。板束相当于管壳式换热器的管束，每一板束元件相当于一根管子，由板束元件构成的流道称为板壳式换热器的板程，相当于管壳式换热器的管程；板束与壳体之间的流通空间则构成板壳式换热器的壳程。板束元件的形状可以是多种多样的。

板壳式换热器的优点有：结构紧凑，单位体积包含的换热面积较管壳式换热器大；传热效率高，压力降小；由于没有密封垫片，较好解决了耐温、抗压与高效率之间的矛盾；容易清洗，但对焊接技术要求高。板壳式换热器常用于加热、冷却、蒸发、冷凝等过程。

第二节 欧姆杀菌技术

一、欧姆杀菌原理

欧姆杀菌技术也叫电阻加热杀菌技术，是一种新型热杀菌方法。欧姆杀菌利用电极将电流通入食品物料中，由于大部分食品中均含有水分和盐离子，具有良好的导电性能，因此通电后物料内部的阻抗损失和介质损耗使电能转化成热能，从而达到杀菌的目的。在杀菌过程中，食品物料所获得的杀菌温度除了与物料本身的电学特性相关外，还与物料的密度和比热容等热学性质相关。一些非导电性的食品物料，如脂肪、油、骨和纯净水等非离子化的食品，不适合应用欧姆加热杀菌技术。

与常规热杀菌方法相比，欧姆杀菌技术具有以下两个显著的优势：

① 欧姆杀菌技术可直接通过电极与食品物料接触，使得食品物料内部的加热速率与外部的加热速率几乎相等。不仅避免了在常规加热杀菌过程中，为使得内部物料达到杀菌温度而使其周围物料产生过热现象，还缩短了杀菌时间，更大程度上保持了食品物料的质地、外形和品质。

② 欧姆杀菌技术的热量在加热物料的内部产生，不需要热交换表面、介质传导和对流等，可直接对黏度高、含有大颗粒的固体产品和连续流动产品进行连续杀菌处理，杀菌过程中易于实现自动控制。

欧姆杀菌技术依靠物料本身的导电特性进行加热，由于不同食品物料的导电特性差异很大，因此欧姆杀菌技术在生产过程中也受到一定的限制。目前欧姆杀菌设备一般都针对某种特定的产品进行设计和制造，并且在生产过程中要严格通过控制产品的配方、组成、流速、温度等参数来控制产品的导电特性，从而达到杀菌的目的。

二、欧姆杀菌装置

欧姆杀菌装置流程图如图 7－12 所示，欧姆杀菌装置主要由物料罐、物料泵、欧姆加热器、控制板、保温管、冷却器等部件组成。欧姆杀菌装置中，最核心的部件是欧姆加热器，也叫电阻加热器，是利用电流通过电热体放出热量达到加热效果的电器，在欧姆杀菌装置中常用的欧姆加热器是柱式欧姆加热器。柱式欧姆加热器由 4 个以上电极室组成，电极室由聚四氟乙烯构成，外面包裹不锈钢外壳，每个极室内有一个单独的悬臂电极，电极室之间由含有绝缘衬里（如二氟乙烯、聚醚醚酮等）的不锈钢管道连接。在安装欧姆加热柱时，一般以垂直或近乎垂直的角度进行，待杀菌物料自下而上流动，并为加热柱中每个电极室的加热区配置相同的电阻抗。

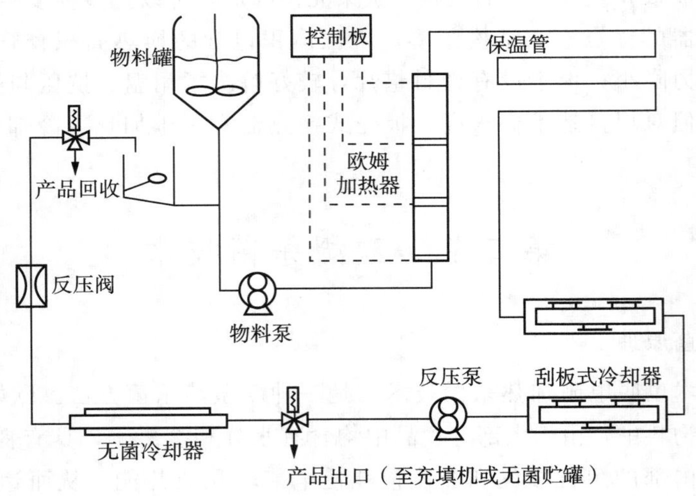

图 7－12　欧姆杀菌装置流程图

欧姆杀菌技术的工艺操作流程如下：首先，对杀菌装置系统内部进行预杀菌，该过

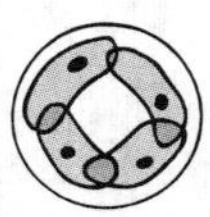

程由导电率和待杀菌物料相近的硫酸钠溶液在系统内循环而实现；预杀菌结束后，物料罐中的待杀菌食品物料经物料泵进入欧姆加热器中；之后，物料在短时间内被加热到预定的杀菌温度，在该温度保持一定时间达到杀菌强度后杀灭细菌；杀菌后的物料在冷却器中快速冷却，再经过反压泵将杀菌物料从出口排出。产品处理完成后，需要及时对杀菌设备进行清洗。欧姆杀菌技术在应用过程中对电极选择、温度控制、冷却速率、防结垢等关键控制点不断进行改进和加强，使得欧姆杀菌技术不断完善，并在食品生产过程中得到越来越广泛的应用。

三、欧姆杀菌技术在食品工业中的应用

基于欧姆杀菌技术的优点和特色，其在食品工业中被应用于黏度较高的液体和高颗粒密度食品的加工中。应用范围主要包括：果酱、果蔬汁、肉糜、豆腐、豆浆、牛奶等带颗粒流体和流体食品的杀菌；各种包含大颗粒的食品和片状食品如马铃薯、胡萝卜、蘑菇、牛肉、鸡肉、片状苹果、菠萝、桃等的杀菌；此外，在大块固体食品的杀菌和解冻等方面有广泛的应用前景。

第三节　高压杀菌技术

一、高压杀菌原理

高压杀菌技术又称作超高压杀菌技术或静态高压技术，是指将食品物料以弹性材料包装后，置于液体高压介质（通常是食用油、甘油、油与水的乳液）中，在 100～1000 MPa的压力下作用一定时间，使之达到灭菌要求的一种杀菌方法。高压杀菌技术可以杀灭细菌、真菌和酶，避免了一般高温杀菌带来的不良变化，因此，能更好地保持食品固有的营养品质、质构、风味、色泽等，达到延长食品保存期的效果。

高压杀菌通常在室温或较低温度下对食品物料进行处理，其处理过程是一个物理过程，不伴随化学反应的发生，具有操作安全、耗能低、作用均匀等特点。高压处理时，杀菌系统提供给食品物料的能量相对较低，对生物大分子的立体结构产生影响，并破坏其化学键，使蛋白质变性、酶活性降低、代谢异常、使 DNA 等遗传物质复制受阻、细菌等微生物被杀死；但是，高压杀菌过程对小分子化合物影响很小，因此可以对食品中矿物质、维生素、色素、风味物质等有较好的保留。此外，由于传压速度快且均匀，不受被加工食品大小和形状的影响，处理过程中只需要在升压阶段用液压式高压泵加压，而在恒压和降压阶段不需要能量输入，高压杀菌系统还具有操作简单、能耗小的优势。

高压对食品物料的灭菌效果与诸多因素相关，包括压力大小、加压时间、温度、pH 值、食物组成成分和微生物种类等。一般情况下，在一定范围内压力越高、加压时间越长，灭菌效果越好，压力一定时，温度越高灭菌效率越高；对于酸性食品高压杀菌效率较中性食品高；不同微生物对压力的敏感度不同，杀灭芽孢需要更高的压力。由于高压杀菌是一个复杂的动态过程，不同的食品物料需要选择和优化其特定的杀菌工艺，才能取得理想的杀菌效果。

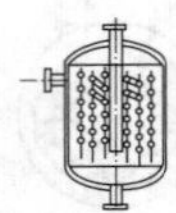

二、高压杀菌装置

典型的高压杀菌装置结构示意图如图 7-13 所示，其主要由加压装置、高压容器及辅助装置构成，其主要部件的组成及作用如下：

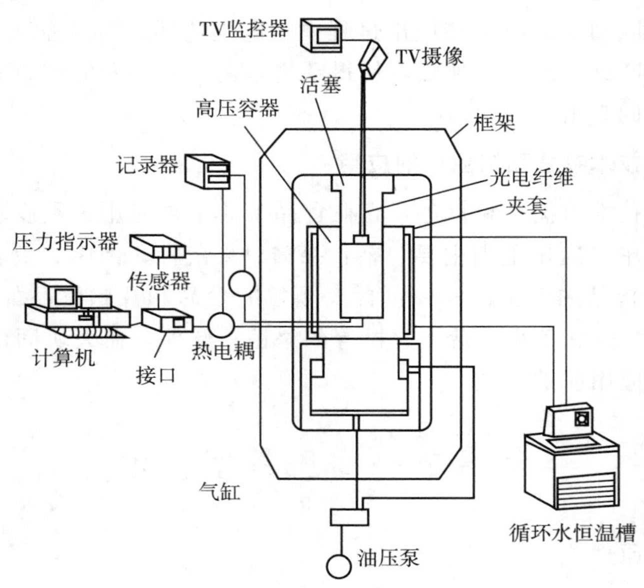

图 7-13　高压杀菌装置结构示意图

1. 加压装置

加压装置是高压杀菌设备的主要组成部件，是由高压泵、气缸、活塞和管路共同组成的独立动力装置。按照加压方式的不同，加压装置分为直接加压装置和间接加压装置，其结构示意图如图 7-14 所示。使用直接加压装置时，高压容器与加压装置分离，通过增压机产生高压液体，然后通过高压配送管将高压液体传送至高压容器中，物料在高压容器中进行高压处理；而间接加压装置中，高压容器与加压装置呈上下配置的形式并通过活塞相连，加压装置加压后通过活塞将压力传给高压容器中的物料，经压缩后产生高压，对待杀菌物料进行处理。直接加压装置和间接加压装置的特点比较见表 7-2 所列。

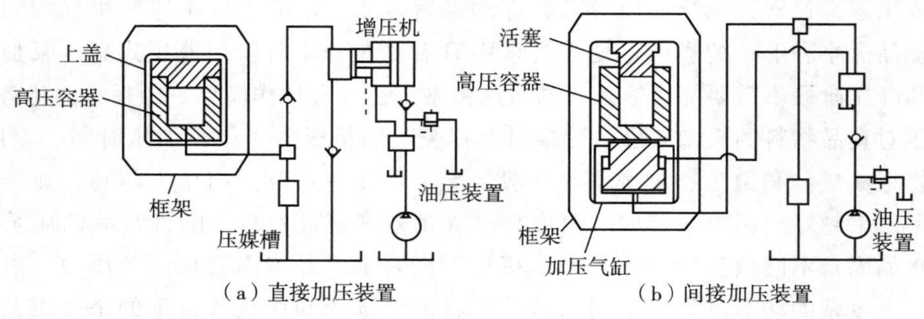

图 7-14　直接加压装置和间接加压装置结构示意图

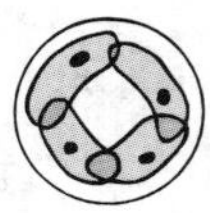

表 7-2 直接加压装置和间接加压装置的特点比较

项　目	直接加压装置	间接加压装置
构　造	仅有压力容器，结构紧凑	有加压气缸、高压容器，结构庞大
容器容积	始终为定值	随着压力的升高容积减少
密封的耐久性	几乎无密封件的损耗	有密封件的损耗
适用范围	大容量（生产型）	高压小容量
高压配管	需要	不需要
维　护	需经常保养维护	保养性能好
温度变化	减压时温度变化大	升压和减压时温度变化不大
压力的保持	当压力介质的泄漏量小于压缩机的循环量时	若压力介质有泄漏，则当活塞推到气缸顶端时才能加压保持压力

2. 高压容器

高压容器是高压杀菌装置中对物料进行杀菌操作的空间。食品物料的高压处理一般要求数百兆帕的压力，因此对高压容器的耐压强度要求较高，需要特殊的技术。实际生产中，高压容器一般是由高强度不锈钢材料制成的圆筒形容器，器壁很厚，有时会在容器外部加装线圈等加固结构以保障安全和减轻重量。根据高压容器位置的不同，高压杀菌装置可分为立式和卧式两种类型：立式高压杀菌装置占地面积小，但装卸物料的装置占地较大；而卧式高压杀菌装置虽然占地面积大，但是其物料进出较为方便。

3. 辅助装置

高压杀菌装置中辅助装置主要包括：物料输送装置，如液体和半流体物料可用输送泵完成，固体物料的输送用输送带、升降机和机械抓手等完成；保温装置，如恒温槽等，以保证杀菌在一定的温度下进行；检测系统，包括压力传感器、压力指示器、热电偶测温计、持压时间控制仪及自动控制系统等，用以自动精确控制高压杀菌设备。

根据高压杀菌系统操作方式的不同，高压杀菌装置可分为间歇式高压杀菌系统和连续式高压杀菌系统：间歇式高压操作系统先将待杀菌物料进行包装，再将包装好的物料放进高压容器内并密封好，之后启动加压装置，将压力升高到设定值并保持一定时间，杀菌完成后打开阀门卸除压力，完成杀菌过程；连续式高压操作系统则将待杀菌物料作为传压介质，通过多个高压腔共同作用，实现对物料的连续高压杀菌处理。

三、影响高压杀菌的因素

高压杀菌过程中，对不同食品采用不同的处理条件，主要是由于食品的成分及组织结构复杂，食品中的微生物所处环境不同，导致不同食品的耐压程度不同。一般来说，影响高压杀菌的主要因素有以下几点。

1. 压力大小和加压时间

在一定范围内，压力越大，杀菌效果越好，且在相同压力下，持压时间越长，杀菌效果在一定程度上就越高。一般而言，300 MPa 以上压力可杀死细菌、真菌，而病毒在较低的压力下就可失去活性。对于芽孢类微生物，有的可能在1000 MPa的压力下存活。对于耐压芽孢微生物，300 MPa以下的高压处理反而会促使芽孢发芽，发芽后的芽孢耐压能力明显降低。

2. 温度

温度是微生物生长代谢最重要的外部条件，由于微生物对温度具有敏感性，因此在低温或高温下，高压对微生物的影响加剧。大多数微生物在低温下耐压程度降低，主要是因为压力使得低温下细胞冰晶析出，促使细胞的破裂程度加剧，而蛋白质也在低温、高压条件下更易变性。对一定浓度的糖溶液在不同温度下进行高压杀菌，在同样的压力下，杀死同等数量的细菌，温度越高则所需的杀菌时间越短。因为在一定温度下，微生物中的蛋白质和酶等成分均会发生一定程度的变性。故适当提高温度对高压杀菌有促进作用。

综上，在低温或高温下对食品进行高压处理具有较常温下处理更好的杀菌效果，且可以较好地保持食品品质，因此，高压杀菌结合温度处理是一种十分有效的杀菌手段。

3. pH值

每种微生物都有适合其生长的pH值范围，在压力的作用下，介质的pH值会影响微生物的活性。一方面压力会改变介质的pH值，且会逐渐缩小微生物生长的pH值范围。另一方面，在食品允许的范围内，改变介质pH值，使微生物生长环境恶化，也会加速微生物的死亡，使高压杀菌的时间缩短，或可降低所需压力。

4. 水分活度

水分活度（Aw）对高压杀菌效果的影响也很大。有研究表明，当压力为414 MPa时，水分活度从0.99降到0.91，对大肠杆菌的杀菌作用逐渐减弱，呈二级反应动力学关系。因此，水分活度大小对于微生物抵抗压力非常关键，对于固体和半固体食品的高压杀菌，考虑水分活度大小十分重要。

5. 食品成分

食品的成分十分复杂，且组织状态各异，所以对高压杀菌的影响情况也十分复杂。在高压下，食品的化学成分对灭菌效果有显著作用。蛋白质、脂类、碳水化合物对微生物有缓冲保护作用，而且这些营养物质加速了微生物的繁殖和自我修复能力。一般地，对于高盐、高糖食物，其杀菌速率均有减弱趋势，糖浓度愈高，微生物的致死率愈低；盐浓度愈高，微生物的致死率愈低。对于富含蛋白质、油脂的食品进行高压杀菌较困难，但添加适量脂肪酸酯、糖脂及乙醇后，加压杀菌的效果会增强。有些食品在高压灭菌时可考虑使用天然抑菌剂，其协同效应可使处理压力降低。

6. 微生物

一方面，微生物的种类和特性对高压灭菌有影响。革兰氏阳性菌比革兰氏阴性菌对压力更有抗性，因为一般而言，革兰氏阴性菌的细胞膜结构更复杂，因而易受压力等环境条件的影响而发生结构的变化。孢子类细菌与非芽孢类细菌相比，其耐压性更强，芽孢类细菌可在高达1200 MPa的压力下存活，而革兰氏阴性菌中的芽孢杆菌属和梭状芽孢杆菌属的芽孢最为耐压。芽孢壳的结构极其致密，使得芽孢类细菌具备了抵抗高压的能

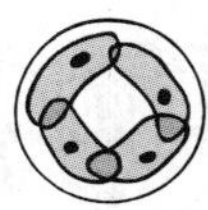

力，杀灭芽孢需更高的压力并结合其他处理方式。另一方面，微生物对高压的耐受性随其生长阶段的不同而异。有研究表明，微生物在生长期，尤其是对数生长早期，对压力更为敏感。因此，在微生物生长期进行高压杀菌，所需时间短且杀菌效率高。

四、高压杀菌技术在食品工业中的应用

由于高压杀菌技术在保持食品原有风味、色泽和营养价值方面具有优势，因此在食品加工和生产过程中得到了广泛的应用。高压杀菌技术在食品工业中主要应用于以下几个方面。

1. 乳及乳制品高压杀菌

乳及乳制品中富含多种生物活性组分、易吸收的矿物质和人体必需的多种氨基酸，在现代人类饮食结构组成中所占的比例越来越大。从食品加工角度来说，液态乳是由多种生物组分，如蛋白质、脂类、碳水化合物、盐、维生素、矿物质等，以胶体、乳化态和溶解态共存构成的一种复杂的生物学流体。乳中微生物是乳变质和腐败的主要原因。目前液态乳制品常用热杀菌的方法除菌，但是加热处理在杀菌的同时会在一定程度上对乳的营养和感官品质产生负面影响。近年来，高压杀菌技术在乳品产业中也得到广泛应用，其主要的研究和应用方向是低温加压条件下更有效地保留乳品中的生物活性组分和风味。已有研究表明，高压处理牛乳可以达到商业灭菌的要求，并可降低牛乳的浊度，增加透明度，保持乳蛋白空间结构和生物活性。在针对不同乳品应用高压灭菌时，压力和处理时间是对杀菌效果影响最大的两个因素，研究表明，200～500 MPa 压力条件下，杀菌效果随压力升高而呈线性上升，500 MPa 以上高压处理 15～20 min 基本可完全杀灭新鲜牛乳中的细菌。

2. 果蔬制品高压杀菌

杀菌是果汁饮料等果蔬制品生产加工中的关键技术，与产品的营养成分、感官品质、贮藏保存时间等指标密切相关。传统热杀菌加工会破坏果蔬制品中富含的维生素等营养物质并产生苦味，而高压杀菌技术可保持果蔬制品原有的风味和维生素等营养物质。在果汁加工中，与热杀菌相比，使用高压杀菌的葡萄柚汁经感官鉴定无苦味物质生成，风味和化学组成较处理前无变化；此外，经高压杀菌的梨汁、桃汁和橙汁等果汁产品均可达到商业无菌要求，并且可使果汁的货架期延长。高压杀菌特别适用于果汁饮料、浓缩果汁和果酱等液体果熟制品的杀菌。此外，高压灭菌还可应用于酸菜等腌制果蔬制品的加工过程中。

3. 肉类食品高压杀菌

不论是生鲜还是熟制肉类食品，在保存过程中，其中所含的微生物都会对肉类品质产生不利影响。已有研究发现 200 MPa、400 MPa 和 600 MPa 的高压作用下，可显著杀灭生鲜肉和海产品中的大肠杆菌、金黄色葡萄球菌和酵母菌，并且不同时间和压力组合条件下杀菌效率不同。高压杀菌技术在熟制肉类食品加工中的研究和应用较为广泛，已有研究发现 400 MPa 处理泡椒凤爪可显著降低总菌和大肠杆菌数量，并且其中的亚硝酸盐含量明显低于热处理产品，相同压力对酱牛肉的杀菌处理也可达到杀灭细菌、延长保质期、保持肉类感官品质的效果。总之，高压灭菌技术不仅能够达到杀灭细菌的要求，还能够较好地维持肉类食品的凝胶特性，减少肉品中汁液流失以防止纤维变性，从而提高肉的感官品质，保证营养品质，在肉类食品杀菌过程中有广泛的应用前景。

第四节　辐射保鲜技术

食品辐射技术的基本原理是利用γ射线、X射线和电子束等电离辐射与物质相互作用产生的物理、化学和生物学效应对食品进行加工和处理，从而达到有效控制果蔬采后病害、杀灭害虫、延缓成熟和衰老、抑制发芽、保持营养品质和风味、延长食品保质期、保障食品新鲜度的目的。辐射杀菌属于冷处理技术，又称冷杀菌（cold sterilization），因其具有不会产生毒理危害、安全、节能、无残留、灭菌彻底、营养成分破坏少等特点，已逐步成为食品加工和贮藏保鲜的有效手段之一。根据不同的目的和需求，可采用不同的辐射工艺对食品进行加工处理。

一、电离辐射原理

辐射是能量以粒子或电磁波的形式在空间传播的现象。电离是指具有一定动能的带电粒子与原子轨道电子间发生静电作用时，前者将其自身的部分能量传递给轨道电子，轨道电子获得的动能足以克服原子核的束缚而成为自由电子的过程。具有电离作用的辐射称为电离辐射。

电离辐射是一切能引起物质电离的辐射的总称，其种类很多，包括α粒子、β粒子、质子、重离子等高速带电粒子，以及X射线、γ射线和中子。电离辐射一般可以分为两大类：一类是电磁辐射（非粒子性），另一类是微粒辐射（加速电子流）。电磁辐射是一种带有能量的波动形式，通过波辐射穿过物体并在空间进行能量传递。根据频率和波长，电磁辐射可分为无线电波、微波、红外线、可见光、紫外线、X射线和γ射线。微粒辐射通过加速器加速而得到高速电子，通过高能电子进行能量传递。电离辐射的特点是波长短、频率高、能量高，当其所带能量大于12 eV时，可引起物质的电离，激发产生新的离子和激发分子，这些激发态的物质化学性质不稳定，会迅速转变为自由基和中性分子。

根据辐射的来源可将电离辐射分为天然辐射和人工辐射两类。天然辐射主要包括宇宙射线、宇生放射性核素和原生放射性核素。天然辐射主要跟海拔高度和地表中所含辐射矿物质的量相关，其辐射量一般较小，对成年人造成的平均年有效辐射剂量当量约为2.4 mSv。人工辐射主要来源于核设施、核技术应用和核爆炸，其中医学检查和诊断是人工辐射最大的来源。近年来人工辐射在监管的前提下被广泛应用于食品的保鲜过程中。

目前用于食品保鲜等方面的辐射仅有X射线、γ射线和电子束，而辐射能产生的激发和电离对于食品中的原子来说仅仅涉及外层电子，所以激发和电离的效应主要是化学和生物学效应。

二、电离辐射的生物学效应

电离辐射的生物学效应主要是通过电离辐射产生的射线对生物大分子产生初级和次

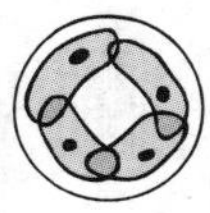

级作用而引发的。电离辐射的初级作用是指射线的能量直接作用于生物体内大分子，引发电离、激发及化学作用等，破坏了生物大分子（如蛋白质、核酸等）的结构和功能，从而引起生物体的细胞和组织损伤或代谢异常；次级作用是射线首先作用于生物体中的水分子，使其活化产生活性粒子，如自由基等，这些活性粒子与生物体内的活性分子进而发生相互作用，阻碍正常的生命代谢活动，导致其出现损伤、功能损失或生命体死亡。

电离辐射对生物体产生的生物效应因辐射剂量的不同而显著不同，一般情况下，大剂量的辐射会引起生物体的基因突变、癌变、死亡及其他疾病等，而低剂量辐射对生物体的危害较小，有时还对生物体正常功能产生正面影响。电离辐射引起细胞失活、死亡的数目与其吸收剂量直接相关，不同生物体对辐射的剂量敏感性不同，因此剂量效应曲线呈现出指数型曲线和 S 形曲线两种形式。电离辐射在分子、细胞、组织、器官和机体水平的生物学效应不同，辐射生物学效应示意图如图 7－15 所示，对 DNA 造成的损伤是辐射发挥生物学效应的一个主要靶点。

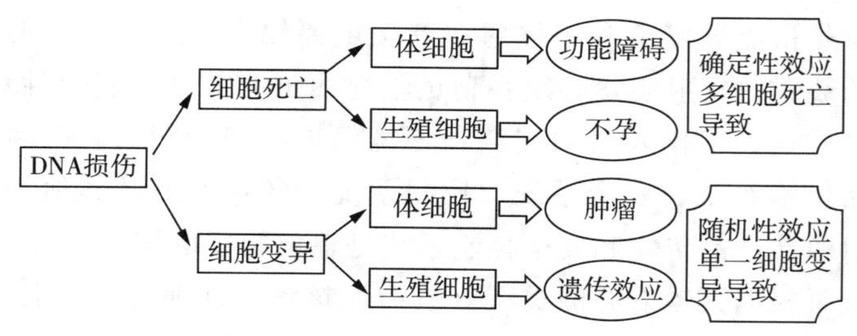

图 7－15　辐射生物学效应示意图

三、辐射杀菌的目的和分类

辐射杀菌是利用射线（包括 γ 射线、高能电子束和 X 射线）的辐射来杀灭有害细菌和昆虫的技术。几十至几千戈瑞（Gy）的辐射剂量可杀灭 90%以上的细菌和病毒（如大肠杆菌、鼠伤寒沙门氏菌、黑曲霉素、牛痘病毒等）。根据目的及剂量的不同，辐射杀菌可分为辐射消毒杀菌及辐射完全杀菌两种类型。

1. 辐射消毒杀菌

辐射消毒杀菌的辐射剂量一般为 1～10 kGy，其目的是抑制或部分杀灭腐败性微生物及致病性微生物，减少微生物污染，延长食品保藏期。辐射消毒杀菌又分为选择性辐射杀菌及针对性辐射杀菌。

（1）选择性辐射杀菌

选择性辐射杀菌的剂量一般为 5 kGy 以下，它的主要目的是抑制腐败性微生物的生长和繁殖，增加冷冻贮藏的期限。结合低温处理，常用于鱼、贝等水产品捕捞后的贮运。由于鱼、贝等水产带有假单孢菌，假单孢菌耐低温，在 0 ℃也可逐渐增殖，致使水产品很快腐败变质。但这类菌抗辐射能力很弱，只需 1 kGy 就可抑制其生长及繁殖，使其死亡。

（2）针对性辐射杀菌

针对性辐射杀菌的剂量范围是 5～10 kGy，主要应用于畜禽的零售鲜肉和水产品，用来杀灭沙门氏菌。沙门氏菌有1000～3000种，现在已研究清楚的还不到1000种，它在绝大部分的畜、禽、水产品上都存在。沙门氏菌污染往往是引发富含蛋白质的食品产生毒性的一个重要原因。沙门氏菌对热不太敏感，加热法不能完全解决沙门氏菌对食品的污染问题，但它对辐照十分敏感，5 kGy 的剂量能杀死 10^5～10^7个/g 沙门氏菌。用辐射法对冷冻的食品进行处理，也能杀死食品深处的沙门氏菌。采用 8 kGy 辐射对冻鸡照射，能有效地控制沙门氏菌对冻鸡的污染，被处理的鸡在－30 ℃下保存 2 年后，香味及质地均无明显变化。

2. 辐射完全杀菌

辐射完全杀菌是一种高剂量辐射杀菌法，剂量范围为 10～60 kGy，可杀死除芽孢杆菌以外的所有微生物，以达到“商品消毒”的目的。经辐射完全杀菌的食品只要包装不破损，可在室温下贮藏几年。

四、电离辐射装置系统

电离辐射装置是指能够安全利用辐射源产生电离辐射，通过规范的辐射工艺对物品和材料进行加工的装置。辐射装置必须要满足辐射加工有效性、安全性和经济性的要求，与辐射成本、产品质量、工作人员的安全和环境保护等密切相关。电离辐射装置系统主要由辐射源、产品传输系统、安全系统、控制系统、屏蔽系统及其他相关辅助设备共同组成。其中，辐射源、产品传输和安全控制系统是辐射装置的核心。

电离辐射装置可根据其辐射源的类型（放射性核素、加速器）、用途、产品种类、传输系统等进行分类。目前，在食品工业中使用较多的电离辐射装置主要有三种：γ射线辐射装置、电子束辐射装置和 X 射线辐射装置。用 ^{60}Co 产生 γ 射线的辐射灭菌存在某些弱点（传送系统复杂、辐射时间过长等），由粒子加速器产生的高能电子束或 X 射线灭菌消毒具有独特优势，如传动系统简单、灭菌过程连续、辐照时间可缩短数百倍等。下面以这三种辐射装置为例，详细讲述电离辐射装置的特征和用途。

1. γ射线辐射装置

目前使用的γ射线辐射装置主要是固定源室湿法储源型γ射线辐射装置，这类辐射装置又可按照不同的分类方法分为多种类型：根据辐射源放射性核素类型的不同可分为 ^{60}Co 或 ^{137}Cs－γ射线辐射装置；按照辐射源排列方式的不同，又可分为圆筒源、单板源和双板源γ射线辐射装置；按照辐射方式分为动态步进、静态辐射、动态连续及产品流动γ射线辐射装置等等。动态步进和静态分批辐射是最常用的两种辐射方式，前者采用产品辐照箱传输系统，产品辐射与进出辐照室时，辐射源始终处于辐射位置，而后者采用产品辐照箱人工搬运，在产品搬运和翻转时，辐射源必须降到安全储藏位置。

典型γ射线辐射装置的主体是带有很厚水泥墙的辐照室，它主要由辐射源升降系统和产品传输系统组成，柜式传输多道步进γ辐射装置图如图 7－16 所示。水泥墙体的厚度取决于放射性核素的类型、设计装载的最大辐射源活度和屏蔽材料的密度。辐照室和产品装卸区通过迷道联通。辐照室中央有一个深水井，安装有可升降的辐射源台架，在停止辐射时，源台架降至井底部安全储源位置保存。进行辐射工作时，源架台托载辐射源

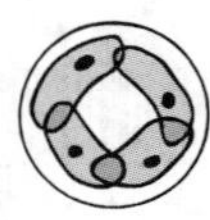

升至地面，装载产品的辐照箱围绕原架台移动，以使产品得到均匀辐射。

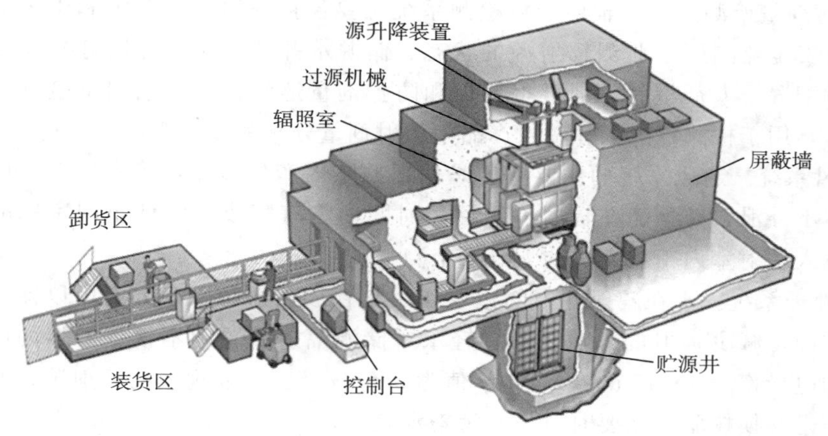

图 7-16 柜式传输多道步进 γ 辐射装置图

下面介绍 γ 射线辐射装置的组成部分：

① γ 辐射源。γ 辐射处理常利用^{60}Co 或^{137}Cs 作为辐射源产生的 γ 射线。^{137}Cs 作为 γ 辐射源，用于辐射育种、辐照储存食品、医疗器械的杀菌、癌症的治疗以及工业设备的 γ 探伤等。由于铯源的半衰期较长及其易造成扩散的弱点，^{137}Cs 源已渐被^{60}Co 源所取代。^{60}Co辐射源采用双层不锈钢包壳密封，放射性比活度一般为 0.74～4.44 TBq/g，使用寿命在 15 年以上。辐射源的安全性能和质量应符合国家标准 GB 4075—2003 和 GB 7465—1994 的要求，并应具有相应的生产和进口等证明材料。

② 源升降系统。源升降系统是由源架和源升降机组成的。源架是装载和陈列辐射源以形成特定辐射场的专用设备，一般由不锈钢材料制成。根据辐射装置规模、用途和工艺的不同，采用不同的结构和尺寸，如线源、圆筒源、单板源和双板源等。设计和安装源架的基本要求是：拆卸方便、承载安全稳定、保障放射源不受机械损伤、进出水面排水通畅，同时还需要在源架周围设置保护网。源升降机是牵引源架在水井做升降运动的机械设备，按照驱动方式的不同可分为电动、气动和液压三种类型。驱动系统要求有过力矩保护、源位显示、源架迫降和断电自动升降装置。

③ 辐照室。辐照室由屏蔽体、迷道和储源水井组成。屏蔽体一般由足够厚度的钢筋混凝土构成，屏蔽后屏蔽体外的辐射剂量不可超过 2.5 μSv/h。辐射室与产品进出口通常采用迷宫式连接，以确保射线经过迷道三次以上的散射，降低迷道出口处的辐射剂量，使其不超过 2.5 μSv/h。储源水井中装满水，用来屏蔽辐射源的辐射。储源水井不允许有渗漏，并要做好防沉降措施，从而达到安全储存和安装辐射源的目的。

④ 产品传输系统。产品传输系统一般有三种类型，分别是过源机械系统、迷道输送系统和装卸料操作系统。过源机械系统是指产品辐照箱在辐射室内围绕辐射源运行的一类传输机械设备；迷道输送系统是指将产品辐照箱从装卸车间向辐射室转运时通过迷道的输送机械；装卸料操作系统是在装卸车间需要将辐照产品装到辐照箱中，并将已完成

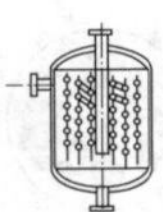

辐射的产品从辐照箱中卸下的机械装置。

⑤ 辐射剂量检测系统。辐射剂量检测系统主要包括辐射安全监测和工艺剂量检测两部分。辐射安全监测用于监测辐射源的状态、储源水井的水位，并以灯光和音响的形式显示，同时配置个人剂量计、剂量报警仪和防护剂量巡测仪。工艺剂量检测需要专门工作人员操作，用于检测辐射场和辐射产品中辐射剂量分布和限量值。

⑥ 通风系统。通风系统的主要作用是使辐照室内产生负压，确保辐射室内产生的辐射有害气体不外泄，并且能在辐射停止后短时间内将有害成分降低至国家标准规定的水平，保障进入辐射室内工作人员的人身安全。

⑦ 水处理系统。水在辐射井内的主要作用是存放放射源，一方面可以保持稳定的温度，另一方面可减少辐射的外泄。为减轻水对储源辐射装置中不锈钢源棒的腐蚀，要求储源井水的电导率为 1～10 μS/cm，pH 值为 5.5～8.5。工业规模的辐射装置水处理系统一般采用离子交换树脂，必要时可作为污染水处理。

⑧ 观察系统。为了能直接观察到辐射室内、迷道出入口和产品装卸情况，需要设置监控系统或反光系统进行实时监测。

⑨ 安全联锁控制系统。安全联锁是辐射装置正常运行所必需的，可防止人员误入正在运行的辐射室以避免造成重大人身伤害，主要包括人员和产品出入口的大门与辐射源位置间的联锁控制、防止人员误入的光电装置、紧急降源拉线开关等。安全联锁控制系统通过程序控制实现。

⑩ 控制系统。控制系统是辐射加工工艺中按要求对生产过程进行控制的系统，控制系统必须能紧急制停任何超出程序控制系统设定的操作，以保障辐射过程安全有序进行。

2. 电子束辐射装置

电子束辐射装置是指用电子加速器产生的高能电子束对产品进行辐射加工的装置。电子束辐射装置主要包括电子加速器、产品传输系统、辐射安全联锁系统、产品装卸和储存区、控制室、加量检测室等，电子束辐射装置示意图如图 7－17 所示。电子加速器是电子束辐射装置的核心部件，由辐射源、电子束扫描装置和辅助设备（如真空系统、绝缘气体、电源等）构成。电子加速有两种方法：一是通过直流高压性加速器产生一系列的加速阳极使电子获得高能量，适合能量 5 MeV 以下、束流功率较大的场合；二是将电子枪产生的脉冲电子由运动着的电磁波沿着导管或在谐振腔不断加速至高能量，束流成脉冲状，适合能量 5 MeV 以上、束流功率较小的场合。电子加速器产生的电子束具有辐射功率大、剂量率高、加工速度快、辐照成本低等优点，便于进行规模化生产使用，目前在生产中应用最为广泛。

通常采用电磁扫描的方法使高能电子束辐射在产品水平方向的剂量分布均匀一致。根据辐射处理的目的和被辐射物体种类的不同，可对电子加速器和辐照装置进行选择。按照结构和功能的不同，目前主要有以下三种电子束辐射装置。

（1）单面辐射电子束辐射装置

单面辐射电子束辐射装置示意图如图 7－18 所示。辐射产品垂直通过扫描电子束，根据电子束深度剂量分布、电子束扫描剂量分布和产品计量不均匀度要求，确定可辐射的

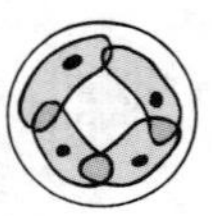

产品厚度。产品吸收剂量可通过调节束流和产品传输速度实现。

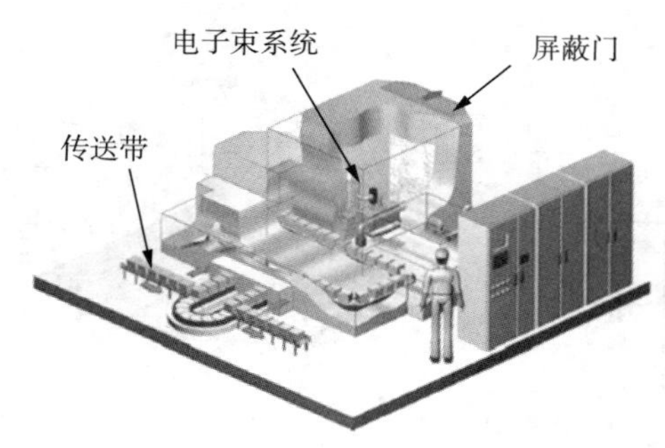

图 7－17 电子束辐射装置示意图

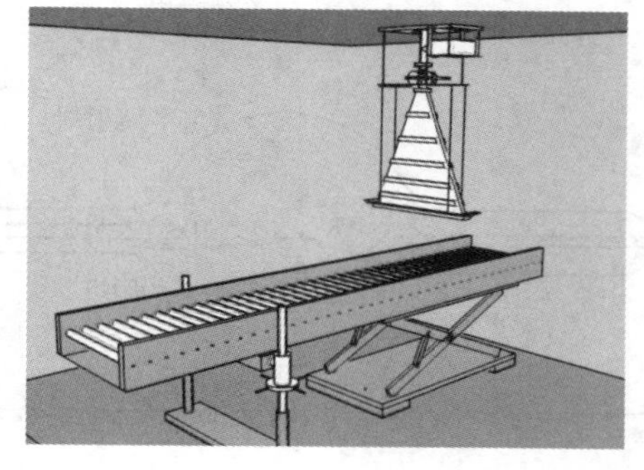

图 7－18 单面辐射电子束辐射装置示意图

(2) 两面辐射电子束辐射装置

两面辐射电子束辐射装置如图 7－19 所示。辐射产品垂直通过扫描电子束，但在同一扫描装置下有两条方向相反的产品传输线，产品从辐射室外一条传输线进入辐射室，通过电子束扫描后在传输线末端进行翻转，再转移到另一条传输线，辐射产品两面均经过电子束辐射后离开辐射室。

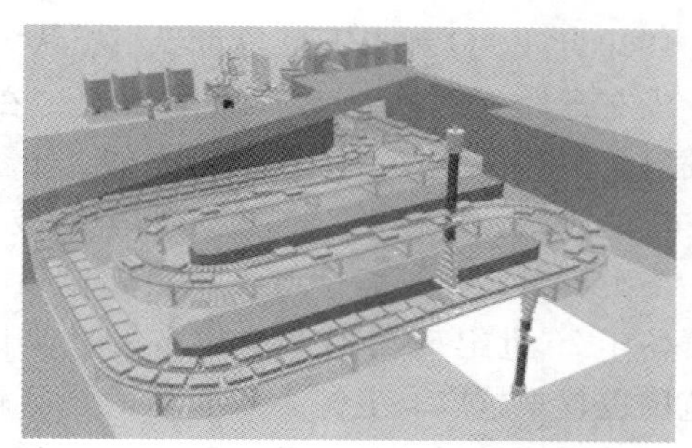

图 7－19 两面辐射电子束辐射装置

(3) 谷物杀虫电子束辐射装置

散装流动装置中被照射的液体或颗粒状产品（如谷物等）流动通过辐射区域，采取一定的倾斜度或震动等方法利用产品自身重力控制产品的厚度和流速，使辐射稳定高效，辐射产品吸收剂量具有均匀性。

3. X 射线辐射装置

随着辐射加工行业的发展，放射元素特别是 ^{60}Co 辐射源供应量远远跟不上需求量，促进了电子束辐射和 X 射线辐射的研发和发展。电子束打击在重金属靶上会产生穿透力很强的 X 射线，其分布与 γ 射线不同，并非均匀呈 4π 立体角发射，而是略倾向前方，X 射线产生过程示意图如图 7－20 所示。早期电子束和 X 射线的转换效率偏低，阻碍了 X 射线在工业和生产中的应用，近年来随着加速器和靶工艺学的发展，X 射线转换效率不断提高，促进了 X 射线辐射技术的发展和应用。

X 射线辐射在食品工业中主要用于食品污染物检测和食品灭菌两方面，两种用途的技术原理相同，只是在辐射剂量上，辐射灭菌比污染检测高几个数量级。X 射线在穿过材料时会被吸收，其中高致密材料对 X 射线的吸收性最好，因此在 X 射线辐射设备中常用铅板和不锈钢材料作为防护。典型的 X 射线食品污染物监测设备如图 7－21 所示，相较于其他辐射设备，X 射线辐射装置产品的传输系统设计简单。

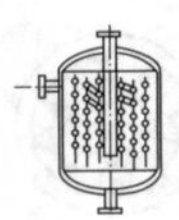

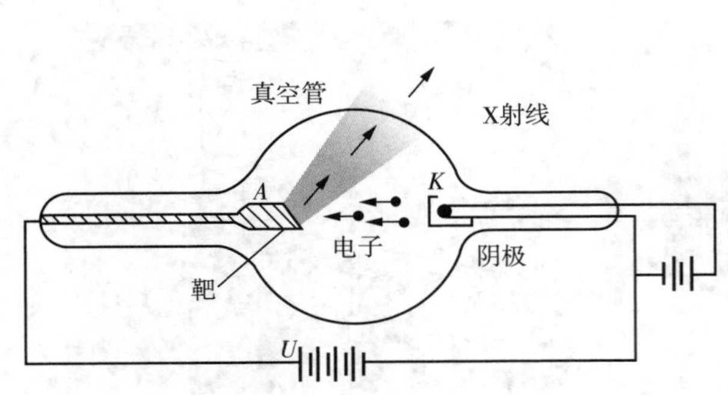

图 7-20 X 射线产生过程示意图

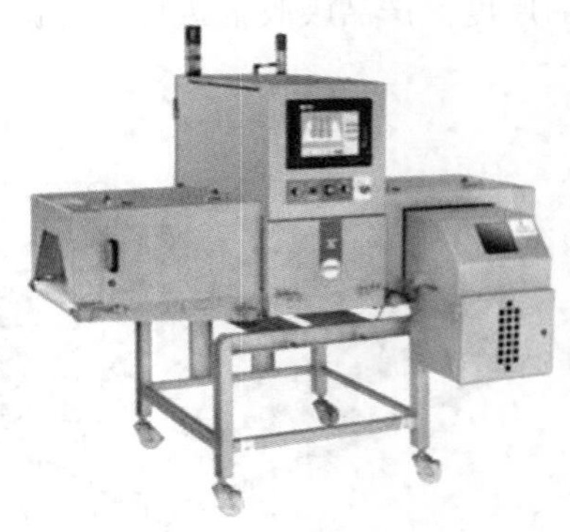
图 7-21 典型的 X 射线食品污染物监测设备

五、辐射技术在食品保鲜中的应用

1980 年 FAO 和 WHO 等世界组织认为受辐照食品的平均吸收剂量在 10 kGy 及以下时，没有毒性危害。目前，辐照杀菌已经在全球超过 40 个国家获得批准和使用，普遍认可辐射杀菌和保鲜技术是安全可靠的。由于辐射技术的诸多优点，其在食品保鲜中得到了广泛的应用。早在 1943 年就有将辐射技术应用于汉堡加工的事例，并且肉制品、水产品、蛋类、果蔬类等经过射线辐照后货架期得到大幅度延长。我国辐射技术应用于食品保鲜始于 20 世纪 50 年代，经过多年的应用和发展，目前辐射保藏已经具备规模化并且使用范围也越来越广。卫健委所颁布的食品辐照卫生表中覆盖了绝大多数食品类别，一般可通过不同辐射剂量对食品进行完全杀菌或消毒杀菌等保鲜处理。在食品保鲜中常用的射线有 X 射线、γ 射线和电子射线。γ 射线的穿透力很强，适合于完整食品及各种包装食品的内部杀菌保鲜处理；电子射线的穿透力较弱，一般用于小包装食品或冷冻食品的杀菌保鲜，特别适用于食品的表面杀菌保鲜处理。辐射技术在食品保鲜中的应用主要有以下几个方面。

1. 粮食谷物保鲜

大宗粮食和谷物类食品原料在存储过程中受到环境及内部因素的影响，容易出现虫害、霉变等问题。鉴于量大和贮存时间长等特点，粮食谷物的保鲜是食品加工过程中的一个重大问题。目前，高压、磁场、光波、辐射等方法和技术均可用于粮食谷物等的保鲜，而辐射技术则有明显的优势。一方面，辐射技术不仅能杀死粮食表面的微生物和虫类，还不会影响食品的品质；另一方面，辐射技术的使用成本低，特别适用于大宗产品的处理。由于每种粮食和谷物自身的质构特点，其所产生的病虫害的种类、发育时期等都不同，因此辐射技术在对其进行处理时也会产生明显的差异。

2. 肉类食品保鲜

肉类食品的保鲜根据其产品特性分为两大类，一类是冷鲜肉，另一类是加工熟化的肉类食品。辐射技术在这两类肉品的保鲜过程中均有广泛应用。冷鲜肉是指将屠宰所得到的胴体经冷却处理降温至 0～4 ℃，并在这一个温度条件下进行运输和加工的新鲜肉类产品。其在加工、运输和售卖过程中与外界环境接触时间长，易出现腐败变质问题，影响品质。对冷鲜肉进行辐射处理，可以延长其货架期，并且对肉品产生较小的负面影响。由于熟化肉类食品具有即食性的产品特点，其对保鲜的要求很高。利用钴源对熟兔肉进行辐射贮藏，研究发现经过辐射处理的熟兔肉贮藏时间明显延长，并且其营养成分无显著变化；香肠也可通过辐射技术进行保鲜，并且研究发现辐射不仅能延长香肠的货架期，还能使其营养成分损失减少，增加风味物质含量。

综上所述，辐射技术有诸多优势，但在应用过程中也存在一定的问题，如对食品进行辐照处理时会产生辐照风味，即通常所说的“辐射味”。目前研究认为辐照食品的特殊味道主要是辐照引起蛋白质水解、脂类物质产生自身氧化和非氧化产物、氢化和脱氨等化学反应所致，详细机理目前尚不明确，有待深入研究。

在应用辐射技术进行食品保鲜时，应特别注意对辐射剂量的控制。高剂量辐射处理食品，可引起食品中大分子物质解聚和软化等，从而降低食品的感官品质，而低剂量辐射处理不会对食品质构产生明显负面影响。食品在正常推荐的剂量辐射后其营养成分，如蛋白质、糖类、微量元素及矿物质的损失很少，但维生素和脂肪对辐照更敏感。维生素经辐射后的损失程度与食品种类、辐照剂量、温度、氧量及维生素的种类有关，一般来说，脂溶性维生素对辐照较水溶性维生素敏感，尤以维生素 E、维生素 K 损失最大。

在食品生产和加工过程中应用辐射技术时，应注意以下几个问题：首先，经过辐照的食品或食品原料，需要经过严格审批并在标签上明确标注；其次，企业进行辐射处理时需要严格控制设备的安全性能，并需要严格确保无辐射泄漏；再次，在满足杀灭细菌等微生物的同时尽量降低辐射剂量，从而达到维持食品品质和安全的共同目标；最后，选择合适的包装材料，一方面保证辐射过程中无化学成分溶出，另一方面使得被辐射材料可均匀地进行辐射吸收。

参考文献

[1] 摆小明．列管式换热器泄漏的原因及处理对策 [J]．现代制造技术与装备，2017 (11)：118—119.

[2] 鲍志英．超高压技术对牛乳中病原微生物的致死效应的研究 [D]．呼和浩特：内蒙古农业大学，2004.

[3] 曹毅，谢文．电离辐射的生物效应及健康影响 [J]．科技导报，2018，36 (15)：48—52.

[4] 曾劲松，白路．超高温杀菌技术设备 [J]．中国乳业，2003 (5)：35—37.

[5] 陈复生，张雪，钱向明．食品超高压加工技术 [M]．北京：化学工业出版社，2005.

[6] 陈海军，李杏元．超高压杀菌技术在果汁饮料生产中的应用 [J]．黄冈职业技术学院学报，2003，5 (3)：81—86.

[7] 陈永东，周兵，程沛．LNG 工厂换热技术的研究进展 [J]．天然气工业，2012，32 (10)：80—85.

[8] 程述震．电子束辐照对充氮包装冷却牛肉品质及蛋白特性的影响 [D]．北京：中国农业科学院，2017.

[9] 程友良，韩健，杨星辉．螺旋板式换热器结构优化及传热特性研究 [J]．华北电力大学学报（自然

科学版)，2016，43 (6)：102—110.

[10] 邓力，金征宇．欧姆杀菌设备及其最新进展 [J]．食品与机械，2004，20 (2)：61—63.

[11] 冯艳丽，余翔．超高压杀菌技术在乳品生产中的探索 [J]．食品工业，2005，26 (1)：30—31.

[12] 傅玉颖，张卫斌．超高压在食品保藏中的应用 [J]．山西食品工业，2000，1 (19)：43—44.

[13] 高广超，张鑫，李超．换热器的研究发展现状 [J]．当代化工研究，2016 (4)：83—84.

[14] 耿建暖．欧姆加热及其在食品加工中的应用 [J]．食品与机械，2006，22 (6)：146—147.

[15] 郭光平，张建梅，王光杰，等．超高压杀菌技术对酱牛肉货架期的影响 [J]．农产品加工，2016，406 (4)：13—15.

[16] 郭万俊，孟庆臣，董国庆．超高压食品加工容器装置设计 [J]．哈尔滨工程大学学报，1996，17 (4)：84—90.

[17] 国际原子能机构 (IAEA)．辐射、人与环境 [M]．北京：中国原子能出版社，2006.

[18] 哈益民，朱佳廷，张彦立，等．现代食品辐照加工技术 [M]．北京：科学出版社，2015.

[19] 李成梁，靳国锋，马素敏，等．辐照对肉品品质影响及控制研究进展 [J]．食品科学，2016，37 (21)：271—278.

[20] 李迎秋，莫海珍，陈正行．高压对牛乳理化性质和成分的影响 [J]．食品工业，2006 (1)：23—25.

[21] 励建荣，夏道宗．食品超高压杀菌技术 [J]．广州食品工业科技，2002，18 (3)：45—47.

[22] 励建荣，夏道宗．超高压技术在食品工业中的应用 [J]．食品工业科技，2002，23 (7)：79—81.

[23] 林向阳，陈金海，郑丹丹．超高压杀菌技术在食品中的应用 [J]．农产品加工，2005 (4)：1—4.

[24] 刘宝庆，王冰，蒋家羚，等．可拆式螺旋板式换热器传质传热的数值模型 [J]．应用基础与工程科学学报，2010，18 (1)：72—79.

[25] 刘亮．浅析螺旋板式换热器的应用 [J]．石化技术，2017 (4)：109.

[26] 刘云宏，朱文学，董铁有，等．食品高压杀菌技术 [J]．食品科学，2005 (26)：155—158.

[27] 南庆贤．肉类工业手册 [M]．北京：中国轻工业出版社，2008.

[28] 聂莉莎．管壳式换热器的换热性能研究 [J]．广东化工，2018，45 (3)：74—76.

[29] 潘见，张文成，陈从贵．超高压食品杀菌工艺及设备的设计 [J]．食品与机械，1995 (5)：32—33.

[30] 皮晓娟，李亮，刘雄．超高压杀菌技术研究进展 [J]．肉类研究，2010，142 (2)：9—13.

[31] 邱伟芬，江汉湖．食品超高压杀菌技术及其研究进展 [J]．食品科学，2001，22 (5)：81—84.

[32] 曲冬梅，叶兴乾，应华冠．食品的欧姆加热技术 [J]．食品研究与开发，1999，20 (3)：29—33.

[33] 施培新．食品辐照加工原理与技术 [M]．北京：中国农业科学技术出版社，2004.

[34] 田其英．不同辐射剂量对蒲菜保鲜的影响研究 [J]．江苏调味副食品，2014，137 (2)：33—36.

[35] 王晶晶．管壳式换热器的工作原理及结构 [J]．中国化工贸易，2014 (1)：111.

[36] 王宁，王晓拓，丁武，等．辐照剂量对牛肉脂肪和蛋白氧化及蛋白特性的影响 [J]．现代食品科技，2015，31 (8)：123—128.

[37] 王文凯．管壳式热换器结构设计及其强度计算问题 [J]．化学工程与装备，2018 (9)：196—197.

[38] 王鑫．管壳式换热器的工作原理与结构分析 [J]．区域治理，2018 (23)：241.

[39] 吴军．板式换热器传热与流动分析 [J]．内燃机与配件，2018 (2)：87—89.

[40] 夏涵月，吴利琴，方婧，等．多套管是热交换器设计制造要点 [J]．石油化工设备，2018，47 (2)：46—50.

[41] 肖华志，吕洪波，贯恺，等．超高压处理对荠菜制品与生鲜猪肉杀菌效果的研究 [J]．食品与机械，2007，25 (1)：56—57.

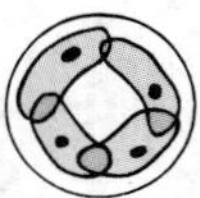

[42] 徐军，陈永红．食品欧姆加热原理及其影响因素［J］．食品工业，1999（5）：42—44.

[43] 杨萍芳．欧姆杀菌技术在食品工业中的应用［J］．运城学院学报，2006，24（2）：45—46.

[44] 杨宗渠，李长看，雷志华，等．辐射处理对水果品质影响的研究进展［J］．食品科学，2015，36（23）：353—357.

[45] 杨宗渠，朱军，陈海军，等．电离辐射对食品品质的影响［J］．食品科学，2006，27（8）：259—262.

[46] 姚钢，蒋继成，卫光，等．$^{60}Co-\gamma$射线辐照保鲜无防腐剂香肠的机理与理化指标预测［J］．自动化技术与应用，2018，37（8）：139—141.

[47] 张冠敏．复合波纹板式换热器强化传热机理及传热特定研究［D］．济南：山东大学，2006.

[48] 张麒，丁海超，李京富．管壳式换热器的工作原理及结构［J］．山东工业技术，2015（17）：223.

[49] 张隐，赵靓，王永涛，等．超高压处理对泡椒凤爪微生物与品质的影响［J］．食品科学，2015，36（3）：46—50.

[50] 张印辉，张云生，何自芬，等．UHT 杀菌设备温控系统设计［J］．包装工程，2007，28（2）：80—82.

[51] 张勇．超高压杀菌乳工艺参数优化及其理化特性研究［D］．西安：西北农林科技大学，2007.

[52] 张裕中．食品加工技术装备［M］．北京：中国轻工业出版社，2000.

[53] 张治川，黄磊，周波．重叠式多套管换热器结构与管头密封设计［J］．压力容器，2012，29（3）：22—25.

[54] 章海燕，王立，张辉．高压杀菌技术的研究进展［J］．粮食与食品工业，2010，10（3）：23—19.

[55] 赵光，许肇梅，周之棣，等．熟兔肉的辐射贮藏研究［J］．核农学报，1991，5（2）：113—119.

[56] 赵立川，祁振强，唐玉德．超高压食品加工及其装置［J］．河北工业科技，2002（2）：21—28.

[57] 周亚军，殷涌光，王淑杰，等．食品欧姆加热技术的原理及研究进展［J］．吉林大学学报，2004，34（2）：324—329.

[58] 朱光明．研究管壳式换热器的工作原理及结构［J］．产业与科技论坛，2017，（16）：72—73.

[59] 涂顺明，邓丹雯．食品杀菌新技术［M］．北京：中国轻工业出版社，2004.

第八章　食品包装新技术

包装是指在物流过程中为保护产品、方便储运及促进销售，按一定技术方法而采用的容器、材料及辅助物等的总体名称。此外，包装的范畴还可以延伸为采用容器、材料及辅助物并施加一定技术方法进而达到保护产品、方便储运及促进销售等目的的操作活动。而食品包装（food packaging），是指采用适当的包装材料、容器和包装技术把食品包裹起来，以方便食品在运输和储藏过程中保持其原有状态及营养价值。

食品包装的首要目的在于保证食品质量和防止食品变质。对食品产生破坏的因素大致有两类：一类是自然因素，包括光线、氧气、温度、湿度、水分、微生物、昆虫、尘埃等，可引起食品氧化、变色、腐败变质和污染；另一类是人为因素，包括冲击、振动、跌落、承压载荷、人为污染等，可引起内容物变形、破损和变质等。不同的食品、不同的流通环境，对食品包装的保护功能要求不同。食品包装过程中采取正确的包装技术，可以避免食品在保管、流通和销售环节过程中可能出现的变质问题，这对于食品的安全性具有重要意义。其次，突出的食品包装外表及标志可以提高商品的价值，食品包装是提高商品竞争力和促进销售的重要手段。本章将就食品包装中无菌包装、软罐头包装和气调包装新技术进行介绍。

第一节　无菌包装技术

一、无菌包装原理

食品的无菌包装（aseptic package）是将食品与包装材料或容器分别灭菌，在无菌环境下再将已灭菌或预杀菌的产品装入无菌容器中并密封为产品的技术。早在 1913 年，丹麦人金森就开始对牛奶进行无菌灌装；1917 年，美国人佟克莱获得食品无菌保藏方法的首个世界专利。但是无菌包装技术直到 20 世纪 70 年代末才开始广泛兴起。近二三十年间，无菌包装技术的研究取得了很大的进展，随着食品技术的不断进步和发展，无菌包装技术被应用于越来越多的食品制作领域，各种无菌包装的产品越来越多地进入人们的生活。发达国家流质食品包装中，无菌包装已达 65％以上，且每年的增速均超过 5％。仅纸盒无菌包装，全球每年就消耗 1000 亿个以上。无菌包装技术不仅应用于乳品工业，还广泛应用于其他食品工业，如果汁、蔬菜汁、豆奶、酱类食品及营养保健食品等工业生产中。无菌包装与其他食品包装的不同之处在于：食品单独连续杀菌，包装也单独杀菌，两者相互独立，这使得无菌包装比其他包装方法的杀菌耗能少，不需使用大型杀菌装置，可实现连续杀菌灌装密封，生产效率高；采用无菌包装技术制备的食品，无须冷藏就可以长期保存，同时营养损失少，风味和色泽基本保持不变。

目前，用于无菌包装的食品主要分为两大类：

一是常温保存的无菌食品。这类无菌包装食品采用包装机，结合连续杀菌过程和无菌容器包装技术，获得能在常温下储存的商业无菌食品。此类商品包括超高温瞬时杀菌和用其他预杀菌方法制备的乳和乳制品、布丁、蔬菜汁、汤汁、果汁、甜食及沙司等。

二是低温保存的无菌食品。为避免食品在冷藏链中受霉菌和酵母菌等的再次污染，延长食品的货架期，故在无菌环境下将没有杀菌的新鲜产品包装起来。此类商品包括发酵乳、甜食及酸乳酪等。

食品包装的本质要求是采用一定的技术和方法保证食品的质量在包装体内得以长时间保持，影响因素主要包括包装强度、阻隔性、呼吸、营养性、耐热性和避光性等方面。无菌包装技术作为食品包装技术中的重要组成部分，需要满足食品包装的本质要求。无菌包装具有以下特点：

第一，使用最适宜的杀菌方法对食品进行杀菌，保证食品的色泽、风味、物质结构和营养成分等，使食品品质的损失最小。

第二，因食品和包装容器采用独立杀菌处理，无论杀菌及包装容器容量大小如何，都能得到品质稳定的产品，甚至可以满足普通罐装无法满足的大型包装食品的生产。其次，要求食品和包装容器之间不发生反应，包装材料成分不能影响食品的性质、风味，以保障食品的安全性。

第三，容器表面的无菌技术较食品内容物简单，且与内容物食品区分处理，对包装材料的耐热性要求不高，强度要求也相对较为宽松。

第四，能够满足自动化连续生产，省工、节能，具有经济性。

食品无菌包装技术的关键是保证无菌，所以其基本原理是采用相关技术方法及仪器设备，以一定的方式杀灭微生物并防止微生物的再次污染。因此，食品无菌包装技术的三个核心环节和要素为包装材料、包装内容物和包装环境及设备的无菌化。微生物杀灭的基本原理有以下几种：

一是机械破坏机制。通过破坏决定微生物存活的条件（或存活决定控制中心），抑制或杀灭微生物。微生物致死靶理论及对数致死规律可充分说明机械破坏机制的作用原理。

二是化学作用机制。采用定量的化学分析，通过抑制或杀灭微生物，物质对微生物的抗代谢作用等实现。

三是生命力原理。采用定性的生化分析，通过干扰局部微生物代谢过程进而达到杀菌的目的。

包装食品（即包装内容物）无菌化是食品无菌包装技术中的核心内容。食品的无菌化方法包括热处理、微波处理、紫外线照射、超高压处理及过滤等。目前最经济和应用最广泛的方法是加热法，但是食品在加热过程中可能会发生褐变、风味和营养成分损失等问题。一般而言，热力破坏细菌的活化能为 6.5 kcal/mol，但食品成分化学反应的活化能为 20～26 kcal/mol。在热处理食品无菌技术中，高温短时灭菌可以有效破坏微生物细胞，并抑制食品营养成分间的化学变化，最大程度地保护食品营养成分，提高其保留率。例如，环境温度为 120 ℃时，细菌芽孢的杀死时间为 4 min，食品营养成分的保留率为 70%；但当温度提高到 132 ℃和 150 ℃时，细菌芽孢的致死时间大幅减少，较短的作用时间使营养成分的保留率分别提高到 90%和 98%。基于这个原理，生产中设计并广泛应用了超高温（UHT）杀菌技术。如对牛奶的 UHT 灭菌，牛奶以最佳热量传递方式在热交换器中很短时间内被加热到 136～138 ℃，保持 2～8 s后又在很短时间内被冷却到 20 ℃。

根据被处理食品性质的不同，UHT 灭菌装置可以分为固体和液体装置两大类。固体 UHT 装置主要用于粉粒原料的灭菌。在粉粒原料气流式灭菌法中，粉粒原料在管道输送过程中完成高温蒸汽的同步灭菌；而在粉粒原料搅拌式灭菌法中，粉粒原料在充满热蒸汽的压力容器内被高速搅拌进而达到灭菌的目的。液体食品的 UHT 灭菌有直接和间接两种形式：直接加热工艺是将食品和加热介质（如蒸汽）等直接接触、混合，进而达到灭菌的效果；间接加热工艺则是通过热交换器间接地完成食品与加热介质（如蒸汽和水）之间的热传导。一般对均质液体食品采用片式、管式及自由流动式热交换器，而对于含有固体颗粒的液体食品，根据颗粒块度的大小，依次选用片式、自由流动式、管式、心管式、间歇式搅拌锅、连续式、刮板式及无液相的固体颗粒流化床。换热器的选择是保障食品 UHT 工艺安全性、经济性及食品质量的前提。从工艺角度来看，含固体的液体食品是进行连续高温杀菌过程中所遇的难题，主要表现在难以精确计算热量在液体食品和固体颗粒之间的热传导系数，难以确定热量在固体颗粒间的传递方向，以及难以计算含固体颗粒的液体食品在刮板式热交换器和保温管道中的流动条件等。

无菌包装技术中较为重要的条件是包装环境空间的无菌。生产中一般采用空气净化技术和杀菌技术将附着在尘埃中的微生物杀灭，进而把空气的含尘量和微生物含量控制在一定的阈值之下。通过这种方法处理的工作室即为无菌室。由于高质量无菌室的建造成本很高，生产中一般将填充灌装工作室设计为高等级的无菌室，这要求包装机内腔为无菌环境。同时，为阻止外界污染空气的进入，常用惰性气体发生器将惰性气体注入灌装和封口处，使得此处压力大于外界压力。目前，包装机一般采用双氧水灭菌以及无菌热风干燥。因无菌包装技术要求的系统无菌化程度比较高，在实际生产中生产线实行自动控制，并定期进行清洗、灭菌及检查。

二、无菌包装材料及其杀菌方法

1. 无菌包装材料

在食品储存和物流过程中，包装材料对保持食品的品质和卫生安全、提高食品的商品价值具有重要的意义；此外，包装材料还要满足适合连续生产及具备生产应用的经济性等要求。一般而言，无菌包装对包装材料性能有如下要求：

① 热稳定性。在无菌热处理过程中不会产生物理变化和化学变化。

② 抗化学性和耐紫外性。采用化学制剂或紫外线进行无菌处理过程中，材料的有机结构不会发生变化。

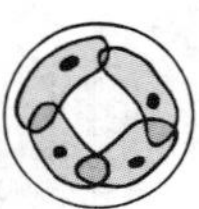

③ 热成型稳定性。在无菌处理或者干制的热处理过程中，材料外形不会发生明显的改变。

④ 阻气性。阻隔包装内部和外部的气体交换，防止外部空气中氧气的进入造成食品的氧化反应，同时保持充入的惰性气体不外渗。

⑤ 防潮性。阻止包装内外的水分交换，防止外界水分进入内部及水分蒸发所致食品发潮。

⑥ 韧性和刚性。具有合适的韧性和刚性，便于机械化填充及封口。

⑦ 避光性。能够阻隔外界光线的进入。

⑧ 卫生性。包装材料应是安全无毒的，符合食品卫生标准。

⑨ 经济性。来源丰富，成本经济。

传统的无菌食品包装材料主要包括金属、玻璃、纸板和塑料等，包装容器以金属罐装为主流。就完全阻隔分子扩散而言，金属和玻璃是最理想的材料，其使用过程中对食物的保藏取决于包装的密封性和牢固性，但这两种材料具有成本高、经济性差的缺点。近年来，随着塑料工业的发展，出现了很多新型的包装材料及容器，如多层铝箔、纸板及塑胶的复合材料，聚乙烯、聚二氯烯及乙烯醇等高阻隔性的塑胶材料，以及共挤出加工技术制备的多层材料和容器等。无菌包装容器也由硬质向软质和半硬质发展，包括第一代的纸质方形盒及第二代的塑料制备物等。纸板和塑料制品的价格较为便宜，可以大幅度降低包装成本，是无菌包装系统中最常用的包装材料。实际生产中常用的无菌包装材料如下：

（1）利乐包包装材料

利乐包的包装材料是由纸基与铝箔及塑料复合层压制而成，厚度约为 0.35 mm。图 8-1 所示是利乐包包装材料结构。包装材料以纸板（80%左右）为材料基础，纸板复合了聚乙烯和铝箔包装材料，一共有 6 层，从内向外的功能依次如下：最内层的聚乙烯材料可以阻止液体食品的泄露；铝箔具有阻隔空气、防止食物氧化及免受光照影响的功能；聚乙烯层紧密黏合纸板和铝箔；纸板赋予包装适当的机械强度以便成型，并便于油墨印刷；外层的聚乙烯层可以保护印刷油墨并防潮，同时保护封口表面。

（2）康美盒包装材料

康美盒的包装由 6 层材料复合而成，最外层为聚乙烯，然后依次为纸板、聚乙烯、铝箔、黏结层和聚乙烯。纸盒的基材由优质纸板经过单层或多层加工而成，用于液体食品包装的纸盒多由复合材料制成。最外层的低密度聚乙烯覆盖层提供了良好的印刷表面，同时兼具防潮功能和密封性。从纸板和低密度聚乙烯层往内看有一层 6.5 μm 的铝箔，具有阻氧和避光功

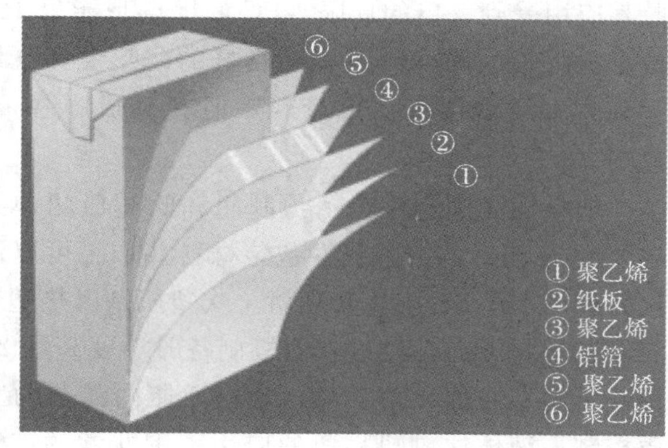

图 8-1　利乐包包装材料结构

能。铝箔再往内还有一层低密度聚乙烯，提供黏合性。整片复合纸板由70%的纸板、25%的聚乙烯和5%的铝箔组成。

康美盒的包装工艺是：首先将卷筒复合材料制成盒胚，进行分切和压痕；然后纵向折叠并进行纵封，形成桶装盒胚；再装箱运往食品包装厂。在包装机上，盒胚被取出张开，封结底部，然后再进入充填工位进行灌装。操作过程依次完成顶部预先折叠、过氧化氢消毒、烘干、灌装、除泡、注入蒸汽、顶部密封及顶部耳翼形成等工序。成品康美盒进行包装后，堆托盘完成全部包装工作。

康美盒可以根据用户的要求改变包装的容量，常见的有以下规格：底部截面积为63 mm×95 mm 的 Cb5 系列有 500 mL、568 mL、750 mL、1000 mL 和 1100 mL 这 5 种规格，生产速度为 5000 盒/h。底部截面积为47.5 mm×76 mm 的 Cb6 系列有 200 mL、250 mL、300 mL、330 mL、350 mL、375 mL、400 mL 和 500 mL 这 8 种规格，生产速度为 6000 盒/h。底部截面积为 40 mm×73 mm 的 Cb7 系列有 150 mL、170 mL、200 mL、250 mL、300 mL、330 mL 及 350 mL 这 7 种规格，生产速度为 6000 盒/h。

（3）芬包塑料袋包装材料

芬包采用外层白色而内层黑色的 LDPE 复合膜，也可以采用铝塑复合膜等材料。为取得较长货架期，常采用 PVDC 或 EVOH 高阻隔层的复合塑料膜或铝塑复合膜；或者采用货架期较短但成本较低的聚乙烯包装材料。芬包的黑白膜厚度为 0.09 mm，采用芬包包装材料制备的无菌奶包装，常温货架期可达 3 个月，而采用铝塑复合膜货架期可延长至 6 个月。采用黑白膜包装的牛奶可以减少因光照造成的维生素 B 和维生素 C 损失，同时具有成本低、经济性好的优点。

（4）塑料瓶包装系统

塑料瓶包装在外观形状、大小、颜色等各方面都十分有弹性，可以灵活配合不同食品在不同时间及地区的市场推广。塑料瓶主要用于饮料、酱菜、蜂蜜、干果、食用油等液体或者固体等的一次性无菌包装。随着新材料与新技术的不断应用，目前已经出现以 PC、PET、PEN、PET 与 PEN 的混合材料，以及 PETG 等其他新型塑料为代表的塑料。PET 是开发最早、产量最大、应用最广的聚酯产品，但不能很好地阻隔气体的渗透，因此其应用受到一定的局限。PC 的优点是能耐 120 ℃以上的高温且机械强度大，但 PC 价格贵且阻气性差。PEN 具有良好的耐热性和气体阻隔性，能抗紫外线，也能承受巴氏杀菌和高温浸洗温度，重量轻，但其高成本在一定程度上也限制了 PEN 的推广和使用范围。

塑料瓶无菌包装包括预制瓶和吹塑瓶两种类型。预制瓶的包装材料有多种，其中最主要的是 PET，与阻隔性包装材料共加工可以制备气密性很好的产品，但没有经过结晶化处理的 PET 不能承受高温。吹塑瓶是以热塑性塑料颗粒为原料，采用吹膜工艺制备的容器。塑料颗粒在经过吹塑机制备时温度高达 220 ℃，再经无菌空气吹塑、充填与封口，保证了吹塑瓶的无菌环境。塑料瓶瓶内无菌的工艺要求相对比较简单，因此易于实现品质控制。液体饮料塑料瓶的应用范围非常的广泛，具有代表性的有碳酸饮料、果汁、茶饮料、运动饮料、饮用水、速溶咖啡、酒类的无菌包装。

(5) 埃卡杯(NAS)塑料杯包装系统

埃卡杯(NAS)的无菌包装材料分为杯材、盖材和商标材三部分，其结构和生产工艺要求比较复杂。NAS塑料杯无菌包装系统用的包装材料称为中性无菌包装材料，简称NAS片材。NAS片材的特点在于有一层可剥离的外层，利用PP和PE的化学不相容性，采用与流动稳定性相匹配的PP和PE材料在共挤过程中形成光滑、无菌、可剥离的界面。在无菌包装机上，NAS片材在进入无菌区前揭开PP保护膜，露出PE无菌表面，在无菌区内完成“成型-灌装-封盖”的全过程。这种包装材料还具有中性、无菌和高阻隔性的特征。中性指NAS片材适合包装中性、低酸和低脂肪的食品，其pH值一般在4～7之间；无菌指NAS片材表面有一层无菌保护膜，片材在进入包装机的无菌区后才剥离保护，然后进行热成型、灌装及封口；高阻隔性指塑料复合层中采用了对气体具有高阻隔性的PVDC或EVOP，能够很好地隔绝氧气而保持食品的质量和风味，无菌包装NAS产品的货架期可以长达一年。NAS塑料无菌杯包装的一般结构为：PP/PE/EVA/EVOH/HIPS，PP/PE/EVA/PVDC/HIPS，或PP/PE/EVA/PS/PVDC/HIPS。其中，PP层是无菌保护层，PE层是密封层及隔水层，EVA是黏合层，PVDC、EVOH是阻隔层。无菌杯盖材结构为AL/PE/EVA/PP、AL/PE/EVA/PET，PP、PET为保护层，PE膜为带孔膜，AL铝箔可揭开露出饮料孔。无菌杯商标材结构为AL/PE/纸/热熔胶结构。

(6) 大袋包装材料

大袋包装是指包装容量一般为5～220 L，最大可达1000L的复合袋包装，主要用于包装水果和蔬菜的浓缩汁等黏稠物料。灌装后的袋子装在木质或纸板制成的外包装箱中或钢桶中，主要包装浓浆或基料容量为5～20 L的产品，也可直接供家庭消费。目前这种包装形式已基本取代了铁桶或塑料桶，同时可在食品内加防腐剂保存食品。大袋包装材料的结构主要有两种形式：PET膜、铝箔、PE膜或PET镀铝膜、PE膜采用干式复合的方法复合。由于镀铝膜易有气孔，不能保证其阻隔性能，因此，我国一般都采用铝箔作为阻隔材料。大袋包装材料中具有代表性的产品为ALFA - LAVAL公司的STAR - ASEPT包装袋，此包装袋由带有两个未固定的直链低密度聚酯内衬袋的复合材料构成，该内衬袋可以承受140 ℃的短时间蒸汽灭菌。包装袋的阻光、隔绝空气及防潮功能主要由共挤层及铝箔提供。此外，为抵抗破裂，铝箔外层还有喷涂的聚酯。采用STAR - ASEPT装置包装的产品，在常温条件下可以储存半年以上，并能使产品保持良好的品质。

2. 无菌包装材料杀菌方法

无菌包装材料的杀菌按照机理可以分为物理法、化学法及化学和物理综合法三大类。

(1) 物理法

① 加热杀菌法

对于金属及玻璃材质的包装材料及容器，可以采用热处理的方式达到灭菌的目的。热处理的介质有干热空气、过热蒸汽、饱和蒸汽和成型热等。其中，干热空气灭菌需要较高的温度，主要用于综合法中残留化学药品的清除；湿热法可以用于包装材料及容器的灭菌，但应注意避免损坏包装材料和容器；热成型可以用于吹塑塑料瓶及挤出复合膜。

例如，用注-拉-吹成型技术生产PET瓶时，塑化温度可以达到260～280 ℃，PET瓶产品的内部是无菌的，因此，吹塑瓶及挤出复合膜在使用前可以不必再次灭菌。

一般而言，加热杀菌处理可以有效地灭菌，也不会产生有毒物质，但对某些包装材料本身会产生不利的影响，同时能耗较大。例如对多层包装纸进行彻底的热处理时，包装纸会变脆进而难以密封；玻璃包装由于受热容易破裂等。因此，对玻璃瓶灭菌时要考虑玻璃不耐热冲击的特性，可以采用逐步升温的方式，同时在填充时控制玻璃瓶的温度与食品的温度差在20～30 ℃以内，或者采用加热蒸汽对玻璃瓶内外进行均匀的加热灭菌。

② 辐射法

对于采用纸质、塑料薄膜及其复合材料制备的包装，不适合采用热处理的方式进行灭菌。对于这类材料，可以选择化学方法或辐射方法，其中，辐射法包括紫外线辐射杀菌、微波辐射杀菌及离子辐射杀菌等。

紫外线具有强烈的表面灭菌作用，其灭菌效果与照射强度、照射时间、空气温度、照射距离以及包装材料的表面状态有关。据报道，采用高强度的紫外杀菌灯照射软包装材料时，照射距离为1.9 cm，照射时间45 s可以获得较好的杀菌效果；表面粗糙的包装需要的杀菌时间要比表面光滑的材料长约3倍；而形状不规则的包装材料，其理想的杀菌时间甚至比表面光滑材料长5倍。波长250～270 nm的紫外线灭菌效果最好，且灭菌效果与照射强度、时间、距离和空气温度有关。但是，紫外杀菌法对聚乙烯、低密度聚乙烯有降低热封强度的作用，同时会使偏氯乙烯共聚物产生褐色，但是对聚丙烯和高密度聚乙烯的影响较小。紫外线杀菌法可以与干热、过氧化氢或乙醇等化学法相结合达到强效杀菌的效果。

放射性辐照包括γ射线和β射线等。多数的食品包装材料采用放射灭菌法是可行的，且当辐射剂量为10 kGy或更低时，包装材料的机械性能和化学性能变化很小。当辐射剂量较大时，某些包装材料可能发生变化，尤其是塑料材料。高剂量辐射会使高聚物发生交联反应或主链分裂、不饱和键活化，促进氧化反应，形成过氧化物。含卤素的塑料对辐射更加敏感，会放出卤化氢气体。纤维素受到辐射后，分子会发生断裂，进而丧失机械强度。因此，选择放射性辐照法时，要控制辐射的剂量，同时对包装材料设置一定的保护层。

微波是指波长为1～1000 mm、频率为300 MHz～30 GHz的电磁波，在此微波场中食品中的极性分子（分子偶极子）在高频交变电场作用下做高速定向转动，碰撞摩擦后自身会产热。微波辐射具有加热时间短、便于调整热能强度、加热效率高、操作灵活及控制方便等特点。近年来，采用微波加热的方式进行食品包装的灭菌越来越受到欢迎。该方法可以快速升温含有中等水分的包装材料；同时，该方法还可以在包装材料的内表面迅速产生热量，并避免热量的快速传导扩散，使包装中最容易受污染且需彻底灭菌的部分得以充分灭菌消毒。

（2）化学法

① 过氧化氢（双氧水）杀菌

过氧化氢是一种杀菌能力很强的杀菌剂，毒性小，对金属无腐蚀作用。在高温下可

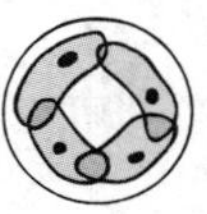

以分解为活性氧。活性氧极为活泼，具有极强的杀菌能力。过氧化氢的杀菌效果与浓度及环境温度直接相关。当过氧化氢的浓度小于20%时，单独使用杀菌效果不佳；22%的过氧化氢在85 ℃时杀菌率可达97%。在常温下，过氧化氢的杀菌作用较弱。过氧化氢的浓度为30%～35%时，温度越高，杀菌效果越好，温度在60～80 ℃时比较适宜。

目前，单独使用过氧化氢杀菌的无菌包装机采用较高浓度的过氧化氢（30%～35%），用无菌热空气加热包装表面至120 ℃时，可以将过氧化氢分解为水和氧气，达到较好的杀菌效果，同时去除残留。美国食品药品监督管理局（FDA）允许对无菌食品包装采用过氧化氢作为消毒剂，规定其最高残留量为0.01 mg/kg。过氧化氢杀菌一般的使用方法包括浸渍法和喷雾法。

② 环氧乙烷杀菌

环氧乙烷在常温下是气体，沸点为10.4 ℃，具有广泛的杀菌效果，其特点是可以低温杀菌，对非阻气性包装材料杀菌时也可以使用。缺点是消毒时间过长，具有可燃性及毒性；同时，环氧乙烷对乙烯塑料具有渗透作用，残留量较高，不适合单独使用。一般在无菌包装食品中，将环氧乙烷与二氧化碳等其他气体进行混合，作为预制纸盒和塑料杯的杀菌剂。

③ 有效氯杀菌

一般常用的氯离子杀菌剂包括Cl_2、NaClO、ClO_2、$Ca(ClO)_2$及$CaCl_2$等。氯离子一般对营养型细胞的杀菌能力较强，对芽孢的杀菌能力较弱。有效氯杀菌法最大的缺点是存在氯的残留，对食品风味有影响以及对金属材料有强烈腐蚀作用。

（3）化学和物理综合法

一般以双氧水处理为主，以加热或紫外线处理为辅，用于增强化学药剂的效果，并促进双氧水的分解和挥发，消除其在食品包装材料中的残留。

① 双氧水和热处理并用杀菌

几乎所有的包装材料都采用这种方式进行处理。通过热双氧水浸泡或喷雾，然后加热，可以挥发并分解残留在包装材料表面的双氧水，同时，加热也具有抑菌的作用。不同的设备，加热方式不同，一般多为无菌热空气加热。

② 双氧水和紫外线并用杀菌

紫外线可以增强双氧水的杀菌效果。在常温下，用低浓度的双氧水喷雾处理包装材料或容器后进行高强度紫外线照射，可以达到杀菌的效果。在此浓度（1%）下使用，1 L容量的纸盒包装材料仅需用0.1 mL双氧水，因此，这是一种经济且高效的杀菌方法，同时无须采取任何处理措施即可达到双氧水的法定残留最低限量标准。

③ 紫外线和乙醇并用杀菌

将一定浓度的乙醇和紫外线结合使用可以达到良好的杀菌效果。该方法主要用于处理塑料薄膜。考虑到经济效益，可以过滤处理及循环使用乙醇。

三、卷材纸盒的无菌包装系统

卷材纸盒的无菌包装系统主要适用于液体（带颗粒）食品。随着包装材料的研发和世界能源短缺问题的冲击，卷材纸盒的无菌包装系统可以大大降低包装成本，因此这种类型的无菌包装产品占有越来越大的市场份额，成为生产者和消费者的首选。目前我国引进的主要是Tetra Pak公司的利乐砖型包无菌包装机和国际纸业公司的SA 50型无菌包装系统。

目前，卷材的典型结构为：PE/印刷层/纸板/PE/铝箔/PE。卷材各层的作用是：①外层的PE层保护印刷的油墨并防潮；印刷纸板赋予包装应有的机械强度以便成型，且便于印刷；③PE使铝箔与纸板之间能紧密相联；④铝箔阻气，并防止产品氧化，保护产品免受光照影响；⑤最内层的PE（或其他塑料）提供液体阻隔性。

1. 卷材纸盒的无菌包装系统的特点

Tetra Pak公司的利乐砖型包无菌包装机和国际纸业公司的SA 50型无菌包装系统存在相同的优点：①包装材料为卷筒状；②凡是接触产品的部件及设备内部的无菌腔均经灭菌处理；③均采用双氧水和加热法对包装材料进行无菌处理；④包装的成型、填充和封合均在灭菌腔中进行，且仅需一台设备即可完成；⑤用途相同，主要用于低酸性食品的包装。

这种系统的主要优势在于卷材，使用卷材制作容器具有以下优势：①大大简化了机器操作人员的工作任务，工人只负责安装卷材，劳动强度降低；②由于卷材表面平整，因此在进入机器的无菌区域时，可以降低外界杂菌的带入风险；③一台设备就可完成成型、充填、封口，无须工序间的往返运输；④包装材料占地面积小，且容器成型在加工过程中完成，无须考虑容器的储存空间；⑤包装材料具有更高的利用率。

2. 卷材纸盒的无菌包装系统的包装过程

以L－TBA/8无菌包装设备为例，具体包装过程如下。

(1) 无菌空气的生成和循环

为保证食品包装过程中能够保持无菌的状态，需要对无菌包装机操作前的设备内腔进行灭菌操作并在物料填充时提供无菌空气，主要原理在于由泵带动的水流经过空气加热器形成高温无菌蒸汽，从而在装置内循环，形成无菌灭菌腔。

(2) 设备无菌腔的灭菌

无菌包装前，所有直接或间接与无菌物料相接触的机器部位都要进行灭菌，在L－TBA/8中，采用先喷入35％双氧水溶液，然后用无菌热空气使之挥发除去方式。机器的灭菌如图8－2所示，首先是预热空气加热器和纵向纸带加热器，在达到360 ℃的工作温度后，将预定的35％双氧水溶液通过喷嘴均匀喷洒到无菌腔及机器其他待灭菌的部件表面。双氧水的喷雾量和喷雾时间由自动装置控制，以确保最佳的杀菌效果。喷雾之后，用无菌热空气使双氧水分解成水，接着水蒸发而无菌腔自动干燥。整个机器灭菌的时间约45分钟。

(3) 卷材的灭菌

包装材料的灭菌过程如图8－3所示，将包装材料引入后即通过充满35％双氧水溶液（温度约75 ℃）的深槽，其行径时间根据灭菌要求可预先在机械上设定。包装材料经过灭菌槽之后，再经挤压拮水辊和空气刮水刀，除去残留的双氧水，然后进入无菌腔。

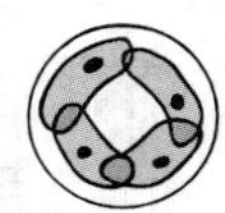

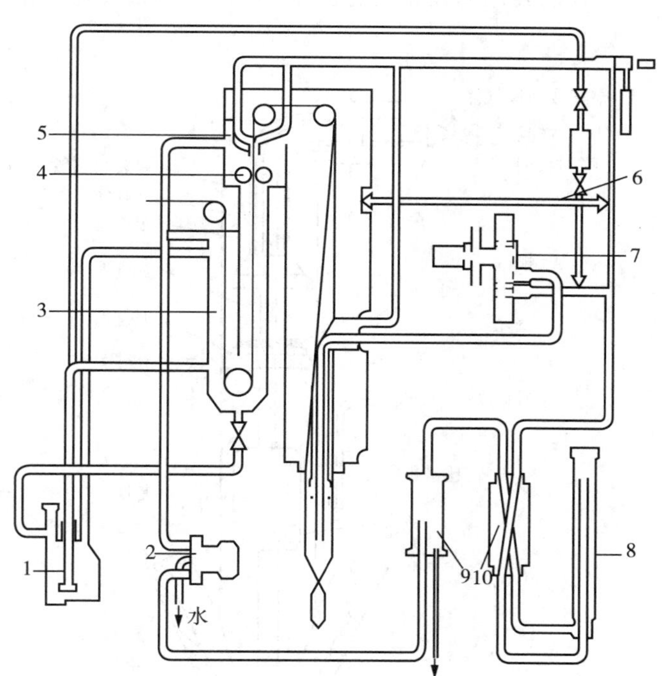

1—取氧水储槽；2—压缩机；3—双氧水格；4—挤压拮水辊；
5—空气刮水刀；6—喷雾装置；7—无菌产品阀；8—空气加热器；
9—热交换器；10—水分离器。

图 8-2 机器的灭菌

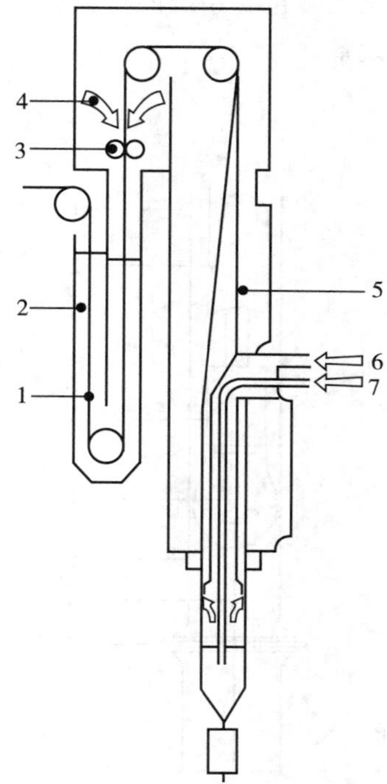

1—包装材料；2—热的双氧水；
3—挤压拮辊；4—热无菌空气；
5—无菌腔；6—热无菌空气；7—产品。

图 8-3 包装材料的灭菌过程

(4) 包装的成型、充填、封口和割离

进料管将无菌制品灌装进纸筒，如图 8-4 所示，产品的包装及封口均在物料液位以下进行。夹持装置可以移动产品位置。利用高频感应加热对纸盒进行横封，短暂高频脉冲可以加热包装复合材料内的铝箱层，从而熔化内部的 PE 层，使封口黏在一起。

(5) 带顶隙包装的充填

对于充填黏度较高、带颗粒或纤维的产品，包装产品时，还需要进行顶隙操作。如图8-5所示，无菌的空气或其他惰性气体被引入，下部的纸管可借助于特殊密封圈而从无菌腔中脱离出来。

(6) 单个包装的最后折叠

割离出来的单个包装利用折叠机进行包装物顶部和底部的折叠并将其封到包装上。

四、纸盒预制的无菌包装系统

纸盒预制的无菌包装系统不同于卷材纸盒的无菌包装系统，选用的包装材料由卷筒材料改为预先压痕并缝接的筒形材料。包装材料主要由纸板、铝箔、PE、Surlyn 树脂等组成，在进入装置后，呈平整状的半成型容器在真空作用下自动弹起打开，接着由热空气加热软化、成型和密封，再传送至无菌填充部分。由于纸盒已提前预制，因此能够极大简化无菌包装系统的纸盒成型工序。具有代表性的设备是德国 PKL 公司的康美盒无菌包装设备。

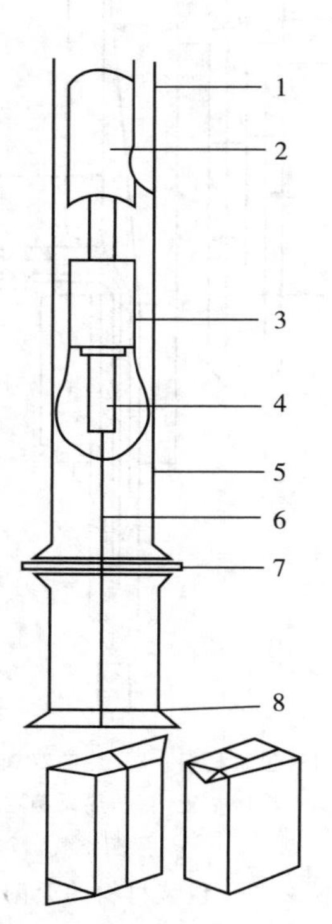

1—液位；2—浮筒；3—节流阀；
4—充填管；5—包装材料管；6—纵封；
7—横封；8—切制。

图 8-4　物料充填管

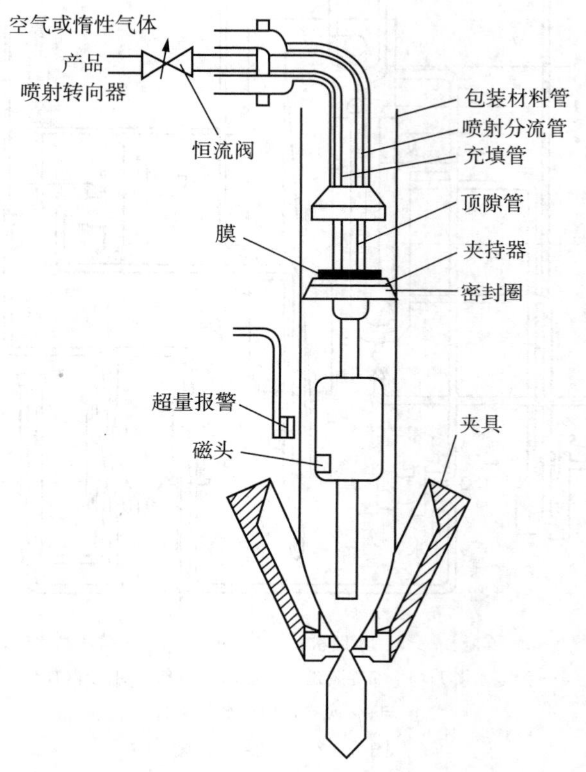

图 8-5　带顶隙包装充填装置

1. 预制纸盒包装的特点

预制纸盒的无菌包装系统以德国 PKL 公司的康美盒无菌包装设备为代表，整个系统将纸盒的预制作为独立分开的一步先行完成，然后进入成型-充填-封口装置系统（简称 FFS）。其特点是：①灵活性大，可以适应不同大小的包装盒，变换时间仅需 2 分钟；②纸盒外形较美观，且较坚实；③产品无菌性很可靠；④生产速度较快，且设备外形高度低，易于实行连续化生产。

2. 康美无菌包装机的操作过程

以康美无菌包装机为例，图 8-6 所示是康美无菌包装机的工艺流程示意图。操作过程主要包括：机器的灭菌、预制筒开袋、封底容器的灭菌、充填、消泡、封顶、盒顶成型。首先利用型芯和热封使预制筒张开、封底形成一个开顶的容器，然后用双氧水进行灭菌。在无菌区将物料灌入无菌容器。根据被填充产品的性质，可使用合适的消泡剂。

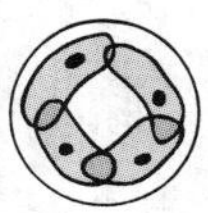

为了减小顶隙，可使用蒸汽喷射与超声波密封相结合的方法消泡。如果需要产品有可摇动性的形状，则需留足够的顶隙空间。最后封顶，在盒顶成型后送往下道工序。

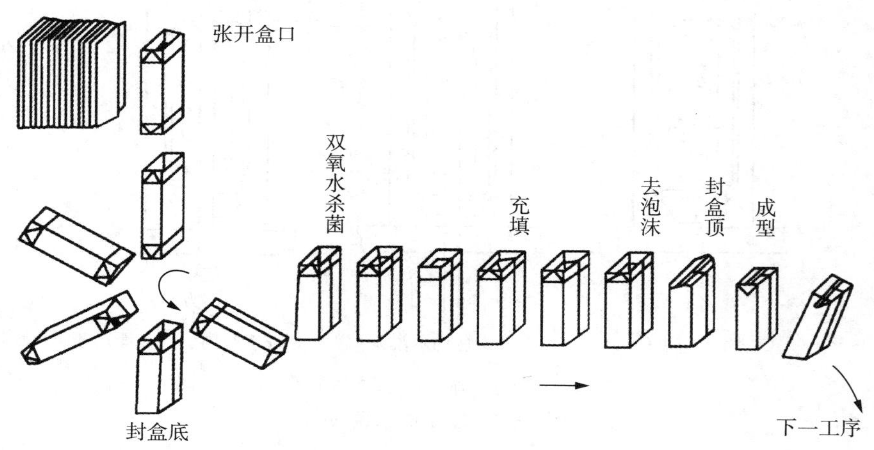

图 8－6　康美无菌包装机的工艺流程示意图

五、玻璃瓶的无菌包装系统

相比较于其他的无菌包装系统，玻璃瓶的无菌包装系统主要优势在于它的包装系统内部始终充填着略高于大气压的无菌空气，这就确保了在生产和保存过程中其可阻断外界环境中细菌等的侵入。同时，玻璃材料具有不透气、化学稳定性好、抗压强度和耐热冲击性较大等优点，玻璃瓶的无菌包装系统所选用的包装材料越来越趋向于高强度、轻量化，大大推动了其在无菌包装中的应用。英国乳品研究所用 154 ℃、4.8 MPa 的过热蒸汽向玻璃瓶中吹送加热 1.5～2 s 后，充填灭菌牛乳，这是最早的玻璃瓶无菌包装技术。目前，这种无菌包装系统主要应用于啤酒等含气饮料。

1. 瓶子的灭菌

瓶子的杀菌过程如图 8－7 所示。将瓶子进行预热处理后送入灭菌工序。杀菌剂喷管将过氧化氢（H_2O_2）蒸汽与热空气的混合物充入瓶内，对容器的全部内表面进行灭菌。而后，瓶子稍稍上抬，为灭菌剂进入环隙打开通路，经一定时间的灭菌作用后，容器内、外表面上的 H_2O_2蒸汽由热的无菌空气吹干。

2. 瓶盖的灭菌

瓶盖的灭菌要根据瓶盖材料的特性采用不同的方法。若瓶盖为热敏性材料，则采用前述的 H_2O_2溶液灭菌法；若瓶盖为非热敏性材料，则可采用饱和蒸汽热灭菌等方法。当然，无论采用何种方法，均要确保整体无菌。

3. 无菌充填

根据物料性质的不同，采用不同的充填方式。一般对低黏度液体采用重力充填；对易产生泡沫的物料，采用内插喷嘴充填；对高黏度的流体和浆体，采用活塞式充填机；对含颗粒的流体和浆体，采用专门设计特殊充填阀的替代活塞式充填机，这种特殊充填阀保证了喷射而不漏水的定量给料，它可以处理含有直径为 12 mm 及以上颗粒的混合物。

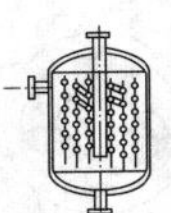

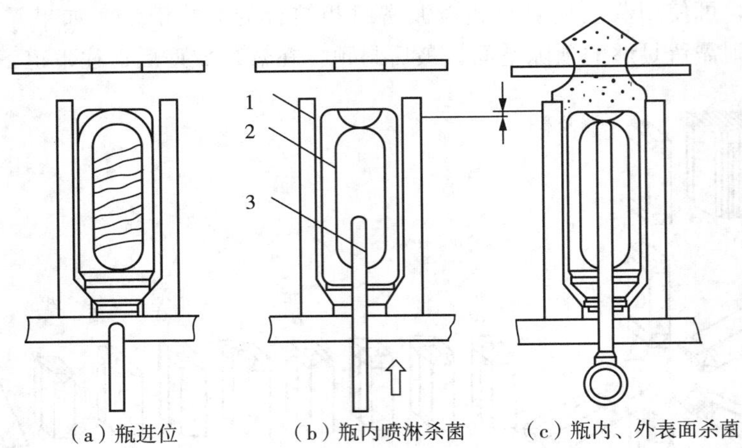

1—载瓶器；2—瓶子；3—杀菌剂喷管。

图 8-7　瓶子的杀菌过程

4. 封盖

在封口之前或封口过程中，必要时可采用无菌惰性气体或蒸汽冲刷容器的顶部。当充填极度敏感的物料时，惰性气体冲刷可在充填过程之前就进行。

六、塑料瓶的无菌包装系统

塑料的基本成分是高分子聚合物树脂，再加入能改善性能的各种添加剂制成高分子材料。塑料包装材料不仅要具有良好的热封性能，还要具有良好的机械性能，这可以使它便于成型加工和包装操作。除此之外，其制成的包装容器及制品重量轻，方便贮运、便于携带使用。塑料瓶的无菌包装以聚酯（PET）、聚乙烯（PE）、聚丙烯（PP）为原料，添加相应的有机溶剂后，再经过高温加热，通过塑料模具，经过吹塑、挤吹或者注塑成型成塑料容器；然后在无菌条件下直接向塑料容器中进行食品的填充、封口，因为在塑料瓶成型过程中已进行高温无菌处理，所以无须再次灭菌，从而简化了工艺过程。该系统可用于果味奶、超高温灭菌乳、婴儿配方乳、果汁、茶饮料、含蔬菜的浓汤及运动饮料等的无菌包装。由于塑料的耐油性比较好，还有很好的透明度、阻隔性，也常常被应用于食用油的包装中。

塑料瓶无菌罐装系统一般采用 H_2O_2 杀菌处理，底部材料带和上部盖材经 H_2O_2 浸润，然后用两个加热干燥器使材料带上的 H_2O_2 分解蒸发而达到无菌状态，最后在过压无菌空气环境中完成塑料瓶的成型、充填和封口。

还有一种新的塑料瓶无菌罐装系统，这种新的包装系统不采用 H_2O_2 灭菌，而是让接触产品的包装材料达到无菌，在制造多层包装材料的共挤过程中，使加工温度到达灭菌的温度，从而使与食品接触的材料无菌。在包装过程中，将多层包装材料输入机器，在无菌条件下将多层材料的外层除去，暴露出与产品接触的无菌表面，然后制成包装容器，在成型、充填、封合过程中使用加压无菌空气来确保无菌。比如容器材料组成为 PP/PE/PVDC/PP 时，最里层的 PP 在无菌条件下被去除，使材料的内表面处于绝对无菌状态。

待容器成型后再填充食品，确保了与食品接触的部分无菌。

常用的塑料瓶无菌包装过程如图 8-8 所示。首先颗粒塑料经挤压形成塑料型坯，然后借助过压无菌空气将塑料型坯吹制成瓶型，然后把定量的无菌产品填充到瓶型容器中，最后将容器顶端的密封和密封好的无菌包装制品分离。

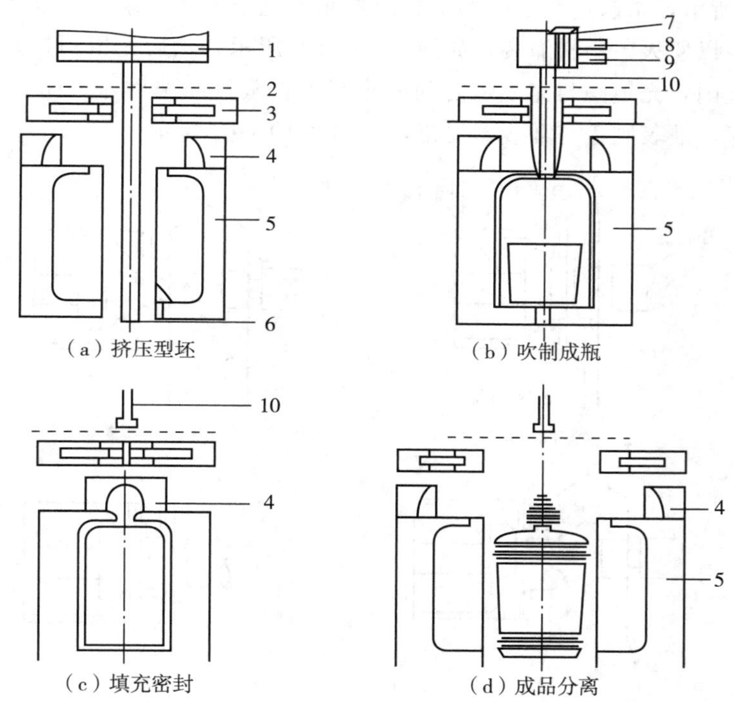

1—型坯；2—切割刀；3—抽真空装置；4—顶膜；5—型坯膜；6—型芯；7—芯杆部件；8—无菌空气进口；9—无菌空气出口；10—吹气/充填管。

图 8-8　塑料瓶无菌包装过程

七、箱中衬袋大容量的无菌包装系统

箱中衬袋大容量的无菌包装系统是指包装容量为 5～220 L，最大可达 1000 L 的复合袋包装，是一种将充填无菌物料的袋子装入箱子中的包装方式，灌装后的袋子装在由木质或纸板制成的外包装箱中或钢桶中。包装主要由三部分构成：柔性的可折叠多层复合袋、封盖和管嘴以及刚性的外包装壳或外箱。目前，这种包装形式已基本取代了由铁桶或塑料桶作为外包装，再在食品内加防腐剂保存食品的包装方法。

这种包装系统开始于 20 世纪 50 年代，常用于 10 L 牛奶的包装。到了 20 世纪 80 年代，高阻隔性材料和多层复合材料的开发应用使箱中衬袋用于食品无菌包装领域。在箱中衬袋大容量的无菌包装系统中，以 STAR-ASEPT 箱中衬袋包装装置最为典型，它由无菌罐装头、加热系统、抽真空系统、计量系统和计算机控制系统组成，且有两个无菌罐装室，工作的时候可以相互交替使用。STAR-ASEPT 箱中衬袋包装系统采用蒸汽杀菌法，比较安全，常用于酸性和低酸性食品，该装置解决了在填充常规的箱中衬袋大容量装置时，灭菌过的容器盖子需要打开、充填之后又要盖好的问题。但该装置也存在一些缺陷，如填充带颗粒和纤维的物料时，袋的封口易造成假封。

STAR-ASEPT 是一种新型的箱中衬袋大容量的无菌包装系统，图 8-9 是 STAR-ASEPT 灌装阀的罐装过程：先用镊子提起充填嘴，按预设的时间和温度进行蒸汽杀菌，如图 8-9 (a) 所示，杀菌过程由内部组装的检测系统来控制和录入。杀菌结束后，开袋器将袋子打开，以便灭菌物料灌装，如图 8-9 (b) 所示，然后充填阀打开，灌装到规定重量后灌装阀关闭，充填阀与充填嘴之间的小间隙在蒸汽冲洗后才关闭，如图 8-9 (c) 所示。填充结束，灌装阀盖与开袋器复位，如图 8-9 (d) 所示。

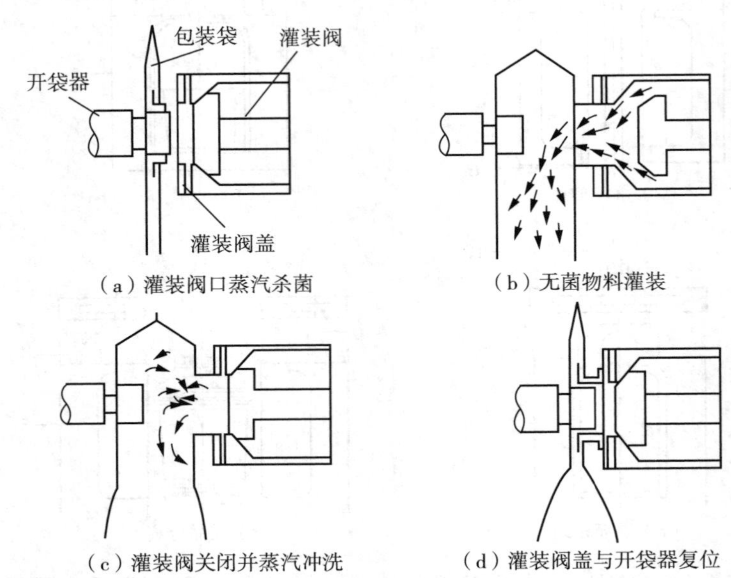

(a) 灌装阀口蒸汽杀菌　(b) 无菌物料灌装

(c) 灌装阀关闭并蒸汽冲洗　(d) 灌装阀盖与开袋器复位

图 8-9　STAR-ASEPT 灌装阀的罐装过程

第二节　软罐头包装技术

罐藏食品（罐头）的发明是食品贮藏工艺发展过程中的一次革命，相比于其他的食品包装贮藏形式，其最突出的优点是保质期长。软罐头（全称是软包装罐头）属于罐头食品的一种，属于软包装食品。狭义的软罐头就是采用蒸煮袋包装的袋装食品。随着蒸煮袋技术的发展，软罐头又指包装全部由软质材料制成，或包装中至少有一部分器壁或容器盖由软包装材料制成的半硬容器，经高温杀菌后，可在常温下保存的包装食品。在罐头的发展过程中，软罐头的出现解决了传统罐头存在的诸多问题。软罐头的热阻小、传热快，杀菌时间短，密封性好，质量轻、便于携带，开启方便，使得罐藏包装的应用更加广泛。近年来，软罐头食品的种类越来越多，品质也越来越高。软罐头食品有流体、半流体和固体三种，不同软罐头产品的生产工艺存在差异，但生产的工艺流程基本一致，按次序主要包括：原料验收、处理、装袋、封口、杀菌、保温检查、包装、

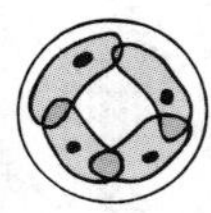

成品。

软罐头用的包装材料，多半是塑料薄膜和铝箔复合而成的，其构成和形态由食品的种类、食品的形态等因素决定。软包装袋使用的材料一般是聚乙烯（PE）、铝箔（AL）和聚丙烯（PP）三层材料的复合袋。由于包装食品的种类、杀菌温度和保存条件的不同，因此必须仔细考虑各种原材料的组合，这步操作是包装设计中最重要的一环。根据软罐头所使用包装的不同，可分为袋状（蒸煮袋）、盘状（蒸煮容器）和圆筒状三种类型。

一、蒸煮袋的分类和性质

蒸煮袋是一种能进行加热处理的复合塑料薄膜袋，具有罐头容器和耐沸水塑料袋两者的优点。蒸煮袋多用三层材料复合而成，具有代表性的蒸煮袋结构是：外层为聚酯膜，起强化作用；中层为铝箔，起防光、防湿和防漏气作用；内层为聚烯烃膜（如聚丙烯膜），起热合和接触食品作用。蒸煮袋能够杀菌，保证微生物不会侵入，可长期保存；密封性好，透气率、透氧率都接近于零，袋内内容物几乎与外界完全隔开，没有化学反应发生，可长期保持内容物的质量；封口容易，并且可在热封中冲V形、U形缺口，方便开启；印刷装潢美观，尺寸可任意选择；废弃物易于处理等。鉴于上述优点，蒸煮袋在软罐头包装中使用较为广泛。

1. 蒸煮袋材料

蒸煮袋和其他的食品包装材料不同，需要在热水或水蒸气中以110～140 ℃的高温进行杀菌，所以必须有良好的热封性、耐热性、耐水性和隔绝性。蒸煮袋需要考虑的因素主要是复合部分及封口部分不能因热处理而发生剥离及强度降低的现象，袋内密封面之间不得发生粘连，尺寸要稳定等。目前常用的蒸煮袋材料有以下几种：

（1）BOPET薄膜

BOPET薄膜是PET树脂经T模挤出后经双向拉伸制得的，具有优良的性能：机械性能好，它的抗拉强度是所有塑料薄膜中最高的，极薄的产品就能满足需要，刚性强、硬度高；耐寒性、耐热性优，BOPET薄膜的适用温度范围为70～150 ℃，在较宽的温度范围内可保持优良的物理性能，适合用于绝大多数产品的包装；阻隔性能佳，具有优良的综合阻水、阻气性能，不像尼龙受湿度影响较大，其阻水率类似于PE，透气系数极小；对空气、气味的阻隔性极高，是保香材料之一；耐化学性高，耐油脂以及大多数溶剂，如稀酸、稀碱等。

（2）BOPA薄膜

BOPA薄膜为双轴拉伸薄膜，可用吹塑法同时双向拉伸而制得，也可用T模挤出法逐步双向拉伸薄膜，用吹塑法同时双向拉伸制得。BOPA薄膜特性如下：优异的强韧性，BOPA薄膜的抗拉强度、撕裂强度、抗冲击强度和破裂强度均是塑料材料中最好的；突出的柔韧性、耐针孔性，不易为内容物刺穿，是BOPA的一大特点，柔性好，也使包装手感好；阻隔性好、保香性好，耐除强酸外的化学品，特别是耐油性极佳；使用温度范围宽，熔点达225 ℃，可以在－60～130 ℃长期使用。BOPA的机械性能在低温和高温时依然保持稳定；BOPA 薄膜的性能受湿度影响较大，特别是尺寸稳定性和阻隔性。BOPA 薄膜受潮后，除起皱外，一般会横向伸长，纵向缩短，伸长率最大可达 1%。

(3) CPP 薄膜

CPP 薄膜即流延聚丙烯薄膜，是一种无拉伸、非定向的聚丙烯薄膜。按原料分为均聚 CPP 和共聚 CPP。蒸煮级 CPP 膜的主要原料是嵌段共聚抗冲击聚丙烯。其性能要求是：软化点温度要大于蒸煮温度，耐冲击性能要好，耐介质性能要好，鱼眼和晶点要尽可能少。

(4) 铝箔

铝箔是软包装材料中唯一的金属箔类包装材料，用于包装时，具有应用时间很长的特点。铝箔是金属材料，其阻水、阻气、遮光、保味性是其他任何包材不可比拟的，是至今尚不能完全替代的包装材料。

(5) 陶瓷蒸镀膜

陶瓷蒸镀膜是一种新型包装薄膜，是以塑料薄膜或纸张为基材，在高真空设备中使金属氧化物气化蒸镀在基材表面所获得的薄膜，陶瓷蒸镀膜的特性主要有：阻隔性能优异，几乎可与铝箔复合材料相比；透明性、微波透过性好，耐高温，适用于微波食品；保香性好，效果如同玻璃包装，长期储存或经高温处理后不会产生异味；环保性好，燃烧热量低，焚烧后残渣少。

(6) 其他薄膜

① PEN 薄膜。PEN 结构与 PET 相似，PEN 具有 PET 的各种性能，而且几乎所有性能都高于 PET。综合性能优异、强度高、耐热性好、阻隔性好、透明，出色的耐紫外线阻隔性是 PEN 的最突出特点，PEN 对水蒸气的阻隔性为 PET 的 3.5 倍，对各种气体的阻隔性是 PET 的 4 倍。

② BOPI 薄膜。BOPI 使用温度范围极广，可耐受温度为 −269～400 ℃，已完成反应的薄膜没有熔点，玻璃化温度为 360～410 ℃，在空气中 250 ℃以下可以连续使用 15 年以上且性能变化不大。BOPI 具有极优异的综合性能，物理机械性能高、耐辐射、耐化学溶剂、尺寸稳定、柔软耐折。

③ PBT 薄膜。PBT 薄膜是热塑性聚酯薄膜之一，即聚对苯二甲酸丁二醇酯薄膜，密度为 1.31～1.34 g/cm^3，熔点为 225～228 ℃，玻璃化温度为 22～25 ℃。PBT 薄膜具有比 PET 薄膜更优异的性能，PBT 耐热性、耐油性、保香性、热封性优良，适用于生产微波食品的包装袋。PBT 薄膜的阻隔性好，可用于包装带香味的食品。PBT 薄膜耐化学药品性能优异。

④ TPX 薄膜。TPX 薄膜由 4-甲基戊烯-1 与少量 2-烯烃（3%～5%）共聚而成，是所有塑料当中比重最轻的，仅 0.83 g/cm^3，其他性能也非常优异。另外，TPX 耐热性好，是聚烯烃中耐热性最好的材料，结晶熔点为 235 ℃；无力机械性能好，有高度的抗张模量和低伸长率；耐化学性强，耐油，高度耐酸、碱、水，耐绝大多数烃类，耐溶剂温度可达 60 ℃，超过其他所有透明塑料，具有高透明性，透光率达 98%；外观晶莹剔透，装饰性强；对微波穿透性强。

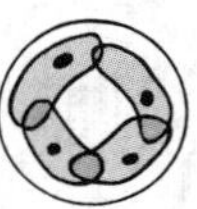

2. 蒸煮袋的种类

蒸煮袋的种类很多，分类方法也很多。根据蒸煮袋的袋型可分为三边封袋、自立袋等；按透光性能可分透明蒸煮袋和不透明蒸煮袋；按照蒸煮袋复合层可分为两层蒸煮袋、三层蒸煮袋、四层蒸煮袋和多层蒸煮袋；按照耐热性能分为煮沸袋、高温蒸煮袋和超高温蒸煮袋；按照蒸煮袋性能的不同分为普通蒸煮袋和高阻隔蒸煮袋；按杀菌温度和保存期限分为普通杀菌袋和超高温杀菌袋等。

目前，较为广泛的一种分类方法是根据构成、机械适应性和物理特性不同，而将蒸煮袋分为以下几种类型：

① 透明普通型。这种蒸煮袋的外层采用尼龙或聚酯薄膜，内层是由聚丙烯、聚乙烯等聚烯烃薄膜组成的复合膜。其特点是透明度高，可看见内容物，是多数食品加工厂所采用的软包装材料。不同组成的透明蒸煮袋，其所能耐受的杀菌温度不同，一般内层或密封层采用高密度聚乙烯的，适合在 120 ℃以下使用，而以特殊聚丙烯材料作为密封层的则可以在 135 ℃下杀菌。

② 透明隔绝型。这种蒸煮袋通过共挤法将薄膜等具有高阻隔性的聚偏二氯乙烯作为中间层构成复合薄膜。研究发现高阻隔性聚偏二氯乙烯复合薄膜经 120 ℃和 130 ℃高温杀菌前后，其氧气透过率变化不大，并且在室温条件下存放一定时间后，氧气透过率保持不变。

③ 铝箔隔绝型。铝箔作为包装材料，一方面可遮光，另一方面还可防止食品香气逸散，是炖制类、肉类、咖喱类和调料类食品的理想包装材料。制作铝箔袋时，首先将印刷好的聚酯薄膜和铝箔经过干法复合，之后再和聚乙烯或聚丙烯薄膜复合，组成多层复合材料，其剖面结构图如图 8－10 所示。铝箔隔绝型蒸煮袋的性能因复合薄膜的组成和结构不同而有差异，但是其在高温杀菌条件下隔绝性能优良。研究表明在 120 ℃杀菌条件下，复合性铝箔薄膜的氧气透过量和透湿率几乎为零。在使用铝箔隔绝型蒸煮袋时，需要注意酸性食品对铝箔的腐蚀作用，以及因曲折而在薄膜表面产生的针孔破损。

另一种分类方法是根据温度不同将蒸煮袋分为普通杀菌袋和高温杀菌袋。高温杀菌袋多采用流延聚丙烯薄膜（CPP）类材料，由于 CPP 的材料类别不同，高温杀菌袋的耐热性能和应用范围也不同，一般可分为以下几种类型：（1）通用型，是因多层共挤流延膜不同用途设计不同的共挤层次，如自动包装机的面包包装、干燥食品（如快餐）面袋等；（2）金属化型，要求产品表面对蒸镀金属具有很强的附着强度，蒸镀后仍能保持较好的尺寸稳定性和刚性，并且具有较低的热封温度和较高的热封强度；（3）蒸煮型，用于蒸煮的两层共聚 CPP，能承受120 ℃和 0.15 MPa 压力的蒸煮杀菌，既能保持内部食品的形状、风味，薄膜也不会开裂、剥离或黏接，具有优良的尺寸稳定性，

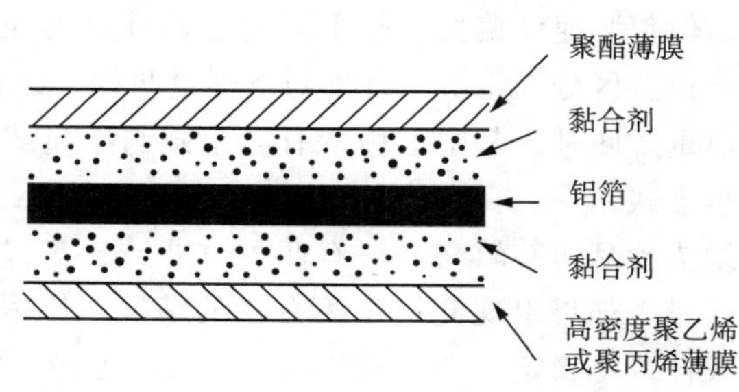

图 8－10 铝箔袋剖面结构图

常与尼龙薄膜或聚酯薄膜复合，用于包装汤汁类食品级肉丸、饺子等食品；（4）高温蒸煮型，用于包装烧鸡、排骨和果酱等食品，由三层共聚CPP膜构成可耐121～135 ℃高温杀菌的蒸煮袋。

3. 蒸煮袋的性能

蒸煮袋在制作完成后，需要对其性能进行检测：（1）制袋尺寸、封边尺寸规格（按客户要求）；（2）热封边强度，用钢尺从袋子的边封处裁取15 mm宽的试片（根据袋子的面积及袋形不同，试片数量及位置也有所不同）；（3）向袋内装入等容量的水并封口，在袋样放置在压力仪的上、下板之间，根据客户要求的条件（压力、时间）做压力检测，观察袋是否破裂及渗漏；（4）残留溶剂量检测；（5）耐高温蒸煮性检查，制袋完成后，将袋内装入等容量内容物并密封好，放入反压高温蒸煮锅内，设定好客户要求的条件（蒸煮温度、时间、压力）进行耐高温蒸煮性的检测；（6）蒸煮后外观检查：袋面应平整，无起皱、起泡、变形，无离层、渗漏现象，若有其中任一种不良现象即为不合格。

二、软罐头的充填和封口

1. 充填

软罐头充填工艺的主要要求是适当的充填量和合适的内容物，充填时罐头内要留有一定的顶隙，其大小直接影响罐内食品的容量、真空度高低和杀菌后罐头的变形。如果顶隙过小，加热杀菌时由于食物膨胀而压力增大，往往会造成罐头底盖向外突出，甚至出现裂缝；如果顶隙过大，则杀菌冷却后罐内压力大减，罐身往往自行凹陷，另外，由于顶隙大，罐内存有较多的空气，容易造成食品的氧化变色。顶隙的大小，要根据原料的种类、罐形及原料状态而稍有差异，一般装罐时留顶隙6～8 mm。装罐和注盐液时要保持罐口边缘的清洁和干燥，不要将原料或盐液黏留在罐口上而影响密封。根据确定填充量的不同方式，充填机可分为称重式和定容式两大类，分别根据填充物的重量和体积进行填充量的控制。一般情况下，同等价格的充填机，定容式比称重式包装速度快，但精度稍差，且对物料有一定要求；称重式包装机具有定量精度高、对物料的适应性强等特点，但包装速度偏低。称重式传感器计量的充填机主要有两种区分方式：一是以传感器固定位置区分，常有上称量与下称量两种；二是以有无计量斗的计量方式区分，有毛重式与净重式两种，其中上称量有毛重式与净重式两种充填方式，而下称量仅有毛重式一种充填方式。

罐头食品包装填充一般有两种方式：转盘式量杯装罐或滚筒式振动装罐，两者均为容积定量。如果出现充填量不合格的情况，原因一般是：量杯的容量调得不正确，料斗送料太慢或不稳定，料斗的装料面太低，进料管太小，物料流动不顺，进料管和量杯不同心等都会使量杯装不满。若机器的运转速度过快，料斗落下物料的速度过快会引起物料重复循环装料使充填量过多；量杯伸缩机构调节不当会造成过量回流；如果容器与进料管不同心、节拍不准、容器太小或物料黏在料管中使送料滞后，就会引起物料的溢损。

2. 封口

软罐头充填结束后，需要通过封口设备对软罐头进行密封包装，充填机与封口装置

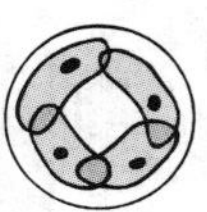

紧密相连形成充填即封口装置。在封口之前，需要将充填食品组织中所含的空气尽量排除掉，使其在加热杀菌时不会因空气的受热膨胀造成罐内压力过大而变形或松裂；同时也使包装袋内形成一定的真空度，可以抑制残存在罐内的好气性微生物的活动，减轻罐壁的氧化腐蚀及减少营养物质的氧化损失，更好地保存罐头食品的色、香、味。一般要求排气后密封罐内中心温度达 70～80 ℃。

封口的原理是利用包装袋封口部位塑料材料具有的热塑性能，进行加热、加压，使包装袋形成气密性封口，常称为热封。常用的热封方式有热板式、脉冲式、高频式和超声波式等，对于不同包装材料、不同封缝部位和运动形式，为保证封口的质量，常常采用不同的热封方法。下面详细介绍几种常用封口方式的特点和应用：

① 热板热封。热板热封是一种最为简单的热封方法，一般为交流供电，可按调定的热封温度实现恒温自控。通常用电热丝、电热管、真空热管对板形、棒形、带形和棍形热封头恒温加热，然后引向封口部位，对塑料包装材料压合封接。热封方法的加热时间就是加压的时间，因而对那些受热易收缩变形分解的薄膜材料不太适用。热板热封常制成板形、棒形，以适应封口时包装袋静止不动的需要，如图 8 - 11（a）所示，为适应运动的包装的封口需要，可以将加热器件做成辊形或带形，如图 8 - 11（b）和（c）所示。

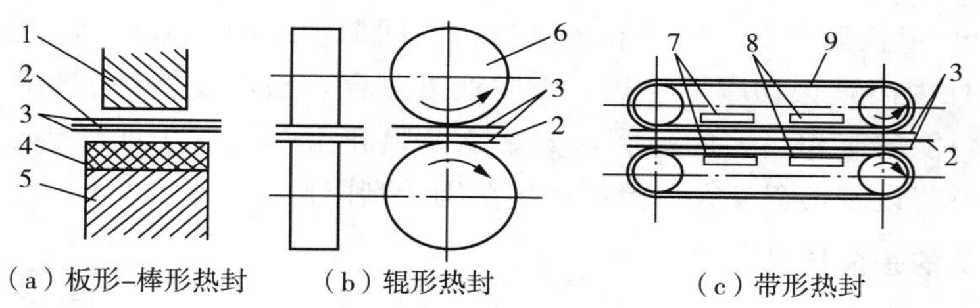

1—热板；2—封缝；3—薄膜；4—耐热橡胶；5—承压台；6—热辊；7—加热区；8—冷却区；9—热封链带

图 8 - 11 热板热封示意图

② 脉冲热封。脉冲热封示意图如图 8 - 12 所示。将镍铬电热丝直接作为加热元件与包装材料接触加压，并瞬时通以低电压大电流，随后在继续加压情况下冷却，然后释放。所得封口缝，因不过热又有冷却定形过程，故强度较高，外观质量也较好。它的加热通电时间可通过控制线路保证，并可进行调节，加热温度可通过调整通电电压进行调节。因瞬时通电，电热丝的瞬时温度难以测量，往往只能凭封口缝外观加以判断，并以此为依据调节电压。每一个脉冲热封周期分为四步，即加压、通电加热、冷却和释放。与其他加热封口方法相比，脉冲热封法占用时间较长，封口速度受到一定限制。但是，脉冲热封法对多种塑料薄膜都较为适合，尤其对那些受热易变形分解的塑料薄膜更为理想，一般用于间歇式加热。

③ 高频热封。高频热封法是将塑料薄膜夹压于通过高频电流的平行板电极之间，高频射封示意图如图 8 - 13 所示。在强电场作用下，形成薄膜的各双偶极子均力求按场强方向排列一致。由于场强是高速变化的，双偶极子不断改变方向，导致相互碰撞摩擦而生

热。因此，频率愈高，运动愈快，温度愈高。这种加热方法同电热丝发热不同，其热量完全是由被加热物质本身引起的，故又称“内加热”。因是内部加热，中心温度高而不过热，加热范围仅局限在电极范围以内，故可得较高强度的接缝。高频加热器的功率为几百至几千瓦，频率为 25～30 MHz。

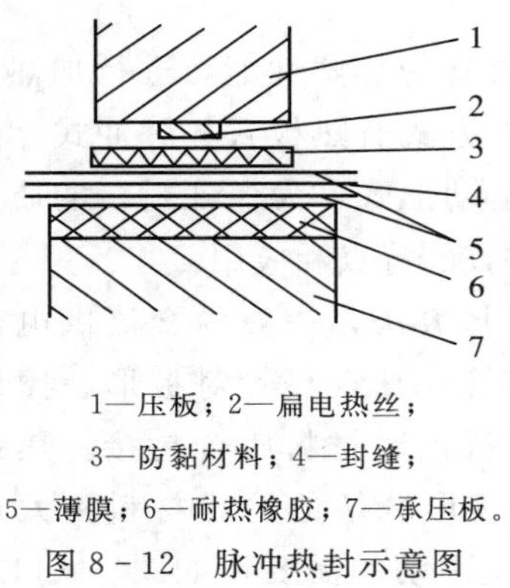

1—压板；2—扁电热丝；
3—防黏材料；4—封缝；
5—薄膜；6—耐热橡胶；7—承压板。
图 8-12 脉冲热封示意图

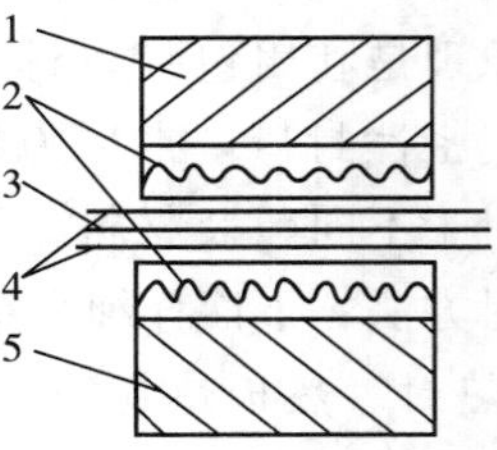

1—压板；2—高频电极；
3—封缝；4—薄膜；5—承压台。
图 8-13 高频射封示意图

④ 超声波热封。声波频率高于 20 kHz 的为超声波。通常可由电-声换能器将电磁振荡波的能量转换为机械波的能量而获得超声波，常用压电式换能器进行转换。将20 kHz 以上高频加到电-声换能器上，将引起压电材料的同期伸缩的机械振动，发出超声波，使塑料薄膜封口处因高频振动摩擦生热，瞬时就可热合，超声波热封示意图如图 8-14 所示。超声波热封能适应相当多的薄膜，如聚酯薄膜和用其他方法难以热合的材料，但超声波热封方法所需设备投资较大，因而使用范围受到限制。

三、软罐头的杀菌技术

软罐头还可利用其他杀菌技术，如微波杀菌、欧姆杀菌、超高压杀菌、辐射杀菌、超高压脉冲、电场杀菌、脉冲强光杀菌、紫外杀菌、栅栏杀菌等，通过合理的研究应用，可在很大程度上提高软罐头的品质。

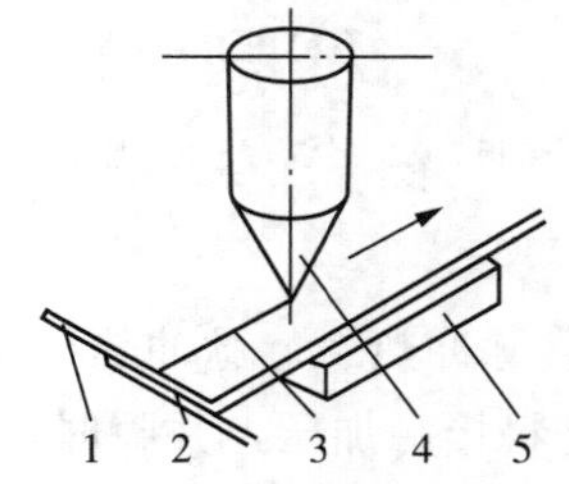

1，2—薄膜压板；3—封缝；
4—超声波发生器；5—支承台。
图 8-14 超声波热封示意图

制作软罐头食品用的杀菌装置大体可分为间歇式装置和连续式装置两种。使用连续式杀菌装置加工软罐头时，一般采用水蒸气式杀菌，因为在连续式杀菌设备中，若使用热水式杀菌，必须要有热水槽，这样就增加了冷却区和链条，而使杀菌机本身的构造变得复杂。另外为使温度分布一致，需要根据热水槽的大小采用循环泵等附属设备。间歇式杀菌装置的加热介质又可分为热水式和水蒸气式两种。在热水式杀菌装置中，为了提高热效率，有采用回转式杀菌的，但为了防止袋子破裂和成品褶皱，也有采用静置式杀菌的。

目前许多食品工厂都在使用热水式杀菌装置，最近更倾向于使用不锈钢制热水式杀菌装置，热水式杀菌装置具有升温时间短、均匀加热、压力调节等优点。在热水储存罐中，利用水蒸气将水加热到约 135 ℃，压力 3.3 kgf/cm^2，下半部的程序表示杀菌锅处理

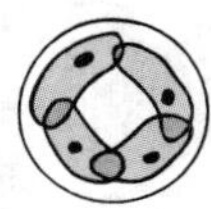

罐内温度、压力、水位的变化。

间歇式杀菌装置的控制主要包括以下方面：①温度的控制，包括加热升温、杀菌保温、冷却降温等过程，以及升温与降温的速度；②压力的控制，可以实现杀菌釜内压力的恒定控制、压力随温度的变化而调整的控制、压力范围调整的控制；③杀菌时间的控制，其中杀菌时间为杀菌釜内温度达到要求数值后在这一温度下保持的时间；④测量被杀菌产品中心温度并同时换算出杀菌强度 F 值，并以 F 值为杀菌时间的控制依据；⑤另外需要自动记录装置，以记录各种杀菌参数，可以选择不同的记录载体（电子数据存储或纸介质存储）及数据表现形式，如表格数据、曲线、图形等，并配备各种参数的超限报警、异常情况的报警等。为了使加热杀菌时的热移动达到最大，并且密封或沸腾时的损伤最小，最好在被杀菌食品的袋子上设置固定或加固装置。此外，杀菌过程中必须进行谨慎而又微小的精细控制。成形后的软包装袋充填密封机械的生产速度较慢，与传统罐头的高速生产无法相提并论。密封检查还不能引入自动装置，仍需要人工用肉眼检查。

综上所述，近年来我国软罐头技术的研究主要是针对软罐头的包装材料和软罐头杀菌技术的研究。由于外国在装材上的垄断，我国生产的一些高端出口软罐头只能采用昂贵的进口包装材料，增加了生产成本；杀菌技术是软罐头产品能够长期保藏的关键，其相关研究也是今后软罐头包装发展的重点方向。

第三节　食品气调包装

气调包装（modified atmosphere packaging）是指通过改变包装内气体含量，使其内部处于不同于空气组分（N_2 78.8%，O_2 20.96%，CO_2 0.03%）的环境中而延长保质期的包装，主要包括真空包装、巴氏杀菌真空包装、气体吸收剂/释放剂的包装等。我国目前对于食品气调包装的定义还没有统一的标准，但是气调包装技术已被国内的包装业界和消费者广泛接受。

一、食品气调包装的基本原理

大多数食品原料或成品会在空气中发生腐败变质，主要是因为食品水分的减少或增加、氧化反应以及需氧微生物（如细菌和真菌）的繁殖，而微生物的繁殖是导致食品组织的色、香、味和营养成分变化的主要因素。食品在不同于空气成分的环境中将会减缓化学或生物化学反应、抑制微生物活性，从而减缓食品变质的速度。因此，食品气调包装的基本原理是用保护性气体（单一或混合）置换食品包装内的空气，抑制微生物的繁殖，从而减缓新鲜果蔬的新陈代谢、保持食品的品质，达到延长食品货架期的目的。这种包装技术中的保护气体的种类和组分需根据不同类食品的防腐保鲜要求来确定。

二、食品气调包装的保护气体

食品气调包装常用的保护气体有二氧化碳（CO_2）、氧气（O_2）、氮气（N_2），除了这三种常用气体，国际上还有对氩气（Ar）、一氧化碳（CO）、二氧化硫（SO_2）的研究。

① 二氧化碳（CO_2）

CO_2作为一种抑菌气体，在空气中的正常含量为0.03%，低浓度CO_2能促进微生物的繁殖；高浓度CO_2能抑制大多数需氧微生物的繁殖，延缓其对数生长期，延长其停滞期或潜伏期；CO_2还易溶解于食品中的水分成为碳酸，而降低食品的pH值，有利于食品贮存，当然CO_2的溶解度会随温度的变化而变化。微生物如需氧菌中霉菌、无色杆菌和极毛杆菌等对CO_2高度敏感，较低浓度时即可被抑制；而酵母对CO_2有阻抗性，因此CO_2对酵母的抑制作用不明显；乳酸菌等厌氧菌对CO_2也有阻抗性，CO_2对其无抑制作用。

CO_2的抑菌机制目前有三种假设：①富集的CO_2抑制脱羟基酶和非脱羟基酶；②CO_2使细菌细胞内的pH值降低，导致细胞内酶的活性降低；③细菌的细胞膜溶解CO_2后，细胞某种功能被抑制。然而这三种假设目前还没有定论，需要进一步证实。

② 氧气（O_2）

一般情况下，食品气调包装需要尽量降低O_2含量或保持无O_2状态，但是海产品的气调包装需要O_2的存在来防止厌氧性致病菌的繁殖，如梭状芽孢杆菌等。高氧浓度可保持鲜肉的色泽，低氧浓度在减缓新鲜果蔬呼吸速率的同时，还可保持果蔬新鲜状态所需的需氧呼吸。现有研究表明，高浓度O_2（>40%）可抑制许多需氧菌和厌氧菌的生长繁殖，抑制蔬菜内源酶引起的褐变反应，取得比空气包装或低氧包装更长的保鲜期。

③ 惰性气体——氮气（N_2）和氩气（Ar）

惰性气体N_2与食品不起任何化学作用，N_2用作充填气体可防止CO_2逸出后包装塌落，且在充氮包装中食品脂肪、芳香物质和色泽的氧化速度可降低。Ar的质量比N_2重，但其溶解度却是N_2的2倍，可取代N_2作为混合其他的充填气体。通常认为Ar和N_2对微生物没有抑制作用，但是有新的研究表明，Ar具有明显的抑菌作用，因为Ar可影响微生物细胞的膜流动性而影响其功能。且因为Ar原子大小与O_2类似，但是密度大于O_2以及溶解度高，所以Ar可从植物细胞和酶中置换O_2，从而抑制氧化反应和减缓新陈代谢呼吸速率。

④ 一氧化碳（CO）

据报道，浓度为1%的CO可以明显抑制细菌、酵母和霉菌等微生物生长，尤其是嗜冷性细菌。CO还可与鲜肉的肌红蛋白形成鲜红的碳氧肌红蛋白，可以保持肉的新鲜色泽。但是由于CO具有较高的毒性，对包装机器的操作者有害，有些国家禁止使用CO作为气调包装气体。

⑤ 二氧化硫（SO_2）

SO_2分子具有抗菌作用，可以抑制水果中霉菌和细菌的繁殖，但SO_2对不同微生物的抑制效果与它的浓度有关。由于SO_2具有特殊气味，一般只用作果蔬包装前的杀菌处理。

三、食品气调包装材料

食品气调包装广泛采用软性塑料袋或半刚性塑料盒，包装材料的要求基本与其他食品包装相同，但为了满足各类食品气调包装和销售要求，对塑料包装材料的透气性、防

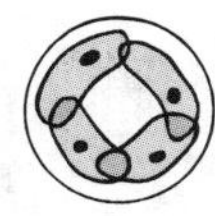

雾性等性能有如下特殊要求：

一是机械强度。要有一定的抗撕裂和抗戳破强度。

二是气体阻隔性。大多数塑料材料对CO_2的透气率比对O_2高3～5倍，所以要求使用对气体具有高阻隔性的多层塑料复合包装材料，高阻隔性的PVDC和EVOH是塑料复合包装材料的最佳阻隔层；新鲜果蔬的塑料包装膜需要采用透气性塑料包装材料，因为需要补充包装内被果蔬需氧呼吸消耗的O_2，并排出呼吸产生的过多的CO_2。

三是水汽阻隔性。为了防止产品因失水而损失重量，食品气调包装的包装材料要求有一定的水汽阻隔性，一般采用38 ℃时透湿量为0.1 g/m^{2}的包装材料。

四是抗雾性。许多气调包装的食品都需要进行冷藏贮藏或销售，造成的内外温差会导致雾滴的产生而影响外观，因此必须采用抗雾性塑料包装材料。

五是热封性。为了保持包装内的气体，包装袋或盒的封口要求有一定强度，且完全密封，无泄漏。聚乙烯的热封性是比较可靠的。

在选用食品气调包装的塑料材料时，除了要熟悉常用塑料的基本性能外，还必须了解气调包装的特殊要求以及包装材料对食品保鲜效果的影响。常用的食品包装塑料材料有以下几种类型：

1. 聚烯烃类

食品气调包装常用的聚烯烃类有聚乙烯和聚丙烯。

聚乙烯（PE）的主要优点是：对水蒸气的透湿率低，但对O_2、CO_2的透气率高，耐低温、不耐高温，化学性能稳定；热封性能好、热封温度低，能满足包装机高速热封封口操作的要求。缺点主要有：印刷性能和透明度较差，影响产品销售效绩。聚乙烯有4个品种，分别是低密度聚乙烯（LDPE）、中密度聚乙烯（MDPE）、高密度聚乙烯（HDPE）以及线性聚乙烯（LLDPE）。其中，应用最广泛的是LDPE，除了作为基材和其他复合薄膜、热封层外，还可通过添加不同添加剂或黏合剂形成具有防雾性、可揭开性和高透气性的特殊包装材料。

聚丙烯（PP）是最轻的塑料。与PE比较而言，它的阻透性相似，力学性能较优，耐油脂，耐高温。但聚丙烯的熔解温度为160～200 ℃，因此其热封温度高于PE，影响包装机热封速度。

2. 乙烯基聚合物

乙烯基聚合物主要包括乙烯-醋酸乙烯共聚物（EVA）、聚氯乙烯（PVA）、聚偏二氯乙烯共聚物（PVDC）和乙烯-乙烯醇共聚物（EVOH）。

EVA的透湿量和透气量比LDPE高，具有良好的热封性能。LDPE薄膜中加入少量的EVA（如4%）可以进一步改善热封性能，即使热封面上有少量水分等污染也能得到很好的热封强度。

PVC的主要优点是透明度高，对氧和气味物质的透气量较低而透湿量中等，阻油性好，力学性能（抗撕裂强度、刚性、韧性等）好；此外，着色性、印刷性和热封性好，是常用的食品包装材料。PVC的缺点是热稳定性差，不耐高温和低温，一般使用温度在15～55 ℃。

PVDC对水蒸气、气体和气味物质的阻隔性能极佳，在目前所有的食品包装塑料中是最好的。PVDC能耐高、低温，可用作高温杀菌的食品和冷藏食品的包装材料。PVDC有一定的收缩性，高温下收缩时有适度弹性，韧性和柔性都较高，耐磨且表面光滑，透明度好。PVDC因有收缩性，须采用脉冲或高频热压封合。

乙烯-乙烯醇共聚物（EVOH）是乙烯醇和乙烯的水解共聚产物。它的阻气性最高，对水蒸气敏感，阻透性低于PVDC，这是由于共聚物分子结构中存在亲水和吸湿的羟基。当吸收湿气时，材料对 O_2 的阻隔性能会受到不利影响，因此，EVOH可作为复合包装材料的阻隔层。此外，EVOH还具有非常好的耐油性能、耐有机溶剂性能和保持食品香味与气味的性能。

3. 聚苯乙烯（PS）

PS是热塑性材料，具有高拉伸强度，有良好的成型加工性能和印刷性能，透明度高。缺点是对 O_2 和水蒸气的阻透性差，耐低温、不耐高温。

4. 聚酰胺（PA）

PA也称为尼龙，它的熔点高，可以受135～150 ℃的高温杀菌，但热封困难。PA的主要优点是对气体、水蒸气、油、脂肪和气味物质阻隔性好，透明度高，耐磨，常被用作复合包装材料的阻隔层。

5. 聚酯（PET）

PET与PA的包装性能较相似，可以经受高温杀菌，但热封困难，可作为复合包装材料的阻隔层。PET透明度高，机械强度高，耐冲击、耐磨、耐酸、耐油，印刷性能好。结晶聚酯（CPET）常用于加工预成型盒，但不适合在自动热成型包装机上热成型。

四、食品气调包装设备

食品气调包装设备是配置气体混合器的各种类型真空充气包装机和非真空自动包装机。气体混合器是气调包装的关键设备，可以内置也可以外置，通过包装机的程序控制，自动将气体充入包装袋或盒内。

1. 气体混合器

食品气调包装的气体混合器有静态气体混合器和动态气体混合器两种类型。

（1）静态气体混合器

静态气体混合器是各气体组分按压力或质量的比例逐个充入容器混合后使用的，气体混合和供气间断进行；主要优点是结构简单、气体混合精度较高和成本低，缺点是需要配置气体混合筒和贮气筒，混合气体流量较小，但满足进行真空-充气-热封间断操作程序的真空充气包装机的气调包装要求。定压定容气体混合器和等容气体混合器，都属于压力比例混合类型。

图8－15是一种气体比例混合器结构。混合器操作时，先在微机控制器设定2～3种气体混合的比例值和混合筒与贮气筒的真空值。按下自动操作按钮后，首先启动真空泵抽出筒内空气，达到设定真空值后即开始自动气体比例混合的程序操作。各高压钢瓶的气体经过减压阀减压后，通过充气电磁阀分别向气体混合筒充气并按比例混合，筒内压

力达到预定的总压值后，放气电磁阀将混合气体充入贮气筒，贮气筒通过压力调节阀和流量调节阀，将混合气体送至真空充气包装机的供气管。

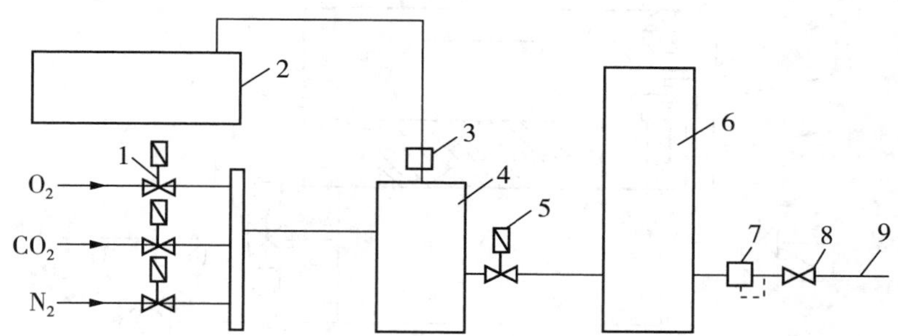

1—充气电磁阀；2—微机控制器；3—压力传感器；4—气体混合筒；
5—放气电磁阀；6—贮气筒；7—压力调节阀；8—气体流量阀；9—混合气体供气管。

图 8 - 15　气体比例混合器结构

（2）动态气体混合器

动态气体混合器中各气体组分按质量流量比例连续混合并使用。主要优点是气体连续混合和流量大，缺点是要求有高精度的气体流量控制与监测器和连续用气，如果间断用气会影响气体的混合精度，因而国外这类气体混合器大都用于非真空的自动包装机的气调包装。目前主要的动态气体混合器主要有三个类型，分别是时间流量气体混合器、气体质量混合器和气体压力比例混合器。

2. 气调包装设备

食品气调包装设备分为塑料袋包装设备和塑料盒包装设备。

（1）塑料袋包装设备

塑料袋气调包装机有预制袋和自制袋两种机型。预制袋有室式、输送带式和外抽式三种半自动真空充气包装机，人工装卸袋。室式、外抽式（插管式）和输送带式真空抽气气调包装机的结构和功能相同，都采用真空补偿式气调包装。

图 8 - 16 是室式真空充气包装机工作原理，真空系统和充气系统由一组电磁阀和真空泵组成，通过继电器逻辑控制电路程序，从而控制各电磁阀的启闭，自动完成抽真空-充气-热封操作。

图 8 - 17 是倾斜输送带式真空包装机结构图。机器操作过程：将包装袋置于输送带的托架上，随输送带步进，包装袋步进到真空室盖位置时停止，真空室盖自动放下，活动平台在凸轮作用下抬起，与真空室盖构成密闭的真空室；进行抽真空、充气和热封操作；活动平台下降而真空室盖升起；输送带步进，将包装袋送出机外。

图 8 - 18 是外抽式真空充气包装机结构简图，由塑料袋袋口压紧杆、热封杆、充气/抽气管、电磁阀组成。活塞气缸通过电磁阀接通真空系统，使活塞的一端构成真空环境，而活塞另一端通大气，在压差作用下推动活塞接真空泵杆移动，从而推动压紧杆、热封杆和充气/抽气管移动。

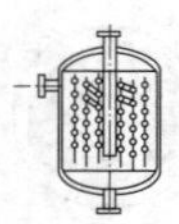

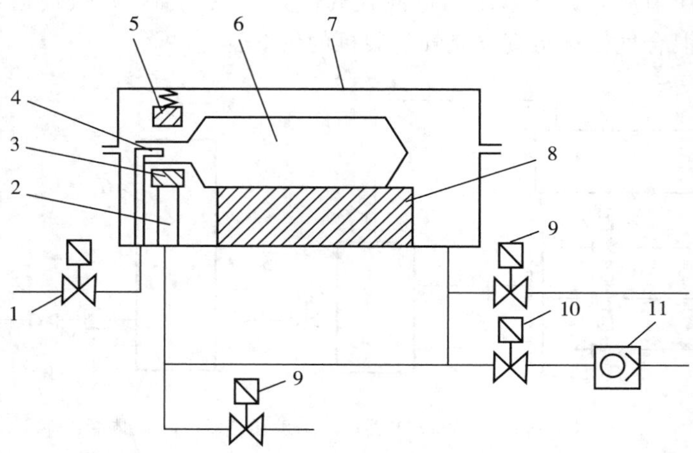

1—充气电磁阀；2—气囊；3—热封杆；4—充气管；5—胶垫；6—包装袋；
7—真空室盖；8—垫板；9—大气电磁阀；10—真空电磁阀；11—真空泵。

图 8－16　室式真空充气包装机工作原理

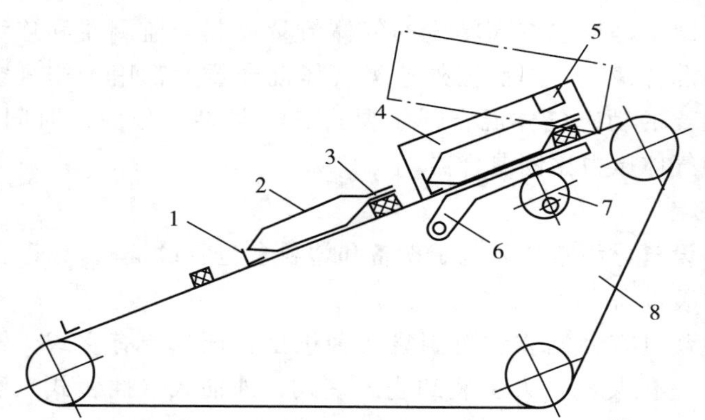

1—托架；2—包装袋；3—耐热橡胶垫；4—真空室盖；5—热封杆；
6—活动平台；7—凸轮；8—步进输送带。

图 8－17　倾斜输送带式真空包装机结构图

自动制袋气调包装机是装有充气装置的立式或卧式自动成型充填封口包装机，采用气流式气调包装，由于不需要抽真空而生产效率高。国外袋式气调包装机都采用这种机型，但包装内残余氧有时高达5%，故不适合包装氧敏感的食品。

（2）塑料盒包装设备

塑料盒气调包装机也有预制盒和自制盒两种机型，两种机型气调方式和结构基本相同。

预制盒气调包装机是在塑料盒内放置食品后与盖膜一起进入热封室进行抽真空、充气（或气体置换），再热封并切断盒周边盖膜，然后送出机外的设备，主要有三种类型，

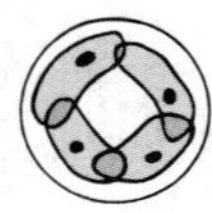

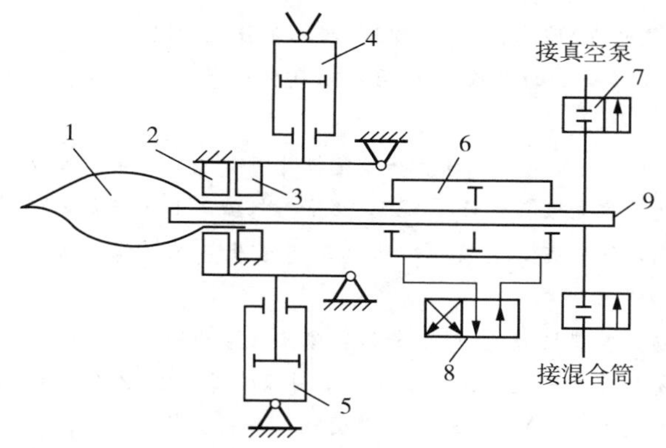

1—塑料袋；2—压紧杆；3—热封杆；4—热封杆气缸；5—压紧杆气缸；
6—充气/抽气管气缸；7—真空电磁阀；8—充气/抽气管气缸电磁阀；9—充气/抽气管。

图 8-18 外抽式真空充气包装机结构简图

分别是双工位式、步进输送带式和回转式。

① 双工位式。热封室下模有两个工位，由气缸推动前后移动，第一工位时下模在热封室外面，手工放置塑料盒；第二工位时下模被推送到热封室，热封后下模自动返回到第一工位取出塑料盒。

② 步进输送带式。塑料盒手工放置在输送带上，输送带的推杆步进推送塑料盒到热封室自动落入下模，热封后下模气缸将塑料盒推出到输送带并送出机外。这种机型操作自动化程度比双工位式高，生产能力强。

③ 回转式。回转台上有 4 个下模，塑料盒手工放置在第一工位的下模内，随回转台步进到第三工位热封室下进行热封，热封后转到第四工位自动将塑料盒顶出，由气缸推送出机外，这种机型的自动化程度和生产能力与输送带式相同，但机身占地面积小，节约生产用地。

自动制盒气调包装机是一种有充气装置的自动热成型真空包装机。塑料片在机器上预热后热成型为塑料盒，充填物料后与盖膜一起进入热封室进行抽真空、充气、热封，再将数排盒分割成单盒，是一种自动化程度较高的包装机。

参 考 文 献

[1] 章建浩．食品包装大全 [M]．北京，中国轻工业出版社，2000.

[2] 李代明．食品包装学 [M]．北京：中国计量出版社，2008.

[3] 杨式培．食品热力杀菌理论与实践 [M]．北京：中国轻工业出版社，2014.

[4] 张国全，方忠华，董结，等．小颗粒状物料吨袋充填机动态称重系统数学模型的研究 [J]．包装与食品机械，2007，25（1）：1-4.

[5] 孙凤兰．食品包装机械学 [M]．哈尔滨：黑龙江科学技术出版社，1990.

[6] 章建浩．食品包装学 [M]．北京：中国农业出版社，2002.

[7] 伍利群，蒋美丽．充填机封口方式的分析［J］．轻工机械，2005，23（2）：112－114.

[8] 李大鹏．食品包装学［M］．北京：中国纺织出版社，2014.

[9] 费斐，薛凤照，王学辉．罐头食品杀菌技术研究进展［J］．海军医学杂志，2010，31（2）：181－183.

[10] 胡红梅，陈亮．新型称重式分离状物料填充机［J］．包装与食品机械，2002，20（5）：18－20.

[11] 林述温，范杨波．机电装备设计［M］．北京：机械工业出版社，2002.

[12] 王丽莉，李保国，张彩霞．蔬菜软罐头加工工艺及其保鲜试验研究［J］．农产品加工，2011（1）：7－10.

[13] 许林成，彭国勋．包装机械［M］．长沙：湖南大学出版社，1997.

[14] 阎玮．软罐头食品的工艺及前景展望［J］．甘肃农业，2012（17）：53－55.

[15] 杨邦英．罐头工业手册［M］．北京：中国轻工业出版社，2002.

[16] 赵晋府．食品工艺学［M］．2 版．北京：中国轻工业出版社，2012.

[17] 郑志强，刘嘉喜，王越鹏．软包装主食罐头杀菌工艺研究［J］．食品科学，2012，33（20）：56－60.

[18] 徐文达，程裕东，岑伟平，等．食品软包装材料与技术［M］．北京：机械工业出版社，2003.

第九章 食品质构调整新技术

第一节 挤压蒸煮技术

挤压技术是最早应用于塑料制品的加工技术，随着食品工业的发展，挤压加工技术所特有的优越性越来越被人们所认识，并应用于食品加工。早期的食品挤压成型机是肉类和肠制品加工中使用的活塞式或柱塞式灌肠机。该设备虽然是靠挤压进行加工的挤压成型机，但与目前所使用的挤压机大不相同。目前所使用的挤压机是集混合、混炼、熟化、挤出成型于一体的加工设备，它的许多优点在挤压灌肠机中未能得到体现。20 世纪 30 年代，第一台应用于谷物加工的单螺杆挤压蒸煮机问世，并在该行业中取得成功。谷物食品的传统加工工艺一般需经粉碎、混合、成型、烘烤或油炸、杀菌、干燥等生产工序，每道工序都需配备相应的设备，生产流水线长，占地面积大，劳动强度高，设备种类多。采用挤压技术来加工谷物食品，在初步粉碎和混合原料后，即可用一台挤压机一步完成混炼、熟化、破碎、杀菌、预干燥、成型等工艺，制成膨化、组织化的产品或制成不膨化的产品，这些产品再经油炸（也可不经油炸）、烘干、调味后即可上市销售，只要简单地更换挤压模具，便可以很方便地改变产品的造型。与传统加工工艺相比，挤压技术不仅极大地缩短了工艺过程，丰富了谷物食品的品种，降低了产品的生产费用，减少了占地面积，大大降低了劳动强度，而且改善了产品的组织状态和口感，提高了产品质量。

20 世纪 40 年代，挤压技术在食品工业中的应用领域得到了较快地拓展，挤压机的使用很快普及。大量种类繁多的方便食品，如即食食品、小吃食品、断奶制品、儿童营养米粉等相继问世。日本在第二次世界大战期间采用挤压技术大量加工玉米、麦类等谷物原料，在加工过程中，通过添加某些营养元素如矿物质、维生素等，制成食用方便、营养价值高、深受人们喜受的食品。

20 世纪 50 年代至 60 年代，挤压技术又有了很大的发展与进步，其应用领域由单纯生产谷物食品，发展到生产家畜饲料、鱼类饲料、植物组织蛋白等。同时，通过对挤压机的结构设计、工艺参数和挤压过程机理的研究，人们对挤压加工技术的理论认识有所提高。挤压设备由单螺杆发展到双螺杆，适合于加工不同原料的高剪切力挤压机和低剪切力挤压机也被分别应用于不同的生产领域。新的挤压设备，对于改善产品质量，拓宽挤压技术的应用领域起到了推动作用。

20 世纪 70 年代之后，挤压技术的应用已有相当大的规模。日本在 1979 年生产的挤压膨化食品种类有几百多种，年产量14.6万吨。美国的挤压膨化食品年产值达十几亿美元，畅销世界各地。挤压技术在新领域中的应用又有了扩展，如应用于水产品、仿生制品、调味品、乳品、糖果制品、巧克力制品、方便面等食品的加工。

挤压加工过程是一个高温高压的过程。通过某些参数的调节，可以比较方便地调节挤压过程的压力、剪切刀、温度和作用时间。利用这一特点，可以将挤压过程应用于某些需高温高压的生化反应过程，这方面的应用实例虽然不多，但已引起某些科技工作者的关注。可以确信，挤压技术会在今后的发展过程中拓展一些崭新的领域。

我国十分重视挤压加工技术的研究和应用。无锡轻工大学早在1982年就从法国Clextral公司引进一台BC-45双螺杆挤压机，开始对挤压加工技术进行研究，并先后在膨化食品、营养米粉、糖果、动物类饲料的生产，传统食品龙虾片生产工艺的改善，大豆组织蛋白的加工，变性淀粉、淀粉糖浆、膳食纤维等生产应用领域和挤压技术的理论领域进行了大量的研究。与此同时，国内的许多生产厂家也先后从世界各大公司引进了先进的挤压设备进行挤压食品的生产，如法国Clextral公司、美国Wenger公司、意大利Pavan-mapimpiantis公司等。在引进国外设备的同时，国内的许多厂家也先后生产了不同类型的挤压设备，其中以单螺杆的设备居多。

目前我国挤压加工技术还处在相对落后的状态，设备性能有待改善，生产领域有待扩大，产品品种需进一步丰富，产品质量需进一步提高。另外，还必须加强对挤压技术的理论研究。

一、挤压机的分类和工作原理

1. 蒸煮挤压技术的概念和特点

Webster对挤压成型的定义是："物料经预处理（粉碎、调湿、预热、混合）后，经过机械作用强使通过一个专门设计的孔口（模具），以形成一定形状和组织状态的产品。"因此，挤压成型的主要含义是塑性或软性物料在机械力的作用下，定向地通过模板连续成型。食品加工用的挤压机，除了具备上述的挤压成型功能外，还具备其他功能。因为食品是在熟化之后才能食用的，所以大多数的食品挤压机是将加热蒸煮与挤压成型两种作用有机地结合起来，使原料经过挤压机之后，成为具有一定形状和质构的熟化或半熟化产品。

2. 挤压机分类

挤压机有若干种设计方式，其中最简单的是原始的柱塞式或活塞式挤压机。目前，应用于食品工业的挤压机主要是螺杆挤压机，它的主体部分由一根或两根在一只紧密配合的简形套筒中旋转的阿基米德螺杆组成。食品挤压机类型很多，分类方法各异，通常有以下的几种分类方法。

(1) 按挤压过程剪切力的高低分类

按挤压过程剪切力的高低可将挤压机分为高剪切力挤压机和低剪切力挤压机。

顾名思义，高剪切力挤压机是指在挤压过程中能够产生较高剪切力的挤压机。这类设备的螺杆上往往带有反向螺杆，以便提高挤压过程中的压力和剪切力。另外，这

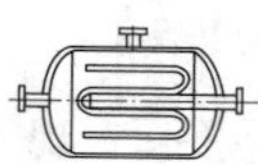

类设备的作业性能较好，在控制好所需要的工艺参数（如温度、物料水分含量、螺杆转速等）条件下，可方便地生产出多种挤压产品。该设备往往具有较高的转速和较高的挤压温度。但由于剪切力较高，复杂形状的产品成型较困难，该设备比较适合于简单形状的产品生产。

低剪切力挤压机在生产过程中产生的剪切力较低，它的主要作用在于混合、蒸煮、成型。该类设备较适合于湿软的动物饲料或高水分食品的生产。形状复杂的产品用该设备进行生产较为理想，产品成型率较高。适合低剪切力挤压机加工的物料，水分含量一般较高，挤压过程中物料黏度较低，故操作中引起的机械能黏性耗散较少。高剪切力挤压机和低剪切力挤压机的主要特性见表 9－1 所列。

表 9－1 高剪切力挤压机和低剪切力挤压机的主要特性

项　目	低剪切力	高剪切力
进料水分含量	20%～35%	13%～20%
成品水分含量	15%～13%	4%～10%
挤压温度/℃	150 左右	200 左右
转速/$r \cdot min^{-1}$	较低（60～200）	较高（250～500）
螺杆剪切率/s^{-1}	20～100	120～180
输入机械能/$kW \cdot h \cdot kg^{-1}$	0.02～0.05	0.14
适合产品类型	湿软产品	植物组织蛋白、膨化小吃食品、膨化饲料等
产品形状	可生产形状较复杂的产品	可生产形状比较简单的产品
成型率	高	低

（2）按挤压机的受热方式进行分类

按挤压机的受热方式进行分类，挤压机可分为自热式挤压机和外热式挤压机。

自热式挤压机在挤压过程中所需的热量来自物料与螺杆之间、物料与机筒之间的摩擦，挤压温度受生产能力、水分含量、物料黏度、环境温度和螺杆转速等多方面因素的影响，故温度不易控制，偏差较大。该设备一般具有较高的转速，转速可达 500～800 r/min，产生的剪切力也比较大。自热式挤压机可用于小吃食品的生产，但产品质量不易保持稳定，操作灵活性小，控制较困难。

外热式挤压机靠外部加热的方式提高挤压机筒和物料的温度。加热方式很多，包括蒸汽加热、电磁加热、电热丝加热、油加热等。根据挤压过程各阶段对温度参数要求的不同，可设计成等温式挤压机和变温式挤压机。等温式挤压机的筒体温度全部一致；变温式挤压机的筒体分为几段，分别进行加热或冷却工艺，并进行温度控制。

自热式挤压机一般是高剪切力挤压机，外热式挤压机可以是高剪切力挤压机，也可以是低剪切力挤压机。外热式挤压机设备灵活性大，操作控制简单，产品质量易保持稳定。自热式挤压机和外热式挤压机的主要特点见表 9－2 所列。

表 9-2 自热式挤压机和外热式挤压机的主要特点

项　目	自热式	外热式
进料含水量	13%～18%	13%～35%
成品含水量	8%～10%	8%～25%
筒体温度/℃	180～200	120～350（可调）
转速/r·min^{-1}	500～800	可调
剪切力	高	可调
适合产品	小吃食品	适应范围广
条件控制	难	易

（3）按螺杆的根数分类

按螺杆的根数可将挤压机分为单螺杆挤压机、双螺杆挤压机和多螺杆挤压机。螺杆挤压机主要由套筒和在套筒中旋转的带螺旋的螺杆所构成，螺杆上螺旋的作用是推挤可塑性物料向前运动。由于螺杆或套筒结构的变化以及出料模孔截面比机筒和螺杆之间空隙横截面小得多，物料在出口模具的背后受阻形成压力。再加上螺杆的旋转和摩擦生热及外部加热，使物料在机筒内受到了高温高压和剪切力的作用，最后被迫通过模孔而挤出，并在切割刀具的作用下，形成一定的形状。

在挤压过程中，有时为了增强螺杆对物料的剪切效果，在套筒内面设置了轴向凸轮，在螺杆上增加了反向螺段，其目的在于限制物料的运动。

单螺杆挤压机在机筒内只有一根螺杆，它是通过螺杆和机筒对物料的摩擦来输送物料和形成一定压力的。一般情况下，物料与机筒之间的摩擦系数大于物料与螺杆之间的摩擦系数，否则，物料将包裹在螺杆上一起转动而起不到向前推进的作用。典型单螺杆挤压机如图 9-1 所示。

双螺杆挤压机是在单螺杆挤压机的基础上发展起来的，双螺杆挤压机的套筒横截面是“∞”型，在套筒中并排安放两根螺杆，如图 9-2 所示。

双螺杆挤压机虽然和单螺杆挤压机十分相似，但在工作原理上，它们之间存在较大的差异。不同的双螺杆挤压机，其工作原理也不完全相同。与单螺杆挤压机相比，双螺杆挤压机具有以下特点。

① 强制输送

如前所述，单螺杆挤压机对物料的输送基于物料与螺杆、物料与套筒之间的摩擦系数不同，假如物料与机筒间的摩擦系数太小，则物料将裹住螺杆一起转动，螺杆上的螺旋就难以发挥其推进作用，物料也不能够向前输送，更谈不上形成压力和剪切力。双螺杆挤压机的两根螺杆可以通过设计使之不同程度地相互啮合，双螺杆挤压机套筒示意图如图 9-3 所示。在螺杆的啮合处，螺杆之一的螺纹部分或全部插入另一螺杆的螺槽中，使连续的螺槽被分成相互间隔的“C”形小室，螺杆旋转时，随着啮合部位的轴向移动，“C”形小室也沿轴向向前移动。螺杆每转一圈，“C”形小室就向前移动一个导程的距离。

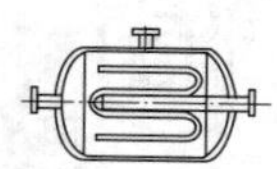

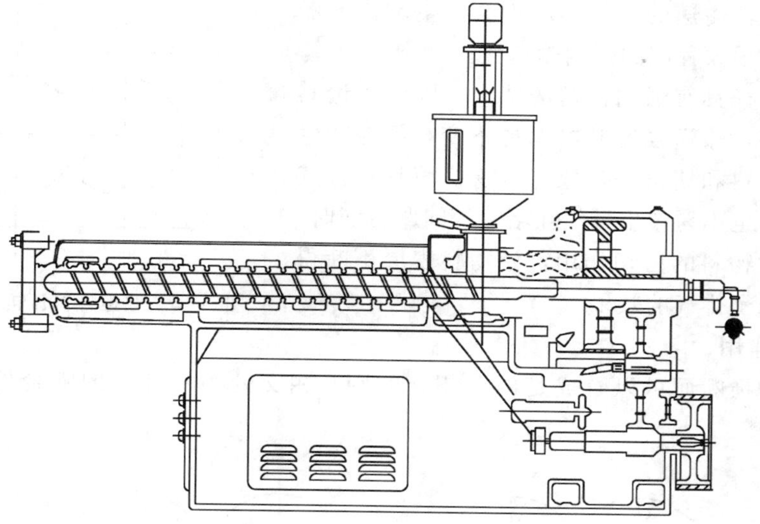

1—机头连接法兰；2—阻隔板；3—冷却水管；4—加热器；5—螺杆；6—料筒；7—油泵；8—测速电机；9—止推轴承；10—料斗；11—减速箱；12—螺杆冷却装置。

图 9-1 典型单螺杆挤压机

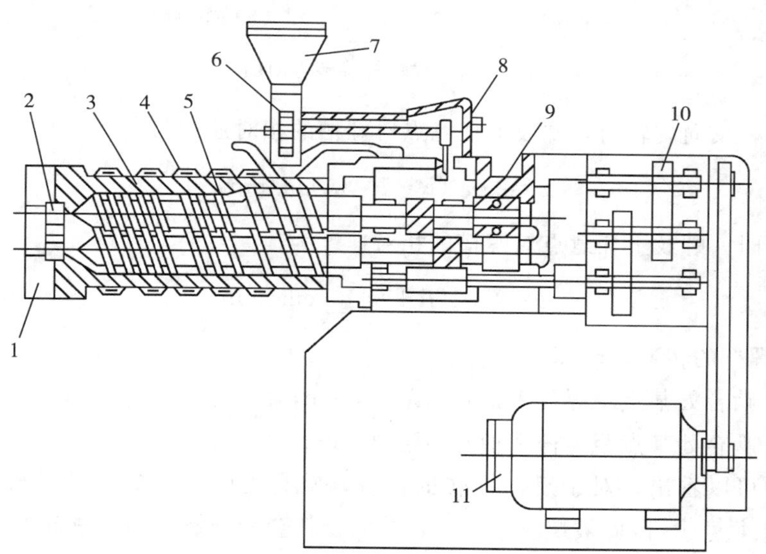

1—机头连接器；2—多孔板；3—机筒；4—加热器；5—螺杆；6—加料器；7—料斗；8—加料器传动机构；9—止推轴承；10—减速箱；11—电动机。

图 9-2 双螺杆挤压机

由于受啮合螺纹的推力，“C”形小室中的物料裹住螺杆旋转的趋势受到阻碍，从而被螺纹推着向前移动。

根据双螺杆的旋转方向、啮合程度和螺纹的参数不同，“C”形小室可以分为相通的或完全封闭的，输送的过程一般不会产生倒流或滞流，因此具有很大程度的强制输送性。

由于双螺杆具有强制输送的特点，因此不论其螺槽是否填满，输送强度基本保持不变，不易产生局部积料、焦料和堵机等现象。对于机筒具备排气孔的挤出机，也不易产生排气孔堵塞等问题。同时，螺杆啮合处对物料的剪切作用，使物料表层不断得到更新，增加了排气的效果。

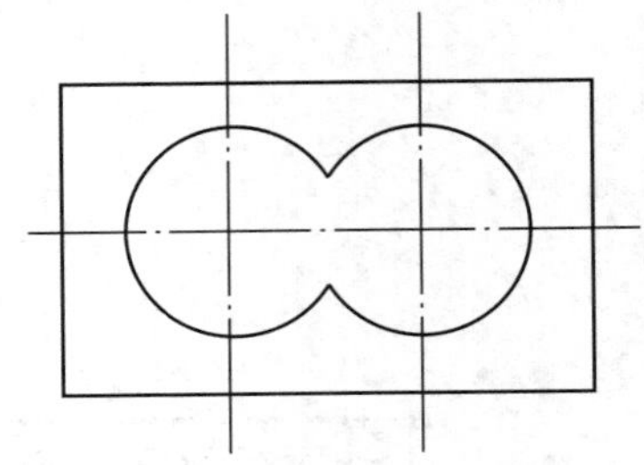

图 9－3　双螺杆挤压机套筒示意图

② 混合作用

双螺杆的横断面可以看成是两个相交的圆，相交处为双螺杆的啮合处，如图 9－4 所示。

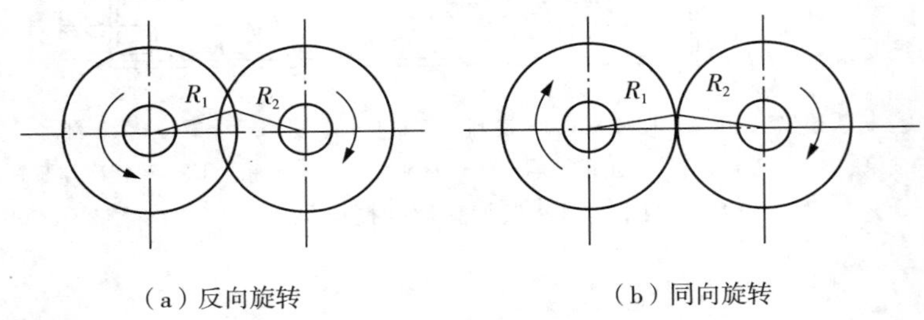

（a）反向旋转　　（b）同向旋转

图 9－4　双螺杆旋转方向图

在啮合处，反向旋转时，螺纹上任意点对螺槽的相对速度为

$$v=2\pi n\ (R-R_2),\ \mathrm{cm/min} \tag{9-1}$$

同向旋转时，螺纹上任意点对螺槽的相对速度为

$$v=2\pi n\ (R+R_2),\ \mathrm{cm/min} \tag{9-2}$$

式中，n——螺杆的转速，r/min；

R_1——啮合处某点距螺杆 1 轴心间距离，cm；

R_2——啮合处某点距螺杆 2 轴心间距离，cm。

从公式中可以看出，对于反向旋转的螺杆，啮合处螺纹与螺槽的旋转速度虽相同，但仍存在相对速度 v，因此被螺纹带入啮合处的物料会受到螺纹和螺槽间的挤压、剪切和研磨作用，使物料得到混合。

对于同向旋转的螺杆，啮合处螺纹和螺槽间的旋转方向相反，因此，被螺纹带入啮合间隙的物料也会受到螺杆和螺槽间的挤压、剪切、研磨作用；同时由于相对速度比反向旋转的大，啮合处物料所受的剪切力也大，更加提高了物料的混合、混炼效果。

由于同向旋转的螺杆在啮合处的旋转方向相反，因此两根螺杆对物料所起的作用也不大相同。一根螺杆要把物料拉入啮合间隙，而另一根螺杆则要把物料从间隙中推出，结果使物料由一根螺杆转移到另一根螺杆，物料呈如图 9－5 所示方向前进，即物料流向

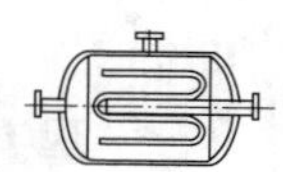

为$A\to B\to C\to D\to A'$。运动方向改变了一次，轴向移动前进了一个导程。料流方向的改变，更有助于物料相互间的均匀混合。

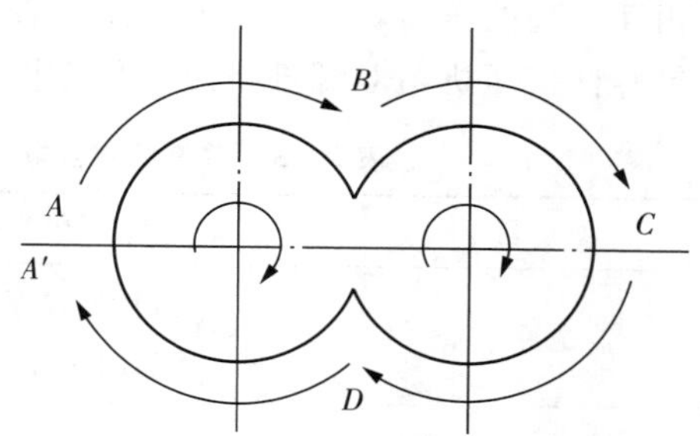

图 9-5 双螺杆挤压机中料流的方向

双螺杆挤压机中的“C”形小室，在一定程度上影响物料在挤压机中的混合均匀性。但是，物料在挤压前，一般经过了预混合处理过程，因此，挤压机中的物料混合只起补充作用。确切地讲，物料在挤压机中发生的混合作用应称之为“混炼”，其主要作用是促进物料之间水分的转移，不同物料之间的细微混合，以及不同物料之间不同成分的重新组织化等。混炼的效果直接关系到产品的质地、组织状态。没有好的混合也就谈不上均匀地混炼。虽然混合在挤压前的预处理中就开始进行，但是为了提高混合效果，设计螺杆螺纹时，应使“C”形小室之间留出通道，使“C”形小室中的物料能够经过通道相互混合。混合的效果与通道的大小、物料的压差、螺杆的转向、物料黏度、螺杆转速、物料和套筒间的摩擦系数有关。由于剪切力的作用，“C”形小室中的物料能够产生很好的混合效果。相邻“C”形小室中的物料，由于产生倒混、滞流等，也会产生一定程度的混合。

③ 自洁作用

黏附在螺杆螺纹和螺槽上的积料，如果滞留时间太长，将受热时间过长，产生焦料，严重时，会使旋转阻力增大，能量消耗增大，甚至会产生堵机、停机等现象，不利于质地均一产品的稳定正常生产。对于热敏性物料，这个问题尤为突出。及时清除黏附的积料，将有助于生产的正常进行与产品质量的提高。

反向旋转的螺杆的啮合处，螺纹和螺槽之间存在速度差，能够产生一定的剪切速度，旋转过程中会相互剥离黏附在螺杆上的物料，使螺杆得到自洁。

同时旋转的双螺杆的啮合处，螺纹和螺槽的旋转方向相反，相对速度很大，产生的剪切力也大，更有助于黏附物料的剥离，自洁效果更好。

④ 压延作用

物料进入双螺杆挤压机后，被很快送入啮合间隙。由于螺纹和螺槽之间存在速度差，因此物料立即受到研磨、挤压的作用，此作用与压延机上的压延作用相似，故称“正延作用”，如图 9-6 所示。

对于反向旋转的双螺杆挤压机，物料在啮合间隙受到压延作用的同时，还产生使螺杆向外分离和变形的反压力。该反压力会导致螺杆和套筒间的磨损增大。螺杆转速越高，压延作用越大，磨损就越严重。因此反向旋转的挤压机螺杆转速不能太高，一般在 8～50 r/min。

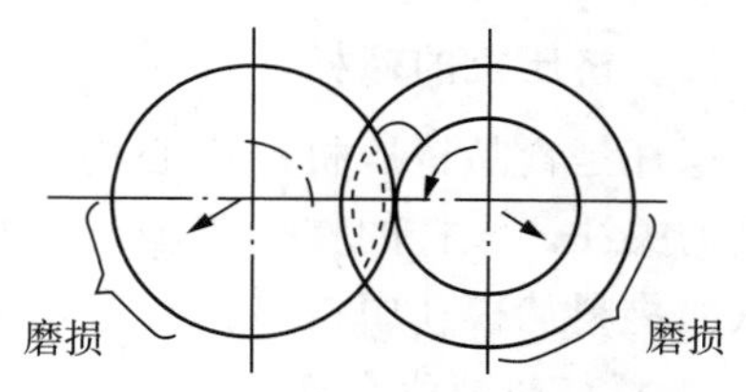

图 9-6 双螺杆挤出机的压延作用

同向旋转的双螺杆挤压机，由于不会产生使

螺杆相互分离的压力，对磨损的敏感性较小，它可在较高转速 300 r/min 下工作。

单螺杆挤压机与双螺杆挤压机部分性能的比较见表 9-3 所列。

表 9-3　单螺杆挤压机与双螺杆挤压机部分性能的比较

项　目	单螺机	双螺机
输送原理	物料与螺杆及物料与套筒间两摩擦因数之差	依靠“C”形小室的轴向移动
输送效率	小	大
热分析	温差较大	温差较小
混合作用	小	大
自洁作用	无	有
压延作用	小	大
制造成本	小	大
磨损情况	不易磨损	较易磨损
转　速	可较高	一般小于 300 r/min
排　气	难	易

多螺杆挤压机是指在一个套筒中并排有几根螺杆的挤压机。这时挤压机的混合效果更加理想，但制造较困难，对传动系统的要求较高，生产时更易产生摩擦，因而在食品加工行业中极少使用。

除了以上的分类方法，还有按螺杆转速或装配结构的不同进行分类。

按螺杆转速，挤压机可以分为普通挤压机、高速挤压机和超高速挤压机。

按装配结构，挤压机可以分为整体式挤压机和分开式挤压机。

前面所述的单、双螺杆挤压机均为整体式挤压机。这类挤压机的结构紧凑，需进行机械加工的零件数量相对较少，占地面积小，是最通用的一种挤压机。

如图 9-7 所示为典型分开式挤压机的结构。它可以采用标准减速器，对装配精度要求较低，易于装拆和维修。同时挤压机套的热量不易传到减速器和止推轴承上，对后者的工作状态不会产生影响。它的缺点是结构不紧凑，零件数目较多，加工制作量较大，因此应用较少。

二、挤压机的螺杆

螺杆是食品挤压机的中心构件，是挤压机的“心脏”部分，长期以来受到许多研究人员的关注。螺杆的作用是输送原料，施加挤压、剪切和混合作用力于物料，然后把熔融状的物料从模孔中挤出。

1. 螺杆的功能分段

挤压螺杆按其功能的不同可以分为三段，各段的名称和它们各自的功能是相对应的。

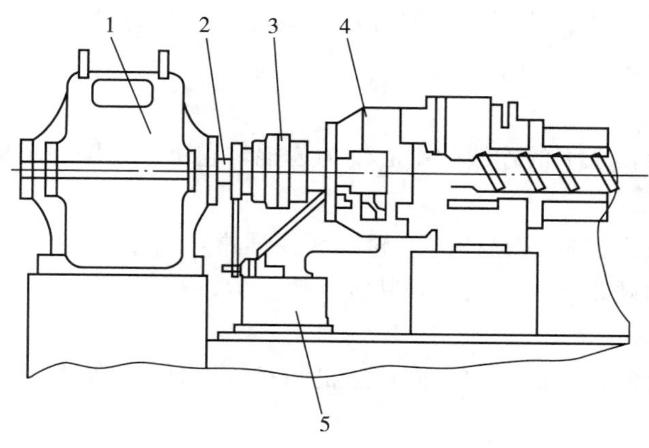

1—电机；2—主动轴；3—连轴器；4—止推轴承；5—润滑油泵箱。

图 9-7　典型分开式挤压机的结构

① 进料段，也称喂料段或输送段。螺杆在进料口喉道处接收原料的部分统称进料段。它一般占螺杆总长度的10%～25%。进料段一般采用深螺纹，以便物料能较易落入螺槽，并很快被输送到压缩段。它的作用是：保证充足的物料沿着螺杆向前均匀而稳定地移动和输送，使后面的螺杆完全充满。

② 压缩段，也称挤压段。一般占螺杆总长度的50%左右。挤压是螺杆的核心功能。在压缩段，物料被压缩并受到摩擦和剪切的作用。其压缩的过程可用螺杆的压缩比表示。使物料受压缩的方式一般有改变螺纹深度、改变螺纹螺距、改变套筒结构或在螺杆上加阻流环等。物料在压缩段被挤压成连续的面团状物质，即从原来颗粒或粉末状态变为一种无定形的塑性面团。

③ 计量段，也称限流段、排料段或控温段。它是最靠近挤压机出料口的螺杆部分，它的特征在于具有很浅螺槽或很小螺距的螺纹。它的作用是使物料进一步受到高剪切力的作用，使温度急剧上升。在该段，剪切速率达到最高值。机械能的大量耗散和外部的加热作用使物料温度上升很快。由于高剪切力的作用，加剧了物料的内部混合，使物料温度趋于均匀。在该段，物料基本上呈熔融状态。有时为了增大剪切力和压力，还在该段加设反向螺杆，也可采用柱销或切口螺纹，以提高混合效果和加强机械能耗散。一般螺杆的外形简图如图 9-8 所示。

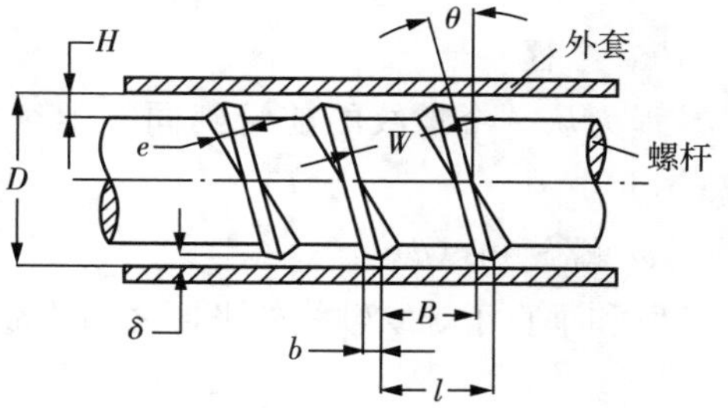

图 9-8　一般螺杆的外形简图

2. 有关螺杆的术语和参数

常用来描述螺杆的术语、参数及其之间的相互关系如下。

（1）螺纹

螺纹是绕在螺杆周围的螺旋卷金属带，它将机械力施加在物料上，使物料沿螺杆料方向移动，同时产生挤压、剪切、混合、摩擦作用，与套筒配合完成挤压的全过程。大多数螺杆的螺纹是连续的。若螺纹是断开的，则称为切口螺纹。切口螺纹可以起到增大剪切力、混合作用的效果。

（2）齿根

螺杆除去螺纹后，余下的连续的中心轴为齿根，它可以是圆柱形或圆锥形。

（3）齿承

螺纹的外圆周表面构成了螺杆的外轮廓线。通常，齿承要经过火焰淬火或熔敷硬金属表面涂料做特殊的硬化处理，以增强其抗摩擦能力。

（4）螺纹前沿

螺纹前沿是螺纹的推动面，它面向挤压机卸料口，是螺杆中最易产生磨损的部位，

（5）螺纹后沿

螺纹后沿是背向挤压机印料口的螺纹面。

（6）齿型

齿型即螺纹的外部形状，通常为矩形或梯形。梯形螺纹使通道的上部宽度大于齿根部宽度，可以减少滞留在螺纹和齿根间转角处的物料。

（7）螺杆直径

螺杆直径是指螺杆在其中转动的套筒的内径，用 D 表示。为了在一定程度上防止和减少螺杆与套筒间的碰撞与摩擦，螺杆与套筒之间有一定的间隙 δ，故螺杆的实际直径 $D_s = D - 2\delta$。

（8）螺纹高度

螺纹高度是指套筒内表面与齿根之间的距离 H。同样，考虑到套筒和螺杆的间隙，实际螺纹高度为

$$H_s = H - \delta \tag{9-3}$$

（9）齿根直径

螺杆齿根处的直径为

$$D_r = D - 2H = D_s - 2H_s \tag{9-4}$$

（10）导程

导程为从一个螺纹的前沿到同一螺纹向前旋转一周后的前沿，在它们外缘处的轴向距离。

（11）螺旋角（θ）

螺纹和垂直于螺纹轴线的平面之间所形成的夹角，即称螺旋角。螺旋角的计算公式为

$$\theta = \tan^{-1}\frac{1}{\pi ps} \approx \tan^{-1}\frac{1}{\pi D} \tag{9-5}$$

（12）螺旋槽（通道）

螺旋槽是指从螺杆的喂料段延伸到计量段的螺旋形空间，又称通道。通道的两侧为螺纹，底部为齿根，而顶部则与套筒的内表面之间形成一个个封闭的腔室。

(13) 通道轴向宽度 (B)

从一个螺纹的前沿到同一螺纹旋转一周后的后沿在螺杆外缘处的轴向距离。

(14) 通道宽度 (W)

相邻前后两齿的相应前沿、后沿之间的垂直距离。通道宽度的计算公式为

$$W=B\cos\theta \tag{9-6}$$

(15) 螺纹轴向厚度 (b)

在螺杆外缘处测得的轴向厚度。

(16) 螺纹厚度 (c)

垂直于螺纹面测得的螺纹厚度。

$$c=b\cos\theta \tag{9-7}$$

(17) 螺杆通道轴向截面积

在通过螺杆轴心的横截平面上所测得的通道横截面积。

(18) 螺杆通道展开容积

螺杆通道轴向面积绕螺杆轴线旋转一周所扫过的容积。

(19) 压缩比 ($C\cdot R$)

喂料螺杆通道的展开容积与排料段螺杆的最后一周螺纹的展开容积之比，$C\cdot R$ 的范围一般为 1∶1～5∶1。

(20) 高径比 (H/D)

螺纹齿高与螺杆直径之比，通常根据计量段来计算。

3. 螺杆的类别

一般情况下，根据螺杆的特点将螺杆分为普通螺杆和特种螺杆。

(1) 普通螺杆

普通螺杆是加料段至计量段为全螺纹的螺杆。按照螺纹导程和螺槽深度是否变化，普通螺杆可以分为以下几种形式。

① 等距变深螺杆

如图 9-9 所示，从进料段的第一个螺槽开始至计量段的最后一个螺槽，其螺距不变，而螺槽深度则逐渐变浅。由于在计量段螺槽较浅，该种螺杆有利于加强对物料的剪切、混合。但是，由于进料段螺槽较深，齿根直径较小，因而在同等条件下，与等深变距螺杆相比，等距变深螺杆在进料段处所能承受的转矩较小。

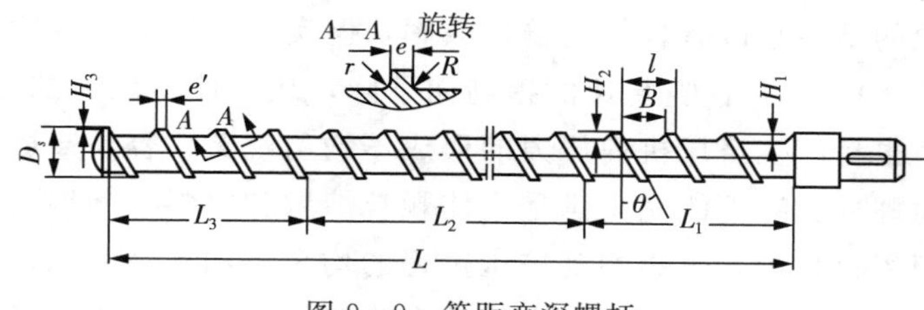

图 9-9 等距变深螺杆

② 等深变距螺杆

如图 9－10 所示，该种螺杆的螺槽深度不变，而螺矩则从螺杆的第一个螺槽开始至计量段末端为止逐渐减小。该种螺杆由于螺杆深度不变，加料段的齿根直径与计量段齿根直径相同，有利于提高加料段螺杆的深度，有利于提高转距和螺杆转速。由于变距，也有利于设计大压缩比的设备。但由于计量段的螺槽深度也较大，故与等距变深螺杆相比，它对物料在排出前进一步加强剪切混合作用要差一些。

③ 变深变距螺杆

如图 9－11 所示，它是指螺槽深度和螺杆的螺距从加料段至计量段分别逐渐变浅和逐渐变小的螺杆。

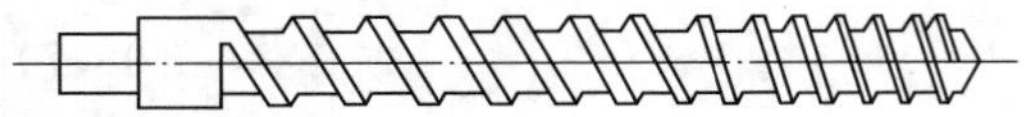

图 9－10　等深变距螺杆

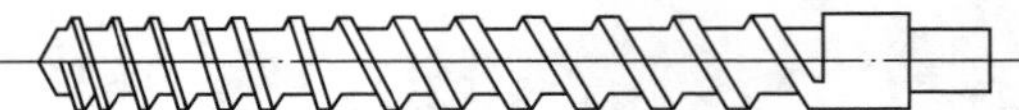

图 9－11　变深变距螺杆

这类螺杆有前述两种螺杆兼有的特点，可以得到较大的压缩比。与等深变距螺杆相比，变深变距螺村对物料的混合与剪切作用也有所改善，但其机械加工复杂。

④ 带反向螺纹的螺杆

如图 9－12 所示，该种螺杆的特点是在压缩段或计量段加设了反向螺纹，使物料产生倒流的趋势，这样可进一步提高压力和剪切力，提高混合效果。为了更便于物料混合，通常在反向螺杆上开设沟槽。通常这种螺杆是在前述三种螺杆的基础上进行改装组配而成的。

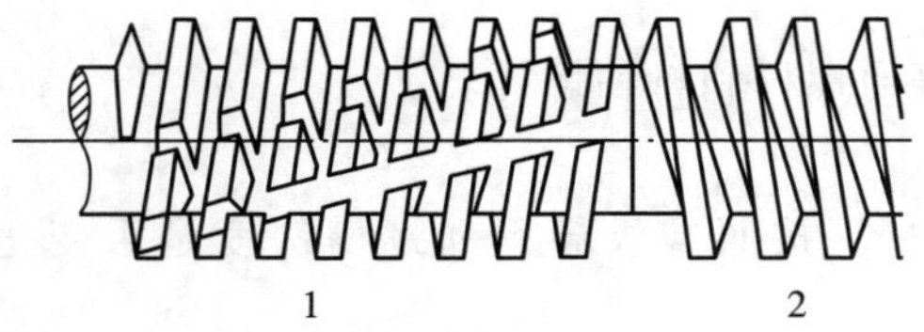

（a）带沟槽的反向螺杆

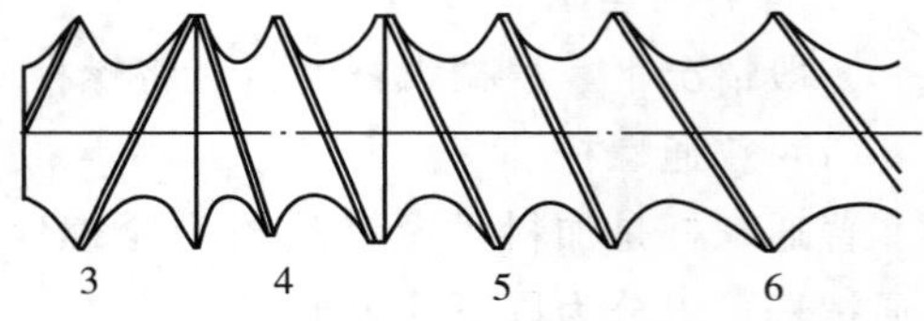

（b）无沟槽的反向螺杆

1，3—反向螺杆；2，4，5，6—正向螺杆。

图 9－12　带反向螺纹的螺杆

(2) 特种螺杆

现有的大多数挤压机的螺杆为普通螺杆，它们在生产实际中存在某些不足之处。例如在进料段，理想的条件是应有较好的输送效率，但实际上进料段的输送区段的输送效率一般只有 20％～40％，并且随转速的提高而下降，从而使得压力的形成迟缓。同时，输送效率不稳定，也易产生挤压机内压力的形成不均匀现象，容易造成螺杆偏心而与套筒发生摩擦。普通螺杆有时不能完全满足固体颗粒熔融和物料均匀混合的要求，会影响到产品的质地和组织化程度，也影响到挤压过程的均一性和压力波动，从而影响产品质量，由于普通螺杆有如上一系列不足，人们就在生产过程中对它不断进行改进，并从理论上进行研究和探索，以适应不同的生产需要。目前有以下几种特种螺杆受到大家关注，其中，有的已用于生产。

① 分离型螺杆

如图 9－13 所示，分离型螺杆的基本结构是，它的进料段与普通螺杆的结构相似，不同的是在加料段末端设置一条起屏障作用的附加螺纹，后者简称副螺纹，副螺纹的外径小于主螺纹，其始端与主螺纹相交，但其导程与主螺纹不同。

该种螺纹有利于加强物料进入压缩段后的剪切作用，因副螺纹与套筒间隙只允许熔融物料通过，便于物料进入压缩段后熔融成为可塑性面团，并且提高熔融的均匀性，从而可以改善挤出物质地的均匀性，提高生产能力，降低单耗。

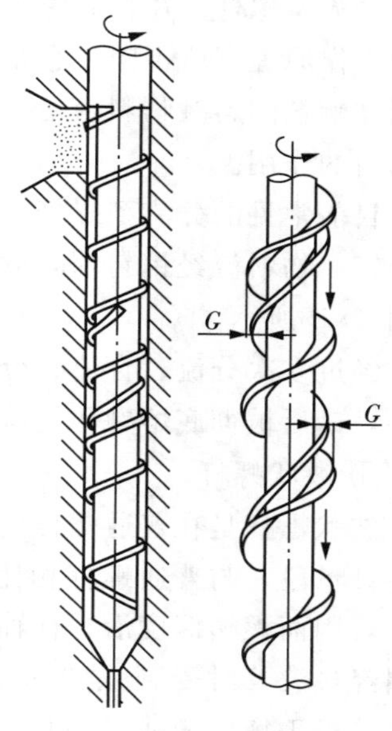

图 9－13 分离型螺杆

② 屏障型螺杆

屏障型螺杆是从分离型螺杆变化而来的一种新型螺杆。它是在普通螺杆的某一位置上设置屏障段，以提高剪切力和摩擦力，使物料经压缩段后，尚存的固体物料彻底地熔融和均化。在大多数情况下，屏障段都设置在螺杆的头部，因此也称为屏障头。

如图 9－14 所示，屏障型螺杆是在外径等于螺杆直径的同柱上交替开出的数量相等的进出料槽。出料槽前面的凸棱比螺杆外半径小一径向间隙 G，G 称为屏障间隙，这是进出料槽的唯一通道，这条凸棱称为屏障棱。一般情况下，若没有此屏障段，物料经压缩段进入计量段后，还会有未熔融的颗粒存在，这些未熔融的固体颗粒使得物料混合的均匀性下降，会影响到产品质地的均匀性和组织化的程度，也会在一定程度上造成压力的波动。另外，大的未熔融的颗粒在进入模具后，会造成模具孔的堵塞，造成“堵车”“停车”等故障，影响生产的正常进行。屏障段的设置使得未熔融颗粒在屏障间隙内受到较大的剪切作用，使颗粒升温熔融。进出料槽的物料一方面做轴向运动，另一方面，由于螺杆的旋转作用，也做圆周运动，两种运动的结果使物料在进出料槽中呈涡状环流运动的状态，这样有利于物料进一步的混合和均匀化。

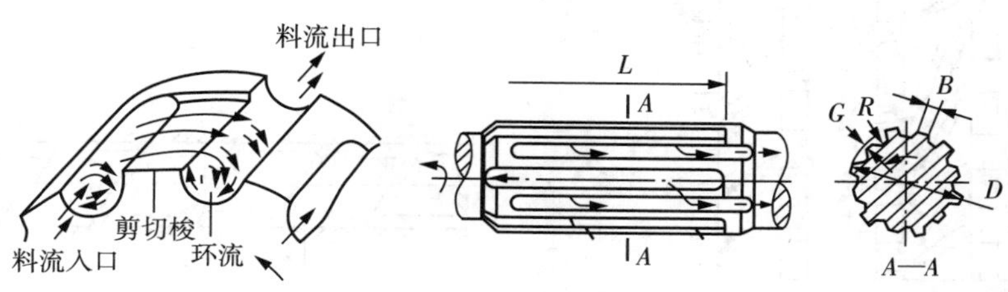

图 9－14 屏障型螺杆

屏障型螺杆与普通螺杆相比，如果设计合理，其挤出温度可以较低，径向温差较小，产品质地更加均匀，而功率消耗却与普通螺杆相差不多。

③ 分流型螺杆

分流型螺杆是在普通螺杆上设置分流螺杆的一种新型螺杆，它与分离型和屏障型螺杆的工作原理有所不同。它是利用设置在螺杆上的销钉或利用螺杆上所开的通孔，将含有固体颗粒的熔融物料流分成许多小流股，然后又混合在一起，以达到均化物料、提高剪切力的作用。

目前常见的分流型螺杆是销钉型螺杆，它是在压缩段或计量段的一定位置上设置一些销钉，物料流经销钉时，含有固体颗粒的未彻底熔融的物料被分成许多细小的料流，如图9-15所示。

经过多次分流、合流、分流、再合流的过程，在挤压剪切作用下，大的未熔融颗料变小，最后被彻底熔融和均质，从而得到质地均一的挤出物。

④ 波状螺杆

波状螺杆是在普通螺杆的基础上研制而成的，它通常设置在压缩段的后半部分或设置在计量段。与普通螺杆相比，该螺杆外径不变，只是螺槽底圆的圆心不完全在螺杆轴线上，因而螺槽深度沿螺杆轴向发生改变，并以 2 Ds 的轴向周期变化。如图 9-16 所示，物料经过波峰时受到强烈的挤压和剪切，经过波谷时又产生轻度膨胀，使它受到松弛，能量获得平衡，增强了物料的均匀性和混合效果，改善了挤出物的质地，提高了产品的质量。

除了以上几种特种螺杆之外，还有其他的一些螺杆，如通孔型分流螺杆（简称 DIS 螺杆，distributire mining），在此不一一叙述。

这些特种螺杆的设计和使用的主要目的在于提高混合效果，稳定挤压过程，以便生产出质地均匀、组织化程度高、质量好的产品。在这些螺杆中，有的以剪切作用为主，混合作用为辅；有的以混合作用为主，剪切作用为辅。螺杆在设计上总体力求简单，要求易于机械加工和安装，使用寿命长；有利于产品质量的改善、生产能力的提高和能耗的降低。

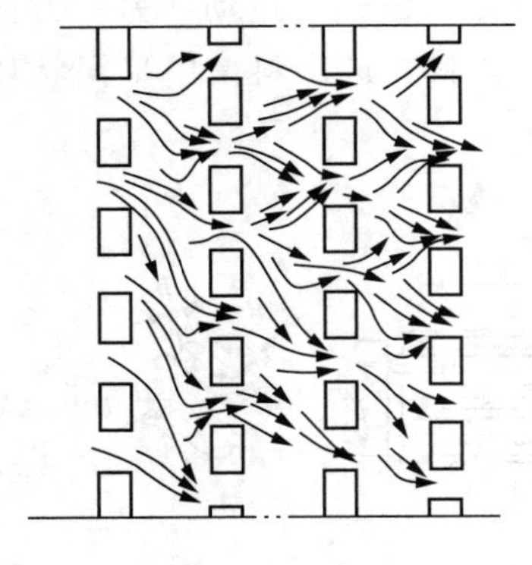

图 9-15　分流型螺杆

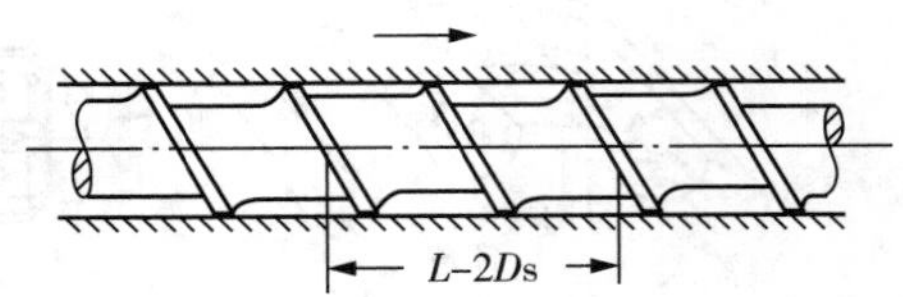

图 9-16　波状螺杆

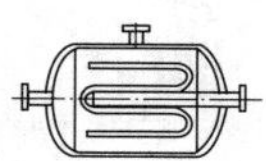

4. 双螺杆的配合方式

双螺杆挤压机中有相互平行的两根螺杆。按照两根螺杆转轴的旋转方向可以分为反向旋转型和同向旋转型。按照两螺杆的啮合程度可以分为相互啮合型和非啮合型。图 9－17 所示为两螺杆常见的几种配合方式。

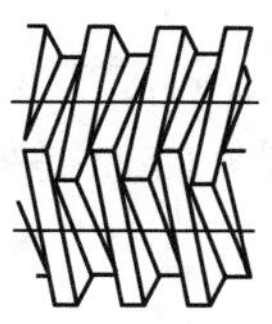
（a）反向旋转的相互啮合型

（b）同向旋转的相互啮合型

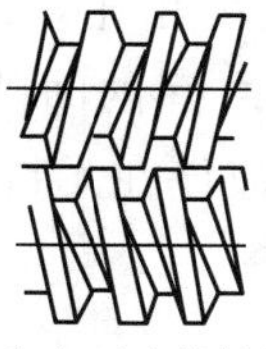
（c）反向旋转的非啮合型

（d）同向旋转的非啮合型

图 9－17　两螺杆常见的几种配合方式

（1）反向旋转双螺杆

如图 9－18 所示，在物料进入挤压螺杆后，首先在两螺杆之间产生压力，此压力易造成两螺杆分离和偏心，因而套筒和螺杆之间易产生摩擦，造成设备磨损。因此，反向旋转的双螺杆挤压机转速不宜太高，一般控制在 50 r/min 左右。

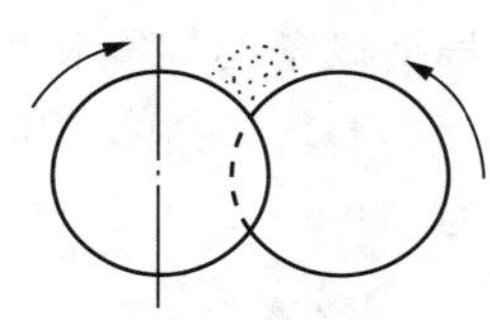
图 9－18　反向旋转双螺杆

（2）啮合型双螺杆

该双螺杆的啮合处间隙很小，对物料具有强制输送的能力，不易产生倒流、漏流现象。它能在较短时间内建立起高压，推送物料经过螺杆的各个部位。这种配合方式的料流稳定，但不同“C”形小室中物料各自的混合效果较差。

（3）非啮合型双螺杆

因为双螺杆不完全啮合，其间的间隙较大，不同“C”形小室中的物料各自混合效果好，但螺杆的输送能力较啮合型的差，易产生漏流、倒流和料流不稳现象，难以达到强制输送效果。

双螺杆中的每根螺杆都可采用普通螺杆中的任意一种形式，但同一台机器上的两根螺杆必须是同一形式的，否则无法协调运转。

早期很少有直径小于 75 mm 的双螺杆挤压机，原因是当时的传动装置在两螺杆中心距离较小情况下，无法给螺杆提供传递所需的转距。目前，新型的传动装置能够保证直径为 45 mm 的双螺杆机正常工作，有些实验用的双螺杆挤压机的螺杆直径甚至小到仅有 20 mm 左右，常见双螺杆挤压机的传动元件示意图如图 9－19 所示。

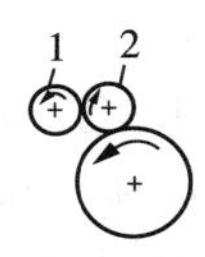

（a）全部转矩通过齿轮

（b）齿轮1只通过转矩之半

（c）外啮合式

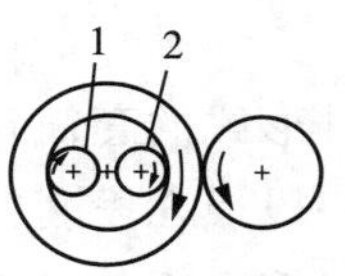

（d）内啮合式

1，2—配合齿轮（分别安装在螺杆延长轴上）；3—中间轴。

图 9－19　常见双螺杆挤压机的传动元件示意图

根据双螺杆啮合程度的不同，双螺杆的中心距离 A 通常取以下值。

单螺纹双螺杆：$A=$（0.7～1）D

双螺纹双螺杆：$A=$（0.7～1）D

三头螺纹双螺杆：$A=$（0.87～1）D

双螺杆挤压机与单螺杆挤压机相比，结构较复杂，价格较昂贵，公差要求更精密。双螺杆机在生产过程中，两螺杆之间的间隙、螺杆与套筒间的间隙中应当充满物料，否则易造成磨损。双螺杆挤压机不应该在无料空机的情况下将螺杆转速提得很高。

三、挤压机的套筒

挤压机的套筒是与旋转着的挤压螺杆紧密配合的圆筒形构件。在挤压系统中，它是仅次于螺杆的重要零部件，它与螺杆共同组成了挤压机的挤压系统，以完成对物料的输送、加压、剪切、混合等功能。套筒的结构形式关系到热量传递的特性和稳定性，影响到物料的输送效率，对压力的形成和压力的稳定性也有很大影响。

根据设备的性能和生产能力的不同，不同的挤压设备具有不同的套筒内径（D）和长径比（L/D）。现在，用于生产的大多数挤压机的套筒内径一般在 45～300 mm，长径比一般为 1∶1～20∶1。根据套筒的结构可以将套筒分为普通套筒和特种套筒。

1. 普通套筒

（1）整体套筒

图 9-20 所示为整体式套筒结构简图。该套筒的特点是：装配简单；加工精度和装配精度容易得到保障；螺杆与套筒易达到较高的同心度，在一定程度上会减少螺杆与螺杆之间、螺杆与套筒之间的摩擦。另外，在套筒上设置外热器不易受到限制，套筒受热容易均匀。但是，对套筒的加工设备要求较高，对加工技术和精度要求也较高，套筒内表面一旦出现磨损，就需将整个套筒更换。

（2）分段式套筒

图 9-21 所示为分段式套筒结构简图。该套筒是将整个套筒分成几段加工，然后用一定的联接方式将各段连接起来，形成一个完整套筒。

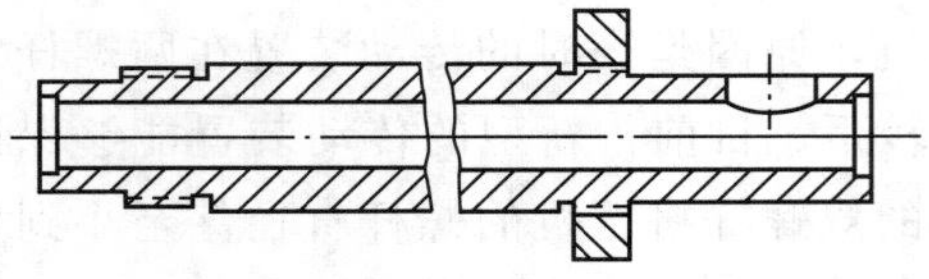

图 9-20　整体式套筒结构简图

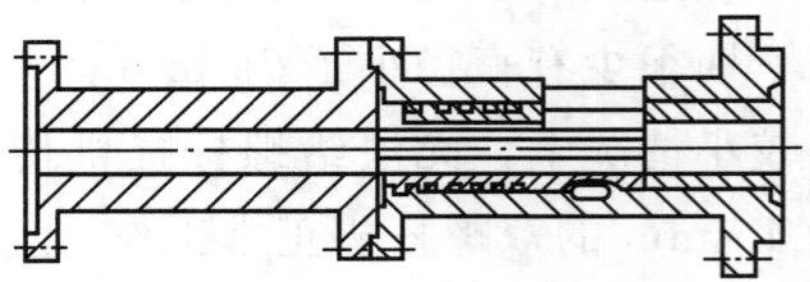

图 9-21　分段式套筒结构简图

这种形式的套筒比整体式套筒容易加工，在实际生产时，可根据生产的不同需要，拆卸掉一段或几段套筒和几段螺杆，从而比较方便地改善机器的长径比。因此，实验室用挤压机多采用分段式套筒。但是，这种形式的套筒在联接时较难保证各段准确地对中。由于螺杆与套筒的间隙很小，一旦对中有偏差，就会产生较大磨损，影响套筒加热的均匀性。

常见的分段式套筒的连接方式见表 9－4 所列。

表 9－4 常见的分段式套筒的连接方式

连接方式	特 点
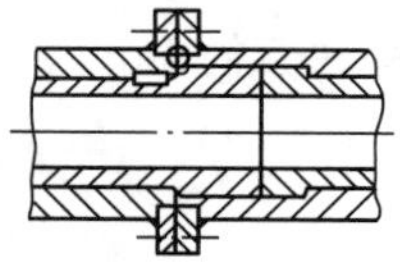	法兰连接，使用广泛，但拆卸较麻烦
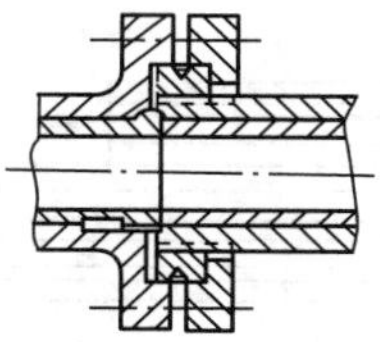	带中间螺母的法兰连接，通过中间螺母容易将两段衬套压裂；但结构庞大，影响传热的均匀性
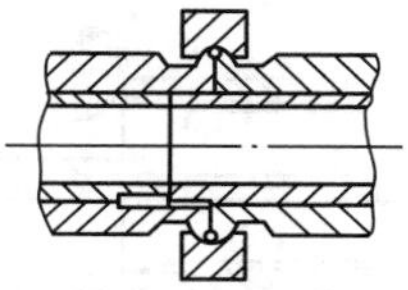	部分夹头连接，拆卸方便，适用于中小型挤出机

（3）双金属套筒

双金属套筒由两种不同的金属所组成。套筒内表面的一层金属为耐腐蚀、硬度高、耐磨损的优质金属。它主要有两种结构形式，一种是衬套式，一种是浇铸式。

图 9－22 所示为衬套式套筒。该套筒的内表面是可更换的合金钢衬套，外表面是一般的碳素钢或铸钢材料。它可以为分段式，也可以是整体式。

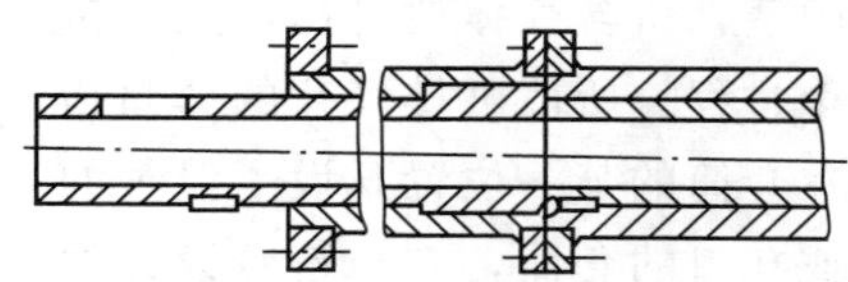

图 9－22 衬套式套筒

这种结构形式的套筒在满足抗磨损、抗腐蚀的要求下，节省了贵重金属材料，衬套磨损后可更换，提高了整个套筒的使用寿命，但其制造较复杂。制造时应考虑到两种材料性质的不同，两种材料的热传递及两种材料之间会产生的相对位移。

如图 9－22 所示两种材料间隙十分小，配合十分紧密。除了拆装衬套十分困难外，还会产生较大的装配应力。另外，两种材料性质不一样，膨胀系数也不一样，挤压过程中就会产生内应力，严重时会使套筒变形。若两者之间的间隙较大，虽然可以免除以上不足，但两套筒间易在生产时产生相对位移，影响设备性能和正常工作状态，同时也不利于热量的传递，据此必须选择合适的配合间隙。

浇铸式套筒是在机筒内壁上浇铸一层大约 2 mm 厚的合金层，通常采用离心浇铸法，然后将此层研磨到所需要的套筒内径尺寸和光洁度。浇铸时，浇铸量要控制准确，既要保证浇铸均匀，又要使浇铸后的研磨工作量降到最低限度。

这种套筒的特点是合金层与套筒基体的结合性较好，沿套筒轴向上的结合较均匀，既没有剥落的倾向，也不会开裂，还有极好的滑动性能。由于合金层耐磨性好，该套筒的使用寿命较长。

以上几种形式的套筒，其内表面都是光滑的圆筒面，容易制造，目前绝大多数的套筒都采用此种形式。但挤压机理论与实践表明，此形式套筒的输送效率较低，一般只有20％～40％。为了进一步提高生产能力和压力，经常使用一些特种套筒。

2. 特种套筒

(1) 轴向开槽套筒

图 9－23 所示为几种轴向开槽套筒形式。它有普通轴向开槽套筒和锥形轴向开槽套筒之分。这种形式的挤压机套筒是在套筒的内表面上开有小凹槽，以防止物料在套筒内壁上滑动。小凹槽一般开在套筒的进料段位置。该套筒有利于提高物料输送效率，使物料在套筒内较早地形成稳定压力，缩短输送段的距离，以利于产品质量的稳定和提高。

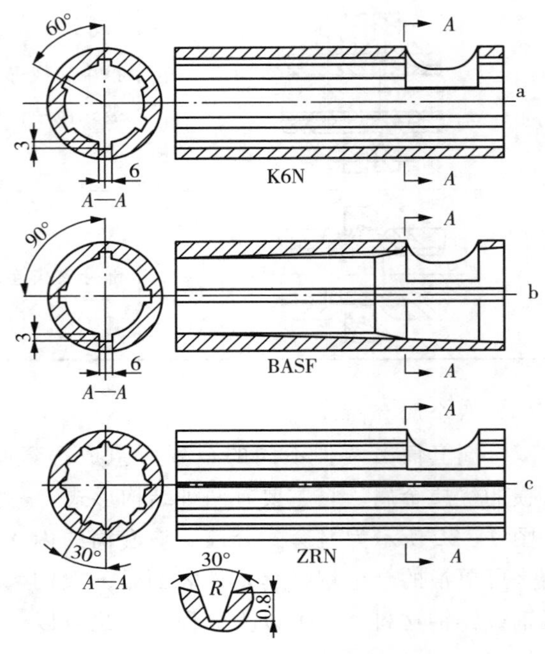

图 9－23　几种轴向开槽套筒形式

(2) 带排气孔的套筒

一般的挤压机在高温高压下将物料挤出模具后，便立刻降压，所含水分便闪蒸，所含气体便排出，完成挤压的全过程。所谓可排气孔的套筒指的是在套筒的某一位置开设了泄气的阀门或孔口的套筒，它与特殊设计的螺杆相配合，达到预先排除部分气体的目的。套筒带排气孔的挤压机与一般挤压机相比有以下特点。

一是根据不同的需要，配置相应的螺杆，以满足不同产品的加工要求。如为了提高混合效果和组织化效果，往往需要高剪切、高压、高温的条件，但是在该条件下，复杂形状的产品的成型率较低，若采用套筒带排气孔的挤压机，则可以在一定程度上解决这个问题。可以设计套筒排气孔位置之前的相应螺杆使之满足高压、高剪切、高温条件，设计排气孔位置之后的相应螺杆使之只需满足挤压成型条件。因此套筒加了排气孔的挤压机，实际上相当于两台不同特性挤压机的串联。

二是有时原料中含有的空气会不同程度地影响产品质量，如高温下产生的氧化现象，使产品的色泽和风味受到影响，以及由于空气含量太高，影响热传递的均匀性和产品质地的均一性等。采用套筒带排气孔的挤压机，可以在排气孔之间进行低强度的挤压蒸煮，在排气孔处进行高强度蒸煮排除大部分气体，在排气孔后面再进行高强度的挤压。如此可避免上述的不足，尤其对空气含量高的原料和含易氧化成分的物料效果尤为明显。

三是带排气孔的挤压机能更好地控制产品的膨化度和糊化度等。带有排气孔的前后两区段式单螺杆挤压机的一般结构及其压力分布如图 9-24 所示。这种挤压机在工作时，原料从进料口加到第一区段螺杆上，经过第一区段螺杆的压缩、混合均化后，达到一定的熔融状态。螺杆的压缩比可以根据不同的产品要求进行设计。然后混合后的物料便进入减压段。在减压段，螺杆的螺槽逐渐变深或螺距逐渐变大。到达套筒排气孔时，螺杆的特征与输送段螺杆基本相同。此时，螺杆对物料不再起加压作用，只起输送作用，防止了物料从排气孔排出，同时让汽化的水分和空气从排气孔排出。之后，物料即进入第二区段螺杆，经压缩段和计量段后挤出模具，完成挤压全过程。

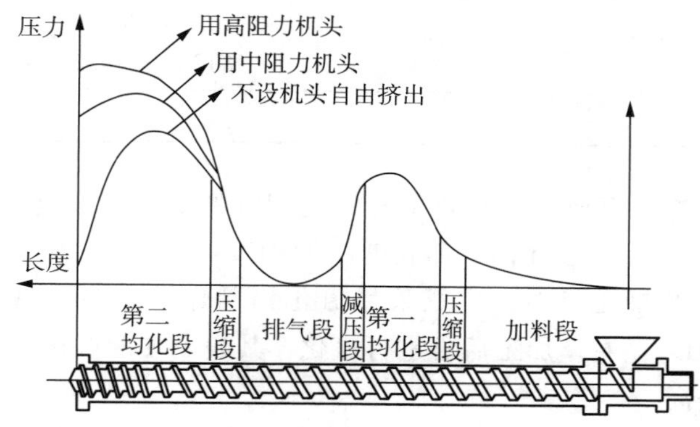

图 9-24　带有排气孔的前后两区段式单螺杆挤压机的一般结构及其压力分布

根据开设的排气孔的多少，可以将排气式挤压机分为二区段式排气式挤压机（具有一个排气孔）和多区段式排气式挤压机。最常采用的是二区段式排气式挤压机。

目前使用的排气式挤压机，其排气方法不尽相同，最经常使用的方法是直接排气或抽气。前文所述的排气式挤压机的排气方法即为直接排气式，它的特点是套筒、螺杆的加工较其他形式的排气方法方便，加工适用的物料范围广，套筒上可比较方便地安装加热冷却装置。除了该种方式之外，还有旁路排气式、中空排气式及尾部排气式挤压机。

毫无疑问，在相同的生产能力下，排气式挤压机的长径比比普通挤压机的大，其长径比一般在 24 以上，有的可以达 43。因为挤压机的套筒和螺杆大多采用悬壁式，故长径比越大，越易产生弯曲变形，制造和安装也越困难，越易产生螺杆和套筒间的摩擦损伤。除此之外，整个设备还需配备能承受较大转矩和防止推力的传动系统及相应较大功率的电机。因此，使用带排气孔的挤压机虽然满足了一机多能的特点，但由于存在以上不足，有些时候生产厂家宁可选用两台单机串联使用。

3. 套筒材料的选择及螺杆材料的配合

螺杆和套筒是挤压机的最重要元件，也是最易损伤的元件，其材料选择和配合的一般要求为机械强度高，加工性能好，耐腐蚀与耐磨蚀性能好，取材容易。常用材料的性能见表 9-5 所列。

表 9-5　常用材料的性能

项　目	材料性能参数		
	45°	40Cr 铜镀铬	38CrMoAlA 氯化
屈服极限/MPa	360	800	＞850
硬度不变时的最高使用温度/℃	—	500	500
热处理硬度/HRC	—	基体≥45 镀铬层＞55	＞65
耐 HCl 腐蚀性	不好	较好	中等
热处理工艺	简单	较复杂	复杂
线膨胀系数/$℃^{-1}\times10^{-6}$	12.1	基体 13.8 铬层 8.2～9.2	14.8
相当价格	1	1.5	2.5

由于套筒不易加工和更换，因此要求套筒比螺杆有更高的硬度。一般情况下，螺杆的表面硬度为 HRC60～65，套筒内表面硬度为 HRC65 以上。

目前，国内外生产挤压机时，广泛采用氮化钢制作。如 34CrAlNi7 和 31CrMoV9，其硬度极限为 900 MPa 左右。加工后再进行氮化，其表面硬度可达 1000～1100 MPa，且耐腐蚀性也有很大提高。

在美国和加拿大，浇注式套筒的合金层多采用 Xaloy 合金，西欧等地也采用这种合金或类似这种合金的材料，如德国采用的合金为 Reilloy。

螺杆与套筒的配合间隙十分重要。若间隙太大，挤压时易漏流和倒流，套筒表面上的一层物料受螺杆作用小，移动速度慢，影响热传递，又易产生焦层，增大了转矩和功率消耗，还会影响到产品质量，甚至会因焦层产生和转矩、功耗增大，产生堵机、停机现象；若间隙太小，虽可克服以上不足，但又易产生螺杆和套筒之间的磨损，缩短机器的使用寿命。表 9-6 所列为螺杆与套筒的间隙参考值。

表 9-6　螺杆与套筒的间隙参考值

螺杆直径/mm		30	45	65	90	120	150	200
直径间隙/mm	最小	0.15	0.20	0.25	0.30	0.33	0.40	0.45
	最大	0.30	0.35	0.45	0.50	0.55	0.60	0.65

目前，国外的一些挤压机，其间隙一般都小于国内生产的挤压机。若能在制造时达到较高的机械制造精度，选用较小的间隙值，必将有利于提高挤压机的工作性能。

4. 挤压机进料口结构

为了使原料顺利地被输送段带走而深入到挤压机内部，以提高挤压螺杆输送段的输送效率，并防止机内高压蒸汽外溢而影响进料，常采用如图 9-25 所示的进料口结构。

对于双螺杆挤压机，一般采用垂直式进料口结构即可满足输送效率的要求。对于螺杆挤压机，采用倾斜式和底切式结构有利于输送效率的提高。

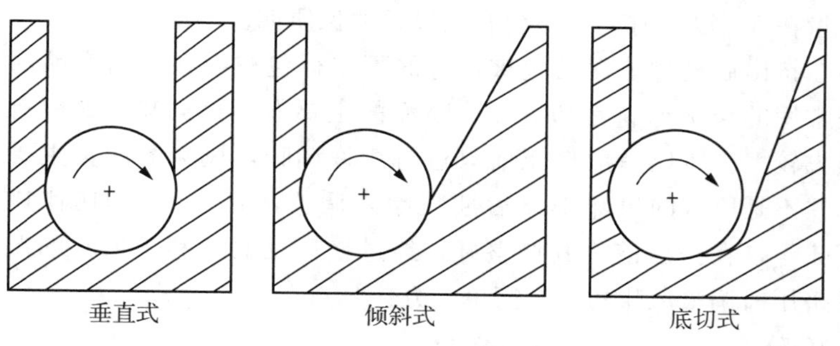

图 9－25 挤压机进料口结构

四、挤压蒸煮技术在食品工业中的应用

1. 挤压小吃食品

挤压小吃食品（shack food）早在 1936 年就开始生产了。目前，挤压小吃食品在整个挤压食品中仍占有很大的比例。市场上的挤压小吃食品各种各样，从外形看，有球形、棒形、环形、动物造型、字母造型和夹心型等。从风味上讲，有海鲜味、麻辣味、果香味、奶香味和可可味等。挤压小吃食品的生产工艺也在不断完善。最简单的生产工艺一般是采用一台高剪切力挤压机直接挤压成型，包装后上市销售。也有的将挤出物进一步喷涂，包被调味料，然后再包装上市，这类小吃食品通常称作第二代小吃食品。所谓第一代小吃食品指的是采用传统工艺经配料、造型、油炸、烘烤等生产工艺生产的小吃食品，而不是采用挤压法生产的小吃食品。如油炸马铃薯片等。第二代小吃食品外型种类较多，但比较简单。造型复杂的产品成型率不高，口感也较差。现在许多厂家采用两台不同特性的挤压机进行小吃食品生产，第一台挤压机起到蒸煮热化作用，第二台挤压机起造型作用。后者在挤压过程的剪切力较低，因而成型较好，对于造型复杂的产品也有较好的成型率，口感风味也可得到改善。另外，还可以进一步采用共挤出（co－extrusion）工艺生产夹心产品，这类产品统称为第三代小吃食品。

（1）第二代小吃食品的生产工艺

这类食品的生产工艺过程如下：

原辅料→配料→调整水分→热化、挤压成型→干燥→喷涂、包被→包装→产品

产品生产所采用的原料一般是玉米粉、大米粉、小麦粉、马铃薯粉、普通淀粉和变性淀粉等；另外，还有糖、油脂、奶粉、盐、味精、调味料等其他辅料。

原料的水分含量一般控制在 13％～15％，有时根据需要也可略增加一些水分，但一般不高于 20％。配料要均匀，调整水分时，应在原料被强烈搅拌的情况下将水喷入。水喷入后应在一定的湿度环境中暂存，让喷入的水分有平衡的时间，以保证水与原料均匀混合。若挤压机上有比较精密的进水泵，也可利用进水泵均匀进水。若原料中水分含量不均匀，则挤出产品质量不稳定，成型率也会降低。

挤压过程的温度一般控制在 150～200 ℃。相同条件下，温度高，膨化率大。产品挤

出后，水分含量一般在7%～10%，可以直接上市销售，也可以先烘干至水分含量在5%以下。水分含量在5%以下时，产品会有比较长的保质期。

有的产品在挤出后经过了深层包被，有的不进行包被而在挤出产品的外层上涂一层其他原料。最常用的包被原料是巧克力，喷涂的主要作用是调味。如前所述，挤压过程中芳香成分损失较大。所以一般挤压前只进行稍许调味，风味的调整主要是靠挤出后的喷涂。当然，并不是所有的风味都靠后期喷涂来调整，有些风味如咖啡味、巧克力味、麻辣味和洋葱味等，在挤压前将其调整好，经过挤压反而有利于风味的形成。下面是洋葱味小吃食品挤压前调整风味的一个简单配方：

大米粉：70份	盐：0.2份
小麦粉：23份	水分：20份
洋葱粉：5份	

该原料经180～200 ℃的挤压后，水分含量在9%左右，如果接着采用油炸工艺，即使不经喷涂也可以得到洋葱味浓郁的小吃食品。

下面分别是咖啡、巧克力、麻辣风味小吃食品的生产配方。这些原料经180～200 ℃挤压后，膨化率约为3.5，水分含量为7%～8%，不经后期喷涂也具有很好的相应风味。

配方一：咖啡风味

咖啡粉：2份	小麦粉：15份
大米粉：30份	盐：1份
玉米粉：60份	植物油：3份

配方二：巧克力风味

可可粉：4份	玉米粉：40份
大米粉：45份	小麦粉：20份

配方三：麻辣风味

玉米粉：60份	麻辣粉：5份
大米粉：20份	盐：2.5份
小麦粉：25份	植物油：2份

挤出物的水分含量一般在7%～10%，比较干燥。若调味品是固体，喷撒之后，不容易黏附在产品表面。此时一般需用植物油作黏附剂，先将油均匀喷在产品表面，再将调味品撒于其上。若为液体调味剂，则需采用油溶性的调味剂，不能采用水溶性的，可将其直接喷涂于产品表面。

这类小吃食品一般具有较高的膨化率，但质构不太均匀，产品中局部有较大的气室，也有密实部分，形状一般较为简单。这种工艺生产的产品，有时会产生令人厌恶的粘牙感，其原因尚不十分清楚。有的研究者认为粘牙感觉的产生与淀粉的降解有密切的关系。高剪切力挤压机易造成淀粉降解，降解程度越大，越易产生粘牙感。淀粉的糊化程度也与粘牙感的产生有关。糊化程度高，产品不易粘牙，故最好采用预调理（调质）器先对原料进行预糊化。提高挤压过程中的水分含量也有利于消除粘牙感；提高配料中的油脂含量，对改善粘牙也有较好的效果。

（2）第三代小吃食品

第三代小吃食品一般是指用第二台挤压机对经过蒸煮的谷物淀粉面团进行成型，从而使产品形状更加精致、复杂，第二台挤压机加工之前的蒸煮工序可以在挤压机上进行，其夹馅多半是：花生酱、巧克力、干酪、豆沙、菜泥等。由于夹馅含有一定的水分，影响产品的保质，故通常要进行烘干，或更多地采用油炸，使产品总水分含量在3%以下；还可以在烘干或油炸之后，进行表面喷涂和调味，制成风味各异的特色产品。

2. 挤压植物组织蛋白

植物组织蛋白有许多优点。相对于动物蛋白来讲，其价格低廉，不含胆固醇，具有良好的吸收性。植物蛋白经挤压加工之后呈干燥状态，微生物含量少，货架期长，可安全地放置一年左右。植物组织蛋白能快速复水，复水后质构与动物蛋白极为相似。另外，植物组织蛋白易着色、增味，可制成不同的食品。由于具有这些优点，植物组织蛋白的研究与生产一直受到人们的关注。植物组织蛋白的生产方法及其优缺点，以及用挤压法生产植物组织蛋白的原理已在本章前面有关部分述及，本节着重讨论挤压法植物组织蛋白的生产工艺，主要是如下的流程：

原料→预处理→配料→挤压→干燥→冷却→包装

目前，生产植物组织蛋白最主要的原料是大豆，其次是棉籽。

（1）挤压组织化大豆蛋白

大豆在挤压之前需经脱皮、脱脂、脱溶、烘烤及粉碎处理，最后得到适合加工的脱脂大豆粉。该脱脂大豆粉的蛋白质含量应高于50%，纤维含量应低于3.0%，脂肪含量低于1.0%，蛋白质分散指数（PDI）或氮溶解指数（NSI）控制在50%～70%。

大豆中含有一些抗生长因子，如胰蛋白酶抑制因子、血球凝集因子等。前者能在蛋白质消化过程中起破坏胰蛋白酶的作用；后者会影响红血球细胞功能，所以这些抗生长因子的存在会降低大豆蛋白质的有效利用率（PER），但经过加热可以破坏抗生长因子。对于挤压组织化生产过程，加热作用之一来自原料预处理过程中的烘烤，另一种加热来自挤压过程本身。所以在预处理过程中，加热的程度要控制好，因为加热虽然可以破坏抗生长因子、提高PER，但又不可避免会造成PDI或NSI值的下降，使蛋白质的功能作用降低，并最终影响到产品质量。因此加工过程中，对大豆只能进行轻度烘烤，保证PDI值或NSI值在50%以上。经过烘烤后残余的抗生长因子，则靠挤压组织化过程中的热作用破坏。

得到的脱脂大豆粉应进行水分调整、pH值调整以及合理配料，植物组织蛋白的生产可以采用一次挤压法，也可以采用两次挤压法。采用一次挤压法时，原料水分含量应调整到25%～30%；采用两次挤压法时，原料水分含量可调整到30%～40%。

pH值的调节与产品的关系比较密切。对于大豆组织蛋白，pH值的最佳范围为0.5～7.5之间。pH值低于5.5会使挤压作业十分困难，组织化程度也会下降。随着pH值的升高，产品的韧性和组织化程度也慢慢升高。当pH值到达8.5时，产品则变得很硬、很脆，并且产生异味；若pH值大于8.5，则产品具有较大的苦味和异味，且色泽变差，其可能是由在碱性、高温条件下的蛋白质和脂肪的分解造成的。

原料中添加2%～3%的氯化钠，除了改善口味外，还有强化pH值调整效果、提高

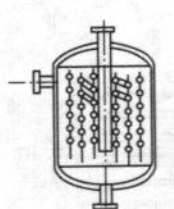

产品复水性的作用。另外，根据产品需要可配入食用色素、增味剂、矿物质、乳化剂和蛋白质分子交联剂如硫元素（形成二硫键，便于蛋白质分子交联）和 $CaCl_2$（Ca^{2+} 的交联作用）等，也可加入卵磷脂，以利于产品颜色的改善，生产出具有脂肪色的洁白外观的产品。原料的混合应在调理（调质）器中进行。为了提高混合效果和混合均匀性，增强混合物的水合作用，温度控制在 60～90 ℃效果比较好。

(2) 挤压组织化棉籽蛋白

棉籽是一种有发展前途的生产植物组织蛋白的原料，通过挤压能使它组织化。从原料来源和价格考虑，棉籽优于大豆。但是棉籽中含有色素，使挤出物呈现浅绿色，影响产品的外观和作为植物组织蛋白商品的性能。另外，棉籽中含有毒性物质——棉酚，使棉籽的应用受到较大的限制。采用与大豆相同的加工条件，用棉籽生产的植物组织蛋白，其吸收性和复水性较差。在棉籽组织蛋白中，呈直线排列的蛋白质分子的交联程度较低，产品中游离的蛋白质分子较多，其质构和纤维感均较大豆组织蛋白差。以棉籽作为原料生产植物组织蛋白尚需进一步研究。目前，采用新的栽培技术得到的棉籽，可以不含有或仅含有少量的色素。另外，采用新的分离技术可有效地除去棉籽中棉酚，已为改善棉籽组织蛋白加工工艺和提高产品质量打下了基础。

挤压过程也可以采用一次挤压法或二次挤压法。一次挤压原料的初始水含量可控制在 25%～30%，挤压温度控制在 150～200 ℃，压力控制在 5 MPa 左右。挤出物经过水分闪蒸，其水分含量在 18%～24%。采用这种加工方式挤出的产品产生一定程度的膨化。膨化作用使产品具有多孔性，使产品的复水性和吸水率提高。复水性是指产品吸水的速度及蛋白质发生水合的程度。质量高的蛋白能够在较短时间内吸收水分，并彻底产生蛋白质的水合作用。吸水率是指吸水后产品的重量与干产品的重量之比。有的棉籽组织蛋白产品的吸水率可达到 6.0。通常吸水率在 2.5～3.5 的情况下，产品口感好、质构好；吸水率在 2.0 以下，则产品质构较硬、口感变差。吸水率太高也会使产品失去其应有的纤维质构感和口感。

膨化程度大，复水性和吸水率一般都高。通常提高加工温度，可以提高膨化程度，原料中添加 0.2%左右的氧化镁或氧化钙也能提高膨化程度，并且能改善产品的质构和口感。膨化程度大、吸水率高的产品比较适合作为肉类填充料，以制作其他产品。一般采用一次挤压法生产的产品较二次挤压法生产的产品膨化率大。

采用二次挤压法可以增加产品的密实度，提高组织化程度，产品复水后更类似于肉的质构、风味，且无异味。挤压之前，原料水分含量可调整到 35%～40%；第一次挤压时采用 100～110 ℃的温度，先生产出能流动的、尚未有定向组织化的半成品；该半成品再进入第二道高剪切力挤压机，在 150～160 ℃的温度下进行第二次挤压，挤出的产品其组织化程度、口感、质构较一次挤压法生产的产品好，可作为肉类替代物。

在挤压加工工艺中，为了取得较好的组织化程度，挤压机的剪切力应较大，挤压机模具通道应较长，后者同样有利于组织化程度的提高。为了使产品具有层次感，可以采用圆周向排列的模孔。

物料挤出后，经 120～130 ℃的烘干过程，使产品最终水分含量为 6%～8%，然后经冷却后进行包装。

第二节 气流膨化技术

气流膨化与挤压膨化的原理基本上一致，即谷物原料在瞬间由高温、高压突然降到常温、常压，原料水分突然汽化，发生闪蒸，产生类似“爆炸”的现象。水分的突然汽化、闪蒸，使谷物组织呈现海绵状结构，体积增大几倍到十几倍，从而完成谷物产品的膨化过程。但是，气流膨化与挤压膨化有截然不同的特点。挤压膨化机形式有自热式和外热式，而气流膨化所需热量全部靠外部加热，可以通过过热蒸汽加热、电加热或直接明火加热。挤压膨化高压的形成是物料在挤压推进过程中，螺杆与套筒间空间结构的变化和加热时水分的汽化，以及气体的膨胀所致，而气流膨化高压的形成是靠密闭容器中加热时水分的汽化和气体的膨胀所产生的。挤压膨化适合的对象原料可以是粒状的，也可以是粉状的；而气流膨化的对象原料基本上是粒状的。挤压膨化过程中，物料会受到剪切、摩擦作用，产生混炼与均质效果，而在气流膨化过程中，物料没有受到剪切作用，也不存在混炼与均质的效果。挤压过程中，由于原料受到剪切的作用，可以产生淀粉和蛋白质分子结构的变化而呈线性排列，可以进行组织化产品的生产，而气流膨化不具备此特点。挤压膨化不适合于水分含量和脂肪含量高的原料的生产，而气流膨化在较高的水分和脂肪含量情况下，仍能完成膨化过程。挤压机的使用范围较气流膨化机的使用范围大得多，正如前面所述，挤压机可用于生产小吃食品、方便营养食品、组织化产品等多种产品。但是，气流膨化设备目前一般仅限于小吃食品的生产。

一、气流膨化机的主要部件和工作原理

气流膨化机有连续式和间歇式两种。间歇式气流膨化机的结构十分简单，它一般由耐压的加热室与相应的加热系统组成。加热室上有密封门，物料进出全部经过这一密封门。物料的进出需要在停机状态下进行。

物料首先由密封门进入加热室，在此室内加热到一定温度和压力之后，再从密封门出料。为了保证密封门能迅速开启，从而达到迅速降压的效果，密封门一般采用卡式结构。加热室可以采用直接加热，也可以采用电加热或其他的加热形式。为了保证物料在加热室中受热均匀，加热室中应安装搅动装置，或采用加热室直接震动、转动的方式。

间歇式气流膨化机的生产能力一般较小，加热结束打开密封门时，产生的噪音很大。连续式气流膨化机可以达到很大的生产能力，它通常由进料器、加热室、出料器、传动系统及加热系统组成，其加热方式一般为电加热。

无论是间歇式还是连续式，气流膨化机的主要部件都是进料器、加热室、出料器和加热系统。

1. 进料器

要达到气流膨化机的连续生产，首先必须满足膨化机进料的连续性，由于气流膨化机加热室中的压力可达 0.5～0.8 MPa，因此进料器在完成连续进料的同时，还必须做到进料始终处于密封状态，以保证加热室中压力不下降或不产生波动。目前，连续式气流

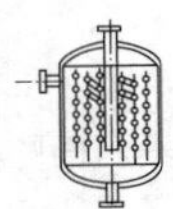

膨化机的进料器一般是摆动式密封进料器和旋转式密封进料器。

(1) 摆动式密封进料器

摆动式密封进料器主要由定子和转子组成，如图 9-26 所示。定子和转子之间的间歇的配合要非常准确，保证在高压下不发生漏气和减压情况。定子在进料口、压缩空气进口、出料口处用法兰分别与进料斗、压缩空气管道、加热室相连。在定子进料口的相对一端开设筛网孔，使落料时能顺利置换排出槽孔中的空气，并能托住落下的物料。为了保证顺利进料而不产生积料，转子圆形槽孔的直径应与定子进料口、压缩空气入口及出料孔直径相同，在传动装置带动下，转子在定子腔内以 α 角度摆动。当转子圆槽孔的一端与定子进料口相对时，转子圆槽孔的另一端正好与定子的筛网孔处相对。此时物料由料斗下落，进入转子圆槽孔，物料下落时，圆槽孔内的空气被迫由定子筛网孔处排出，防止由于孔中空气排不出去而形成进料障碍。同时，落下的物料被筛网托住，完成装料过程。然后，转子逆时针摆动 α 角度，此时转子圆槽模孔上原来对准进料口的一端便与定子压缩空气入口处相对，另一端则与定子出料口处相对。此时，压缩空气入口、转子圆槽孔、加热室三者相通，在压缩空气压力的作用下，圆槽孔内的物料即被吹入加热室，从而完成进料过程。之后，转子再顺时针摆动 α 角度，回到原来装料时的位置，完成一个工作循环。

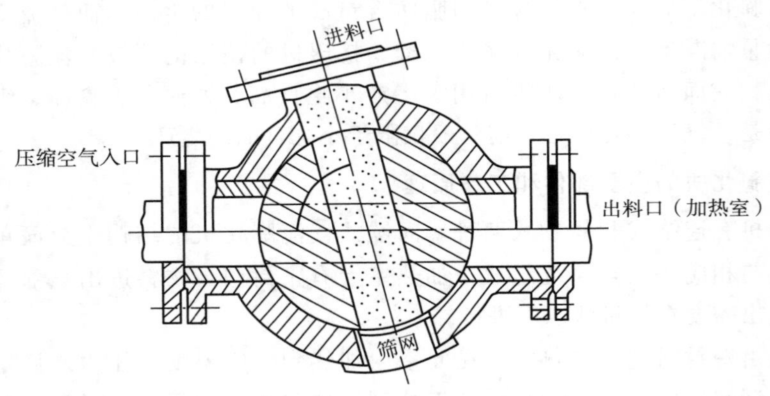

图 9-26　摆动式密封进料器

由于转子圆槽孔的体积是一定的，同一种物料的堆置密度也基本一定，因此转子在一定的摆动速度下，可以保持气密条件下的连续定量进料。通过调节转子的摆动速度，可以使进料量很方便地得到调节。

(2) 旋转式密封进料器

旋转式密封进料器的工作原理图如图 9-27 所示。该进料器的外形比摆动式密封进料器更显庞大。它也由定子和转子配合而成，定子的上方、下方及侧方各开有两个圆孔，如图

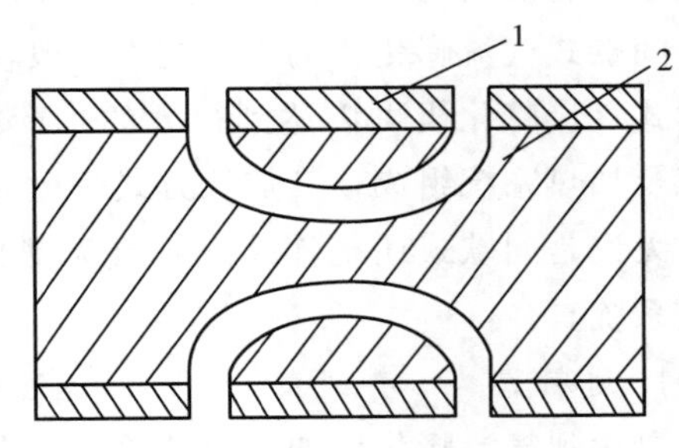

1—定子；2—转子。

图 9-27　旋转式密封进料器工作原理图

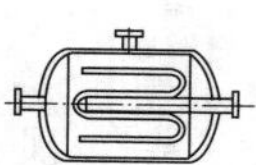

9－28所示。上方的两圆孔与进料斗相连，用以装料。侧方的两个孔中，一个与压缩空气道或过热蒸汽道相连，一个与加热室相连而用以进料。下方的两个孔为余气排出孔，各对孔之间距离均相同。

转子的圆柱侧面向内开有四条相隔90°的弧形槽道，每条槽道在侧面上各有一对圆形开孔。转子旋转时，每一弧形槽道的两孔口均能按顺序与定子上的进料孔、压缩空气或过热蒸汽接口、加热室接口对应接通。

当转子上弧形槽道的两端孔口旋转到与定子上方两进料口相对时，物料便依靠重力进入该槽道，即处于装料工位。当装满物料的该弧形槽道旋转90°到水平状态时，槽道的两端孔口一个与压缩空气或过热蒸汽接口相对，一个与加热室接口相对。此时，在压缩空气或过热蒸汽压力的作用下，物料被吹入加热室，即该槽道处于气力进料工位。当该弧形槽道继续旋转90°至与余气排出孔相对时，该弧形槽道中残余的高压气体便被排掉，即槽道处于排气工位，为下次装料做好准备。当转子继续旋转180°，此弧形槽道的两端又回到与定子进料口相对位置，便完成了一个进料循环。由于转子上有4条弧形槽道，故每完成一个进料循环，便有4次进料过程。

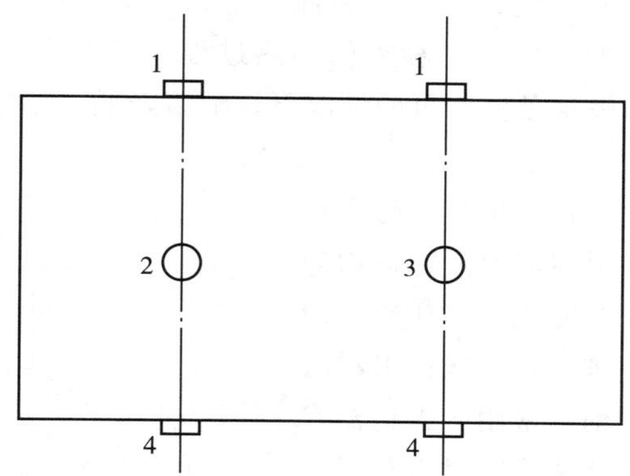

1—进料孔；2—压缩空气或过热蒸汽接口；3—加热室接口。

图9－28 定子示意图

由于转子上弧形槽道的体积一定，同一种原料的堆装密度也固定，因此只要转子转速确定，便可实现密封状态下的定量进料。调节转子转速，便可调节进料量。该进料器体积较为庞大，用在大型的气流膨化生产线上，可实现连续稳定地进料。

除了上述两种常用的进料器外，还有其他类似的进料器。但不管哪种进料器，都必须能保证气密、均匀、稳定地进料，否则易造成加热室中的压力波动或下降，难以掌握加热室中物料的受热程度，影响产品的质量。

2. 加热室

加热室的作用是使物料在一定的时间内升温到一定程度，使谷物积聚能量，并创造高温高压环境，它可以采用明火直接加热，但此举不利于工厂车间卫生安全管理，热效率也不高，大部分加热室是采用过热蒸汽和电加热形式的。加热室内的温度可达250 ℃

或更高，压力可达 0.5～0.8 MPa，故加热室必须耐高温高压。为了充分利用能源，改善工作环境，防止热量损失，避免车间温度过高，加热室应有绝缘层保温措施。

为了保证产品质量，物料在加热室中的受热必须均匀，同时受热时间应容易控制。如果在加热室中产生了物料的滞留或积聚等问题，将会严重地影响产品质量。有的加热室采用螺旋输送器传送物料，在螺旋输送器的推动下，原料不断由进料口移至出料口。输送过程中原料的不断翻动使原料受热趋于均匀，而不至于局部受热过度而焦化，通过螺旋输送器转速的调节可达到控制加热时间的目的。

此外，采用多孔板构成的链带式传送装置输送物料也是加热室中常用的输送形式之一。原料由进料口落至多孔板输送链带上，铺成均匀的薄层，在链带的驱动下，物料被慢慢送至出料口处卸料。调节链带的线速度可以调节加热时间。

另外，如果采用过热蒸汽作为热源，加热室内的物料还可以通过气流输送。过热蒸汽不断进入加热室，经出料口一端排出，然后经旋风分离器分出杂质后，再重新混入新鲜过热蒸汽返回加热室。蒸汽的循环使用节省了能源。在加热室中，原料受高速、高压蒸汽流的吹动而呈悬浮流化的状态。物料在这种加热室中受热非常均匀。要使物料达到悬浮和流化状态，必须保持一定的风速。因此，物料在这种加热室中，受热时间的调整幅度较小，故适合于加热时间为几十秒钟的加热过程。若需要更长的加热时间，可以增加加热室长度，或在气力输送条件许可的情况下，酌情降低气流速度。

3. 出料器

对于连续式气流膨化设备，出料器与进料器同样十分重要。要求出料器能保障物料均匀连续地从加热室中排出，并完成膨化任务，同时还要做到在气密状态下排料，不能在出料时造成加热室压力下降或波动。常用的出料器有旋转式密封出料器和旋转活塞式密封出料器。

(1) 旋转式密封出料器

图 9－29 所示为旋转式密封出料器，它由定子和转子组成。定子上、下对侧开有两个圆孔。一个是出料器的进料孔，与加热室出口相连；另一个是出料孔，与大气相通。这两个圆孔的位置在它们共同的轴心上，在转子上，也有沿两半圆对侧面向转子轴线开的两个对称圆形槽孔，两槽孔在中心处不相通。

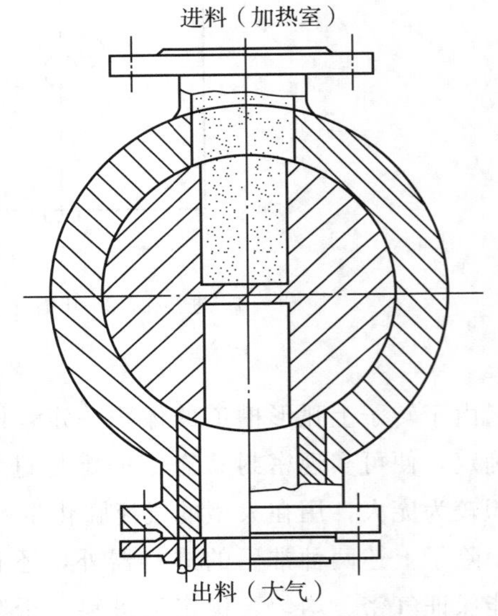

图 9－29　旋转式密封出料器

转子转动时，当转子圆形槽孔之一与定子的进料口相通时，已完成加热过程的物料在气流作用下落入该转子圆槽孔。当转子转过180°后，该槽孔正好与定子上的出料孔相通，高温高压状态下的物料瞬间降为常压，并在同一瞬间冲出圆槽孔，排入大气，完成出料和膨化的任务。实际上，转子连续转动时，转子在该槽孔反复进行进料、出料的同时，另一槽孔也在相位差为 180°的位置进行同样的进料、出料作业。这样，转子每旋转一周，两个槽孔都进出料各一次，即此出料器进行了容量等于两个槽孔容量的出料工作。

（2）旋转活塞式密封出料器

旋转活塞式密封出料器是在旋转式密封出料器的基础上改进的。主要是它的转子经过了特殊的机械加工。在转子的两个不相通的圆形槽孔中装进一个工字形的活塞，旋转活塞式密封出料器工作原理如图 9－30 所示。

当转子转到状态 A 时，转子上圆槽孔与定子进料口相通，下圆槽孔与定子出料孔相通，工字形活塞处于垂直位置，在加热室高压气体及物料和活塞的自身重力作用下，活塞被物料推送下降，物料随之进入上圆槽孔完成装填过程，同时活塞在下槽孔进行着相反的过程。

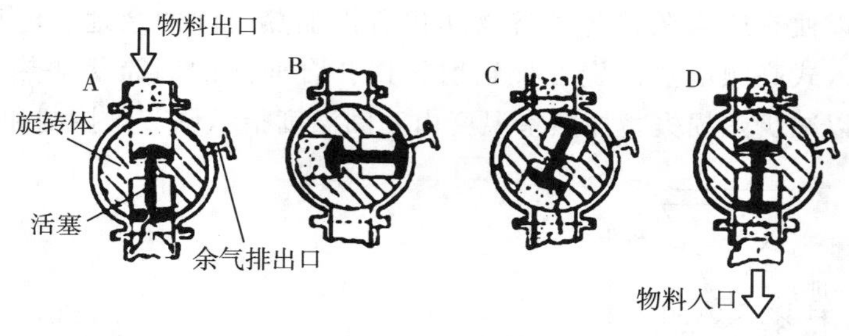

图 9－30 旋转活塞式密封出料器工作原理

当转子转到 B 状态时，活塞处于水平状态，出料器完全被封闭。由于转子和定子之间的间隙配合是经过非常精密的加工和装配的，因此即使在高压下也不会漏气减压。

转子所处的 C 状态说明槽孔的进料与出料也不是瞬间的，而是在一定的短暂时间内随转、随进、随出。

另外，定子上还设有余气排气孔，当转子圆槽孔出完料旋转到与余气排气孔相对时，残留在圆槽孔中的部分高压气体被排出，为下一次装料扫除了进料障碍。

在气流膨化过程中，为了改善产品口感及风味，在配料时需加入一定量的糖、油脂等调味料。这些调味料在高温时的黏附性会使槽孔出料时不顺利，有些物料会黏附残留在槽内，工字形活塞的设置，便可依靠它的移动，刮除附着在圆槽孔壁上的残余物料，从而起着清理的作用，保证出料的顺利进行。

出料器在出料过程中，如果转子转动速度太快，则转子圆槽内的物料难以装满，甚至无法装料。如果转得太慢，在出料时，减压时间会拉长，达不到瞬间降压的目的，影响了产品膨化率，不利于物料的完全膨化。因此，出料器的转速应予以适当调节，以达到较好的膨化效果。当然，影响膨化效果的因素很多，例如温度、压力、受热时间、原料水分含量、原料中成分组成等都会影响产品膨化率。通过调节出料器转子的转速，一定程度上会达到调节膨化效果的目的。必须指出，转子转速不是影响膨化效果的主要因素。

为了防止膨化过程物料在加热室中积料，造成物料受热时间过长而影响产品质量，产生焦料，甚至影响机器设备的正常运转，在调节进料转速的时候，要相应调节出料器转子的转速，反之亦然。为了防止在调整进料器转速时有可能疏于调节出料器转速，气流膨化机上的进料、出料器转子的转速一般由同一台调速电机驱动，协同进行进料器和出料器转速的调整。

二、气流式膨化机的种类

1. 电加热式气流膨化机

图 9－31 所示为电加热式气流膨化机。其进料器采用摆动式旋转进料器，转子上开有 445 mm 的圆槽孔，生产能力约 150 kg/h。加热室是由 ϕ426×11 mm 的无缝钢管制成的圆筒形压力容器，两端有法兰盖，器内设有螺旋推进器。为了使物料在加热室内既便于推进，又不磨损加热元件，输送器外缘与加热室内表面的间隙选取 1～1.5 mm，以保证小颗粒物料也能被推向前进。螺旋输送器用 0.75 kW 的电磁调速电机驱动，转速可在较大范围内变化，以便有适当调整各种谷物膨化所需加热时间的余地。电加热式的加热系统是由半圆形埋入式高频电热陶瓷红外辐射元件扣合而成的圆筒状加热装置。其外部用硅酸铅毯保温，以减少热损失。加热室温度由动圈温度指示调节仪控制和显示。

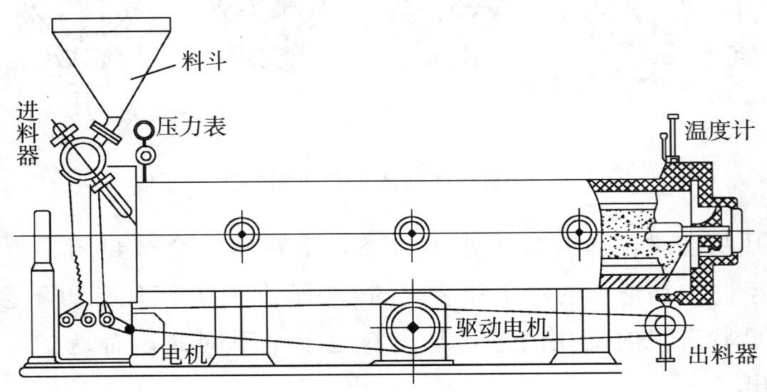

图 9－31　电加热式气流膨化机

该膨化机采用旋转式密封出料器，出料、进料器采用同一台电机驱动，以保证进出料相平衡。

该机的特点是体积较小，容易操作，热损失少，适合加工的原料多，几乎所有谷物原料均可用该机进行加工。该设备传动系统的密封均为无油润滑。压缩空气易净化，对食品无污染。各元件的使用寿命都较长，即使是最易损坏的电热元件，寿命也在 4000 h 以上，该设备的参数如温度、压力、受热时间、生产能力等的调整均很方便，能满足不同原料的生产及品质管理的要求。一般情况下，温度控制在 180～200 ℃，若温度低不易完全膨化，温度高又易产生焦料。压力一般控制在 0.6～0.8 MPa。适宜于膨化的原料，其最适含水量为 11%～13%。一般情况下，若原料水分含量在 10%～25%均可膨化。

2. 过热蒸汽加热式气流膨化机

图 9－32 所示为过热蒸汽加热式气流膨化机，该机的进料器为摆动式密封进料器，物料在高压蒸汽（也可用压缩空气）的作用下吹入加热室。

该膨化机的加热室为立式结构，靠过热蒸汽加热。首先饱和水蒸气由过热器进一步加热，使之成为压力和温度均达要求的过热蒸汽，然后由加热室的底部进入加热室内的螺旋板输送器空腔里，螺旋板上自上而下的物料便呈现流化状态，并被加热至所需温度，然后由下端进入出料器。该机采用旋转密封式出料器。

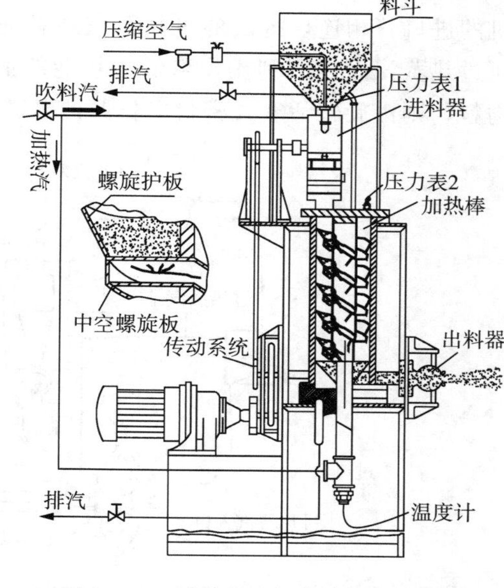

图 9－32 过热蒸汽加热式气流膨化机

过热蒸汽加热式气流膨化机的主要技术参数如下：

生产率：75～100 kg/h；

耗汽量：90～100 kg/h；

压力：0.5～0.8 MPa

外形尺寸：1105 mm×506 mm×2192 mm。

3. 连续带式气流膨化机

此设备也通过过热蒸汽加热，如图 9－33 所示。

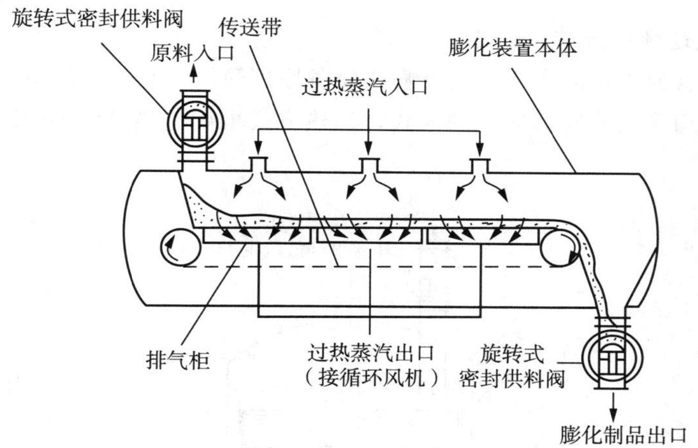

图 9－33 连续带式气流膨化机工作原理图

该膨化机的加热室是卧式圆形耐压容器，过热蒸汽分别以顶部三个孔和侧面两个孔吹入。物料由旋转活塞式密封进料器供送。进入加热室的物料均匀地撒布在输送带上，在链带的带动下，输送至旋转活塞式出料器，完成出料和膨化过程。

4. 气力输送式连续膨化设备

图 9－34 所示为气力输送式连续膨化设备。饱和蒸汽首先经过耐高温、高压的鼓风机和过热器变成过热蒸汽；然后经过旋转式密封进料器而与物料一起进入环形气力输送式

加热管；加热之后的原料与气体再经旋风分离器加以分离，旋风分离器的排气出口管与鼓风机的进口管相连，排出的过热蒸汽在补充了新鲜过热蒸汽后，经鼓风机重新变成高温高压过热蒸汽而返回利用，降低了热能的消耗。另外，经旋风分离器分离之后的加热过的物料，则由旋转活塞式密封出料器排出，完成出料膨化过程。

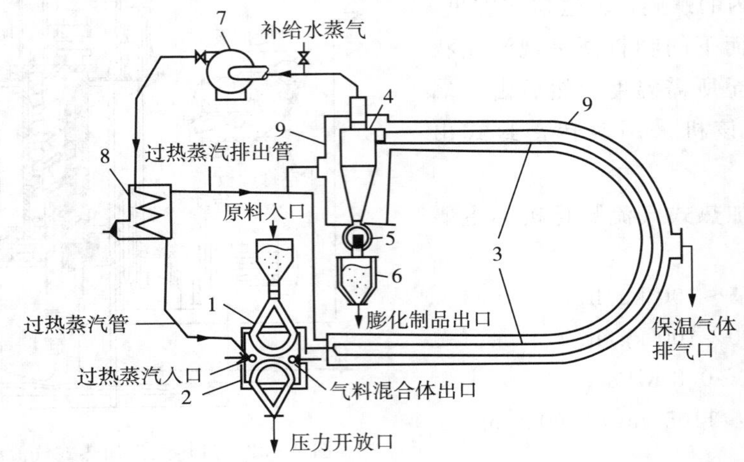

1—人字滑槽；2—旋转式密封进料器；3—气力输送加热管；4—旋风分离器；
5—旋转活塞式密封出料器；6—产品收集仓；7—鼓风机；8—过热器；9—保温套。

图 9－34　气力输送式连续膨化设备

5. 流化床式连续气流膨化设备

图 9－35 所示为流化床式连续气流膨化设备原理简图，它的加热室为立式圆筒形密封罐体。进出料器均采用旋转活塞式的形式，加热方式采用过热蒸汽加热式。

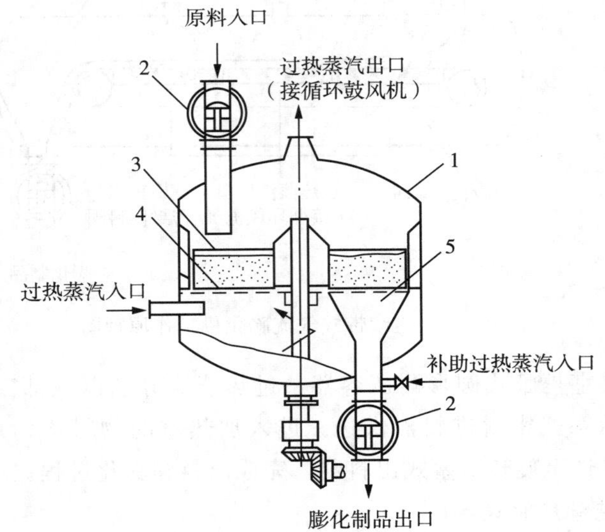

1—壳体；2—进（出）料器；3—多孔截料板；4—多孔承料板；5—落料斗。

图 9－35　流化床式连续气流膨化设备原理简图

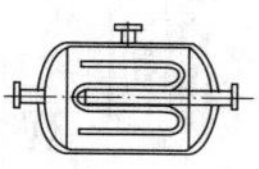

原料由进料器进料后均匀撒布在由多孔板构成的受料盘上，受料盘的均匀转动使物料便于形成均匀的料层，过热蒸汽和原料直接接触，受热均匀，受料盘上的原料转到落料斗时，进入下料管，在下料管底部有一个蒸汽支管进行补充加热。整个加热时间为 10 秒左右，加热后的原料由出料器出料，完成整个膨化过程。

三、气流膨化技术在食品工业上的应用

1. 气流膨化果蔬食品

气流膨化食品的代表是果蔬脆片，其生产技术在 20 世纪 80 年代初期起源于中国台湾，其母体技术是真空干燥技术。20 世纪 80 年代中期，中国台湾几家从事果蔬脆片研究的公司开始改进真空干燥技术，并应用到果蔬食品深加工上，形成独特的果蔬脆片生产技术——真空低温油炸技术。但是，随着食品加工技术的发展，非油炸果蔬膨化技术日益成熟，生产出来的果蔬产品绿色健康，越来越受消费者的欢迎。非油炸膨化果蔬被国际食品界誉为“二十一世纪食品”，是继传统果蔬干燥产品、真空冷冻干燥产品、真空低温油炸果蔬脆片之后的新一代果蔬干燥产品。其中以气流果蔬膨化技术最为成熟。

气流膨化技术又称低温真空膨化技术，膨化过程是通过原料组织在高温高压下瞬间泄压时内部产生的水蒸气剧烈膨胀来完成的，干燥是膨化的原料在真空（膨化）状态下抽除水分的过程，与挤压膨化有很大区别，见表 9－7 所列。气流膨化果蔬产品具有以下特点：一是绿色天然，气流膨化果蔬产品一般都是直接进行烘干、膨化制成的，在加工中不添加色素和其他添加剂等，纯净天然；二是品质优良，气流膨化果蔬产品有很好的酥脆性，口感好；三是营养丰富，气流膨化果蔬产品不经过破碎、榨汁、浓缩等工艺，保留并浓缩了鲜果的多种营养成分，如维生素、纤维素、矿物质等，经过干燥后的产品，不仅具备了果蔬固有的低热量、低脂肪特点，而且与果蔬汁以及用果蔬汁制成的果蔬粉相比，能保留果蔬中更多的营养成分；四是食用方便，气流膨化果蔬产品可用来生产新型、天然的绿色膨化小食品，携带方便，易于食用；五是易于贮存，气流果蔬膨化产品的含水量一般在 7%以下，不利于微生物生长繁殖，可以长期保存。另外，此产品克服了低温真空油炸果蔬产品仍含有少量油脂的缺点，不易引起油脂酸败等不良品质变化。

表 9－7　挤压膨化与气流膨化的区别

项　目	气流膨化	挤压膨化
原　料	主要为粒状原料，水分和脂肪含量高时，仍可进行生产	粒状、粉状原料均可，脂肪与水分含量高时，挤压加工和产品的膨化率会受到影响，一般不适合高脂肪原料加工
加工过程中的剪切力和摩擦力	无	有
加工过程中的混炼均质效果	无	有
热能来源	外部加热	外部加热和摩擦生热

（续表）

项　目	气流膨化	挤压膨化
压力的形成	气体膨胀，水分汽化所致	主要是螺杆与套筒空间结构变化所致
产品外形	球形	可以为各种形状
使用范围	窄	广
产品风味和质构	调整范围小	调整范围大
膨化压力	小	大

2. 气流膨化果蔬食品生产工艺

苹果在我国水果中占有重要地位，其营养丰富，含有多种人体所需营养成分。以前的苹果脆片是利用真空油炸方法，将果蔬脱水膨化而成的。在生产过程中产品虽经脱油处理，仍有10％～20％的含油率，口感有明显的油腻味，影响产品的风味和销售。应用气流膨化技术生产出的苹果脆片具有苹果的天然色泽、风味及脆片的酥脆性，不含色素，无防腐剂，是一种新型的高级休闲清淡营养食品。

（1）工艺流程

工艺流程：

原料选择→清洗→去皮、核→切分→热烫→干燥→膨化→老化→冷却→包装

工艺要点：

① 原料。选用果形完整、果心小、果肉疏松、七八成熟的国光、红玉、倭锦等品种。

② 去皮、核与切片。将清洗的苹果去皮、去核，沿径向切成厚5 mm、厚度均匀的同心圆薄片。

③ 热烫。将果片放入温度为85 ℃的热水中热烫15 min，热烫后的果片应迅速冷却到20 ℃。

④ 干燥。将果片铺在烘盘上，送入干燥箱中干燥。温度控制在75 ℃，干燥到含水量为12％即可，此时果片表面干而不黏，有韧性。

⑤ 膨化、老化。将干果片放入膨化机内，打开蒸汽阀对果片加热至75 ℃，维持1 h，使果片内外温度一致，组织变软，并有水分开始汽化。打开真空阀，使膨化室内形成真空，对果片进行脱水膨化，真空度为0.085 MPa。直到果片水分在5％时，关闭真空阀及蒸汽阀。对果片进行老化处理，当温度降低到65 ℃时（大约为1 h），待脆片组织老化定型后，破除真空，取出物料。

⑥ 冷却、包装。将脆片倒在操作台上，对产品进行整形并挑出不合格的产品，待果片晾至室温后，称量、装袋，进行真空充氮包装。

（2）产品质量标准

感官指标：

① 色泽。脆片内外呈淡黄色、色泽均匀一致。

② 形态。同心圆片形基本完整，厚度大致一致，无明显变形，无肉眼可见杂质，内

部呈多孔状组织。

③ 口感。酸甜适中，具有苹果应有香味，无异味，酥脆可口。

理化指标：

水分 5%～6%，总糖 10.5%，酸（以苹果酸计）1.2%，砷（以砷计）不超过 0.5 mg/kg，铅（以铅计）不超过 0.5 mg/mg。

微生物指标：

细菌总数每克不超过 1000 个，大肠菌群每 100 克不超过 30 个，致病菌不得检出。

参考文献

[1] 陈野，刘会平．食品工艺学［M］．北京：中国轻工业出版社，2014.

[2] 高福成．现代食品工程高新技术［M］．北京：中国轻工业出版社，2006.

[3] 张炳文，郝征红．蒸煮挤压熟化新技术［J］．农民致富之友，2000（2）：26.

[4] 张炳文，郝征红．食品蒸煮挤压加工技术的发展［J］．中国农村科技，1999（6）：37.

[5] 葛邦国，刘志勇，和法涛，等．新疆红苹果低温气流膨化干燥工艺研究［J］．中国食品学报，2014，14（4）：170－178.

第十章 食品电子鼻技术

第一节 电子鼻概述

电子鼻又称人工嗅觉分析系统，是一种模仿生物嗅觉的气体检测系统。它是 20 世纪 90 年代发展起来的新型的分析、识别和检测复杂嗅味和挥发性成分的仪器，利用对待测气体具有交叉敏感性的传感器阵列，将待测气体中的混杂气味组分信息转化为与时间、成分、浓度或含量相关的可测物理信号组，利用信号采集系统输出含有待测气体特征信息的数字信号，通过模式识别系统分析数字信号得到待测气体综合气味信息和隐含特征，实现对待测气体快速、系统、准确地鉴别和分析。电子鼻与普通化学分析仪器（如色谱仪、光谱仪、毛细管电泳仪）等不同，得到的不是被测样品中某种或某几种成分的定性与定量结果，而是样品中挥发成分的整体信息，也称“指纹”数据。它模拟人和动物的鼻子，“闻到”的是目标物的总体气息。它不仅可以根据各种不同的气味检测到不同的信号，而且可以将这些信号与经过“学习”和“训练”建立的数据库中的信号进行比较、识别和判断。

人类对化学传感器的探索已有久远的历史，最早可追溯至 19 世纪末。第一个“电子鼻”是由 Wilkens 等在 1964 年利用气体分子在电极上的氧化还原反应研制的。1965 年，Buck 等利用金属和半导体电导的变化对气体进行了测量，Dravieks 等则利用接触电势的变化实现了对气体的测量。“电子鼻”的概念最早是 1982 年由英国 Warwick 大学的 Persuad 和 Dodd 模仿哺乳动物嗅觉系统的结构和机理，对几种有机挥发气体进行类别分析时提出来的。随后的 5 年，电子鼻研究并没有引起国际上学术界的广泛重视。1987 年，英国 Warwick 大学召开的第八届欧洲化学传感研究组织年会则为电子鼻研究带来了转机。在本次会议上，以 Gardner 为首的 Warwick 大学气敏传感研究小组发表了传感器应用在气体测量方面的论文，重点提出了模式识别的概念，引起了学术界广泛的兴趣。1989 年，北大西洋公约组织（North Atlantic Treaty Organization，NATO）的一次关于化学传感器信息处理会议上对电子鼻做了如下定义：“电子鼻是由多个性能彼此重叠的气敏传感器和适当的模式分类方法组成的具有识别单一和复杂气味能力的装置。”随后，NATO 于 1990 年举行了第一届电子鼻国际学术会议。1994 年，Gardner 发表了关于电子鼻的综述性文章，正式提出了“电子鼻”的概念，标志着电子鼻技术进入成熟发展阶段。1994 年以来，基于传感器技术、信号处理技术和模式识别技术发展起来的电子鼻技术是过去 20 年中发展极迅速的气相分析和气体检测技术之一。目前对于电子鼻的研究主要集中在传感器及电子鼻硬件的设计，模式识别及其理论，电子鼻在食品检测、农业生产、生物医学、环境监测等领域的应用，电子鼻与生物系统的关系等方面。其中传感器及电子鼻硬件的设计和电子鼻在食品及农业领域的应用是电子鼻研究中的热点。

第二节　电子鼻工作原理和组成结构

人的嗅觉系统中存在着初级嗅觉神经元、二级神经元即嗅泡和大脑嗅觉中枢三层结构，当鼻腔内嗅觉气泡吸附上有气味物质的分子时，会使细胞膜电位发生变化而产生不同的响应信号，通过嗅泡处理后经神经系统被传送到大脑嗅觉中枢，再经过复杂思维判别出结果。电子鼻检测技术是一种模仿生物嗅觉系统气味识别机制的检测方法，图10－1所示为人类嗅觉系统和电子鼻工作原理对比示意图。人类嗅觉系统的工作流程为：检测气体→嗅觉细胞→嗅泡→嗅觉中枢→判别结果。电子鼻的工作原理为：检测气体→传感器阵列→信号处理电路→模式识别→判别结果。电子鼻中包含一组集成不同种类气体传感器的传感器阵列，待测气体分子可以吸附于传感器阵列之上，引起传感器输出值的变化，传感器间的交叉敏感性使得传感器阵列输出检测物质唯一的特征响应信号指纹图谱，该指纹图谱经信号放大、滤波、特征提取等预处理后，在电子鼻所嵌入的模式识别算法下输出相应气味属性，实现对待测气味的判识。

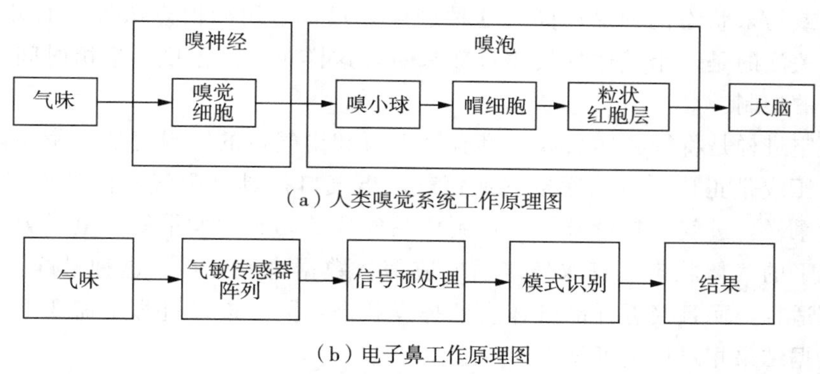

（a）人类嗅觉系统工作原理图

（b）电子鼻工作原理图

图 10－1　人类嗅觉系统和电子鼻工作原理对比示意图

电子鼻模拟人的嗅觉器官，其基本结构与人的嗅觉系统相似，包括四个部分：①气体采样系统，相当于人鼻的肌肉收缩呼气、吸气的过程；②气体传感器阵列，气味分子被电子鼻的传感器阵列吸附，产生信号，这个过程相当于人的嗅觉细胞感知气味；③信号预处理单元，控制何时采样、采多少样、何时清洁传感器、何时进行下一个分析循环等，这个过程相当于人的大脑对呼吸系统各器官工作状态的控制；④模式识别单元，通过测试已知样品并对有效数据进行提取，建立分析模型，然后对未知测试样品进行有效的判断，这个过程相当于人的大脑建立嗅觉感官经验，然后再进行有效的嗅觉感官评判。

一、气体采样系统

气体采样系统的主要功能是将被测样品的挥发性混合物引入电子鼻检测系统。采用合适的样品处理方案可以明显提高电子鼻的分析质量。同时选择不同的进样方式，也需充分考虑被分析样品的形态、气体挥发状态和电子鼻分析所要选择的分析状态等。开放式直接进样是一种比较直观、直接的进样方式，最接近于人鼻嗅物体的状态，可以用于环境气味的直接监测与分析；也可以是电子鼻采集的气体量远小于容器中所存在的顶空气体量，通过电子鼻采集气体后不会引起容器内压力明显的变化，不会导致样品在挥发气体状态变化的情况下使用。这种进样方式不需要样品的严格前处理，对采样过程的环节控制要求也不高，所以不容易出错；最接近气体稳定状态，所得数据结果也比较平稳，可提取平稳状态的数据点作为有效数据进行分析处理。

静态顶空进样技术是将待测样品放入密闭容器中平衡一段时间，然后检测顶空部分的气体样。样品温度、平衡时间、容器大小和样品量是影响实验结果的主要物理参数，需要严格控制，否则会导致结果不准确。静态顶空进样分为手动顶空进样和自动进样器顶空进样。手动顶空进样主要是通过手动顶空采样器（气体注射器）来控制进样速度、进样量等，这种方式比较简单，廉价经济，但进样过程各环节不易控制，重复性相对低一些。自动进样器顶空进样相比较手动顶空进样而言，更为科学，过程控制也更严格，但自动进样器比较昂贵，运行成本高，固定的样品瓶对样品本身形态有特殊的要求，比较适合液体或粉末状态的样品；同时这种进样方式多采用峰值点法提取有效分析数据，而峰值点法关注的是一个气体挥发累计效果量，这样对样品温度、平衡时间、样品量等必须有严格的控制。

动态顶空进样是将待测样品放入具有进气口和出气口的密封容器平衡一段时间，进气口（不带压或带正压）接洁净空气或氮气，出气口接具有吸气功能的电子鼻采样口。电子鼻连续采样，进气口持续补气，达到样品气体的动态挥发平衡，电子鼻有效监测动态平衡状态下的气体状态，获取稳定的响应信号数据进行分析。这种进样方式对固体、液体样本都适合，而且接近样品气体自然挥发状态，同时进样过程中需要严格控制的环节较少，数据结果相对稳定可靠。

吸附浓缩进样技术主要为电子鼻的检测提供一种预浓缩方法，从而大大提高检出限和灵敏度，主要有热解析浓缩、吹扫捕集浓缩、固相微萃取浓缩等，其原理是将吸附浓缩的气态分子经过加热解吸附后由载气带入电子鼻的检测系统进行分析。这种进样方式中，吸附剂的选择、进样温度、吸附浓缩时间、气体流动速度、吹扫时间和加热解析附温度等是主要的考虑因素。

以上任何一种气体进样方式，做具体选择的时候均应该充分考虑样品的类型和方法的适用性。如果盲目选择不合适的进样方式，往往导致实验结果与实际的人为感官评价结果相去甚远，或者所得结论不具有重复再现性。对于一些需要进行无损检测的样品，比如水果、蔬菜、鸡蛋等，就应该在不破坏样品的情况下进行动态顶空进样，这样可以获得样品在自然平衡挥发条件下稳定挥发物质的信息。此外，对挥发的核心气体进行预浓缩可以提高仪器分析的检测下限，同时避免不需要研究的干扰气体的影响，从而有效提高分析的准确性，找到样品挥发的核心关键指纹气体。

二、气体传感器阵列

气体传感器阵列是以多个独立气体传感器组合构成的，它是电子鼻系统的基础，对提高电子鼻检测系统整体的性能至关重要。在构造气体传感器阵列时，一般要求其具有广谱响应特性，通过选用不同敏感材料或不同工作温度、同种传感器来实现交叉响应，也可以采用不同种类的传感器混杂使用来实现，并要求器件工作可靠、性能稳定、重复性好，同时器件的响应时间和恢复时间要短。电子鼻常用的气敏传感器可分为四类：一是电导型气敏传感器，包括金属氧化物半导体电导型气敏传感器和有机聚合物膜电导型气敏传感器；二是质量敏感型气敏传感器，包括石英晶体微天平气敏传感器和表面声波气敏传感器；三是基于光谱变化原理的光纤气敏传感器；四是基于电荷功耗作用的金属氧化物半导体型场效应管气敏传感器。

1. 电导型气敏传感器

金属氧化物气敏传感器是目前电子鼻系统中应用较为广泛的一种导电型传感器，其主要由电极、加热器和感应膜三部分组成。感应膜采用半导体金属氧化物薄膜（如氧化锡 SnO_2、氧化铁 Fe_2O_3、氧化锌 ZnO、氧化钛 TiO_2等），金属氧化物在常温下是绝缘的，制成半导体后却显示出气敏特性。为了提高感应膜对某些气体成分的选择性和灵敏度，有时还掺入催化剂，如钯、铂、银等，对其进行催化金属掺杂处理。这种传感器是通过感应膜对待测气体的吸附作用，在一定温度条件下产生化学反应引起金属氧化物薄膜导电率的改变，使两电极之间的电阻值产生变化来检测气体的。金属氧化物气敏传感器的缺点是工作温度较高，响应基准值在长时间工作之后易产生漂移，且对气体混合物中所含的硫化物产生“中毒”反应，其优点是灵敏度高，能实现 10^{-6} 级的精度，是电子鼻中最常采用的传感器。

导电聚合物气敏传感器一般由硅基底、金电极和用单体吡咯、苯胺、噻吩等合成的导电聚合物组成，其工作原理也是基于导电聚合物吸附被测气体前后其电阻的变化来感知气体。当聚合物材料与待测气体分子相互接触时会发生电离或共价作用，由于这种相互作用使电子沿聚合物链的传输受到影响从而改变了其导电性，通过这种导电率的变化来测试待测气体分子存在的信息。这种传感器比金属氧化物气敏传感器灵敏度更高，可达到 10^{-7} 级的精度，且可在常温或较低环境温度下使用而无须加热，选择性高、检测速度快，但对环境的湿度敏感，与气体接触响应时存在飘移现象等缺点，因此适合在便携式仪器中应用。

2. 质量敏感型气敏传感器

质量敏感型气敏传感器是由交变电场作用在压电材料上产生声波信号，通过测量声波参数（振幅、频率、波速等）变化从而得到被检测物的信息。它分为 QCM 体声波（bulk acoustic wave，BAW）和表面声波（surface acoustic wave，SAW）两种。体声波器件因声波从石英晶体或其他压电材料的一面传递到另一面，在晶体内部传播而命名；

而表面声波器件是声波在晶体表面上传播，从一个位置传递到另一位置，因此称为表面波。传递过程中，基片或基片上所覆盖的特殊材料薄膜与被分析物质相互作用时，声波的参数将发生变化，通过测量频率或者波速等参数的变化量可得到被分析物的质量或浓度等相关信息。SAW 气敏传感器主要适用于有机气体的检测，其优点是成本较低、工作频率较高、可产生更大频率的变化、灵敏度高、反应速度快、检测气体的范围比较广泛、功耗低等。但是相对于 BAW 气敏传感器而言，SAW 传感器的信噪比小，并且 SAW 的电路要求更加复杂，其重复性也难以保证。

3. 光纤气敏传感器

光纤气敏传感器是近几年发展最快的传感器，传统的气敏传感器测量电压、电阻、电势或频率等电信号，而光纤气敏传感器由光学特性表征。当光在光纤中传输时，光特性如振幅、相位、偏振态等随检测气体变化而发生相应变化。光从光纤射出时，光的特性得到调制，通过对调制光的检测便能感知气体的信息。光纤气敏传感器按工作原理可分为功能型（或称传感型）和非功能型（或称传光型）两大类。功能型光纤传感器中以光纤作为敏感元件，利用光纤在外界因素作用下其传光特性产生变化来检测气体，且光纤在此过程中还起传光的作用；非功能型光纤传感器中采用其他敏感元件感受待测气体，光纤仅作为传光媒介来传输光信号。光纤气敏传感器具有很强的环境适应性和抗电磁干扰能力，响应速度快，且灵敏度高、动态范围广，是其他类型电子鼻传感器所不及的；但缺点是控制系统较复杂，成本较高，荧光染料受白光化作用影响，使用寿命有限。

4. 场效应管气敏传感器

场效应管气敏传感器（MOSFFT）是基于敏感膜与气体相互作用时漏源电流发生变化的机理制成的。MOSFET 漏源电流发生变化，使得传感器性能发生变化，通过分析器件性能的变化即可对不同的气体进行检测分析。MOSFET 的制备过程中需要在栅极上涂敷一层敏感薄膜，覆盖不同的敏感薄膜，就构成不同选择性的 MOSFET 气敏传感器，通过调整催化剂种类和涂膜厚度，改变传感器的工作温度，使传感器的灵敏度和选择性达到最优。MOSFET 气敏传感器能对 CH_4、CO_2、NO_2 以及有机气体等进行定量检测。其主要优点是可批量生产，质量稳定，价格较低等。其主要缺点是芯片不易封装与集成，且种类单调，存在基准漂移，在应用广泛性上不及其他传感器。

三、信号预处理单元

在电子鼻系统中，气体传感器阵列输出的信号是随时间变化且含有噪声的多维动态响应信号，要通过预处理完成响应信号的滤波、放大、A/D 转换、特征提取与选择，其中特征提取是在尽量不丢失有用信息前提下的一种降维的数据预处理方法，通过变换将样品高维空间映射到低维空间，以便在低维空间中提取有用信息和降低原始样品空间中的噪音，为后续模式识别选取合适数量的数据和表达方式，从而有效地减少数据计算量并提高模式识别的效率，特征选择流程如图 10－2 所示。特征提取有多种选择方法，主要是根据数据的特点、模式识别的方式和识别任务，既可在原始响应曲线上实现特征提取，也可通过曲线拟合的方法实现特征提取，或采用变换域的方式实现特征提取。常见的方法主要有相对法、差分法、对数法和归一法等。相对法可补偿传感器敏感性所带来的影响；部分差分模型可补偿传感器敏感性和使传感器电阻与浓度参数依赖关系线性化；对数法可使信号与浓度之间的高度非线性依赖关系线性化；归一法可减小传感器的计量误差，并能满足人工神经网络输入数据的要求。

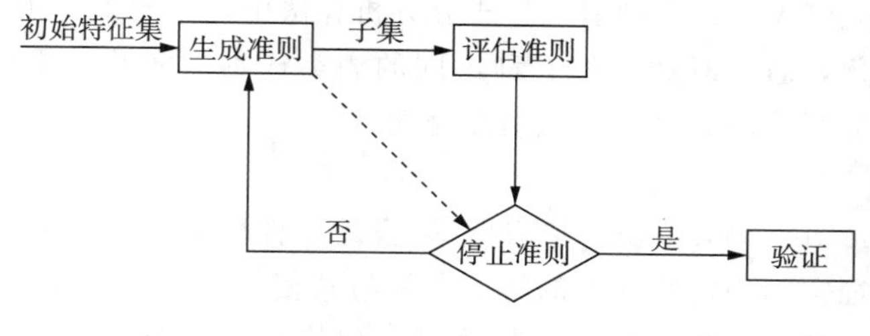

图 10－2 特征选择流程

四、模式识别单元

在电子鼻系统中模式识别占有举足轻重的地位，它运用一定的算法对气体进行定性或定量分析。目前广泛应用的模式识别算法有两大类：统计模式识别和人工神经网络（ANN）。统计模式识别采用经典的多变量统计分类方法对来自气体传感器阵列的信息进行处理，主要包括 K 近邻算法（KNN）、主成分分析（PCA）、线性判别式分析（LDA）、聚类分析（CA）、偏最小二乘法（PLS）等。人工神经网络是一种模仿人脑神经系统处理信息的由大量节点（或称神经元）相互之间以不同形式组成的运算模型，是人工智能领域研究的一个热点。利用人工神经网络仅需借助训练样本而不必建立相关的数学模型即可实现对复杂信息的处理、存储且可得到其内部隐含的规律，它具有分布存储、并行处理、自学习、自组织和自适应等特点。目前常见的人工神经网络包括误差反向传播人工神经网络、学习向量量化网络、径向基神经网络、模糊神经网络、基于遗传算法的人工神经网络以及自组织网络等。同传统的模式识别方法相比，人工神经网络具有良好的容错性和很强的非线性处理能力，网络经过学习训练后，可以利用自身强大的学习功能，寻找出样本的内在规律来分析识别同类事物。

1. 主成分分析算法

主成分分析（principal component analysis，PCA）算法是一种线性变换方法，可以从多个变量数据中挑选出较少数量的重要变量来代表原数据包含的信息。它能够以低维数据表达高维数据包含的信息，解析出主要影响因素以揭示事物的本质，是目前电子鼻模式识别系统领域中最常用的数据预处理方法。在电子鼻模式识别方法设计中，主成分分析算法从电子鼻中传感器阵列所采集到的测试样品信号数据中提取特征参数，客观地剔除数据中的冗余数据，为电子鼻准确分析样品提供基础数据。该方法简单，易于理解，普适性高，目前已经在众多品牌的电子鼻上得到了应用。Singh 等将主成分分析算法与人工神经网络方法结合，为基于金属氧化物半导体传感器型电子鼻构建了模式识别系统，利用该系统实现了甲基磷酸二甲酯和甲醇混合物的检测。Santos 等利用一种手持式电子鼻采集了两种西班牙啤酒的气味信息，使用主成分分析算法进行数据降维和特征提取，并利用 BP 神经网络加以分类，实现了对两种不同口感啤酒的分类。Hong 等采用基于主成分分析算法和偏最小二乘法的模式识别系统实现电子鼻对西红柿汁生产质量的监测。Guadarrama 等采用基于主成分分析算法的电子鼻对两种红葡萄酒、一种白葡萄酒、纯水和稀释的乙醇五种样品进行检测，检测结果与气相色谱分析结果一致，验证了算法的有效性。殷勇和田先亮将 Wilks 准则引入主成分分析算法中，实现了分析过程中针对主成分主轴向量选择的优化，通过对选取的三种不同的酒类样本的实验结果的对比，优化算法比单纯利用主成分分析算法有更高的识别准确性。

2. k -近邻算法

k -近邻（k - nearest neighbor，KNN）算法是一种简单、常用的数据挖掘分类技术方法，它是针对特征空间中待测样本的特征向量与其相邻的 k 个样本特征向量间的距离关系而实现待测样本分类的一种方法，该算法可以仅依靠与待分类样本特征向量距离最近的一个或者几个样本来判断样本的种类。对电子鼻中传感器阵列采集的数据分类而言，k -近邻算法是一种无须训练、简单、便捷的方法，在电子鼻的应用中取得了不错的效果。Dai 等使用 k -近邻算法对电子鼻采集的龙井茶气味信息进行了分析、处理，实现了龙井茶品质分级。Thriumani 等使用电子鼻采集人呼出气体，利用 k -近邻算法测算出呼出气体中挥发性有机化合物气体的成分含量，实现了肺癌初步诊断。Jiang 等使用 k -近邻算法对利用电子鼻采集的固态蛋白饲料发酵过程产生的气体信息进行分析，实现对发酵程度、质量的监控。徐赛等采用 k -近邻算法对成熟阶段的荔枝进行分类识别，对测试集识别的正确率为 96.67%。

3. 线性判别式分析

线性判别式分析（linear discriminant analysis，LDA）算法是通过最大化类内散度矩阵与类间散度矩阵的比值来获得样本采集数据的最优投影空间，进而在最优空间中寻找最佳分离性的线性判别方式。在电子鼻的数据处理中，线性判别式分析是一种成熟、快速、有效的方法，Gu 等利用线性判别式分析算法将电子鼻采集的白酒样本数据映射到一个最佳投影空间，使得基于距离的数据信息区分度更加明显。Abdullah 等使用线性判别式分析算法对电子鼻采集的糖尿病人伤口气味信息进行分类，实现了对细菌的识别。Li 等在使用电子鼻评价猪肉新鲜度时，使用线性判别式分析算法对传感器阵列采集的数据模式进行了高准确率的识别。洪雪珍和王俊利用 PEN2 型电子鼻检测猪肉在冷冻储藏过程中散发的气味，通过线性判别式分析算法比对数据库已有数据信息进行检测，达到了较高的识别准确率。Belhumeur 等提出采用一种“主成分分析算法＋线性判别式分析算法”的组合算法，优化了线性判别式分析算法在处理电子鼻采集的较高维度数据时难以计算数据投影向量的问题，既能解决主成分分析算法对不同的训练样本数据不敏感的问题，又利用线性判别式分析的简单、高效等优点，获得了很好的分类效果。

4. 支持向量机

支持向量机（support vector machine，SVM）算法的核心思想是把输入向量映射到高维特征空间，将在低维空间中原本线性不可分的问题转化为在高维空间中线性可分的问题，同时避免出现“维数灾难”的现象。作为一种通用的学习方法，支持向量机算法对小样本进行学习与分类具有比较好的推广能力。由于支持向量机算法占用的计算资源少，因此可以使其在具有有限计算资源的电子鼻中得到应用，因而受到很多学者的重视。Yusuf 等提出了利用“主成分分析算法＋支持向量机算法”来处理电子鼻在糖尿病足感染病原菌诊断中采集的数据，取得了很好的效果。Yin 等提出，针对温度敏感的电子鼻采集的信号，在温度补偿之后采用支持向量机分类算法进行分类，能够得到比线性判别式分析算法和人工神经网络更好的分类效果。Wang 等利用支持向量机分类器对人体呼吸信号的十类特征信号进行分离，准确地辨识出了人的十种不同呼吸状态。

5. Adaboost 集成分类器

Adaboost 集成分类器针对贴有标签的训练数据集，训练一组结构相同、参数差异的子分类器，将这些子分类器按照一定的权值集成起来，构成 Adaboost 集成分类器。该算法以每次迭代训练后的训练误差作为参考，来校正当前每个子分类器和数据样本的权值，利用重新构造的数据集对子分类器进行迭代训练，以此优化 Adaboost 集成分类器内部参数。相比其他分类算法，Adaboost 集成分类器的泛化性能更好、识别率更高。Adaboost 算法同时具有融合多个分类算法的能力，因其突出的特性，其在电子鼻的模式识别应用领域得到了广泛地使用。Chen 等利用基于 Adaboost 算法处理传感器阵列采集的鸡肉散发的气味信号，成功实现了对鸡肉新鲜度的等级分类。Urmila 等将 BP 神经网络作为弱分类器，利用 Adaboost 算法对数据集进行多轮迭代，不断调整 BP 神经网络的参数和弱分类器的权值及样本的权值，最后形成集成类器，使其在挥发性有机化合物气体的识别方面取得了良好的效果。Bansal 使用电子鼻对有害气体进行检测，基于 Adaboost 集成分类器模式识别系统的电子鼻检测准确率可以达到 99%。

6. 人工神经网络

人工神经网络（artificial neural network，ANN）是一种通过模拟人类大脑神经元信息处理方式进行数据分析的网络模型，其由大量相似的感知节点互相连接，并形成一个复杂的网络。人工神经网络拥有常规模式识别算法无法比拟的非线性运算优势，对于高维非线性问题，该算法表现出了较高的容错性。随着计算机硬件技术的不断进步，它已经成为模式识别及机器学习领域的研究热点。目前，许多人工神经网络算法已经在电子鼻的模式识别系统中得到应用，如 BP 神经网络、模糊神经网络（FNN）、自组织神经网络（SOM）、学习向量量化（LVQ）、概率神经网络（PNN）等。

将人工神经网络算法应用到电子鼻模式识别系统时，关键问题是在考虑电子鼻硬件资源基础上正确的实施人工神经网络的参数设置：网络的深度、隐含层神经元的个数、激活函数的类型、误差的计算方法等。目前，这些参数的设定没有统一的规则，需要进行大量的尝试取得经验值；除此之外，一些学者提出了增加神经网络动量项、自适应调节误差更新率等方法来改善人工神经网络算法的工作性能，如王华和程海青根据神经网络的盲均衡过程中神经元误差的变化情况，调整 BP 神经网络的动量项，通过参考动量项的参数变化来避免神经网络在训练过程中陷入局部最优的困境，获得了不错的结果。Aleixandre 等利用新型电子鼻来检测红酒生产过程中不同葡萄的发酵时间和不同种类的葡萄在红酒的气味方面存在的差异，对采集的数据使用主成分分析算法预处理后，使用基于神经网络结构的概率神经网络算法，准确率达到 93.6%，实现了对葡萄酒品的检测。周红标等针对白酒分类中电子鼻采集的信号，提出一种基于交替投影神经网络（APNN）的模式识别算法，其利用了差异演化算法（DE）、遗传算法（GA）、粒子群算法（PSO）优化概率神经网络的网络平滑因子参数集，实验证明，该算法收敛速度较之前有较大提升。

电子鼻中应用的不同模式识别算法均有其各自的优缺点。从训练角度看，基于统计理论的算法，如 k-近邻算法和线性判别算法，无须对待分类样本进行训练，模型比较简单、易于理解，但具有鲁棒性不强的劣势；神经网络算法具有较强的容错性，对采集的新进数据样本可以做出很好地判断分类，但需要消耗大量硬件资源及计算时间。因而，设计者需要根据电子鼻的使用环境、采集的数据特点来选择其最佳的模式识别方法。

第三节　电子鼻在残留农药检测中的应用

食品安全问题一直广受关注，而农药残留污染是危害食品安全的一个关键因素。检测农药残留量的常规方法有：高效液相色谱法、气相色谱法、气相色谱-质谱联用法以及 ELISA 法等。农药中一般含有烃基类、醚类物质，会产生一些挥发性气味。不同的农药有其不同的物理化学性质和分子结构，因而挥发出的气体也会存在气味类型和气味强烈程度的不同，所以可以从待检物挥发出的气味入手，利用电子鼻来进行农药残留的定性及定量分析。相较于传统的检测方法，电子鼻检测技术对样品前处理要求比较低，不需要复杂的前处理就可以进行检测，并且结果较准确；操作方法也比气相、液相色谱等检测方法更简单，将样品置于电子鼻中，使用软件连接计算机，即可得到连续的图像数据。近年来，电子鼻在农药残留等食品安全检测领域中的应用已成为电子鼻研究的热点之一。

目前检测农药残留使用的传感器主要有以 SnO_2传感器为代表的 TGS 系列传感器和以 SnO_2为基础添加其他种类重金属的传感器。后者主要是为了增加传感器对于农药气体的敏感性。SnO_2型传感器具有工作温度低（最佳工作温度在 300 ℃以下）、元件电阻率变化范围大、输出信号强的优点。在实际试验中，先要对样品进行顶空处理，使待检测气体富集，扩大信号的感应强度，然后进样，当信号达到峰值且信号平稳（一般为 60～80 s）时，运用多种特征值提取方法对信号值进行提取，再利用多种分析方法进行分析，得到结果。为了提高气体传感器的选择性，减少过多的能量消耗，Huang 等采用基于动态检测法的单一 SnO_2气敏传感器检测和区分乙酰甲胺磷和敌百虫农药。他们通过高压调制器产生方波信号的加热方式，使半导体敏感材料的电阻产生规律性的变化，从而考察了温度和调制频率对传感器阵列选择性的影响。研究发现，在 250～300 ℃和 20 MHz 频率下，传感器的选择性较好，可以检出 0.1 ppm 的农药浓度。在此基础上，Sun 等采用快速傅里叶变换（FFT）频谱分析及极坐标构建进行定量分析。结果表明，在低浓度下，农药气体可以被单一的 SnO_2气敏传感器快速检测，其波形随浓度变化而变化，较理想地实现敌百虫、乙酰甲胺磷和氧乐果的定性和定量检测，大大提高 SnO_2气敏传感器对农药的选择性和稳定性。针对传感器阵列在工作中易受到环境温度、湿度等各种因素的影响，不

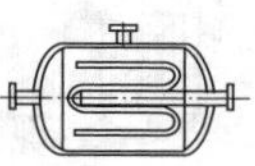

少学者对传感器阵列信号进行降噪处理，以期提高测试结果的准确性与可靠性。殷勇等使用由 9 个 TGS 金属氧化物气敏传感器组成的传感器阵列，检测含有不同质量分数辛硫磷和乙酰甲胺磷的小青菜浆液。采用 Symlet 小波对阵列中每个传感器信号进行 4 尺度分解，选择 Sure 阈值对每个低频小波包分解系数进行阈值化处理，然后对处理后的结果进行小波包重构，得到降噪后的传感器重构信号。通过对信号降噪前后两种农药不同质量比的鉴别情况进行研究，发现小波包降噪可有效地提高气敏传感阵列对蔬菜农药残留的鉴别效果。王昌龙等将 8 只 SnO_2气敏传感器、热线型和催化型气敏传感器构成气体传感器阵列，对蔬菜表面的敌敌畏、甲胺磷、氧乐果等 10 种农药进行现场巡检。他们利用小波降噪和数据压缩对传感器响应信号进行预处理，并采用特征比值法对响应曲线进行特征提取，选取不同浓度的常用农药等 10 种气体用径向基神经网络进行训练和识别试验，检验样本识别正确率达到 83.3%，样本回带正确率达 100%。

对于样本特征信息的提取可以采取基于相对稳态响应值、基于平均微分值、基于相对稳态响应区间平均值、基于积分值和基于响应信号方差的特征提取方法。王光芒等采用由 13 只自制 TGS－8 系列金属氧化物气敏传感器组成的传感器阵列，选取辛硫磷、乙酰甲胺磷和氧乐果为研究对象，对比研究了 5 种特征提取方法对蔬菜中农药残留信号的特征提取。基于威尔克斯（Wilks）统计量阵列优化方法，在对原始数据进行去基准处理后，分别对 5 种提取方法进行阵列优化，然后对优化后的阵列进行主成分分析与 Fisher 判别分析。从分类效果上看，5 种特征提取方法的侧重点不同，但在一定程度上都能反映样品的信息。同时，各种方法也都有各自的局限性，没有一种方法可以同时对这 3 种农药的 5 个浓度进行区分。在此基础之上，他们运用 BP 神经网络建立并分析了蔬菜中氧化乐果的定量预测模型，效果良好。徐茂勃等使用由 13 只 TGS－8 系列金属氧化物气敏传感器组成的传感器阵列检测稀释 1000 倍的 40%辛硫磷乳油和 30%乙酰甲胺磷乳油样本。在分析平均微分值和积分值两种特征提取方法的基础上，提出了新的更为有效的“面积斜率比值法”的特征提取方法。与 PCA 和 BP 神经网络方法相比，该方法用于辛硫磷、乙酰甲胺磷种农药的鉴别分类研究效果更好。

PCA 是一种有效的线性方法，能区辨出电子鼻对简单和复杂气味的反应，其原理是基于寻求一种响应矢量的表达方式，让原始变量线性组合成若干个矢量，这些矢量之间相互正交，反映了样本间自变量的最大差异。Ortiz 等自制了一套含有 16 个金属氧化物的气体传感器电子鼻系统，开发了相应的模式识别软件，检测了草莓、黑莓和灯笼果中的有机氯化合物。PCA 方法可以用 3 个主成分区分出不同的农药，区分率为 99%。为了利用电子鼻建立水中的有机氯农药的快速检测技术，何红萍等采用 LDA 法构建了七氯浓度梯度指纹图谱，用判别函数（DFA）法来与已知浓度指纹进行匹配。他们分别采用了欧氏距离、判别函数法、相关性、马氏距离进行数据分析，对目标农药的识别率分别为 93.33%、93.33%、86.67% 和 43.33%，欧氏距离和相关性模型可以识别 0.01～1.00 mg/L的七氯。当浓度水平大于 0.01 mg/L 时，可以采用 PLS 模型预测未知样品中的七氯浓度。

电子鼻作为一种新型的仿生检测设备，操作简单，数据清晰，与传统检测手段相比，具有很大的优势。从早期简单分辨农药信号的定性检测，到现在的定量检测，电子鼻都展示了良好的效果。在农药残留的定性检测领域，电子鼻已经可以根据特征信号非常好地区别各种类型的农药。在定量检测领域，目前只能识别浓度相差较大的特征信号，对于农药浓度不高的特征信号的判别，还有待于进一步研究。在电子鼻信号提取方面，科学家运用了多种分析手段，取得了不错的研究效果。科学家对数据信号降噪也进行了研究。但是，现在的研究都是建立在已知农药种类的基础上而进行的分析实验，且主要针对有机磷农药。因为对于传感器而言，气味较大的有机磷农药更容易被检测到。而目前对于其他类型农药或是未知类型农药的辨别研究较少，这也是未来电子鼻在食品农药残留检测研究领域中将面临的新挑战。

第四节　电子鼻在果蔬检测中的应用

不同果蔬具有不同的香味，这是由它们自身所含的芳香物质所决定的。因果蔬品种、成熟度和贮藏时间的不同，芳香物质在果蔬中含量和种类各有不同。果蔬从采收到食用需要一定的时间，并且果实成熟期间最重要的变化发生在货架期阶段。果蔬在采收和随后贮藏的成熟过程中香气值不断变化。一些呼吸跃变型果实在呼吸跃变期间呼吸强度显著加强，芳香物质含量提高，呼吸高峰过后，香气值下降，品质劣变，不再适宜贮藏，电子鼻可以通过对这些挥发性成分的响应实现对果蔬品质的检测。利用电子鼻快速、实时监测这些特征气体及其浓度，弥补了人为评定和理化分析的缺点，为农产品安全提供了一个理想的检测手段。

一、在果蔬成熟度检测中的应用

果蔬在成熟过程中进行一系列的生理生化反应，使其颜色、风味和质地发生变化。不同果实或同一种果实在不同生长阶段产生的挥发性物质的成分和数量不同，其香气也就有差别。成熟度对芳香物质的产生有很大的影响，Benady 等利用电子鼻对香瓜的成熟度进行检测，结果发现，在实验室测试时，电子鼻对香瓜成熟和不成熟的识别率达到90.2%；当将香瓜分为成熟、半熟和不成熟三类时，正确率为83%。而当将香瓜分为两类和三类时，采用电子鼻在果园中对果蔬栽培进行监控的准确率分别是在实验室检测的88.0%和78.3%。并且，通过对比发现，采用电子鼻进行的无损检测比硬度、可溶性固形物含量、乙烯释放等破坏性或非破坏性常规品质检测技术具有更高的灵敏度。周亦斌等采用电子鼻系统对不同成熟度的番茄及其在贮藏期间气味的变化情况进行了研究。采用颜色指标进行成熟度区分时，利用主成分分析（PCA）和线性判别式分析（LDA）模式识别的研究结果表明，电子鼻可以较好地区分半熟期和成熟期、完熟期的番茄；采用坚实度指标识别和主成分分析处理数据时，电子鼻可以将半熟期、成熟期和完熟期的番茄完全分开。因此电子鼻可以较好地评价番茄在采后贮藏过程中的气味变化，在果蔬成熟度评价上具有巨大的应用前景。

二、在果蔬质量评定中的应用

果蔬作为活的生物体，采后仍然进行一系列的生理生化活动。例如，贮藏过程中乙

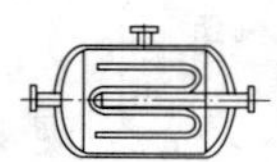

烯含量的变化，低温引起的冷害，高温引起的长霉、长虫及失水萎蔫，果实变软，蔬菜变色等。这些导致其外观、口感、质地、风味以及营养成分发生变化。潘胤飞等以在超市购买的好、坏苹果各 50 个作为研究对象，采用 SnO_2 气体传感器阵列，利用遗传算法优化 RBF 神经网络算法处理数据，研制了一套适合苹果气味检测的电子鼻系统，结果对好、坏苹果的区分正确率达到了 96.4%。李静等通过 zNose 电子鼻系统比较了三种不同的苹果恒温微波干燥方案。80 ℃恒温干燥时，白变指数为 55.36，褐变程度最高；60 ℃恒温干燥时，耗时长，干燥能力弱于 70 ℃。在此基础上，李静等设计了线性温度控制方案，阶段 A 为 1～90 min，温度从 75 ℃线性降低到 65 ℃，阶段 B 为 91～120 min，温度水平维持在 65 ℃，进而更好地提升了苹果的生产品质。

三、在果蔬贮藏期品质监控中的应用

果蔬的成熟度是决定果蔬品质的主要因素，而果实成熟期间最重要的变化发生在货架期阶段，因而检测从果实采收到消费的货架期这一过程中的指标非常重要。传统的理化指标如硬度、酸度、可溶性固形物含量、淀粉含量等是食品工业用于检测果实是否成熟的常用指标。张晓华等将苹果采后于常温下放置 40 天，在此期间利用电子鼻无损检测其质量的变化情况，通过主成分分析及货架期分析等方法，预测苹果的采后货架期。为了评价电子鼻的分析能力，他们将预测结果与传统的理化检测结果进行比较，结果证明了电子鼻预测苹果货架期的准确性。李莹等利用 PEN3 型电子鼻监测苹果的硬度、可溶性固形物含量与可滴定酸含量等主要品质指标，建立的多层感知神经网络模型对苹果贮藏时间进行预测的准确率为 92.0%，利用偏最小二乘法和 BP 神经网络所建立的预测模型的决定系数均大于 0.9300，这说明利用电子鼻的快速无损检测功能可以实现对苹果低温贮藏时间及品质的预测。Brezmes 等通过将气味检测得到的数据信号与产品各成熟度指标建立关系，从而用电子鼻在线检测了苹果货架期中成熟度的变化情况，为水果新鲜度的无损检测提供了重要参考。

电子鼻通过对果蔬气味的检测可以很好地区分其成熟度、评价其新鲜度、预测其货架期等，从而实现对果蔬品质的无损检测。但是目前电子鼻技术并没有在实际生产中得到广泛应用，这是因为电子鼻在果蔬品质检测上还存在许多亟待解决的问题。

电子鼻对不同果蔬或同种果蔬不同栽培品系的响应灵敏度不同，因此同一台电子鼻对不同果蔬的检测效果就会有很大差异。针对不同品种的特征挥发性物质开发专用传感器，不仅可以提高检测灵敏度、缩短检测时间，而且能够简化设备、节约资源。

目前电子鼻技术主要应用于核果、仁果等少数几种水果的品质检测，对浆果（草莓、樱桃、葡萄等）、蔬菜等的研究极少。电子鼻检测对象不应只局限于新鲜果蔬，罐头、蜜饯等果蔬制品。由于极易受微生物污染，故对原料加工全过程的在线检测显得尤为重要。鲜切果蔬的货架期比新鲜产品短，利用电子鼻预测其货架期也是很有潜力的研究方向。

电子鼻检测果蔬品质只是针对气味，用这单一指标反映品质常具有局限性。随着频谱分析、激光图像分析以及光谱图像分析等无损检测手段的飞速发展，多种技术的融合

使用成为可能。以电子鼻技术为基础建立的预测模型，可与计算机图像处理等方法建立的模型相结合，完善果蔬无损检测体系的指标，使检测结果更为准确、可靠。

国内广泛使用的电子鼻模式识别方式大多是主成分分析、判别因子分析等，难以获得精确的模型，而神经网络技术又存在易陷入局部极小值的问题，很难获得识别效果好的模型。如果将人工神经网络与模糊理论、遗传算法等结合起来，就可以更好地模拟人的思维过程。随着仿生材料、微电子技术、传感器技术和计算机技术的发展，电子鼻将向着集成化、小型化、实用化的方向发展，其在果蔬品质检测方面的应用前景将更加广阔。

第五节　电子鼻在食品风味物质识别中的应用

食品风味物质是构成食品特色的重要组成部分，也是区分不同食品的重要依据。现已形成很多风味化合物的仪器测量法，如气谱/质谱联机、高效液相色谱和电子鼻等。电子鼻技术是一种进行风味分析的新技术，近年来在食品领域得到了快速发展。

一、电子鼻技术在肉制品风味分析中的应用

鲜肉是没有香气的，甚至有难闻的肉腥味，但肉制品挥发性气体的变化与肉的品质变化有关，因此电子鼻可以应用于肉制品生产线的连续检测中。熟肉的肉香是由氨基酸、多肽、核酸、糖类、脂质、维生素等风味前体物，在加工过程中经过一系列复杂反应生成的。Taurino 等人利用电子鼻分析了意大利干制腊肠不同贮期的挥发性成分，检测出了腊肠的不同类型和成熟时间，甚至猪肉的性别。据研究，猪的喂养方式和出栏时间对伊比利亚火腿的风味有重要影响。Santos 等人通过电子鼻及 PCA 和 ANN 系统分析，从伊比利亚火腿样品中，成功识别出猪的 3 种不同出栏时间和 2 种不同喂养条件（橡子果、饲料）。此外，国外许多学者利用电子鼻深入研究了加工温度、时间以及冷藏条件对熟肉在冷藏中形成蒸煮味的影响。

二、电子鼻技术在调味品风味分析中的应用

近几年，电子鼻在调味品中的研究应用成为一个热点，国内学者先后利用电子鼻对香醋、酱油、花椒等进行了分类识别和香气分析。国外学者利用微胶囊技术包被香精、香料，通过电子鼻研究了其香气扩散模型。当今，肉味香料的生产和研制方兴未艾，各类香精、香料在国际市场上相继问世，电子鼻在这一行业中的应用范围正逐步扩大。田怀香等人利用电子鼻对金华火腿原料与调配的金华火腿香精的香气成分进行了对比分析，通过主成分分析法、单类成分判别分析法等多元统计方法进行数据分析，结果得出，金华火腿原料和所调配的金华火腿香精的总体香气轮廓相似但仍有差别，说明调配香精具有金华火腿的特有气味，但与金华火腿原料相比还是有一些差距，这为进一步完善调香工作提供了参考。肖作兵等人利用电子鼻技术比较了 5 种肉味香精的差异性，并对它们的耐热性能进行了研究，试验结果表明，这是一种评价咸味香精热稳定性的有效方法，对香精品质的控制和鉴定起到了一定的理论指导作用。

三、电子鼻技术在茶叶风味分析中的应用

香气是决定茶叶品质的重要因素之一。迄今为止，人们已从各种茶叶中分离出700多种香气物质。目前，国内外的茶叶品质鉴定和等级区分大多采用感官审评法，这需要经过专业培训和有较长从业经验的评茶师来完成。近年来，随着电子鼻分析技术的不断成熟和发展，电子鼻在茶叶香味分析中有了越来越多的应用。黄海涛等利用电子扫描仪对铁观音、兰贵人、玉针、碧螺春和云雾茶5种茶叶进行了香味扫描，确定了电子鼻在茶叶香味辨别中的作用，并采用固相微萃取、气相色谱-质谱联用法对这5种茶叶样品中的挥发性化学成分进行了定性和定量分析，最后研究了挥发性化学成分组成和含量上的差别对茶叶样品香味的影响。Dutta等人用电子鼻对5种不同加工工艺的茶叶进行分析和评价，结果表明，电子鼻代替传统的茶叶感观评审的可行性。Yang等人利用电子鼻对富含香豆素的日本绿茶及其独特风味进行研究，结果显示，电子鼻可以正确区分具有不同香豆素含量的7种绿茶，并评价其风味特点。

四、电子鼻技术在酒类风味分析中的应用

电子鼻在酒类识别、品牌区分、产地和年份鉴别以及香型分析等多方面具有广泛应用。Corrado等人利用电子鼻分析了意大利干红葡萄酒，成功区别了1989—1993年5个年份的葡萄酒样品。Corrado等人运用电子鼻对来自不同庄园的葡萄酒进行比较分析，虽然不同的庄园酒在感官分析中差别甚微，但是在电子鼻气味指纹上有明显的区别。Cynkar等人用质谱电子鼻装置能有效监控红葡萄酒的由微生物引起的酸败。秦树基等人利用电子鼻将无水酒精、烈性酒、葡萄酒和啤酒4种酒类成功识别，正确识别率达到95%。周亦斌利用电子鼻对不同品牌的黄酒中挥发性物质进行了分析，并用神经网络模式对黄酒的品牌进行区分。高永梅用GC-flash型电子鼻对3种香型（6个清香型、17个浓香型、4个酱香型）白酒样品进行了分析，得到的PCA指纹图谱，可以直观地看出3个香型酒分别分布在3个独立的区域。该方法可以作为进一步分析白酒香型之间的关系及划分新型香型的初步参考依据。然而，电子鼻在酒类分析中富有争议的是乙醇对气体传感器的影响程度。Ragazzo-Sanchez等人指出蒸馏和脱乙醇化将影响芳香物质的浓度和挥发性，所以即使对样品进行蒸馏和脱乙醇化，电子鼻描绘含酒精饮料的正常香气特征仍然是巨大挑战，乙醇对电子鼻的影响在以往的实验中可能被低估了。因此，该问题有待进一步研究。

我国是拥有数千年悠久文化的国家，在历史长河中形成了许多因其独特风味而驰名中外的名吃、名茶、名酒等传统优质食品。一种食品的独特风味，往往是由成分繁多而含量甚微的风味物质综合呈现的结果，所以许多名优食品的生产工艺复杂，关键步骤多依赖生产人员的经验进行人工操作、控制；而电子鼻恰好在食品风味总体特征描绘和快速分析上具有独特优势。可以预见，利用电子鼻分析风味特征与香气成分之间的关系、原材料和加工工艺对食品风味影响方面的研究将增多。期待在不久的将来，建立起一个以电子鼻为主要分析技术的系统化、自动化、智能化的生产检测线，在优质食品生产过程中从原料筛选、生产监控、品质检测、风味分析到标准制定等多方面发挥积极且重要的作用。

参考文献

[1] 漆明星，孙明．电子鼻的发展与应用综述［C］．中国畜牧兽医学会信息技术分会第十二届学术研讨会论文集，2017.

[2] 李强，谷宇，王南飞，等．电子鼻研究进展及在中国白酒检测的应用［J］．北京科技大学学报，2017，39（4）：475－486.

[3] 耿利华，李扬，伍慧方，等．电子鼻技术在食品工业领域中的应用［J］．现代仪器，2011，2（17）：21－24.

[4] 王俊，崔绍庆，陈新伟，等．电子鼻传感技术与应用研究进展［J］．农业机械学报，2013，44（11）：160－167.

[5] 潘玉成，宋莉莉，叶乃兴，等．电子鼻技术及其在茶叶中的应用研究［J］．食品与机械，2016，32（9）：213－218.

[6] 黄行九，孟凡利，刘锦淮，等．基于 SnO_2 气体传感器农药残留的动态检测及定性定量分析［J］．分析测试学报，2004（4）：25－28.

[7] 孙宇峰，黄行九，王连超，等．基于 SnO_2 气体传感器检测农药残留的表面动态响应特性［J］．传感技术学报，2004（2）：295－302.

[8] 殷勇，周秋香，于慧春，等．有机磷农药气敏传感阵列检测信号小波包降噪方法［J］．农业机械学报，2011（4）：144－147.

[9] 王昌龙，黄惟一．基于特征比值法的电子鼻农药识别系统［J］．传感技术学报，2006（3）：573－576.

[10] 王光芒，殷勇，于慧春，等．蔬菜农药残留检测传感信息中的一种特征提取方法［J］．食品工业科技，2010（5）：366－367.

[11] 徐茂勃，殷勇，于慧春．电子鼻鉴别有机磷农药的一种特征提取方法［J］．传感器与微系统，2009（9）：25－27.

[12] 何红萍，周君，李晔，等．基于电子鼻和 HS－SPME－GC－MS 方法研究海水中七氯的快速检测技术［J］．海洋与湖沼，2013（5）：1347－1352.

[13] 陈静，张宇帆，刘艳荣．电子鼻在农药残留检测中的应用研究进展［J］．现代农药，2015（1）：8－11.

[14] 蒋雪松，胡立挺，陈卉卉，等．食品中农药残留的电子鼻检测识别研究［J］．南方农机，2016（12）：22－24.

[15] 孙月娥，陈芬．电子鼻与电子舌在果蔬质量评价中的应用［J］．食品工业，2011（4）：87－89.

[16] 潘胤飞，赵杰文，邹小波，等．电子鼻技术在苹果质量评定中的应用［J］．农机化研究，2004（3）：179－182.

[17] 李静，宋飞虎，浦宏杰，等．基于电子鼻气味检测的苹果微波干燥方案优选［J］．农业工程学报，2015，31（3）：312－318.

[18] 张晓华，张东星，刘远方，等．电子鼻对苹果货架期质量的评价［J］．食品与发酵工业，2007（6）：20－23.

[19] 李莹，任亚梅，张爽，等．基于电子鼻的苹果低温贮藏时间及品质预测［J］．西北农林科技

大学学报（自然科学版），2015，5：183－191.

［20］谢安国，王金水，渠琛玲，等．电子鼻在食品风味分析中的应用研究进展［J］．农产品加工，2011（1）：71－73.

［21］田怀香，孙宗宇．电子鼻在金华火腿香精识别中的应用［J］．中国调味品，2008（11）：61－64.

［22］肖作兵，孙佳．电子鼻在牛肉香精识别中的应用［J］．食品工业，2009，30（4）：63－65.

［23］黄海涛，陈章玉，施红林，等．茶叶香味扫描和挥发性化学成分分析［J］．分析化学，2005（8）：1185－1188.

第十一章　食品电子舌技术

第一节　电子舌概述

电子舌（electronic tongue，ET）是一种利用多传感阵列感测液体样品的特征响应信号，通过信号模式识别处理及专家系统学习识别，对样品进行定性或定量分析的一类新型分析测试技术设备。电子舌得到的不是被测样品中某种或某几种成分的定性与定量结果，而是样品的整体信息，也称“指纹”数据。通常要经过一个样本数据学习的过程，建立一个样本特征知识库。在实验分析中，通过采集信号和知识库中信息的比较，实现味觉的鉴别。电子舌系统不同于其他物理化学检测系统，其具有以下特点：（1）测试对象为溶液化样品，采集的信号为溶液特性的总体响应强度，而非某个特定组分浓度的响应信号；（2）从传感器阵列采集的原始信号，要通过数学方法处理，才能够区分不同被测对象的属性差异；（3）它所描述的特征与生物系统的味觉不是同一概念；（4）电子舌的重点不在于测出检测对象的化学组成及各个组分的浓度、检测限的高低，而在于反映检测对象之间的整体特征差异性，并且能够进行辨识。1985 年日本 Toko K 课题组首次使用传感器阵列检测样品味觉。1995 年俄罗斯 Legin A 课题小组构建了一种以非特异性传感器组成传感器阵列的新型电子舌系统，并第一次正式提出电子舌这个名称。随后，法国、英国、瑞典、意大利、西班牙、巴西等国家的众多课题研究小组相继投入到电子舌的研究当中。电子舌在中国起步较晚，但是近几年发展较为迅速。当前法国的阿尔法莫斯（AlphaMOS）公司占据了电子舌很大市场，其生产研究的电子舌产品遍布于食品、医药、化工等多个领域，尤其是在食品行业的质量控制、加工过程监测、新鲜度评价等方面得到了广泛的应用。电子舌相对于传统检测方式优点较为突出，例如：（1）无伤探测，无须对样品进行预处理，避免外部环境对样品造成污染；（2）可用于特殊场合，比如对有害液体进行分析测量，避免测量人员过多接触有毒液体；（3）与传统的化学方法测量相比速度快、节省化学材料；（4）与人的肉眼或舌品鉴相比，更客观、科学，比如在鉴定白酒质量时，传统方式为有经验的鉴定师口尝，无法规避鉴定者存在的感官疲劳和主观倾向的缺陷。

第二节　电子舌的工作原理、组成结构和分类

动物舌头能够感受到“酸、甜、苦、辣”主要依赖舌头表面乳状凸起中的味蕾，不同味觉物质会刺激味蕾产生不同的味觉信号，这些信号通过神经系统传至大脑，大脑对

其整体特征进行分析处理，最后给出结果。电子舌正是模仿了这种生物味觉系统而研制的一种电子测量仪器。它是一种利用低选择性、非特异性、交互敏感的多传感阵列为基础，感测未知液体样品的整体特征响应信号，应用化学计量学方法，对样品进行模式识别和定性定量分析的检测技术。电子舌主要由味觉传感器阵列、信号采集系统和模式识别系统三部分组成。味觉传感器阵列模拟生物系统中的舌头，对不同“味道”的被测溶液进行感知；信号采集系统模拟神经感觉系统采集被激发的信号并传递到电脑模式识别系统中；模式识别系统即发挥生物系统中大脑的作用，对信号进行特征提取，建立模式识别模型，并对不同被测溶液进行区分辨识。因此，电子舌也被称为智能味觉仿生系统。电子舌系统基本构成如图 11－1 所示。

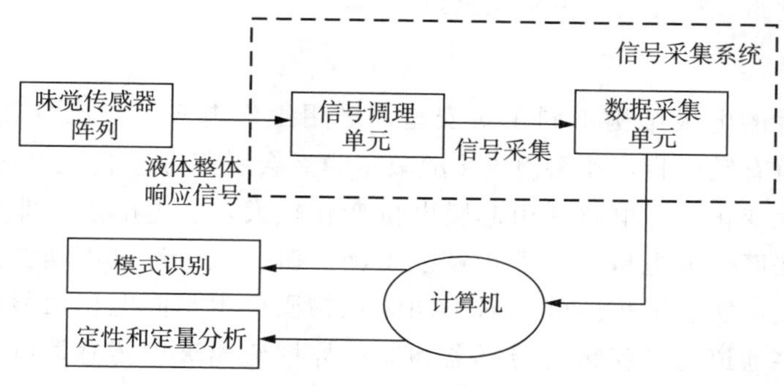

图 11－1　电子舌系统基本构成

电子舌的模式识别方法主要有主成分分析法（PCA）、人工神经网络法（SOM）、偏最小二乘法、简单优劣判别分析法等。味觉传感器阵列是电子舌系统的核心组成部分，根据传感器工作方式的不同，电子舌可分为伏安型、电位型、阻抗谱型、光寻址型及物理型等种类。目前，电位型、伏安型和阻抗谱型在国内外的研究应用中较为普遍。

一、伏安型

伏安型电子舌的设计思想来源于电化学分析法，其传感阵列采用三电极结构：工作电极、参比电极和辅助电极。在三电极工作系统中，输入有规律脉冲信号，找出工作电极和参比电极间电压与工作电极上电流的关系。工作电极作为电解反应发生地，要求以“惰性”固体导电材料为主、电极表面积略小、表面平滑等。参比电极作为系统的激励信号输入端，要求有良好的电势稳定性、重现性。辅助电极与工作电极形成回路，保证电解反应发生在工作电极上，要求电阻小、表面积大、不容易被极化等。伏安型传感器常使用的工作电极为金属裸电极或修饰电极等。基本原理借助了电化学伏安法的思想，将多传感器阵列置于待测溶液中，在工作电极上加入阶跃电势，通过检测不同待测溶液产生极化电流大小的不同来定性和定量分析样品的特性。伏安型传感器所加的阶跃电势主要有循环伏安、常规大幅脉冲和多频脉冲伏安法等。多频脉冲伏安型电子舌系统结构如图 11－2 所示。

伏安法电子舌的特点在于其操作简单、适应性强，适合各种条件下的检测；敏感度高，信息采集量大；其电极无须修饰，延长了电极的使用寿命。但由于其信息采集量大，需要配合更为高级的数学手段，这在一定程度上限制了该类电子舌的发展。以伏安型传感器构建电子舌系统的典型研究代表为瑞典 Linkoping 大学的 Winquist 课题组、西班牙的 Rodriguez－Mendez 课题组、浙江大学王俊课题组、浙江工商大学邓少平课题组、浙江大学王平课题组等。

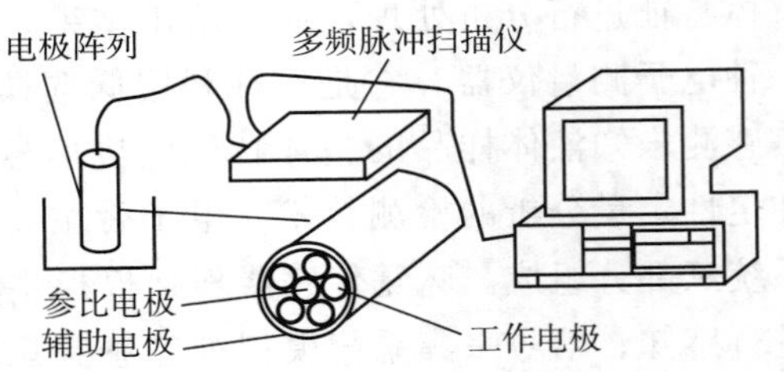

图 11－2　多频脉冲伏安型电子舌系统结构

二、电位型

电位型电子舌的电极结构不同于伏安型，采用工作电极、参比电极的二电极结构。在工作电极表面镀有敏感膜，被测物质接触敏感膜后会引起敏感膜上电荷数量发生变化，从而引起电位发生变化。强电解质引起膜电位变化较大，弱电解质或非电解质引起膜电位变化较小，无法区分弱电解质或非电解质溶液。研发人员经过不断尝试，在敏感膜表面镀不同活性物质，实现了传感阵列对不同味觉物质产生不同电位信号的功能。电位型传感器主要采用多通道类脂膜味觉传感器和非特异性硫属玻璃传感器阵列两种，二者基本原理均为测量膜两端电极的电势，通过分析电势差来研究样品的特性。多通道类脂膜味觉传感器采用不同类脂类物质作为敏感膜组成多通道传感系统，工作电极采用类脂膜电极，Ag/AgCl 电极作为参比电极。当某种样品离子能够通过类脂敏感膜，则会引起膜电位的变化而被检测出来。硫属玻璃传感器阵列采用硫属玻璃作为工作电极，配以 PVC 薄膜实现电位检测。

膜电位分析的传感器的主要特点是操作简便、快速，能在有色或混浊试液中进行分析，适用于酒类检测系统。因为膜电极直接给出的是电位信号，较易实现连续测定与自动检测。其最大的优点是选择性高，能够针对溶液不同的感官属性得到相应的信息。缺点是检测的范围受到限制，如某些膜只能对特定的离子和成分有响应，另外，这种传感器信号响应弱、寿命短，对电子元件的噪声敏感，因此对电子设备和检测仪器有较高的要求。以电位型传感器构建电子舌系统的典型研究代表为日本九州大学的 Toko K 课题组和俄罗斯彼得堡大学的 Legin A 课题组等。商业化产品主要为日本 Insent 公司电子舌味觉分析系统、法国 AlphaMOS 公司电子舌系统等。

三、阻抗谱型

阻抗谱型电子舌可采用二电极或三电极结构，若采用二电极结构，把参比电极和辅助电极接在一起即可。以工作电极为基底，以碳粉掺杂的聚合物为敏感膜，定性或定量测定气体样本。工作原理为当待测有机气体进入敏感膜后，敏感膜变厚，导致膜中碳粒子间距增大，导电介质发生变化，阻抗就会随之增大。传感器通过输入不同频率、不同幅值的正弦波信号，得到不同阻抗值和阻抗角，通过测量系统阻抗谱不同达到定性和定量分析待测气体的目的。阻抗谱型传感器常使用的工作电极为贵金属电极或碳电极。阻抗谱型电子舌的特点是响应灵敏度很高，但对电极修饰膜制作要求较高。

第三节 电子舌在食品工业中的应用

一、电子舌在食品感官品评中的应用

现有的传统感官品评方法人为因素较大，结果缺乏客观性和一致性。随着科学的发展，电子鼻、电子舌技术及风味嗅闻仪器、味觉检测仪逐渐被应用到食品的感官品评中。电子舌作为一种快速检测味觉品质的新技术，能够以类似人的味觉感受方式检测出味觉物质，可以对样品进行量化，同时可以对一些成分含量进行测量，具有高灵敏度、可靠性和重复性的优点。基于电子舌的这些优势，目前该技术在农产品识别与分级、饮料鉴别与区分、酒类产品（啤酒、清酒、白酒和红酒）区分与品质检测、航天医学检测、制药工艺研究、环境监测等中有较多应用。电子舌的兴起就是从对食品的鉴别中发展而来的。目前，电子舌在食品感官品质鉴别上的应用研究层出不穷。

1. 在初级农产品检测与分级中的应用

关于电子舌应用于初级农产品如果蔬、水产品、禽畜肉产品的新鲜度检测和分级评价的研究很多。果实的可溶性糖主要是蔗糖、葡萄糖和果糖，这 3 种糖的比例在果实成熟过程中经常发生变化。果蔬的酸味来源于有机酸，不同果蔬所含有机酸的种类和比例不同，大多数以柠檬酸和苹果酸为主。Beullens 等采用由 27 个电位器式传感器阵列构成的电子舌和衰减全反射比-傅里叶红外光谱（ATR－FTIR）对 4 种不同栽培方式下的番茄中的糖和酸进行检测，并采用高效液相色谱法检测了番茄中含量最丰富的糖类（葡萄糖、果糖和蔗糖）和有机酸（柠檬酸、苹果酸、酒石酸、反丁烯二酸和琥珀酸）作为参照。当用典型相关分析比较 HPLC 测试结果与 ET 和 ATR－FTIR 测试结果，并用偏最小二乘法模型识别评价 ET 和 ATR－FTIR 预测番茄化学组成的准确性时，结果表明 ET 和 ATR－FTIR 都可以用来检测番茄的味道，且番茄的品种可以根据所含的糖和酸来分类。在水产品方面，Legin 等采用由 4 个晶体管传感器和 7 个 PVC 膜传感器组成的电子舌检测了几种鱼肉，结果表明电子舌能够辨别新鲜的鱼和变质的鱼、海水鱼和淡水鱼。黄丽娟应用多频大幅脉冲电子舌对新鲜猪肉进行评价研究，发现电子舌能够有效区分不同品种、部位、贮存时间等条件下的各肉样肉质的差异，并能很好地反映肉品在贮存过程中特定的整体变化规律，为利用电子舌进行肉品新鲜度和货架寿命的监控提供了实验基础。

2. 在茶叶品质评价中的应用

茶叶品质的优次是由外形、汤色、香气、滋味和叶底 5 个评审因子所决定的，5 个因子之间相互联系，所以茶叶的质量评审都是通过专业人士的感官分析评价对茶叶进行分级。Lvova 等首次将电子舌引入茶叶研究，利用全固态电子舌微系统对韩国绿茶的多种组分进行定量测定。Ivarsson 等应用电子舌很好地区分了红茶、绿茶和乌龙茶 3 种茶。吴坚等用由铜电极、一个对电极（铂电极）和一个参比电极（银/氯化银）组成的电子舌检测

5 种绿茶，用主成分分析法分析在铜电极上获得的循环伏安电信号，清楚地将 5 种绿茶区分开。Chen 等将人工神经网络与电子舌技术相结合，对不同等级的茶叶进行检测，提高了检测效率和准确率。贺玮等对 3 个等级 15 种普洱茶分别进行了感官品评与电子舌测定，证明即使是特征十分相近的茶叶，电子舌也能做很好地区分。童城等发现电子舌不仅对同一品种的不同茶叶能很好地区分，对发酵程度不同的绿、红、青、黄、白、黑六大茶类也能进行很好地区分，同时对不同加工方式的绿茶、不同产地的红茶都能很好地区分开，并且发现电子舌检测的各茶样之间的相对距离与感官品质滋味评语之间存在着基本一致的趋势。王新宇等以 4 个等级的炒青为研究对象，应用法国 α - ASTREE 电子舌检测装置并辅以模式识别对茶叶的质量进行评估，利用反向神经网络（BP - ANN）建立了判别模型，发现当提取 5 个主成分因子来建立模型时，模型对不同等级的茶叶识别率均达到了 100%。

3. 在软饮料鉴别与区分中的应用

目前，电子舌在软饮料鉴别方面的研究主要包括矿泉水、茶饮料、果汁和咖啡等的鉴别。Toko 采用自行研制的多通道类脂膜传感器阵列组成的电子舌对 41 种不同品牌的矿泉水进行检测，发现味觉传感器能够区分不同品牌的矿泉水。滕炯华等研究的由多个性能彼此重叠的味觉传感器阵列组成的电子舌，能够识别出几种不同的果汁饮料（苹果、菠萝、橙子和葡萄），且识别率达到 94%。牛海霞采用多频脉冲电子舌和主成分分析法对 6 种不同的茶饮料（康师傅绿茶、康师傅冰红茶、康师傅大麦香茶、康师傅茉莉清茶、王老吉、统一乌龙茶）进行区分辨识，结果显示，钛（10Hz）钨（100Hz）组合电极对 6 种茶饮料有较好的区分辨识效果。姜莎等应用法国 AlphaMOS 公司生产的电位型电子舌对中国市场上已有的 7 种红茶饮料进行检测，所得数据用主成分分析法和聚类分析法进行分析。结果表明，该电子舌可以很好地区分这 7 种红茶饮料。由此可见，电子舌在茶饮料的品牌区分、质检以及真伪辨识中有巨大的应用潜力。

4. 在酒类鉴别与品质评价中的应用

电子舌在酒类方面的应用，尤其在品牌的鉴定、异味检测、新产品的研发、原料检验、蒸馏酒品质鉴定、制酒过程管理的监控方面大有用武之地。早在 1996 年，Liyama 等利用味觉传感器和葡萄糖传感器对日本米酒的品质进行了检测，并利用主成分分析法进行模式识别，最后显示出两维的信号图，说明电子舌的通道输出值与滴定酸度、糖度之间具有很大的相关性。同年，Arikawa 等采用多通道味觉传感器体系检测清酒酒糟中的可滴定酸和酒精体积分数，发现其中一个带正电的膜对酒精的响应与气相色谱检测的结果相一致。Legin 等使用由 30 个传感器组成阵列的电子舌对 4 种不同类别的啤酒进行测试，结果表明，电子舌技术能清楚地显示各种啤酒的味觉特征，且能够给出重复、稳定的信号。Ciosek 等选择由离子选择电极和部分选择电极组成的流通传感器阵列电子舌，组合 PLS 和 ANN 技术对数据进行分析，对不同生产日期、不同生产地的同一品牌的啤酒进行了正确区分。在葡萄酒方面，Rudnitskaya 等对两年至几十年不同贮藏时间的 160 个 Portwine 样品进行了电子舌检测和理化指标分析，结果表明电子舌检测结果与理化指标分析的结果基本一致。同时他还采用传感器输出信号对 Portwine 进行酒龄预测，其误差在5年左右，当对10～35年的Portwine进行预测时，其误差在1.5年内，表明电子舌在预测Portwine酒龄时具有可行性。Dinatale等采用由两组基于气体和液体的金属叶传感器分析了红酒，发现电子舌具有定性和定量分析的能力，且其准确性比化学指标的误差范围更小。李华等应用电子舌技术，对昌黎原产地不同品种（赤霞珠、梅尔诺、西拉、佳美）、不同年份的干红葡萄酒进行了检测，通过主成分分析法对检测结果进行分析，发现各葡萄酒样在各自的区域范围内互不干扰，说明了电子舌对昌黎原产地不同品种、不同年份的干红葡萄酒有很好的区分效果。张夏宾等应用由丝网印刷电极、检测电路和调幅扫描脉冲等组成的高性能调幅脉冲扫描方法的电子舌系统对6种不同品牌的干红葡萄酒进行了测量，并通过特征值提取和主成分分析对数据进行了分析处理和识别研究，结果表明该电子舌系统能够很好区分不同品牌的葡萄酒。在白酒品评方面，王永维等采用PCA和DFA的两种数据分析方法处理电子舌传感器对不同白酒的响应信号，两种方法均能够很好地区分同一档次不同品牌（银剑南、泰山特曲、茅台国典）的白酒。

5. 在其他固态食品感官评价中的应用

醋豆是一种复合风味的休闲食品，不同醋豆产品的口味存在差异，这种复杂风味食品的品质差异程度如何，人的感官很难定量描述，但是通过电子舌仪器检测到的数据可以客观衡量不同醋豆产品之间的感官差异。张浩玉等选用10种不同口味的醋豆产品，在4种不同的稀释浓度下，用Astree Ⅱ电子舌采集数据，对采集到的味觉信号数据进行分析和处理，并通过建立费歇尔（Fisher）多级判别模型和三层BP神经网络模型对醋豆的类型进行判别，研究发现在醋豆溶液的稀释倍数为250 × 10倍时，两个模型都能达到较好的预测效果，Fisher多级判别的正确识别率达到95.70%，交互验证的正确识别率达到93.50%，三层BP神经网络的训练集正确识别率达到85.87%，测试集正确识别率达到78.26%。

二、电子舌在食品安全检测中的应用

食品安全问题关系到人民的身体健康和国计民生，日益成为全球关注的重要问题之一。食品安全问题主要表现在食品源头污染，如残留农药、存在生物毒素等。基于生物传感器的电子舌可用于检测食品和农产品中的农药残留和重金属污染。牛海霞以多频脉冲电子舌为研究手段，以有机磷类农药与拟除虫菊酯类农药作为研究对象，初步探索了多频脉冲电子舌在农药检测中的应用。赵广英等运用脉冲伏安法的电子舌技术，对从被污染的食品中分离出来的根霉、毛霉、青霉和曲霉4个霉菌属的菌株进行区分研究，经过相关数据处理，最终得到电子舌具备区分不同霉菌的能力的结论。造成农产品污染的重金属种类繁多，主要包括Cu、Zn、Pb、Cd和Ni等。Ramanathan等利用*lacZ*基因和*ArsD*基因在重组大肠杆菌中的融合表达制成了高灵敏度的生物传感器，该传感器对亚锑盐的检出限为1×10^{-15} mol/L。Giardi等发明了基于光合系统Ⅱ的生物传感器，其利用重金属替代叶绿素分子中的Mg^{2+}并引起pH值变化的特点，将藻类细胞固定在2%的琼脂中，通过检测pH值的变化，在1 μg/L浓度水平下检测到Hg、Pb、Cd、Ni、Zn和Cu等离子的存在。

电子舌作为一种新型的检测仪器，在茶、酒、饮料、乳制品、调味品、肉类等产品的整体品质质量分析检测和识别、食品安全检测等方面体现了广泛的应用价值。由于传感器具有选择性和限制性，因此电子舌往往有一定的适应性，不可能适应所有检测对象，即目前还没有通用的电子舌。因此，有必要在电子舌传感器的研发上进行研究，以获得具有高精度和高使用寿命的电子舌，同时扩大电子舌的使用范围，以便其更好地服务于食品工业。

参考文献

[1] 王栋轩，卫雪娇，刘红蕾．电子舌工作原理及应用综述［J］．化工设计通讯，2018，44（2）：140－141.

[2] 王莉，惠延波，王瞧，等．电子舌系统结构及其检测技术的应用研究进展［J］．河南工业大学学报（自然科学版），2012，33（3）：85－88.

[3] 黄秋婷，黄惠华．电子舌技术及其在食品工业中的应用［J］．食品与发酵工业，2004，30（7）：98－101.

[4] 蒋丽施．电子舌在食品感官品评中的应用［J］．肉类研究，2011，25（2）：49－52.

[5] 陈全胜，江水泉，王新宇．基于电子舌技术和模式识别方法的茶叶质量等级评判［J］．食品与机械，2008（1）：124－127.

[6] 贺玮，胡小松，赵镭，等．电子舌技术在普洱散茶等级评价中的应用［J］．食品工业科技，2009（11）：125－127.

[7] 王新宇，陈全胜．利用电子舌识别炒青绿茶的等级［J］．安徽农业科学杂志，2007，35（28）：8872－8873.

[8] 滕炯华，王磊，袁朝辉．基于电子舌技术的果汁饮料识别［J］．测控技术，2004，23（11）：4－5.

[9] 牛海霞．基于多频脉冲电子舌的茶饮料区分辨识［J］．食品工业科技，2008（6）：124－125.

[10] 姜莎，陈芹芹，胡雪芳，等．电子舌在红茶饮料区分辨识中的应用［J］．农业工程学报，2009，11：345－349.

[11] 李华，丁春晖，尹春丽，等．电子舌对昌黎原产地干红葡萄酒的区分辨识［J］．食品与发酵工业，2008（3）：130－132.

[12] 张夏宾，王晓萍．基于调幅脉冲扫描法的电子舌及其在酒类识别中的应用［J］．传感技术学报，2007（3）：489－492.

[13] 王永维，王俊，朱晴虹．基于电子舌的白酒检测与区分研究［J］．包装与食品机械，2009，5：57－61.

[14] 张浩玉，张柯，黄星奕．基于电子舌技术的不同口味醋豆的辨别［J］．食品科技，2009，34（9）：290－294.

[15] 林科．电子舌研究进展及其在食品检测中的应用研究［J］．安徽农业科学，2008，36（15）：6602－6604.

[16] 沙雪，李默涵．论述电子舌研究进展及其在食品检测中的应用［J］．科学技术创新，2013（10）：27.

[17] 赵广英，黄建锋，邓少平，等．多频脉冲电子舌鉴别食源性致病菌［J］．中国食品学报，2009（5）：184－190.

第十二章 质 谱

早在 19 世纪末，E. Goldstein 在低压放电实验中观察到正电荷粒子，随后 W. Wein 发现正电荷粒子束在磁场中发生偏转，这些观察结果为质谱的诞生创造了条件。质谱是一种测量离子荷质比的分析方法，可用来分析同位素成分、有机物构造及元素成分等。在众多的分析测试方法中，质谱学方法被认为是一种同时具备高特异性和高灵敏度且得到了广泛应用的普适性方法。质谱技术（mass spectrometry，MS）具有灵敏度、准确度、自动化程度高的特点，能准确测量肽和蛋白质的相对分子质量、氨基酸序列及翻译后修饰，因此质谱技术成为连接蛋白质与基因的重要技术，开启了大规模自动化的蛋白质鉴定之门。

第一节 质谱电离技术

质谱法是分离和测定分子、离子或原子质量的一种方法，与红外、紫外等光谱不同，质谱不是吸收光谱，而是物质粒子的质量谱。20 世纪 50 年代初，质谱仪器开始商品化，并被广泛应用于各类有机物的结构分析中。同时质谱方法与 NMR、IR 等方法结合成为分析分子结构的最有效的手段。20 世纪 60 年代出现了气相色谱-质谱联用仪，使质谱仪的应用领域大大扩展，质谱仪开始成为分析有机物的重要仪器。

一、质谱的质量分析器

质量分析器是质谱仪的重要组成部分，分析器是利用静态和（或）动态的磁场和（或）电场，使来源于离子源的离子流按 m/z 大小实现时间和（或）空间分离的器件，被喻为质谱仪的“心脏”。很多时候，分析器的分类即为质谱仪的分类。从不同的角度来看，分析器有多种分类方法，下面作简要介绍。

按工作原理，可分为 TOF 分析器、QMA、QIT、LIT、Orbitrap、ICR－IT、扇形磁场分析器（magnetic sector analyzer，MSA）和静电能分析器（electrostatic energy analyzer，EEA，又称扇形电场分析器），以及由 MSA 和 EEA 组成的双聚焦分析器（double focusing analyzer，DFA）等。

按离子注入分析器的方式，分析器可被分为连续和脉冲分析器。前者包括 QMA、MSA、EEA 和 DFA，后者包括 TOF 分析器、QIT、LIT、Orbitrap 和 ICR－IT。

按离子通过分析器的方式，分析器可被分为束型（beam－type）和捕获型分析器。

束型分析器中，离子以连续或脉冲离子束的形式通过分析器，如 QMA、MSA、EEA、DFA 和 TOF 分析器。捕获型分析器中，离子可被捕获在有限的阱空间内，如 QIT、LIT、Orbitrap 和 ICR－IT。

按传输过程中离子的平动能（translational energy）大小，分析器可被分为高能（5～20 keV）和低能（小于 50 eV）分析器。前者包括 TOF 分析器、Orbitrap、MSA 和 EEA，后者包括 QMA、QIT、LIT 和 ICR－IT。通常，将一个物体视为一个系统，其内能从广义上不仅包括原子、分子或离子的动能（平动能、转动能和振动动能）和势能，还包括电子、原子核等的能量。质谱中，常将单个气相原子、分子或离子视为一个系统，这样讨论起来更为方便。因此，本书将除平动能（以下简称“动能”）外的上述其余能量统称为“内能”。质谱的整个分析过程，如电离、解离、碰撞冷却，都与动能和内能的变化密切相关。

按实现 m/z 分离的电（磁）场是否变化，分析器可被分为静态和动态分析器。静态分析器中起 m/z 分离作用的电（磁）场不随时间变化，如 Orbitrap、MSA 和 EEA；虽然有时也会随时间改变一些电磁参数（如 MSA 进行的磁场扫描），但这是出于检测离子等目的，而非 m/z 分离。动态分析器采用交变或脉冲电场（有时还同时使用静态磁场）实现 m/z 分离，如 TOF 分析器、QMA、QIT、LIT 和 ICR－IT。

按分离、检测离子时是否需要扫描参数，分析器可被分为扫描型和非扫描型分析器。扫描型分析器（如 QMA、QIT、LIT、ICR－IT、MSA 和 EEA）中，伴随着电（磁）场的变化，不同 m/z 的离子依次通过分析器，或先被捕获再依次被激发和（或）驱射。非扫描型分析器中，不同 m/z 的离子同时通过分析器，分离后被逐一检测（如 TOF 分析器），或被捕获在阱内并同步检测（如 Orbitrap），这些过程均无须扫描参数。

按分辨率的大小，分析器可被分为低、中、高分辨率分析器，其分辨率分别为小于 1000、1000～10000 和大于 10000。随着技术的进步，有人提出将大于 100000 的称为“超高分辨率分析器”。就目前的技术水平而言，QMA、QIT、LIT、MSA 和 EEA 属于低、中分辨率分析器，TOF 分析器、DFA 属于高分辨率分析器，Orbitrap 和 ICR－IT 属于超高分辨率分析器。分析器的分辨率基本决定了质谱仪的分辨率。

按质量准确度的大小，分析器可被分为低、高或低、高、超高质量准确度分析器。以质量大于 5 mg/kg、1～5 mg/kg 和小于 1 mg/kg 作为低、高、超高质量准确度的分类标准，一般而言，QMA、QIT、LIT、MSA 和 EEA 属于低质量准确度分析器，TOF 分析器、DFA 属于低或高质量准确度分析器，Orbitrap 属于高或超高质量准确度分析器，ICR－IT 属于超高质量准确度分析器。

上述分类不是绝对的，也未必十分严谨，但至少有助于从某个侧面认识分析器的特性。本章主要介绍几种广泛使用的质量分析器，即扇形磁场、飞行时间质量分析器、四极杆质量分析器、离子阱和离子回旋共振质量分析器。

二、扇形磁场

扇形磁场是最早出现的质量分析器。磁质谱以磁铁形成磁场作为质量分析器的质谱，依据相同动能的离子在相同磁场中的偏转结果不同而将它们区分开。常见的磁质谱可分为单聚焦质量分析器和双聚焦质量分析器，前者为单一扇形磁场，后者由电场、磁场串联而成。

1. 单聚焦质量分析器

单聚焦质量分析器亦称扇形磁质谱仪，其结构如图 12－1 所示，之所以这样命名，是因为从离子源出来具有相同质荷比但具有微小的速度差别的离子通过磁场方向聚焦到一点，仅用一个扇形磁场，实际上是处于扇形磁场中的真空扇形容器，因而称磁扇形分析器。由于离子源的离子能量遵守 Boltzmann 能量分布，即从离子源出来的离子具有不同的动能，而磁场具有能量色散作用，从而限制扇形磁质谱仪的分辨率（R≤5000）。

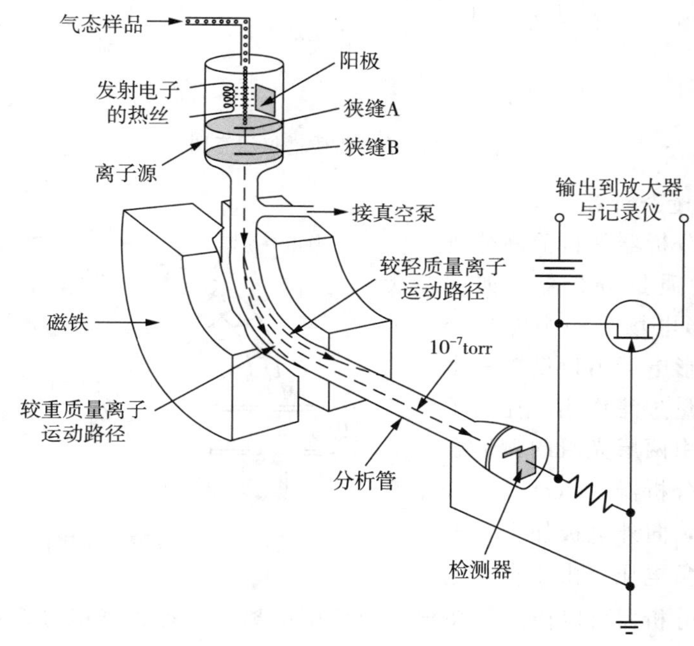

图 12－1 单聚焦质谱仪结构图

基本原理：如图 12－2 所示，在离子源中形成的各种离子被加速电压加速，获得动能；加速后的离子进入磁场，在磁场作用下做圆周运动，洛仑兹力提供向心力，即由 $zeV=\frac{1}{2}mv^2$，$zevB=\frac{mv^2}{r}$，得 $\frac{m}{z}=\frac{r^2B^2e}{2V}$。

在进行质谱分析时需依次确定各种质荷比的离子的强度，将检测器置于固定的位置上，即 r 为常数；可以固定 V，扫描 B 从而得到所有 m/z 离子的质谱图。已经证实，从这一点出发、具有相同质荷比的离子，以同一速度但不同角度进入磁场偏转后，离子束可重新会聚于一点，即静磁场具有方向聚焦作用，因而磁扇形分析器也被称为单聚焦质量分析器。

单聚焦质量分析器结构简单，操作方便，但分辨率低（一般为 500 以下），主要用于同位素测定。为提高仪器的分辨率，质量分析器除了具备一个扇形磁场之外，还加上一个扇形电场（静电分析器 ESA），这就构成了双聚焦质量分析器。

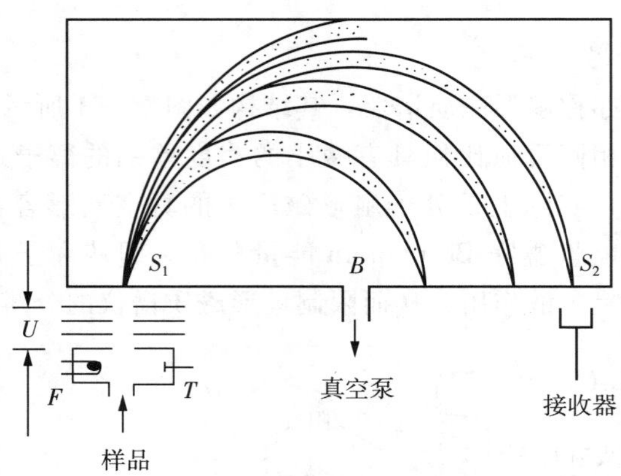

图 12-2　单聚焦质谱仪示意图

2. 双聚焦质量分析器

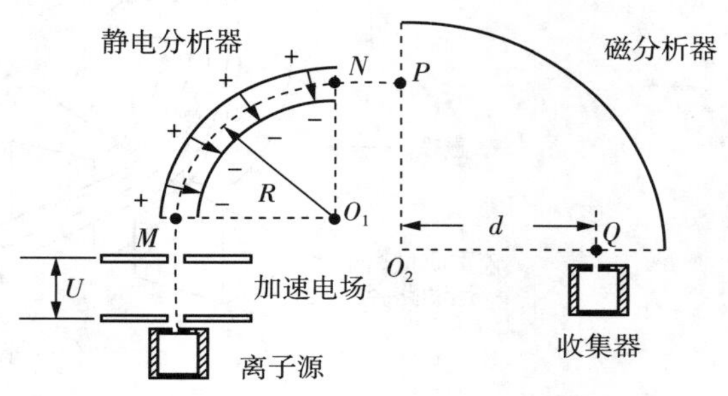

图 12-3　双聚焦质谱仪示意图

双聚焦质量分析器是目前高分辨质谱中最常用的质量分析器。如图 12-3所示，扇形电场是一个能量分析器，如果在扇形电场出口设置一个狭缝，可起到能量过滤作用。让离子束首先通过一个由两层光滑的弧形金属板组成的静电分析器（electrostatic analyzer，ESA），向外电极加上正电压，内电极加上负电压。由于存在电势差，扇形静电分析器可以使能量超出一定范围的离子碰撞到静电分析器上层的金属板而无法到达磁场区；同样，能量低于下限的离子将会碰撞到静电分析器下层的金属板而被除去。这样，可消除试样离子能量分散对分辨率的影响，只有一定能量的离子通过能量限制狭缝，即将到达扇形磁场区的离子动能限制在一个非常窄的范围。这也是双聚焦质谱仪器的基本原理。

双聚焦质谱仪器根据电场、磁场大小，可分为小型、中型、大型双聚焦质谱仪器，电场、磁场越大，其分辨率、分子量范围等性能指标越高。一般商品化双聚焦质谱仪的分辨率为 10000～100000，最高可达 150000；质量测定准确度可达 0.03 μg/g，即对于分子量为 600 的化合物可测至误差±0.0002。

双聚焦质量分析器的优点是分辨率高，缺点是扫描速度慢，操作、调整比较繁复，仪器造价也比较高。而且由于质量分辨能力仅与离子的初识动能和初识位置有关，因此，要想获得高分辨的质量区分能力，应尽可能使输入磁质谱中的离子具备单一的初始动能。在商业化磁质谱仪器中，通常采用复杂的离子光学系统来选择单一动能的离子束，但过于复杂的光学系统会导致离子传输效率下降，进而影响检测灵敏度。

三、飞行时间质量分析器

1. 基本原理

用一个脉冲将离子源中的离子瞬间引出，经过加速电压加速，它们具有相同的动能而进入漂移管，质荷比最小的离子具有最快的速度因而首先到达检测器，质荷比最大的离子则最后到达检测器。图 12－4 为 MALDI－LTOF 质谱仪工作原理图。

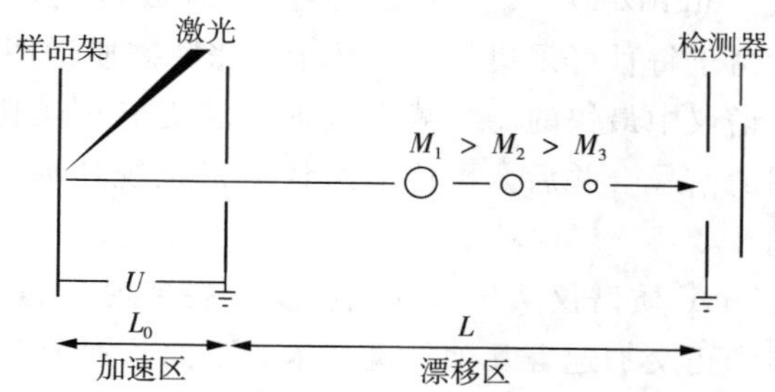

图 12－4　MALDI－LTOF 质谱仪工作原理图

MALDI 源中质量为 m、电量为 q 的离子经加速电压 U 加速后，以一定速度 v 进入一段长度为 L 的真空无场漂移区（“飞行管”所在区域）。由于惯性，离子以恒定速度 v 飞行并到达检测器。为简化推导过程，现假设同种 m/z 的离子的初速度为零，加速后可获得相等的动能 E_k（标量）。飞行速度 v 与漂移时间 t 满足如下关系，即

$$v=\sqrt{\frac{2qU}{m}}=\sqrt{\frac{2E_k}{m}} \tag{12-1}$$

$$t=\frac{L}{v}=L\sqrt{\frac{m}{2qU}}=L\sqrt{\frac{m}{2E_k}} \tag{12-2}$$

可见，t 与 m/q 的算术平方根成正比，m/z 越小的离子越先到达检测器。不同 m/z 的离子因 t 不同而实现分离。理论上，若测得 t 值，便可计算出 m/z。但实际上，仪器所测为总的 TOF，除了 t，还包括离子形成（ion formation）、引入、加速等时间（计为 t_0，$t_0=\text{TOF}-t$）。由于 t_0 无法直接测得，则 t 不可知，因而需以已知 m/z 的化合物来进行质量校正。

为避免质谱图重叠，TOF 质谱仪需以脉冲方式工作，即当前离子包（ion package; ion packet）中 t 最大者（m/z 最大者）到达检测器后，下一个离子包才被允许进入分析器。因此对于加速电压 U 采用脉冲电压（持续 10～100 ns），每次脉冲产生的全 m/z 范围的所有离子，除少量损失外均能到达检测器，因此不会出现扫描型质谱仪的“谱偏斜”（spectral skewing）问题。所谓“谱偏斜”，指 LC 仪等流出的分析物浓度随时间不断变化，导致同一个色谱峰在不同时间窗口对应的不同质谱图中，离子的相对丰度存在一定偏差。

通常，离子的动能为 10～30 keV，通过 1～2 m 的漂移区仅需数十至数百微秒。例如，当加速电压为 20 kV 时，m/z 为 100～1000 的离子可在 10.181～32.194 μs 内先后通过 2 m 长的漂移区。这意味着，加上离子形成、加速等时间，m/z 在 1000 以内的离子在 100 μs 内即可完成一个循环，得到一张瞬态质谱图。一般地，m/z 相差 1（$\Delta M=1$）的离子到达检测器的时间差（Δt）为数纳秒至数十纳秒；由于 t 与 m/z 的算术平方根成正比，

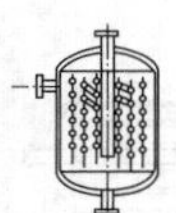

因此随着 m/z 的增大，Δt 变小。例如，在上述条件下，m/z 为 500 和 m/z 为 501 的离子的 Δt 为 23 ns，m/z 为 1000 和 1001 的离子的 Δt 为 16 ns。以上计算表明，TOF 质谱仪是在纳秒级时间内完成全谱检测的，并要求检测器在纳秒级时间内快速响应，同时数字化仪（digitizer）——模数转换器或时数转换器——要迅速将检测器信号转化为数字信号。由于每秒可采集数万至数十万张瞬态质谱图，因此 TOF 质谱仪的采集速度是目前所有质谱仪中最快的。为减少数据量和提高信噪比，检测系统通常将数千至数万张瞬态质谱图的信号合并后，再传输给计算机系统处理，因此实际采集速度为每秒数张至数百张谱图。

TOF 质谱仪从早期的低性能发展到现今的高水平，离不开双场加速、时滞聚焦、反射器和正交加速等几项关键技术。下面分别予以介绍。

2. 分辨率的改善

分辨率低下曾是制约 TOF 质谱仪发展的主因。如图 12－4 所示的 LTOF 质谱仪中，离子被加速时，相同 m/z 的离子的初始状态，如空间位置、动量（涉及速度大小和方向）、形成时间不可能完全一致。这些因素将造成同种离子的 TOF（从离子形成至到达检测器的全部时间）的分散，导致质量峰展宽，分辨率下降。

（1）双场加速

Wiley 和 McLaren 于 1955 年提出的“双场加速”理论可有效实现空间聚焦。如图 12－5 所示，离子源生成的离子经源背板与第一栅极（grid）间的脉冲弱电场（E_s）加速后，再经第二级强电场（E_d）加速。对于 m/z 相同但空间位置不同的离子，与源背板距离越近的，被 E_s 加速的距离和时间越长，进入第二加速区的速度也越快，再经 E_d 同等加速后进入漂移区飞行。原先位置靠后的离子可在漂移区的某一点“追上”前面的离子（聚焦点的位置与 m/z 无关）。当满足适当条件时，同种离子可在通过漂移区后在检测器表面实现一阶聚焦。因此，双场加速可以大大改善因位置分散造成的分辨率下降，可将原来单场加速时不到 500 的分辨率提升至 2000 左右。其实，双场加速对动量差异引起的动能分散和回转效应（turn－round effect）也有一定改善作用。但对于空间聚焦与动量聚焦，某些参数要求是相反的，因而要实现更好的空间聚焦，动量聚焦就可能变差，需用别的方法解决。经过不断完善，双场加速技术如今已被广泛应用，并进一步发展出了多场、多阶的聚焦方法。

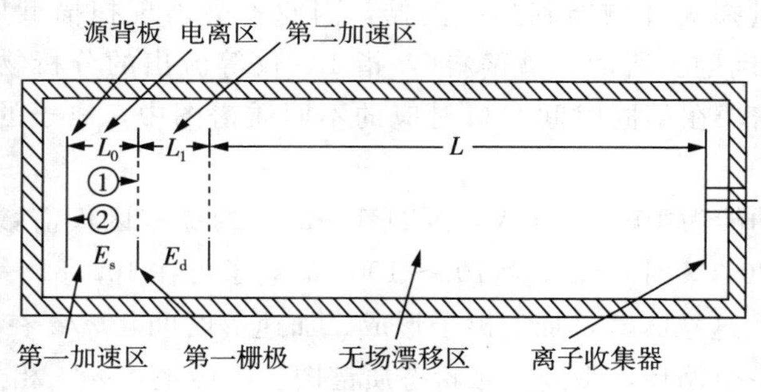

图 12－5　双场加速的 TOF 质谱仪

所谓“回转效应”，是由逆向（与朝源背板方向相反的方向）飞行的离子引起的。假定 m/z 相同的 A、B 两离子处于同一个初始位置，且与沿漂移区轴向上速度的大小相同，但方向相反（A 离子朝向检测器）。当触发脉冲电压时，离子 A 立即加速飞向检测器；但离子 B 却减速逆向飞行，直至速度为零，然后才“掉头”回到初始位置（所经历的这段时间即“回转时间”），然后继续被加速。A、B 离子虽然最终具有相同的轴向动量，但由于回转时间造成了 TOF 的差异，导致分辨率下降。除采用双场加速（如提高 E_s 可缩短回转时间）外，还可通过延长漂移区长度以及采用聚束光学系统（beam forming optics）、狭缝等来克服回转效应。

（2）时滞聚焦

时滞聚焦与双场加速的不同之处，是在离子形成与脉冲电压触发之间增加了一段时间延迟。例如，MALDI 源中，激光照射样品时，离子以 200～1000 m/s 的速度离开样品表面。延迟时间内，同种离子在第一加速区（此时为无场）中以各自的初速度运动，越快的离子离源背板越远，由此将动量分散转变为位置分散。延迟结束后，才触发脉冲电压，以双场加速方式进行空间聚焦。但是，TLF 的聚焦能力仍然有限，且延迟时间长短与 m/z 相关，因此仅适用于 m/z 范围较窄的情形。

除了位置与动量，离子形成时间也是影响分辨率的重要因素。对于 MALDI 源，离子形成有先有后。一般地，解吸/电离过程需 10～50 ns，而如前所述，m/z 为 1000 和 1001 的离子通过漂移区的 Δt 约为 16 ns，随着 m/z 的增大 Δt 还会更小。如此一来，离子形成的时间就可能大于 Δt，势必会影响分辨率，而这种分散无法用反射器来校正。此外，MALDI 源的激光束轰击样品后会产生大量的粒子烟云，离子若立即被电场加速会与烟云发生气相碰撞，导致动量分散甚至 CID 的发生。Wiley 和 McLaren 当年提出的旨在解决动量分散的 TLF 理论，后被发现正好也可用于解决上述问题。由于延迟时间（200～500 ns）内第一加速区并无电场，因而待脉冲电压触发时，先后形成的离子正好可处于同一“时间”起跑线上。同时，延迟时间内中性的粒子烟云也可被真空系统抽除。加之 TLF 本身有一定的动量聚焦功能，若再与反射器技术结合，可将分辨率提升至更高水平。TLF 是一项影响深远的技术，又被称为“延迟引出（delayed extraction，DE）”、“脉冲离子引出（pulsed ion extraction，PIE）”等。

（3）反射器

图 12－6 为离轴设计的 ReTOF 质谱仪示意图。反射器通常由减速/加速和反射电场组成。离子进入反射器后先减速，直至停止，然后再被反射至检测器。动能越大的离子越先进入反射器，进入的程度也越深，滞留的时间也越长。当离子被反射加速时，虽可恢复至进入反射器前的动能大小，但对进入越深的离子，返回时的路程也越长。通过调节反射器参数，可使同种离子在被反射至检测器时实现“聚焦”。为便于理解，也可将反射器视为一个“离子源”，相同 m/z 的离子在反射器的不同位置被加速后聚焦在检测器表面。反射器的运用还使离子在有限的空间内延长了飞行距离，且一定程度上减少了离子因飞行角度分散（angular spread）而与飞行管碰撞造成的损失。因此 ReTOF 质谱仪的分辨率可达 10000 以上。但是，反射器不能补偿回转效应造成的 TOF 分散。

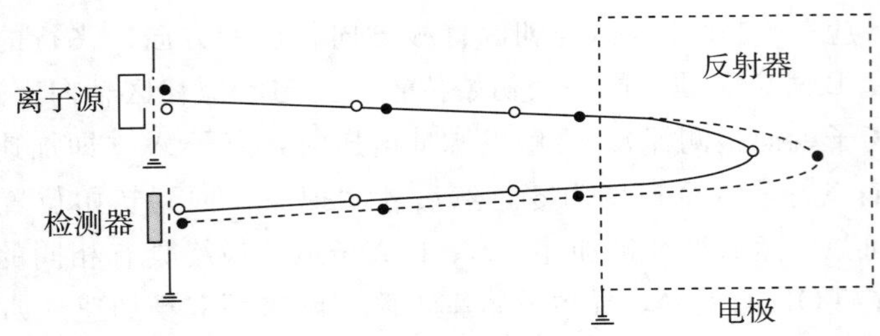

图 12-6 离轴设计的 ReTOF 质谱仪示意图

按是否使用栅极，ReTOF 质谱仪可分为有栅（因多采用金属筛网栅极，故又称“有网”）和无栅（无网）；按电场类型可分为均匀场、弯曲场、二次场等；按反射次数可分为单级、二级和多级；按反射角度分为离轴和共轴。

3. 与连续离子源的联用

TOF 分析器的原理决定了其工作方式为脉冲式，因而与之最匹配的是 MALDI 源等脉冲离子源。正交加速（orthogonal acceleration，OA）——又称“正交引入（orthogonal extraction)”——技术的出现，使 TOF 分析器也可利用 ESI 源等重要的连续离子源，大大拓宽了其应用范围。图 12-7 为运用 OA 技术的 LTOF 和 ReTOF 质谱仪示意图。离子流源源不断地从 x 方向进入第一加速区（此时无电场），待适当时间后，用一个快速脉冲打开 y 方向的加速电场；经双场加速后，离子进入漂移区。OA 技术将连续离子流转变为脉冲离子包，为各种不同类型的离子源与 TOF 分析器联用提供了一个通用的接口技术。由于离子是从 x 方向进入加速区的，在此方向上有一定的速度，因此飞行管不宜垂直于 x 方向，而是成一定锐角，并且飞行管的径向宽度比一般的要大，以减少离子与管壁的碰撞。同时，也要求检测器的面积足够大，以保证较多的离子能被接收。该类质谱仪的另一显著优势是聚焦能力强。离子流在进入第一加速区前，经过了离子光学系统的准直和碰撞冷却，y 方向上的动量及其分散已降至最小（x 方向上的动量并不影响 TOF)，加之双场加速的进一步聚焦，该类质谱仪可达到较高的分辨率。

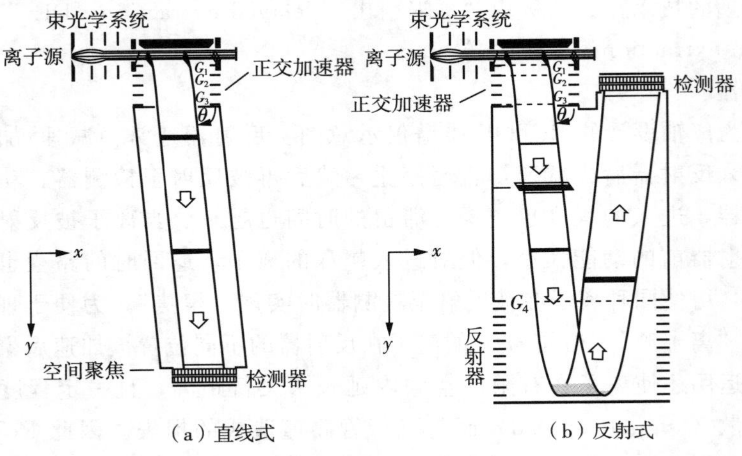

图 12-7 运用 OA 技术的 LTOF 和 ReTOF 质谱仪示意图

4. 性能及其影响因素

TOF 分析器的分辨率 R_{FWHM} 等于时间分辨率的一半，即

$$R_{FWHM}=\frac{M}{\Delta M}=\frac{1}{2}\frac{t}{\Delta t} \tag{12-3}$$

在整个 m/z 范围内（除了很低和很高的 m/z），TOF 分析器的分辨率几乎保持不变。LTOF 分析器的 m/z 范围理论上无上限，但 LTOF 质谱仪的 m/z 范围要受检测器的响应时间限制。ReTOF 质谱仪的 m/z 范围还受反射器的限制。

LTOF 质谱仪的传输效率很高，可达 90%。即使是亚稳离子（metastable ion）在飞行过程中解离，碎片离子也会保持原来的速度（动量守恒），与稳态离子同时到达检测器，不会造成损失。主要的离子损失来自离子与背景气体分子、飞行管壁的碰撞。传输效率高是 LTOF 质谱仪灵敏度高的重要原因。对于 ReTOF 质谱仪，有栅反射器不如无栅的传输效率高，但有栅的分辨率更高。

质量准确度受环境温度的影响较大。温度变化可能引起加速电压输出变化，飞行管和反射器的长度、角度变化等。现代仪器除采用热膨胀系数小的合金制造飞行管，以及用隔热夹套维持飞行管的温度，还可通过温度补偿、质量校正等手段来保证质量准确度。

飞行时间质量分析器的优点主要在于它可以获得精确质量数，并且分辨率高、扫描速度快，同时具有高全扫描灵敏度，可用于大分子（几十万原子量单位）的分析，在生命科学中用途很广；但是它无 MS/MS 功能，只能使用“源内碰撞诱导解离”功能，并且不如四极杆和离子阱质谱中 SIM 和 MS/MS 中 SRM 灵敏。

四、四极杆质量分析器

相较于 TOF 质谱仪，四极质谱仪在短时间内就达到了较高的性能水平。经过 60 余年的发展，现已成为技术成熟、应用最广的质谱仪。其特点是传输效率高、扫描速度快、离子加速电压低、体积小巧、造价相对低廉等。

1. 基本原理

（1）四极杆与二维四级场

英文 quadrupole 一词，有“四极”“四极子”“四极装置（杆）”等含义。在国内，QMA（QMF）和四极质谱仪更多时候被分别称为“四极杆（质量分析器）”和“四极杆质谱仪”。如图 12－8 所示，QMA 由四根圆柱形电极（理想的应为截面呈无限延伸的双曲面杆电极）——四极杆（quadrupole；quadrupole rods）组成。四根杆电极围成正四棱柱的形状，底面中心到每根杆电极的最短距离为 r_0，称为“场半径”。相对的每一对杆电极相连，处于同一电势。平面 xz 和平面 yz 上的两对杆电极分别被施加大小相等、极性相反的电压。所施电压由直流（direct current，DC）电压 U 和余弦变化的射频（radio frequency，RF）电压——$V\cos\Omega t$（V 为 RF 电压的振幅，Ω 为角频率，t 为时间）叠加而成。若采用完美的双曲面四极杆，则形成一个关于 z 轴对称的理想四极场。图 12－9 所示为四级场的等势线分布，两条渐近线上的场强为零，z 方向上的场强也为零。可见，这是一个二维四极场，因而 QMA 又称“线性 QMA”。若离子以一定初速度沿 z 方向射入四极场，由于惯性，在 z 方向上仍以初

速度前进；在 x、y 方向上则受到随时间周期变化的电场力（若刚好沿 z 轴运动则不受力），以变化的振幅绕 z 轴振荡（oscillation）。设置适当的电参数，可使某一个 m/z 或某一个 m/z 范围内的离子稳定通过四极杆，到达检测器，其余离子则因振荡的振幅过大，与四极杆碰撞后消失，或从四极杆的间隙逸出，被真空系统抽走。这样，QMA 就发挥了“质量过滤”（严格说是“m/z 过滤”）的作用，因而又称“QMF”。在实际仪器中，往往需增加一较低的轴向 DC 电压，为离子提供轴向飞行的动能。

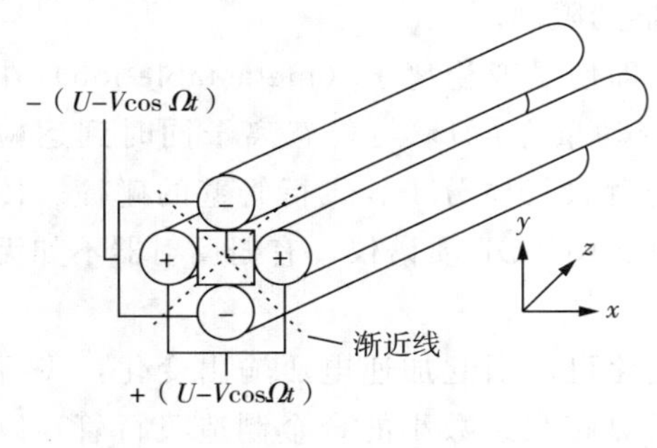

图 12-8　QMA

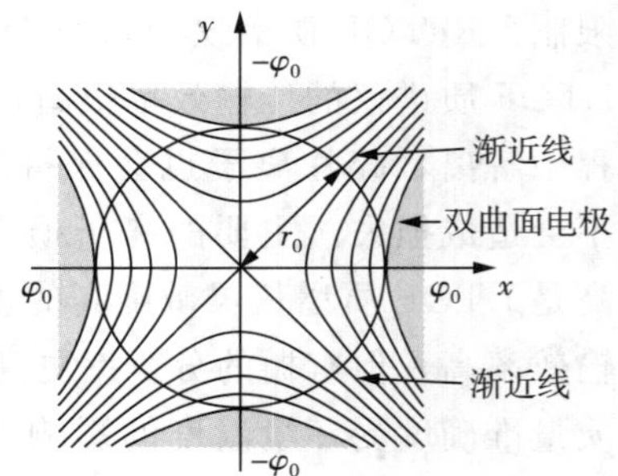

图 12-9　四级场的等势线分布

除了加工误差和有限截面的影响，双曲面杆电极的电场最接近理想四极场。但由于其加工困难，难达高精度，且造价高昂，因此一般采用圆柱形电极代替双曲面杆电极。若圆柱形电极的半径 r 与场半径 r_0 满足一定关系，则其形成的电场更近似于四极场。最新研究表明，r 为 1.12 r_0～1.13 r_0 或 1.128 r_0～1.130 r_0 最佳。

（2）理论基础——Mathieu（马蒂厄）方程

由前述可知，在 z 方向具一定初速度的离子在四极场中的运动轨迹可视为“螺旋状”，但这仅是一种非常粗略的近似。事实上，离子在这种非均匀的、周期变化的电场中的运动轨迹十分复杂，在数学上可用二阶线性微分方程——Mathieu 方程来描述。该方程是由法国数学家 É. Mathieu（1835—1890）于 1868 年提出的，最初是为了解决椭圆形鼓膜的横向振动一类的问题，后来发现可用来描述离子在四极场中的运动轨迹及稳定运动的条件。Mathieu 方程因此成为 QMA 的重要理论依据。下面对 Mathieu 方程的稳定解和非稳定解进行简单讨论，以帮助理解 QMA 的工作原理。

以四极场的中心（x，y）＝（0，0）为零电势点，设平面 xz 上的一对杆电极电势为 φ^0，平面 yz 上的另一对杆电极电势为 $-\varphi^0$，则相邻杆电极间的电势差为 $2\varphi^0$（注：有的文献不以四极场的中心为零电势点，而设相邻杆电极间的电势差为 φ^0，由此导出的公式的系数与本书有异，阅读时应加以注意）。φ^0、$-\varphi^0$ 和 Ω 分别为

$$\varphi^0 = +(U - V\cos\Omega t) \tag{12-4}$$

$$-\varphi^0 = -(U - V\cos\Omega t) \tag{12-5}$$

$$\Omega = 2\pi f \tag{12-6}$$

式中，Ω 为角频率，单位为 rad/s；f 为频率，单位为 Hz。

由 Laplace（拉普拉斯）方程可得到理想四极场中任意一点（x，y）的电势 φ（x，y）为

$$\varphi(x,\ y) = \frac{\varphi^0 (x^2 - y^2)}{r_0{}^2} \tag{12-7}$$

据牛顿第二定律，可推出离子在 x、y 方向上的运动方程，即

$$\frac{\mathrm{d}^2 x}{\mathrm{d}t^2} + \frac{2q}{m r_0{}^2}(U - V\cos\Omega t)x = 0 \tag{12-8}$$

$$\frac{\mathrm{d}^2 y}{\mathrm{d}t^2} - \frac{2q}{m r_0{}^2}(U - V\cos\Omega t)y = 0 \tag{12-9}$$

上式并未出现 x、y 的交叉项（如 $x^m y^n$），因而离子在 x 方向上的运动仅与 x 相关而与 y 无关，在 y 方向上的运动仅与 y 相关而与 x 无关。两个方向上的运动是独立的，可分别进行数学处理。

引入下列 3 个量纲一的新参数：

$$\xi = \frac{\Omega t}{2} \tag{12-10}$$

$$a_u = a_x = -a_y = \frac{8qU}{m\, r_0{}^2 \Omega^2} \tag{12-11}$$

$$q_u = q_x = -q_y = \frac{4qV}{m\, r_0{}^2 \Omega^2} \tag{12-12}$$

将参数 ξ、a_u、q_u 代入式 12－8 和式 12－9 中，并用 u 代替 x 或 y（特别注意：不能类推为用 a_u 代替 a_x 或 a_y），可将 x、y 方向上的运动方程统一表达为

$$\frac{\mathrm{d}^2 u}{\mathrm{d}\xi^2} + (a_u - 2\, q_u \cos 2\xi)u = 0 \tag{12-13}$$

上式即著名的 Mathieu 方程，其解 u（ξ）可分为稳定解和不稳定解两类。这里不具体讨论解的形式，只讨论其性质。若 u（ξ）是稳定解，则当 ξ 趋于无穷大时，u（ξ）趋于零或取有限值，这意味着离子在 x 或 y 方向上的振荡是有边界的（振幅 $< r_0$），可沿 z 方向通过无限长的四极杆；若 u（ξ）是不稳定解，则当 ξ 趋于无穷大时，u（ξ）的绝对值呈指数增长，这意味着振幅不断加大，最终与四极杆碰撞，或从四极杆间隙逃逸。换言之，只有 x（ξ）和 y（ξ）均是稳定解时，离子才能稳定通过四极杆。

但实际上，离子能否通过四极杆不仅与 a_u、q_u 有关，还与四极杆长度 L、离子入射位置（x，y）、入射时的径向（u 方向）和轴向（z 方向）速度、入射时 RF 电压的相位 Ωt，以及离子在四极场中经历的 RF 周期数（NRF）等有关。

（3）Mathieu 稳定性图

Mathieu 方程的解稳定与否取决于 a_u 和 q_u 的大小。a_u、q_u 分别与 U、V 成正比。对于同一 m/z 的离子，$a_u/q_u = 2\,U/V$。分别以 q_u、a_u 为横、纵坐标，可得到反映 Mathieu 方

程的解 u（ξ）的（不）稳定性的图，亦即反映离子在 u 方向上运动的（不）稳定性的图——而非反映运动轨迹的（不）稳定区域的图，称为 Mathieu 稳定性图（Mathieu stability diagram），简称“稳定性图”。图 12－10 为 u 方向上的 Mathieu 稳定性图。在平面 $q_u a_u$ 上，由一些等 β_u 线划分出了阴影和空白区域（图中只画出了作为边界线的等 β_u 线，其余等 β_u 线未画出）。β_u 是仅与 a_u、q_u 相关的复杂函数（此处不讨论函数表达式）。所谓“等 β_u 线”，是由一组 β_u 值相等的点（q_u，a_u）构成的一条曲线。凡具有相同 a_u、q_u 的离子（不同 U、V 和 Ω 下对应不同的 m/z），在 u 方向上具有相同的振荡周期，因此 β_u 是一个反映离子运动频率特征的参数。离子在 u 方向上振荡的角频率 $\omega_{u,n}$ 称为“久期频率”（secular frequency），可表示为：

$$\omega_{u,n}=(2n+\beta_u)\frac{\Omega}{2},\ n=0,\ 1,\ 2,\ 3,\ \cdots \tag{12-14}$$

$$\omega_{u,n}=-(2n+\beta_u)\frac{\Omega}{2},\ n=-1,\ -2,\ -3,\ \cdots \tag{12-15}$$

其中以 $n=0$ 最为重要，对应的 $\omega_{u,0}$ 被称为“基频”。

稳定性图中，阴影区域为 x 或 y 方向上的稳定区，其中重叠部分为两个方向上共同的稳定区；空白区域为两个方向上均不稳定的区域（注：边界线对应的离子运动也是不稳定的）。只有 a_u、q_u 处于共同稳定区的离子才能通过四极杆。如图 12－10 所示，这些共同稳定区可分别标记为Ⅰ、Ⅱ、Ⅲ、Ⅳ……（理论上，这样的稳定区有无数个，从图中共可找到 8 个）。在 a_u、q_u 的绝对值越大的稳定区，U、V 越大，离子的振幅也越大。但过高的电压会带来一些弊端，过大的振幅也要求仪器的尺寸更大。加之早期的电子技术无法解决传输效率低、灵敏度低等问题，因此Ⅱ、Ⅲ、Ⅳ等高级稳定区在当时的实用价值不大。传统上，位于原点附近的第Ⅰ稳定区是研究最深入、应用最广的区域。第Ⅰ稳定区关于 x 轴对称，图 12－11 只显示了其在第一象限的放大图。该区域的形状大致像一个三角形，被称为“稳定性三角形”。其底为 q_u 轴的一部分，左、右两腰分别为 a_0 和 b_1 两条等 β_u 线的一部分，其中 a_0（$\beta_y=0$）近似抛物线，b_1（$\beta_x=1$）近似直线（稳定性三角形内的虚线为其他等 β_u 线）。左、上、右三个顶点分别为（0，0），（0.70600，0.23699）和（0.908，0）。

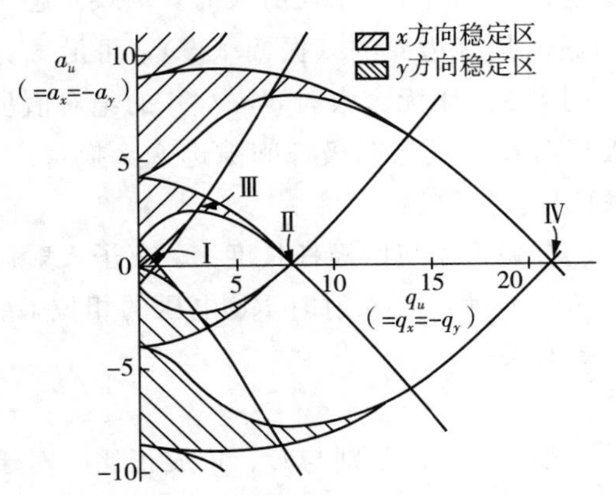

图 12－10　u 方向上的 Mathieu 稳定性图

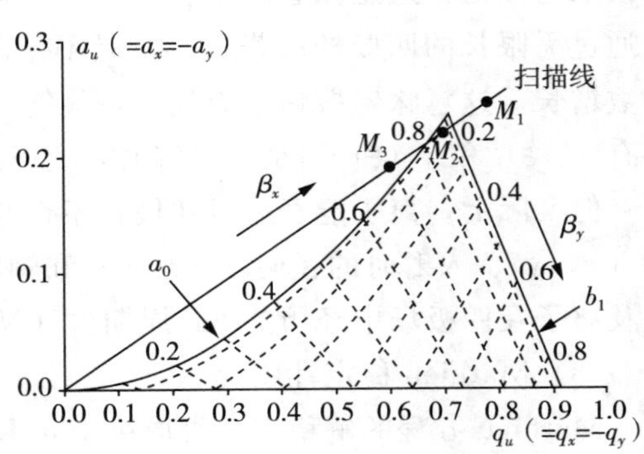

图 12－11　稳定性三角形

（4）工作原理

一般地，QMA 通过扫描电压 U、V 实现质量过滤。如图 12－11 所示，过原点作一条贯穿稳定性三角形的直线，称“扫描线”或“工作线（operating line）”。由式（12－11）和式（12－12）可得

$$\frac{m}{q}=\frac{8U}{a_u r_0{}^2 \Omega^2}=\frac{4V}{q_u r_0{}^2 \Omega^2} \tag{12-16}$$

其中，r_0 与四极杆本身尺寸有关，Ω 一般保持不变。因此，当 U、V 固定时，不同的 a_u、q_u 对应不同的 m/q（m/z）。换言之，在图 12－11 中，不同 m/z 的离子（如 m/z 分别为 M_1、M_2、M_3 的离子）的工作点（q_u、a_u）沿扫描线分布（m/z 越大，离原点越近）。工作点位于稳定性三角形内的离子（如 M_2）能通过四极杆，位于两腰及外部的离子（如 M_1、M_3）则不能通过。保持扫描线的斜率 k（$k=a_u/q_u=2U/V$）不变，均匀提高 U 值（V 值也随之提高），则不同 m/z 的离子的工作点沿扫描线朝 q_u 正方向匀速移动，即 M_3 的工作点进入稳定性三角形内，而 M_2 的工作点从中移出，此时 M_3 能通过四极杆，而 M_1 和 M_2 不能。不断提高 U 值，即“扫描” U 值，不同的离子按 m/z 从小到大依次通过四极杆。当然，也可从大到小扫描电压。当扫描完一定 m/z 范围的离子后，便可得到一张质谱图。与 TOF 分析器的全谱检测相比，QMA 是逐一扫描离子，理论上某一特定时刻仅有特定 m/z 的离子能通过四极杆，因此来源于离子源的大部分离子实际上被“浪费”掉了。

除主流的电压扫描，由式（12－6）、式（12－11）和式（12－12）可知，也可进行频率 f（或角频率 Ω）扫描。保持 U、V 不变，频率从数百赫兹增至数兆赫兹，不同离子按 m/z 从大到小依次通过四极杆。频率扫描避免了高电压带来的种种弊端，特别适合在低频率下分析高 m/z 的离子。但 QMA 通常是用 RF 振荡器来产生 RF 电压的，受谐振网络的限制，QMA 难以实现宽频率范围的扫描。

QMA 还可通过“稳定性岛”（stability island）来工作。在上述主 RF 电压 $-V\cos\Omega t$ 的基础上增加一个辅助 RF 电压 $-V'\cos(\Omega_{\text{aut}}+\alpha)$。在辅助 RF 电压的四极共振激发下，稳定性图被许多不稳定性带分割成多个稳定性岛。图 12－12 所示为第Ⅰ稳定区靠近上顶点区域中的稳定性岛（黑色区域）和不稳定性带（白色带状区域）。工作时，扫描线从其中一个稳定性岛中穿过。这种工作方式的优点是可有效改善质量峰两侧的峰形拖延，提高丰度灵敏度。

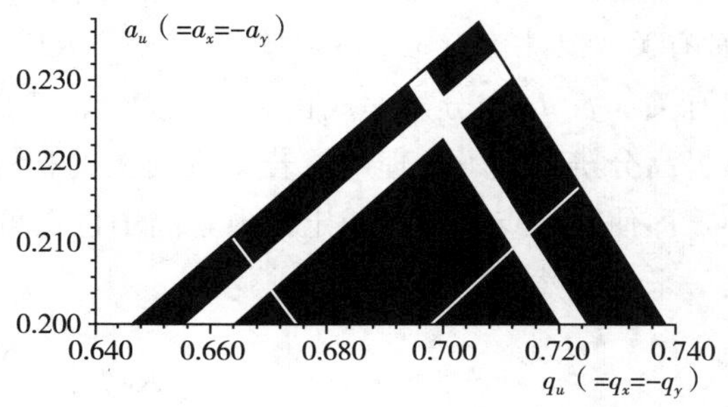

图 12－12　第Ⅰ稳定区靠近上顶点区域中的稳定性岛和不稳定性带

除正、余弦波形外，理论上 QMA 也可采用其他任何周期性波形的电压。随着数字技术的发展，出现了诸如矩形、三角形波形数字电压驱动的“数字 QMA”。

2. QMA 性能

质谱仪的一些性能，如 m/z 范围、分辨率、灵敏度受到多重因素的影响，其中有的因素会同时影响几项性能。因此一般而言，质谱仪的各项性能是相互关联、相互制约的。实际应用中，往往需在几者间选择一个平衡点，或为提高某方面的性能而牺牲其他一些性能。下面简单地讨论一下影响 QMA 性能的主要因素。

上文提到，离子在任一个相位、以任一个速度、从任一个位置进入四极杆，即使工作点位于稳定性三角形内，也未必能顺利通过四极杆。在任一个相位进入四极杆，均能通过的所有离子的集合，反映了 QMA 对离子初始状态（速度和位置）的接受度（acceptance）。接受度与 $r_0^4 f^2$ 成正比，与分辨率成反比。接受度也可用传输效率来描述。QMA 的传输效率较高，一般在 50%以上，而 MSA 仅为 0.1%～1%。传输自离子源的、具有一定入射初始状态的离子，反映了离子源的发射度（emittance）。离子源的发射度和 QMA 的接受度是决定离子源与 QMA 之间的传输效率的重要因素，而传输效率与灵敏度密切相关。

若只考虑 Mathieu 方程的解的稳定性，凡工作点在扫描线与稳定性三角形两交点间的线段（不含两端点，下同）上的离子，均能通过四极杆。k 越大，线段越短，对应的 m/z 窗口越窄，分辨率越高。当 k 趋于 0.23699/0.70600＝0.33568 时，扫描线不断靠近稳定性三角形的上顶点，分辨率趋于无穷大，通过四极杆的离子数趋于零。当扫描线刚好穿过上顶点时，没有任何离子能通过四极杆，因为边界对应的离子运动是不稳定的。实际应用时，通常根据所需分辨率的大小，同时兼顾灵敏度，将 k 调到略低于 0.33568 的数值。由于在电压扫描模式下，k 保持不变，因此 ΔM 恒定，分辨率与 m/z 成正比。通常，QMA 只能达到或略高于 UMR。由于电压的快速变化很容易实现，因此 QMA 的扫描速度很快，可达 10～15 Hz（以 $\Delta M=1000$ 计）。相比之下，MSA 受电磁铁磁阻所限，无法实现磁场强度的快速扫描。

分辨率还与离子在四极杆中的停留时间（residence time），亦即经历的 RF 周期数 NRF 有关：其中，$n\approx2$，K 一般取 20。NRF 与 f、四极杆长度 L 和离子在 z 方向上的速度有关。f^2L^2 与分辨率成正比。增大 f、延长 L、减小离子在 z 方向的速度及其分散，均可提高分辨率。不难理解，若 z 方向上的初速度过大，通过四极杆的时间过短，NRF 过小，即使工作点位于不稳定区内，离子也有可能通过四极杆，因为此时振幅尚小于 r_0。如此一来，必然降低分辨率。

$$R_{\mathrm{FWHM}}=\frac{N_{\mathrm{RF}}{}^{n}}{K} \tag{12-17}$$

场缺陷（field imperfection）也是影响分辨率的重要因素，其来源主要有三方面。一是边缘场（fringe field），这是最主要的来源。在杆电极两端，电场并非突然消失，而是在约以 r_0 为半径的范围内产生了具有复杂成分的电场，包括多极场及 z 方向的场分量，使离子在 u、z 方向上的运动在四极杆的出、入口处变得耦合。一般而言，边缘场有散焦作用，还削弱了 QMA 的接受度。当然，如果利用得当，边缘场也可能带来益处。二是非对称场。由于 RF 电压并非绝对严格的余弦变化，杆电极的几何形状和相对位置存在误差，电极罩和周围绝缘体产生干扰等原因，四极场会发生畸变，不再对称，同时也可能引入多极场成分。三是局部的场缺陷，比如杆电极局部污染对附近电场造成的微扰（perturbation）。

此外，让 QMA 在高级稳定区工作也是提高分辨率的有效途径。即使对于初始动能较大的离子，在高级稳定区也易实现 UMR。

当工作点位于上顶点附近时，QMA 所能分离的最大 m/q 可用下式表示，即

$$\left(\frac{m}{q}\right)_{\max}=\frac{4V_{\max}}{0.70600\,r_0{}^2\Omega^2} \tag{12-18}$$

式中，$V_{\max}$为电源所能输出的最大 V 值。虽然增大 Ω 有利于提高分辨率、传输效率和灵敏度，但 m/z 范围也随之缩小，需要能提供更高 $V_{\max}$值的电源，才能分析更高 m/z 的离子。

3. 离子导向器

如前所述，离子源的发射度与 QMA 的接受度越匹配，传输效率越高。为了提高二者的匹配度，需在离子源与 QMA 之间增加 1 个离子光学系统（ion optics，IO）。IO 是利用电场和（或）磁场在真空条件下控制离子束成形（formation）、聚焦和偏转的装置。合理设计与运用 IO 对改善质谱仪的性能至关重要。图 12－13 为某 QhQ（h 表示六极杆）质谱仪的 IO 配置。可见，IO 既可位于离子源与分析器之间，又可位于分析器与碰撞池、分析器与检测器之间。IO 的类型很多，包括各式离子透镜、离子导向器（简称“导向器”）、离子漏斗等，它们常常相互配合发挥作用。本章只对基于多极杆（multipole）的导向器加以介绍。

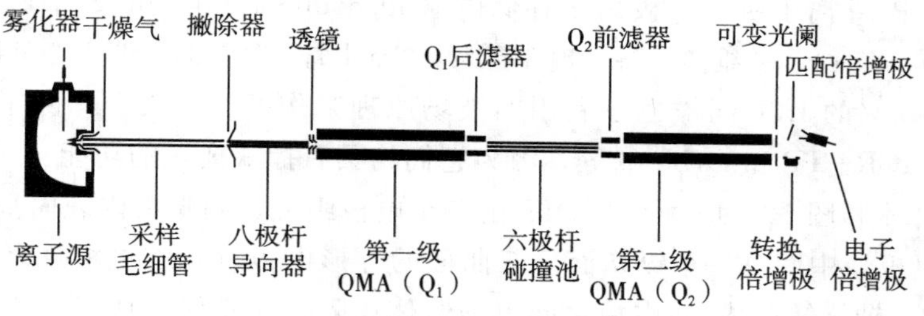

图 12－13　某 QhQ 质谱仪的 IQ 配置

当四极杆上仅加 RF 电压时，$a_u=0$，图 12－11 中的扫描线与 q_u轴重合，右顶点对应的 m/q 值为最小 m/q 截止值，即

$$\frac{m}{q}=\frac{4V}{0.908\,r_0{}^2\Omega^2} \tag{12-19}$$

凡 m/z 值大于最小 m/z 截止值的离子均可在 u 方向上稳定振荡。除滤除最小 m/z 截止值以下的离子外，四极杆不再有其他“滤质”功能。这种仅加 RF 电压的四极杆可作为导向器或串联质谱仪中的碰撞池。除了四极杆，其他多极杆，如六极杆、八极杆，在仅加 RF 电压的模式下，也可作导向器和碰撞池。但与四极杆产生的二维四极场不同，六极杆、八极杆等分别产生的是二维六极场、二维八极场等多极场，其 x 方向上的电场与 y 有关，y 方向上的电场与 x 有关。因此离子在 x、y 方向上的运动是耦合的。在相应的稳定性图中，稳定区和不稳定区是弥散的，没有确切的边界，因此六极杆、八极杆等不宜

作为滤质器。但由于六极杆、八极杆可很好地约束和传输离子，且 m/z 范围显著宽于四极杆，因此适合作为导向器和碰撞池。

最初人们以为导向器中的压强越低越好，以减少离子散射造成的损失。但后来发现，导向器中保持适度的压强（$10^{-2}\sim10^{-1}$ Pa），反而可提高传输效率。原因在于振荡中的离子与缓冲气（buffer gas）——又称“浴气（bath gas）”——分子发生碰撞，内能和（或）动能有所减小，即所谓“碰撞冷却”。同时，离子的动能分散也在缩小，且向导向器中心聚集，这个过程称“碰撞聚焦”。但是，如果离子初始动能过大，导向器中压强过高，离子就会变得以散射为主，甚至发生解离。上述多极杆作为导向器各有优势，例如，八极杆的质量歧视（mass discrimination）明显小于四极杆和六极杆，传输效率最高；四极杆的聚焦性优于六极杆和八极杆；六极杆对真空的耐受度较强。

四极杆质量分析器具有结构简单、体积小、易清洗、耐用、分析成本低的优点，还具有优良的定量性能，可在较低真空度下工作，扫描速度快，易与色谱联用，它的质谱图是线性质量坐标，易于数据处理。但它扫描速度比离子阱和飞行时间质谱慢，只能使用“源内碰撞诱导解离”进行结构解析，无法获得精确质量数。

五、四级离子阱

1. 基本原理

(1) 阱电极与三维四级场

QIT 又称 Paul 离子阱、四极离子存储阱（quadrupole ion storage trap，QUISTOR；quadrupole ion store）、三维离子阱。现今看来，“Paul 离子阱”的称谓比“QIT”“QUISTOR”更合适，因为新兴的 LIT 同样也是利用四极场原理工作的。广义上，除了 QIT 和 LIT，离子阱还包括 ICR - IT 和 Orbitap 等，因为它们均具有捕获离子的功能。

如图 12 - 14 和图 12 - 15 所示，QIT 由三个电极组成，两端为内表面呈双曲面的端盖（end - cap）电极，中间是一个纵切面呈双曲面的环形电极（端盖电极和环形电极的双曲面均可视为绕 z 轴旋转而成），电极之间以绝缘体相隔。这样就形成了一个被三个电极包围的阱状空间。两个端盖电极上有一个或多个供离子出入的小孔。

图 12 - 14　QIT 的三个电极（分离状态）

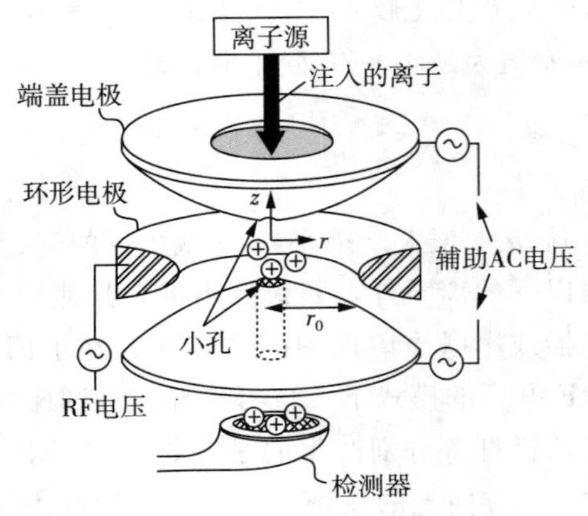

图 12 - 15　QIT 质谱仪

欲产生理想的四极场，电极尺寸应满足如下关系，即

$$r_0^{\ 2}=2\ z_0^{\ 2} \tag{12-20}$$

式中，r_0为环形电极的内径，z_0为两端盖电极顶点间距的一半。两个端盖电极等电势（通常接地）。端盖电极与环形电极之间施有 DC 电压 U 和 RF 电压$-V\cos\Omega t$。这样就在阱内空间产生一个交变的四极场。与 QMA 的二维四极场不同，由于受两个端盖电极的封闭，QIT 形成了更为复杂的三维四极场，如图 12－16 所示。它构成了一个抛物线势阱（potential well），可将离子约束于其间。

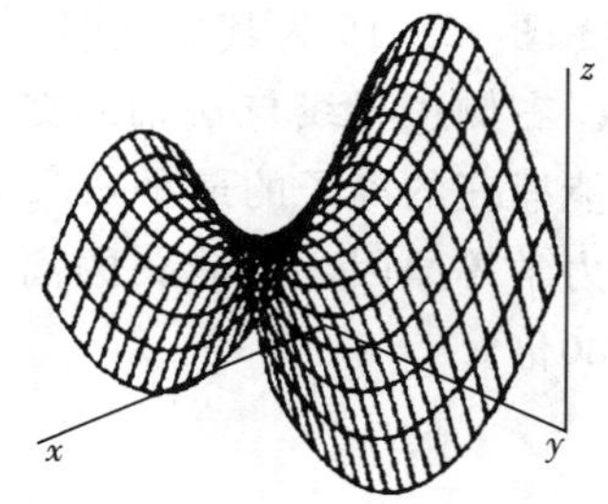

图 12－16　QIT 的等势面图

早期的 QIT 是与 EI 源联用的，高能电子束从一个端盖电极的小孔射入，使阱内的 GC 流出物电离。现在普遍采用的是各种外离子源，离子在阱外生成后再注入阱内。阱内的离子受到 x、y、z 三个方向上的电场力，当满足一定条件时，离子即可被较长时间约束在阱内做稳定的周期振荡。然后，以一定的方式，使想要检测的离子从另一个端盖电极的小孔移出，到达检测器。可见，QIT 兼具了离子捕获与质量选择的双重功能。

（2）理论基础——Mathieu 方程

与 QMA 一样，QIT 中的离子运动轨迹也异常复杂。图 12－17 所示为一定条件下离子的稳定运动轨迹。这是一种 Lissajous（利萨茹）图，以法国物理学家 J. A. Lissajous（1822—1880）的名字命名。不难发现，Lissajous 图与图 12－16 有几分相似。

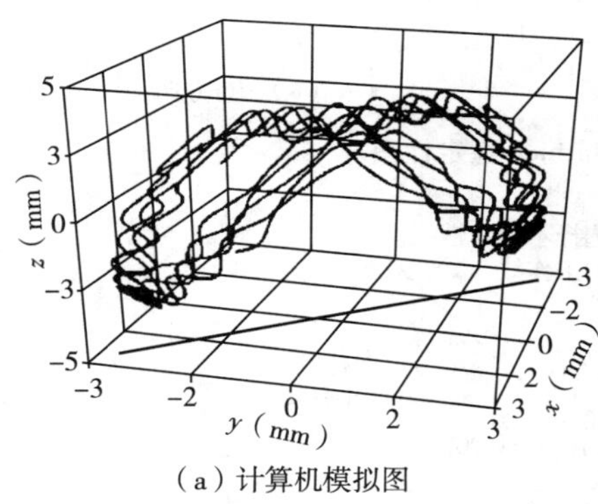

（a）计算机模拟图

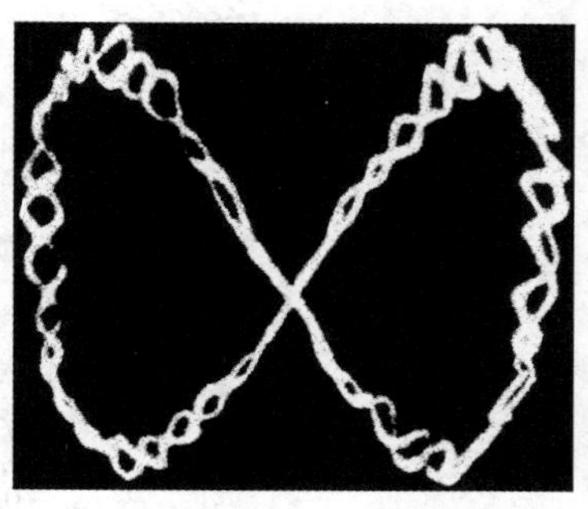
（b）带电铝粉粒子运动的照片

图 12－17　一定条件下离子的稳定运动轨迹

令 $x=r\cos\theta$，$y=r\sin\theta$ 和 $z=z$，将直角坐标系（x，y，z）转化为柱面坐标系（r，θ，z），可得到与式 2—25 形式完全相同的运动方程。所不同的是，此处的 u 不再代表 x 或 y，而是 r 或 z（以 r 为径向，z 为轴向），则 a_u、q_u可分别表示为

$$a_u=a_z=-2a_r=-\frac{16qU}{m\,(r_0^{\ 2}+2\ z_0^{\ 2})\,\Omega^2} \tag{12-21}$$

$$q_u=q_z=-2q_r=-\frac{8qV}{m\,(r_0^{\ 2}+2\ z_0^{\ 2})\,\Omega^2} \tag{12-22}$$

由于不存在 x、y、z 的交叉项（如 xy、xyz），因而离子在三个方向上的运动是独立的。

（3）Mathieu 稳定性图

图 12－18（a）和（b）中的阴影区域分别表示 z、r 方向上的若干稳定区；图 12－18（c）为这些稳定区的叠加，阴影区域表示共同稳定区。其中，原点附近的第Ⅰ稳定区最为常用。图 12－19 为其放大图，是一个由四条等 β_u 线（$\beta_r=0$、1 和 $\beta_z=0$、1）围成的近四边形。右侧边界线与 q_u 轴的交点为（0.908，0），对应的 m/z 为一定 r_0、z_0、V、Ω 条件下所能捕获的离子的最小 m/z 截止值。理论上可捕获的离子的 m/z 无上限，但实际上由于热力学等原因，可捕获的离子的 m/z 是存在上限的，其值通常为最小 m/z 截止值的 20～30倍。

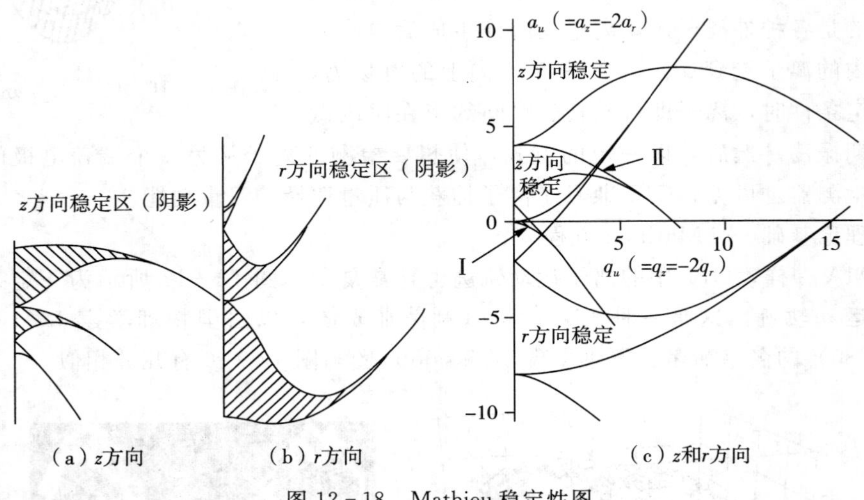

图 12－18　Mathieu 稳定性图

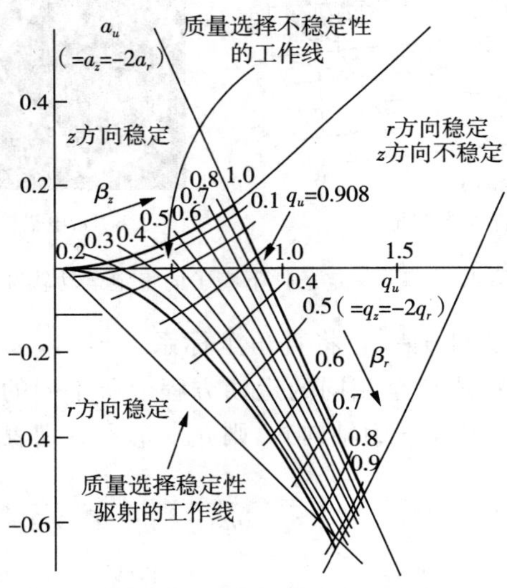

图 12－19　第Ⅰ稳定区

工作点位于共同稳定区的离子能被阱捕获，做有界振荡，其余离子则因振幅过大，从阱中移出或与阱电极碰撞后消失。但实际上，离子能否被有效捕获，还与入射阱内时的初始速度、位置等因素有关。与 QMA 一样，离子在 u 方向上振荡的周期频率也可表示为如式（12－14）和式（12－15）的形式，所不同的是，这里的 u 代表 r 或 z。

（4）工作原理

上文简要讨论了 QIT 的几何构造和捕获原理，相比 QMA，QIT 的工作方式更为复杂多样，技术上也更成熟。按 March 等的观点，QIT 的发展大致可分为三个阶段，即质量选择检测（mass selective detection，1953—1967）、质量选择存储（mass selective storage，1968—1983）和质量选择驱射（mass selective ejection，1984—）。直到第三阶段，才出现了商品化的 QIT。本书主要介绍 QIT 的部分具有代表性的工作方式。

受 QMA 工作原理的影响，在第二阶段，QIT 曾用过质量选择稳定性驱射（mass selective stability ejection，MSSE）模式。一定 m/z 范围的离子在阱内生成（内离子源）或从外部注入阱中（外离子源），在一定的 U、V 和 Ω 条件下，只有某一特定 m/z 的离子能处于稳定运动状态。所选离子存储在阱中后，在两端盖电极间施加一个脉冲电压，将离子从一个端盖电极的小孔引出，用检测器检测。这种方式需要分多次产生、存储、驱射和检测离子，才能获得质谱图。由于扫描速度慢、灵敏度低，现已基本不用这种模式。

MSIE 模式下仅加 RF 电压，凡 m/z 大于最小 m/z 截止值的离子，无论是在阱内生成的，还是从阱外引入的，均能被捕获在阱中较长时间。如图 12－19 所示，保持 Ω 不变，提高 V 值，不同 m/z 的离子的工作点便朝着 q_z 正方向移动，原先位于第Ⅰ稳定区内的工作点不断进入轴向不稳定区（$q_z \geqslant 0.908$，暂仍位于径向稳定区内），即最小 m/z 截止值不断增大。离子在轴向上的振荡按 m/z 从小到大的顺序，依次变得不稳定，振幅不断增大，最终从端盖电极的小孔射出，此即轴向驱射。因为工作点是越过右侧边界线（$\beta_z=1$）进入轴向不稳定区的，所以 MSIE 又称“边界驱射（boundary ejection）”。如今，MSIE 已成为 QIT 的基本工作方式之一。与 MSSE 相比，MSIE 的扫描速度更快，灵敏度更高，但不足的是仅有 UMR，且 m/z 范围有限。分辨率不高的原因在于，与 QMA 在稳定性三角形顶部的工作方式相似，MSIE 要求构造非常好的四极场，才能使稳定区的边界清晰锐利，从而达到高分辨率，但获得高稳定、高精度的四极场非常困难，阱电极的加工难度大，成本高。

现代 QIT 普遍采用的另一种工作方式是共振离子驱射（resonance ion ejection，RIE），RIE 的基本原理是利用了离子运动的久期频率 $\omega_{u,n}$。在一个或两个端盖电极上加一个角频率为 Ω_{res} 的小振幅（一般小于 5V）辅助 AC 电压，产生偶极场。当 Ω_{res} 与 $\omega_{u,n}$ 相等时，离子就会被共振激发（resonance excitation），振幅加大，进而与阱电极碰撞或从阱内射出。由于 $\omega_{r,n}$ 和 $\omega_{z,n}$ 是独立的，因此可以分别激发。与 MSIE 类似，在仅加 RF 电压的条件下从小到大扫描 V 值，使离子的工作点沿 q_z 正方向移动，穿过一条条等 β_z 线。当工作点移至某一等 β_z 线时（典型的为 $q_z=0.450$ 或 0.785），离子轴向振荡的基频 ω_z 与设定的 Ω_{res} 正好相等，因而在轴向上离子被共振激发，实现轴向驱射。当然，也可从大到小扫描 V 值。若将这两种方向相反的扫描方式结合起来，就可使某一特定 m/z 的先驱离子保留在阱内，而将 m/z 大于和小于其值的离子除去，以便进行 MS/MS。也可在端盖电极上加一组不同于 Ω_{res} 的 AC 电压，同时激发并驱射多种不需要的离子；或者改变 U 和 V，将工作点移至第Ⅰ稳定区的顶端，除去不需要的离子。RIE 具有很多优点：分辨率很容易达 3000 以上，因为离子被激发时工作点尚未移动至边界线上，此时振幅和动能都不高，有利于离子在阱内近中心区域接受激发，避免受电极附近的缺陷场影响；具有更高的 m/z 上限，因为在相同的 RF 条件下，相对于离子在 $q_z=0.908$ 处驱射，在 $q_z<0.908$（如 $q_z=0.785$）时，驱射相同 m/z 的离子所需 V 值更低；扫描速度更快，因为工作点尚未进入不稳定区就开始驱射。

共振激发除了用于离子激发、分离和驱射，还可实现离子解离。将所选先驱离子的工作点设在稳定性图的边界附近，通过仔细调节 AC 电压的振幅，使离子激发并快速提高动能，与缓冲气碰撞后解离，而不至于被驱射。这种方式称为“边界活化解离”。若将工作点设置在左侧边界线（$\beta_z=0$），有利于生成的产物离子保留在阱中，供下一步分析。

2. 性能及其影响因素

关于 QIT 的某些性能，上文已有提及。与 TOF 分析器、Orbitrap 等相比，QIT 的分辨率和质量准确度不是很高（尚不能实现准确质量测定），但优于 QMA。传统上，QIT 属于具有 UMR 的分析器，但目前的高端仪器在常规模式下，质量峰的 ΔM 已可低至 0.1～0.3。分辨率与扫描速度成反比，这是因为扫描速度若过快，在下一个 m/z 的离子被驱射时，上一个 m/z 的离子还来不及对不稳定性条件做出完全反应。若以非常低的扫描速度（如小于 10/s）分析一段很窄的 m/z 范围（如 $\Delta M<10$），则可达到（超）高分辨率。这种方式称为“放大扫描（zoom scan）”。而在 UMR 下，QIT 可进行快速（如 50000/s）扫描。

理论上，QIT 的结构应满足式（2－32）的要求，但实际上，所有商品化的 QIT 均采用了一种“拉宽的（stretched）”结构，即保持阱电极形状和尺寸不变，增大两端盖电极的间距，使 $r_0^2<2z_0^2$。因为早期在用 QIT 分析某些化合物时，观察到“质量漂移（mass shift）”现象。原因在于端盖电极上的小孔产生了一个负八极场成分，对四极场造成了微扰。拉宽 QIT 是最简单的解决办法，因为由此产生的一个正八极场可校正这种微扰。

如前所述，MSIE 的 m/z 范围有限。采用轴向调制（axial modulation）技术可将存储容量提高约一个数量级。尽管 m/z 范围因此扩大，但分辨率和灵敏度几乎不受影响。轴向调制本质上是一种共振激发。MSIE 模式下，在端盖电极上施以辅助 AC 电压（调制电压），当工作点移动至接近边界线处（如 $\beta_z=0.98$）时，离子就被轴向激发。利用轴向调制技术，m/z 上限可达 6000。某些实验条件下，m/z 上限甚至可达数万。此外，降低 Ω、缩小阱尺寸等方法也可扩大 m/z 范围。

在 QIT－MS/MS 中，观察到了“低质量限制（low－mass limit）效应”，又称“1/3 效应”，即产物离子谱中出现的最小 m/z 值不超过先驱离子 m/z 值的 1/3。换言之，那些 m/z 低于先驱离子 m/z 的 1/3 的离子不能被检测。这可能是因为 QIT 对先驱离子的存储和碰撞激发是同时进行的，受 q_u 的限制，先驱离子与低 m/z 的离子不能同时处于稳定运动状态。

一般地，QIT 的灵敏度比 QMA 高 10～1000 倍。束型分析器（如 QMA）的灵敏度与电离效率、传输效率密切相关，而对于 QIT 等捕获型分析器，灵敏度更多地受到离子损失程度的影响。离子损失的原因很多，除了非稳定振荡外，还有离子/分子反应、空间电荷微扰、非线性共振、自我清空（self - emptying）等。其中，非线性共振由更高阶场所致。由于电极结构缺陷等，QIT 中除了四极场，难免存在其他一些微弱的多极场（如八极场）。QIT 环形电极的 r_0 通常约 1 cm，因此整个 QIT 约拳头般大小，很容易实现小型化。

六、线性离子阱

上文提到，QIT 存在一些固有缺陷。尽管做了一些改进，但未能从根本上解决问题，由此促使人们对 LIT 进行更深入的研究。LIT 在本质上利用的是“二维”多极杆和“二维”四极场，因此得名。LIT 的出现，突破了传统意义上 QMA 与 QIT 的界限，LIT 不仅外形介于二者之间，而且性能也兼具了二者的优点。例如，LIT 的离子容量和捕获效率更高，因而灵敏度增强，动态范围拓宽。目前，商品化的 LIT 分为径向和轴向驱射两种，下面分别予以简介。

1. 径向驱射的 LIT

Thermo 公司的 LIT 为径向驱射模式。如图 12 - 20（a）所示，其外观与 QMA 相似。不同的是，原来的四根杆电极均被分割成前、中、后三段（分别长 12 mm、37 mm和 12 mm），变成了 12 个电极。其中平面 xz 上的一个或两个中段电极沿 z 方向开有狭槽（长 30 mm，高 0.25 mm），供离子射出。但狭槽的存在会带来场微扰，改善的办法是将平面 xz 上的电极沿 y 方向拉开一定距离（如 0.75 mm），这与上述“拉宽”QIT 的情形类似。图 12 - 20（b）为径向驱射的 LIT 的电压配置图。平面 xz 和 yz 上的电极均加有 DC 电压（DC 1～DC 3，±100V）和 RF 电压（±5 kV，1 MHz）。与 QMA 不同的是，平面 xz 上的电极增加了辅助 AC 电压（±80 V，5～500 kHz）。前、中、后三段电极上所加 RF 和 AC 电压没有差别，从而避免产生多余的轴向电场。因此，12 个电极共计加有 9 组独立的电压。DC 电压产生的是对离子有推斥作用的轴向（z 方向）静电捕获场，可将离子沿轴向约束在中段电极（QIT 则是通过 RF 电压实现轴向捕获），有利于避开有害的边缘场。RF 电压产生的是径向（x、y 方向）捕获场，作用是将离子约束在径向上。因此，在 DC 和 RF 电压的共同作用下，实现了离子的阱集。AC 电压产生的是偶极场，作用是使离子共振激发，完成径向驱射。若不采用这种三段式设计，仍用普通四极杆，受加工精度所限，电极两端的捕获场和共振激发场难免畸变，产生轴向场分量，引起非期望的轴向驱射。可见，如此设计是非常必要和巧妙的。

LIT 也以 Mathieu 方程为理论基础，上文已有介绍，此处不再赘述。其工作方式与 QIT 类似。例如，MSIE 结合 RIE 可在 q_x 等于 0.88 处激发和驱射离子；若不采用共振激发，或在 q_x 大于 0.88 处激发，会由于 y 方向的振幅增加而降低离子从 0.25 mm 高的狭缝射出的效率。QIT 的许多有用功能，如碰撞冷却、碰撞聚焦、轴向调制、放大扫描、MS^n，在 LIT 中均有保留。上述 LIT 既可设计成单独的质谱仪，又可作为串联质谱仪的

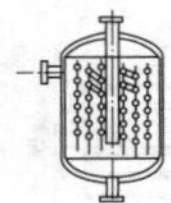

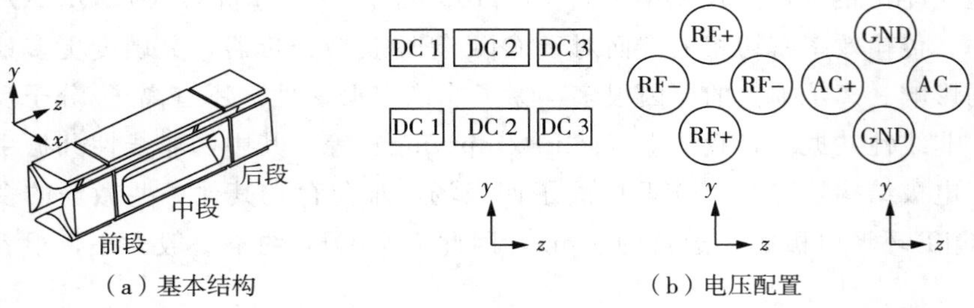

（a）基本结构　　（b）电压配置

图 12-20　径向驱射的 LIT

某一级分析器。

2. 轴向驱射的 LIT

AB Sciex 公司的 LIT 为轴向驱射模式。其未被设计成单独的质谱仪，而是在 QqQ（$Q_1q_2Q_3$）质谱仪的基础上，将 q_2 或 Q_3 改造成 LIT，形成两种新型的杂交串联质谱仪 Q-LIT-Q 和 QqLIT，如图 12-21 所示。目前只有 QqLIT 质谱仪被商品化，即 QTrapTM 系列产品。通过改变所加电压，LIT 也可用作 QMA。因此 QqLIT 质谱仪也具有 QqQ 质谱仪的全部功能。下面简要介绍这种轴向驱射的 LIT 的基本原理。

以四极杆结构为基础，分别在杆电极两端加上入口和出口透镜。两个透镜上均有小孔，供离子出入。LIT 所加电压与 QMA 和 QIT 各有相似之处：四根杆电极上仅加 RF 电压，入口和出口透镜上加 DC 电压，RF 和 DC 电压分别从径向和轴向约束离子；相对的一对或两对杆电极上加角频率为 Ω_{res} 的辅助 AC 电压，实现二极或四极激发。两端的 DC 电压若对称，则离子被约束在轴向中心位置；若不对称，则正离子向低电势端移动，负离子则相反。当 Ω_{res} 等于离子径向振荡基频 $\omega_{r,0}$ 或 $2\omega_{r,0}$ 时，离子就被二极或四极激发。

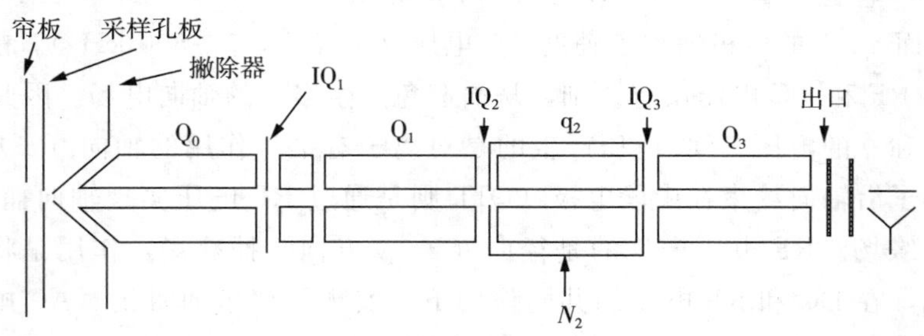

图 12-21　QqQ（Q-LIT-Q、QqLIT）质谱仪

与径向驱射的 LIT 不同，上述 LIT 巧妙地利用了杆电极出口及出口透镜附近的边缘场来实现轴向驱射，而一般情况下边缘场被认为对 m/z 分离是不利的。离子从入口透镜射入阱内，经碰撞冷却和碰撞聚焦，加之出口透镜的遏止电势（stopping potential）作用，轴向上的动量损失很大，甚至动量为零。当阱内离子积累到一定数量后，改变两端透镜电压，逐渐将离子推向出口端，以便利用边缘场。MSIE 模式下，扫描 V 值，使工作点接近稳定区边界，然后进行径向共振激发（控制 AC 电压振幅，使离子尚不至于被径向

驱射）。在边缘场的作用下，径向激发最终实现的是轴向驱射。这是因为边缘场使离子本来独立的径向和轴向运动变得耦合。径向振幅越大的离子受边缘场轴向分量的作用力越大，获得的轴向动量越大。当动量足以克服出口透镜的势垒时，就会发生轴向驱射。只有受到激发的离子，径向振幅才会显著增大而被驱射，其余的分布在中轴线附近以及远离边缘场的离子则不会被驱射。

3. 性能及影响因素

与 QIT 相比，LIT 最突出的优势在于极大地改善了困扰前者的空间电荷效应。可以这样理解，LIT 中的离子被径向捕获而沿较长的中轴线聚集，而 QIT 中的离子则是聚集在阱中心很小的一块区域。显然，前者的离子容量（10 倍以上）要大得多，空间电荷效应自然小得多，一系列因其而生的问题可大为缓解。因此，LIT 的线性范围明显优于 QIT，与常规 QMA 相当；质量稳定性也优于 QIT；“1/3 效应”明显得到改善。

除了离子容量更大，LIT 的捕获效率也更高。对于 QIT，从外部射入的离子，只有低速的才能被有效捕获，速度过高者则会与阱电极相撞。离子容量小也是 QIT 捕获效率低的原因之一。一般认为，QIT 的捕获效率仅为 1%～10%。而 LIT 的轴向长度更长，离子能被有效捕获，其效率在 30%以上，甚至接近 100%。

灵敏度受离子的捕获效率、解离效率及提取效率三方面影响。LIT 的解离效率与 QIT 接近，但捕获效率和提取效率比 QIT 高，因此灵敏度高出 QIT 至少 10 倍。

总之，LIT 尚有很大的发展潜力，将来也许会取代 QIT。

离子阱扫描速度快，分辨率高，全扫描 MS/MS 灵敏度高，能够自动产生 MS/MS 质谱图，且其灵敏度高于三级串联四极杆（QQQ）；同时母离子到子离子的碎裂途径简单清晰，能对质谱进行更清晰的解析。但与四级杆质量分析器一样无法获得准确质量信息，且定量的灵敏度比串联四极杆低；MS/MS 模式下离子阱中碎裂程度比串联四极杆低，因为母离子在离子阱中不会进一步碎裂，对于串联四极杆，经常会发生碎片离子又进一步发生解离的过程，然而这会导致 QQQ 的质谱图解析更加复杂。

七、离子回旋共振质量分析器

在某种程度上，离子回旋共振（ICR）质量分析器与 NMR 有些相似。ICR 具有非常高的质量分辨率，能够检测大质量离子，进行离子的无损分析和多次测量，具有很高的灵敏度和级联质谱的能力，是一种在现代质谱学领域中具有重要用途的质量分析器。

傅里叶变换离子回旋共振（fourier transform ion cyclotron resonance，FTICR）质谱法也称作傅里叶变换质谱分析，是一种根据给定磁场中的离子回旋频率来测量离子质荷比（m/a）的质谱仪，其原理为：在一个由电子捕集板材构成的磁场彭宁阱（Penning trap）中的离子被垂直于磁场的振荡电场激发出一个更大的回旋半径，这种激发作用同时会导致离子的同相移动，形成离子束。当回旋的离子束接近一对捕集板时捕集板上会检测到影像电流信号，这种信号被称为自由感应衰减（FID），是一种由许多重叠的正弦波组成的瞬态或干涉图。通过傅里叶变换，可以从这些信号数据中提取出有用的信号形成

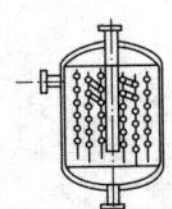

质谱，如图 12 - 22 所示。

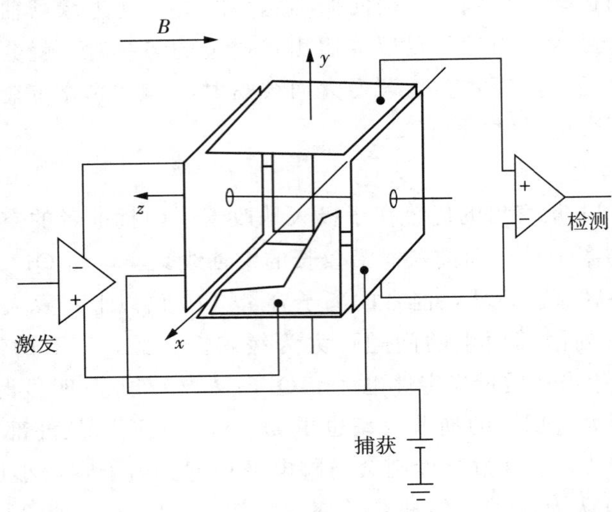

图 12 - 22　傅里叶变换离子回旋共振质谱仪分析池原理示意图

FTICR MS 的核心是分析池，在垂直磁场方向上设置互相垂直的两组电极，一组电极激发电子使其以较大半径产生回旋运动，另一组则接收由周期性运动于两极之间带电离子产生的感应电流。检测极接收的高频电流周期与离子的回旋运动周期相同，根据不同质荷比离子的回旋周期不同的原理，就可通过检测电流信号的频率来计算离子的质荷比，而且信号的强度反映离子的丰度。

实际检测时多种质荷比离子同时进入检测池，FTICR MS 用特定波形的高频电场把某一质量范围内的离子同时激发到半径较大的回旋轨道上，各离子以各自的回旋频率运动，在检测极上就感应出叠加的多种频率电流信号，通过傅里叶变换可快速把时域谱变换成频域谱，再将频率换算成质荷比，最终获得各离子的质荷比及丰度。

FTICR MS 无须将离子分离，同时检测不同离子的质荷比及丰度，具有比扫描型质谱（磁质谱、四极杆等）高得多的灵敏度；用感应电流检测离子时非破坏性的离子可继续被储存、分析，从而实现多级质谱分析。

FTICR MS 与其他质谱分析仪器最大的不同点在于，它不是用离子去撞击类似电子倍增器的感应装置，只是让离子从感应板附近经过。而且对于物质的测定也不像其他技术手段一样采用时空法，而是根据频率来进行测量。利用象限仪（sector instruments）检测时，不同的离子会在不同的地方被检测出来；利用飞行时间法（time of flight）检测时，不同的离子会在不同的时间被检测出来；而利用 FTICR MS 检测时，离子会在给定的时空条件下被同时检测出来。目前，FTICR MS 被广泛地应用于生物大分子的研究领域。

目前主流的质谱仪各有特点，各自在不同的领域发挥着各自的作用。不同质谱仪的特征见表 12 - 1 所列。

表 12-1 不同质谱仪的特征表

类型	质荷比	质荷比	分辨率	优点	缺点
四极杆	质量/电荷	3000	2000	适合电喷雾，易于正负离子切换，体积小，价格低	m/z 测量范围限于 3000 内，与 MALDI 兼容性差
离子阱	频率	2000	1500（轨道离子阱可以更高）	体积小，中等分辨率，设计简单，价格低，适合多级质谱，正负离子模式易于切换。21 世纪以来，轨道离子阱技术实现突破，可实现高分辨	测量范围限于商品水平
磁场	动量/电荷	20000	10000	分辨率高，分子量测试准确，中等测量范围	要求高真空环境，价格高，操作烦琐，扫描速度慢
TOF MS	飞行时间	3000	15000	质量范围宽，扫描速度快，设计简单	价格较高
FTICR MS	频率	10000	30000	高分辨率，适合多级质谱	需高真空环境和超导磁体，操作困难，价格昂贵

第二节 同位素质谱仪

一、基本概念

质谱技术成为分析科学的重要组成部分是从同位素的发现开始的，并伴随同位素分析、研究和应用而发展。英国著名物理学家汤姆逊（J. J. Thomson）在 1913 年用简陋的抛物线装置发现惰性气体氖的两个稳定性同位素，标志质谱技术的开始，而汤姆逊的抛物线装置被后人公认为现代质谱仪的雏形。汤姆逊的学生和助手阿斯顿（F. W. Aston）不但改进了汤姆逊的抛物线装置，建造了第一台具有速度聚焦的质谱仪，研究、发现和测量了几十种元素的同位素质量和丰度，证明了氖同位素 ^{20}Ne 和 ^{22}Ne 的存在，而且成功解释了用化学法测量的氯原子量不为整数的原因。自此以后，随着质谱仪器性能的改进和测量方法的进步，元素周期表中的大多数元素的核素质量、同位素丰度和原子量测量，都是借助同位素质谱仪完成的。由此不难看出，同位素质谱技术在质谱学的诞生、发展历程中所扮演的重要角色。

二、同位素质谱原理

根据样品特点，采用不同原理和方法的样品制备系统，分别转化为同位素质谱分析所特定要求的 H_2、N_2、CO_2、SO_2 等高纯气体，最终通过质谱分析给出 δD、$\delta^{15}N$、$\delta^{13}C$、

$\delta^{18}O$、$\delta^{34}S$ 值。下面将逐项地对同位素质谱分析的基本方法、最终结果换算公式以及分析过程中需要注意的问题进行重点介绍。

1. H_2 中 δD 的质谱分析

氢同位素的质量是元素中最小的，而其相对质量差值又最大，因质谱分析过程中会产生较大的同位素分馏，使得测量精度较其他同位素测量精度低一个数量级。氢被电离后的离子类型见表 12－2 所列。

表 12－2　氢被电离后的离子类型

质量数	离子类型
^{1}M	H
^{2}M	H_2，D
^{3}M	HD，H_3
^{4}M	D_2，H_2D
^{5}M	HD_2
^{6}M	D_3

据上表，氢气中 δD 测定选取质量数为 2 和 3 的两组离子，得

$$\frac{^{3}M}{^{2}M}=\frac{HD+H_3}{H_2+D} \tag{12-23}$$

式中，D 含量极微，可忽略不计。H_3 是离子-分子反应产物，$H_2{}^{+}+H_2 \rightarrow H_3^{+}+H$。

H_3^+ 的产生是氢同位素质谱分析的主要特征，严重影响测量结果，必须对 H_3^+ 进行校正。

从反应式可知，HD^+ 只与 HD 的浓度有关，即与其压强成比例，而 H_3^+ 是由于 H_2^+ 碰撞 H_2 后产生，其碰撞概率与这两种粒子浓度有关，所以 H_3^+ 与氢分子压强的平方成正比，即 $H_2^+ \propto P$、$H_2 \propto P$，所以 $H_3^+ \propto P^2$。

在测量计算 $HD^+ + H_3^+/H_2^+ = R$ 时，其中 HD^+/H_2^+ 与压强无关，而 H_3^+/H_2^+ 与压强有关，即 $(H_3^+/H_2^+) \propto P$。

图 12－23 中角标 x 和 s 分别表示未知样品和标准样品，R 表示 HD^+/H_3^+；Ri 表示 $HD^+ + H_3^+/H_2^+$；P 表示氢的分压强；ΔR 表示 H_3^+/H_2^+。

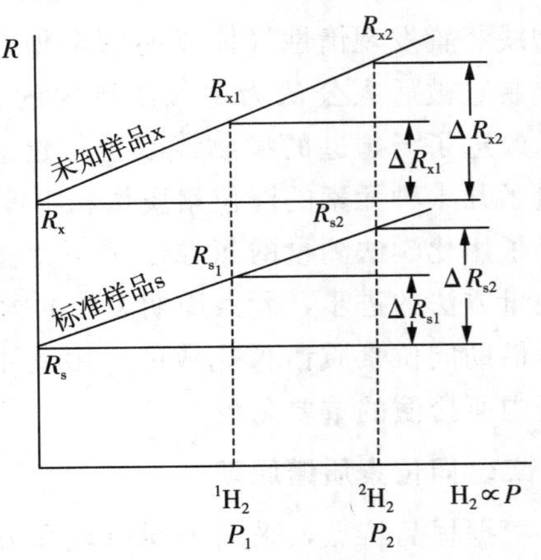

图 12－23　H_3^+ 校正曲线 $R-P$

由图可知

$$R_{x1}=R_x+\Delta R_{x1} \tag{12-24}$$

$$R_{x2}=R_x+\Delta R_{x2} \tag{12-25}$$

设

$$K=\frac{{}^{2}H_2}{{}^{1}H_2}=\frac{P_2}{P_1}$$

则

$$\Delta R_{x2}=\frac{P_2}{P_1}=\Delta R_{x1}=K\Delta R_{x1}$$

将 $\Delta R_{x2}\lambda$ 代入式（12－25）得

$$R_{x2}=R_x+K\ \Delta R_{x1} \tag{12-26}$$

用 K 乘式（12－24）得

$$K\,R_{x1}=K\,R_x+K\ \Delta R_{x1} \tag{12-27}$$

式（12－26）减去式（12－27）得

$$R_{x2}-K\,R_{x1}=R_x-KR_x=R_x\ (1-K) \tag{12-28}$$

所以

$$R_x=\frac{R_{x2}-K\,R_{x1}}{1-K} \tag{12-29}$$

同理可得

$$R_s=\frac{R_{s2}-K\,R_{s1}}{1-K} \tag{12-30}$$

由式（12－28）、式（12－29）可得

$$\delta=\frac{R_x-R_s}{R_s}=\frac{(R_{x2}-K\,R_{x1})-(R_{s2}-K\,R_{s1})}{R_{s2}-K\,R_{s1}} \tag{12-31}$$

由式（12－30）可知，可将两种（或两种以上）的进气压力测得的未知样品和标准样品的 R 值，以及压力的比值 K 代入式内，即可计算出校正了 H_3^+ 影响的 δ 值。

在稳定同位素质谱分析中，获得高精度的 δD 测定是比较困难的，主要有以下的原因：一是氢同位素质量相对差较大，在进样和电离过程中会发生明显的同位素分馏；二是与压强成正比的 H_3^+ 干扰；三是氢同位素 δD 值变化范围很宽。

考虑以上因素，可采用下列实验方法：①使用实验室系列气体工作标准监控 δD 的变化。气体工作标准不受制备系统的影响，其 δD 值相对不变，可长期检查质谱系统的分析稳定性。②对于标准，采用毛细管式的黏滞流进样方法，大大减少进样过程中的同位素分馏，并保证了标准的长期稳定性。③在 δD 相对差值较大的情况下，采用双标准测量方法对于氢同位素分析十分必要，双标准计算公式为

$$\delta_{\text{X-SMOW}(‰)}=\frac{\delta_{\text{X-工作标准}}-\delta_{\text{SMOW-工作标准}}}{\delta_{\text{SLAP-工作标准}}-\delta_{\text{SMOW-工作标准}}}\times(-428)\,(‰) \tag{12-32}$$

2. N_2中的$\delta^{15}N$质谱分析

N_2被电离后的离子类型见表 12-3 所列：

表 12-3　N_2被电离后的离子类型

质量数	离子类型
^{14}M	$(^{14}N^{14}N)^{2+}$
$^{14.5}M$	$(^{14}N^{15}N)^{2+}$
^{15}M	$^{15}N^{+}$　$(^{15}N^{15}N)^{2+}$
^{28}M	$(^{14}N^{14}N)^{+}$
^{29}M	$(^{14}N^{15}N)^{+}$
^{30}M	$(^{15}N^{15}N)^{+}$

在进行N_2的质谱分析时，选用^{28}M、^{29}M、^{30}M三组离子峰。根据氮同位素在研究工作中应用特点，其最终分析结果采用两种形式给出。

(1) 氮同位素自然丰度变化的$\delta^{15}N$值

由于

$$1+\delta_{(29)}=\frac{R_{(29)x}}{R_{(29)s}} \tag{12-33}$$

$$1+\delta_{(15)}=\frac{R_{(15)x}}{R_{(15)s}} \tag{12-34}$$

$$\delta_{(29)}=\frac{\left(\frac{^{14}N^{15}N}{^{14}N^{14}N}\right)_x}{\left(\frac{^{14}N^{15}N}{^{14}N^{14}N}\right)_s}-1=\frac{\left(\frac{^{15}N}{^{14}N}\right)_x}{\left(\frac{^{15}N}{^{14}N}\right)_s}-1=\frac{R_{(15)x}}{R_{(15)s}}-1=\delta_{(15)} \tag{12-35}$$

在氮气的同位素测量中，直接取^{28}M、^{29}M峰，不必做任何校正，即可获得δN^{15}值。

(2) 氮同位素示踪样品的^{15}N原子百分数

当^{30}M离子峰达到可测量程度时，选取^{28}M、^{29}M、^{30}M三组离子峰，其^{15}N原子百分数为

$$^{15}N\text{原子}\%=\frac{^{29}M+2\,^{30}M}{2[^{28}M+^{29}M+^{30}M]}\times 100 \tag{12-36}$$

当^{30}M离子峰强度很小，未达到可测量强度时，取^{28}M、^{29}M二组离子峰，其^{15}N原子百分数为

$$^{15}N\text{原子}\%=\frac{2}{2\left(\frac{^{29}M}{^{28}M}\right)+1}\times 100 \tag{12-37}$$

氮同位素质谱分析中的主要干扰因素有：一是空气本身的影响，空气主要由氮气、

氧气和一定量的稀有气体（主要为氩气）组成，氮本底直接干扰样品中 $\delta^{15}N$ 测定，而氧的存在会在离子源中产生离子-分子反应生成 CO^+（M/e=28、29、30）、NO^+（M/e=30）等，可使 $\delta^{15}N$ 值变化 1 ‰；二是氩气（Ar）在离子源中与 N_2 之间的电荷交换过程中动力学同位素效应也会对 $\delta^{15}N$ 值测定带来 0.1‰左右的影响；三是标准的选取及制备也影响 $\delta^{15}N$ 值的精度和可靠性。

3. CO_2 中 $\delta^{13}C$、$\delta^{18}O$ 的质谱测定

二氧化碳气体在离子源中被电离后主要形成四组离子：$[CO_2]^+$、$[CO]^+$、$[C]^+$、$[O_2]^+$。由于 $[CO]^+$ 组离子受到 $[^{28}N]^+$ 干扰较大，因此一般选用 $[CO_2]^+$ 组离子来测定 $\delta^{13}C$、$\delta^{18}O$。$[CO_2]^+$ 组的离子类型见表 12 - 4 所列。

表 12 - 4　$[CO_2]^+$ 组的离子类型

质量数	离子类型
^{44}M	$^{12}C^{16}C^{16}O$
^{45}M	$^{13}C^{16}C^{16}O$, $^{212}C^{16}C^{17}O$
^{46}M	$^{212}C^{16}C^{18}O$, $^{213}C^{16}C^{17}O$, $^{12}C^{17}C^{17}O$
^{47}M	$^{212}C^{17}C^{18}O$, $^{12}C^{17}C^{17}O$
^{48}M	$^{213}C^{17}C^{18}O$, $^{12}C^{18}C^{18}O$
^{49}M	$^{13}C^{18}C^{18}O$

根据上表所示，测定 $\delta^{13}C$ 选用 ^{44}M、^{45}M 两组离子，测定 $\delta^{18}O$ 选用 ^{44}M、^{46}M 两组离子。同位素质谱仪 CO_2 接收器可以同时接收以上三种离子类型。但由于 ^{45}M、^{46}M 是由不同同位素离子组成，必须经过相应校正。经数学推导（省略），最后可以给出以下方程式

$$\begin{cases} \delta^{18}O=1.0010\,\delta^{46}M-0.0021\,\delta^{13}C \\ \delta^{13}O=1.0676\,\delta^{45}M-0.0338\,\delta^{18}C \end{cases} \tag{12 - 38}$$

这样，质谱仪通过直接测定 $\delta^{45}M$、$\delta^{46}M$ 即可根据联立方程（12 - 38）求解出 $\delta^{13}C$、$\delta^{18}O$ 值。

二氧化碳的同位素质谱分析可以给出精度很高的 $\delta^{13}C$ 值，但 $\delta^{18}O$ 的测定精度相对要低一些，这主要是进样毛细管残留 H_2O 和质谱仪离子源 H_2O 本底带来的影响，需要经常进行加热去气。样品和标准气不纯，尤其是碳氢化合物的存在会影响 ^{45}M 强度，从而使 $\delta^{13}C$ 值偏正。

4. SO_2 中 $\delta^{34}S$ 的质谱测定

二氧化硫在离子源中被电离后主要形成四组离子：$[SO_2]^+$、$[SO]^+$、$[S]^+$、$[O_2]^+$。出于质谱强度和本底干扰的考虑，通常选用 $[SO_2]^+$ 组离子作为测量对象。$[SO_2]^+$ 组的离子类型见表 12 - 5 所列。

表 12-5　$[SO_2]^+$ 组的离子类型

质量数	离子类型
^{64}M	$^{32}S^{16}O^{16}O$
^{65}M	$^{33}S^{16}O^{16}O$, $^{32}S^{16}O^{17}O$
^{66}M	$^{34}S^{16}O^{16}O$, $^{32}S^{16}O^{18}O$, $^{33}S^{16}O^{17}O$, $^{32}S^{17}O^{17}O$

根据上表所列，测定 $\delta^{34}S$ 可选用 ^{64}M、^{66}M 两组离子峰，与 CO_2 中同位素分析相似，其中都有干扰离子的存在，需要经过相应离子校正。经数学推导（省略）可得

$$\delta^{34}S=1.09\,\delta^{66}M-0.1\,\delta^{18}O \tag{12-39}$$

在样品制备过程中，若未知样品和标准都采用同一种氧而转化 SO_2，那么 $\delta^{18}O=0$，则

$$\delta^{34}S=1.09\,\delta^{66}M \tag{12-40}$$

SO_2 是腐蚀性气体，具有较大的黏滞性，长期进行 SO_2 的同位素质谱测定，会造成一定的双进样系统和离子源的污染，所以 $\delta^{34}S$ 测定最好使用专用质谱。

三、同位素质谱仪器类型

1. 稳定同位素质谱仪（IRMS）

IRMS 有多种形式，主要结构类同。主机由电子轰击型离子源、磁分析器和接收器组成，辅助系统包括样品制备和进样系统、供电系统、真空系统和计算机控制系统。

通常稳定同位素质谱仪大都采用双路进样系统，以便将测量值与标准值及时比较；用涡轮分子泵获得超高真空，排出残余气体，降低“本底”；完备的计算机软件可有效控制仪器，实现全程自动化，满足包括 C、N、O、S、Si、Ar、Kr、Xe 和 H 等元素的传统跳峰测量，或实现同时测量。

2. 热电离质谱仪（TIMS）

TIMS 在我国曾经被称为热表面电离质谱仪，它因离子在热金属带（或丝）表面生成而得名。改进后的 TIMS 测量范围从元素周期表的碱金属、碱土金属、稀土元素、锕系元素，拓宽到过渡元素、卤族元素。

3. 多接收器电感耦合等离子体质谱仪（MC-ICP-MS）

MC-ICP-MS 是 ICP-MS 技术的延伸和拓宽。它是在 ICP-MS 的技术基础上，结合了 TIMS 的同位素丰度测量技术优良特征和电、磁双聚焦功能发展起来的。MC-ICP-MS 具有常压强下进样、操作方便、运行周期短、分析速度快、灵敏度高和测量数据精度高等优点。

MC-ICP-MS 的离子源遵循 ICP 电离机理；分析器由电场和磁场串联组成，实现离子的方向、能量双聚焦，分辨率高；探测器结构与 TIMS 基本相同，几乎所有 MC-ICP-MS在接收器前配有各种类型的能量过滤器。测量动态范围宽，能够满足常量、微

量、痕量、超痕量元素的同位素丰度测量。

4. 静态真空质谱仪（SVMS）

在数据采集过程中，把仪器抽气系统与分析系统隔断，使测量工作在真空基本静止状态下进行，具有这种功能的质谱仪器称为静态真空质谱仪。

SVMS 主要用于惰性气体同位素测量。惰性气体在自然界存量甚微，静态真空质谱仪的优势是样品不会在测量过程中被抽走。因此，其灵敏度与同等动态仪器相比，高出1～2个数量级。

SVMS 要求漏、放气速率低，减少吸附，能承受 300～350 ℃的高温烘烤，以便减少“记忆”。真空系统备有吸气泵，用于清除非惰性气体，使惰性气体得到纯化。

5. 加速器质谱仪（AMS）

加速器质谱（accelerator mass spectrometry，AMS）是基于粒子加速器技术和离子探测技术发展起来的核测量技术。它的基本结构大致可分为四个部分，即离子源与注入器、加速器、磁分析器和静电分析器、粒子探测与数据获取系统，如图 12 - 24 所示。

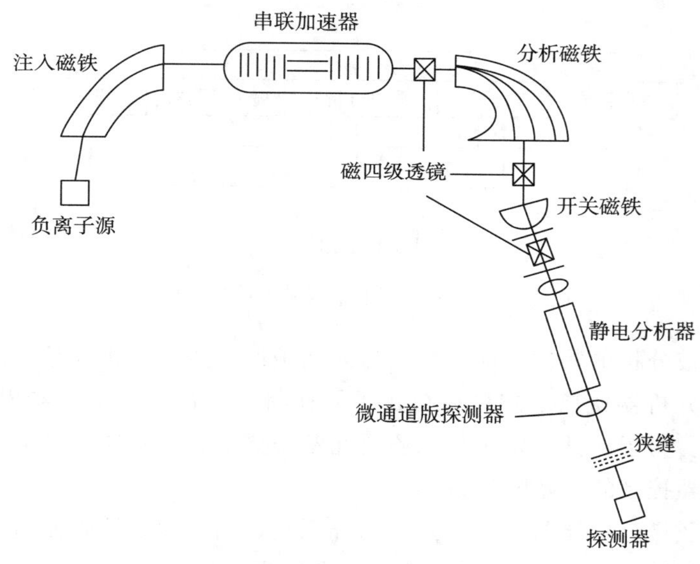

图 12 - 24 中国原子能科学研究院的加速器质谱示意图

AMS 测量的是高能带电离子，易于排除分子本底和同量异位素，提高丰度灵敏度，有利于离子传输。AMS 对自然界长寿命、微含量宇宙射线成因稀有核素，如^{10}Be、^{14}C、^{26}Al、^{32}Si、^{36}Cl、^{41}Ca、^{129}I 等的测量，是其他方法无法替代的。这些核素信息，广泛应用于地球科学、核物理学、考古学、环境科学、生命科学、海洋科学、天体物理等领域。

6. 灵敏、高分辨率的二次离子质谱仪（HS - HRSIMS）

① P 系列高灵敏、高分辨离子微探针（sensitive high resolution ion microprobe，SHRIM）。该仪器具有高灵敏度、高精度和原位微区分析特性。仪器电场的曲率半径约为 1.3 m，磁场半径为 1 m，离子束拥有超过 7 m 的离子飞行轨迹，磁铁重约 7 t。一次离子

束以45°入射角轰击样品表面，离子束直径在5～30 μm范围，直径和亮度可分别独立调整；二次离子束垂直于样品靶表面出射，较好地避免了分馏影响，提高了仪器分辨率。采用三阶四级杆透镜，保证二次离子束具有较大的传输效率。分辨率可达到5000（1%峰高），灵敏度大于18 cps/ppm，误差小于1%。SHRIM的诞生不仅提高了SIMS的性能，拓宽了应用范围，在微区原位同位素年龄和元素-同位素精确分析方面成为不可替代的仪器。

② CA离子探针质谱仪（secondary ionisation mass spectrometer，SIMS）。新一代IMS 1280-HR进一步改进了离子传输系统和磁场控制技术，提高了离子传输效率，具有超高灵敏度和超高质量分辨率。

四、同位素质谱仪的基本结构

同位素质谱仪由进样系统、离子源、质量分析器、离子检测器、真空系统、电气系统、计算机系统组成，如图12-25所示。

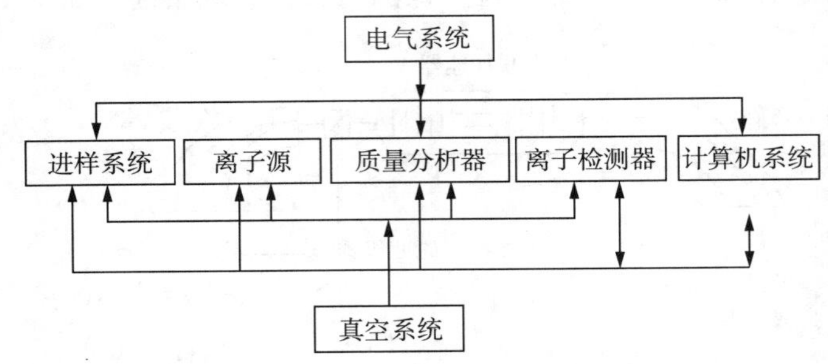

图12-25　同位素质谱仪基本结构方框图

进样系统将被分析的物质（即样品）送入离子源，离子源将样品中的原子、分子电离成离子，质量分析器使离子按照质荷比不同而将其分离开，接收器用以接收、测量、记录离子流强度。为了保证正常工作，还要配备必要的真空系统、供电系统以及用于数据记录处理和仪器控制的计算机系统。

不同类型的质量分析器与不同形式的送样系统、离子源、接收器组合，可以构成多种不同类型和功能的质谱仪器。下面分别对质谱仪器的七个基本组成部分作简要介绍。

1. 进样系统

由于样品种类（气、液、固体）不同、压力（高压、低压）不同以及所连接的质谱仪器的特殊要求等，产生了不同结构特点的进样系统。但总的来说，对进样系统有如下要求：

① 进样过程中要尽量避免引起样品的同位素分馏、分解、吸附等现象，以及减少送样中的“记忆效应”；

② 在整个质谱分析过程中能保证向离子源输入稳定的样品流量，能控制离子源正常工作的样品压力；

③ 进样系统引起的时间滞后不得超过质谱分析允许的时间。

与质谱仪器连接的进样系统一般包括气体进样系统、液体进样系统、固体进样系统三种类型。在有机分析中，也可以把气相、液相色谱仪当作特殊进样系统，使复杂样品单一分离后，再送入电离室。

2. 离子源

在质谱仪器中，离子源的作用是将被分析的物质电离成正离子，并将这些离子汇聚成一定几何形状和一定能量的离子束。通常，我们对离子源一般有如下要求：①离子束能量分散范围小；②对一定样品而言，能给出满足测量精度要求的离子流强度；③离子束散角小；④离子流稳定性高；⑤记忆效应及本底质谱小；⑥样品利用率、离子流通率及电子利用率高；⑦工作压强范围宽；⑧质量歧视效应小。

在质谱仪器中，常见的电离方法有以下几种：电子轰击、离子轰击、真空放电、表面电离、场致电离和化学电离等。

3. 质量分析器

质量分析器的功能是将由离子源中加速出来的不同质荷比的正离子按其质荷比的大小进行单一分离并实现同质荷比离子的良好聚焦。

所有质谱仪器的质量分析器可以分为两大类：一类是静态质量分析器，采用稳定的电磁场，并且按照空间位置把不同质荷比离子区分开；另一类是动态质量分析器，采用变化的电磁场按照时间或空间区分不同质荷比的离子。

4. 离子接收器

在质谱仪器中，离子源所产生的离子，经质量分析器分离后，被离子接收器所收集，再经放大和测量，以实现样品组成和同位素的测定。

同位素质谱仪常用的离子接收器主要有两种类型：一类是直接电测法，离子流直接为金属电极接收，并用电学方法记录离子流；另一类是二次效应电测法，利用离子接收时产生二次电子或光子，经电子倍增器或光电倍增器多级放大后再检测，其灵敏度可高达 10^{-19} A。该类型的接收器广泛应用在热表面电离同位素质谱仪和稀有气体同位素质谱仪上，以实现痕量样品和低丰度同位素分析。

5. 真空系统

质谱仪器的进样系统、离子源、质量分析器、离子接收器均须在一定的真空条件下正常工作，以保证离子光学系统的良好状态和质谱本底强度的理想水平。一般情况下，进样系统真空度要求优于 10^{-2} Pa，离子源、质量分析器和离子接收器真空度优于 10^{-5} Pa。而对于稀有气体同位素质谱仪，为了提高分析灵敏度，使用静态分析方法时，其真空度必须优于 10^{-7}～10^{-8} Pa，达到超高真空状态，从而大大降低样品用量。

常用的真空获得装置有机械真空泵、涡轮分子泵、扩散泵、离子泵和不同类型的吸附泵。真空技术是同位素实验室中，包括同位素样品分离制备、同位素质谱分析中的一门必备的基础技术。

6. 计算机系统

计算机系统在同位素质谱仪中主要发挥以下作用：

(1) 信号采集和数据处理

根据不同的分析对象，设定需采集的质谱信号，按照一定的技术规范进行数据处理，包括数据采集的组数、质谱本底的扣除、干扰离子的校正、标准值的设定及互换标准后的计算，最终给出分析所要求的测量结果和测量误差。

（2）质谱仪各功能单元的转换和质谱仪各测量参数的选择和监控

随着同位素质谱仪的不断发展，其分析功能和外部联机设置愈来愈丰富和多样化，计算机系统则起着中心控制的重要作用。例如在气体稳定同位素质谱仪运行中，可通过计算机设定不同功能的连续流装置，自动进行 EA/MS、TC/EA/MS、GC/C/MS 等在线装置的转换，以完成不同样品的测定。在质谱同位素测量时，可以根据不同的分析对象，设定和选择仪器工作条件和测量参数，例如离子接收方式的选择，谱峰强度的设定，压力调节参数的选择，所允许的标准与样品谱峰强度的差值，质谱峰中心的自动调整，^{3}H 系数的校正等。这些在过去需人工手动选择及设定的分析流程，完全由计算机专用分析软件完成得以实现。

（3）质谱仪基本性能检查和故障分析

计算机系统可根据需要完成同位素质谱仪基本性能，包括多接收叠加峰的谱图显示、仪器分辨本领的测定、峰形稳定度的测定、系统稳定性的测定等，以保证高精度的同位素测定结果。

五、同位素质谱应用范围

同位素质谱分析法的特点是测试速度快、结果精确、样品用量（微克量级）少，能精确测定元素的同位素比值，广泛用于核科学、地质年代测定、农业及林业、生态系统以及食品分析等。

1. 地质与地球化学

主要研究轻元素（C、H、O、N、S）的稳定同位素在自然界（岩石圈、土壤圈、水圈、大气圈）的丰度及其变化机理、在各种天然过程中的化学行为，并以此为指导研究天然物质的来源、迁移过程以及经历过的物理和化学反应。

2. 农业、林业

同位素质谱技术在农业研究中的应用包括：科学施肥、作物营养代谢、生物固氮、土壤呼吸、农用化学物质对环境影响、饲料配方、水产养殖、林木果树种植、药材种植等。

3. 生态学

一是植物生理生态学方面，稳定同位素（^{2}H、^{13}C、^{15}N 和 ^{18}O）可对生源要素的吸收、水分来源、水分平衡和利用效率等进行测定，从而研究植物的光合作用途径、植物水分胁迫程度、植物水分利用效率并确定植物的分布区域等。二是生态系统生态学方面，同位素质谱技术可用来研究生态系统的气体交换、生态系统功能及对全球变化的响应。三是动物生态学方面，同位素质谱技术也已广泛应用于区分动物的食物来源、食物链、食物网、群落结构以及动物的迁移活动等。

4. 环境

同位素质谱在环境方面的应用主要包括：运用稳定同位素法确定空气和水体污染物

的来源（^{15}N、^{34}S、^{18}O），土壤、水体中持久性污染物的来源、迁移及降解动态，污染环境生物修复研究，城市地下水硝酸盐污染及其成因研究（N同位素），地表水及地下水的硫、氯污染物特征，有机污染物环境行为过程中稳定同位素分馏效应，大气颗粒物中有机污染源的确定及示踪，确定水域污染程度，等等。

5. 食品

稳定同位素质谱技术可用于鉴别不同种类、不同来源的食品原料，是目前国际上用于鉴别食品成分掺假的一种直接而有效的工具，是一个较新的研究领域，具有广阔的应用前景，例如果汁、红酒、蜂蜜等掺假及产地鉴别，以及食品、药品、保健品等产地鉴别。

6. 医学研究

可用于研究质量平衡、血碳酸氢盐、呼吸、新陈代谢、双标记水、身体总水、胃排空、肝功能、蛋白质循环等。

7. 其他研究

体育竞赛中通过检测尿液中^{13}C判断是否使用兴奋剂。利用同位素质谱技术快速识别毒品、炸药、伪钞的来源。

六、使用方法

1. 元素分析仪开机

① 根据实验需求，在元素分析仪上安装好CN模式的燃烧管、还原管和进样器，或HO模式的裂解管及进样器等。

② 打开电脑，选择对应的反应模式。

③ 打开元素分析仪电源，做元素分析仪内部气路检漏，设置相应模式的反应温度，分析空白。

2. IRMS开机

① Isoprime 100质谱仪主机上没有总电源开关，在打开UPS电源及插线板电源开关后，主机即接通电源，此时主机风扇开始工作，可听到风扇转动的声音。

② 打开空气压缩机电源，等待空压机工作正常后，确认出口压力为0.38 MPa。

③ 打开He气钢瓶总阀，将分压表压力调到0.4 MPa（CN模式）或0.2 MPa（HO模式）；打开所需参考气钢瓶总阀，将分压表压力调到0.4 MPa；调节参考气进样器上各气的压力［N_2（0.1～0.14 MPa）、CO（0.14～0.17 MPa）、CO_2（0.07～0.1 MPa）、H_2（0.17～0.2 MPa）、He（0.2 MPa）］，打开稀释器氦气进气阀。

④ 运行IonVangtage软件。

⑤ 确认质谱仪上黄色隔离阀处于关闭状态。

⑥ 打开机械泵电源开关，等待1～2 min，确认机械泵工作正常。

⑦ 旋开位于质谱仪背部连接机械泵的圆形黑色隔离阀，旋开后会露出隔离阀红色部分，注意不要完全旋松。

⑧ 在Isoprime Tune page窗口Instrument下拉菜单中选择Pumping，启动涡轮分子

泵工作，一般需要抽真空过夜，仪器真空度才可达到理想状态。

⑨ 真空抽好后打开黄色隔离阀，待真空稳定后，从 Isoprime Tune page 窗口的 Instrument 菜单中选择 Source on，将离子源打开。

3. 测试

① 进行参考气稳定性及线性测试，在完成参考气测试后，根据样品出峰顺序，将离子源参数调回到第一个元素所对应的参数下面。

② 编辑并建立样品（含有空白样品、标准样品和实验样品）测定序列。

③ 分析测试。

4. EA－IRMS 从待机状态到完全停机

① 关闭质谱仪上黄色隔离阀。

② 从 Isoprime Tune page 窗口的 Instrument 菜单中选择 Source on，关闭离子源，在此窗口下方的 Source Status 状态栏中可见状态显示为 Source off，后面颜色为红色。

③ 设置元素分析仪反应管的温度为零，待冷却后关闭电源。

④ 关稀释器阀。

⑤ 停止分子泵，从 Isoprime Tune page 窗口的 Instrument 菜单中选择 Pumping 选项，在弹出窗口中确认停止分子泵。

⑥ 待 IP TurboSpeed 转速下降至 10%后，关闭质谱仪背后圆形黑色隔离阀。

⑦ 从机械泵侧面关闭机械泵电源，关空气压缩机电源。

⑧ 按顺序关闭 Ion Vantage 软件，关闭计算机及各个钢瓶减压阀和总阀。

⑨ 关闭实验室电源。

七、仪器维护与保养

1. 仪器日常维护与保养

同位素质谱仪是比较昂贵和精密的仪器，日常维护非常重要，主要需要做好以下几个方面。

① 要保证同位素质谱仪的工作环境，温度恒定为（22±2）℃，相对湿度为 45%～75%。

② 需要做好其他附属设备的日常维护，如空气压缩机和电子天平的维护等。

③ CN 固体模式条件下，要注意大约 200 次实验后，要对燃烧管中的灰分管清灰，以免堵塞陶瓷氧枪，并更换还原管铜填料；500～1000 次实验后，要更换燃烧管中的氧化铜填料。HO 固体模式条件下，要注意大约 150 次实验后，要对裂解管中的灰分管清灰。

④ 水阱中的干燥剂有 1/2～2 /3 变色时，需要更换。

⑤ 钢瓶及减压阀要经常检漏，要求使用气体的纯度应不小于 99.999%。

2. 仪器使用注意事项

① 压缩空气钢瓶必须固定在不可移动的建筑物或坚固的墙壁上，必须执行必要的防护措施（整个系统配有排风设备，在适当位置安装危险气体报警器）。

② 更换新的钢瓶后，需要将管路吹扫一段时间，使残留的空气完全清除干净。可以将参考气进样器上的放空阀开大进行吹扫。

③ 样品避免含有 Cl、Br 等卤族元素以及酸碱。

④ 称样量要适当，既可以确保样品被充分反应，保证数据的准确性，又可以节省填料铜和氧气等的消耗。

⑤ 将锡杯或银舟折叠几次并压紧，最好形成一个球状。在折叠时特别注意不要弄破锡杯，否则会造成样品损失。将样品包成球状，不仅可以确保样品完全包裹在锡杯或银舟里，有助于随后的燃烧反应，还可以防止样品卡在自动进样器中。

⑥ 一旦打开质谱仪隔离阀和离子源，就必须保证系统氦气供应正常。更换氦气时，质谱仪隔离阀和离子源必须关闭。

⑦ 为了避免干扰，同位素质谱仪部分做参考气稳定性和线性分析时，元素分析仪部分不要进样分析或做空白。

第三节 同位素质谱技术在食品分析中的应用

同位素质谱技术最初应用在核工业、地质学、天然矿业、天然气及考古等领域。随着仪器科学的进步，同位素质谱技术也开始进入农业和食品方面的检测和质量控制等研究工作领域。稳定同位素质谱技术可用于区分合成的和天然的食品添加物，来自不同产地的化合物可能显示不同的同位素组成及地域信息。依据植物的代谢途径的差异，测定蜂蜜同位素比值判别是否掺入了植物糖浆；也可以通过肥料、环境和代谢途径鉴别有机食品与传统食品的差别。近年来，食品掺假水平越来越高，需要更加先进的科学检测手段进行应对。随着科学技术的进步，稳定同位素质谱技术在食品安全检测中掺假鉴别、产地溯源等方面均已建立起成熟的检测方法。在乳制品、蜂蜜、果汁、油脂、葡萄酒及白酒掺假，动物食品、葡萄酒、饲料原料的地域溯源检测方面均有重要作用。

同位素质谱技术在淀粉、葡萄酒、食用油、调味品、乳制品等的质量检测方面已取得了一系列可喜的研究成果，该技术检测准确快速、稳定性较好，在食品质量控制领域发挥着重要作用，有良好的发展前景。每种检测方法都有自己独特的优势，各自发挥着重要的作用，但它们并不是万能的，稳定同位素质谱法也是如此，例如当食品中掺假成分的稳定同位素比率值与食品本身的稳定同位素比率值比较接近时，单独使用该方法进行鉴别有很大的难度，需借助其他的检测方法或者技术（如元素分析、液相色谱、气相色谱、核磁共振技术等）加以辅助，故在与其他现代分析检测技术相结合以拓展其应用范围方面还有很大的研究空间。

1. 在葡萄酒质量控制中的应用

自 1990 年欧洲共同体把同位素质谱等技术用于葡萄酒鉴别以来，葡萄与葡萄酒组织、欧洲标准委员会等组织对葡萄酒鉴别方法进行不断的研究和完善，建立了一系列鉴别葡萄酒中各成分的分析方法。葡萄酒中的乙醇是由果实中糖分发酵而来，两者的 $\delta^{13}C$ 具有同源性，葡萄酒中添加 C_4 植物来源糖时，用稳定同位素质谱仪测定乙醇 $\delta^{13}C$ 进行判定存在工作量大等缺陷，Remaud 等在 1992 年发现利用 ^2H - NMR 技术检测甜菜糖和葡萄糖发酵后乙醇中甲基位与次甲基位 D/H 比值，能对葡萄酒中是否添加外源糖进行有效的鉴别。

李学民等用液相色谱-同位素质谱法测定葡萄酒样品中甘油和乙醇的 $\delta^{13}C$ 值，为葡萄酒真伪鉴别奠定了理论基础。

食品的原产地保护是受到普遍关注的问题。江伟等以我国 4 大葡萄产区的样品为研究对象，利用点特异性天然同位素分馏核磁共振技术和同位素质谱仪技术测得葡萄酒的 $(D/H)_{\text{I}}$、$(D/H)_{\text{II}}$、R、$\delta^{13}C$、$\delta^{18}O$ 及酒精体积分数，研究发现：使用单一元素只能区分环境差异很大的产区，结合 3 种元素就能有效鉴别 4 大产区的葡萄酒。吴浩等优化了气相色谱-燃烧-同位素质谱法的检测条件，测定葡萄酒中 5 种挥发性组分的碳稳定同位素比值，有效区分了法国、澳大利亚、美国和中国 4 个产地的葡萄酒。

2. 在蜂蜜质量控制中的应用

巨大的利益使得蜂蜜掺假水平越来越高，蜂蜜的真实性检测技术不容忽视。早在 1975 年美国公职分析化学师协会（AOAC）就出台了蜂蜜中 C_4 植物糖含量-内标稳定碳同位素比率法等检测方法。我国于 2002 年实施了蜂蜜中 C_4 植物糖含量测定方法稳定碳同位素比率法。李学民等用液相色谱技术对来自我国 26 个省份和地区的纯正蜂蜜样品的糖组分进行分离，用同位素质谱法测定各糖分的 $\delta^{13}C$ 值，经统计分析确定 $\delta^{13}C$ 值的分布区间，为蜂蜜是否掺假的鉴别提供技术支持。

3. 在食用油掺假鉴别中的应用

朱绍华等把不同比例茶油与花生油的混合物作为研究对象，用稳定同位素质谱法测定样品的 $\delta^{13}C$ 值，两种油脂的 $\delta^{13}C$ 值差异很大，当玉米油含量在 15％以上时，能进行茶油中掺入花生油的鉴别及掺假百分含量测定。金青哲等用碳同位素质谱技术对花生油和玉米油的混合物进行检测研究，用气相色谱获得两种油脂的脂肪酸组成，用燃烧-同位素质谱法测定其中 3 种主要脂肪酸（棕榈酸、油酸、亚油酸）的 $\delta^{13}C$ 值，证明花生油与玉米油的 $\delta^{13}C$ 值差异很大，当两者混合时，可检出 15％以上的掺合水平。

4. 在调味品检测中的应用

王修宁等以芳香醋、糯米酿造食醋、苹果醋、配制白醋 4 类食醋为研究对象，用元素分析-同位素质谱法测定样品的 $\delta^{13}C$ 值，结合聚类分析可以将不同产地、不同原料、不同生产方式的食醋进行初步归类；同时对人为掺假廉价食醋的样品进行了研究，当芳香醋中分别掺入不低于 4％、6％和 2％的糯米酿造食醋、苹果醋及配制白醋时，可实现有效鉴别。谭梦茹等用元素分析-同位素质谱法测得国内不同地区不同品种的酿造酱油样品的 $\delta^{13}C$ 值，建立纯正酿造酱油的 $\delta^{13}C$ 值数据库，依此为判断依据，可对 58 种常用的酱油样品进行鉴别。

5. 在其他食品检测中的应用

（1）乳品原料的溯源

李鑫等用元素分析-稳定同位素质谱法同时测定不同来源的原料奶粉中 $\delta^{13}C$ 和 $\delta^{15}N$，结果表明：$\delta^{13}C$ 可以判断原料的产地，$\delta^{15}N$ 可起到筛除异常原料乳的作用。梁莉莉等用等电点沉淀法从婴幼儿配方奶粉中获得纯度大于 96％的酪蛋白，定性确认后利用元素分析-稳定同位素质谱技术测定该蛋白的 $\delta^{13}C$ 值和 $\delta^{15}N$ 值，结果表明奶源产地相同的奶粉

的 $\delta^{13}C$ 值和 $\delta^{15}N$ 值范围一致，而产地不同的则存在差异。

（2）蔗糖与甜菜糖的鉴别

甘蔗是 C_4 植物，甜菜是 C_3 植物，光合作用方式不同会使碳同位素的组成差异显著。根据这个原理，张遴等运用元素分析-稳定同位素质谱法测得：甜菜糖 $\delta^{13}C$ 值为 －25.48‰～－24.05‰，蔗糖 $\delta^{13}C$ 值为－11.87 ‰，通过数值的差异对两者进行有效鉴别。

（3）苹果汁质量控制

张遴等以我国苹果主产区的苹果为研究对象，用稳定同位素质谱法测定苹果果肉和苹果汁的 $\delta^{13}C$ 值，提供了我国苹果中 $\delta^{13}C$ 的基础数据；试验还发现，苹果汁与果肉的 $\delta^{13}C$ 值几乎没有差异，但与苹果皮部分的 $\delta^{13}C$ 值差异很大。同时，采用稳定同位素质谱技术对全国 11 个省市红富士苹果中碳同位素 $\delta^{13}C$ 值进行测定，经分析发现这些数据具有区域特异性，不受时间、加工等因素的影响。

（4）马铃薯淀粉掺杂玉米淀粉的鉴别

马铃薯淀粉与玉米淀粉在形态及物化性质方面的高度相似性给鉴别增加了难度。王绍清等运用扫描电镜和稳定碳同位素质谱技术对马铃薯淀粉中掺杂玉米淀粉进行定性定量分析，当两种技术综合运用时，可以鉴别任何比例的掺假；当掺假比例高于 10%时，可估算出掺假量。

参考文献

[1] 高舸．质谱及其联用技术：卫生检验中的应用［M］．成都：四川大学出版社，2015.

[2] 李险峰，金真，马毅红．现代仪器分析实验技术指导［M］．广州：中山大学出版社，2017.

[3] 汤轶伟，赵志磊．食品仪器分析及实验［M］．北京：中国标准出版社，2016.

[4] 严玉鹏，郭智成，张丽梅．元素分析仪-稳定同位素比例质谱仪的使用及维护［J］．实验科学与技术，2018，16（3）：67－71.

[5] 张遴，方悦，王文瑞，等．同位素比质谱技术在食品应用中的研究进展［J］．食品研究与开发，2017，38（10）：192－195.

[6] 赵墨田．同位素质谱仪技术进展［J］．现代科学仪器，2012（5）：5－14＋19.

[7] 胡明华，胡坪．仪器分析［M］．4 版．北京：高等教育出版社，2008.

第十三章　高效液相色谱法

高效液相色谱以经典的液相色谱为基础，是以高压下的液体为流动相的色谱过程，又叫作高压或高速液相色谱、高分离度液相色谱或近代柱色谱。高效液相色谱以液体为流动相，采用高压输液系统，是色谱法的一个重要分支。它具有敏感度高且分离度好的优势而被广泛应用于食药分析与化工生产等方面。

第一节　高效液相色谱分析原理

一、高效液相色谱法

高效液相色谱法（high performance liquid chromatography，HPLC）是1964—1965年开始发展起来的一项新颖快速的分离分析技术。它是在经典液相色谱法的基础上，引入了气相色谱的理论，在技术上采用了高压、高效固定相和高灵敏度检测器，使之发展成为高分离速度、高分辨率、高效率、高检测灵敏度的液相色谱法，也称为现代液相色谱法。

1. 古典液相色谱和高效液相色谱的比较

古典液相色谱的致命弱点是柱效低、分离时间长、难以解决复杂混合物的分离，与气相色谱比较有很大的差距。从色谱的速率理论知道，要提高柱效，就要把固定相的颗粒度减小，同时要加快传质速率；要缩短时间就要把流动相的速度加快。因此要克服古典液相色谱的缺点，就必须针对这些问题进行研究。采取的措施就是要研制出粒度小、传质速率快的固定相；使用高压泵，加快流动相的速度；采用高灵敏度的检测技术，从而使液相色谱达到柱效高、分析时间短、灵敏度高的效果。表13-1列出了古典液相色谱与高效液相色谱的粗略比较。

表13-1　古典液相色谱与高效液相色谱的粗略比较

古典液相色谱	高效液相色谱
常压或减压	高压
填料颗粒大	填料颗粒小
柱效低	柱效高
分析速度慢	分析速度快
色谱柱只能用一次	色谱柱可重复多次使用
不能在线检测	能在线检测

2. HPLC与GC的比较

HPLC是在GC高速发展的情况下发展起来的。它们之间在理论上和技术上有许多共同点，主要有：①色谱的基本理论是一致的；②定性定量原理完全一样；③均可应用计算机控制色谱操作条件和色谱数据的处理程序，自动化程度高。

由于HPLC的流动相是液体，而液体的黏度比气体大100倍以上，扩散系数比气体小$1\times10^{-5}\sim1\times10^{-2}$，故溶质分子与液体流动相之间的作用力不能忽略，致使HPLC与GC有以下的差别。

(1) 流动相差别

GC用气体作流动相，气体与样品分子之间作用力可忽略，而且，载气种类少，性质接近，改变载气对柱效和分离效率影响小。HPLC以液体作流动相，液体分子与样品分子之间的作用力不能忽略，而且液体种类多，性质差别大，既可以是水溶液，又可以是有机溶剂；既可以是极性化合物，又可以是非极性化合物，可供选择范围广，是控制柱效和分离效率的重要因素之一，使HPLC除了固定相可供选择外，还增加了一个可供选择的重要的操作参数。

(2) 固定相差别

GC固定相多是固体吸附剂、在载体表面上涂渍一层高沸点有机物组成的液体固定相及近年出现的一些化学键合相。GC固定相粒度粗（一般为100～250 μm），吸附等温线多是非线性的，但成本低；HPLC固定相大多是新型的固体吸附剂、化学键合相等，粒度小（一般为3～10 μm），分配等温线多是线性的，峰形对称，但成本高；HPLC样品容量比GC高，分析型色谱柱最大容量可达50 mg以上。

(3) 使用范围差别

GC一般用于分析沸点在500 ℃以下、相对分子质量小于450的物质，而对热稳定性差、易于分解、变质及具有生理活性的物质，都不能用升温气化的方法分析。因此，GC只能分析占有机物总数15%～20%的物质。HPLC在室温或在接近室温条件下工作，可分析沸点在500 ℃以上、相对分子质量在450以上的有机物质。这些有机物质占总数的80%～85%。HPLC的使用范围远远超过GC。

(4) 原理和结构差别

高效液相色谱仪和气相色谱仪在原理和结构上也有很大的差别。高效液相色谱仪具有高压输液系统，其检测器的检测原理和结构与GC有较大差异。

应该指出，HPLC和GC各有所长，相互补充。在HPLC越来越广泛地获得应用的同时，GC仍然发挥着它的重要作用。

二、仪器结构

现代高效液相色谱仪，无论是复杂程度还是各种部件的功能都有很大的差别。但是就基本原理和色谱流程而言都是相同的，常有高压梯度系统的液相色谱流程如图13-1所示。

储液槽中的流动相被高压泵吸入后输出，经调解压力和流量后被导入进样器。将进入进样器后的待分析试样带入色谱柱进行分离，经分离后的组分进入检测器检测，最后和洗脱液一起进入废液槽。被检测器检测的信号经放大器放大后，用记录器记录下来，得到一系列的色谱峰，或者检测信号被微处理机处理，直接显示或打印出结果。可以看出，高效液相色谱仪的基本组成可分为：流动相输送系统，进样系统，色谱分离系统与检测、记录数据处理系统等四个部分。

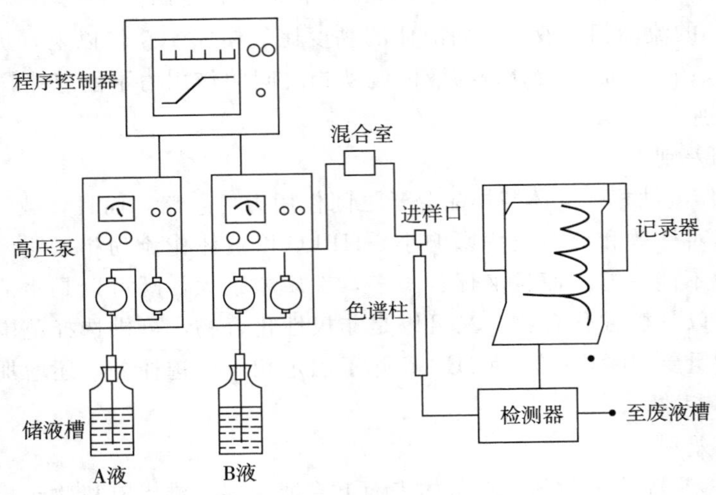

图 13－1　带有高压梯度系统的液相色谱流程

1. 流动相输送系统

(1) 储液槽

分析用高效液相色谱仪的流动相储槽，常使用 1 L 的锥形瓶。在连接到泵入口处的管线上加一个过滤器，以防止溶剂中的固体颗粒进入泵内。为了使储液槽中的溶剂便于脱气，储液槽中常需要配备抽真空及吹入惰性气体装置。常用的脱气方法有超声波振动脱气、加热沸腾回流脱气、真空脱气。

(2) 高压泵

高压泵的作用是输送恒定流量的流动相。高压泵按动力源划分，可分为机械泵和气动泵；按输液特性分，可分为恒流泵和恒压泵。

恒流泵的主要优点是始终输送恒定流量的液体，与柱压力的大小和压力的变化无关，因此，保留值的重复性好，并且基线稳定，能满足高精度分析和梯度洗脱要求。恒流泵可分为注射泵和往复泵。往复泵又可分为往复活塞式和隔膜式两种，这里主要介绍前一种，它是 HPLC 最常用的一种泵。

往复活塞泵的结构比较复杂，主要由传动机构、泵室、活塞和单向阀等构成。其工作原理示意图如图 13－2 所示。

传动机构由电动机和偏心轮组成。电动机使活塞做往复运动，偏心轮旋转一周，活塞完成一次往复运动，即完成一次抽吸冲程和输送冲程。改变电动机的转速可以控制活塞的往复频率，获得需要的流速。

往复泵的优点是输液连续，流速与色谱系统的压力无关，泵室的体积（几微升至几

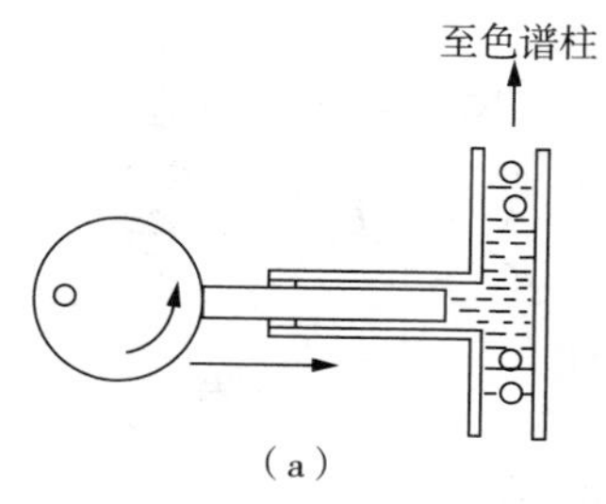

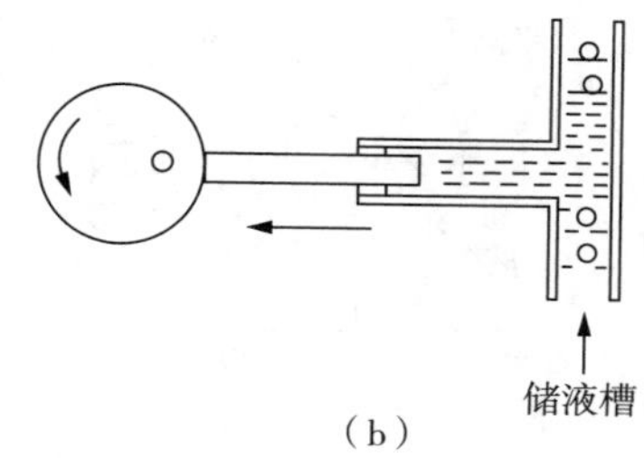

图 13-2 往复活塞泵的工作原理示意图

十微升）很小，因此适用于梯度洗脱和再循环洗脱；而且清洗方便，容易更换溶剂。缺点是输送有脉动的液流，因此液流不稳定，引起基线噪声，克服的办法是在泵和色谱柱间串入一根盘状阻尼管，使液流平稳。

恒压泵采用适当的气动装置，使高压惰性气体直接加压于流动相，输出无脉动的液流，常称为气动泵。这种泵简单价廉，但流速不如恒流泵精确稳定，故只适用于对流速精度要求不高的场合，或作为装填色谱柱用泵。

恒压泵的工作原理为：气缸内装有可以往复运动的活塞。通常气动活塞的截面积比液动活塞的截面积大 23～46 倍，因此，活塞施加于液体的压力，是按两个截面积同等比例放大的压力，比如气缸压力是 1 kg/cm^2，液缸压力为 23 kg/cm^2 或 46 kg/cm^2。工作时，在恒定气压的作用下，活塞在缸内往复运动，完成抽吸和输送液体的动作。气动放大泵的优点是容易获得高压，没有脉冲，流速范围大，缺点是受系统压力变化的影响大，因此，保留值重复性较差，不适于梯度洗脱操作，而且泵体积较大（2～70 mL)，更换溶剂麻烦，耗费量大。

（3）梯度洗脱装置

梯度洗脱也称溶剂程序，是指在分离过程中，随时间函数程序地改变流动相组成，即程序地改变流动相的强度（极性、pH 值或离子强度等）。梯度洗脱装置有两种，一种是低压梯度装置，一种是高压梯度装置。高压梯度装置又可分为两种工作方式。一种是以两台或多台高压泵将不同的溶剂吸入混合室，在高压下混合，然后进入色谱柱。它的优点是只要通过电子器件分别程序控制两台或多台输液泵的流量，就可以获得任何一种形式的淋洗浓度曲线；其缺点是如需混合多种溶剂，则需要多台高压泵。另一种是以一台高压泵通过多路电磁阀控制，同时吸入几种溶剂（可以控制各路吸入的流量），经混合后送到色谱柱，这样只要一台高压泵。

2. 进样系统

进样系统包括进样口、注射器、六通阀和定量管等，它的作用是把样品有效地送入色谱柱。进样系统是柱外效应的重要来源之一，为了减少对板高的影响，避免由柱外效应而引起峰展宽，对进样口要求体积小、没有死角，能够使样品像塞子一样进入色谱柱。

目前，多采用耐高压、重复性好、操作方便的带定量管的六通阀进样，如图 13-3 所示。

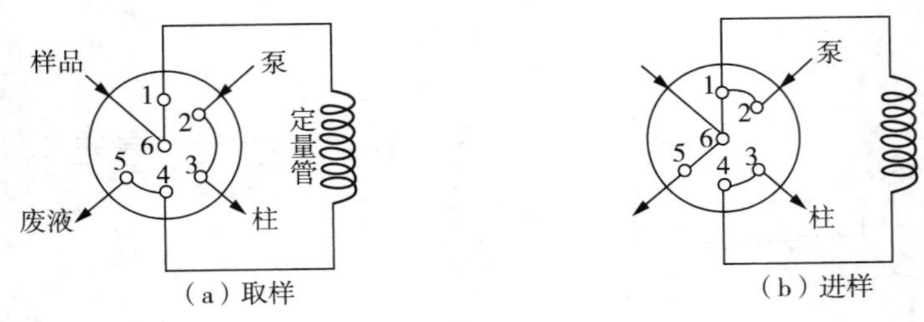

图 13－3　六通阀进样示意图

3. 色谱分离系统

色谱分离系统包括色谱柱、恒温装置、保护柱和连接阀等。分离系统性能的好坏是色谱分析的关键。采用最佳的色谱分离系统，充分发挥系统的分离效能是色谱工作中重要的一环。

(1) 色谱柱

色谱柱包括柱子和固定相两部分。柱子的材料要求耐高压，内壁光滑，管径均匀，无条纹或微孔等。最常用柱材料是不锈钢管。每根柱端都有一块多孔性（孔径为 1 μm 左右）的金属烧结隔膜片（或多孔聚四氟乙烯片），用以阻止填充物逸出或注射口带入颗粒杂质。当反压增高时，应予更换（更换时，用细针剔出，不能倒过来敲击柱子）。柱效除了与柱子材料有关外，还与柱内径大小有关。应使用"无限直径柱"以提高柱效。

(2) 恒温装置

柱温是液相色谱的重要操作参数。一般来说，在较高的柱温下操作，具有三个好处：一是能增加样品在流动相中的溶解度，从而缩短分析时间；通常柱温升高 6 ℃，组分保留时间减少约 30%；二是改善传质过程，减少传质阻力，增加柱效；三是降低流动相黏度，因而在相同的流量下，柱压力降低。液相色谱常用柱温范围为室温至 65 ℃。

(3) 保护柱

为了保护分析柱，常在进样器与分析柱之间安装保护柱。保护柱是一种消耗性的柱子，它的长度比较短，一般只有 5 cm 左右。虽然保护柱的柱填料与分析柱一样，但粒径要大得多，这样便于装填。保护柱应该经常更换以保持它的良好状态而使分析柱不被污染。

4. 检测、记录数据处理系统

检测、记录数据处理系统包括检测器、记录仪和微型数据处理机。常用的检测器有示差折光检测器、紫外吸收检测器、荧光检测器和二极管阵列检测器等。

色谱工作站是由一台微型计算机来实时控制色谱仪，并进行数据采集和处理的一个系统。它由硬件和软件两个部分组成，硬件是一台微型计算机，再加上色谱数据采集卡和色谱仪器控制卡。软件包括色谱仪实时控制程序、峰识别程序、峰面积积分程序、定量计算程序和报告打印程序等。它具有较强的功能：识别色谱峰、基线的校准、重叠峰和畸形峰的解析、计算峰的参数（保留时间、峰高、峰面积和半峰宽等）、定量计算组分含量等。

三、定性和定量分析方法

1. 色谱定性分析

色谱是一种卓越的分离方法，但是它不能直接从色谱图中给出定性结果，而需要与已知物对照，或利用色谱文献数据，或与其他分析方法配合才能给出定性结果。

（1）利用已知物定性

在色谱定性分析中，最常用的简便可靠的方法是利用已知物定性，这个方法的依据是：在一定的固定相和一定的操作条件下，任何物质都有固定的保留值，可作为定性的指标。比较已知物和未知物的保留值是否相同，就可确定某一色谱峰代表的是什么物质。

① 用保留时间或保留体积定性。比较已知和未知物的 t_R、V_R或 t'_R、V'_R是否相同，即可决定未知物是什么物质。用此法定性需要严格控制操作条件（柱温、柱长、柱内径、填充量、流速等）和进样量，V'_R或 V_R定性不受流速影响。用保留时间定性，时间允许误差要低于 2 %。

② 利用峰高增加法定性。将已知物加入到未知混合样品中去，若待测组分峰比不加已知物时的峰高增加了，而半峰宽并不相应增加，则表示该混合物中含有已知物的成分。

③ 利用双柱或多柱定性。严格地讲，仅在一根色谱柱上用以上方法定性是不太可靠的，因为有时两种或几种物质在某一根色谱柱上具有相同的保留值。此时，用已知物对照定性一般要在两根或多根性质不同的色谱柱上进行对照定性。两根色谱柱的固定液要有足够的差别，如一根是非极性固定液，一根是极性固定液，这时不同组分保留值是不一样的，从而保证定性结果可靠。双柱或多柱定性，主要是使不同组分保留值的差别能显示出来，有时也可用改变柱温的方法，使不同组分保留值差别扩大。

（2）与其他分析仪器结合定性

气相色谱能有效地分离复杂的混合物，但不能有效地对未知物定性。而有些分析仪器（如质谱、红外光谱仪等）虽是鉴定未知结构的有效工具，但对复杂的混合物无法分离、分析。把两者结合起来，实现联机既能将复杂的混合物分离又可同时鉴定结构，是目前仪器分析的一个发展方向，是近年来发展的热点。

实现联机需要硬件与软件条件。硬件条件需要一种色谱和其他分析仪器连接的“接口”，以便使样品通过色谱分离后的各组分依次进入用于鉴定的分析仪器的样品池中。实现联机的条件是：①样品池的体积足够小，色谱分离后相邻的组分不至于同时保留在样品池内；②分析的速度足够快，以便在一个组分峰洗脱的期间就能达到对另一种组分的分析（采集一个图谱）；③分析的灵敏度足够高、检测限低，以便对需要分析的组分能够取得足够低信噪比的分析图谱。目前常见的色谱与其他分析仪器连接的技术主要有以下两种。

① 色谱-质谱联用。质谱仪灵敏度高，扫描速度快，能准确测出未知物的相对分子质量，而色谱则能将复杂混合物分离。因此，色谱-质谱联用技术是目前解决复杂未知物定性问题的有效工具之一。

② 色谱-红外光谱联用。纯物质有特征性很高的红外光谱图，并且这些标准图谱已被大量地积累下来，利用未知物的红外光谱图与标准谱图对照则可定性。

2. 色谱定量分析

(1) 定量分析的理论依据

在一定的操作条件下，被分析物质的质量 m_i 与检测器上产生的响应信号（在色谱图上表现为峰面积 A_i 或峰高 h_i）成正比，即

$$m_i = f_i A_i \tag{13-1}$$

$$m_i = f_{hi} A_i \tag{13-2}$$

式（13-1）和式（13-2）就是定量分析的依据，要对组分定量，步骤如下：

① 准确测定峰面积 A_i 或峰高 h_i。

② 准确求出定量校正因子 f_i 或 f_{hi}。

③ 根据式（13-1）、式（13-2）正确选用定量计算方法，把测得的 A_i 或 h_i 换算成百分含量或浓度。

(2) 峰面积的测量方法

峰面积的测量方法有两类：一类是数学近似测量法，另一类是真实面积测量法。

数学近似测量法主要有峰高乘半峰宽法和峰高乘平均峰宽法。峰高乘半峰宽法是目前使用较广的近似计算法，适用于对称峰。实际上是求出一个长方形面积，如图 13-4 所示。理论上可证明峰面积应为长方形面积的 1.065 倍，即

$$A = 1.065h \times 2\Delta X_{0.5} \tag{13-3}$$

峰高乘平均峰宽法是取峰高 0.15 和 0.85 处的峰宽平均值乘以峰高，求出近似面积，即

$$A = \frac{1}{2}(2\Delta X_{0.15} + 2\Delta X_{0.85})h \tag{13-4}$$

此法适用于前伸型和拖尾型峰面积的测量。

真实面积测量法是较先进的气相色谱仪都带有的积分仪或微处理机的一种测量方法，能自动地测出峰面积。它测得的是全部峰面积，对小峰或不对称峰也能给出较准确数据，测量精度为 0.2%～2%，使用时，要注意仪器的线性范围。

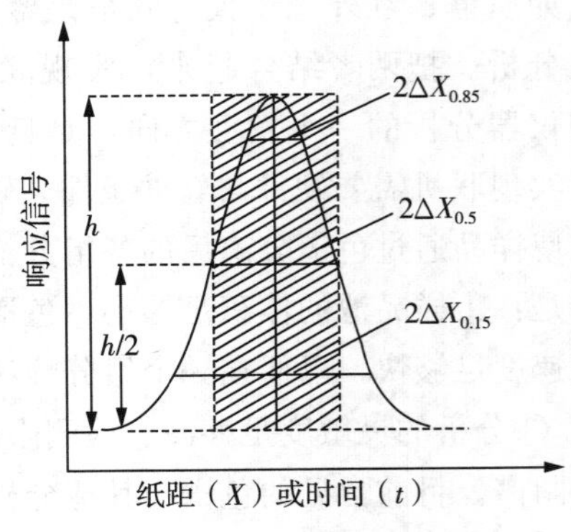

图 13-4 峰面积测量图

(3) 定量校正因子的测定

① 定量校正因子的作用

相同量的不同物质在同一检测器上产生的响应信号（峰面积、峰高）是不相同的，相同量的同一物质在不同的检测器上产生的响应信号也不相同，这是受物质的物理化学性质差异或检测器性能影响。因此，混合物中某物质的含量并不等于该物质的峰面积占总峰面积的百分率。

为了解决这个问题，可选定某一物质作为标准，用校正因子把其他物质的峰面积校

正成相当于这个标准物质的峰面积，然后用这种经过校正后的峰面积来计算物质的含量。

② 定量校正因子的表示方法

由式（13－1）得

$$f_{\mathrm{i}}=\frac{m_{\mathrm{i}}}{A_{\mathrm{i}}} \tag{13-5}$$

式中，f_{i}为绝对校正因子，是指单位峰面积所代表的某组分的含量。f_{i}主要是由仪器的灵敏度决定的，不易测得，无法直接应用。常用的是相对校正因子，相对校正因子是指一种物质 i 和标准物质 s 的绝对校正因子的比值，用 f_{i}'表示，即

$$f_{\mathrm{i}}'=\frac{f_{\mathrm{i}}}{f_{\mathrm{s}}} \tag{13-6}$$

常用的标准物质为苯。除特殊标明外，我们平常所用的校正因子均是指相对校正因子，一般的参考文献中都列有许多化合物的校正因子，可在使用时查阅。

相对校正因子只与物质 i、标准物质 s 及检测器有关。而与柱温、流速、样品及固定液含量，甚至载气等条件无关（一些资料认为载气性质对相对校正因子有影响，但影响不超过 3%）。

（4）各种定量方法

① 归一化法

归一化法是较常用的一种方法，如以面积计算，称面积归一化法；如以峰高计算，称峰高归一化法。以面积归一化法为例，若样品有 n 个组分，进样量为 m，则其中某 i 组分的含量可用下式计算。

$$p_i=\frac{m_i}{m}\times 100\%=\frac{A_i f_{\mathrm{i}}'}{A_1 f_1'+A_2 f_2'+\cdots+A_n f_n'}\times 100\% \tag{13-7}$$

f_{i}'如为相对质量校正因子，则得质量百分含量；如为相对摩尔校正因子或相对体积校正因子，则得摩尔分数或体积分数。

归一化法的优点如下：一是不必知道进样量，尤其是进样量小而测试结果不够准确时更为方便；二是此法较准确，仪器及操作条件稍有变动对结果的影响不大；三是比内标法方便，特别是需要分析多种组分时；四是如一些物质（如同系物、同分异构体等）f_{i}'值相近或相同可不必求出 f_{i}'，而直接用面积或峰高归一化，这时式（13－7）可简化为

$$p_i=\frac{m_i}{m}\times 100\%=\frac{A_i}{A_1+A_2+\cdots+A_n}\times 100\% \tag{13-8}$$

归一化法的缺点如下：一是所有 n 个组分必须全部流出色谱柱并产生响应信号，测出峰面积；二是即使是不必定量的组分也必须求出峰面积；三是所有组分的 f_{i}'值均需测出，否则此法不能应用。

② 外标法

外标法又称标准样校正法或标准曲线法。

③ 内标法

内标法是常用的比较准确的定量方法。分析时准确称取试样 W 内含待测组分 m_i，精确加入一定量某纯物质 m_s 作内标物，进样并测出峰面积 A_i 和 A_s，按式（13-9）计算组分 i 的百分含量。因为 $\frac{m_i}{m_s}=\frac{A_i f_i'}{A_s f_s'}$，故

$$p_i=\frac{A_i f_i' m_s}{A_s f_s' m_i}\times 100\% \tag{13-9}$$

一般常以内标物为基准（即 $f_s'=1$）进行简化计算。

对内标物的要求是纯度要高，结构与待测组分相似。内标峰要与组分峰靠近但能很好分离，内标物和被测组分的浓度相接近。

内标法的优点是定量准确，测定条件不受操作条件、进样量及不同操作者进样技术的影响。其缺点是选择合适的内标物较困难，每次需准确称量内标和样品，并增加了色谱分离条件的难度。

④ 内加标准法

当色谱图上峰较密集时，采用内标法是比较困难的，此时，可采用（样品）内加标准法，即在试样中加入一定量为 m_i' 的待测组分。设样品中有组分 1 和组分 2，如图 13-5 所示。

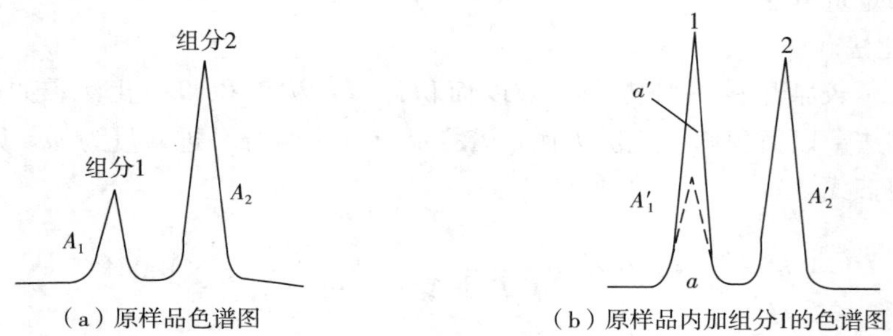

（a）原样品色谱图　（b）原样品内加组分1的色谱图

图 13-5　内加标准法定量图

A_1、A_2 是组分 1 和组分 2 的峰面积，原样品中添加 m_i' 的组分 1 后，组分 1 和组分 2 峰面积变为 A_1'、A_2'，因此 A_1' 面积包括两部分：相当于原样品组分 m_i 的峰面积 a 与原样品添加 m_i' 后增加的面积 a'，即

$$A_1'=a+a' \tag{13-10}$$

同一样品虽两次进样，因浓度不同，得到的峰面积不同，但其峰面积比例是相同的，即 $A_1'/A_2=a/A_2'$，$a=A_1\cdot A_2'/A_2$，则

$$a'=A_1'-a=A_1'-A_1\cdot A_2'/A_2 \tag{13-11}$$

然后就可按照内标法计算组分 1、2 的百分含量，即把加入量 m_1' 作为 m_s，对应的色谱峰面积 a' 作为 a_s，代入式（13-9）。因 a 和 a'，是同物质的峰面积，所以当计算组分 1 时，不需加校正因子。计算组分 2 时，要加校正因子，即

$$p_1=\frac{a\ m_1}{am_i}\times 100\% \tag{13-12}$$

$$p_2=\frac{A_2' f_2' m_1'}{a' f_1' m_i}\times 100\% \tag{13-13}$$

此法需两次进样，测量误差较内标法大，操作也较烦琐。

此外还有内标标准曲线法、转化定量法、收集定量法等，这里不做详细介绍。

3. 色谱定量分析允许误差范围

色谱分析中允许偏差主要根据分析对象的浓度范围而定，目前，一般按照 Kaiser 提出的色谱定量分析允许标准偏差范围要求，见表 13－2 所列。

表 13－2　气相色谱定量分析允许标准偏差范围

试样浓度/%	σ/%	试样浓度/%	σ/%
0.01～0.05	<100	3～10	3～5
0.05～0.5	<50	10～30	2～3
0.5～3	5～10	>30	<2

四、几种经典液相色谱仪介绍

1. VERTEX VI 500 型高效液相色谱仪

VERTEX VI 500 型高效液相色谱仪为国内性价比较高的液相色谱仪。

（1）简介

VERTEX VI 500 型高压恒流泵采用 CPU 控制的往复式双柱塞杆串联泵头以及专利设计的“浮动式泵柱塞杆密封圈”技术，实现了对用户至关重要的两大功能（自动排空和自动清洗）；有效延长了柱塞杆和密封圈的使用寿命；具有分析、半制备及制备多种泵头类型可供用户选择；泵头外置，各部件易于更换及维修；具有完整的预清洗功能，便于快速溶剂更换；将优秀的自吸式单向阀设计与先进的“浮动式泵柱塞杆密封圈”技术相结合，使 STI、P501 输液泵在 0.001～10.000 mL/min 流速下的压力波动小于 10 psi（1 psi＝6.895 kPa），成为国内外压力波动较小的泵之一。STI P501 具有流量系统误差补偿和高低压保护、报警功能。RS－485 外部通信接口设计，可由工作站实现外控，且工作站可适时显示泵运行过程中的各种参数。

（2）功能特点

VERTEX VI 500 型高压恒流泵流量稳定，压力波动极小；梯度混合完全，基线稳定；具有自动排空和自动清洗功能。具体特点如下：

① VERTEX VI 500 型高压恒流泵是双柱塞串联式往复恒流泵，流量准确性高；

② 采用步进电机细分控制技术使得电机在低速下运行平稳准确，提高了低流速下分析结果的准确性和重复性，有效保证了高压梯度系统和较低流量下流动相组成的稳定性；

③ 浮动式导向柱塞杆的安装方式、精选的高质量柱塞杆和密封圈等关键部件，保证了高压恒流泵长期运行的输液稳定性和耐用性；

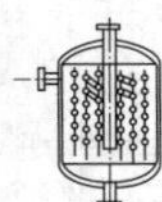

④ 具备流动相压缩系数校正和流速准确性双重校正功能，根据溶剂系统差异可以在±15%范围内进行流速误差补偿，保证了极高的流量准确度；

⑤ 通过 RS-485 进行色谱工作站外部控制能够方便地得到高精度二元高压梯度系统，同时能够实现流动相的流速梯度满足生产和科研的各种要求；

⑥ 实时压力检测显示、高压限和低压限报警功能保证了仪器使用的安全性；

⑦ 具备大流量冲洗溶剂置换功能，减少了溶剂置换时间，提高了工作效率。

(3) VERTEX VI 500 型紫外/可见波长检测器

VERTEX VI 500 型紫外/可见波长检测器是完整的高效液相色谱仪中重要的组成部分。该检测器通常与分析型输液泵 VERTEX VI 500 (0.001～10.000 mL/min) 配套使用。该检测器可以用于常规实验室的检测分析和方法开发。VERTEX VI 500 型紫外/可见波长检测器的设计以当今先进的技术为先导，通过数字化的数据处理和控制，使其基线噪声和漂移降低到一个新的极限。由于采用了数字量输出功能，该检测器可以与计算机直接通过串行口相连而不需要任何数据采集单元。其具有以下特点。

先进的光学单元设计：VERTEX VI 500 型紫外/可见波长检测器的光学系统融入了新的设计思路。正如我们所知，紫外检测器的原理是基于朗伯-比尔定律，因此重点进行了光路的改进，以使位于样品路和参比路的光电池获得光能量。

重点改进：全新的流通池，清洗非常方便；整体的数字信号处理和控制系统；全新设计的集成一体化电压，使供电更稳定，适合防爆场合使用。

(4) VERTEX VI 500 型高效液相色谱仪技术参数

① VERTEX VI 500 型高压恒流泵技术指标

- 流量范围：0.001～10.000 mL/min（步长设定为 0.001 mL/min）
- 流量准确度≤± 1%（1.000 mL/min，8.5 MPa，水，室温）
- 流量稳定性：RSD≤0.25%
- 工作压力：42 MPa（0.001～10.000 mL/min）
- 显示压力误差<±0.5 MPa（0～42 MPa）
- 压力脉动< 0.1 MPa（流量 1 mL/min，压力 5～10 MPa）
- 电源：AC 110 V/220 V，50 Hz/60 Hz
- 功耗：100 W
- 外型尺寸（长×宽×高）：260 mm ×360 mm × 170 mm

② VERTEX VI 500 型紫外/可见波长检测器技术指标

- 波长范围：190～700 nm
- 波长重复性：±0.1 nm
- 波长准确度：±1 nm
- 谱带宽度：6 nm
- 基线噪声≤2×10^{-5} AU（甲醇，1 mL/min，254 nm，20 ℃）
- 基线漂移≤4×10^{-4} AU/hr（甲醇，1 mL/min，稳定时间 60 min，254 nm，20 ℃）

- 基线噪声≤0.5×10^{-5} AU（空池，响应时间 1 s，20 ℃）
- 基线漂移≤0.5×10^{-4} AU/hr（空池，响应时间 1 s，稳定时间 60 min，20 ℃）
- 最小检测浓度≤1×10^{-9} g/mL（萘/甲醇溶液）
- 流通池体积：10 μL
- 光程：5 mm
- 光源：氘灯
- 电源：AC 110 V/220 V，50 Hz/60 Hz
- 功耗：100 W
- 外型尺寸（长×宽×高）：260 mm × 360 mm × 170 mm

2. Transcend 液相色谱仪

赛默飞世尔 Transcend 型液相色谱仪是一款结合了在线提取能力和多维色谱速度的业界唯一真正独立、平行、多通道的高效液相色谱系统。仪器特点如下：

（1）采用专利 TurboFlow™技术

- 最小化样品制备——生物样品直接注入液相色谱/质谱系统
- 有效降低离子抑制——通过高特异性实现
- 节省时间——通过简化复杂的样品制备过程实现
- 简化方法开发——可将相同方法应用于不同的基质中

（2）结合独一无二的多路复用技术

- 加快产出速度——质谱通量增至单路的 4 倍
- 提高生产力——每小时分析更多的样本
- 提高效率——质谱闲置不到 4%的时间
- 提高灵活性——可在同一时间运行多达 4 个不同的试验

（3）专为自动化多维色谱法的开发而设计的一体化的软件和硬件工具

- 在线直接注射血浆、尿、食品和其他复杂的基质
- 快速提取样品中不必要的化合物，以更好地对感兴趣的样本化合物进行指认
- 可多达 4 个独立通道，允许应用多种方法
- 质谱/质谱系统的通量增至单路的 4 倍

（4）为提高生产率特别设计，提高效率和增加质谱/质谱系统的通量的同时保证数据的质量和灵敏度

- Thermo Scientific Aria 操作软件
- Thermo Scientific 自动进样仪
- Thermo Scientific Accela 泵（组）
- Thermo Scientific 阀接口模块

3. 美国 Agilent 1100 液相色谱仪

（1）全系列 Agilent 1100 泵系统

① 电子流控阀（EFC）控制的毛细液相泵系统

柱流速范围：1～20 μL/min；10～100 μL/min（可选件）；0.001～2.500 mL/min

（EFC 关闭状态）

② 高压制备泵系统

单元或双元高压制备泵流速范围：0.001～100.000 mL/min

③ 分析型泵系统

单元泵流速范围：0.001～10.000 mL/min

二元泵流速范围：0.001～5.000 mL/min

四元泵流速范围：0.001～10.000 mL/min

（2）品种齐全的 Agilent 1100 系列进样系统

① 标准手动进样器（分析型或制备型）

② 标准自动进样器

样品瓶容量：2 mL×100 孔板

进样量：0.1～100 μL；0.1～1800 μL（可选件）

③ 微盘式自动进样器

样品瓶容量：2 mL×96（孔板），2 mL×386（孔板）或 2 mL×100（孔板）

进样量：0.1～100 μL（标准件）；0.1～1500 μL（可选件）

④ 微量标准自动进样器/微盘式自动进样器

进样量：0.01～8 μL（标准）；0.01～40 μL（可选）

⑤ 恒温标准自动进样器/微盘式自动进样器

温度范围：4～40 ℃，可设定步进 1 ℃

⑥ 220 型微孔板式自动进样器

样品瓶容量：各种规格试管多达 12 个微孔板（96 孔板，384 孔板）

进样量：0.1～5 μL；0.1～20 μL

（3）Agilent 1100 系列检测器

① 可变波长扫描紫外检测器（VWD）

波长范围：190～600 nm

② 多波长检测器（MWD）

波长范围：190～950 nm（双灯源）

③ 二极管阵列检测器（DAD）

波长范围：190～950 nm（双灯源）

④ 荧光检测器（FID）

激发波长：200～700 nm

发射波长：280～900 nm

光谱存储：全光谱

⑤ 示差折光检测器（RID）

温控：室温下 5～55 ℃

内置自动吹扫阀和自动溶剂循环阀

⑥ 电化学检测器（ECD）

⑦ LC/MS 四极杆质量检测器（MSD）

⑧ LC/MS 离子阱质量检测器（Trap MSD）

（4）柱温箱和脱气机组件

① 柱温箱温度范围：室温下 10～80 ℃

② 柱温箱可选件：柱切换阀

③ 真空在线脱气机

4. Waters ACQUITY UPLC 超高效液相色谱仪

Waters ACQUITY UPLC 超高效液相色谱仪综合性的系统元件，为特定的生产效率和条件要求，设计了包括 ACQUITY UPLC 样品组织器、色谱柱管理器、带有加热和冷却功能的柱温箱、二元溶剂管理器与样品管理器。

① 配有 ACQUITY UPLC 计算器可方便地将 HPLC 方法转换为 UPLC 方法。

② 支持现有的 HPLC 各种方法。

③ 具备 Connections® INSIGHT 远程智能服务的在线预测性系统。

④ 针对用户的各种分离需求，配备了各种填料基质和规格的色谱柱，包括 ACQUITY UPLC 1.7 μm 的色谱柱、VanGuard 预柱，ACQUITY UPLC HSS 及 HSS T3 1.8 μm 的色谱柱。

⑤ 配备的检测器从荧光（FLR）、可调紫外（TUV）、光电二极管矩阵（PDA）和蒸发光散射（ELS）检测器到各种规格的单极、三重四极以及飞行时间质谱仪。

⑥ 方便与第三方厂家的 MS 质谱仪器兼容（ABI/MDS SCIEX、Bruker Daltonics、Thermo Fisher Scientific）。

⑦ 使用亚二微米颗粒填料所能得到的柱效：

a. 相对 5 μm 颗粒尺寸的柱子可以达到 3 倍以上的效率；

b. 分辨率高出 5 μm 颗粒的尺寸柱子 70%以上；

c. 进行梯度分离时，峰容量用于测量分辨能力。

⑧ 在单位时间内分析的样品量更多，得到的信息更丰富：

a. 在方法转换过程中，将 5 μm 颗粒尺寸的色谱柱转换为亚二微米颗粒尺寸的色谱柱，UPLC 色谱柱的柱长只需要原色谱柱的三分之一，但是柱子的柱效可以保持不变；

b. 可以在 3 倍以上的线速度流速上进行分离；

c. 分离效率提高 9 倍以上，同时不影响分辨率。

⑨ 在检测越来越低含量的化合物时，无论是光学还是质谱检测器，都无须改变检测模式：

a. 亚二微米颗粒尺寸的 ACQUITY UPLC® 系统将灵敏度提高了 70%；

b. 相同效率时，分析时间更快，也就是说，灵敏度比使用 5 μm 颗粒尺寸的色谱住提高了 3 倍。

⑩ 抛开光学检测器来看质谱，色谱峰的低扩散增强了专属性，有效提高了离子化效率，使 ACQUITY UPLC 成为各种规格质谱检测器的理想接口。

总之，ACQUITY UPLC®系统分析过程中，既保证了分析结果的质量，又实现了从每个样品检测中节省大量的时间与金钱。该系统的性能比传统的或优化的 HPLC 更出色，如色谱系统的工作效率更高，线性速度、流速、耐压范围更宽。

作为一款高度稳定、可靠、重现性好的色谱系统，超高效液相色谱系统已经成功地在全世界各大实验室的各种苛刻分析领域中被广泛应用。系统整体设计的独到之处在于沃特世已获专利的亚二微米杂化颗粒技术，其与当今传统的 5 μm 颗粒填料技术的 HPLC 系统相比，各方面性能都得到了显著的提高。

第二节　高效液相色谱仪在食品分析中的应用

一、碳水化合物的分析

碳水化合物是由碳、氢、氧三种元素组成的有机化合物，根据其分子结构分为单糖、双糖、低聚糖和多糖。食品分析工作者对糖的分析方法的要求是既要适用于简单食品，又要适用于复杂加工的食品，而且测定要准确、迅速、可靠。HPLC 法测定糖具有明显的优势，并得到了广泛的应用。糖的 HPLC 测定法主要有两类：第一类是采用阳离子交换剂或者凝胶柱，以水、醋酸钙溶液或稀酸等作为流动相；第二类是使用化学键合固定相，流动相为乙腈-水。

1. 低分子糖的分析

低分子糖的分析，是指单糖到四糖的分析，食品分析专家要求能准确地测定部分或全部果糖、葡萄糖、蔗糖、麦芽糖和乳糖。果糖、葡萄糖、蔗糖的分析可以提供蔗糖转化的程度及转化糖在产品中的含量；乳糖常作为脱脂奶粉等乳制品的一个主要指标；蔗糖则是最常见的食品成分，这些都是 HPLC 分析食品中低分子糖的典型例子。用氨基键合相硅胶柱进行低分子糖的分析时，其典型的色谱条件是：柱长 15～25 cm，流动相为乙腈溶液（乙腈 20%～80%），检测用示差折光检测器（RID），进样量通常为 10～100 μL，分析时间一般在 20 min 以内。

2. 低聚糖的分析

低聚糖的分析与上述低分子糖的分析极为相似，同样可用氨基键合柱，但是流动相中水的比例要增加到 40%～60%，分析时间较长，大约需要 30 min。近年来国内已有不少文献报道。陈洪用 HPLC 法测定了饴糖中的低聚糖，发现饴糖中的低聚糖以麦芽糖为主，含量为 25%～39%，另外还含少量的葡萄糖、麦芽三糖和麦芽四糖，葡萄糖、麦芽糖和麦芽三糖的最低检出限在微克级。还有文献报道了用高效液相色谱法分析蔗果低聚糖合成液和测定异麦芽低聚糖的组分。

3. 多糖分析

多糖的分析，主要是用于分离纯化以及纯度和分子量的测定。过去常用的测定方法有超速离心法、高压电泳法、渗透压法、黏度法和光散射法等。使用这些方法，操作烦琐，得到的结果误差大。20 世纪 70 年代以后，由于耐高压合成凝胶的出现，HPLC 已可用于多糖纯度和分子量的测定以及多糖的分离。

二、脂类化合物的分析

脂肪酸和丙三醇结合成脂肪，通过测定食品中脂肪酸的含量，可为食品加工、贮存及合理配比等提供必要的数据。段更利等利用 LC-6A 高效液相色谱仪，配有化学发光检测器（不锈钢分析柱，150 mm×4.6 mm ID 色谱柱；顶柱：30 mm×4.6 mm ID 色谱柱；柱填料均为 ODS-80 TM 5 μm，日本岛津），以适当的乙腈与水配比检测出脂肪酸 C16、C18、C20，且灵敏度极高，达到 fmol 级。张萍等以 60%的 0.2 mol/L 的磷酸盐甲醇溶液为流动相，在 pH 为 2.8 的条件下，采用线性反相梯度洗脱，同时分离测定出甲酸、乳酸、琥珀酸、丙酸、丁酸、戊酸等 7 种短链脂肪酸。

脂肪酸是指一端含有一个羧基的长的脂肪族碳氢链，是有机物。饱和脂肪酸、不饱和脂肪酸和三脂酰甘油磷脂、卵磷脂等，对人体的健康起到了重要的作用。

李国琛等建立了一种用 HPLC 法与基质辅助激光解吸电离飞行时间（MALDI-TOF）技术联用分析了蛋黄中磷脂粗提物。将从蛋黄中提取的多种磷脂通过 HPLC 预先分离，收集各组分后分别进行 MALDI-TOF-MS 分析得到比较清晰的质谱图。

Makahleh 等选用 RP-HPLC 与电容耦合非接触电导检测（C^4D）结合的方法分离测定肉蔻酸、棕榈酸、硬脂酸、油酸与亚油酸 5 种未衍生化长链脂肪酸，采用 HypersilODS C18 色谱柱，以甲醇-1 mmol/L 醋酸钠（体积比为 78∶22）为流动相，结果表明，硬脂酸在 5～200 μg/mL 范围内与峰面积线性关系良好，其他 4 种酸线性范围为 2～200 μg/mL。将此种方法用于检测南瓜、大豆、米糠及棕榈油中的脂肪酸含量，其与标准气相色谱检测方法相比简单、快速、灵敏度高。

三、氨基酸的分析

氨基酸是食品中的主要营养成分。测定食品中的氨基酸组成无论对营养成分的分析，还是开发新的食品资源都很有意义。测定氨基酸的标准方法是利用与茚三酮的显色反应和离子交换色谱法分离。但是，Bayer. E. 于 1976 年用 HPLC 法分析氨基酸是利用衍生反应，使之转化成具有强荧光衍生物检测的浓度，比茚三酮反应低 4～5 个数量级。所以该法要比气相色谱法灵敏。HPLC 法的操作条件是采用双柱系统，柱 1 用梯度洗脱，柱 2 用恒定洗脱。荧光检测 DNS-氨基酸的激发波长为 340 nm，发射波长为510 nm。可用正相色谱分离，在 1 mL/min 的流速下，柱温 65 ℃时可得到 18 种氨基酸的分离图谱；也可用反相色谱分离，在 1.5 mL/min 的流速下，柱温 45 ℃可得到 17 种氨基酸的分离图谱。检测灵敏度和操作时间比标准方法都有很大提高。

在该方法研究的基础上，有人先后将其用于分析粮食中的赖氨酸、蛋氨酸和色氨酸。J. J. Warthesen 和 P. L. Lramer 用 HPLC 法测定强化小麦粉中游离的赖氨酸。他们先从强化的面粉或面包中提取游离赖氨酸，用三氯醋酸沉淀蛋白质，离心后取上清液用 0.1 mol/L 硼酸缓冲液调至 pH 为 9.0，最后定容到一定量。接着进行丹酰反应，让赖氨酸提取液与氯化丹酰丙酮液于 40℃避光条件下反应生成二丹酰赖氨酸衍生物。二丹酰赖氨酸衍生物通过十八烷基键合相柱，以乙腈-0.01 mol/L Na_2HPO_4（体积比为2∶5）为流动相，于紫外检测器 254 nm 处测，在 1.5 ml/min 的流速下于 8 min 后分离出来。

W. R. Peterson 等人以大豆、酪蛋白、面筋、玉米为例，提出用 HPLC 法测定食品蛋白质中总赖氨酸和有效赖氨酸的分析方法。关于赖氨酸的测定方法与前者基本相同，只是增加一个用6.0 mol/L HCl水解的步骤。在有效赖氨酸（具有游离 ε-氨基的赖氨酸，若 ε-氨基发生变化，会使赖氨酸失去营养强性）的测定中，又用 HPLC 法与氟代二硝基苯分光光度法进行了比较，两种方法的分析结果没有明显差异。而且 HPLC 法还比后者少了一个样品净化过程。色谱分离 ε-二硝基苯赖氨基仍用十八烷基键合相柱，乙腈-0.01 mol/L醋酸缓冲液（体积比为 20∶80，pH 为 4.0）为流动相，于紫外可见光检测器 436 nm 处测定。

分析强化食品中游离蛋氨酸的 HPLC 法是 L. L. Okeefe 和 J. J. Warthesen 提出的，用 1.0%甲醇从强化食品中提取 DL-蛋氨酸，再用三氯醋酸沉淀蛋白质，经过滤用 5 mol/L NaOH把滤液调至 pH 为 9.5，用水定容后取部分提取液进行丹酰反应。蛋氨酸的丹酰衍生物与其氯化物通过十八烷基键合相柱，乙腈-0.01 mol/L Na_2HPO_4（体积比为 1∶4，pH 为 7.9）作流动相，于紫外检测器 254 nm 处测定，在 2 mL/min 流速下得到分离。

用 HPLC 法测定食品中的色氨酸是利用分子本身的荧光，直接通过荧光计检测，激发波长为 283 nm，发射波为 343 nm。用多孔硅胶柱分离，pH 为 3.8 的醋酸缓冲液作流动相，在 2.5 mL/min 流速下获得大麦水解物的色氨酸分离图谱。检测范围是8×10^{-9}～270×10^{-9} g。在这项研究中，用含有麦芽糊精的 6 mol/L NaOH 水解蛋白质。麦芽糊精作抗氧剂，可提高某些酶（溶菌酶、胰凝乳蛋白酶）中色氨酸的回收，但对菜籽粉中色氨酸的回收没影响。同时还证明了蛋白质水解时间对色氨酸回收的影响。

四、肽和蛋白质的分析

多肽广泛存在于自然界中，对多肽的研究和应用一直是科学研究的一个主要方向。近一个世纪的研究表明，肽是由 20 个天然氨基酸以不同的组成和排列方式构成的二肽到复杂的线性和环形结构的不同肽类的总称，是源于蛋白质的多功能化合物，活性肽广泛存在于自然界中，生物体中很多活性物质都以肽的形式存在。生物活性多肽由于具有多种人体代谢和生理调节功能，且可作为药物或药物前体，食用安全性极高受到人们广泛的关注，因此多肽的分离纯化也成了一个研究热点。随着分离纯化技术的发展，新活性多肽的发现和合成速度大大加快。在多肽合成中，许多杂质显示与产物类似的性质，因此随着肽链的增长，分离的难度也增大。所以纯化的方法和工艺非常重要。

近年来，随着生命科学研究的不断深入，用于多肽分离纯化的方法得到了很大的进展，其中，高效液相色谱由于具有重复性好、分辨率高等优势，正受到人们的关注。

高效液相色谱（HPLC）是生物技术中分离纯化的重要方法。在多肽、蛋白质的分离纯化工艺中显示出优异的性能。RP-HPLC 特别适用于质量不大的蛋白质和多肽物质的分离纯化，主要用于相对分子量低于 5000，尤其是对分子量 1000 以下的非极性小分子多肽的分析和纯化，具有非常高的分辨力，常见的有高效离子交换色谱、高效凝胶过滤色谱、反相高效液相色谱和高效亲和液相色谱。

五、维生素的分析

维生素C是一种对人体十分重要但人体自身又不能合成的重要化合物。由于它具有抗坏血酸的生理功能，又名抗坏血酸，若严重缺乏会引起坏血病。维生素C还可参与体内氧化还原反应，具有解毒的作用。20世纪30年代，维生素C就被广泛用于增加机体对传染病的抵抗力，近年的研究结果表明维生素C对肝炎、肝硬变有疗效。它还能参与神经介质、激素的生物合成，且具有预防感冒、增强机体免疫力等功能。维生素C广泛存在于新鲜水果和蔬菜中，测定方法一般有比色法、荧光分光光度法、化学滴定法等。由于上述方法操作烦琐，近年来多采用高效液相色谱法测定。

对于维生素的分析，除了个别几种维生素（维生素 B_6、维生素 B_{12} 和维生素H等）必须采用微生物法进行测定外，大多数维生素均可采用液相色谱法进行分析。水溶性维生素（维生素 B_1、维生素 B_2、维生素C）的测定，是将样品酸化后，用酶分解蛋白质，然后用溶剂提取出维生素，而脂溶性维生素（维生素A、维生素K、维生素E）的测定则将食品进行皂化处理后，提取不皂化物，然后再从不皂化物中将维生素萃取出来，预处理后的两类维生素，通过液相色谱仪紫外/可见检测器在各自所固有的波长条件下进行定量测定。高效液相色谱法根据不同的要求，所选择的固定相、流动相、流速、检测器和检测波长都不相同。多数方法采用荧光检测器、电化学检测器、紫外检测器或在检测中变换检测波长。李学梅测定保健食品中维生素C时，选用的色谱条件为EclipseXDB－C18（416 mm × 250 mm，5 μm）色谱柱、C18（416 mm × 20 mm，5 μm）预柱，流动相为0.102 mol/L的甲醇。

六、食品添加剂的分析

食品添加剂，指为改善食品品质和色、香、味以及为满足防腐、保鲜和加工工艺的需要而加入食品中的人工合成或者天然物质。其主要分为防腐剂、甜味剂、天然或人工合成色素、抗氧化剂、香精香料等。天然食品添加剂一般对人体无害，但目前所使用的绝大多数是化学合成的添加剂，有的具有一定的毒性，如不加以限制使用，对人体健康会产生危害。因此，测定食品中添加剂的含量以控制其使用量，对保证食品质量、保障人民健康具有十分重要的意义。

1. 防腐剂检测中的应用

防腐剂可以抑制食品中微生物的繁殖或杀灭食品中的微生物，防止食物腐败，保持食品的鲜度和良好品质。因其具有毒性小的特点，故国标法中允许一部分食品中加入少量的防腐剂。在我国，目前食品生产中使用的防腐剂绝大多数都是人工合成的，使用不当会有一定的副作用；有些防腐剂甚至含有微量毒素，长期过量摄入会对人体健康造成一定的损害。而且随着人们对绿色食品的要求不断提高，食品中防腐剂含量的测定就显得尤其重要。苯甲酸和山梨酸是食品中最常使用的两种防腐剂。对于它们的分析过去常用分光光度法和气相色谱法进行，但要经过繁杂的预处理操作。近年来发展的高效液相色谱法只需经过简单的处理，就可直接进行测定。我国秦皇岛卫生检验所的赵惠兰等报道了用高效液相色谱法快速测定饮料中苯甲酸、山梨酸的方法。他们将饮料过滤后直接注入液相色谱系统，10～20 min 可同时测定这两种防腐剂及糖精钠的含量。该法的色谱条件是：以 uBandapak C18 色谱柱为分析柱，含有 0.02 mol/L 醋酸胺的甲醇水溶液（体积比为 35：65）为流动相，洗脱速度 1 mL/min，在 254 nm 的紫外检测器进行检测。该法的回收率为 97%，标准差为 0.29，变异系数为 0.038。

武汉市产品质量监督检验所的周胜银、李增也报道了用高效液相色谱法测定酱油及软饮料类样品中防腐剂的方法。

2. 甜味剂检测中的应用

天然甜味剂有蔗糖、葡萄糖、甘草酸钠盐等，人工甜味剂有糖精及其钠盐、环已基氨基磺酸钠等。而糖精钠价格低廉、添加方便，故使用面很广。但如不严格控制添加量，其过量添加会对人体造成危害。因此必须对市售食品中添加剂糖精钠的情况进行监测。

黎其万等采用 WatersNova - park C18 色谱柱，以 0.02 mol/L 乙酸铵甲醇溶液为流动相，柱温 30 ℃，流速 1.0 mL/L 的色谱条件测定油浸酱菜中的糖精钠，测定结果的相关系数为 0.9982，回收率为 90.6%～105.2%，相对标准偏差为 4.6%～5.8%。

文红采用高效液相色谱法测定了固体样品肉制品中的糖精钠含量，所得结果的相关系数为 0.9987，回收率为 97.5%～102.1%，相对标准偏差为 1.58%～2.05%。

刘思洁等建立了一种可以同时测定饮料中糖精钠、乙酰磺胺酸钾、阿斯巴甜的方法，采用粒径为 5 μm 的 C18 反向柱（4.6 mm×250 mm），以乙腈- 0.02 mol/L 硫酸铵溶液（体积比为 5：95）为流动相，在 214 nm 波长处检测。结果表明以上三种甜味添加剂在饮料中的最低检出限为 4 μg/mL。

3. 食用色素检测中的应用

为了改善食品的感官性状，允许在食品中添加一定量的食用色素。食用色素可分为食用天然色素和合成色素，天然色素来源于植物色素和动物色素，一般较为安全。但合成色素大都有慢性毒性或致癌性，必须严格控制使用种类及使用量。

王红梅等建立了一种简便并可同时测定肉制品中柠檬黄、苋菜红、胭脂红和日落黄的方法，肉制品经脱脂、乙醇-氨水（体积比为 70：30）超声波振荡提取，过滤，采用 HPLC 系统以 20 mmol/L 乙酸铵和甲醇为流动相，梯度洗脱，在二极管阵列检测器可变波长下检测，外标法峰面积定量。结果表明，4 种食用合成色素回收率为 91.5%～99.3%，相对标准偏差小于 1.5%。

喻凌寒、苏流坤、牟德海采用 WelchMaterialsXB - C18（4.6 mm × 250 mm，5 μm）色谱柱，以 0.02 mol/L 乙酸铵溶液和甲醇为流动相，梯度洗脱，流速为 1.0 mL/min，检测波长为 280 nm，外标法测定胭脂虫红的含量。结果表明，胭脂虫红在 1.0～50.0 mg/L 范围内线性关系良好，回收率为 88%～99%，检出限为 0.041 mg/L，色谱峰分离效果好，具有良好的稳定性和重复性。

七、黄酮类化合物的分析

黄酮类化合物是天然产物中非常重要的一类化合物，现代研究证明黄酮类化合物是重要的抗氧化剂和自由基消除剂，是非常有价值的一类天然雌性激素（大豆异黄酮）化合物。黄酮类化合物广泛分布于植物中，甚至在粮食、蔬菜和水果中也有相当可观的含量。随着对黄酮类物质的深入研究和不断地开发利用，其分析方法近年来也得到了迅速的发展。利用先进的分离分析技术和仪器，建立快速、准确、适用的分析方法定性定量分析天然植物中的黄酮类化合物就成了非常有意义的研究工作。黄酮类化合物主要有以下特点：不易挥发，对热不稳定性，有紫外吸收和荧光，分子离子峰稳定；游离苷元一般难溶或不溶于水，易溶于甲醇、乙醇、乙酸乙酯、乙醚等有机溶剂及稀碱液中；黄酮苷一般易溶于水、甲醇、乙醇等强极性溶剂，难溶或不溶于苯、氯仿等有机溶剂。由于黄酮类化合物具有以上特点，加之现代分离分析仪器的发展，高效液相色谱（HPLC）就成了重要的首选仪器，并被广泛应用于黄酮类化合物的研究中。

按照分析化合物的种类和类型，就可以得到极性大小非常合理的色谱柱，对于流动相的优化和条件选择，就可以判断分析的类型是否得当。一般常用的方法有以下几种情况：

① 层析柱。在黄酮类化合物的分析过程中，对于C18柱的分析和使用非常普遍，对于分析性比较明显突出的组分，如果出现低极性的特性，就可以利用反相的判断系统，经过预处理后绿原酸等化合物，可获得基线分离的效果的应用。通过对该类化合物的径向压缩分离系统的界定，可以初步判断黄酮类化合物的存在和组成成分。

在对于黄酮类化合物的获取试验中，人们发现了柱内填充粒径研究中对于频率的顺序掌握，从目前对于黄酮类分析的应用领域来看，对于基数为5的应用是所占比率最大的，占40%以上，而对于基数为10的应用，则是相对次之的，约占20%。

② 分析黄酮类化合物的HPLC系统量表。在黄酮类化合物的反相系统过程中，研究表明其固定相的种类是比较多的，大约涉及了C18柱、C8柱、氯基柱、氨基柱、苯基柱、C1柱、聚苯乙烯柱、二乙烯苯柱、RCSS系统等，另外，还有可能涉及硅胶柱。

而在利用高效液相色谱判断流动相的时候，人们发现这些组成部分一般可以分成三个部分来统一实验，第一组分为甲醇、乙醚、乙醇、二氧杂环乙烷、THF、2-丙醇、叔丁醇等，一般会使用离子对试剂，如四烷基溴化铵来进行实验的筛选工作，第一组分中还可能有正己烷、异辛烷、环己烷、苯、氯仿等。第二组分则包含了乙醇、异丙醇、二氯甲烷、丙醇、乙腈、二乙基醚等，当然第二组分中还需要有蒸馏水。第三组分是乙酸、甲酸、磷酸、高氯酸、柠檬酸、磷酸盐、乙酸等。

使用合理的高效液相色谱法对黄酮类化合物的分析，包含了固定波长UV、可变波长UV等很多实验和检验因素，对于具体方法的筛选现在也是多种多样了。常用的实验方法是荧光检测、电流检测，同时，人们还发现并应用了停流扫描、光电二极管技术、阵列检测、化学位移等实验方法，对于衍生系统的使用和关注也是不可或缺的。

八、天然色素的分析

食用色素是食品中常用的添加剂，它分为天然色素和合成色素两大类。天然色素以其自然的色泽、安全、无副作用等优点，受到人们的青睐。

在近几年的文献报道中，除了 Khacihk 等和李伟等用正相 HPLC 法进行类胡萝卜素的定性定量分析外，大部分类胡萝卜素的色谱分离都是采用反相高效液相色谱（RP－HPLC）法。

类胡萝卜素的 RP－HPLC 测定方法基本上涉及了整个食物领域。李忠等测定了 6 种不同产地枸杞中类胡萝卜素的组成和含量；Wlls 等用 HPLC 梯度洗脱法测定了中国 7 种叶状蔬菜（香葱、包菜、水芹等）中的类胡萝卜素并对其中含量较高的 16 种类胡萝卜素进行了定性；Cano 等对芒果中的类胡萝卜素和类胡萝卜素酯进行了测定。

王坤等建立了一种用于分析红茶中茶黄素的 HPLC 法，该法采用反相 C18 色谱柱，流动相 A 为 2%醋酸，流动相 B 为乙腈-乙酸乙酯（体积比为 21∶3），梯度洗脱，流速为 0.8 mL/min，紫外检测波长 280 nm，柱温 40 ℃，外标法定量。该法简便、快速、准确，可用于实际样品的测定。

参考文献

[1] 洪山海．光谱解析法在有机化学中的应用［M］．北京：科学出版社，1981.

[2] 朱彭龄，云自厚，谢光华．现代液相色谱［M］．兰州：兰州大学出版社，1989.

[3] 朱明华．仪器分析［M］．北京：高等教育出版社，2005.

[4] 赵青山，冯志彪．高效液相色谱在食品分析领域的应用［J］．生命科学仪器，2005（6）：21－24.

[5] 吴少辉，张成桂，刘光明．高效液相色谱法在蛋白质分离检测中的应用［J］．畜牧与饲料科学，2011，32（8）：63－65.

[6] 张沐新，杨晓红，周小平．高效液相色谱法在黄酮类化合物分析中的应用［C］//吉林省科学技术协会、吉林省第二届科学技术学术年会论文集，2002.

[7] 白娟．高效液相色谱在黄酮类化合物分析中的应用［J］．当代化工研究，2017（6）：185－186.

[8] 姜廷福，师彦平．天然产物黄酮类化合物的高效液相色谱分析［J］．分析测试技术与仪器，2002（4）：199－207.

[9] 李晴媛，吴青．高效液相色谱和薄层色谱法在食用色素分析中的应用［J］．中国石油和化工标准与质量，2012，33（15）：23.

第十四章　气相色谱法

气相色谱法是指用气体作为流动相的色谱法，由于样品在气相中传递速度快，因此样品组分在流动相和固定相之间可以瞬间达到平衡。气相色谱法是一个分析速度快、分离效率高的分离分析方法。近年来，气相色谱法与高灵敏选择性检测器结合，使得它具有分析灵敏度高、应用范围广等优点，并广泛应用于食品分析、环境、医药等许多领域。

在食品分析检测领域，为了保证食品质量的安全性，气相色谱得到了广泛的应用。气相色谱的特点主要包括分离效率高、灵敏度高、应用范围广以及样品用量少等。分离效率高主要表现在该技术能够精确分离上百种混合杂物，其中包括脂肪酸、有机磷、抗氧化剂等，根据不同的物理特性，使其对检测物质进行全面分离。灵敏度高主要体现在其能够检测出超标含量在 10^{-13} g 以上的成分，结合质谱能对物质进行成分分析，保证食品的安全性；应用范围广体现在它不仅能够检测有机物、蛋白质、脂肪酸，还能对活性生物大分子进行有效的检测，并对其进行分离与物质的测定，保证测定数据的精确性。样品用量少体现在气相色谱检测法可利用含量较少的物质成分对待测样品进行检测，并能在短时间内进行分离测定。

第一节　气相色谱分析原理

气相色谱主要是利用物质的沸点、极性及吸附性质的差异来实现混合物的分离，气相色谱分析流程如图 14 - 1 所示。

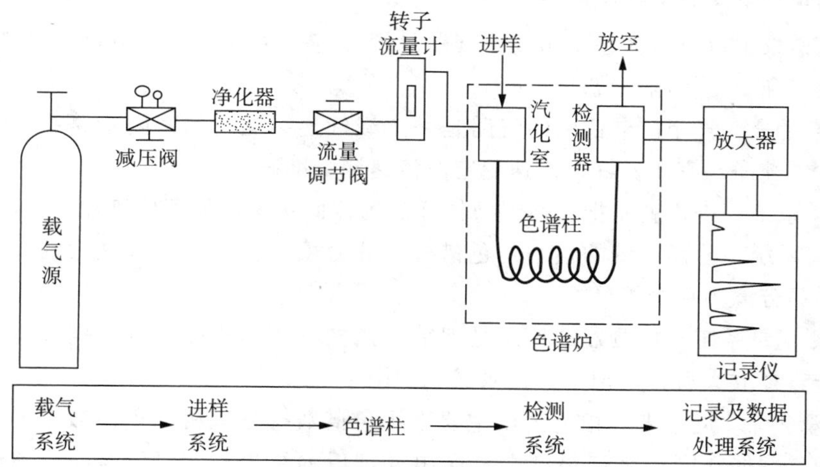

图 14 - 1　气相色谱分析流程图

待分析样品在汽化室汽化后被惰性气体（即载气，也叫流动相）带入色谱柱，柱内含有液体或固体固定相，由于样品中各组分的沸点、极性或吸附性能不同，每种组分都倾向于在流动相和固定相之间形成分配或吸附平衡。但由于载气是流动运行，所以这种平衡实际上很难建立起来。也正是由于载气的流动性，使样品组分在运动中进行反复多次的分配或吸附/解吸附，结果是在载气中浓度大的组分先流出色谱柱，而在固定相中分配浓度大的组分后流出。当组分流出色谱柱后，立即进入检测器。检测器能够将样品组分转变为电信号，而电信号的大小与被测组分的量或浓度成正比。将这些信号放大并记录下来，就得到气相色谱图。

一、气相色谱仪

气相色谱仪，是指用气体作为流动相的色谱分析仪器。其原理主要是利用物质的沸点、极性及吸附性质的差异实现混合物的分离。组分流出色谱柱后进入检测器被测定，常用的检测器有电子捕获检测器（electron capture detector，ECD）、氢火焰离子化检测器（flame ionization detector，FID）、火焰光度检测器（flame photometric detector，FPD）及热导检测器（thermal conductivity detector，TCD）等。

气相色谱仪通常可用于分析土壤中热稳定且沸点不超过 500 ℃的有机物，如挥发性有机物、有机氯、有机磷、多环芳烃、酞酸酯等，具有快速、有效、灵敏度高等优点，在土壤有机物研究中发挥重要作用。能直接用于气相色谱分析的样品必须是气体或液体，因此土壤样品在分析前需要通过一定的前处理方法将待测物提取到某种溶剂中。常用的前处理方法有索氏提取法、超声提取法、振荡提取法、微波提取法等，此外一些新兴的前处理方法如固相萃取法、固相微萃取法、加速溶剂萃取法及超临界萃取法等也正被广泛使用。气相色谱分为直接进样气相色谱、顶空进样气相色谱和固相微萃取气相色谱。在实际应用中，气相色谱法常用的载气有氮气、氢气、氦气等气体，将处理过的样品注入进样器当中，经过气相色谱柱进行分离，从而可以进行后续的检测工作。

二、气相色谱仪主要基本结构

气相色谱仪由以下六大系统组成：气路系统、进样系统、分离系统、检测记录系统、数据处理系统和温度控制系统。

① 气路系统。气相色谱仪中的气路是一个载气连续运行的密闭管路系统。整个气路系统要求载气纯净、密闭性好、流速稳定及流速测量准确。

② 进样系统。进样就是把气体或液体样品匀速而定量地加到色谱柱上端。

③ 分离系统。分离系统的核心是色谱柱，分为填充柱和毛细管柱两类，它的作用是将多组分样品分离为单个组分。

④ 检测记录系统。检测器的作用是把被色谱柱分离的样品组分根据其特性和含量转化成电信号，经放大后，由记录仪记录成色谱图。

⑤ 处理系统。近年来气相色谱仪主要采用色谱数据处理机。色谱数据处理机可打印记录色谱图，并能在同一张记录纸上打印出处理后的结果，如保留时间、被测组分质量分数等。

⑥ 温度控制系统。温度控制系统用于控制和测量色谱柱、检测器、汽化室温度，是气相色谱仪的重要组成部分。

其中，组分能否分开的关键在于色谱柱的选取是否正确，分离后组分能否鉴定出来则在于检测器的选取是否正确，所以分离系统和检测系统是该仪器的核心。

三、气相色谱检测器类型及适用范围

目前有很多种检测器，其中常用的检测器有氢火焰离子化检测器（FID）、热导检测器（TCD）、氮磷检测器（NPD）、火焰光度检测器（FPD）和电子捕获检测器（ECD）等类型。其中气相与质谱的联用，在应用深度和广度方面都取得了丰富的进展。

气相色谱（gas chromatography，GC）具有极强的分离能力，但它对未知化合物的定性能力较差；质谱（mass spectrometry，MS）对未知化合物具有独特的鉴定能力，且灵敏度极高，但它要求被检测组分一般是纯化合物。将 GC 与 MS 联用，即气相色谱-质谱联用，彼此扬长避短，既弥补了 GC 只凭保留时间难以对复杂化合物中未知组分做出可靠的定性鉴定的缺点，又利用了 MS 鉴别能力很强且灵敏度极高的优点。因此，GC - MS 具有高分辨、高灵敏度和分析过程简便快速的特点，在环保、医药、农药和兴奋剂检测等领域发挥着越来越重要的作用，也是分离和检测复杂化合物的有力工具之一。

质谱仪工作原理：混合物样品经色谱柱分离后进入质谱仪离子源，在离子源被电离成离子，离子经质量分析器、检测器之后即成为质谱信号并输入计算机。样品由色谱柱不断地流入离子源，离子由离子源不断进入分析器并不断得到质谱数据，只要设定好分析器扫描的质量范围和扫描时间，计算机就可以采集到一个个质谱。计算机可以自动将每个质谱的所有离子强度相加，显示出总离子强度，总离子强度随时间变化的曲线就是总离子色谱图，总离子色谱图的形状和普通的色谱图相一致，可以认为是用质谱作为检测器得到的色谱图。

检测器按照性能特征和工作原理可以有以下两种分类法。

1. 按性能特征分类

从不同的角度去观察检测器性能，有如下分类方式：

① 按对样品破坏与否分类。组分在检测过程中，如果其分子形式被破坏，即为破坏性检测器，如 FID、NPD、FPD、MSD 等；如果仍保持其分子形式，即为非破坏性检测器，如 TCD、PID、IRD 等。

② 按响应值与时间的关系分类。检测器的响应值（relative response factor，RRF）为组分在该时间的累积量，为积分型检测器。检测器的响应值为组分在该时间的瞬时量，为微分型检测器。本书介绍的所有检测器，均属微分型检测器。

③ 按响应值与浓度、质量是否有关分类。检测器的响应值取决于载气中组分的浓度，为浓度敏感型检测器，或简称浓度型检测器。它的响应值与载气流速的关系为峰面积随流速增加而减小，峰高基本不变。因当组分量一定时，改变载气流速，只是改变了组分通过检测器的速度，即改变了半峰宽，其浓度不变，如 TCD、PID 等。凡非破坏性检测器，均是浓度型检测器。当检测器的响应值取决于单位时间内进入检测器的组分量时，

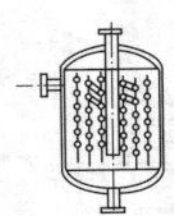

该检测器为质量（流量）敏感型检测器，或简称质量型检测器。它的响应值与载气流速的关系为峰高随流速的增加而增大，而峰面积基本不变。因当组分量一定时，改变载气流速，即改变了单位时间内进入检测器的组分量，但组分总量未变，如 FID、NPD、FPD、MSD 等。

④ 按不同类型化合物响应值的大小分类。检测器对不同类型化合物的响应值基本相当，或各类化合物的 *RRF* 值之比小于 10 时，称为通用型检测器，如 TCD、PID 等。当检测器对某类化合物的 *RRF* 值比另一类大 10 倍以上时，称为选择性检测器，如 NPD、ECD、FPD 等。

2. 按工作原理（检测方法）分类

按检测器的性能特征分类，对把握检测器的某项性能十分有益，但对于不同检测器，要采用有不同性能指标进行检测，某检测器归哪类，似乎没有一个内在的规律可循。因为一种检测器只有一种工作原理，如按工作原理或检测方法分类，结果比较明确，也有一定的规律可循，比较容易掌握。表 14－1 所列为按检测方法分类的常用气相色谱检测器。

表 14－1　按检测方法分类的常用气相色谱检测器分类表

检测方法	工作原理	检测器		应用范围
		中文名称	符号	
物理常数法	热导系数差异	热导检测器	TCD	所有化合物
	密度差异	气体密度天平	GDB	所有化合物
气相电离法	火焰电离	火焰电离检测器	FID	有机物
	热表面电离	氮磷检测器		氮、磷化合物
	化学电离	电子俘获检测器		电负性化合物
	光电离	光电离检测器		所有化合物
	氦电离	氦电离检测器		电离能低于 19.8 eV 的化合物
	氩电离	氩电离检测器		电离能低于 11.8 eV 的化合物
	离子迁移率	离子迁移率检测器		所有有机物
光度法	原子发射	原子发射检测器	—	多元素（也具有选择性）
	原子吸收	原子吸收检测器		多元素（也具有选择性）
	原子荧光	原子荧光检测器		某些有机金属化合物
	分子发射	火焰光度检测器		硫、磷化合物
	化学发光	化学发光检测器		氮、硫、多氯烃和其他化合物
	分子荧光	分子荧光检测器		具有荧光特性的化合物
	火焰红外发射	火焰红外发射检测器		环境和工业污染物
	分子吸收	傅里叶变换红外光谱紫外检测器		红外吸收化合物（结构鉴定）
				紫外吸收化合物

（续表）

检测方法	工作原理	检测器		应用范围
		中文名称	符号	
电化学法	电导变化	电导检测器	—	卤、硫、氮化合物
	电流变化	库伦检测器		无机化合物和烃类
	原电池电动势	氧化锆检测器		氧化、还原性化合物或单质
质谱法	电离和质量	质量选择器	—	所有化合物（结构鉴定）
	色散相结合			

从工作原理考虑，检测器是利用组分和载气在物理或（和）化学性能上的差异，来检测组分的存在及其含量的变化。这些差异主要有以下方面：利用组分与载气物理常数，如热导系数、密度等差异来检测，称为物理常数检测法；利用组分与载气的光发射、吸收等性能的差异来检测，称光度学检测法等。表 14－1 所列的方法中，不少都是分析化学中比较成熟的检测方法，如光度法、电化学法和质谱法，经过三十余年的发展，现已为气相色谱法所用。这些装置已成了气相色谱仪中的常用检测器。因此，现气相色谱检测器已成阵容。

（1）氢火焰离子化检测器

氢火焰离子化检测器（FID）是根据气体的导电率与该气体中所含带电离子的浓度成正比这一事实而设计的。一般情况下，组分蒸汽不导电，但在能源作用下，组分蒸汽可被电离成带电离子而导电。

工作原理：由色谱柱流出的载气（样品）流经温度高达 2100 ℃的氢火焰时，待测有机物组分在火焰中发生离子化作用，使两个电极之间出现一定量的正、负离子，在电场的作用下，正、负离子各被相应电极所收集。当载气中不含待测物时，火焰中离子很少，即基流很小，约 10^{-14} A。当待测有机物通过检测器时，火焰中电离的离子增多，电流增大（但很微弱，$10^{-8}\sim10^{-12}$ A）。需经高电阻（$10^{8}\sim10^{11}\ \Omega$）后得到较大的电压信号，再由放大器放大，才能在记录仪上显示出足够大的色谱峰。该电流的大小，在一定范围内与单位时间内进入检测器的待测组分的质量成正比，所以火焰离子化检测器是质量型检测器。

氢火焰离子化检测器对电离势低于 H_2 的有机物产生响应，而对无机物、惰性气体和水基本上无响应，所以氢火焰离子化检测器只能分析有机物（含碳化合物），不适于分析惰性气体、空气、H_2O、CO、CO_2、CS_2、NO、SO_2 及 H_2S 等。

（2）热导检测器

热导检测器（TCD）又称热导池或热丝检测器，是气相色谱法最常用的一种检测器。

工作原理：热导检测器的工作原理是基于不同气体具有不同的热导率。热丝具有其电阻随温度变化的特性。当有一恒定直流电通过热导池时，热丝被加热。由于载气的热传导作用使热丝的一部分热量被载气带走，一部分传给池体。当热丝产生的热量与散失热量达到平衡时，热丝温度就稳定在一定数值。此时，热丝阻值也稳定在一定数值。由于参比池和测量池通入的都是纯载气，同一种载气有相同的热导率，因此两臂的电阻值相同，电桥平衡，无信号输出，系统记录的是一条直线。当有试样进入检测器时，纯载气流经参比池，载气携带着组分气流经测量池，由于载气和待测量组分二元混合气体的热导率和纯载气的热导率不同，测量池中散热情况发生变化，使参比池和测量池孔中热丝电阻值之间产生了差异，电桥失去平衡，检测器有电压信号输出，记录仪画出相应组分的色谱峰。载气中待测组分的浓度越大，测量池中气体热导率改变就越显著，温度和电阻值改变也越显著，电压信号就越强。此时输出的电压信号与样品的浓度成正比，这正是热导检测器的定量基础。

热导池检测器是一种通用的非破坏性浓度型检测器，一直是实际工作中应用较多的气相色谱检测器之一。TCD 特别适用于气体混合物的分析，对于那些氢火焰离子化检测器不能直接检测的无机气体的分析，TCD 更是显示出其独到的优势。TCD 在检测过程中不破坏被检测组分，有利于样品的收集，也有利于与其他仪器联用。TCD 能满足工业分析中峰高定量的要求，很适用于工厂的控制分析。

（3）氮磷检测器

氮磷检测器（NPD）是一种质量检测器，适用于分析氮、磷化合物的高灵敏度、高选择性检测器。它具有与 FID 相似的结构，只是将一种涂有碱金属盐如 Na_2SiO_3、Rb_2SiO_3类化合物的陶瓷珠，放置在燃烧的氢火焰和收集极之间，当试样蒸汽和氢气流通过碱金属盐表面时，含氮、磷的化合物便会从被还原的碱金属蒸汽上获得电子，失去电子的碱金属形成盐再沉积到陶瓷珠的表面。

工作原理：在 NPD 的喷口上方，有一个被大电流加热的铷珠，碱金属盐（铷珠）受热逸出少量离子，铷珠上加有的－250 V 极化电压与圆筒形收集极形成直流电场，逸出的少量离子在直流电场作用下定向移动，形成微小电流并被收集极收集，即为基流。当含氮的有机化合物或含磷的有机化合物从色谱柱流出，在铷珠的周围产生热离子化反应，使碱金属盐（铷珠）的电离度大大提高，产生的离子在直流电场作用下定向移动，形成的微小电流被收集极收集，经微电流放大信号放大，再由积分仪处理，实现定性定量的分析。

氮磷检测器的使用寿命长、灵敏度极高，可以检测到 5×10^{-13} g/s 的偶氮苯类含氮化合物、2.5×10^{-13} g/s 的含磷化合物，如马拉松农药。它对氮、磷化合物有较高的响应。而对其他某些化合物响应值低。氮磷检测器被广泛应用于农药、石油、食品、药物、香料及临床医学等多个领域。

（4）火焰光度检测器

火焰光度检测器（FPD）是在一定外界条件下（即在富氢条件下燃烧）促使一些物质产生化学发光，通过波长选择、光信号接收，经放大后把物质及其含量和特征的信号联系起来的一个装置。其主要由燃烧室、单色器、光电倍增管、石英片（保护滤光片）及电源和放大器等组成。

工作原理：当含硫有机化合物进入氢焰离子室时，在富氢焰中燃烧，含硫有机化合物首先氧化成 SO_2，然后被氢还原成 S 原子后生成激发态的 S_2^{+} 分子，当其回到基态时，发射出 350～430 nm 的特征分子光谱，最大吸收波长为 394 nm。通过相应的滤光片，由光电倍增管接收，经放大后由记录仪记录其色谱峰。此检测器的响应信号与含硫化合物不是呈线性关系，而是呈对数关系（与含硫化合物浓度的平方根成正比）。

当含磷有机化合物进入氢火焰离子室时，在富氢焰中燃烧，含磷有机化合物氧化成磷的氧化物，再被富氢焰中的 H 还原成 HPO 裂片，此裂片被激发后发射出 480～600 nm 的特征分子光谱，最大吸收波长为 526 nm，此发射光的强度（响应信号）正比于 HPO 浓度。

（5）电子捕获检测器

电子捕获检测器（ECD）早期由两个平行电极制成，现多用放射性同轴电极。在检测器池体内，装有一个不锈钢棒作为正极，一个圆筒状放射源（^{3}H、^{63}Ni）作为负极，两极间施加交流电或脉冲电压。

工作原理：当纯载气（通常用高纯 N_2）进入检测室时，受射线照射，电离产生正离子（N_2^+）和电子（e^-），生成的正离子和电子在电场作用下分别向两极运动，形成约 10^{-8}A的电流——基流。加入样品后，若样品中含有某种电负性强的元素即易于电子结合的分子时，就会捕获这些低能电子，产生带负电荷的阴离子（电子捕获），这些阴离子和载气电离生成的正离子结合生成中性化合物，并被载气带到检测室外，从而使基流降低，产生负信号，形成倒峰。倒峰的大小（高低）与组分浓度呈正比。因此，电子捕获检测器是浓度型的检测器，其最小检测浓度可达 10^{-14} g/mL。

电子捕获检测器是一种高选择性检测器，其高选择性是指只对含电负性强的元素的物质有响应，且物质的电负性越强，电子捕获检测器的检测灵敏度越高。

3. 气相色谱的性能指标

气相色谱检测器一般需满足以下要求：通用性强（能检测多种化合物）；选择性强（只对特定类别化合物或含有特殊基团的化合物有特别高的灵敏度）；响应值与组分浓度间线性范围宽（既可做常量分析，又可做微量、痕量分析）；稳定性好（色谱操作条件波动造成的影响小，表现为噪声低、漂移小）；检测器体积小、响应时间快。根据以上要求，气相色谱检测器的主要性能指标有以下几个方面：

① 灵敏度。灵敏度是单位样品量（或浓度）通过检测器时所产生的响应（信号）值的大小，灵敏度高意味着对同样的样品量其检测器输出的响应值高，同一个检测器对不同组分，灵敏度是不同的，浓度型检测器与质量型检测器灵敏度的表示方法与计算方法亦各不相同。

② 检出限。检出限为检测器的最小检测量，最小检测量是要使待测组分所产生的信号恰好能在色谱图上与噪声鉴别开来时，所需引入色谱柱的最小物质的量或最小浓度。因此，最小检测量与检测器的性能、柱效率和操作条件有关。峰形越窄，样品浓度越集中，最小检测量就越小。

③ 线性范围。定量分析时要求检测器的输出信号与进样量之间呈线性关系，检测器的线性范围为在检测器呈线性时最大进样量和最小进样量之比，或叫允许进样量（浓度）与最小检测量（浓度）之比。比值越大，表示线性范围越宽，越有利于准确定量。不同

类型检测器的线性范围差别也很大，如氢焰检测器的线性范围可达 10^7，热导检测器则在 10^4 左右。由于线性范围很宽，在绘制检测器线性范围图时一般采用双对数坐标纸。

④ 噪声和漂移。噪声就是零电位（又称基流）的波动，反映在色谱图上就是由于各种原因引起的基线波动，称为基线噪声。噪声分为短期噪声和长期噪声两类，有时候短期噪声会重叠在长期噪声上。仪器的温度波动、电源电压波动、载气流速的变化等，都可能产生噪声。基线随时间单方向地缓慢变化，称基线漂移。

⑤ 响应时间。检测器的响应时间是指进入检测器的一个给定组分的输出信号达到其真值的 90%时所需的时间。检测器的响应时间如果不够快，色谱峰就会失真，从而影响定量分析的准确性。但是，绝大多数检测器的响应时间不是一个限制因素，而系统的响应，特别是记录仪的局限性却是限制因素。

四、几种经典的气相色谱仪简介

进口的气相色谱仪公司有安捷伦、沃特世、赛默飞等大型仪器提供商。以下简单介绍几款使用较多的经典气相色谱仪，并对其特点进行简单的归纳和总结。

1. Agilent 7890A 气相色谱仪

安捷伦公司是在气相色谱领域领先的公司，目前推出的常用设备就是 7890A 气相色谱仪（GC）。其内置局域网（LAN）使用户能够通过站点共享商业和科学数据，以便于快速做出正确的决策。和 7890A 气相色谱仪前代产品一样，这种气相色谱仪具有所有工业研究和方法开发所需的灵活性和其他性能。这种仪器耐用且可靠，最适合用于那些需要多个色谱柱或阀、特定进样口或检测器、宽温度范围的常规方法的检测。

安捷伦 7890A GC 为安捷伦公司提供的经典气相色谱。它可以提供先进的分离能力、强效的新功能和仪器智能化实时自监测，从而将实验室的 GC 和 GC/MS 性能提升到一个新水平，具体有以下的特点。

① 突破性的微板流路控制技术实现了柱箱内可靠的无泄漏连接，提高了工作效率和数据完整性，为复杂的 GC 分析提供了通用、可靠的解决方案。

② 安捷伦仪器监测和智能诊断软件可跟踪配件的使用情况，监测色谱峰形变化，在问题发生之前提醒操作者进行处理。

③ 每个分流/不分流（SSL 进样口）都采用了新的方便的扳转式顶盖设计，使操作者能在 30 s 内更换进样口衬管，无须特殊的工具或培训。

④ 品种齐全的选件和附件能够使使用者配置满足实验室目前需求的系统，并能方便地进行升级，以满足不断变化的应用和分析通量的需求。强大的、操作界面友好的 GC 软件简化了方法设置和系统操作，缩短了培训时间。

⑤ 在品质卓越的 6890 进样口、检测器和 GC 柱箱上建立的分析方法，操作者可以完全放心地将其转移到 7890A GC 上。

⑥ 填充柱进样、冷柱头进样、程序升温汽化进样口和挥发性物质分析接口内置有 Agilent 7683 自动进样器控制功能。

2. GC Smart（GC－2018）岛津气相色谱仪

日本岛津公司是气相色谱领域的知名公司，GC－2018 是其为满足常规检测需求，研制的新一代高稳定、高通量分析气相色谱仪。GC Smart 配备了 AFM（先进的流量监控）和 APM（先进的压力监控），只需调节气路旋钮，即可轻松得到各项气体参数，操作十分简便。另外，该仪器扩展性极强，可选配填充柱/毛细管柱进样口、FID 和 TCD 检测器。该仪器广泛应用于石油化工、食品安全、环境监测、质量检验、生物化工和医药卫生等领域中化合物的分析，是日常检测的不错选择，具体有以下特点。

① 性能优异。数字压力/流量显示功能，省去了烦琐的分析条件摸索和设置过程，操作简便，给操作者带来良好的体验。灵活的系统扩展性，适应各领域的要求，便于升级为自动进样，实现高通量分析。

② 软件功能强大。采用最先进的“一体化数据结构模式”的控制软件 LabSolution LE，使得仪器的控制和数据处理变得更加轻松。丰富的报告管理功能，工作站包含了一系列的数据后处理功能，包括完全依照屏幕上显示的图谱进行精确打印、使用特定模板文件创建报告等。强大的数据计算功能，支持高精度控制 QA/QC 功能，能够自动计算信噪比、精密度、回收率、检出限等方法学指标，仪器系统检查功能。标配与工作站连接 USB 接口，保证分析数据进行快速高效的传输，确保数据的安全性和完整性。

③ 操作和维护简便。采用大型 LCD 显示器，可在短时间内设定分析条件。简洁的 LED 警示灯，利用颜色和频闪的不同，很好地起到了全面提示的作用。另外，操作键盘上的提示文字也全部采用汉字提示，让用户不会忽略或错过每一个控制细节。

3. Trace 1300 系列气相色谱仪

赛默飞世尔科技最新推出 Trace 1300 系列气相色谱，具有可直接更换的即时连接的模块化进样口和检测器的气相色谱仪。重新定义了气相色谱在常规分析及高通量实验室中的适用性。模块化的设计实现了进样口和检测器的即时连接；减少了仪器的维护时间，让用户可以根据具体的应用及日常分析工作快速提高仪器性能；提高了仪器性能和改善了分析效率，具体特点如下。

Trace 1300 系列 GC 设计有两种不同型号（Trace 1300 型和 Trace 1310 型），以满足不同的实验室需求。Trace 1300 GC 针对常规实验室设计，普通用户可以实现简单操作。Trace 1300 简化的用户界面不但能够实现 24/7 开机，而且对于通过网络控制的远程用户（如石化等）也能实现很好的程序控制。在较大的常规 QA/QC 实验室，Trace 1310 是更好的选择。它拥有完全触屏和人性化界面，便于直接在主机上控制仪器，并且能够直接保存开发方法。在保留 Trace 1300 所有性能优点的基础上，Trace 1310 还包括本地化柱箱、进样口、检测器升级、维护指南、运行日志、多语种选择以及视频指导等多项辅助功能。

第二节 气相色谱分析方法开发策略

一、气相色谱分析条件的优化和开发

在实际分析检测气相样品的过程中，当面对一个未知样品，采用气相色谱应该如何定性和定量，建立一套完整的分析方法尤为关键，下面介绍一些建立分析方法的常规

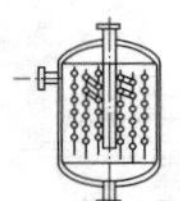

步骤。

1. 样品的来源和预处理方法

GC能直接分析的样品通常是气体或液体，固体样品在分析前应当溶解在适当的溶剂中，而且还要保证样品中不含GC不能分析的组分（如无机盐），否则可能会损坏色谱柱。因此，当我们在拿到一个未知样品时，就必须尽可能详细地了解其来源，从而估计样品可能含有的组分，以及样品的沸点范围。如果样品体系简单，试样组分可以汽化，那么就可以拿样品直接分析测定；如果样品中有不能用GC直接分析的组分，或样品浓度太低，就必须进行必要的预处理，如采用吸附、解析、萃取、浓缩、稀释、提纯、衍生化等方法处理样品。

2. 确定仪器配置

所谓仪器配置就是根据样品分析的实际需求选择合适的进样装置、载气、色谱柱以及检测器。

首先，确定检测器类型。碳氢化合物常选择FID检测器；含电负性基团（F、Cl等）较多且碳、氢含量较少的物质宜选择ECD检测器；对检测灵敏度要求不高，或含有非碳氢化合物组分时，可选择TCD检测器；对于含硫、含磷的样品可选择FPD检测器。

其次，确定进样方式。对于液体样品可选择隔膜垫进样方式，气体样品可采用六通阀或吸附热解析进样方法，一般色谱仪配置隔膜垫进样方式，所以气体样品可采用吸附—溶剂解析—隔膜垫进样的方式进行分析。

再次，确定色谱条件。根据待测组分性质选择适合的色谱柱，一般遵循相似相溶规律。分离非极性物质时选择非极性色谱柱，分离极性物质时选择极性色谱柱。色谱柱确定后，根据样本中待测组分的分配系数的差值情况，确定色谱柱工作温度，简单体系采用等温方式进行分析，分配系数相差较大的复杂体系采用程序升温方式。

最后，确定载气。常用的载气有氢气、氮气、氦气等。氢气、氦气的分子量较小，常作为填充色谱柱的载气；氮气的分子量较大，常作为毛细管气相色谱的载气。气相色谱质谱用氦气作为载气。

3. 确定初始操作条件

在准备好样品且仪器配置确定之后，即可开始进行尝试性分离。这时要确定初始分离条件，主要包括进样量、进样口温度、检测器温度、色谱柱温度和载气流速。进样量要根据样品浓度、色谱柱容量和检测器灵敏度来确定。样品浓度不超过10 mg/mL时填充柱的进样量通常为1～5 μL，而对于毛细管柱，若分流比为50∶1时，进样量一般不超过2 μL。进样口温度主要由样品的沸点范围决定，还要考虑色谱柱的使用温度。原则上讲，进样口温度高一些有利，一般要接近样品中沸点最高组分的沸点，但要低于易分解温度。

4. 分离条件优化

分离条件优化的目的就是在最短的分析时间内达到符合要求的分离结果。在改变柱温和载气流速也达不到基线分离的目的时，就应更换更长的色谱柱，甚至更换不同固定相的色谱柱。因为在GC中，色谱柱是分离成败的关键。

5. 定性鉴定

所谓定性鉴定就是确定色谱峰的归属。对于简单的样品，可通过标准物质对照来定性。就是在相同的色谱条件下，分别注射标准样品和实际样品，根据保留值即可确定色谱图上哪个峰是要分析的组分。定性时必须注意，在同一色谱柱上，不同化合物可能有相同的保留值，所以，对未知样品的定性仅仅用一个保留数据是不够的，双柱或多柱保留指数定性是 GC 中较为可靠的方法，因为不同的化合物在不同的色谱柱上具有相同保留值的概率要小得多。条件允许时可采用气相色谱质谱联机定性。

6. 定量分析

要确定用什么定量方法来测定待测组分的含量。常用的色谱定量方法不外乎峰面积（峰高）百分比法、归一化法、内标法、外标法和标准加入法（又叫叠加法）。峰面积（峰高）百分比法最简单，但最不准确。只有样品由同系物组成或者只是为了粗略地定量时，该法才是可选择的。相比较而言，内标法的定量精度最高，因为它是用相对于标准物（内标物）的响应值来定量，而内标物要分别加到标准样品和未知样品中，这样就可抵消由于操作条件（包括进样量）的波动带来的误差。至于标准加入法，是在未知样品中定量加入待测物的标准品，然后根据峰面积（峰高）的增加量来进行定量计算。其样品制备过程与内标法类似，但计算原理完全是来自外标法。标准加入法定量精度应该介于内标法和外标法之间。

7. 方法的验证

所谓方法验证，就是要证明所开发方法的实用性和可靠性。实用性一般指所用仪器配置是否全部可作为商品购得，样品处理方法是否简单易操作，分析时间是否合理，分析成本是否可被同行接受等。可靠性则包括定量的线性范围、检测限、方法回收率、重复性、重现性和准确度等。

二、气相分析毛细管柱的选择

气相色谱柱被认为是气相色谱仪的“心脏”，其重要性不言而喻。通常，气相色谱柱分为两大类：一类是固定相以颗粒填料形式填满金属管柱，称为填充柱；另一类是把固定相涂敷在毛细管的内壁，称为毛细管柱。填充柱和毛细管柱在外观、操作、性能和制备上有很大差别。一些分析工作只能选定一种特定的色谱柱而不能自由地选择色谱柱。而有的分析方法虽然选用相同的色谱柱也可以工作，但是对这些样品却并非最佳的选择。毛细管柱种类很多，所使用柱子选择是否正确，所选择的柱子经过性能调查是否已取得最佳结果，所使用的柱子是否是色谱仪方法调试时刚巧装上以后便直接使用等，这些都会显著影响色谱，通常色谱柱的材料参数，诸如固定相极性、内径、膜厚和柱长等，有助于分析时选择合适的色谱柱。另外也可通过计算，判断采用的色谱柱是否是最佳选择，从而从中选择最恰当的色谱柱以帮助提高分辨率、分析速度以及定量分析结果的准确性。

1. 色谱柱材料的选择

石英玻璃和 MXT 不锈钢两种柱管材料都具有钝化和柔性的优越性，在很多应用场合都可以使用这两种材料。由于 MXT 不锈钢柱管材料的优越性，现在很多毛细管 GC 都使用这种材料。MXT 不锈钢柱管材料抗磨损，耐刮擦，毛细管 GC 在不同温度下工作，产生自然断裂的概率都较小。在操作条件恶劣的情况下，MXT 不锈钢柱是最佳选择。另外，MXT 不锈钢柱管在高温色谱中耐温可达 430 ℃（取决于固定相的耐温情况）。当对折断的问题考虑较少，且希望能观察鉴别柱内不挥发物质的污染时，最好选择石英玻璃柱。石英玻璃柱适合于使用紧压式接头方式安装保护柱，也可以做成一体柱。

2. 固定相选择

选择一个新色谱柱时，首先要考虑的因素是选择什么固定相。在分析时物质和固定相中不同的功能团之间有着不同的相互作用关系，这种相互作用对分析的影响比其他因素都重要。因此应该尽量多地了解色谱柱和待分析的样品。固定液的选择应遵循“相似相溶”的基本原理。在分析非极性的样品时，非极性固定液是首选。这时，固定液与被分离组分间主要靠色散力起作用，固定液的次甲基越多，色散力越强。各组分基本上按沸点顺序彼此分离，沸点低的先流出，沸点高的后流出。如果被分离的组分是极性和非极性的混合物，则同沸点的极性物质先流出。同理，对于极性物质的分离，首选为极性固定液。这类固定液分子中含有极性基团，组分与固定液之间的作用力主要是静电力，诱导力和色散力则占次要地位。各组分的流出顺序按极性排列，极性小的先流出，极性大的后流出。如果样品是极性和非极性的混合物，则非极性物质先流出。固定液的极性越强，非极性物质流出越快，而极性物质的保留时间就越长。对于能分离形成氢键的样品（如水、醇、胺）一般可以选择氢键型固定液，此时组分与固定液之间的作用力主要为氢键作用力，样品组分主要按形成氢键能力的大小顺序分离。

色谱柱使用不同的功能团或者增加功能团物质的百分比可以有不同的选择性。非极性的 Rtx－1 固定相对非极性组分的选择性保留值要比极性的组分（如乙醇）的保留值强。当非极性的甲基单元被极性的功能团（如苯基、氰丙基）所替代后，色谱柱对稍有极性的组分也会出现选择性保留。由于很少有甲基与非极性组分相互作用，非极性组分的保留值就减少。Rtx－200 固定相含有三氟丙基，在分析含有孤电子对的分析物（如硝基和羟基）时有较高的选择性。聚乙二醇柱（如 StabilWax 和 Rtx/MXT－WAX 柱）是极性色谱柱，对于醇类等极性物质有较高的选择性。保留指数（retention index，RI）是用数学方式推导出来用以表示两个烃类样品之间的洗脱关系。例如，苯的保留指数为 650，它应该在 C_6（$RI=600$）和 C_7（$RI=700$）之间。

3. 柱内径的影响

柱径直接影响柱子的效率、保留特性和样品容量。小口径柱比大口径柱有更高的柱效，但柱容量更小。选择柱内径时必须考虑样品浓度和仪器情况。如果样品的浓度超过柱容量将会导致丧失分辨率、重复性下降以及峰形发生扭曲。细口径柱的容量较小，内径为 0.10 mm 时，容量只有 10 ng，而大口径柱（口径为 0.53 mm 的柱子）则可以达到 2000 ng。同样，大口径柱（口径为 0.53 mm）可以用于大流量，例如用于捕集器或提纯系统。而质谱检测器由于对流速有限制则适合用细口径的柱子。

口径为 0.25 mm 的柱子：具有较高的柱效，柱容量较低，分离复杂样品效果较好。

口径为 0.32 mm 的柱子：柱效稍低于 0.25 mm 的色谱柱，但柱容量约高 60%。

口径为 0.53 mm 的柱子：具有类似于填充柱的柱容量，可用于分流进样，也可用于不分流进样。

当柱容量是主要考虑因素时（如痕量分析），选择大口径毛细管柱较为合适；对于普通用户，可选 30 m 或 50 m 长的毛细管柱，口径选 0.32 mm 较为便利。

4. 膜厚的影响

色谱柱的液膜厚度直接影响到各个组分的保留值和馏出温度。膜厚大时，组分在固定相上的保留时间长，组分的保留值增加；相反，柱的膜厚降低则会降低组分的保留值。因此特别容易挥发的组分应该在膜层较厚的色谱柱上分析，以增加其在色谱柱上的保留时间来达到分离的目的。而高分子量的组分（例如三甘油酯）就必须在膜层较薄的色谱柱上分析，这样可以缩短分析时间。膜厚直接影响到相比率，在改变内径时这是非常重要的参数。如果内径增加，膜厚必须增加，以保持其分辨率和保留值。

5. 长度的影响

柱效是以每米塔板数来计量的。柱子越长，塔板数就越高。但是增加柱长会增加分析时间和色谱柱的成本。因为在分离度的公式［式（14-1）］中，分离度与柱长成正比，柱长增加一倍，分离度只增加 40%。在恒温的情况下，柱长增加一倍，分析时间也增加一倍。一般来说，15 m 的短柱用于快速分离较简单的样品，也适用于快速成分扫描分析；30 m 的色谱柱是最常用的，大多数分析在此长度的柱子上完成；50 m、60 m 或更长的色谱柱用于分离比较复杂的样品。

分离度公式

$$\left.\begin{aligned} R&=\frac{(r_{21}-1)}{r_{21}}\sqrt{\frac{n}{16}} \\ H&=L/n \\ L&=16R^2\left(\frac{r_{21}}{r_{21}-1}\right)^2 H \end{aligned}\right\} \tag{14-1}$$

式中，R 为分离度，r_{21} 为两组分相对保留值。

6. 程序升温分析

在进行程序升温分析时，温度对保留时间的影响超过柱长的影响。和恒温分析一样，分辨率的增加取决于分析时间的增加量。

第三节　气相色谱在食品分析中的应用举例

一、在农药残留检测方面的应用举例

农药的使用已经是当前农作物生产过程中不可或缺的手段。虽然农药能够有效提升农作物的产量，但是也会对人类的健康造成危害，所以针对食品中农药的残留物进行有效的检测是一项特别重要且棘手的工作。大力提倡使用气相色谱法对食品当中农药的残留物进行快速有效的分析是当前最重要的事情。近年来，食品当中特别是蔬菜、水果中

农药残留污染而造成的急性中毒事件屡见报道，食品安全事件让人们对食品当中的农药残留物的分析重视起来。

在农作物（包括药用植物）种植过程中大量使用的杀虫剂、除草剂、除真菌剂、灭鼠剂、植物生长调节剂等，致使农产品中的农药残留量超标，所以对农药残留量的分析检测有十分重要的意义。例如，欧盟对进口水果中有最高残留限量要求的农药有124种，美国对农产品中有最高残留限量要求的农药有300余种，其目的都在于最大限度地控制滥用农药。现今，用GC分析农药残留的方法比较成熟，因此被广泛应用。截至目前，我国现行有效的食品理化指标检验国家标准有200多个，其中30%以上都采用了气相色谱技术，且主要应用于食品添加剂、食品成分及有害物质残留检测等方面。气相色谱法因其具有高灵敏度、极快的检测速度在现代食品检测中被广泛应用。根据国家标准使用气相色谱仪全面检测蔬菜瓜果中农药残留情况，对主要成分进行分析检测是当前十分重要的事情。

二、在食品添加剂检测方面的应用举例

食物不仅是人类生存的最基本的需要，也是国家稳定和社会发展的永恒主题，而食品的营养成分和食品安全又是当今世界关注的重大问题，因而食品分析就起着关键性作用，近两年有许多文章涉及食品中有害物质的分析方法研究，检测食品中各种各样有害健康的物质成为全球瞩目的重大课题。食品中各种添加剂如果超过允许的限量也会对人体构成危害，对食品添加剂的检测分析成为日常性的分析项目，研究和改进其分析方法日益受到人们的重视，而气相色谱方法是分析食品中有害物质的有效手段之一。

我国食品添加剂的种类目前有两千多种，其中包含食品的抗氧化剂、漂白剂、着色剂、防腐剂、增味剂、膨松剂、甜味剂等。所谓食品添加剂，指的就是使用后可以改善食物的色、香、味以及质量，通常目的是防腐、保持颜色的新鲜。食品添加剂的过量添加、超范围使用会对人体造成危害。为了严格控制添加的剂量，使其符合国家标准，所以对食品中食品添加剂的检测就显得尤为重要。使用气相色谱主要方法是将这些添加剂进行萃取再用盐酸或硫酸将样品酸化，使得这些添加剂从离子状态转化为有机分子形式，最后用低极性的有机溶剂如石油醚、甲醇或乙腈进行重新萃取，再进行检测。

食品添加剂主要是为了营养强化、防腐及抗氧化，从而改善食品品质，使食品能够长时间地保存。在食品生产时过多地添加这些添加剂可能会影响到食物总体的安全性，如果食用了此类不合格的食品，则会对人体健康造成危害。若将气相色谱法应用到食品安全监测流程中，将会对监管食品安全起到良好的辅助作用。

三、在兽药残留检测方面的应用举例

当今市场上越来越多的肉类食品被端上餐桌，所以对于肉类的安全检测是绝对不能忽视的。人们在饲养动物的过程中为了预防疾病、增强动物的抗应激能力等，难免会使用一些兽药，这些药物会在动物体内的细胞、组织和各个器官内存留。兽药包括抗生素、生长素等，这些成分对人体都是有害的。为此，我们要对食用的肉类进行安全监测，且必须使用快速、高效的检测仪器来完成。气相色谱仪灵敏度高，而且自身的特点也符合

对肉类检测的要求，所以是肉类检测的首选。

四、在食品包装材料中挥发物检测方面的应用举例

在食品生产过程中，对食品包装材料的选择尤为重要，目前世界上食品的包装材料多少都会存在一定的污染物存留，这严重影响着人类的健康。多数食品的包装材料存在的污染物主要是荧光增白剂、有机挥发性物质、微量元素、杀虫剂等。所以对这些包装原材料的检测是目前亟待解决的问题，这需要使用高效、灵敏、快速的检测方法来实现。目前最常用的包装材料就是塑料包装材料，由于塑料包装材料长时间与食品密切接触，难免会通过渗透、挥发、溶解、吸收等方式进入食品中，尽管塑料包装中的成分可能是标准所允许的，但是很难排除一些过量的甚至是有害成分的存在。鉴于这种情况，对塑料食品包装进行快速、准确的检测变得尤为关键。气相色谱法主要是按时间将混合物分离开来，而质谱法主要是提供组分的结构信息，因此，质谱法弥补了气相色谱法定性方面的不足，气相色谱-质谱联用（GC－MS）技术将气相色谱与质谱的特点结合起来对目标组分进行定性定量的分析，兼具了GC的高分辨率和MS的高灵敏度的特点；同时可以区分是离子还是分子形式，从而判定包装材料的安全性。

2014年，沈聪文等人使用正己烷萃取柠檬酸酯类增塑剂，用气相色谱-质谱联用技术测定了食品塑料包装中柠檬酸三乙酯（TEC）、柠檬酸三丁酯（TBC）、乙酰柠檬酸三丁酯（ATBC）、柠檬酸三辛酯（TOC）等柠檬酸酯类增塑剂，该方法的检测限为0.05～1 mg/L，4种柠檬酸酯类增塑剂加标回收率为82.7%～100%，相对标准偏差为3.6%～14.0%；而后又用此方法检测了20份塑料食品包装，均未检出柠檬酸酯类增塑剂。

五、在持久污染物和违禁药物检测方面的应用举例

在环境污染中，比较严重的是空气污染。空气中包含多种类型的有机污染物，比如甲酚、芳香烃等。这些有机污染物的存在会严重危害人们的身体健康，特别是会对人的呼吸道和皮肤造成不同程度的伤害。其中酚类化合物被人们吸入之后会出现腹泻、呕吐等症状，严重时甚至会导致人们的神经系统出现病变。为了避免空气中有机污染物危害人们的身体健康，可利用气相色谱-质谱联用技术对有机污染物含量进行检测，再依据检测结果制定相应的预防措施。检测酚类化合物时，将采样管放置在待检测区域空气中，收集完成之后利用相应的仪器进行分析，并进行洗脱，洗脱之后即可确定酚类化合物的含量。应用此项技术检测空气中的有机污染物时，定性与定量值比较准确，测量过程中，可产生干扰的因素并不多，显著地提升了检测的灵敏度，提高检测结果的准确度。检测芳香烃、苯类化合物时，可以联合采用此项技术与二次解热吸收和热脱附，通过与二次解热吸收的联合使用，可有效地定性和定量分析多种挥发性有机物，且具备较高的分析准确性，可将空气中挥发性有机物（volatile organic compounds，VOCs）的污染程度很好地反映出来，通过与热脱附的联合使用，可将苯类化合物中的含量检测出来，且偏差比较小，准确性良好。2016年，周天啸等人用气相色谱-串联质谱法测定纸质及塑料食品包装材料中12种多环芳烃的含量，该方法用联用超声萃取与新型吸附剂，简化了样品的

前处理，减少了提取的损失，还用同位素内标法提高了定性、定量分析的准确性。

六、在其他方面的应用举例

GC－MS/MS除了用于有害物质检测外，还可完成食品中挥发性风味物质及功能活性成分的分析，在脂肪酸测定中也有较多应用。Hjelmeland等建立了HS－SPME结合GC－MS/MS半定量分析赤霞珠葡萄酒风味特征组分及甲氧基吡嗪的方法。Bousova等采用HS－SPME－GC－MS/MS测定食品中香豆素等7种具有生物活性的风味物质，在饮料、半固体和固体食品中进行方法优化和验证，7种物质的测定范围为0.5～3000 mg/kg。Müller等将HS－SPME－GC－MS/MS用于牛奶巧克力和黑巧克力中咖啡因、麦斯明和尼古丁3种活性物质的检测。在分析食品风味物质和部分可挥发活性物质时，多采用HS－SPME的前处理方法，该方法具有操作简单、环境友好和灵敏度高的特点。反刍动物脂肪中含有微量的十七碳烯酸，Alves等利用GC－MS/MS可有效区分同分异构体的优势测定了顺－9－十七碳烯酸、顺－10－十七碳烯酸和顺－8－十七碳烯酸，并用3根毛细管柱分别在添加和非添加顺－10－十七碳烯酸情况下分析牛、绵羊和山羊的鲜奶及肌内脂肪，样品经甲酯化、薄层色谱分离后分析，结果显示在反刍动物的奶脂肪和肌内脂肪中含量最高的十七碳烯酸同分异构体是顺－9－十七碳烯酸。

积极使用气相色谱法开展食品的检测工作，能够提升整体的检测效果，保障食品的安全性。通过气相色谱法检测食品添加剂以及农药残留，可以为人民群众把好食品安全质量关。随着色谱技术的发展、检测手段的进步及多质谱联用，气相色谱在各个领域的应用越来越多，在食品安全监测领域具有广泛的应用前景，应该大力提倡。随着社会的不断进步，气相色谱技术与其他的质谱联用技术在不断的发展，都在朝着更高速度、更高灵敏度、更高选择性的方向发展。

第四节　气相色谱的一般维护与保养

一、气相色谱仪的安装和运行环境

气相色谱仪作为实验室精密分析仪器，在使用过程中对环境的要求很高，包括电网供电电压质量、仪器安装地点、布局的合理性、仪器室内的温度、湿度和防尘情况以及仪器地线连接好坏等。尤其是仪器室内的温度、湿度和防尘情况，在安置高精度仪器设备时需要重点考虑。选择合适的室内环境，更好地维护和保养设备，是仪器管理员的职责所在。下面将着重介绍气相色谱仪安装和运行时对环境的具体要求。

1. 仪器室

① 周围环境：仪器室及其周围不能有震源、火源、电火花、强大磁场和电场、易燃易爆和腐蚀性物质等存在，以免干扰分析或发生意外。

② 温度湿度：室内温度最好为10～35 ℃，相对湿度在80%以下，以保证各元件能正常工作，最好配有空调、干燥和排风等装置。

③ 减尘防尘：应尽可能降低室内空气含尘量，减少尘埃落入仪器内部的概率，以免

影响仪器性能。窗户应配有纱网，注意保持仪器和室内清洁。

④ 工作台面：工作台应能承受整套仪器重量，高度一般为 70 cm 左右，宽度为70～80 cm，并且要离墙 30 cm 左右，工作台面垫上橡胶板为宜。

⑤ 防火防爆：色谱室内必须严禁烟火，照明应使用防爆型灯具，必须备有灭火器，落实好有关防火防爆等安全措施，以免发生意外事故。

2. 贮气室

① 周围环境：贮气室及其周围不能有热源、火源、电火花、易燃易爆和腐蚀性物质等存在，以免发生安全事故。气瓶不宜放在室内，放室外必须防太阳直射和雨淋。

② 氢氧分置：贮气室应有两间单独房子，分别贮放氢气钢瓶和氧气钢瓶，以避免氢气和氧气存放在一起而造成意外事故。

③ 室内温度：贮气室内温度最好不低于 10 ℃且不超过 35 ℃，不能阳光直射或者雨雪直入以免引发爆炸或其他事故。

④ 钢瓶检验：高压钢瓶应定期检验，要有检验合格证才能使用；高压钢瓶上要有代表所贮气体的标记颜色和字样。

⑤ 钢瓶安全：室内气瓶竖立放置立地可靠，应认真检查阀门接头和减压阀等是否牢靠好用，用后应及时关闭阀门。

⑥ 防火防爆：贮气室内必须严禁烟火，应使用防爆型照明，室内应有防火防爆以及灭火等安全设施，要随手锁门。

3. 管线

① 管材：常用的管子有不锈钢管、紫铜管、聚四氟乙烯管和聚乙烯管等，因塑料管容易老化和损坏，应注意及时更换。

② 耐压：选用的管子直径宜小不宜大，至少要能承受 0.6 MPa（6 kg/cm^2）以上的压力；所用的管子和器件要注意清洁干净。

此外，管线安装之后要进行检漏。把进入仪器之前的气路出口端密封，打开高压气瓶上的减压阀，调节出口压力为 0.5～0.6 MPa（5～6 kg/cm^2），用十二烷基磺酸钠中性水溶液或甘油水溶液（甘油与水以体积比为 1：1 左右混匀即可），检查自钢瓶至进入仪器之前的整个管线的接头和焊缝，没有漏气现象发生即可使用。

4. 电源

① 电压：国产仪器电源电压为 220 V、50 Hz，进口仪器要注意其电源电压。电源电压的变化应在 10 V 范围内，电网电压的瞬间波动不得超过 5 V。电频率的变化不得超过 50 Hz。采用稳压器时，其功率必须大于使用功率的 1.5 倍。

② 功率：电源线路所用导线、插头、插座、闸门、保险丝等应能承受总机功率。

③ 安全：电线、插座等电器件最好装入墙内，仪器室的电源必须安装总开关。

5. 地线

① 专用地线：仪器所接地线必须导电性能良好，可用埋地 1 m 多深的铜板做地线。

② 电位相等：为了使仪器各部件等电位，同一仪器各部件的接地接头应连成一体。

二、气相色谱仪各个系统的维护和保养

气相色谱由于生产连续性的需要，通常都是 24 h 运行，很难有机会对仪器进行系统清洗、维护。一旦有合适的机会，就有必要根据仪器运行的实际情况，尽可能地对仪器的重点部件进行彻底的清洗维护。气相色谱仪经常用于有机物的定量分析，仪器在运行一段时间后，由于静电原因，仪器内部容易吸附较多的灰尘；电路板及电路板插口除吸附有积尘外，还经常和某些有机蒸汽吸附在一起。因为部分有机物的凝固点较低，在进样口位置经常发现凝固的有机物，分流管线在使用一段时间后，内径变细，甚至被有机物堵塞；在使用过程中，TCD 检测器很有可能被有机物污染；FID 检测器长时间用于有机物分析，有机物在喷嘴或收集位置极容易沉积，导致喷嘴、收集极经常发生积炭现象。

只要色谱系统特别是进样口受到高沸点物质的污染，就会使得气相色谱性能变差。分析人员应当进行仪器的日常维护，包括定期更换进样隔垫、清洗老化进样口内衬管等，必要时可将接于进样口一端的毛细管色谱柱截去 0.5～1.0 m。如果依旧出现色谱性能降低和“鬼峰”问题，可能需要清洗进样口的金属表面。

针对气相色谱仪的各个组件，还有如下注意事项。

1. 仪器内部的吹扫、清洁

气相色谱仪停机后，打开仪器的侧面和后面面板，用仪表空气或氮气对仪器内部灰尘进行吹扫，对积尘较多或不容易吹扫的地方用软毛刷配合处理。吹扫完成后，对仪器内部存在有机物污染的地方用水或有机溶剂进行擦洗，对水溶性有机物可以先用水进行擦拭，对用水不能彻底清洁的地方可以再用有机溶剂进行处理，对非水溶性或可能与水发生化学反应的有机物用不与之发生反应的有机溶剂进行清洁，如甲苯、丙酮、四氯化碳等。注意，在擦拭仪器过程中不能对仪器表面或其他部件造成腐蚀或二次污染。

2. 电路板的维护和清洁

气相色谱仪准备检修前，切断仪器电源，首先用仪表空气或氮气对电路板和电路板插槽进行吹扫，吹扫时用软毛刷配合对电路板和插槽中灰尘较多的部分进行仔细清理。操作过程中尽量戴手套操作，防止静电或手上的汗渍等对电路板上的部分元件造成影响。吹扫工作完成后，应仔细观察电路板的使用情况，看印刷电路板或电子元件是否有明显被腐蚀现象。对电路板上沾染有机物的电子元件和印刷电路用脱脂棉蘸取酒精小心擦拭，电路板接口和插槽部分也要进行擦拭。

3. 进样系统的维护

(1) 进样针的清洗

每次开机前都要检查进样针推杆是否可以平滑地移动。如果不能则可以将推杆取出，用蘸过有机溶剂的软布将其擦干净。其次检查针头是否堵塞，反复将有机试剂吸进打出，直到溶剂以直线流出。

(2) 隔垫的维护保养及注意事项

隔垫将样品流路与外部隔开，起阻挡作用。进样针插入时，能保持系统内压，防止泄漏，避免外部空气渗入，污染系统。隔垫一般由耐高温、气密性好的硅橡胶制成。隔

垫是气相色谱仪常用的消耗品之一，需定期进行更换。隔垫要存放在干净的地方，容器要密封，防止污染，进样口温度应控制在规定的最高温度以下。当出现额外峰或园丘峰，可能是隔垫漏气，断开进样口加热器；如果园丘峰消失，可用较耐高温的隔垫或调低进样口温度。当出现大峰后基线漂移，可能是隔垫处泄漏，应更换隔垫；当出现保留时间和峰面积的重现性变差时，应考虑更换隔垫；当进样次数较多时（超出隔垫的规定次数），应及时更换。

进样口温度降到 50 ℃以下，方可进行更换，否则易烫伤。更换前要戴上无粉尘手套，用镊子将旧隔垫取出，将新垫子放入压紧，注意要将中央有凹进小孔的一面朝上，用手将螺母拧到底后回拧半圈即可。

（3）衬管的维护保养及注意事项

衬管是进样体系的中心元件，样品在此蒸发而成气体，衬管需定期更换。定期更换衬管取决于：以前使用的方式、样品的洁净度、色谱的异常性。例如：峰形的变化，峰异常，重现性差。衬管必须放在干净的环境下保存，避免污染。现在市售的衬管基本上是去活的惰性衬管，可以直接使用。通常在分析农药、酚类、有机酸、胺类、违禁药、活性极性化合物、热不稳定化合物时可以不使用玻璃棉。

在检修时，要对气相色谱仪进样口的玻璃衬管、分流平板、进样口的分流管线和 EPC 等部件进行清洗。玻璃衬管和分流平板的清洗：从仪器中小心取出玻璃衬管，用镊子或其他小工具小心移去衬管内的玻璃毛和其他杂质，移取过程不要划伤衬管表面。如果条件允许，可将初步清理过的玻璃衬管在有机溶剂中用超声波进行清洗，再经烘干即可使用；也可以用丙酮、甲苯等有机溶剂直接清洗，清洗完成后经过干燥即可使用。分流平板最为理想的清洗方法是在溶剂中超声处理，烘干后使用；也可以选择合适的有机溶剂清洗，具体的清洗步骤：从进样口取出分流平板后，首先采用甲苯等惰性溶剂清洗，再用甲醇等醇类溶剂进行清洗，烘干后使用。气相色谱仪用于有机物和高分子化合物的分析时，许多有机物的凝固点较低，样品从气化室经过分流管线放空的过程中，部分有机物在分流管线中凝固，所以要对分流管线进行清洗，具体的清洗步骤：用脱脂棉蘸取丙酮、甲苯等有机物对进样口进行初步的擦拭，然后对擦不掉的有机物先用机械方法去除，注意在去除凝固的有机物的过程中一定要小心操作，不要对仪器部件造成损伤。将凝固的有机物去除后，然后用有机溶剂对仪器部件进行仔细擦拭。

4. 分离系统的维护

（1）密封垫的维护保养及注意事项

色谱柱与衬管连接处是靠密封垫密封。理想的密封垫提供无泄露的密封效果，适合各种外径的色谱柱，不用过分拧紧，与色谱柱不粘连，并且耐温度变化。使用不当的或用旧的密封垫连接色谱柱，会导致色谱峰不一致，结果不可靠。使用不合适的密封垫，会使空气和其他污染物通过色谱柱密封处，渗入色谱系统，严重地影响柱效和检测器性能。为保持仪器最佳性能，每更换一次色谱柱或色谱柱维护处理时，都要更换密封垫。

密封垫损坏会出现下列现象：保留时间重复性差，基线噪声增大，检测器信噪比增大。安装密封垫的技术要点：密封垫不要拧太紧，可用手指拧柱帽，再用扳手拧紧；保持洁净，避免各种污染，如手印、油；在重新使用密封垫前，用放大镜检查其是否破损。

(2) 毛细管柱的清理

安装前必须对色谱柱进行充分老化，避免使难以挥发的成分进入柱内，柱的使用温度最好比其最高使用温度低一些，平时不使用时将柱的两端封好，以防氧化或进入杂物。色谱柱的主要维护是老化。新色谱柱必须进行老化后才能使用，第一次老化需与检测器断开连接，检测器端要用堵头堵住。毛细管柱可采取慢升快降温方法：以5 ℃/min的速度升温到较最高限温低20 ℃，恒温30 min，再以20 ℃/min的速度降温至50 ℃，如此循环三个来回，在老化过程中连续进几针溶剂，待老化程序完毕后，将柱子两端分别截掉10～15 cm。一般不建议对色谱柱进行清洗，除非严重污染。清洗时可使用甲醇、二氯甲烷和己烷。二氯甲烷是最好的清洗剂，将色谱柱放到清洗装置中，将溶剂加到样品瓶中，往溶剂瓶中施加压力，使溶剂进入色谱柱中，残留物溶解到溶剂中后，用溶剂反吹出色谱柱，再用溶剂吹扫，然后进行适当的老化处理。

为了保证良好的分离性能，毛线管柱的维护需要注意下列特定操作：

① 毛细管柱和色谱炉壁之间的接触可以影响色谱性能和色谱柱寿命；

② 应当小心不使氧气进入毛细管柱中；

③ 只有在色谱炉冷却后才可更换进样隔垫；

④ 再次加热色谱炉之前，应当先用载气冲洗色谱柱15 min；

⑤ 应当使用脱氧管除去载气中的痕量氧气，脱氧管应当定期更换；

⑥ 无论色谱炉是否在加热，都需要有载气流经色谱柱。

第五节　气相色谱一般问题诊断方法

气相色谱仪的故障是多种多样的，而且某一故障也可能是多方面造成的，必须采用部分检查的方法，即排除法，才可能缩小故障的范围。对于气路系统导致的故障，不外乎是各种气体（特别是载气）有漏气的现象、气体质量不好、气体稳压稳流不好等，气路产生的“鬼峰”和峰丢失较为普遍。另外，色谱柱的老化过程不充分或柱温过高，使得“液相遗失”“鬼峰”也会频频出现。所以，首先应该解决气路问题，若气路无问题，则看电路问题。色谱气路上的故障，分析工作者可以找出并排除，但要排除电路上的故障并非易事，这就需要分析工作者有一定的电子线路方面的知识积累。色谱电路系统的故障，一般是温度控制系统的故障或检测放大系统的故障，当然不排除供给各系统的电源的故障。温控系统（包括柱温、检测器温控、进样器温控）的主回路由可控硅和加热丝组成，可控硅导通角的变化，使加热功率变化，从而使温度产生变化（恒定或不恒定）。而控制可控硅导通角变化的是辅回路（或称控温电路），包括铂电阻（热敏元件）和线性集成电路等。

色谱故障的排除既要做到局部排除又要考虑到整体，有“果”必有“因”，弄清线路的走向，逐步排除产生“果”（故障）的“因”，把故障范围缩小。例如，若出现基线不停地抖动或基线噪声很大时，可先将放大器的信号输入线断开，观察基线情况，如果恢复正常，则说明故障不在放大器和处理机（或记录仪），而在气路部分或温度控制单元；反之，则说明故障发生在放大器、记录仪（或处理机）等单元上。这种部分排除的检查故障方法，在实际中是非常有用的。

一、故障排查的一般思路

当仪器出现故障之后，要从以下方法和思路对仪器进行检测，从而排查出可能存在的问题。

1．确定故障范围

确定与该故障有关的部分和相关因素。注意检修方法，不要轻易拆卸和更换元件，以免扩大和转移故障范围。

2．故障检查

① 顺序推理法：根据工作原理顺序推理，检查、寻找故障原因。

② 分段排除法：逐个排除，缩小范围，检查、寻找故障原因。

③ 经验推断法：根据经验积累，检查、寻找故障原因。

④ 比较检查法：参照工作正常的仪器，检查、寻找故障原因。

⑤ 综合法：综合使用上述各种方法，检查、寻找故障原因。

二、气相色谱的一般故障

根据气相色谱仪器系统的组成不同，可以将仪器故障分成以下几个部分。

1．气路系统故障

气路部分不正常，指气路系统出现堵塞、泄漏、无压力指示、无气体输出等故障。一般的流程如下：

① 检查气源部分（气瓶、气体发生器等）是否正常。

② 利用输入气体压力表检查气体输入是否正常，否则检查净化器等外部气路及稳压阀等是否正常。

③ 如果是载气流路，则可在色谱柱前后检查进样器的气体输出是否正常，否则检查稳压阀至色谱柱这一段。

④ 如果是氢气或空气流路，则可利用仪器顶部的气路转接架检查气体输出是否正常，否则检查稳压阀至气路转接架这一段。

⑤ 检查检测器的气体输入、输出是否正常。

⑥ 在气路系统的适当地方进行封堵，并观察相应压力表的指示变化，是检查漏气的常用方法。

⑦ 安全起见，可以利用氮气对氢气流路进行检查。

2．出部分反峰

出部分反峰指大部分峰为正向出峰，但一部分峰为反向出峰，或基线往负方向偏移。

① 使用空气压缩机时，检查确认反向出峰或基线往负方向偏移是否与空气压缩机的动作（空气压力不足时空气压缩机自动动作）在时间上是否同步。

② 较多水分进入离子化检测器时，火焰的燃烧状态短时间内会起变化，伴随出现反

峰（这不是异常）。

③ 检查各种气体的流量设置是否正常，以及是否存在漏气现象。

④ 检查载气的纯度，如果载气里面有微量不纯物，而样品的纯度比载气的纯度高，就会出反峰。

⑤ 气路切换时有压力冲击，也会出现反峰，此时气路中应加接稳压装置。

⑥ 使用 TCD 时，如果载气和样品的热导系数过于接近，也会出现一部分或全部反峰。

3. 出峰后零点偏移

出峰后零点偏移指样品出完溶剂峰等平顶峰后基线不能回到原来的零点。

① 各气体流量是否正常（数值、稳定）。

② 柱箱、检测器的温度是否正常（数值、稳定）。

③ 检测器是否被污染，如果污染进行清洗或更换零件。

④ 必要时在通入载气的情况下，将检测器的温度设置在 200 ℃以上进行数小时的老化。

⑤ 色谱柱是否老化不足，必要时在载气进入色谱柱的情况下，将色谱柱箱的温度设置在较色谱柱的最高使用温度低 30 ℃左右进行 10 h 以上的老化处理，或用程序升温方式进行老化。

⑥ 减少进样量。

⑦ 使用 TCD 时，如果大量的氧成分注入 TCD，会引起 TCD 钨丝的阻值发生变化，使得基线无法回零，钨丝的寿命也会减短。

4. 基流过大、无法调零

基流过大、无法调零指对基线进行调零时，发现基流增大，零点与平时相比有偏离或无法调零。

第一，将火焰熄灭或关闭电流之后基线还是无法回零时，要考虑电路系统故障或接触不良、绝缘退化等因素。

① 检查检测器和离子信号线是否有接触不良、绝缘退化等现象。

② 检查检测器是否被污染，如果污染则需要进行清洗。

③ 检查检测器温度是否正常，必要时对检测器进行老化。

④ 检查是否是离子信号线故障、放大器电路板故障、输出信号线故障、积分仪/工作站故障。

⑤ 使用 TCD 时，检查 TCD 钨丝电流的设定是否太大。

第二，色谱柱箱温度冷却到室温，调零还是不正常时，要考虑检测器自身的原因。

① 检查各种气体是否污染或流量不正常、漏气。

② 检查检测器是否被污染，如果污染则需要进行清洗。

三、气相色谱故障原因分析

作为精密分析仪器，气相色谱在使用过程中，常常会出现一些小故障，针对这些常见的故障，一些常见的处理方法总结如下：

1. 色谱柱流失和系统的污染是GC分析时基线漂移的主要原因

在GC程序升温时总会产生基线漂移。这里基线漂移常常指基线本底加大上飘。固定相从分析柱上的流失、进样器或检测器系统的污染以及流量的变化都会引起基线漂移。基线漂移的大小常常取决于检测器系统的灵敏度。检测器越灵敏，即使是很小的流失和污染也会引起很大的漂移。减少基线漂移可以改善色谱的定性、定量分析结果。

2. 如何减少进样器对基线漂移的影响

进样器的污染是基线不稳定的一个主要原因。样品中的高分子量成分和不挥发物的残余量会慢慢地通过分析柱，在程序升温时这些残余量就会影响基线。很难确认究竟是色谱柱流失还是检测器的污染导致基线的漂移。为了确定基线漂移的原因，可以将色谱柱从GC中拆除，用短接管代替，再用排除法分析基线形成漂移的原因。如果主要是进样器造成的基线变化就应该进行修理，通常是更换隔垫、衬管和密封件。修理以后，仍然短接进样器和检测器，进一个空白样品来确认进样器是否清洗干净。

3. 如何减少检测器的影响

检测器所形成的基线漂移主要是由于污染或者气体纯度不够。正确地维护检测器，包括周期性进行清洗可以最大限度地防止基线漂移。另外，补充气和燃烧气也会影响基线漂移。

4. 如何减少柱流失的影响

如果注样器和检测器对基线的影响已经消除但基线仍然漂移，那么多半是柱流失引起的。柱流失的多少取决于色谱柱最终的温度，终温越高流失越多。为了尽量减少柱流失对基线的影响，在安装新色谱柱时应该对色谱柱进行老化处理。一般说来，制造厂对出厂的新色谱柱都已经进行了预先的老化处理，除非检测器的灵敏度极高，一般不用再进行老化处理。注意：如果载气中含有痕量氧，或者载气的管线泄漏，高温老化就会破坏色谱柱，这些氧化物会使固定相因氧化而流失。为了说明这一点，我们在360 ℃的条件下向Rtx-5毛细管柱注入室内空气，在与氧接触后如果连续地用纯净的气体加以老化，则基线应该回到原来的水平，但如果载气因含有痕量的氧化物而不纯，或者气路的泄漏使氧化物进入色谱柱则基线不可能恢复到原来的水平。因此，所有的载气气路都必须使用高质量的脱氧装置和除湿器。

5. 样品污染会导致基线高漂

高分子量样品在程序升温时会引起基线的漂移。在高温下烘烤时间过长也会导致固定相氧化。为了解决这个矛盾，可以采用溶剂漂洗的办法来除去高分子量的污染物质，这样就无须高温老化。

为了在色谱的定性和定量分析中得到精确的结果，控制基线的漂移是一个重要的因素。当然，并非只有分析柱才影响基线漂移，进样器和检测器也会引起基线漂移。老化处理可以减少柱流失，但是，还需要限制痕量的氧化物或者管路的漏泄。使用溶剂清洗的方法可以减少甚至限制分析柱受到样品污染。另外，为了达到精确分析的目的也需要经常对进样器和检测器进行维护。

6. 氢火焰离子化检测器（FID）火焰熄灭或点不着火

火焰熄灭的原因很多，主要有以下几点：①冷凝，由于 FID 燃烧过程导致水的形成，所以检测器温度必须保持在 100 ℃以上，以免冷凝。长时间不开机时，需进行长时间烘烤后再点火。②柱流速过高，若必须使用大内径柱，可关小载气流速足够长时间以使 FID 点火。③检查安装的喷嘴类型是否适合所使用的色谱柱，检查喷嘴是否堵塞。

7. 如何确定色谱柱老化是否完全

FID 检测器最适合用于检测色谱柱老化时的基线。在升温程序的末端，基线将升高，然后基线下降逐渐平稳，此时可以认为色谱柱老化完成。当色谱柱处于高温时，柱寿命急剧下降。如果色谱柱老化时间超过 2 小时还有大量柱流失，则将色谱柱冷却至室温，辨认柱流失来源，如氧气渗入、隔垫漏气和仪器本身的残留物等。

在色谱柱老化之后做柱流失实验，不进样跑一次程序升温，从 50 ℃开始按照 10 ℃/min的速度升温到色谱柱最高使用温度，并在最高温度保持 10 min，这段时间所显示出的色谱图即为柱流失图，将这张图与之后空白谱图对比。如果在空白运行中产生了很多峰，则色谱柱性能改变，这可能是由于载气中含有氧气，也可能是由于样品残留。如果有 GC－MS，则低极性色谱柱的典型流失离子质/荷比（m/z）将为 207、273、281、355 等，大多数为环硅氧烷。一般认为柱流失能引起噪声和不稳定的基线。真正的柱流失常常有如同噪声状的正向漂移，即看基线是否有向上的较大漂移、空白有无峰流出等。

总之，对分析仪器来说，避免故障最主要的做法是正确的操作和调节，切忌盲目操作，并减少各种系统误差。在注意以上要点的同时，还要注意日常仪器保养、色谱柱的维护、仪器室的卫生清洁，这样才能使气相色谱仪处于最佳工作状态，在分析检测中发挥其重要的作用。

参考文献

[1] EICEMAN G A，GARDEA-TORRESDEY J，OVERTON E，et al. Gas chromatography [J]. Analytical Chemistry，2004，76（12）：748－763.

[2] BATY J D，PRICE-EVANS D A，GILLES H M，et al. Gas chromatography mass spectrometry studies on biologically important 8－aminoquinoline derivatives [J]. Biological Mass Spectrometry，2010，5（1）：76-79.

[3] MONDELLO L，TRANCHIDA P Q，DUGO P，et al. Comprehensive two-dimensional gas chromatography-mass spectrometry：a review [J]. Mass Spectrometry Reviews，2010，27（2）：101－124.

[4] ROESSNER U，WAGNER C，KOPKA J，et al. Simultaneous analysis of metabolites in potato tuber by gas chromatography－mass spectrometry [J]. The Plant Journal，2000，23（1）：131－142.

[5] JOHNSON Y S. Determination of polycyclic aromatic hydrocarbons in edible seafood by QuEChERS-based extraction and gas chromatography-tandem mass spectrometry [J]. Journal of Food Science，2012，77（7）：T131－T137.

[6] YANG X，ZHANG H，LIU Y，et al. Multiresidue method for determination of 88 pesticides in berry fruits using solid-phase extraction and gas chromatography-mass spectrometry：Determination of 88

pesticides in berries using SPE and GC－MS [J] . Food Chemistry, 2011, 127 (2): 855－865.

[7] 郑阳，许秀丽，纪顺利，等．固相萃取结合气相色谱-串联质谱法测定烟草制品中 23 种酯类香料 [J] . 色谱，2016，34 (5)：512－519.

[8] QU L, ZHANG H, ZHU J, et al. Rapid determination of organophosphorous pesticides in leeks by gas chromatography-triple quadrupole mass spectrometry [J] . Food Chemistry, 2010, 122 (1): 327－332.

[9] 胡光辉，刘伟丽，钱冲，等．气相色谱技术在食品安全检测中的应用 [J] . 食品安全质量检测学报，2016，7 (11)：4312－4317.

[10] 马春华，黄艺燕，王翊如，等．固相微萃取-气相色谱-质谱法检测茶叶中多环芳烃的含量 [J] . 中国科学：化学，2016，46 (3)：309－315.

[11] QIN Z H, PANG X L, CHEN D, et al. Evaluation of Chinese tea by the electronic nose and gas chromatography-mass spectrometry: Correlation with sensory properties and classification according to grade level [J] . Food Research International, 2013, 53 (2): 864－874.

[12] 刘虎威．气相色谱方法及应用 [M] . 北京：化学工业出版社 . 2007.

[13] 吴烈钧．气相色谱检测方法 [M] . 北京：化学工业出版社 . 2005.

[14] ALMEIDA C, FERNANDES J O, CUNHA S C. A novel dispersive liquid-liquid microextraction (DLLME) gas chromatography-mass spectrometry (GC－MS) method for the determination of eighteen biogenic amines in beer [J] . Food Control, 2012, 25 (1): 380－388.

[15] CHARLTON, T S, NYS R D, NETTING A, et al. A novel and sensitive method for the quantification of N3oxoacyl homoserine lactones using gas chromatography-mass spectrometry: application to a model bacterial biofilm [J] . Environmental Microbiology, 2010, 2 (5): 530－541.

[16] CORTES H J, WINNIFORD B, LUONG J, et al. Comprehensive two dimensional gas chromatography review [J] . Journal of Separation Science, 2009, 32 (5－6): 883－904.

[17] 曹淑瑞，朱明，高小丽，等．顶空气相色谱法测定食品添加剂中 15 种有机溶剂残留量 [J] . 分析测试学报，2018，37 (2)：242－346.

[18] 林维宣，董伟峰，陈溪，等．气相色谱-质谱法同时检测动物组织中多种激素类兽药的残留量 [J] . 色谱，2009，27 (3)：294－298.

[19] 刘艳，张强，顾华，等．气相色谱-质谱同时测定食品包装材料中 9 种光引发剂 [J] . 分析科学学报，2017，33 (6)：812－816.

[20] 沈聪文，贾芳，陈意光，等．气相色谱-质谱法测定食品塑料包装中柠檬酸酯类增塑剂 [J] . 广东化工，2014，41 (9)：213－214＋219.

[21] 苏小川，农时锋，张瑞．气相色谱-质谱联用法检测保健品中的违禁药物 [J] . 中国卫生检验杂志，2007 (10)：1739－1740.

[22] 周天啸，高俊伟，彭姚珊，等．气相色谱-串联质谱法测定纸质及塑料食品包装材料中 12 种多环芳烃的含量 [J] . 理化检验 (化学分册)，2016，52 (12)：1388－1393.

[23] HJELMELAND A K, KING E S, EBELER S E, et al. Characterizing the chemicaland sensory profiles of United States Cabernet Sauvignon wines andblends [J] . American Journal of Enology and Viticulture, 2013, 64 (2): 169－179.

[24] BOUSOVA K, MITTENDORF K, SENYUVA H. A solid-phase microextractionGC/MS/MS method for rapid quantitative analysis of food and beveragesfor the presence of legally restricted biologically

active flavorings [J]. Journal of AOAC International, 2011, 94 (4): 1189-1199.

[25] MÜLLER C, VETTER F, RICHTER E, et al. Determination of caffeine, myosmine, and nicotine in chocolate by headspace solid-phase microextractioncoupled with gas chromatography-tandem mass spectrometry [J]. Journal of Food Science, 2014, 79 (2): 251-255.

[26] ALVES S P, MARCELINO C, PORTUGAL P V, et al. Short communication: thenature of heptadecenoic acid in ruminant fats [J]. Amercan Dairy Science Association, 2006, 89 (1): 170-173.

[27] 罗兰芳，袁正伟，彭芳芳，等．气相色谱仪维护与保养及使用注意事项 [J]．科教文汇，2017 (7): 181-182.

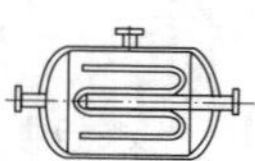

第十五章　高分子材料在食品包装中的应用

第一节　食品包装概述

人类社会发展到有商品交换和贸易活动时，包装已逐渐成为商品的组成部分，同时又是实现商品价值和使用价值的手段。食品包装从始至今都是包装的主体。一方面，食品必须适当包装才能贮存和成为商品流通；另一方面，包装具备避免食物因腐败变质而丧失其营养和商品价值的功能。

一、包装的基本概念

1. 包装的定义

随着科学技术水平和人们消费水平的日益提高，人们对食品包装的要求越来越高，包装的内涵也发生着巨大的变化。最初，包装是用器具去容纳物品，或对物品进行包囊、捆扎等操作，仅仅起容纳物品、方便取用的作用。现在，人们对包装赋予了更广泛的含义，它以系统论的观点，把包装的目的、要求、构成要素、功能作用及实际操作等因素联系起来，形成了一个完整的概念。

包装是指为在流通过程中保护产品、方便储运、促进销售，按一定技术方法而采用的容器、材料及辅助物等的总体名称；也指为达到上述目的而采用容器、材料和辅助物的过程中施加一定技术方法等的操作活动（GB/T 4122.1—2008）。食品包装（food packaging）是指采用适当的包装材料、容器和包装技术，把食品包囊起来，以使食品在运输和贮藏过程中保持其价值和原有的状态。

2. 包装的功能

现代商品社会中，包装对商品流通起着极其重要的作用，包装的科学合理性会影响到商品的质量可靠性及能否以完美的状态传达到消费者手中；包装的设计水平直接影响商品本身的市场竞争力乃至品牌、企业形象。现代包装的功能有以下四个方面。

(1) 保护商品

包装最重要的作用就是保护商品。商品在贮运、销售、消费等流通过程中常会受到各种不利条件及环境因素的破坏和影响，采用科学合理的包装可使商品免受或减少这些破坏和影响，以期达到保护商品的目的。

对食品产生破坏的因素大致有两类：自然因素，包括光线、氧气、水及水蒸气；人为因素，包括冲击、振动、跌落、承压载荷、人为盗窃污染等。不同食品、不同的流通环境，对包装保护功能的要求不同。例如，饼干等易碎、易吸潮食品，其包装应耐压防潮；油炸豌豆等易氧化变质食品，要求其包装能阻氧避光照；生鲜类食品为维持其生鲜状态，要求包装具有一定的氧气、二氧化碳和水蒸气的透过率。

（2）方便贮运

包装能为生产、流通、消费等环节提供诸多方便：能方便厂家及运输部门搬运装卸、仓储部门堆放保管、商店陈列销售，也方便消费者的携带、取用和消费。现代包装还注重包装形态的展示方便、自动售货方便及消费时的开启和定量取用的方便。

（3）促进销售

包装是提高商品竞争能力、促进销售的重要手段。例如，精美的包装能在心理上征服购买者、增加其购买欲望，直观精确地展现品牌和企业形象，细致地表达产品说明信息，产品的包装包含了企业名称、企业标志、商标、品牌特色及产品性能。

（4）提高商品价值

包装是商品生产的继续，产品通过包装才能免受各种损害而避免降低或失去其原有的价值。甚至，投入包装的价值不仅能在商品出售时得到补偿，而且能给商品增加价值。包装的增值作用不仅体现在包装直接给商品增加价值——这种增值方式是最直接的，而且更体现在通过包装塑造品牌价值——这种增值方式是无形而巨大的。包装增值策略的运用得当将取得事半功倍、一本万利的效果。

二、包装与现代社会生活

现代社会生活离不开包装，包装的发展也深刻地改变和影响着现代社会生活。

1. 包装策略与企业文化

市场是产品的市场，当代市场经济实质上是名牌产品经济，当代商品竞争实质上是名牌产品竞争，当代企业文化实质上是名牌产品文化。名牌产品是企业整体素质和竞争力的突出表现及其物态转换。而包装则是塑造和传播企业形象，开发和培育名牌的载体。包装亦成为企业树立形象、创造名牌的最基本、最重要的手段。因此，现代企业愈来愈注重产品的包装形象（packaging image）。

2. 包装与资源环境

资源的消耗和环境的保护是全球生态的两大热点问题，包装与两者密切相关，并且成为这两个问题的焦点之一。包装制造所用材料大量地消耗自然资源；在包装的生产过程中因不能分解的有毒三废造成对环境的污染；数量巨大的包装废弃物成为环境的重要污染源。这些因素均在助长着自然界恶性生态循环，世界各国为此投入巨大，情况虽有所控制，但依然严峻。

（1）包装与资源

包装行业对资源的需求量巨大。如美国，用于包装的纸和纸板占纸制品总量的90%，这充分说明包装消耗着相当多的自然资源。地球的自然资源并非取之不尽、用之不竭，每一种物质的形成都需要漫长的时间。

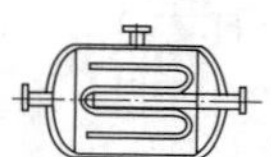

表 15-1 几种包装容器生产所需总能源的比较

项目	参数指标							
	玻璃瓶罐				金属罐	纸箱	纸盒	袋
周转次数	1	8	20	30	1	1	1	1
内装量/mL	200	200	200	200	250	1000	500	200
单位容器重所需能源/（kf·g^{-1}）	28.59	8.37	5.78	5.19	119.45	98.05	116.43	287.13
单位内装量所需能源/（kf·g^{-1}）	17.84	15.03	10.34	9.29	14.91	3.14	4.65	8.33

各种包装材料或容器的生产和使用均需要能源，表 15-1 所列为几种包装容器生产所需总能源的比较，其中以纸箱、纸盒包装的生产最节能。

从省料节能观点出发，包装应力求精简合理，防止过分包装和夸张包装，充分考虑包装材料的轻量化。采用提高材料综合包装性能等措施使容器薄壁化；寻求新的代用材料，在满足包装要求的前提下，用纸塑类材料代替金属、玻璃包装材料。例如纸塑类复合包装材料用于包装牛奶、果汁类饮料产品，一方面大量节省了包装能源和成本，另一方面也较好地保持了食品原有的风味和质量。(2) 包装与环境保护

包装多属于一次性消费品，寿命周期较短，废弃物排放量大，在城市废弃物中包装占有很大的比例，而食品的包装多为固体废弃物，是城市生活垃圾的主要部分。据美国、日本及欧盟的统计，城市包装废弃物（PSW）年排放量在重量上约占城市固体废弃物的1/3,而体积上则占 1/2，而且排放量以每年 10%的速度递增。包装废弃物未经处理或处理不善均会造成严重的大气污染、地下水污染、土壤污染等，还会使土地资源被垃圾占用、自然景观遭受破坏。

综上所述，人类在进行产品包装的同时，唯有注重生态环境的保护，从解决人类最基本的功能性需求，转向人类生存环境条件的各方面要求，最终使产品包装与产品本身一起，与人和环境建立一种共生的和谐关系。因此包装工业应力求低耗高效，使产品在获得合理包装的同时，解决好废旧包装的回收利用和适当处理。

就食品包装来说，首先要解决好产品和包装的合理定位问题，避免华而不实的包装，优先采用高新包装技术和高性能包装材料，在保证商品使用价值的前提下，尽量降低包装用料和提高重复使用率，降低综合包装成本。其次应大力发展绿色包装、生态包装，研究包装废弃物的回收利用和处理问题。优先发展易于循环利用，耗资、耗能少的包装材料；开发可控生物降解、光降解及水溶性的包装材料；在推出新型包装材料的同时，同步推出其回收再利用技术，把包装对生态环境的破坏降到最低。

(3) 绿色包装体系

在绿色理念的倡导下，“绿色包装”作为有效解决包装与环境的一个新概念，在 20 世纪 80 年代末 90 年代初涌现出来。发达国家最初把这个新概念称为“无公害包装”“环境之友包装”或“生态包装”，我国自 1993 年开始称为“绿色包装”。

“绿色包装”是指能够循环再生利用或降解，节约资源和能源，并且在包装产品从材料、制品加工到废弃物处理全过程对人体健康及环境不造成公害的适度包装。因此，绿

色包装意味着必须节省资源和能源，避免废弃物的产生，包装材料易回收、可再循环利用及可降解等，能够满足生态环境保护的要求。发达国家已经要求包装做到“3R”和“1D”原则，“3R”原则 Reduce（减量化）、Reuse（重复使用）、Recycle（再循环），“1D”原则为 degradable（可降解）。而随着绿色理念的不断延伸，消费者则对新型包装提出“4R1D”要求，在“3R1D”原则上加了 Refill（再填充使用）。

所谓绿色包装材料，是指能够循环使用、再生利用或降解腐化，不造成资源浪费，并在材料存在的整个生命周期中对人体及环境不造成公害的包装材料。绿色包装材料本质上涵盖了保护环境和资源再生两方面的含义，这样就形成了一个封闭的生态循环圈，如图 15－1 所示。

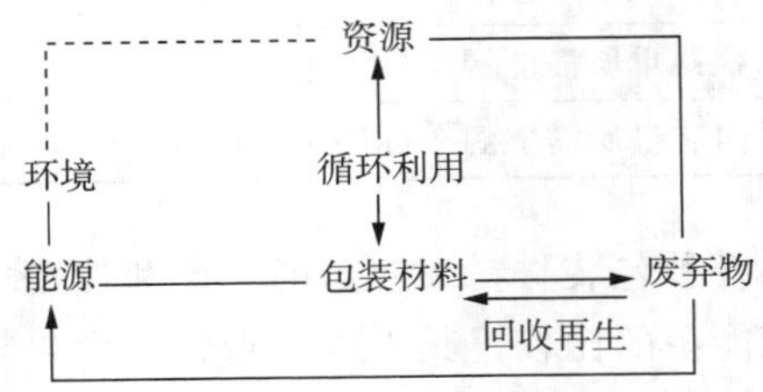

图 15－1　包装材料的生态循环体系

三、食品包装概论

食品包装学作为一门综合性的应用科学，涉及化学、生物学、物理学、美学等基础科学，更与食品科学、包装科学、市场营销等学科密切相关。食品包装工程是一个系统工程，它包容了食品工程、机械力学工程、化学工程、包装材料工程及社会人文等领域。因此，做好食品包装工作首先要掌握与食品包装相关的学科技术知识，以及综合运用相关知识和技术进行包装操作的能力和方法；其次应该建立评价食品包装质量的标准体系。

1. 怎样做好食品包装

① 了解食品本身特性及其所要求的保护条件。做好食品包装工作，首先应了解食品的主要成分、特性及其加工和贮运流通过程中可能发生的内在反应，包括非生物的内在生化反应和生物性的腐败变质反应机理；其次应研究影响食品中主要成分，特别是影响脂肪、蛋白质、维生素等营养成分的敏感因素（如光线、氧气、温度、微生物）及物理、机械力学等方面的影响因素。只有掌握了被包装食品的生物、化学、物理学特性及其敏感因素，确定其要求的保护条件，才能确定选用什么样的包装材料、包装工艺技术来进行包装操作，达到其保护功能及适当延长其贮存期的目的。

② 研究和掌握包装材料的包装性能、适用范围及条件。包装材料种类繁多、性能各异，只有了解各种包装材料和容器的包装性能，才能根据包装食品的防护要求选择既能保护食品风味和质量，又能体现其商品价值，并使综合包装成本合理的包装材料。例如，需高温杀菌的食品应选用耐高温的包装材料，而低温冷藏食品则应选用耐低温的包装材料。

③ 把握有关的包装技术方法。对于给定的食品，除需要选取合适的包装材料和容器外，还应采用最适宜的包装技术方法。包装技术的选用与包装材料的选用密切相关，也与包装食品的市场定位等增诸因素密切相关。同一种食品往往可以采用不同的包装技术方法而达到相同或相近的包装要求和效果，但包装成本不同。例如，易氧化食品可采用

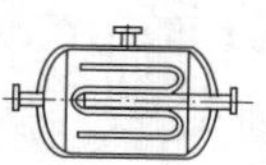

真空或充气包装，也可采用封入脱氧剂进行包装，但后者的包装成本较高。有时为了达到设定的包装要求和效果，必须采用特定的包装技术。

④ 研究和了解商品的市场定位及流通区域条件。商品的市场定位、运输方式及流通区域的气候和地理条件等是食品包装设计时必须考虑的因素。国内销售商品与面向不同国家的出口商品的包装要求不同，不同运输方式对包装的保护性要求不同。例如，公路运输比铁路运输有更高的缓冲包装要求。对于食品包装而言，商品流通区域的气候条件变化至关重要，因为环境温湿度对食品内部成分的化学变化、食品微生物及其包装材料本身的阻隔性都有很大的影响，而在较高温湿度区域流通的食品，其包装要求应更高。此外，运往寒冷地区的产品包装，应避免使用遇冷变硬脆化的高分子包装材料。

⑤ 研究和了解包装整体结构和包装材料对食品的影响。包装食品的卫生与安全非常重要，而包装材料及包装整体结构与此关系密切，包装操作时应了解包装材料中的添加剂等成分向食品中迁移的情况，以及食品中某些组分向包装材料中渗透和被吸附情况等对食品质量的影响。

⑥ 进行合理的结构设计。根据食品所需要的保护性要求，预计包装成本，并对包装量等诸方面因素进行合理的包装设计（如对容器形状、耐压强度、结构形式、尺寸、封合方式等方面的设计），应尽量使包装结构合理、节省材料、节约运输空间及符合时代潮流，避免过分包装和欺骗性包装。

⑦ 掌握包装测试方法。合格的商品必须通过有关法规和标准规定的检验测试，商品检测除对产品本身进行检测外，对包装也必须检测，合格后方能进入流通领域。包装测试项目很多，大致可分成以下两类：

a. 对包装材料或容器的检测。其包括包装材料和容器的氧、二氧化碳和水蒸气的透过率、透光率等的阻透性测试；包装材料的耐压、耐拉、耐撕裂强度、耐折次数、软化和脆化温度、黏合部分的剥离和剪切强度等测试；包装材料与内装食品间的反应情况，如印刷油墨、材料添加剂等有害成分向食品中迁移量的测试；包装容器的耐霉试验和耐锈蚀试验；等等。

b. 包装件的检测。其包括跌落、耐压、耐振动、耐冲击试验和回转试验等，主要解决贮运流通过程中的耐破损问题。

⑧ 掌握包装标准及法规。包装操作自始至终每一步都应严格遵守国家标准和法规。标准化、规范化过程贯穿整个包装操作过程，才能保证从包装的原材料供应、包装作业到商品流通及国际贸易等顺利进行。必须指出，随着市场经济和国际贸易的发展，包装标准化越来越重要。只有在掌握和了解国家和国际的包装标准的基础上，才能使我们的商品走出国门，参与国际市场竞争。

2. 评价包装质量的标准体系

包装质量是指产品包装能满足生产、销售至消费整个生产流通过程的需要及其满足程度的属性。包装质量的好坏，不仅影响到包装的综合成本效益、产品质量，而且影响到商品的市场竞争能力及企业品牌的整体形象。

评价食品包装质量的标准体系主要考虑以下方面：

① 包装能对食品提供良好的保护性。食品极易变质，包装能否在设定的食品保质期内保全食品质量，是评价包装质量的关键。包装对产品的保护性主要表现在以下方面：物理保护性，包括防振耐冲击、隔热防尘、阻光阻氧、阻水蒸气及阻隔异味等；化学保护性，包括防止食品氧化、变色，防止包装的老化分解、锈蚀及有毒物质的迁移等；生物保护性，主要是防止微生物的侵染及防虫、防鼠；其他，如防盗、防伪等。

② 卫生与安全。包装食品的卫生与安全直接关系到消费者的健康和安全，也是国际食品贸易的争执焦点。

③ 方便与适用。包装应具有良好的方便性和促销功能，体现商品的价值和吸引力。

④ 加工适应性。包装材料应易加工成型，包装操作简单易行，包装工艺应与食品生产工艺相配套。

⑤ 包装成本合理。包装成本是指包装材料成本、包装操作成本和运输包装及其他操作成本等在内的综合经济成本。

⑥ 包装材料绿色化。包装废弃物应易回收利用、不污染环境及符合包装标准和法规。

3. 食品包装的安全与卫生

近年来，食品安全成为全球关注的焦点，然而食品安全不仅仅是食品本身的安全，也包括食品被包装后的安全。食品包装材料的安全性是食品安全不可分割的重要组成部分，因食品包装材料的安全性引起的食品安全事故近年也屡屡发生。如薯片包装袋被检查发现印刷油墨里的苯残留量严重超标；PVC 保鲜膜含禁用的 DEHA 增塑剂。

提供安全与卫生的包装食品是人们对食品厂商的最基本要求。高分子材料因自身种类多样、易于改性、易于加工，尤其是质量轻的优势，在包装领域，包括食品包装领域愈发流行。作为食品包装材料的高分子材料及其复合材料应遵守包装与资源、环境、人身安全相关的准则，并推进绿色包装理念的落实。

第二节　高分子材料基本知识

一、高分子材料基础知识

1. 高分子材料的基础概念

高分子合成材料是分子量很大的人工合成材料，包括塑料、合成橡胶和合成纤维。高分子合成材料的发展历史很短，但它的发展速度却异常迅速。高分子合成材料在国民经济各部门、军事工业和尖端科学技术方面得到了广泛的应用，显示了越来越重要的作用。高分子合成材料具有高强度、高绝缘性、高弹性、耐水性、耐油性、耐磨性、耐腐蚀性和质量轻等一系列优异性能。

（1）单体

单体是能与同种或异种分子聚合的小分子的统称，一般含不饱和碳碳双键、环氧基、羟基、羧基等官能团，能通过共聚合或缩聚反应合成聚合物。例如，氯乙烯（$CH_2=CHCl$）通过共聚合反应合成聚氯乙烯；己内酰胺单体能经聚合反应合成聚己内酰胺。

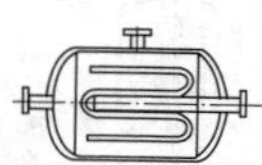

（2）聚合度

聚合度是衡量聚合物分子大小的指标。以重复单元数为基准，即聚合物大分子链上所含重复单元数目的平均值，以 n 表示；以结构单元数为基准，即聚合物大分子链上所含结构单元数目的平均值，以 x 表示。聚合物是由一组不同聚合度和不同结构形态的同系物的混合物组成，因此聚合度是一统计平均值。

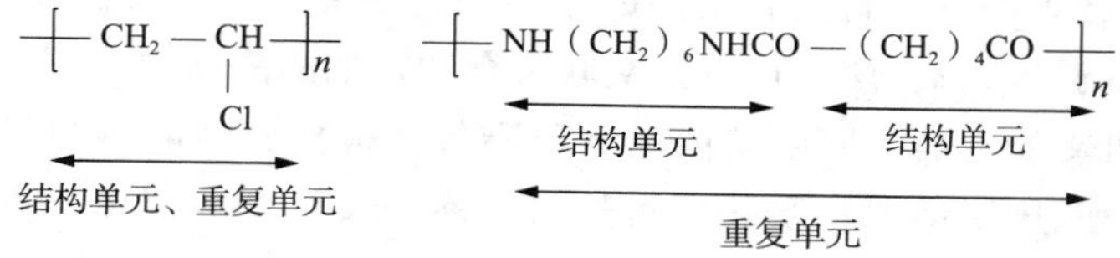

聚合度指聚合物分子链中连续出现的重复单元（或称链节）的次数，用 n 表示。例如，聚氯乙烯中结构单元是—CH_2—CHCl—，而在聚己二酰己二胺（尼龙 66）中结构单元是—CO（CH_2）$_4$CO—和—NH（CH_2）$_6$NH—。若用结构单元数表示聚合物的聚合度称为数均聚合度，用 x 表示。在聚氯乙烯中 $x=n$；在尼龙 66 中 $x=2n$。

（3）平均分子量

高分子化合物中每个链节好像一条长链条里的每一个环节，聚合度即链上环节的数目。同一种高分子化合物各个分子所含链节数是不等的，因此各个分子的分子量也就不同。巨大的分子量是高聚物的根本特点之一（高分子化合物的分子量一般为 10^3～10^7），而多分散性则是高聚物的另一特点。高聚物是各种长度的分子的混合物，即许多不同分子量的同系高分子的混合物。因此，通常所说的聚合物分子量是指平均分子量。最常用的是数均分子量和重均分子量。凝胶渗透色谱法可以同时测得数均分子量和重均分子量。

2. 聚合物高分子的性能特点

高分子结构是复杂的、多层次的，由它所决定的高分子的性能也是多种多样的。就力学性能而言，不同结构的高分子材料其模量的变化范围可有好几个数量级。从低到高，可依次满足高弹性、可合成纤性的要求。通过适当设计与加工得到的高分子材料，可具有成膜性，黏合性，吸附性，绝缘性，导电性，导光性，环境（光、电、磁、热）敏感性乃至生物活性等诸多优异的使用性能以满足各种不同的需求。

3. 高聚物的分类

从不同角度出发，聚合物有不同的分类方法。

（1）按主链结构分类

① 碳链聚合物。分子主链是全部由碳原子以共价键相连接的高分子。

② 杂链聚合物。分子主链上除含有碳原子以外，还有其他原子如氧、氮、硫等以共价键相连接的高分子。

③ 元素聚合物。主链中不含有碳原子，只含有硅、磷、锗、铝、钛、砷、锑等元素的高分子。

（2）按性能用途分类

以聚合物为主要原料生产的高分子材料，按照高分子材料的性能、用途可分成塑料、橡胶、合成纤维、黏合剂、涂料、离子交换树脂等。

① 塑料。塑料是以合成聚合物为主要原料，添加稳定剂、着色剂、增塑剂及润滑剂等组分得到的合成材料。根据不同的聚合物种类和不同的用途，各种助剂（添加剂）的种类和用量有很大的差别。塑料的力学性能介于橡胶和合成纤维之间，分成柔性和刚性两种类型。典型的柔性塑料为聚乙烯，拉伸强度为2500 N/cm^2，模量为20000 N/cm^2，极限伸长率为500%；刚性塑料具有很高的刚性和抗形变力，具有高模量和高拉伸强度，断裂前的伸长率小于0.5%。塑料可以是交联聚合物，如酚醛塑料、脲醛塑料等；也可能是线型聚合物，如聚苯乙烯、聚甲基丙烯酸甲酯等。根据其性能将塑料分成热塑性塑料和热固性塑料两种。热塑性塑料受热后可熔融，冷却又可变成固体，可反复受热，熔化冷却成型，它是线型或支链线型结构，在有些溶剂中可溶解。而热固性塑料一旦受热则发生结构变化，发生交联形成网状结构，当冷却后再次受热则不会熔融，并且不能溶解。

② 橡胶。橡胶是具有可逆形变的高弹性材料。它在比较低的应力下表现出很高的但可恢复的伸长率（500%～1000%），且要求聚合物为无定型并且具有很低的玻璃化温度。

③ 纤维。纤维是纤细而柔软的丝状物，其长度至少为直径的100倍。纤维具有很高的抗形变力，伸长率低（小于5%）并且有很高的模量（大于35000 N/cm^2）和高的拉伸强度（大于3500 N/cm^2）。纤维可分成天然纤维和化学纤维。化学纤维又可分成两类：一类是由非纤维状天然高分子化合物经化学加工得到的人造纤维；另一类是由单体合成的合成纤维。

④ 黏合剂。其又称胶黏剂，通过表面黏接力和内聚力把各种材料黏合在一起，并且在结合处有足够强度的物质。包含的原料种类甚广，天然高分子化合物如淀粉、骨胶、明胶等都可以用作黏合剂。各种合成树脂原则上都可用作黏合剂，要求大分子之间的内聚力不能太高，而与被黏结材料的表面有良好的湿润力（或借助适当溶剂）和良好的作用力，因此对合成树脂的分子量要求低。

⑤ 涂料。具有流动状态或粉末状态的有机物质，经干燥、固化或熔融在物体表面形成一层薄膜，均匀地覆盖并良好地附着于物质表面上的高分子材料，通称涂料。

⑥ 离子交换树脂。离子交换树脂不同于上述作为工业材料或辅助材料的高分子化合物，其是利用所含有的功能基团进行离子交换以净化水质，分离、提纯化学物质等。

(3) 按组成的变化分类

在高分子科学发展初期，根据聚合反应前后单体和聚合物在化学组成上有无变化，可将聚合物而分成缩聚物和加聚物。聚合物的化学组成与单体基本没有变化的称为加聚物。反应中有小分子副产物生成，因而聚合物的化学组成不同于单体的称为缩聚物。

4. 高分子材料合成的基本反应

高分子化合物合成的基本反应有两大类：加聚反应和缩聚反应。

(1) 加聚反应

由许多相同或不相同的不饱和低分子化合物相互加成或由环状化合物开环相互连接形成大分子的反应叫作加聚反应（又叫聚合反应或加成聚合反应）。在加聚反应过程中，没有低分子产物析出，而且生成的聚合物和原料具有相同的化学组成，其分子量为低分

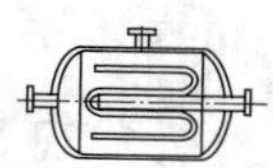

子化合物分子量的整数倍。

最常见的加聚反应的单体是烯类化合物。按参加反应的单体的种类及高分子化合物本身的构型，加聚反应可分为均聚合、共聚合和定向聚合三种。

① 均聚合。只有一种物质（单体）进行的聚合反应，叫作均聚合。其产物为均聚物，如聚乙烯、聚丙烯、聚氯乙烯等都是均聚物。

② 共聚合。由两种或两种以上的物质（单体）进行的聚合反应，叫作共聚合，如 ABS。

③ 定向聚合。也称为规立构聚合，凡是形成立构规整聚合物为主的聚合过程均称为定向聚合。烯类单体上的取代基在高分子链上的立体排列有关。众所周知，在饱和的碳氢化合物分子中，碳原子的四个价键互成 109°28′，分布在碳原子的四周，所以碳原子是四面体构型。对于高分子化合物来说，有三种不同的排列方式，即全同立构型、间同立构型和无规立构型。高分子化合物的构型不同，其性质也有所不同。

(2) 缩聚反应

具有双官能团的低分子化合物相互作用，生成高聚物，同时析出某些小分子化合物（水、氨、醇等）的反应叫作缩聚反应。其产物叫缩聚物，如聚酰胺（尼龙）、酚醛树脂（电木）、环氧树脂等分子材料都是缩聚物。

5. 高分子化合物的物理状态

从结构的观点来看，高分子化合物有晶态与非晶态两种。链结构规整的、能结晶的高分子化合物称为结晶性高分子化合物；链结构不规整的、一般不能形成晶粒的高分子化合物称为非结晶性的高分子化合物或称无定型高分子化合物。

(1) 非晶态高分子化合物的物理状态

非晶态高分子化合物在不同温度下，存在三种物理状态：玻璃态、高弹态和黏流态。各态的特征，主要从形变能力（一般是指一定负荷下伸长率或压缩率）表现出高分子化合物能从一种形变状态随温度的改变而过渡到另一种形变状态。表示这种特征的曲线称为形变-温度曲线（热-机械曲线）。

具有柔顺性的高分子之所以具有不同的聚焦状态，主要是因为其高分子链具有两种运动单元，一种是大分子链整体的移动，另外一种是链段运动。因为大分子与大分子之间具有一定的范德华力，所以不易活动。这就使高分子化合物具有固体特性，并有很高的黏度，甚至在较高温度下也不易流动。而且由于链的内旋转，导致链段的运动，使高分子化合物具有较高的弹性和柔顺性。

在低温时，加外力作用后形变很小。这时，无论是整个分子链的移动或是链段的内旋转运动都已冻结，分子的状态和分子的相对位置都被固定下来，但分子的排列仍然是极不规整的。此时，分子只能在它自己的位置上做振动，高分子化合物变得很坚硬，这种状态叫作玻璃态。当加以外力时，链段只做瞬时的形变，相当于链段微小的伸缩和链角的改变等；外力除去后，立即回复原状。这种形变是可逆的，故称为瞬时弹性形变，也叫作普弹形变。温度上升，高分子化合物的黏度增加。当温度上升超过玻璃化温度 T_g 后，高分子化合物开始变得柔软，而且呈弹性。这时，加上外力即可产生缓慢的形变，除去外力后又会缓慢地回复原状，这种状态叫作高弹态。在高弹态时，分子之间不会发生相对的滑动，但是链段可以内旋转，有可能把链的一部分卷曲或伸展，得到柔软和富有弹性的橡胶类物质。这种形变叫作高弹形变。

当温度继续升高，到达黏流温度 T_f 后，高分子化合物变成极黏的液体，这种状态称为黏流态（或称塑性态）。此时，大分子之间可相对滑动，高分子链和链段都可以移动。当受外力时，分子间互相滑动而产生形变；除去外力后，不回复原状。这种形变是不可逆的，故称为黏性流动形变或塑性形变。

具有柔顺性的高分子化合物的黏性流动有三个特点：第一是链段的移动。它对黏度的影响很小，且与高分子化合物的分子量无关。第二是整个分子的移动。它对黏度的影响很大，并且与分子量有很大关系，如低分子化合物液体的黏度一般为0.01～0.1 P，而高分子化合物液体的黏度一般为 $10 \sim 10^3$ P（P 为黏度单位）。第三是在流动时分子链的构象有改变。柔顺性高分子链原来的自由状态是卷曲的，在流动时相当于施加一外作用力使高分子拉伸，增加分子间的接触面和分子间的摩擦力，因此流动过程中黏性逐渐增加，直到松弛现象完成为止。这样，高分子的流动不会是单纯的黏性流动，也要伴随着高弹形变。高分子化合物的流动温度的高低与其分子量有密切关系，如果分子量高，其流动温度也高，这是因为高分子化合物之间的作用力正比于链长。正是因为如此所以链短的分子易滑动。

高分子化合物的流动性能对加工工艺具有很重要的意义。要得到很好的塑料制品，就必须严格地控制预热及模塑的时间和温度，以便产品有足够时间达到完全黏性流动，使高弹形变达到完全松弛；否则，高弹形变冻结在玻璃态内，形成内部应力，制品冷却后就会裂开。又如在模塑时，必须很好地控制温度与压力，使高分子化合物黏度维持在一定的范围内；否则，黏度太大，流动的高分子化合物就不能在注模时间内注满。如果要在一定时间内注满，就必须要加大压力，这样工艺要求就变复杂了。而黏度太小，流动性太大，高分子化合物又会从模具缝隙溢流而出，严重影响产品的质量。所以在加工前，必须很好地了解所加的外力、高分子的分子量和温度等对黏性流动的影响。在作为涂料、胶黏剂使用时，都应该对高分子化合物的黏性流动特性有较好的了解。

(2) 结晶高分子化合物的物理状态

随着近代合成方法的发展，结晶性高分子化合物的品种和数量也越来越多，并越来越显示出其重要性。

非晶态高分子化合物的性能可用脆化温度 T_x、玻璃化温度 T_g、黏流温度 T_f 和分解温度 T_d 来表示。因此它们的应用将被限制在一定的温度范围之内。同时，如果要改善它们的性能，就必须扩大其应用的温度范围。而结晶高分子化合物在玻璃化温度以上和熔点以下时，仍不转变为高弹态，因此结晶高分子化合物作为塑料时可以扩大使用温度范围。同时结晶高分子化合物由于分子之间的作用力较大，反映在材料上就具有很高的强度，这有利于我们把高分子化合物制成纤维。

当结晶高分子化合物加热到熔点以上时，可以出现高弹态，也可以直接到黏流态，这主要取决于结晶高分子化合物分子量的大小。分子量大者，就有高弹态。结晶高分子化合物在熔融后有高弹态时，对加工是不方便的。由于分子量大时其强度也大，故当高

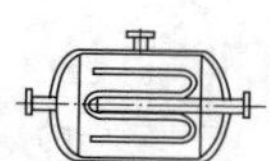

分子化合物的强度已满足使用要求时，为了便于加工，总是选用分子量小一些的材料。这样，在熔融后就成为黏流，这是结晶高分子化合物与非结晶高分子化合物的不同之处。如果熔化后有高弹态出现，即在温度-形变曲线上有水平部分，那么要再升高温度到流动点以上才变成黏流态。高聚物的熔点一般是不随分子量变化的。因此，要区别试样是结晶性或是非结晶性时，需要用两种不同分子量的试样来进行温度-形变曲线的测定。结晶高分子化合物的熔点不依赖于分子量的变化，而非晶态高分子化合物的流动温度则随分子量的增大而升高。在非晶态高分子化合物的脆点时，结晶高分子化合物也变脆，而且一般脆化温度还较高些。本来柔性链分子是有利于结晶的，但结晶了的高分子化合物的分子，由于晶格排列的限制，其活动性大大降低。如果分子间有位移，就要破坏其结构，因此，脆点必接近于非晶态高分子化合物的玻璃化温度。作为塑料使用时，结晶高分子化合物的使用温度范围在脆点与熔点之间，而非结晶高分子化合物的使用温度范围在脆点与玻璃化温度之间。

6. 高聚物的老化与防老化

合成高分子化合物在长期使用过程中，由于在空气中受到氧、光、热及微生物等的作用，会使其物理化学性质随时间的增长而逐渐变差，即称为“老化”。老化主要表现在材料的硬度及脆性提高了，强度降低了，也就是高分子化合物失去原有的弹性及挠曲性；与此同时制件最初的尺寸也发生了变化。在实际生活中，高分子化合物的老化现象到处都可以遇见，如橡胶雨鞋的发黏、塑料雨衣的开裂变脆、涂料的龟裂脱落等。

高分子化合物老化的内在原因是高分子化合物大分子链的交联与裂解。高分子化合物老化过程的最初阶段是生成游离基。游离基是在高分子化合物与氧反应生成过氧化物或过氧化氢化合物的过程中产生的，也可能是由光或热的作用引起的。光和热能够使聚合物加速氧化，生成基游离基。任何一种方法生成的游离基，都能引起链的交联，或者是导致链的裂解。总之，高分子化合物的老化问题是一个比较综合性的复杂体系，它涉及高分子化合物本身的结构和工作条件等，至今仍有许多问题未完全弄清楚，有待于进一步研究。目前采取的防老化措施大致有以下三个方向：

① 高分子化合物结构的改变。例如，将聚氯乙烯氧化，可以改善其热稳定性；将 ABS 树脂改为 A（丙烯腈）、C（氧化聚乙烯）、S（苯乙烯）共聚，则可提高其抗光老化性。

② 添加助剂。针对各种高分子化合物产生老化的机理，可添加防老剂、紫外光吸收剂等防止高聚物老化。光、热、氧等因素都能使高分子产生游离基，而游离基的链式反应将会引起高分子化合物结构与性能的改变。因此要防止老化就必须抑制游离基的链式反应。凡是能起终止游离基链式反应的阻聚剂，都可以作为防老剂，如芳香族仲胺类化合物等。

③ 表面处理。可在高分子化合物表面喷涂金属或涂料保护层，使之与空气、水分、阳光等隔绝，以防止老化。

只有在掌握了高分子的性质与结构的关系后，才有可能根据实际的要求去制造新的合乎需要的高分子化合物，同时也能更好地使用已知的高分子化合物，防止老化的产生。

二、塑料的基础知识

塑料是可塑性高分子材料的简称，它与合成橡胶、合成纤维同属高分子合成材料。

塑料、纤维、橡胶是人工合成的三大高分子材料，其差别在于纤维是一种高结晶性、可高度拉伸取向的高聚物，橡胶是具有高度弹性的一类高聚物，而塑料则介于二者之间。

1. 塑料的定义

塑料是指以树脂（或在加工过程中用单体直接聚合）为主要成分，以增塑剂、填充剂、润滑剂、着色剂等添加剂为辅助成分，在加工过程中能流动成型的材料。

2. 塑料的特点

① 质轻、机械性能好。塑料的相对密度一般为 0.9～2 g/m³，只有钢的 1/8～1/4、铝的 1/3～2/3、玻璃的 1/3～2/3，按材料单位重量计算的强度比较高。制成同样容积的包装，使用塑料材料将比使用玻璃、金属材料轻得多，这将对长途运输起到节省运输费用、增加实际运输能力的作用。塑料包装材料在拉伸强度、刚性、冲击韧性、耐穿刺性等机械性能，以及某些强度指标上较金属、玻璃等包装材料差一些，但较纸材要高得多，且在食品包装行业中应用塑料材料的某些特性可以满足不同的包装要求，如塑料良好的抗冲性优于玻璃，能承受挤压，可以制成泡沫塑料，可起到缓冲作用，保护易碎物品。

② 适宜的阻隔性与渗透性。选择合适的塑料材料可以制成适宜阻隔性的包装，包括阻气包装、防潮包装、防水包装、保香包装等，用来包装易因氧气、水分作用而氧化变质、发霉腐败的食品。而对某些蔬菜水果类生鲜食品，其包装不要求完全阻隔而要求有一定的气体透过性，以满足蔬菜、水果的呼吸作用，用某些塑料制得的保鲜包装则能满足上述要求。

③ 化学稳定性好。塑料对一般的酸、碱、盐等介质均有良好的抗耐能力，足以抗耐来自被包装物（如食品中的酸性成分、油脂等）和包装外部环境的水、氧气、二氧化碳及各种化学介质的腐蚀，这一点较金属有很强的优势。

④ 光学性能优良。许多塑料包装材料具有良好的透明性，制成包装容器可以清楚地看清内装物，可起到良好的展示、促销效果。

⑤ 卫生性良好。纯的聚合物树脂几乎是没有毒性的，可以放心地用于食品包装。但个别树脂的单体（如聚氯乙烯的单体氯乙烯等）经食品进入人体后会对人体有一定的危害。如果在树脂聚合过程中将未聚合的单体控制在一定数量之下则可确保用该树脂制得的包装制品的卫生性。

⑥ 良好的加工性能和装饰性。塑料包装制品可以用挤出、注射、吸塑等方法成型，还能很容易地印刷上装潢图案或染上美丽的颜色。塑料薄膜还便于在高速自动包装机上自动成型、灌装、热封，生产效率相当高。

塑料材料虽然有上述优点，但也有许多缺点，如强度和硬度不如金属材料高、耐热性和耐寒性比较差、材料容易老化等。这些缺点使得它们的使用范围受到限制。

3. 塑料的分类

塑料的分类体系比较复杂，各种分类方法也有所交叉，按常规分类方法主要有以下三种：一是按使用特性分类；二是按理化特性分类；三是按加工方法分类。

（1）按使用特性分类

根据各种塑料不同的使用特性，通常将塑料分为通用塑料、工程塑料和特种塑料三

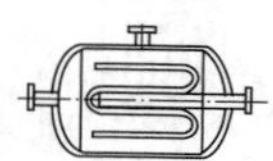

种类型。

① 通用塑料

通用塑料一般是指产量大、用途广、成型性好、价格便宜的塑料，如聚乙烯、聚丙烯、酚醛等。通用工程塑料包括聚酰胺、聚甲醛、聚碳酸酯、改性聚苯醚、热塑性聚酯、超高分子量聚乙烯、甲基戊烯聚合物、乙烯醇共聚物等。

② 工程塑料

工程塑料一般指能承受一定外力作用，具有良好的机械性能和耐高、低温性能，尺寸稳定性较好，可以用作工程结构的塑料，如聚酰胺、聚砜等。在工程塑料中又将其分为通用工程塑料和特种工程塑料两大类。

③ 特种塑料

特种塑料一般是指具有特种功能，可用于航空、航天等特殊应用领域的塑料。如氟塑料和有机硅塑料具有突出的耐高温、自润滑等特殊功用，增强塑料和泡沫塑料具有高强度、高缓冲性等特殊性能，这些塑料都属于特种塑料的范畴。特种工程塑料又有交联型和非交联型之分。交联型特种工程塑料有：聚氨基双马来酰胺、聚三嗪、交联聚酰亚胺、耐热环氧树脂等。非交联型特种工程塑料有：聚砜、聚醚砜、聚苯硫醚、聚酰亚胺、聚醚醚酮（PEEK）等。

a. 增强塑料。增强塑料的填料在外形上可分为粒状（如钙塑增强塑料）、纤维状（如玻璃纤维或玻璃布增强塑料）、片状（如云母增强塑料）三种。按材质可分为布基增强塑料（如碎布增强或石棉增强塑料）、无机矿物填充塑料（如石英或云母填充塑料）、纤维增强塑料（如碳纤维增强塑料）三种。

b. 泡沫塑料。泡沫塑料可以分为硬质泡沫塑料、半硬质泡沫塑料和软质泡沫塑料三种。硬质泡沫塑料没有柔韧性，压缩硬度很大，只有达到一定应力值才产生变形，应力解除后不能恢复原状；软质泡沫塑料富有柔韧性，压缩硬度很小，很容易变形，应力解除后能恢复原状，残余变形较小；半硬质泡沫塑料的柔韧性和其他性能介于硬质泡沫塑料与软质泡沫塑料之间。

（2）按理化特性分类

根据各种塑料不同的理化特性，可以把塑料分为热固性塑料和热塑性塑料两种。

① 热固性塑料

热固性塑料主要是以缩聚树脂为基料，再加入填料、固化剂及其他一些添加剂而制成。包装上常用的这类塑料有氨基塑料和酚醛塑料等。热固性塑料在一定温度下经一定时间固化后再加热不会软化，温度过高将使其分解破坏。它的优点是耐热性高、刚硬、不溶、不熔；缺点是性脆，成型加工效率低，废弃物不能回收再加工。其因受热或其他条件能固化成不熔、不溶性物料。

② 热塑性塑料

热塑性塑料主要是由加聚聚合树脂为基料，加入少量添加剂而制成。这类塑料的特点是在特定温度范围内能反复加热软化和冷却硬化。它的优点是成型加工简单，包装性能良好，废料可回收再成型；缺点是刚硬性低，耐热性不高。

（3）按加工方法分类

根据各种塑料不同的成型方法，可以分为模压、层压、注射、挤出、吹塑、浇铸塑料和反应注射塑料等多种类型。膜压塑料多为物性和加工性能与一般热固性塑料相类似的塑料；层压塑料是指浸有树脂的纤维织物，经叠合、热压而成为整体的材料；注射、挤出和吹塑塑料多为物性和加工性能与一般热塑性塑料相类似的塑料；浇铸塑料是指能在无压或稍加压力的情况下，倾注于模具中能硬化成一定形状制品的液态树脂混合料，如 MC 尼龙等；反应注射塑料是用液态原材料，加压注入膜腔内，使其反应固化成一定形状制品的塑料，如聚氨酯等。

4. 塑料的组成

塑料是以合成的或天然的高分子化合物如合成树脂、天然树脂等为主要成分，在一定温度和压力下可塑制成型，并在常温下保持其形状不变的材料。大多数塑料是以合成树脂为主要成分，并加入适量的增塑剂、稳定剂、填充剂、增强剂、着色剂、润滑剂、抗静电剂等助剂制成的。

（1）树脂

塑料的最基本成分是高分子化合物，也称为树脂。树脂不仅决定了塑料的类型（热塑性或热固性），而且影响着塑料的主要性质。树脂在塑料中的含量一般是10%～100%。

（2）助剂

助剂在塑料制品中起着十分重要的作用，有时甚至是决定塑料材料使用价值的关键。助剂种类极多，因此功能较多。助剂不仅能赋予塑料制品外观形态、色泽，而且能改善加工性能、提高使用性能、延长使用寿命、降低制品成本。开发新的塑料制品，在某种意义上讲，较重要的工作便是选择树脂和助剂。

① 填料

塑料中另一重要的但并不是必需的成分是填料。根据化学组成不同，可分为无机填料（硅石、石棉、云母、玻璃纤维等）和有机填料（木粉、纸张、棉织物等）。填料的应用不仅可以降低塑料的成本（填料的用量一般在20%～50%），而且可以改善塑料的性能。如石棉可以提高塑料的耐热性，玻璃纤维可以提高塑料的机械强度等。

② 增塑剂

增塑剂是一种添加到树脂中使其可塑性增加的助剂。一方面它能使塑料在成型时流动性增大，改善塑料的加工性能；另一方面它可使塑料制品的柔韧性和弹性增加。常用增塑剂有数百种，一般要求无色、无毒、挥发性低，能和树脂混溶。常用的增塑剂多半是各种低熔点的固体和高沸点的黏稠液体，但绝大多数是油状的小分子有机物。增塑剂可以分布在高分子链之间，降低大分子之间的作用力，从而在一定温度和压力下使分子链更容易运动，以达到改善加工成型性能的目的。因此增塑剂同时也具有降低聚合物表观玻璃化温度及成型温度的作用，其降低值的大小与用量的体积分数成正比。

③ 稳定剂（抗老化剂）

在加工、贮存、使用过程中，聚合物受热、氧、光、气候等条件作用，不断地老化，最后失去使用价值。老化是聚合物发生的不可逆劣变。聚合物稳定化的基本目的是阻缓

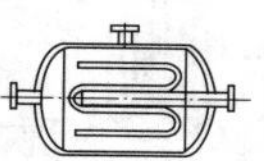

其老化速度，延长其使用寿命。在聚合物中添加稳定剂是经过理论研究和实践证实的行之有效的抗老化性方法。

根据聚合物老化机理，稳定剂主要有热稳定剂、抗氧剂、光稳定剂等。稳定剂能与树脂的分解产物（如游离基或双键）相作用，防止它们促进树脂链继续分解；能吸收外界进入的光能（尤其紫外光能）或氧，防止这些光能或氧使树脂分子断链；与树脂有良好的相容性，在塑料加工和制品使用过程中不逸出表面流失；各种稳定剂必须自身有良好的稳定性，在加工熔体中不起化学反应，不腐蚀加工机械和成型模具，有效期长。

④ 抗氧剂

氧渗入塑料制品中几乎与大多数聚合物都能发生反应，并导致聚合物降解或交联，进而改变材料的性能。在热加工和日照之下，氧化速度更快。聚合物氧化是一种游离基连锁反应，具有自催化性。抗氧剂的作用是捕捉活性游离基，使连锁反应中断，目的是延缓塑料的氧化过程、降低氧化速度。按抗氧剂的作用机理，它对所有塑料均有效。其中，苯胺类抗氧效果较好，但污染性较大，主要用于橡胶制品；酚类抗氧效果稍差，但污染性较小，综合效果较好，多用于塑料制品中。目前，抗氧剂的生产和研究朝着高效、低毒、价廉的方向发展。

⑤ 阻燃剂

除了含氟、氧、溴、碘、磷等元素的聚合物以外，大多数聚合物都易燃烧。阻燃剂主要是含磷、卤素、硼、锑等元素的有机物或无机物，可以显著提高聚合物的阻燃性，甚至具备自熄性。

⑥ 润滑剂和脱模剂

凡能改善聚合物加工成型时的流动性的物质，称为润滑剂。凡能改善聚合物加工成型时的脱模性的物质称为脱模剂。润滑剂可分为外润滑剂和内润滑剂两种。外润滑剂的作用主要是减少聚合物熔体与加工设备热金属表面的摩擦。它与聚合物的相容性较差，容易从熔体内迁移，所以能在塑料熔体与金属的交界面形成润滑的薄层。内润滑剂与聚合物有良好的相容性，它在聚合物内部降低聚合物分子间内聚力的作用，从而降低塑料熔体的内摩擦生热，改善熔体的流动性。

⑦ 着色剂

塑料制品是否能受到消费者普遍欢迎，除受其各种性能是否优良影响之外，其外观也是一项重要因素。塑料着色的主要目的是美化和装饰制品。选色、调色与制品的种类、外观形状、个人的审美观及当前社会流行观点都有关系。负责调色的工人最好同时学习一些美术、装饰方面的知识，了解产品的使用场合，调查社会动态，使产品的色彩与周围环境有机地协调。

塑料着色与调色技术也有很大关系。一般色料与塑料的混合体是一种多相分散体系，只能做到亚微观尺寸的分散，能达到分子水平分散的不多。因此，在加工过程中，要防止着色不均匀（有时局部浓淡不一可以产生另一种艺术效果，这就要故意追求着色不匀）。为了做到尽可能分散均匀，有时可先将着色剂与树脂相溶性好的溶剂和增塑剂研磨成糊状；也可将每批颜色先配成母料，按量取用。

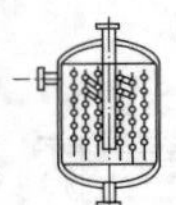

在塑料工业中，最主要、最普遍使用的着色剂是无机颜料。由于塑料着色剂主要是无机颜料，因而有时它又兼有填料和稳定剂的作用。例如，炭黑既是颜料，又有光稳定作用；镉黄对 PE 和 PP 也有屏蔽紫外线的作用。但 Cu、Co、Fe、Ti 或 Mn 等金属离子对 PE 和 PP 等塑料的热老化有一定的促进作用。染料铜酞菁对塑料稳定性影响较复杂，对聚烯烃有加速老化现象并有使制品出现收缩、变形等不良影响，但其用量与它产生的影响之间没有简单的规律。在实际生产中，可供选择和利用的着色剂品种是很有限的，而塑料制品所需要的颜色却多种多样，不可能靠配入单一着色剂达到。而且，从节约仓库储料面积和资金考虑，总希望购入尽量少品种的着色剂而配出各种各样颜色的色母料。色母料是塑料制品工业的一个中间产品，它由基本色料、载体塑料和添加剂组成。由于色母料中所含色料是经过研磨的超微颗粒，所以它的着色力强。色料分散在载体塑料中，可以保证色料在塑料制品中容易分散均匀。色母料中的色料微粒不会悬浮于空气中，易保管和使用，可净化生产操作环境。所有的塑料品种（如 PE、PP、PVC、环氧、酚醛、聚酯等）都可以使用色母料着色。

第三节　主要食品包装高分子材料

一、聚乙烯

聚乙烯（polyethylene，PE）是乙烯经聚合制得的一种热塑性树脂，其性质因品种而异，且主要取决于分子结构和密度（0.91～0.96 g/cm^3）。聚乙烯可用一般热塑性塑料的成型方法加工，用途十分广泛，主要用来制造薄膜、容器、管道、单丝、电线电缆、日用品等，并可作为电视、雷达等的高频绝缘材料。随着石油化工的发展，聚乙烯生产得到迅速发展，产量约占塑料总产量的 1/4。

1. 结构

目前，聚乙烯是产量最大的塑料品种，也是用量最大的塑料包装材料，约占总包装材料消耗量的 30%。聚乙烯是由乙烯聚合而成的，其聚合反应为

$$CH_2=CH_2+CH_2=CH_2+\cdots\longrightarrow -CH_2-CH_2-CH_2-CH_2-$$

2. 性能特点

聚乙烯为白色蜡状固体，呈半透明状，几乎是无味、无毒。聚乙烯大分子链的柔顺性好，很容易结晶，常温下聚乙烯由部分结晶和部分处于高弹态的无定型体构成，因此它属于韧性塑料。聚乙烯属于非极性高分子聚合物，具有很好的防潮性，且化学性质稳定，能耐水、耐酸碱水溶液和 60 ℃以下的大多数溶剂。聚乙烯具有较好的耐寒性，低温下机械性能变化极小，其脆化温度一般在 60 ℃以下。此外，聚乙烯还具有较好的耐辐射性和电绝缘性。

作为包装材料，聚乙烯的主要缺点是：气密性不良；强度较低，耐热性较差；不耐浓硫酸、浓硝酸及其他氧化剂的侵蚀，受热时会受到某些脂肪烃和氧化烃的侵蚀，耐环境应力开裂性较差，且容易受光、热和氧的作用而降解，使其性能降低。此外，聚乙烯

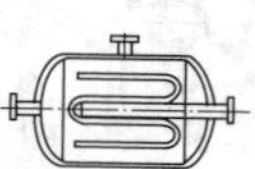

的印刷性能差，因表面呈非极性，所以在印刷或黏接前必须经化学处理、火焰处理或电晕处理，以提高其黏接性和对油墨的亲和性。

聚乙烯根据密度不同分为低密度聚乙烯（LDPE）、中密度聚乙烯（MDPE）和高密度聚乙烯（HDPE）。不同密度的聚乙烯在性能上的差异，主要取决于其分子结构不同，图 15－2 所示是几种聚乙烯大分子结构示意图。低密度聚乙烯的分子结构中含有较多的长支链，如图 15－2（a）所示，这种支链型的结构使它不易产生结构致密的晶体，所以它的结晶度较低，是一种柔韧的可延伸的材料。低密度聚乙烯具有较好的透明性，但它的气密性差，抗张强度较低，耐热温度不高，耐化学药品性、耐溶剂性也不及高密度聚乙烯，且容易吸收油脂溶胀，使制品发黏。但低密度聚乙烯的加工性能好，适于制作各种包装薄膜、容器和泡沫塑料缓冲材料。中密度聚乙烯的分子结构中支链较低密度聚乙烯少，其结晶度略高，它的性能介于低密度聚乙烯和高密度聚乙烯之间，是一种较坚韧的材料，具有较好的抗应力开裂性和刚性，适合于制作包装容器和薄膜。高密度聚乙烯的分子结构如图 15－2（b）所示，呈线型结构，只含有较少的短支链，这使得它的分子堆砌得较紧密，所以它的结晶度最高，是一种坚韧的刚性材料。高密度聚乙烯的强度、耐热性好，最高温度可达 120 ℃，但它的透明性、弹性和加工性能较差。高密度聚乙烯主要用于制作包装容器和薄膜。

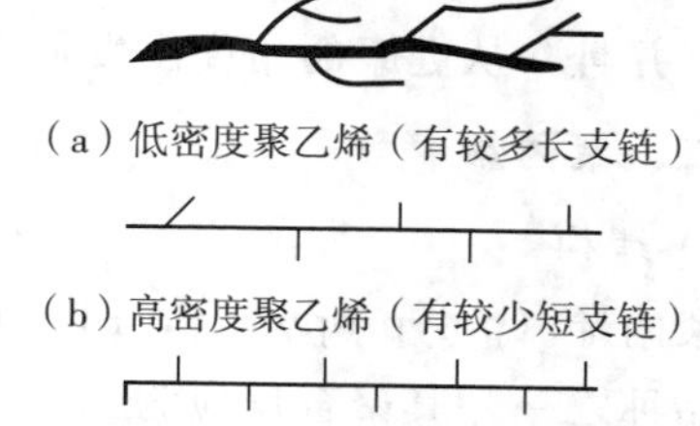

图 15－2 几种聚乙烯大分子结构示意图

近年来又发展了线型低密度聚乙烯（LLDPE），被称为第三代聚乙烯，如图 15－2（c）所示。线型低密度聚乙烯的分子结构近于高密度聚乙烯的线型结构，而密度（0.92～0.93 g/cm^3）又与低密度聚乙烯相近，所以称为线型低密度聚乙烯。它兼有低密度聚乙烯和高密度聚乙烯的性能，但也有其特性，它的熔点比低密度聚乙烯高 10～20 ℃，而脆化温度又比低密度聚乙烯低了 30～40 ℃，所以线型低密度聚乙烯的使用温度范围比低密度聚乙烯宽得多。线型低密度聚乙烯的抗冲击强度、耐应力开裂性与高密度聚乙烯相近，而透明度、硬度和加工性能则在高密度和低密度聚乙烯之间。线型低密度聚乙烯的伸长率和耐穿刺性是各种聚乙烯中最好的，特别适宜制作包装薄膜，其厚度可比低密度聚乙烯薄 20%，所以它是一种很有发展前景的塑料包装材料。

3. 用途

从 20 世纪 50 年代至今，随着石油化学工业的发展，继纸、铁质桶、罐的日用包装制品之后，聚乙烯塑料手提包装袋几乎主导了市场。经过半个世纪的生产、营销、应用，其款式已由初期的网式和简式到三边封合及打孔手提式等，品种有数百个。聚乙烯塑料包装具有薄而透明、轻而不渗水、能折叠且易携带、强度高而成本低等特点，深受人们的青睐，并给消费者更大的选择余地和市场调节空间。

在国内食用油行业占主导地位的嘉里粮油，推出了“金龙鱼 AE 色拉油抗紫外线收缩膜透明装”。这种全新的包装获得了广大消费者的好评，这标志着国内食用油行业全面升级的开始。站在消费者的立场，金龙鱼AE色拉油抗紫外线收缩膜透明装在给了消费者更多的美感的同时，也是一种对消费者选择的尊重。在一些厂家用一层模糊的外包装阻隔消费者视线的同时，金龙鱼坦白面对消费者，让消费者清楚看到油质，买得明白，吃得放心；并且，从健康的角度出发，新包装真正维护了消费者的利益。

二、聚丙烯

1. 结构

聚丙烯（polypropylene，PP）同聚乙烯均属聚烯烃品种。聚丙烯也是包装中常用的塑料品种之一，其聚合反应为

$$CH_2=\underset{\displaystyle CH_3}{\underset{|}{CH}} \longrightarrow \left[CH_2-\underset{\displaystyle CH_3}{\underset{|}{CH}} \right]_n$$

根据甲基的立体构型而分为等规立构聚丙烯（iPP）、间规立构聚丙烯（mPP）和无规立构聚丙烯（aPP）三种立构异构体，如图15-3所示。

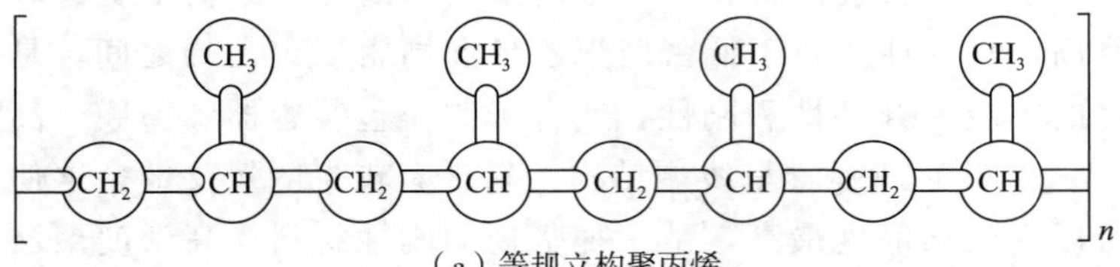

（a）等规立构聚丙烯

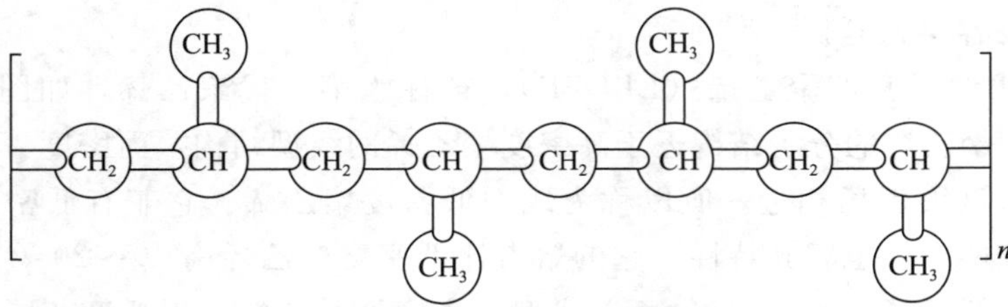

（b）间规立构聚丙烯

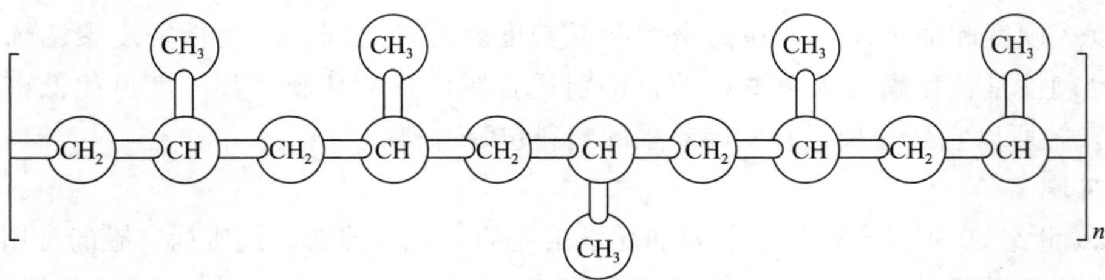

（c）无规立构聚丙烯

图15-3 聚丙烯的三种立构异构体

作为塑料应用的是iPP（IPP）。iPP和mPP能结晶，而aPP不能结晶。聚丙烯树脂中含有等规立构聚丙烯的质量百分数，称为等规度。等规度不同，即含mPP和aPP的多少不同，对聚丙烯塑料的性能有明显影响。

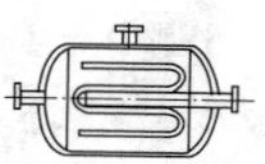

2. 性能特点

聚丙烯外观与聚乙烯相似，但聚丙烯的相对密度为 0.90～0.91 g/cm^3，是目前常用塑料中最轻的一种。聚丙烯的机械性能好，拉伸强度、屈服强度、压缩强度、硬度等都优于聚乙烯，尤其是具有较好刚性和抗弯曲性。聚丙烯的透明度一般，耐化学性极好，耐热性良好，在无外力作用下，加热到 150 ℃也不变形，并能耐沸水煮，能经受高温消毒。聚丙烯的阻湿性极好，阻气性优于聚乙烯，但耐低温性能远不如聚乙烯。由于同样的原因，聚丙烯的印刷性与黏合性不好，在印刷或黏合前多数需要进行表面处理。

3. 用途

聚丙烯可以以薄膜的形式包装食品，尤其是双向拉伸的聚丙烯薄膜（BOPP）。BOPP 透明性、阻隔性均优于未拉伸的聚丙烯薄膜（CPP），因此被广泛地应用于制造复合薄膜。聚丙烯也可用来制造瓶、罐及各种形式的中空容器。利用聚丙烯的优良抗弯性和回弹性，可制作盖和本体合一的箱壳。聚丙烯的加工成型适应性很强，既可用于吹塑和吸塑成型，制造瓶子、容器；又可注塑制造盆、盒、箱等；而更主要的是可挤出成型为片材、流延膜，经拉伸为双轴取向膜，切条、拉伸再编织为布等。聚丙烯在包装工业中是非常有用的材料或制品。

蒸煮袋是一种能在高温下灭菌的复合薄膜食品包装袋，蒸煮袋根据灭菌温度和保存期限，分为普通杀菌袋和超高温杀菌袋两种。普通杀菌袋一般在 120 ℃以下加热杀菌，大多是由两层或三层复合材料制成，食品的货架寿命为半年以上。超高温杀菌袋一般在 135 ℃灭菌，制袋材料多在三层以上，中间夹有铝箔，货架寿命为 1～2 年，有些也采用四五层复合材料生产。蒸煮袋外层材料多采用聚酯薄膜，厚度为 10～16 μm，起加固及耐高温作用；中层材料为 11～12 μm 的铝箔，主要作用是隔绝气体与水分及遮蔽光线；内层材料是蒸煮袋中接触食品和进行热封口的材料，所以对内层材料的要求除了必须符合包装卫生标准外，还要求化学性质稳定，一般采用无毒的聚丙烯，厚度为 70～80 μm，也可采用 HDPE 等聚烯烃薄膜。目前蒸煮袋主要用于包装罐头食品，在日本、西欧也用于包装饮料、果汁等。在我国随着人们生活水平的提高，对食品包装的安全性要求越来越高，蒸煮袋食品包装也将迎来一个快速发展的时期。

三、聚苯乙烯

1. 结构

聚苯乙烯（polystyrene，PS）是在引发剂作用下，苯乙烯加成聚合的产物。聚苯乙烯的合成方程式为

$$\underset{\text{C}_6\text{H}_5}{\text{HC}}{=}\text{CH}_2 \xrightarrow{\text{引发剂}} \left[\underset{\text{C}_6\text{H}_5}{\text{CH}}-\text{CH}_2\right]_n$$

聚苯乙烯也有立体异构，但除了无规立构聚苯乙烯外，基本上未工业化。无规聚苯乙烯是透明的。

2. 性能特点

聚苯乙烯是20世纪30年代的老产品，也是目前世界上应用最广的塑料。聚苯乙烯大分子主链上带有体积较大的苯环侧基，使得大分子的内旋受阻，故大分子的柔顺性差，且易结晶，属线型无定型聚合物。聚苯乙烯的一般性能如下：

① 机械性能好，密度低，刚性好，硬度高，但脆性大，冲击性能差。

② 耐化学性能好，不受一般酸、碱、盐等物质侵蚀，但易受有机溶剂如烃类、酯类等的侵蚀，且溶于芳烃类溶剂。

③ 连续使用温度不高，但耐低温性能良好。

④ 阻气、阻湿性差。

⑤ 具有高的透明度，有良好的光泽性，染色性良好，印刷、装饰性好。

⑥ 无色、无毒、无味，尤其适用于食品包装。

聚苯乙烯作为包装材料的主要缺点是：耐冲击强度低，表面硬度小，易划痕磨毛；防潮性、耐热性较差，连续使用温度为60～80 ℃；聚苯乙烯容易受许多烃类、酮类、高级脂肪酸等的分割而软化，苯烃如苯、甲苯、乙苯及苯乙烯单体等能溶解聚苯乙烯，且耐油性不好。

3. 用途

由于聚苯乙烯具有透明、无毒等优良性能，所以它广泛地用于制作食品、医药品及日用品等小型包装容器（如盒、杯等）和食器包装用薄膜。此外，聚苯乙烯大量用于制作泡沫塑料缓冲材料等。为了改善聚苯乙烯脆性大等缺点，可采用共聚或共混方法制成改性聚苯乙烯，如采用丙烯醇、丁二烯和苯乙烯三种单体共聚便得到共聚物ABS。ABS塑料兼有三种组分的综合性能，具有坚韧、质硬、刚性好等特性，并具有较好的低温抗冲击性能和耐化学腐蚀性。在聚苯乙烯中加入15%～20%的丁苯橡胶共混，利用橡胶的高弹性来改进聚苯乙烯的脆性，制成抗冲击聚苯乙烯。

聚苯乙烯塑料主要用于制造透明的食品盒、果盘、小餐具。聚苯乙烯薄膜和片材经拉伸处理后，耐冲击强度差的缺点得到改善，可制成热收缩薄膜，用于食品的收缩包装。聚苯乙烯薄膜的透气率介于聚丙烯薄膜与低密度聚乙烯薄膜之间，对水蒸气渗透率高，但当温度低于0 ℃时，水蒸气渗透率迅速下降，故非常适于食品包装后的低温储存，也适合于包装蔬菜等需要呼吸的生鲜食品。聚苯乙烯的发泡制品可用于保温及作为缓冲包装材料。低发泡片材可用于制作一次性使用的快餐盒、盘。聚苯乙烯是一种透明塑料，易于染色，所以其注塑制品的外观特别光洁明亮，加上它的价格较低，易加工成型，所以在日常用品、包装容器和片材方面应用较多。同时用它制成的泡沫塑料刚性较好，抗震耐压，在怕压商品的防破碎包装上广泛应用。

聚苯乙烯性脆、耐化学药品性能较差，是限制它更广泛应用的原因。它能溶解于多种溶剂，接触一些酸、醇、油、润滑脂及食品时，可能会开裂或部分分解，所以用其做包装材料时要注意这点。

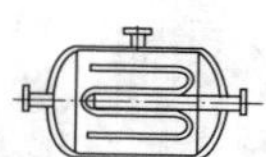

四、聚氯乙烯

1. 结构

聚氯乙烯（polyvinyl chloride，PVC）是氯乙烯加成聚合而成的产物，聚氯乙烯的合成方程式为

$$H_2C=\underset{\substack{|\\Cl}}{CH} \xrightarrow{\text{引发剂}} \left[CH_2-\underset{\substack{|\\Cl}}{CH} \right]_n$$

聚氯乙烯根据聚合方法分，有本体法聚氯乙烯、悬浮法聚氯乙烯和乳液法聚氯乙烯。它们各有特点和适用范围，本体法聚氯乙烯的透明性好；悬浮法聚氯乙烯较为通用；乳液法聚氯乙烯较为柔软，适用于制造脂糊。

2. 性能特点

聚氯乙烯塑料是多组分塑料，它包括聚氯乙烯树脂以及增塑剂、稳定剂、润滑剂、填料、颜料等多种助剂。各助剂的品种及数量都直接影响聚氯乙烯塑料的性能。

聚氯乙烯大分子中含有的C—Cl键有较强的极性，大分子间的结合力较强，故聚氯乙烯分子柔顺性差，且不易结晶。加入不同数量的增塑剂可将刚硬的聚氯乙烯树脂制成硬质聚氯乙烯（不加或加入5%左右的增塑剂）和软质聚氯乙烯（加入30%～50%的增塑剂）。聚氯乙烯的主要特性如下：

① 性能可调，可制成从软到硬不同机械性能的塑料制品。

② 化学稳定性好，在常温下不受一般无机酸、碱的侵蚀。

③ 耐热性较差，受热易变形。纯树脂加热至85 ℃时就有氯化氢析出，故加工时必须加入热稳定剂，制品受热还会加剧增塑剂的挥发而加速老化。在低温作用下，材料易脆裂，故使用温度一般为－15～55 ℃。

④ 阻气、阻油性好，但阻湿性稍差。硬质聚氯乙烯阻隔性优于软质聚氯乙烯，软质聚氯乙烯的阻隔性与其加入助剂的品种和数量有很大关系。

⑤ 聚氯乙烯树脂光学性能较好，可制成透光性、光泽度皆好的制品。

⑥ 由于聚氯乙烯分子中含有C—Cl极性键，所以聚氯乙烯与油墨的亲和性好，与极性油墨结合牢固。另外，聚氯乙烯的热封性也较好。

⑦ 纯的聚氯乙烯树脂本身是无毒聚合物，但若树脂中含有过量的未聚合的氯乙烯单体，且未聚合的氯乙烯单体通过所包装的食品进入人体，便可对人体肝脏造成损害，还有致癌和致畸作用。因此，我国规定食品包装用聚氯乙烯树脂的氯乙烯单体含量应小于5 mg/kg（GB 4803—94）；食品包装用压延聚氯乙烯硬片中未聚合的氯乙烯单体含量必须控制在1 mg/kg以下（ZBY 28003—85）；其他聚氯乙烯制品若用来包装食品，建议参照上述标准控制卫生指标。

值得指出的是，在聚氯乙烯树脂中加入不同种类的增塑剂等助剂，可制得符合卫生要求、不同强度、透明或不透明的各种食品包装。因此，欲制得理想的制品，首先需合理地选择配方，按照国家规定的卫生标准，全面考虑制品的物理性能、化学性能、成型加工性能来选择各种助剂的品种与用量。

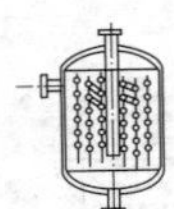

聚氯乙烯属于非结晶性高分子聚合物，没有明显的熔点，加热到 120～150 ℃时具有可塑性。但由于它的热稳定性差，在该温度下会分解放出氯化氢气体使其性能变差，所以必须加入碱性稳定剂以抑制其裂解反应。为了降低聚氯乙烯的硬度以得到软质制品，可加入适量的增塑剂，不同的制品还可根据使用要求加入润滑剂、填充剂、紫外线吸收剂、着色剂等助剂。

聚氯乙烯一般根据加入增塑剂量的多少分为硬质聚氯乙烯和软质聚氯乙烯。硬质聚氯乙烯不含或含有 5%以下的增塑剂；软质聚氯乙烯中增塑剂含量在 30%～50%。随着增塑剂用量的增加，聚氯乙烯的耐寒性、柔软性、伸长率、吸水性、成型收缩率增大，而它的密度、硬度、机械强度、耐热性及气密性等有所降低。与聚乙烯、聚丙烯相比，聚氯乙烯不易结晶，其透明度可达 76%～82%，表面有光，属于极性高分子聚合物，密度为 1.1～1.4 g/cm^3，具有优良的机械强度、耐磨、耐压性能，防潮性、抗水性和气密性良好，可以热封合，并具有优良的印刷性能和难燃性。聚氯乙烯能耐强酸、强碱和非极性溶剂。

3. 用途

聚氯乙烯的主要缺点是耐热性差，在 85 ℃时就有氯化氢析出，引起不同程度的降解，使其性能变差。聚氯乙烯容易受极性有机溶剂的侵蚀，可溶于氯烃及酮类和酯类，芳烃对其也有溶胀作用。硬质聚氯乙烯的耐寒性较差，低温时易脆裂。软质聚氯乙烯存在着增塑剂外迁、有异味等弊病。此外，聚氯乙烯中含有有毒的氯乙烯单体，并且所用的增塑剂、稳定剂等大都是有毒物质，所以用于食品和医药品包装的聚氯乙烯应采用无毒助剂，并规定氯乙烯单体的含量不超过 1 mg/kg。聚氯乙烯的价格便宜，用途非常广泛。它可以制成硬质包装容器、透明片材和软质包装薄膜，聚氯乙烯透明片经热成型制成各种包装容器可大量用于食品和医药品的包装。此外，聚氯乙烯还可制成泡沫塑料缓冲材料。

韩国现在禁止 PVC 用于食品包装，而以前从三明治到韩国寿司等各类快餐和传统小吃都使用 PVC 材料包装。瑞士早在 1992 年就禁止使用 PVC 作为食品包装材料。日本早在 2000 年杜绝了 PVC 食品包装。我国也出台了相关法规，将 PVC 涂层的包装材料列入禁止的包装材料。

五、聚偏二氯乙烯

作为最常用的高阻隔性包装材料，聚偏二氯乙烯（polyvinylidene chloride，PVDC）在中国的发展速度很快，特别是 PVDC 涂覆膜的应用日渐普及。不过与发达国家的应用情况不同，中国 PVDC 的主要应用领域是香烟包装膜。因此，在中国食品包装和医药包装将是未来 PVDC 最有发展潜力的市场。

1. 结构

聚偏二氯乙烯是偏二氯乙烯的均聚物，合成方程式为

$$H_2C=\underset{Cl}{\overset{Cl}{\underset{|}{\overset{|}{C}}}}\xrightarrow{\text{引发剂}}\left[\overset{H_2}{C}-\underset{Cl}{\overset{Cl}{\underset{|}{\overset{|}{C}}}}\right]_n$$

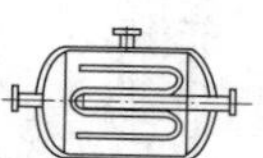

2. 性能特点

PVDC树脂呈淡黄色、粉末状，其制品除塑料的一般性能外，还具有自熄性、耐油性、保味性及优异的防潮、防霉等性能，同时具有优良的印刷和热封性能。PVDC对氧、水均具有良好的阻隔性。不足的是其成膜性及单独成膜强度差、成本高。尽管如此，从综合阻隔性能上看，PVDC仍是当今世界上塑料包装中最好的一种包装材料。它既不同于聚乙烯醇随着吸湿增加而使阻气性急剧下降，也不同于尼龙膜由于吸水性使阻湿性能变差。它是一种阻湿、阻气皆优的高阻隔性能材料，因此受到发达国家食品和医药包装业的高度重视。

聚偏二氯乙烯分子结构的对称性使它具有高度的结晶性，但是软化温度高，接近其分解温度；再者，它与一般的增塑剂相容性差，故难以加热成型。为克服此缺点，工业上采用结构相似的氯乙烯与其共聚，起到内增塑的作用，从而达到适当地降低其软化温度、提高与增塑剂相容性的目的，且不失PVDC固有的高结晶特征。目前食品包装中应用的是偏二氯乙烯和氯乙烯的共聚物（商品名为萨冉）。其中制造薄膜用的共聚物中偏二氯乙烯的含量为80%～90%，多为悬浮法生产，其特点为杂质少、透明度好。用作涂料、黏合剂的共聚物中偏二氯乙烯含量通常在70%以下，常采用乳液法生产。

与聚氯乙烯树脂相比，聚偏二氯乙烯树脂的软化点较低，热稳定性较差，但制品的透明性、印刷性、耐化学性更好，相对密度大，突出的特点是对气体、水蒸气和液体的透过率极低。薄膜制品收缩率大，制品比聚氯乙烯更坚韧、冲击强度更高。

3. 用途

PVDC的应用领域十分广泛，涉及食品、化工、化妆品、药品及五金机械制品等。早在20世纪50年代，西方发达国家就已经大量使用这种材料。由于它无毒，使用安全可靠，在许多国家（如美国、德国、日本和韩国），被誉为“绿色”包装材料。日本、韩国市场上流通的小包装食品、药品、化工产品、电子产品中，有60%左右采用PVDC包装。使用PVDC包装比普通的PE膜、纸、铝箔等包装用料量要减少很多，从而达到了减量化包装及减少废物源的目的。

聚偏二氯乙烯树脂主要用于制造薄膜和热收缩薄膜来包装食品、药品等，还可与其他薄膜复合制成复合薄膜包装食品。乳液法PVDC可制成涂料，涂覆在其他薄膜或塑料容器的表面，以提高被涂材料的阻隔性，延长食品的保存期。需要注意的是纯的聚偏二氯乙烯树脂和纯的聚氯乙烯树脂一样本身都是无毒的，但树脂中含有的偏二氯乙烯单体对人体有害，长期接触有致癌和致畸作用。故当用其作食品包装材料时也要求其中的单体含量小于1 mg/kg。此外，影响上述树脂用于食品包装的另一因素是为改善树脂加工应用性所加入的增塑剂、稳定剂、填料、颜料等组分的毒性。

我国目前肉制品种类中，火腿肠产品由于其货架期长，携带方便，占有很大部分的市场，其中火腿肠肠衣功不可没。目前火腿肠所用的肠衣包装大多为塑料薄膜，其中应用比较广泛的就是PVDC薄膜。此外，由于PVDC乳液同时具有对氧和水（汽）的优异阻隔性，因此可用于一次性快餐盒中。目前中国一次性环保餐具的市场容量为150亿只，其中行业需求50亿只（包括铁路、公路、航空和方便面），超市鲜活物品托盘及餐饮业

100 亿只。按每只餐具用乳液量 2 g 计算，全行业用量就达 3 万吨。药品包装也将是中国 PVDC 的重要潜在市场。PVDC 涂覆膜可用于袋式药品片剂包装，而 PVDC 涂覆 PVC 硬片可代替传统的 PVC 硬片用于药品的泡罩包装，提高阻隔性达 5～10 倍。

六、聚酰胺

1. 结构

聚酰胺（polyamide，PA）是一类主链上含有许多重复酰胺基团（—CO—NH—）的高分子聚合物的总称，通常使用的名称是尼龙。

尼龙可以由二元胺和二元酸经缩聚反应制得，也可以通过氨基酸内酰胺自聚而成。其是分子主链中含大量酰胺基团结构的一种高聚物，并按链节结构中碳链的碳原子数表示其组成，如氨基酸形成的尼龙 6、尼龙 12 等，以及由二元酸与二元胺反应形成的尼龙 66 和尼龙 1010 等。

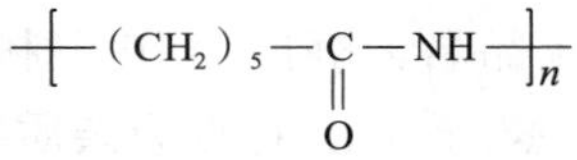

$$\left[(CH_2)_5 - \underset{\underset{O}{\|}}{C} - NH \right]_n \qquad \text{尼龙6}$$

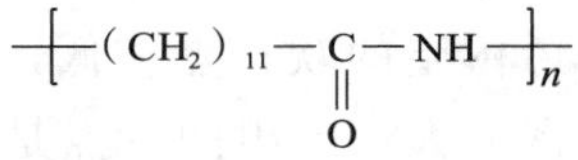

$$\left[(CH_2)_{11} - \underset{\underset{O}{\|}}{C} - NH \right]_n \qquad \text{尼龙12}$$

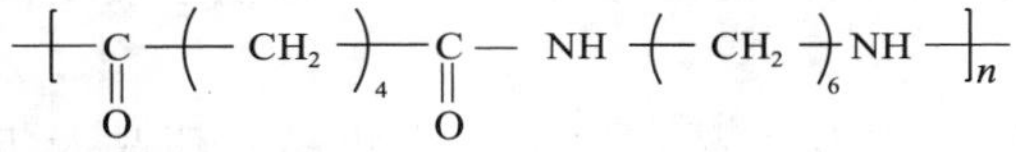

$$\left[\underset{\underset{O}{\|}}{C} - \left(CH_2 \right)_4 - \underset{\underset{O}{\|}}{C} - NH - \left(CH_2 \right)_6 - NH \right]_n \qquad \text{尼龙66}$$

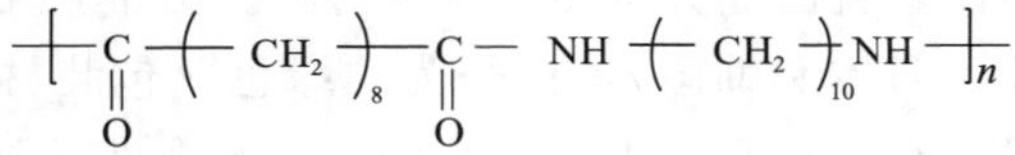

$$\left[\underset{\underset{O}{\|}}{C} - \left(CH_2 \right)_8 - \underset{\underset{O}{\|}}{C} - NH - \left(CH_2 \right)_{10} - NH \right]_n \qquad \text{尼龙1010}$$

2. 性能特点

聚酰胺自问世以来，首先用于合成纤维，其次用于塑料制品，其力学性能优良，应用效果良好，是通用工程塑料产量最大的产品，其薄膜产量仅次于 PET 聚酯薄膜。聚酰胺与一般塑料相比具有耐磨、强韧、耐药品、耐热、耐寒、易成型、自润滑、无毒、易染色等优点，其制成的薄膜有氧气透过率低的特点，因而在包装领域引起了人们的关注。

不同种类的尼龙，由于化学结构上的相似性，所以性能上有共同之处。尼龙大都坚韧、透明性差，无味、无毒，燃烧时有羊毛烧焦气味。在尼龙的分子链中含有大量的极性酰胺基团，分子链间可形成氢键，大大增强了分子间的吸引力，致使尼龙的结晶性强、熔点高，能耐油、耐一般溶剂，机械性能优异。尼龙的扩张强度和抗冲击强度明显优于一般塑料，且抗冲击强度随含水量、湿度的增高而增大。尼龙的耐磨性好，有自润滑性，并具有较高的耐弯曲疲劳强度。尼龙的熔点大多在 200 ℃以上，但由于它的高温稳定性差，易降解老化，所以一般应在 100 ℃以下使用。它的耐低温性良好，可在－40 ℃使用。尼龙的气密性较聚乙烯、聚丙烯好，能耐碱和稀酸，不带静电，印刷性能良好。PA 具有良好的综合性能，包括力学性能、耐热性、耐磨损性、耐化学药品性和自润滑性，且摩

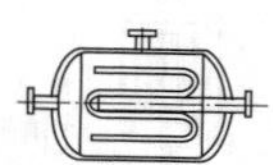

擦系数低，有一定的阻燃性，易于加工，适于用玻璃纤维和其他填料填充以增强改性，提高性能和扩大应用范围。PA 的品种繁多，有 PA6、PA66、PA11、PA12、PA4、PA610、PA612、PA1010 等，以及近几年开发的半芳香族尼龙 PA6T 和特种尼龙等很多新品种。PA6 塑料制品可采用金属钠、氢氧化钠等为主催化剂，N－乙酰基己内酰胺为助催化剂，δ－乙内酰胺直接在模型中通过负离子开环聚合而制得，此过程称为浇注尼龙。这种方法便于制造大型塑料制件。

尼龙为韧性角状半透明或乳白色结晶性树脂，作为工程塑料的尼龙分子量一般为 1.5 万～3 万。尼龙具有很高的机械强度，软化点高，耐热，摩擦系数低，耐磨损，自润滑性、吸震性和消音性好，耐油、弱酸、碱和一般溶剂，电绝缘性好，有自熄性，无毒，无臭，耐候性好，染色性差。其缺点是吸水性大，尼龙吸水后会影响尺寸稳定性和电性能，纤维增强可降低树脂吸水率，使其能在高温、高湿下工作。尼龙与玻璃纤维的亲和性很强。

聚酰胺主要用于合成纤维，其最突出的优点是耐磨性高于其他所有纤维，比棉花耐磨性高 10 倍，比羊毛高 20 倍，在混纺织物中稍加入一些聚酰胺纤维，可大大提高其耐磨性；当拉伸至 3%～6%时，弹性回复率可达 100%；能经受上万次折挠而不断裂。聚酰胺纤维的强度比棉花高 1～2 倍、比羊毛高 4～5 倍，是黏胶纤维的 3 倍。

3. 用途

聚酰胺树脂是性能优良、用途广泛的化工原料，按其性质可分为两大类：非反应性（中性）聚酰胺和反应性聚酰胺。中性聚酰胺主要用于生产油墨、热合性黏结剂和涂料；反应性聚酰胺用于环氧树脂熟化剂，和用于热固性表面涂料、黏结剂、内衬材料及罐封、模铸树脂。中性二聚酸聚酰胺树脂在聚乙烯等基质上黏附性好，特别适合在聚乙烯面包装膜、金属箔复合层压膜等塑料膜上印刷；中性聚酰胺树脂配制的油墨有光泽性，黏结性能好，醇稀释性优良，胶凝性低，快干，气味小。反应性聚酰胺树脂因具备进一步反应而用作环氧树脂的固化剂，发生广泛交联成为热固性树脂。用作固化剂时，其具有配副随意性大、无毒性、能常温下固化及柔软不脆等优点，可使环氧树脂具有极好的黏结性、挠曲性、韧性、抗化学品性、抗湿性及表面光洁性。二聚酸聚酰胺树脂-环氧树脂的最大用途是黏结剂、表面涂料及罐封、模铸树脂。该黏结剂润湿性能好、黏结强度大、内增塑性好，比乙胺熟化的环氧树脂的耐冲击能力强。这种黏结剂可做金属的边缝黏结剂，塑料、汽车车身的焊接剂和堵缝材料，还可做金属-金属黏联的结构黏结剂。二聚酸聚酰胺熟化的环氧树脂，具有柔性、抗化学品性、抗盐蚀性、抗撞击性及高光泽等优异性能，广泛用作表面涂料。

七、聚对苯二甲酸乙二醇酯

1. 结构

聚对苯二甲酸乙二醇酯（polyethylene terephthlate，PET），是由对苯二甲酸与乙二醇经缩合聚合反应而得的到一种高聚物。早期，PET 主要用来制造合成纤维、绝缘薄膜和带基。近十多年来，它在包装膜、片材、饮料瓶等方面的应用愈来愈重要，其合成方程式为

$$n\,HO-\underset{\underset{O}{\|}}{C}-C_6H_4-\underset{\underset{O}{\|}}{C}-OH + n\,HOCH_2CH_2OH \xrightarrow[\text{催化剂，真空}]{200\sim285\ ℃} H\!\left[O-\underset{\underset{O}{\|}}{C}-C_6H_4-\underset{\underset{O}{\|}}{C}-OCH_2CH_2\right]_n\!OH + (n-1)\,H_2O$$

2. 性能特点

PET树酯是一种无色透明、极为坚韧的材料，以其强度、韧性和刚度著称。在热塑性塑料中，PET树酯的机械强度称得上最高，并具有较好的硬度、耐磨性和耐折性。PET树酯的耐热、耐寒性好，可在150 ℃使用，长期使用温度亦高达120 ℃，在−40 ℃时仍可保持其抗冲击强度。PET树酯具有较好的防潮性、气密性，防止异味透过性优良，能耐弱酸、弱碱和大多数溶剂，耐油性好，适于印刷。

PET树脂具有相当好的性能，主要表现在：

① 力学性能相当好，其韧性在常用的热塑性塑料中是最大的，其薄膜的拉伸强度可与铝箔相媲美，冲击强度为其他薄膜的3～5倍，耐折性极好，但耐撕裂强度差。

② 耐油、耐脂肪、耐稀酸、耐稀碱、耐大多数溶剂，但不耐浓酸、浓碱。

③ 具有优良的耐高、低温性能，可在120 ℃以内长期使用，短期使用可耐150 ℃高温、−70 ℃低温，且高、低温时对其机械性能影响很小。

④ 气体渗透率相当低，水蒸气渗透率也较低，故具有优良的阻气、水、油及异味性。

⑤ 透明度高，可阻挡紫外光，光泽性好。

⑥ 无毒、无味，卫生安全性好，可直接用于食品包装。

PET树酯的主要缺点是不耐强碱、强酸、氯代烃等；易带静电，且尚无适当的防止带静电的方法，热封合性能差；价格贵。

3. 用途

PET树酯主要用于制作包装容器和薄膜，因具有良好的气密性、耐热性和耐寒性，所以PET薄膜适用于冷冻食品和蒸煮食品的包装。PET瓶则大量用于饮料的包装，在食品包装中主要制成瓶类容器用于充气饮料及纯净水等的包装；制成拉伸薄膜用于食品包装及经过镀铝或涂覆了PVDC再与其他薄膜复合制成复合薄膜应用。

PET实际上是最早发现的聚酯产品，早在1847年，瑞典化学家本泽路斯（Benzelius）就合成了第一个聚酯（PET）树脂，却因无人问津而束之高阁。此后经过近100年历史变迁，1941年英国化学家温菲尔德（Whinfield）和迪克生（Dickson）在已有尼龙合成工艺的基础上终于用对苯二甲酸和乙二醇酯缩聚制成聚对苯二甲酸乙二醇酯树脂，即PET。但是由于当时合成的PET树脂成型性能差，并没有得到广泛应用。直到1987年，随着成型工艺与合成方法的改进，PET树脂开始实现商业化生产，成为塑料工业发展的支柱之一，并迅速发展。从近年PET的发展走势来看尤以瓶用PET发展最快，

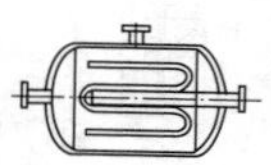

PET 薄膜次之，PET 纤维则逐渐萎缩。

饮料瓶占据 PET 消费最大的市场份额，在 PET 大范围应用之前，饮料的包装几乎是玻璃和金属包装的一统天下。PET 瓶首先在清凉饮料包装领域获得一席之地。在饮料包装中，碳酸饮料用 PET 瓶的应用最为成功，已占 PET 瓶总量的 1/3。PET 瓶具有外观漂亮、设计灵活、强度高、对二氧化碳密封性好和可靠的卫生性等优点，使其成为碳酸饮料理想的包装容器。目前，中国碳酸饮料包装中 PET 瓶已占到 57.4%。饮料包装之外，牛奶包装、调味品包装、化妆品包装、医药包装等都成为 PET 瓶消费的巨大市场。

PET 包装在饮料包装领域的成功应用，使人们把更多的眼光投向啤酒包装这一巨大的市场。PET 已成为啤酒包装开发中最为热门的材料，它对 CO_2、O_2、水、香味等均有良好的阻隔性，它还具有高抗冲击性、高强度、高抗压性、高透明度、高洁净度，良好的加工性、稳定性、耐高温性、抗吸湿性和轻量性等优点，使各个国家的啤酒厂家、研发机构对 PET 包装特别垂青。各种 PET 啤酒包装技术已在许多国家获得不同程度的应用，并被看作啤酒包装最大的潜在市场。

八、聚碳酸酯

1. 结构

聚碳酸醋（polycarbonate，PC）也是一种聚酯，具体结构如下：

$$H\!-\!\!\left[O-\underset{\underset{O}{\|}}{C}-O-\langle\bigcirc\rangle-\underset{CH_3}{\overset{CH_3}{\underset{|}{\overset{|}{C}}}}-\langle\bigcirc\rangle\right]_n\!\!-O-H$$

2. 性能特点

聚碳酸酯为一种线型聚酯，是一种呈微黄色透明的无定型塑料。主要特性如下：

① 耐高温性能及在高温下的强度优异，且低温性能也很好，脆化温度低于 −135 ℃，耐撕裂引发和撕裂扩展性好。其他力学性能尤其是冲击韧性也非常优良，但耐应力开裂性差。

② 聚碳酸酯耐稀酸，但易与碱作用，耐脂肪烃、醇、油脂和洗涤剂，溶于卤代烃。

③ 薄膜对水、蒸汽和空气的渗透率高，可用于蔬菜等需要呼吸的食品的包装，若需阻隔性时，必须进行涂覆处理。

④ 无毒、无味、无臭，具有透明性。

⑤ 材料成本较高。

3. 用途

聚碳酸酯可以看成是以较为柔顺的碳酸酯链与刚性的苯环相联结的一种结构，因而具有许多优良的性能。聚碳酸酯无色，透明度达 80%～90%，折光率约为 1.59，适于做光学材料。聚碳酸酯具有较好的防潮性和气密性，优良的保香性、耐热性、耐寒性，在 −180 ℃仍不易脆裂，可在 130 ℃高温状态下长期使用。因此，它是一种理想的蒸煮和冷冻食品包装材料。聚碳酸酯具有突出的冲击韧性，无缺口冲击强度在热塑性塑料中最高，缺口冲击强度较尼龙高 10 倍以上，有良好的耐磨性，适于硬件、有尖物品的包装。聚碳酸酯的成型收缩率小、吸水率低，具有较好的尺寸稳定性，不带静电，绝缘性能优良，能耐稀酸、氧化剂、还原剂、盐、脂肪烃等，耐油性良好。

PC的三大主要应用领域是玻璃装配业、汽车工业、电子及电器工业，其次还有工业机械零件、光盘、包装、计算机等办公室设备、医疗及保健、薄膜、休闲和防护器材等。例如，PC可用作门窗玻璃；PC层压板广泛用于银行、使馆、拘留所和公共场所的防护窗，用于飞机舱罩、照明设备、工业安全挡板和防弹玻璃；PC板可做各种标牌，如汽油泵表盘、汽车仪表板、货栈及露天商业标牌、点式滑动指示器等；PC及PC合金可做计算机架、外壳及辅机、打印机零件；PC瓶（容器）透明、重量轻、抗冲性好，耐一定的高温和腐蚀溶液，可以作为可回收利用瓶（容器）；改性PC耐高能辐射杀菌，耐蒸煮和烘烤消毒，可用于采血标本器具、血液充氧器、外科手术器械、肾透析器等；PC可做头盔和安全帽、防护面罩、墨镜和运动护眼罩；PC薄膜广泛用于印刷图表、医药包装、膜式换向器。

九、乙烯-醋酸乙烯酯共聚物

1. 结构

乙烯-醋酸乙烯酯共聚物（ethylene vinylacetate copolymer，EVA），由乙烯与醋酸乙烯酯共聚得到，其实质上是一种改性聚乙烯，其分子结构式为

$$\left[CH_2-CH_2 \right) \left(CH_2-\underset{\underset{\underset{\displaystyle O}{\|}}{O-C-CH_3}}{\overset{|}{CH}} \right]_n$$

2. 性能特点

根据乙烯与醋酸乙烯酯摩尔比不同，分为塑料用和黏合剂用两种用途。醋酸乙烯酯含量为10%～20%时，能部分结晶，用作塑料；含量为20%～30%时，拉伸强度最高；但达30%左右时，性似橡胶，做塑料用途不大；含量为40%～50%时，是一种新型橡胶，可用过氧化物硫化交联，多用作热熔胶黏剂（热熔胶）。虽然，乙烯和醋酸乙烯酯的竞聚率相近，能按任何摩尔比共聚，但高醋酸乙烯酯的共聚物，性能无明显特点，如醋酸乙烯酯含量高于60%的EVA经硫化后，其性能还不如醋酸乙烯酯含量为45%的EVA，所以生产醋酸乙烯酯含量更高的品种意义不大。

EVA按其聚合工艺不同，所得产物可用于不同用途：高压本体法所制得的EVA用于塑料；溶液法所制得的EVA用于PVC加工助剂；乳液法所制的EVA用于制作黏合剂、涂料等。

用作塑料的EVA为分子量8000～50000的线型无定型聚合物。EVA的性能取决于其醋酸乙烯酯（VA）的含量。当熔体指数一定时，醋酸乙烯酯含量增加则材料的弹性、柔性、与其他材料的相容性、透明性、黏合性、溶解性等均有所提高，而熔点下降；若醋酸乙烯酯含量减少则性能接近LDPE，即刚性、耐磨性、化学稳定性等提高。若醋酸乙烯酯含量一定时，熔体指数增大则软化点、强度下降，但加工性能和表面光泽度有所改善；熔体指数变小则冲击强度、耐应力开裂性提高。

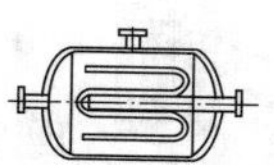

一般醋酸乙烯酯的含量为20%左右。乙烯-醋酸乙烯酯共聚物的透明性良好，弹性突出，具有很高的伸长率。它的耐应力开裂性、耐寒性、耐老化性和低温热合性均优于聚乙烯，能耐强碱、弱酸的侵蚀。乙烯-醋酸乙烯酯共聚物的缺点是薄膜的滑爽性差，易粘连；防潮性较低密度聚乙烯差，且气密性不良；耐热性差；易受强酸等有机溶剂的侵蚀，能溶于芳烃或氯代烃中；耐油性不良。

3. 用途

乙烯-醋酸乙烯酯共聚物主要用于制作包装薄膜。此外，因其弹性好，故适用于托盘的缠绕裹包；因具有优良的低温热封合性，它常用作复合薄膜的密封层，也用于制作药品和食品的包装容器。EVA的阻隔性随醋酸乙烯酯的含量增加下降，故可通过调节EVA中醋酸乙烯酯的含量来制成阻隔性不同的保鲜薄膜，用来包装要求有一定透过性的蔬菜、水果等。

十、聚乙烯醇

1. 结构

聚乙烯醇（polyvinyl Alcohol，PVA）是具有如下链节结构的高聚物：

$$\left[CH_2 - \underset{\displaystyle OH}{\underset{|}{CH}} \right]_n$$

按此结构，它应是由乙烯醇聚合而成，但乙烯醇不稳定，很快便异构化为乙醛，所以它是从聚乙酸乙烯醇解制得的。

2. 性能特点

聚乙烯醇的单体乙烯醇是不稳定的，因此，聚乙烯醇不能由单体直接聚合而得，而是先用醋酸乙烯酯聚合成聚醋酸乙烯酯，然后将其醇解，制得聚乙烯醇。通过控制醇解物上的乙酰氧基数量，可制得不同性能的聚乙烯醇。

聚乙烯醇中乙酰氧基的含量会影响它的溶解性能，见表15-2所列。

表15-2 聚乙烯醇中乙酰氧基含重及溶解性能

残存乙酰氧基含量	溶解性能
70%以上	在水中不溶，能溶于有机溶剂（如醇）
60%	在醇、丙酮中可溶，不溶于水
40%	在醇、丙酮及冷水中可溶，不溶于热水
20%	溶于冷水，部分溶于热水
10%	溶于热水，几乎不溶于冷水
5%	溶于热水，不溶于冷水

聚乙烯醇大量地被用于制造涂料、黏合剂。当它做塑料使用时，通常以薄膜形式应用于食品包装领域。聚乙烯醇薄膜具有如下特性：

① 机械性能好，抗拉伸强度达34.3 MPa，断裂伸长率取决于含湿量，平均可达

450%，耐折、耐磨。

② 无毒、无臭、无味，化学稳定性好。

③ 阻气性和阻香性极好，但因分子内含有羟基，具有较大的吸水性，故阻湿性差，且随着吸湿量的增加，其阻气性能急剧下降，因此常与高阻湿性薄膜复合，用作高阻隔性食品包装材料。

④ 未增塑的聚乙烯醇的使用温度达 120～140 ℃。

⑤ 透明度达 60%～66%，光泽度达 81.5%。

聚乙烯醇中因含有大量的羟基（—OH），在水中可溶胀或溶解，所以一般不具有耐水性，但经热处理、醛处理或采用适当的有机物使分子链间交联等方法，可使其具有耐水性。包装上使用的主要是耐水聚乙烯醇。聚乙烯醇具有良好的透明性和韧性，无味、无毒。它对气体和有机试剂蒸汽的透过率极低，具有优良的气密性和保香性，在干燥情况下，它的气密性甚至优于聚偏二氧乙烯。聚乙烯醇具有较好的机械强度，以及优良的耐应力开裂性、耐化学药品性和耐油性，不带静电，印刷性能好，并具有热合性。

3. 用途

聚乙烯醇的主要缺点是吸水性大，可吸收 30%～50%的水分，吸水后使气密性和机械强度下降；透湿率大，为聚乙烯的 5～10 倍，容易受醇类、酯类等溶剂的侵蚀。聚乙烯醇主要以薄膜的形式用于食品包装领域，以充分利用其气密性和保香性好这一特点。水性聚乙烯醇可用于化学药品等的计量包装。

十一、乙烯-乙烯醇共聚物

1. 结构

乙烯-乙烯醇共聚物（ethylene - vinyl alcohol copalymer，EVOH）是乙烯和乙烯醇的水解共聚产物。聚乙烯醇具有特别高的气体阻隔性能，但它吸湿性大，有的品种还溶于水并难以加工。通过乙烯醇和乙烯的共聚合，高的气体阻隔性能保留下来了，而耐湿性和可加工性也得到了改进。

和聚乙烯醇未能从乙烯醇聚合而得一样，乙烯-乙烯醇共聚物也须由其母体聚合物 EVA 通过高分子反应来制得。乙烯-乙烯醇共聚物可用下面结构式表示：

$$\left[\!-\mathrm{CH_2}-\mathrm{CH_2}-\!\right]_n\left[\!-\mathrm{CH_2}-\underset{\displaystyle\mathrm{OH}}{\underset{|}{\mathrm{CH}}}-\!\right]_m$$

2. 性能特点

乙烯-乙烯醇共聚物的性能强烈地依赖于共聚单体的相对浓度，如果乙烯的成分增加，乙烯-乙烯醇共聚物的性能就趋近于聚乙烯，如果乙烯醇的成分增加，则乙烯-乙烯醇共聚物的性能就更趋近于聚乙烯醇的性能。

乙烯-乙烯醇共聚物树脂的最突出的特性就是能提供对 O_2、CO_2 或 N_2 等气体的高阻隔性能，使其在包装中能充分提高保香和保质作用。由于乙烯-乙烯醇共聚物分子中存在较多的羟基，因而材料是亲水和吸湿的。当相对湿度大于 80%时，其气体透过性会大大

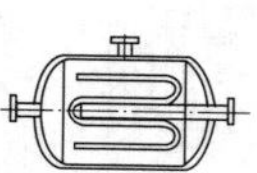

增加，这时将乙烯-乙烯醇共聚物薄膜与高阻湿性薄膜（如聚烯烃薄膜）复合，则能使乙烯-乙烯醇共聚物薄膜仍保持较高的阻隔性。EVOH 树脂为半结晶型热塑性树脂，其分子中含有羟基分子和分子间氢键彼此强烈的键合，使氧气扩散所需的链段运动严格受分子内和分子间内聚能限制，分子链柔性小，分子间自由运动暂时形成空间概率小，所以透气率小。因此，就对氧的阻隔性而言，EVOH 大约为 PADE 的 100 倍，为 PP、PE 的 10000 倍。但是，当 EVOH 置于湿度较高的条件下时，因为 EVOH 易吸收水分，而水对 EVOH 起增塑作用，氢键的键合能力下降，链段活动能力增加，气体就容易通过，所以在相对湿度较低的中等情况下，阻隔性有所下降，但仍然有很好的阻氧性能。也就是说 EVOH 具有良好的阻隔性，但易受湿度的影响。

3. 用途

乙烯-乙烯醇共聚物具有非常好的耐油性和耐有机溶剂能力，将乙烯-乙烯醇共聚物在 20 ℃下在一般溶剂中浸泡一年后增重为零；在乙醇中浸泡一年后增重 2.3%；在沙拉油中浸泡一年后增重为 0.1%。乙烯-乙烯醇共聚物还有非常好的保香性能。它的这些性质使得它被优先选作油性食品、食用油等要求高阻隔性能的食品包装材料。乙烯-乙烯醇共聚物作为商品的应用迟于 PVDC，但由于上述的高阻隔性、良好的加工性、可回收性，它的薄膜开发、改性和应用十分活跃，用量增加较快。除食品包装领域外，EVOH 在非食品包装领域的应用也在发展。

十二、聚氨酯

1. 结构

主链中含有许多重复的如下基团的高聚物通称为聚氨基甲酸酯（polyurethane，PU），简称聚氨酯。一般由多元醇与多元异氰酸酯反应制得。按多元醇的主链结构分为聚醚型聚氨酯和聚 PR 型聚氨酯两类，而多元异氰酸酯分为脂肪族多元异氰酸酯和芳香族多元异氰酸酯两类，脂肪族多元异氰酸酯制得的聚氨酯较柔软、颜色较浅。

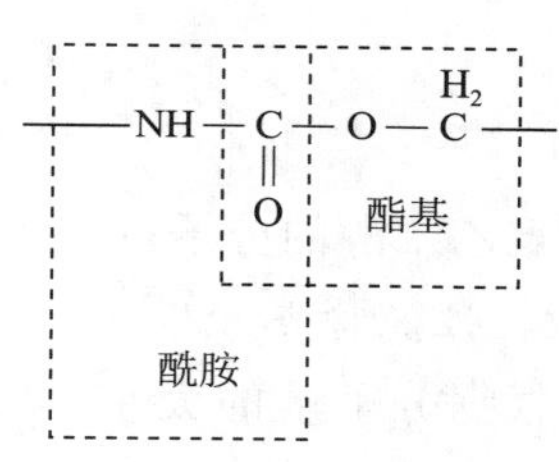

2. 性能特点

聚氨酯是分子结构中含有—NHCOO—单元的高分子化合物，该单元由异氰酸基和羟基反应而成，反应方程式如下：

$$\mathrm{RNCO + R'{-}OH \longrightarrow RNHCOOR'}$$

聚氨酯除含氨基甲酸酯基外，还有酯基或醚基，以及脲、缩二脲和脲基甲酸酯等基团；既有柔性的链段，又有刚性的链段；而分子整体是网状的体型高分子。所以由于配比和原材料的变化，其性能可在很宽的范围改变。由于聚氨酯化学结构的强极性特点，使它具有耐磨性好，耐低温性优良，耐油、耐化学药品性好等突出性能。聚氨酯一般是不溶、不熔的，密度为 0.04～0.06 g/cm^3，拉伸强度为 0.147 MPa，弯曲强度为 0.196 MPa，导热系数为 0.035 W/（m·K）。该制品最大特点是可根据具体使用要求，通过改变原料的规格、品种和配方，合成所需性能的产品。该产品质轻（密度可调），比强度大，绝缘和隔音性能优越，电气性能佳，加工工艺性好，耐化学药品，吸水率低，亦可制得自熄性产品。

3. 用途

组成配方不同，可以获得硬、半硬及软的泡沫塑料、塑料、弹性体、弹性纤维、合成皮革、涂料和黏合剂等。在包装中主要是用其泡沫塑料产品及黏合剂产品。因此除用于制造耐磨制品（如鞋底）、低温保温（如冰箱、冷藏库、输油管件）等之外，又开发出用聚氨酯塑料制成的薄膜。其主要用于冷库、冷罐管道等部分做绝缘保温保冷材料；高层建筑、航空、汽车等领域做结构材料，起保温隔音和轻量化的作用。超低密度的硬泡可做防震包装材料及船体夹层的填充材料，主要用作服装、鞋帽衬里、垫肩和精密仪器的防震包装等。

第四节　其他食品包装相关高分子材料

一、聚乙二醇

1. 结构

聚乙二醇也叫聚乙二醇醚，是一种水溶性高分子化合物，有一系列由低到中等分子量的产品，可由环氧乙烷与水或乙二醇逐步加成而制得，反应通式为

$$\underset{\text{环氧乙烷}}{H_2C\overset{O}{\frown}CH_2}+\underset{\text{水}}{H_2O}\longrightarrow \underset{\text{聚乙二醇}}{HO\left[CH_2-CH_2-O\right]_nH}$$

聚乙二醇的分子量 $M=18+n\times44$。

2. 性能特点

根据分子量的大小不同，聚乙二醇物理形态可以分为白色黏稠液（分子量 200～700）、蜡质半固体（分子量 1000～2000）以及坚硬的蜡状固体（分子量 3000～20000）。它完全溶于水，并和很多物质相溶，有很好的稳定性和润滑性，低毒且无刺激性。这些性能，使聚乙二醇获得了广泛的用途。它可作为配合剂，用于油膏、软膏和栓剂；可作为添加剂用于雪花膏、洗净剂和发乳；可作为纸上涂料的润滑剂和织物浆料；可作为金属加工的润滑剂、洗涤剂、木材浸渍剂、乳化剂等。

聚乙二醇工业品因平均分子量范围不同而有各种牌号。不同分子量的聚乙二醇，其物理性质也不同。表 15－3 及表 15－4 是各种牌号聚乙二醇的性质。

表 15－3　各种牌号的液体聚乙二醇的性质

项　目	参数指标			
牌　号	200	300	400	500
平均分子量	190～210	285～315	380～420	570～630
相对密度	1.127	1.127	1.128	1.128

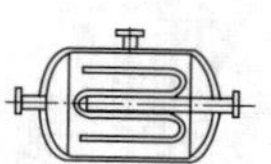

（续表）

项 目	参数指标			
熔点/℃	过冷	−15～−8	4～8	20～25
黏度/（10^{-6} m^2/s）（98.9 ℃）	4.3	5.8	7.3	10.5
水溶性	完全	完全	完全	完全
闪点（开口）/℃	179～182	196～224	224～243	246～252
吸湿性（甘油为 100）	≈70	≈60	≈55	≈40
燃烧热/（kJ/g）（25 ℃）	235	252	257	258
折光率 n_D^{20}	1.459	1.463	1.465	1.467

表 15－4 各种牌号的固体聚乙二醇的性质

项 目	参数指标								
牌 号	混合物	1000	1500	2000	4000	6000	9000	14000	20000
平均分子量	500～600	950～1050	1300～1600	1900～2200	—	6000～8500	9700	12500～15000	18500
密度/（g/cm^3）（25 ℃）	1.2	1.17	1.21	1.211	1.212	1.212	1.212	1.202	1.215
熔点/℃	37～41	37～41	43～47	50～54	53～60	57～63	59～62	61～67	56～64
黏度/（10^{-6} m^2/s）（98.9 ℃）	15	17～19	25～32	47	75～110	580～800	1120	2700～4800	6900
水溶性/%（20 ℃）	≈73	≈74	≈70	≈65	≈62	≈53	≈52	≈50	≈50
闪点（开口）/℃	221～232	254～266	254～266	266	268	271	271	—	288
吸湿性（甘油为 100）	≈35	≈35	≈30	低	低	很低	很低	很低	很低
燃烧热/（kJ/g）（25 ℃）	257	262	263	—	264	264.5	—	265	—

（1）溶解性

聚乙二醇易溶于水和一些普通的有机溶剂。液体聚乙二醇可以任何比例与水混溶，而固体聚乙二醇则只有有限的溶解度，分子量最大的聚乙二醇在水中的溶解度约为 50%。温度升高，固体聚乙二醇的溶解度增大，若温度足够高（如对 PEG6000，温度高于 60 ℃），则所有固体聚乙二醇均能与水以任何比例相溶，但是当温度继续升高到接近水的沸点，聚合物就要沉淀出来。其析出温度，取决于聚合物的分子量和浓度，浓度在 0.2%以下的稀溶液，聚合物沉淀的现象是以溶液变混浊的形式出现的。浓度在 0.5%以上，则沉淀成胶状，图 15－4 是几种不同分子量的聚乙二醇在水中的溶解度与温度关系。由图可见浓度大于 0.03 g/100mL 时，则溶液的沉淀温度与聚合物浓度关系不大。这种不敏感性在图 15－5（b）上可以得到明显的反映。

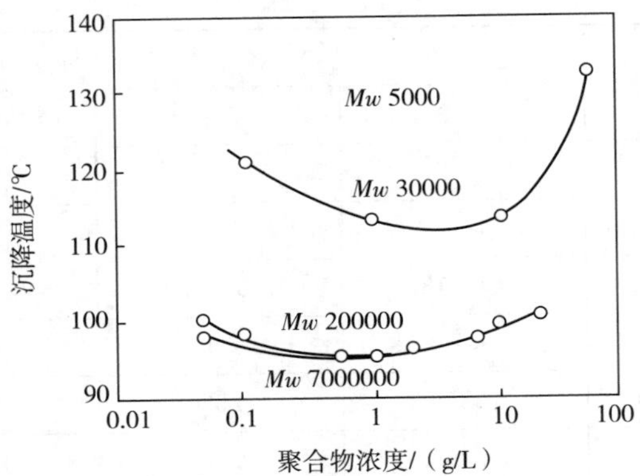

图 15－4　几种不同分子量聚乙二醇在水中的溶解度与温度关系

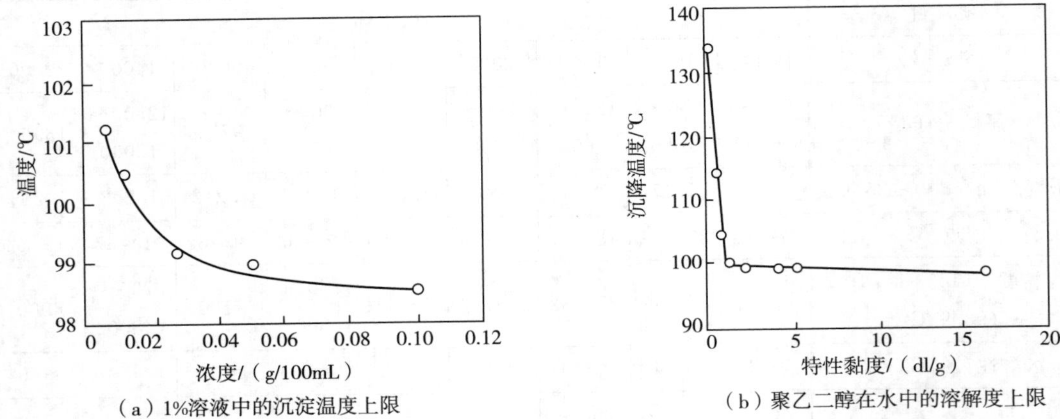

图 15－5　聚乙二醇在 1％溶液中的沉淀温度上限（a）和水中的溶解温度上限（b）

液体聚乙二醇与水混合时，出现轻微的体积收缩，两者的比例为 1∶1 混合时，体积收缩 2％，并且显著地放热。如 PEG300 或 PEG600 与等量水相混合时，Q 为 50.2～58.6 J/g。放热主要来自醚氧键的水合热。对于固体的聚乙二醇，这种水合热被更大的熔融热（167～188 J/g）所抵消。很明显，在制备这种溶液时，加热能加速溶解过程。

聚乙二醇全是非离子型，因此，它们对于溶解性盐类或离子化物质的存在是不敏感的。但当存在较大量的某种盐时，会降低沉淀温度，即聚合物在低于原沉淀温度时，从溶液中沉淀出来。例如，在 0.5％的 PEG6000 的溶液中，溶解 5％ NaCl，加热至 100℃，不发生沉淀或混浊。但当 NaCl 提高至 10％时，在 86 ℃左右就出现混浊。当 NaCl 浓度为 20％时，浊度为 60 ℃。有趣的是，$CaCl_2$ 没有如此明显的影响，这可能是由于钙离子本身可以与醚基络合，而不会夺走聚醚的缔合水分子。

在有机溶剂中的溶解度：聚乙二醇可溶于乙腈、苯甲醛、氯仿、二氯乙烷和二甲基甲酰胺等溶剂；不溶于脂肪烃、二乙二醇、乙二醇和甘油；室温下，不溶于苯和甲苯，但可溶于热的苯和甲苯中。

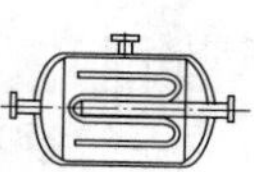

表 15－5 为三种不同级别的聚乙二醇在不同温度下，在某些溶剂中的溶解度。

表 15－5 聚乙二醇在有机溶剂中的溶解度

溶剂	溶解度					
	PEG400		PEG300/PEG1500 混合物		PEG4000	
	20 ℃	50 ℃	20 ℃	50 ℃	20 ℃	50 ℃
甲二醇	M	M	48	96	35	M
乙醇（无水）	M	M	<1	M	<1	M
乙二醇单乙基醚	M	M	<1	M	<1	88
乙二醇单正丁基醚	M	M	<1	M	<1	52
二乙二醇单乙基醚	M	M	2	M	<1	63
二乙二醇单正丁基醚	M	M	<1	M	<1	64
丙酮	M	M	20	M	<1	99
二氯乙醚	M	M	44	M	25	85
三氯乙醚	M	M	50	90	30	80
乙酸乙酯	M	M	15	M	<1	93
邻苯二甲酸二甲酯	M	M	30	90	13	74
邻苯二甲酸二丁酯	M	M	<1	M	<1	55
乙醚	I	IBP	1	IBP	1	IBP
异丙基醚	I	I	1	I	1	I
甲苯	M	M	13	M	<1	M
正庚烷	I	I	0.50	0.01	<0.01	<0.01
水	M	M	69	97	60	84

注：M 表示完全互溶；数字表示每 100 g 溶液中溶解的 PEG 质量，g；I 表示不溶解；IBP 表示沸点时不溶解。

聚乙二醇还可溶于低级醛、胺、有机酸和酸酐以及聚合单体。但它不溶于菜籽油、矿物油类，可能是由于这类液体分子虽然有极性基团，但被长长的烃键所包裹。

与在水中的溶解情况相似，在有机溶剂中的溶解度随温度的升高而增大。当温度升到足以使固体聚乙二醇熔融时，就可以大大增加聚乙二醇在有机溶剂中的溶解度。

（2）相溶性

聚乙二醇的许多优异性能都与它和其他物质的相溶性好有关。一般说，它对极性大的物质显示较大的相溶性，而对于低极性物质则显示较小的相溶性小（表 15－6）。一些药剂和调味剂于室温下在 PEG400 中溶解度见表 15－7 所列。

表 15-6　室温下某些物质在聚乙二醇中的溶解度

溶　质	溶解度			溶　质	溶解度		
	PEG 400	PEG300-PEG1500 混合物	PEG 4000		PEG 400	PEG300-PEG1500 混合物	PEG 4000
蜂蜡	I	I	I	硝化纤维素	S	S	PS
巴西棕蜡	I	I	I	橄榄油	I	I	I
蛋白	S	S	PS	石蜡	I	I	I
蓖麻油	I	I	I	松油	S	PS	I
氧化淀粉	S	S	S	聚乙酸乙烯酯	S	S	PS
酯胶	I	I	I	松香	S	PS	PS
明胶	I	I	I	虫胶	PS	PS	I
阿拉伯胶	I	I	I	桐油（粗）	I	I	I
甲基纤维素	PS	I	I	玉米朊	S	S	PS
矿物质	I	I	I	—	—	—	—

注：S 表示溶解（或相溶）；PS 表示部分溶解；I 表示不溶解。

表 15-7　一些药剂和调味剂于室温下在 PEG400 中的溶解度

品名	等级	品名	等级	品名	等级	品名	等级
药剂							
乙酰青苯胺	B	薄荷醇	B	樟脑	B	磺胺噻唑	B
非那西汀	B	三聚乙醛	A	十六烷醇	D	蔗糖	F
阿司匹林	B	苯酚苯比妥	B	六合氯醛	A	丹宁酸	A
芦荟表	A	苯酚	A	氯代丁醇	B	水合萜品	C
安替比林	B	脲嗪	B	氯代百里酚	A	百里酚	A
巴比妥	C	奎宁	B	柠檬酸	A	尿素	C
苯唑卡因	A	间苯二酚	A	Diethoxin	E	香草醛	B
苯甲酸	B	水杨酸苯酯	A	氨基甲酸乙酯	A	酚磺酸锌	D
苯甲醇	A	磺胺嘧啶	C	乌洛托品	E	—	—
咖啡因	D	黄安甲基嘧啶	C	磺胺	B	—	—
调味剂							
茴香	A	柠檬油	D	肉桂油	A	薄荷油	D
苯甲醛	A	甲基水杨酸盐	A	丁子香油	A	甜橙油	D

注：A—很易溶解，溶解 1 份溶质所需 PEG400 小于 1 份；B—大量溶解，溶解 1 份溶质所需 PEG400 1～10 份；C—溶解，溶解 1 份溶质所需 PEG400 10～30 份；D—有限的溶解，溶解 1 份溶质所需 PEG400 30～100 份；E—稍溶，溶解 1 份溶质所需 PEG400 100～1000 份；F—微溶，溶解 1 份溶质所需 PEG400 大于 1000 份。

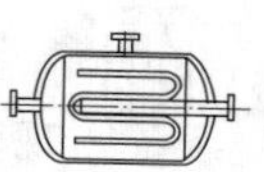

此外，某些金属盐在 100 ℃时也能溶于聚乙二醇中，并在室温下保持稳定。这些金属盐包括钙、钴、铜、铁、镁、锰、锡和锌的氯化物及碘化钾、乙基汞等。

它由于相溶极性好，因此对油漆与清漆有侵蚀作用。但是，经高温烘烤的交联涂层能经受其侵蚀。它能萃取聚氯乙烯中的增塑剂，在较高温度下，聚酰胺和酚醛塑料也会受到侵蚀。非极性塑料如聚乙烯、聚丙烯、聚苯乙烯一般能耐这种侵蚀。

（3）吸湿性

较低分子量的聚乙二醇有能从大气中吸收并保存水分的能力，还有增塑作用，在工业中可以作为许多亲水性物质（如骨胶或赛璐珞）的湿润剂。各种级别聚乙二醇的相对吸湿性或水的保持能力随分子量增大而迅速下降。这是因为分子量增大，减少了末端羟基对整个性质的影响。就实用意义上讲，固体聚乙二醇不能作为湿润剂，但可与液体聚乙二醇混合，以调节吸湿度而用于某些特殊用途。如果长时间在高湿条件下存放，即使是分子量相当高的聚乙二醇，也会吸水。有关聚乙二醇吸湿性的数据参见表 15－3 及表 15－4。

（4）表面张力

聚乙二醇具有表面活性，其水溶液的浓度与表面张力的关系如图 15－6 所示。

3. 化学性质

聚乙二醇在正常条件下是很稳定的，但是在 120 ℃或更高温度下能与空气中的氧发生氧化作用。用惰性气体（如氮气或二氧化碳）保护，聚乙二醇即使加热到 200～240 ℃也不发生变化，当温度升到 300 ℃左右，聚乙二醇的链节才会发生断裂和热裂解。向聚乙二醇中加入抗氧剂（如 0.25%～0.5%的吩噻嗪），可以提高其化学稳定性。因此，有些厂商会在 PEG4000 和 PEG6000 中加入少量的抗氧剂（对苯二酚的单甲醇酯）。

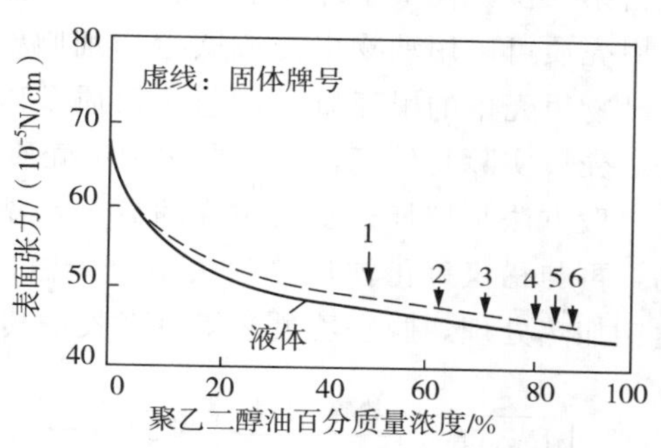

1—20 个链节；2—PEG 6000；3—PEG 4000；4—PEG 1500；5—PEG；6—PEG 1000。

图 15－6 25℃时聚乙二醇水溶液的表面张力

聚乙二醇的任何分解产物都是挥发性的，不会生成硬壳状或黏泥状的沉积物。而且，装聚乙二醇的任何设备、容器、加热盘管等，均很易用水清洗。因此，聚乙二醇常被用作传热介质。由于它的分解不产生任何残渣，因而可用于铸造泥蕊、模塑瓷器以及焊剂中。聚乙二醇分子链，不论其长度如何，都是两端带有羟基的二醇。因此，它们能发生所有表征脂肪族羟基的化学反应，如酯化反应、氰乙基化反应等。

4. 毒性

聚乙二醇是一种温和、低毒的物质。在美国食物化学品药典级的聚乙二醇可直接或间接用作食品添加剂，但用量不要超过产生预期效果的剂量。例如，用作锅炉水的添加剂，锅炉蒸汽可以同食品接触；在食品加工中用作消泡剂；用作鲜橙的涂层；在小食品中用作涂层或黏合剂；在甜味剂中用作添加剂；用作亚硝酸钠的涂层以降低其吸湿性。

但是，聚乙二醇不能用于牛奶包装材料之中。美国环境保护局的法规中并未对聚乙二醇作为农药配方中的惰性成分在作物中的残留量做出规定。

由于聚乙二醇在药物中使用时，能提高治疗组分的吸收率及活性，因此美国的法律中，把这样的配方定为新药。

5. 在食品包装材料中的用途

聚乙二醇可以加到许多包装材料中，这些材料包括赛璐珞薄膜（作湿润剂）、包装纸和纸卡（改善光滑性、印刷性、湿润性），还可用作包装材料的黏合剂和印刷油墨的改进剂。

二、甲壳质

1. 概述

甲壳质是一种天然有机高分子多糖，广泛分布于自然界甲壳纲动物虾、蟹的甲壳（含 15%～20%），昆虫（如稍翅目、双翅目）的甲壳，真菌（酵母及霉菌如鲁氏毛霉 *Mucor rouxii*、布拉氏须霉 *Phgcomyces blakesleeanus*、卵孢接霉 *Zygorhynchus moelleri*）的细胞壁和植物（如芒菇）的细胞壁中。蕴藏量在地球上的天然有机高分子物质中占第二位，仅次于纤维素，估计年产量达 1×10^{11} 吨。

甲壳质可以用动物甲壳或微生物细胞壁来制备。目前工业上均用虾、蟹的甲壳来生产。动物甲壳中的甲壳质一般与蛋白质及碳酸钙紧密结合在一起成为一种络合体，因此制备甲壳质实际是使钙盐、蛋白质和甲壳质分离。

一般方法是把虾、蟹的甲壳粉碎、水洗去蛋白等黏附杂质后，用稀盐酸浸泡溶去碳酸钙，再与稀氢氧化钠加热除去结合蛋白，再经过水洗、干燥得甲壳质，甲壳质经浓氢氧化钠加热处理，脱去乙酰基得甲壳胶，其流程如下：

虾壳、蟹壳 →(粉碎)→(水洗)→ 净壳 →(3% ~ 10% HCl，浸泡30 min ~ 2、3天)→(水洗，至中性)→(3% ~ 10% NaOH，70 ~ 100℃ 30 min ~ 6h)→(水洗，至中性)

→($KMnO_4$，脱色)→($NaHSO_3$，漂白)→(干燥)→ 甲壳质 →(40% ~ 50% NaOH，煮沸)→(水洗)→ 甲壳胺

2. 特性

(1) 物理性质

① 一般性质

甲壳质（chitin）又名甲壳素、壳多糖、几丁质，化学结构式为直链 β-（1-4）-2-乙酰胺基-2-去氧-D-葡聚糖，与纤维素相似。动物甲壳质的分子基在 100 万～200 万，经提取后分子量在 10 万～120 万。元素分析表明，天然甲壳质中 2-位并非 100%的乙酰胺基，约有 1/8 的氨基未被乙酰化，在制造甲壳质时，用稀碱除蛋白时又有部分乙酰基被脱除，故商品甲壳质实际有 15%～20%的脱乙酰度。甲壳质为白色无定形成片状固体，在它的大分子间存在有序结构，因此由于晶态结构的不同，有 α、β、γ 三种晶形物。在虾甲壳、蟹甲壳中的甲壳质，相邻分子链的方向是逆向的，为 α 型，这种结晶比较稳定。在昆虫、海藻及乌贼类甲壳中的甲壳质，邻接分子链方向是平行取向的，为 β 型（如图 15-

7)。β-甲壳质分子间的氢键较 α 型的少，所以稳定性较差。甲壳质的 $[\alpha]_D^{20}$ 为 $-14°\sim56°$ (HCl)，d 为 0.3，熔点为 270 ℃左右，吸水达 50%或更多。不同的原料，不同的方法制得的甲壳质的溶解度、分子量、乙酰基值、比旋度等有很大的差别。

甲壳质的溶解性能较差，实际应用较多的是其衍生物。其衍生物中最重要的是甲壳胺。甲壳胺（chitosan）又名脱乙酰甲壳质、壳聚糖，可溶性甲壳质。它是甲壳质脱去 N-乙酰基的衍生物（图 15-8)，化学结构式为直链 β-（1-4）2-氨基-2-去氧-D-葡聚糖。分子量 12 万～59 万，185 ℃左右分解，脱乙酰度在 80%～85%的商品呈白色或米黄色结晶性粉末或片状固体，表观密度（0.15±0.05）kg/L。甲壳质和甲壳胺在结构上的实际区别在于脱乙酰的程度。甲壳胺分子中仍有部分 N-乙酰基存在，脱乙酰度在 70%以上的甲壳质即为甲壳胺。事实上在非常强烈的条件下，也很难达到 100%的脱乙酰度。

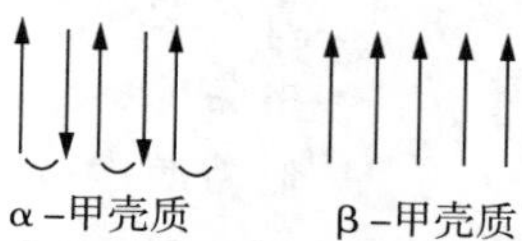

图 15-7　α-甲壳质和β-甲壳质主链取向

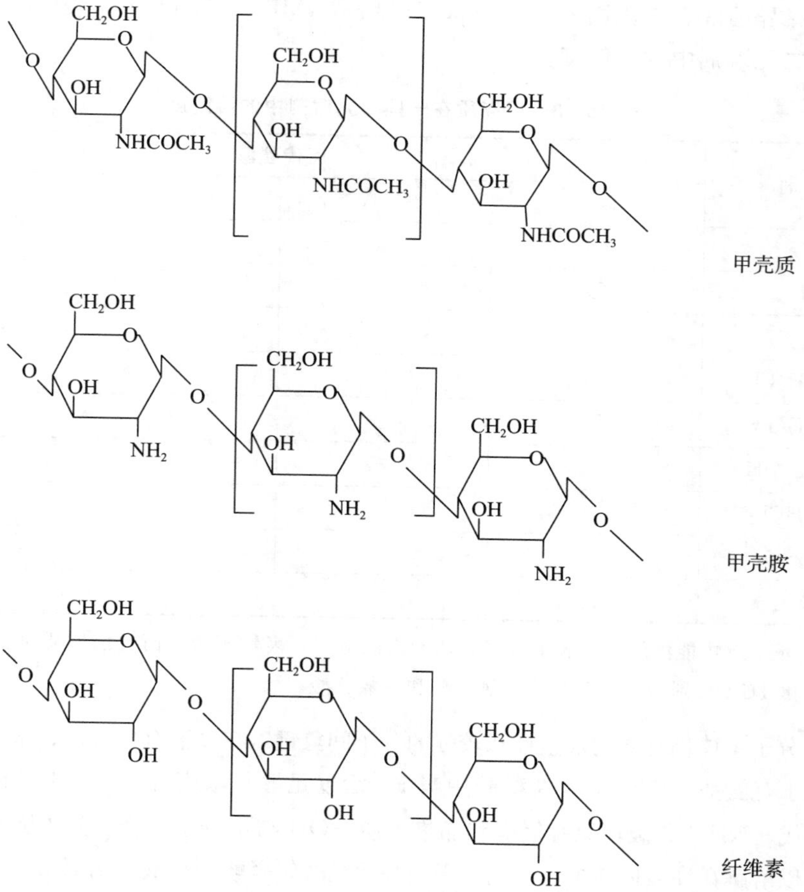

CH₂OH

甲壳质

甲壳胺

纤维素

图 15-8　甲壳质、甲壳胺和纤维素的化学结构

甲壳胺的质量常以脱乙酰度、溶解度、溶液黏度、色泽、灰分等来衡量。由于生产工艺不同，甲壳胺的质量有很大的差别。工业用甲壳胺的脱乙酰度一般在75%以上。国外根据溶液的黏度（在1% HAc中含1%的甲壳胺）分为低黏度、中黏度、高黏度三种规格：

高黏度　　$>$1000 mPa·s
中黏度　　100～200 mPa·s
低黏度　　25～50 mPa·s（在2% HAc中含2%的甲壳胺）

质量好的甲壳胺在密闭、室温、干燥的条件下是稳定的，但质量差的产品，在一般的贮存条件下会分解，在潮湿、高温或暴露在光线下分解得更快。

② 溶解性和溶液性质

甲壳质分子间有强烈的氢键作用，所以几乎不溶于常用的有机溶剂、水、稀酸、稀碱或浓碱，只溶于浓盐酸、硫酸、78%～97%磷酸、无水甲酸等。在这些酸中，甲壳质发生降解。甲壳质可以溶于一些特殊的或多元溶剂中，如三氯乙酸-二氯乙烷、二甲基乙酰胺（DMA）-氯化锂、甲磺酸、40%三氯乙酸-40%水合氯醛-20%二氯甲烷、甲酸-二氯乙烷、六氟异丙醇、六氟丙酮、二甲基甲酰胺（DMF）-N_2O_4等，表15-8所列为甲壳质在一些二元溶剂中的溶解度。

表15-8　甲壳质在一些二元溶剂中的溶解度

有机溶剂	卤代醋酸			
	TCA	DCA	MCA	AcOH
CH_2Cl_2	○	△	×	×
$CHCl_3$	○	×	×	—
CCl_4	△	×	×	—
$ClCH_2CH_2Cl$	○	×	—	—
$BrCH_2CH_2Br$	○	○	×	—
$ClCH_2CH_2OH$	×	—	—	—
$ClCH_2CHCl_2$	△	—	—	—
$(CH_3)_2SO$	△	—	—	—
邻氯苯酚	△	—	—	—

注：○表示24h内能溶解；△表示溶胀，几天内能溶；×表示不溶。卤代醋酸质量百分数为35%；MCA、DCA和TCA分别为一氯乙酸、二氯乙酸和三氯乙酸。

甲壳胺分子本体仍有立构规整性和较强的分子间氢键，在多数有机溶剂、水、碱中仍难以溶解。但由于有氨基（$-NH_2$），在稀酸中当H^+活度足够且浓度等于$-NH_2$的浓度时，使$-NH_2$质子化成$-NH_3^+$；破坏原有氢键和晶格，使—OH与水分子水合，分子膨胀并溶解。所以甲壳胺可以溶解在许多稀酸中，也能溶于一些无机酸如硝酸、盐酸、高氯酸、磷酸中，但要经长时间搅拌和加热。此外，它也能溶于一些混合溶剂如DMF-N_2O_4（体积比为3∶1）等。

甲壳胺的溶解度因分子量、脱乙酰度和酸的种类不同而有所差别，一般说，分子量

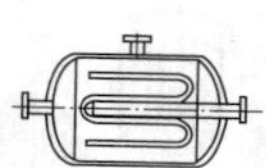

越小，脱乙酰度越大，溶解度就越大。表 15 - 9 所列为甲壳胺在各种有机酸中的溶解性。

甲壳胺完全水合后，其分子主链由于布朗运动可形成球状胶束，其 1% 的溶液黏度在 0.1～10 Pa・s 时流动呈非牛顿型，但随温度升高，布朗运动加快使分子链间的氢键减弱使流动呈牛顿型。

表 15 - 9 甲壳胺在各种有机酸中的溶解性

有机酸	溶解性（1 g 甲壳胺在 100 mL 有机酸中）							
	0.5 g	0.7 g	0.9 g	1.0 g	1.2 g	1.5 g	2.0 g	3.0 g
乙酸	○	○	○	○	○	○	○	○
己二酸	○	○	○	○	○	○	○	○
乳酸	×	○	○	○	○	○	○	○
琥珀酸	×	○	○	○	○	○	○	○
苹果酸	×	×	×	×	×	○	○	○
酒石酸	×	×	×	×	×	×	×	○
柠檬酸	×	×	×	×	×	×	×	○
延胡索酸	×	×	×	×	×	×	×	○

注：表中数字为酸浓度；○表示完全溶解；×表示不完全溶解。

甲壳胺溶液因酸的种类、pH 值、浓度、温度及溶液中离子强度不同而表现出不同的黏度。表 15 - 10 是 1% 甲壳胺在不同浓度的各种有机酸中的黏度。图 15 - 9 是 1% 甲壳胺在不同温度下的黏度变化曲线。

表 15 - 10 1% 甲壳胺在不同浓度的各种有机酸中的黏度

有机酸	黏度/（mPa・s）（在相应 pH 值）		
	0.1% 酸	1% 酸	5% 酸
乙酸	260（pH=4.1）	260（pH=3.3）	260（pH=2.9）
己二酸	196（pH=4.1）	—	—
柠檬酸	35（pH=3.0）	195（pH=2.1）	215（pH=2.0）
甲酸	240（pH=2.6）	185（pH=2.0）	185（pH=1.7）
乳酸	235（pH=3.3）	235（pH=2.7）	270（pH=2.1）
苹果酸	180（pH=3.3）	205（pH=2.3）	220（pH=2.1）
丙二酸	195（pH=2.5）	—	—
草酸	12（pH=1.8）	100（pH=1.1）	100（pH=0.8）
丙酸	260（pH=4.3）	—	—
丙酮酸	225（pH=2.1）	—	—
琥珀酸	180（pH=3.8）	—	—
酒石酸	52（pH=2.8）	135（pH=2.0）	160（pH=1.7）

酸的种类固定时，甲壳胺溶液的pH值增高黏度增加；反之，pH降低，则黏度减小。

研究表明，甲壳胺浓溶液（3.5%）在同一种酸中为可溶性，当pH值增加，溶剂变劣，黏度-浓度的幂律方程α-增大。η_0（零剪切黏度）则随pH值减小而减小，n（流动指数）值增大，交联参数α变小，即流动的牛顿性增加。浓度增加，n值减小，非牛顿性增加。温度升高，n值增大，非牛顿性减弱。当溶液中加入小分子电解质如NaCl时，使溶剂变劣程度增加，黏度变小，n增大，非牛顿性减弱。

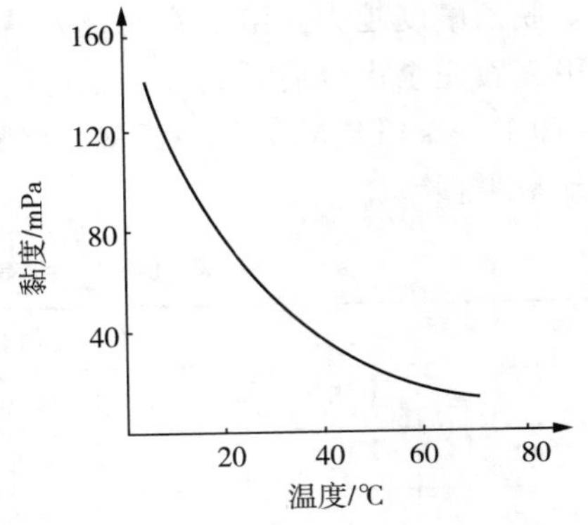

图 15-9　1%甲壳胺溶液的温度-黏度曲线

甲壳胺分子中有缩醛结构，在酸溶液中会受H^+攻击而水解。所以甲壳胺溶液在贮存期间的黏度和分子量会发生很大的变化，这也造成了某些应用方面的困难。

甲壳胺在醋酸水溶液中，黏度随放置时间的延长会迅速降低，如2%甲壳胺的1%的HAc溶液，在第一个月黏度下降非常快，以后下降速度变慢，并逐渐趋于平稳，如图15-10所示。当溶液在60 ℃下放置，黏度下降得更快。通过对溶液中甲壳胺分子量分布的测定结果表明，随放置时间的延长，降解越来越严重，大分子量分子占的比例越来越小，如图15-11和图15-12所示。

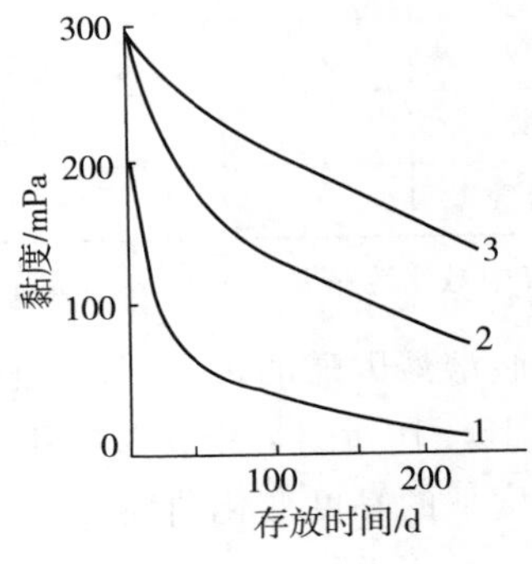

1—甲壳胺的乙酸水溶液；2—甲壳胺的乙酸-甲醇的水溶液；3—甲壳胺的乙酸-乙醇水溶液

图 15-10　溶液黏度随放置时间的变化曲线

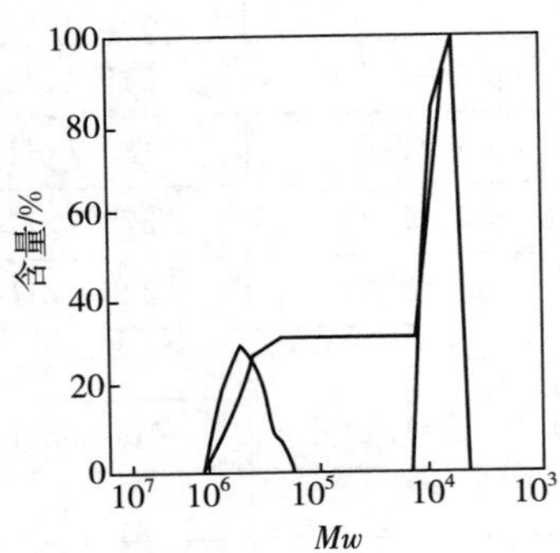

图 15-11　放置40天的溶液中甲壳胺的分子量分布

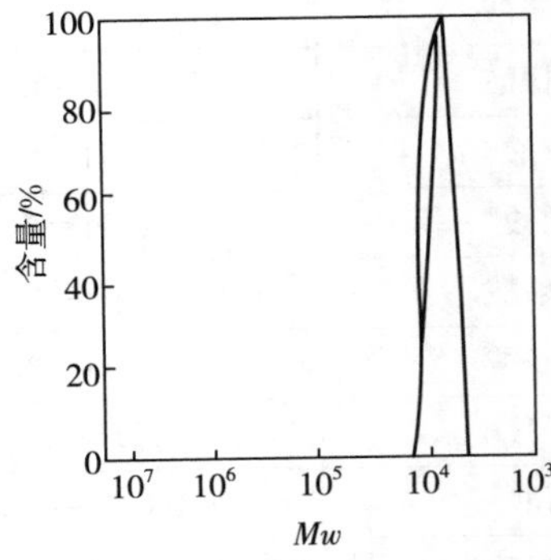

图 15-12　放置270天的溶液中甲壳胺的分子量分布

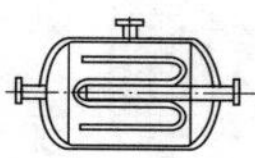

（2）化学性质

甲壳质的溶解性能较差，限制了它的应用。但甲壳质、甲壳胺分子中的羟基和氨基容易进行化学改性，引起多功能基团，这样不但改善其溶解性能，而且可以改变物化性质，从而赋予它们更多的特殊功效，其常用的改性是酰基化、醛亚胺化、硫酸酯化、羟乙基化、羧甲基化等。

① 水解

甲壳质甲壳胺在盐酸水溶液中，加热至 100 ℃便能完全水解成氨基葡萄糖盐酸盐。

CH_2OH　O　O　OH　NHR　n　$\xrightarrow[100℃]{HCl+H_2O}$　CH_2OH　O　OH　HO　OH　$NH_3^{\oplus}Cl^{\ominus}$

在较温和的条件下或在弱酸稀溶液中会发生部分水解，得到低聚混合物。控制水解可制备微晶甲壳质。

② 脱乙酰化

甲壳质在强碱水溶液中 N -乙酰基会被脱去，反应随温度的升高和碱浓度的增加而加块。

CH_2OH　O　O　OH　NHAc　n　$\xrightarrow[\Delta]{NaOH}$　CH_2OH　O　O　OH　NH_2　n

③ 酰基化

通常的酰化试剂为酸酐或酰氯。介质对酰化反应的程度影响很大，当甲壳质类化合物溶解在溶液中，反应可以在均相中进行，当它们在某些溶液中溶胀后再进行酰化，则为非均相反应。甲壳胺在高溶胀胶状物状态下，可进行非均相高速酰化反应。它在非质子性溶剂（如甲醇-乙醇，甲醇-甲酰胺）中可以完全酰化，而在甲醇-乙酸中只能获得部分酰化产物。它也可在三氯乙酸-二氯乙烷中进行均相反应。

直链脂肪酰基衍生物（其中酰基为甲酰、乙酰、已酰、葵酰、十二酰、十四酰）可在甲醇或吡啶-氯仿溶剂中制得，支链脂肪酰基衍生物（其中酰基为 N -异丁酰基、N -三甲基乙酰基、N -异戊酰基）可在甲酰胺溶液中反应。芳烃酰基衍生物常在甲磺酸溶剂中制备。

在乙酐中通入 HCl 气体，甲壳质发生酰化反应。

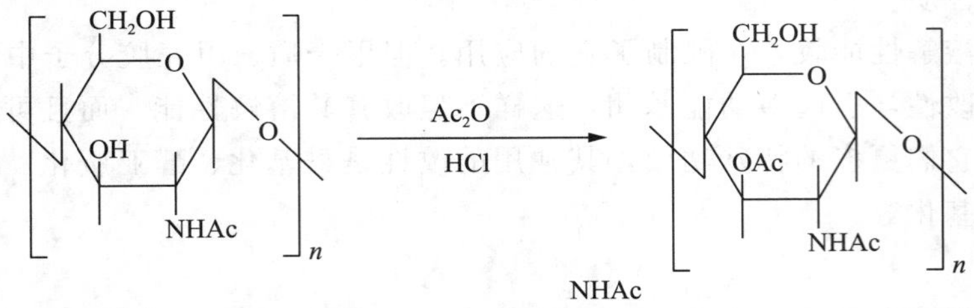

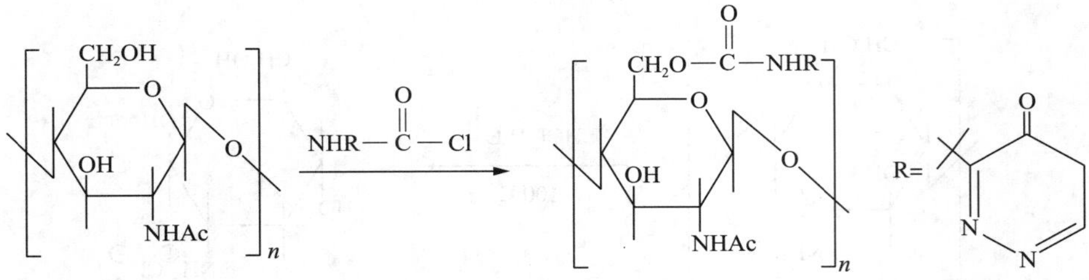

酰基化衍生物的溶解性能大大改善，如琥珀酰基甲壳胺可溶于水、稀酸和稀碱，已酰、葵酰、十四酰基甲壳质可溶于苯、苯甲酚、THF、二氯乙酸，已酰甲壳质可溶于丁醇、乙酸乙酯、甲酸、乙酸，茶甲酰甲壳质可溶于苯甲醇、DMSO、甲酸、二氯乙酸。

④ 羟基化

甲壳质或甲壳胺在碱性溶液或在乙醇、异丙醇中可与环氧乙烷、2-氯乙醇、环氧丙烷反应生成羟乙基化或羟丙基化的衍生物。

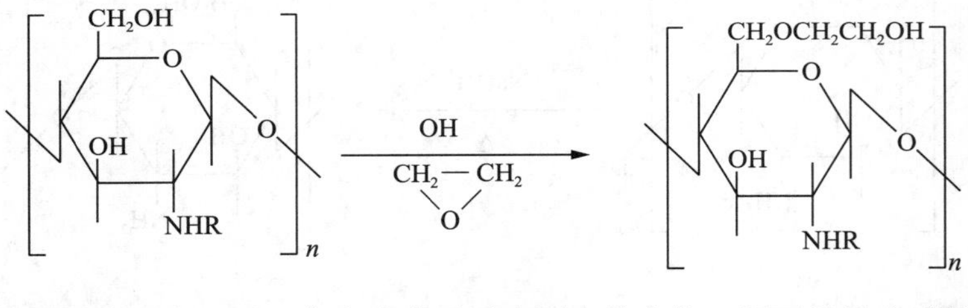

羟乙基甲壳质易溶于水，可以作为溶菌霉活力测定的底物。羟丙基甲壳质的成膜力很强。

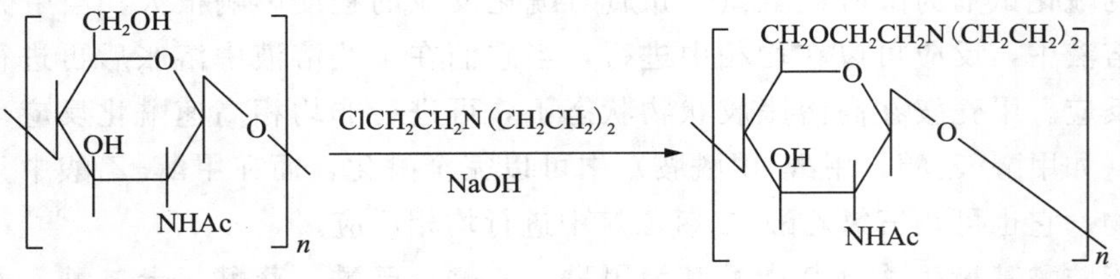

甲壳质在碱性介质中与N-二乙基-2-氯乙胺制成DEAE甲壳质，置换度在0.5以上时，不溶于水，但在有机溶剂中可高度膨胀，可作为色谱载体分离色素。

⑤ 羧基化

氰基化甲壳质和甲壳胺在碱性条件下与氯乙酸反应可得羧甲基化衍生物。

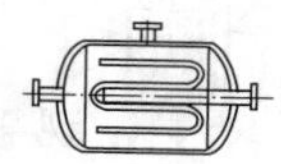

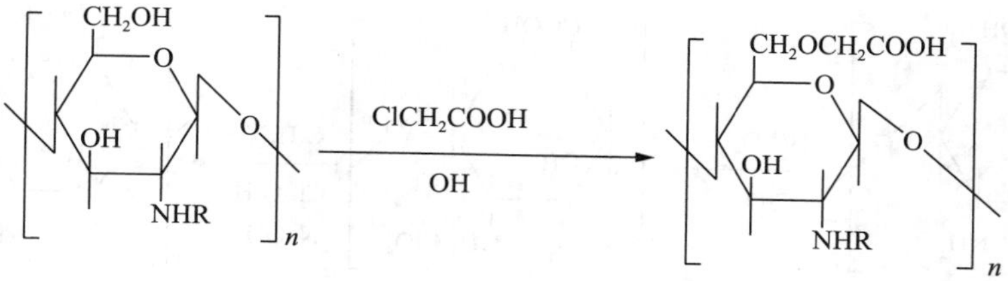

CH_2OH … OH … NHR … n $\xrightarrow[OH]{ClCH_2COOH}$ CH_2OCH_2COOH … OH … NHR … n

反应伴随有脱乙酰化反应发生，产生游离氨基，最后得可溶于水的两性电解质产物。羧甲基甲壳质可制造人造红细胞。为避免强碱对甲壳质的降解，也可以在DMSO中对溶胀的甲壳质进行羧甲基化。

甲壳质与乙醛酸反应，再经$NaCNBH_3$还原则得N-羧甲基甲壳胺，它具有抗菌、保湿、增黏作用，可用于牙膏与化妆品。甲壳胺和乙酰丙酸作用制得的N-羧丁基甲壳胺可溶于水及乙醇-水中，具有抑菌作用，可用作人造皮肤。

甲壳胺和丙烯腈的加成反应，反应温度不同，产物也不同，在20 ℃时，反应只在羟基上发生；在60～80 ℃时，还可在氨基上反应。

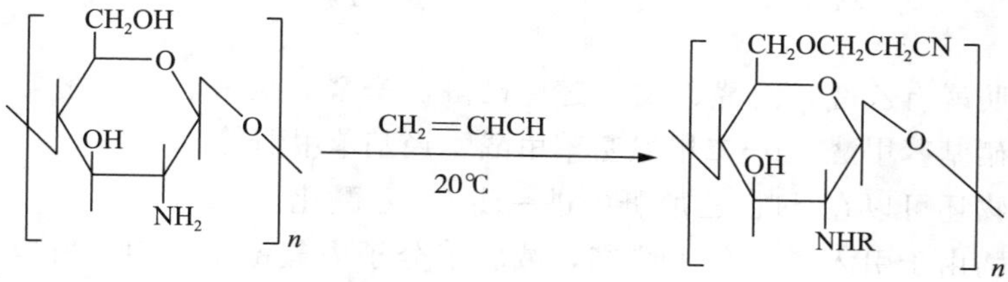

CH_2OH … OH … NH_2 … n $\xrightarrow[20℃]{CH_2=CHCH}$ $CH_2OCH_2CH_2CN$ … OH … NHR … n

⑥ 硫酸酯化

甲壳质在非均相下与硫酸酯化试剂反应可生成硫酸酯。

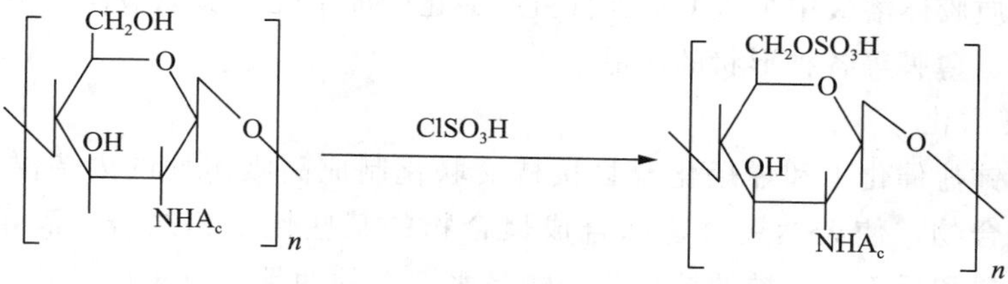

CH_2OH … OH … NHA_c … n $\xrightarrow{ClSO_3H}$ CH_2OSO_3H … OH … NHA_c … n

最常用的酯化试剂为氨磺酸-吡啶，还有浓H_2SO_4、发烟硫酸、SO_3-吡啶、SO_3-SO_2、SO_3-DMF等。当与甲壳胺反应时，除羟基磺化外，还会与氨基生成磺胺键。

反应也可以在DMF中与以偶极离子形式存在的SO_3-DMF络合物进行均相反应。该络合物稳定，可以存放，可在低温反应。

甲壳质和甲壳胺的硫酸酯衍生物的结构和肝素类似。也具有抗凝血性能，因此很受重视，此类衍生物研究最多。如果将甲壳胺C_6位上的—CH_2OH用$HClO_4$和CrO_3氧化成羧基，再经硫酸酯化，则产物的化学结构与肝素更接近。

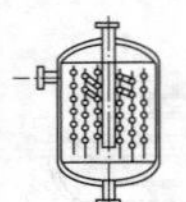
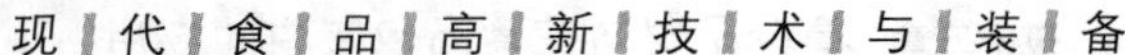

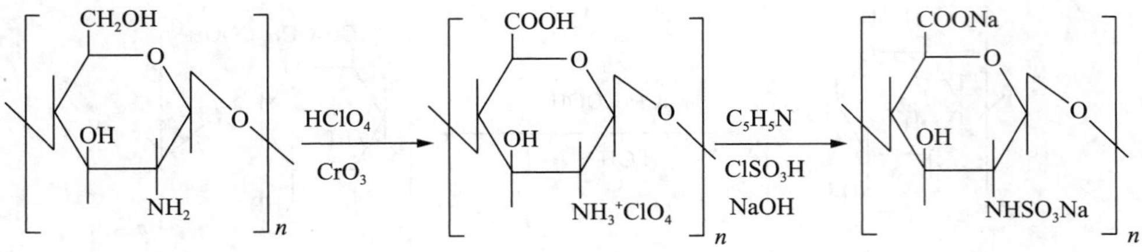

⑦ 醛亚胺反应- Schiff 碱反应

甲壳胺在甲醇-乙酸介质中与过量的醛反应可得相应的醛亚胺化衍生物，此衍生物可保护胺基，也可以在 $NaCNBH_3$ 作用下氢化还原成 N -烷基化衍生物。

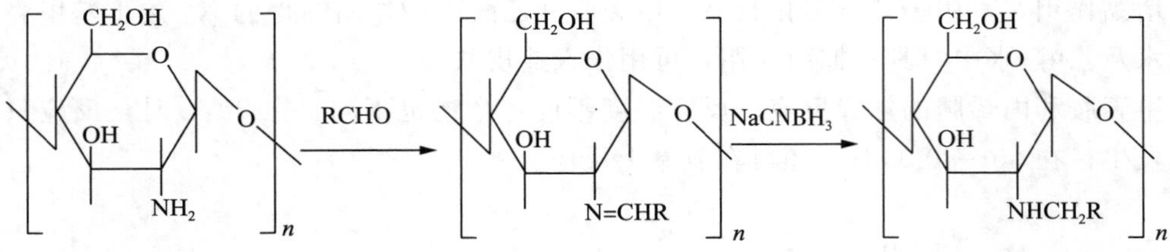

常用的脂肪醛有乙醛、丙醛、戊二醛、已醛、辛醛、癸醛、十二醛等。常用的芳香醛有水杨醛、硝基苯甲醛、p -二甲氨基苯甲醛、羟基苯甲醛等。

亚胺衍生物还可以在吡啶-乙酸酐中进一步 O -乙酰化。

这类衍生物由于引入了大分子醛基，减弱了分子内氢键结合力，所以有较好的溶解性，易溶于水和有机溶剂（如二甲基乙酰胺、N -甲基- 2 -吡咯烷酮、DMSO 等），它们可以用作酶固定化和凝胶色谱载体。

⑧ 黄原酸化

碱性甲壳质胶体溶液中加入 CS_2 进行黄原酸化生成甲壳质黄原酸盐，甲壳质黄原酸可加工成长丝线、薄膜等各种形状的产品。

⑨ 接枝交联化

甲壳质在铈盐催化下和烯烃化合物接枝交联化制成高吸湿性的丙烯酰胺和丙烯酸的甲壳质接枝化合物，使天然聚合物和合成聚合物的某些性质相结合，满足特殊的需要。甲壳质与丙烯酸和反丁烯二酸的接枝化合物是水溶性的两性高分子电解质，在广泛的 pH 值范围内均有很高的凝集作用。

甲壳胺和 γ -甲基- L -谷氨酸- NAc 接枝，游离氨基做交联起点，进行高效接枝反应可制成多糖/多肽复合物。该化合物加水分解，产生水溶性羧基衍生物，这种生成的多肽侧链能够调节末端游离氨基的距离，用于 NADH 活性部位的固定。

⑩ 酸化反应

为改善甲壳质、甲壳胺的溶解性，可以制成磷酸化或硝酸化衍生物。磷酸化试剂有 H_3PO_4/DMF、P_2O_5/甲磺酸。磷酸化衍生物易溶于水，对金属离子有强吸附性。

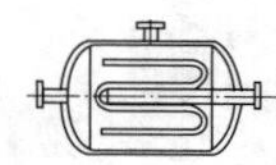

$$\left[\text{chitosan unit: } CH_2OH,\ O,\ OH,\ NH_2,\ O\right]_n + \begin{matrix} COOCH_3 \\ | \\ CH_2 \\ | \\ CH_2 \\ | \\ HC-CO \\ | \quad\ \ O \\ HN-CO \end{matrix} \longrightarrow \left[\text{unit: } CH_2OH,\ O,\ OH,\ O,\ NH_2\right]_n \left[-CO-\overset{H}{C}-\overset{H}{N}- \ (CH_2\ COOCH_3) \right]_m$$

在发烟硝酸的作用下，可得到硝基化衍生物。它与硝化纤维不同在151～156 ℃未观察到着火点。硝基化衍生物可溶于甲烷/H_2SO_4、DMSO和DMF中。

甲壳胺可和甲酸、乙酸、草酸、乳酸等有机酸生成盐，其胶状物具有阳离子交换树脂特性，可做离子交换剂、亲和层析和酶固定化载体。

3. 在食品包装材料中的用途

甲壳胺膜可以制成食品包装材料如包装膜、香肠衣等，它具有抑菌作用，比其他膜保存食品的时间更长。而且用甲壳胺和淀粉类物质混合制成的膜，经碱处理后不溶于冷水和热水、抗张强度高、可食用、耐油，还可以包装液体食品。

第五节　生物可降解高分子材料在食品包装中的应用

目前，在包装领域中应用价值较大的可降解材料有光降解材料、生物降解材料和光/生物双降解材料。生物可降解高分子材料是指在一定的时间和条件下，能被微生物或其分泌物在化学分解下降解的高分子材料。理想的生物降解材料在微生物的作用下，能完全分解为二氧化碳和水，不会给环境造成不良危害，因此其在生物医学领域、农业领域、食品加工领域等都有广阔的应用前景。在食品包装领域中最为突出的应用便是制作生物可降解食品包装材料。食品包装作为聚合物最大的加工工业，在选材方面需考虑包装材料的类型、制备方法、工艺流程以及对食品安全、人体健康和环境保护等诸多因素。因此，生物可降解材料以它独一无二的特征在食品包装领域中占有着重要的地位。

一、天然生物可降解高分子材料及其在食品包装领域的应用

1. 淀粉

淀粉广泛存在于谷类和薯类等植物的种、根、茎组织中，是一种取之不尽、用之不竭的多糖化合物。淀粉在各种环境中均具有完全的生物降解性，且因价格低、再生周期短，成为目前最受欢迎的一类天然高分子可降解材料。淀粉可分为天然淀粉和改性淀粉，二者均在食品加工及包装领域中占据着重要的地位，例如作为调味料，可改善食品的质

地、黏度、黏合性能、保湿性能，形成凝胶以及成膜。

与众多可降解成膜材料相比，淀粉因其所制得的薄膜具有与合成高分子材料薄膜类似的物理性质而颇具魅力，如透明、无色无味、对 CO_2 半透性以及低透氧性等。但是，淀粉膜与其他聚合物相比亦存在很多缺陷，如强亲水性特征和低机械性能，这又使得淀粉膜的实际应用受到了一些阻碍。为了弥补这一缺陷，许多研究致力于将淀粉与其他物质进行共混改性，例如将淀粉与聚己内酯（PCL）进行共混制备出淀粉/PCL 基生物可降解薄膜提高了单膜的机械性能；将高直链玉米淀粉与壳聚糖共混制备出可食性复合膜，提高了复合膜的延展性和柔韧性。此外，淀粉除了可与生物可降解材料进行共混来提高单膜的性能之外，还可与其他非可降解材料物质进行共混应用于食品加工中。海藻酸淀粉硬脂酸复合薄膜的成功制备可有效抑制牛肉饼中脂肪的氧化、异味的产生和水分的丢失。食用淀粉基膜因其可以抑制微生物的生长、减少肉制品的水分损失而应用于肉制品包装中。

2. 蛋白质

蛋白质是由 20 个蛋白原氨基酸通过酯胺键结合形成的一种含有 100 多个氨基酸残基的多肽化合物。通常情况下，蛋白质必须经过热、酸、碱和溶剂等处理方法来延伸它的结构以达到成膜所需要的结构标准。与合成膜相比，蛋白质膜表现出较差的耐水性和较低的机械强度。但是，良好的阻隔性能又使它优于普通多糖所形成的膜。不同种类的蛋白质，如大豆蛋白、玉米醇溶蛋白、酪蛋白酸钠、面筋、豌豆蛋白、葵花蛋白和明胶等被广泛应用于食品加工行业，制作可食性膜和生物可降解包装膜。

胶原是一种天然蛋白质，亦是构成结缔组织极为重要的结构蛋白质，主要存在于动物蛋白质、骨和血管等组织中，大多呈白色透明状。胶原蛋白主要的用途之一即是食品保鲜和防腐。它作为人造肠衣可以替代天然肠衣应用于香肠制品中；可合成纤维膜作为食品黏合剂，用作肉类、鱼类等的包装纸；在果脯、蜜饯等食品的内包装膜应用方面，胶原蛋白也体现出其优良的应用价值。由于可食性胶原蛋白膜具有良好的拉伸强度、热封性、阻气性、阻油性和阻湿性等，因此在各类食品保鲜中一直处于无可替代的地位。此外，乳清蛋白膜对食品的保鲜也已取得一些成就，其对番茄可以达到良好的保鲜效果；可有效抑制花生仁脂肪氧化的程度。玉米醇溶蛋白可食性液体包装膜的成膜性和耐热性良好，与其他材料的亲和能力较强，也可用作其他食品包装材料的内层涂料或直接涂覆到水果、禽蛋等食品表面，以达到保鲜和防渗透的目的。

3. 壳聚糖

壳聚糖是从虾蟹等的甲壳中提取出来的一种在天然多糖中唯一大量存在的碱性氨基类多糖，也是甲壳素 N-脱乙酰基的产物，它无毒、生物相容性好、可生物降解，是一种可再生的环保型保鲜剂。壳聚糖有良好的抑菌作用，且无毒无污染，壳聚糖基膜可分为可食性膜和涂膜，且因成膜透明性和阻氧性良好，常作为食品内包装材料广泛应用于食品保鲜。将壳聚糖制成溶液喷涂于经清洗或剥除外皮的水果上，干后可形成一层无色无味的薄膜，无须清除便可食用。

壳聚糖除了可以以单膜的形式用于食品保鲜外，还可与其他聚合物共混制备复合薄

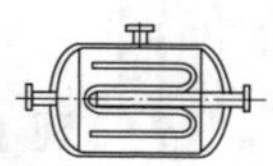

膜，例如用硼酸和三聚磷酸盐制备的壳聚糖/聚乙烯醇（CS/PVA）复合膜透明度良好，水蒸气阻隔性也大幅度提高；以壳聚糖、甲基纤维素和单甘酯为原料复合而成的涂膜材料可将黄瓜的感官品质和硬度维持在一个良好的状态，且降低了黄瓜的失重率和呼吸强度；用壳聚糖改性聚丙烯薄膜并且制成壳聚糖/果胶多层包装延长了西红柿的保质期；将壳聚糖直接涂膜到用气调包装的鲜切莲藕上，有效抑制了鲜切莲藕的褐变程度且延长其保质期。此外，壳聚糖还可与聚羟基丁酸酯（PHB）、聚己内酯（PCL）、聚乳酸（PLA）、淀粉等物质共混制备复合膜，种种研究均体现出壳聚糖优良的成膜性。

4. 聚羟基脂肪酸酯（PHA）和聚羟基丁酸酯（PHB）

聚羟基脂肪酸酯（PHA）在生物体内主要是作为碳源和能源贮藏性物质而存在的一种羟基烷的聚合物，其是由300多种不同的细菌合成并积累的胞内聚酯。PHA不仅具有与化学合成高分子材料相似的性质，而且还有一般化学合成高分子材料不具备的性质，如生物可降解性、生物相容性、光学活性等特殊性质。因此，PHA可广泛用作各种绿色包装材料与容器、生物可降解薄膜等。PHA单独或与合成塑料或淀粉组合均可得到性能优良的食品包装薄膜，这均取决于其具有杰出的成膜性能和涂层性能，但是，PHA的实际应用性却因其高成本、脆性和阻气性能较差等缺陷受到了限制。

聚羟基丁酸酯（PHB）也是由细菌合成的生物降解性聚酯，因对环境友好而在食品包装领域中颇具魅力。然而PHB材料的结晶度较高，易脆且耐冲击性差，导致它不能像普通塑料一样被广泛使用。因此，将PHB与环氧乙烷、聚乙烯醇缩丁醛、聚乙烯醇、聚乙烯、醋酸丁酸纤维素、甲壳素以及壳聚糖进行共混改性后均可提高它的力学性能，同时也可提升PHB的商品使用价值。

5. 其他

纤维素是植物细胞壁的主要成分，是世界上最丰富的天然有机物。纤维素具有良好的可降解性、生物相容性、稳定性和安全性，原料来源广泛，且因无毒无害，成为制备生物可降解材料的首选原料之一。国内有人利用草浆为主要原料开发并制作了一次性餐具专用纸板；以甲基纤维素、羧甲基纤维素为原料，硬脂酸、软脂酸、蜂蜡和琼脂为增塑剂和增强剂制得半透明、柔软、光滑、入口即化的可食性包装膜。甲壳素是一种天然高聚物，是世界上最丰富的多糖，来自虾、蟹、昆虫的外壳及菌类、藻类的细胞壁。用它加工制备的包装材料具备良好的透气性、吸水保湿性，以及较好的化学稳定性、耐光性、耐药品性、耐油脂性、耐有机溶液性、耐寒性等优点。

二、人工合成降解高分子材料及其在食品领域的应用

人工合成高分子材料是自然界中不存在的，一般通过化学方法合成制得的一类生物降解高分子材料，主要包括聚乳酸、聚丁二酸丁二醇酯、聚乙烯醇、聚碳酸亚丙酯等。

1. 聚乳酸

聚乳酸（PLA）是以乳酸为原料生产的新型聚酯材料，可分为左旋聚乳酸（*L*-PLA）、右旋聚乳酸（*D*-PLA）、外消旋聚乳酸（*D*，*L*-PLA）和内消旋聚乳酸（meso-PLA）等几种光学异构对映体，其中最常用的是左旋异构聚合体*L*-PLA。

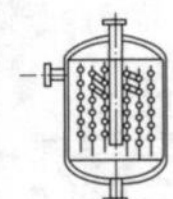

PLA 具备可完全生物降解、对环境友好、可回收、可堆肥、成膜透明性较高、力学性能良好、易于加工成型，被定义为最有发展前景的新型生物可降解包装材料。因其良好的阻湿性和气体阻隔性，PLA 也被乳制品包装行业视为最有价值的食品包装材料。PLA 在国内已经被广泛应用于食品包装薄膜、包装袋、包装盒和餐具，美、日、欧洲各国等也均已开发出多种以 PLA 为原料的绿色包装材料。将取向后的左旋聚乳酸（PLLA）薄膜采用气调包装对番茄进行保鲜贮藏实验，直至贮藏时间达到 16 d 时果品质量才开始下降，保鲜效果良好；在 PLLA 容器中封装蓝莓其货架期在 10 ℃下保存 18 d，利用 PLLA 对青椒、生菜进行气调包装也起到了延长保鲜期的效果；对 PLLA 包装纸进行小麦蛋白涂覆后，提高了其阻隔性并用于双胞蘑菇的气调包装。此外，聚乳酸还可与其他物质进行共混制备多种复合薄膜。例如，将 PLA 与淀粉进行共混通过密封混合器和热压融合得到透明复合薄膜；与 PCL 进行共混得到的共混材料具有低拉伸强度、高断裂伸长率等特点，可作为塑化剂使用；在 PLLA 的表面沉积纳米纤维后制备出了高阻氧性的透明薄膜；运用等离子体增强化学气相沉积法在 PLLA 基材上制备出高阻隔 SiO_x 层，使得 PLA - SiO_x 薄膜的阻湿性能和阻氧性能均大幅度提高；三层复合薄膜聚乳酸/聚乙烯醇/聚乳酸（PLLA/ PVA/PLLA）的成功制备有效地提高了单膜的阻氧性能、阻湿性能和力学性能，且用于冷鲜肉的包裹可使其货架期延长至 25 d；通过溶液流延法制备的聚乳酸/聚己内酯/桂皮醛（PLLA/PCL/桂皮醛）复合膜对草莓进行气调包装，大幅度延长了其保质期。

2. 聚丁二酸丁二醇酯

聚丁二酸丁二醇酯（PBS）作为一种典型的脂肪族聚酯，其力学性能和耐热性能良好，热变形温度接近 100 ℃，克服了其他生物降解塑料耐热温度低的缺点，可用于制备冷热饮包装盒。PBS 的加工性能最好，趋于可降解高分子材料之首，与 PCL、PHB、PHA 等降解塑料相比，PBS 价格低廉，使用价值较高。但是纯 PBS 结晶度较高，不利于加工成型，应用范围较窄。为了扩大其在包装、餐具、农用薄膜等领域的发展，一般可将 PBS 与天然可降解高分子材料，如淀粉、木质素、壳聚糖和棉麻纤维等进行共混改性。例如，PBS 与糊化淀粉经双螺杆挤出制得的共混材料的结晶性能较 PBS 有所提高，熔点和玻璃化转变温度略有降低；用溶液共混法制备的 PBS/二醋酸纤维素酯（PBS/CDA）共混薄膜，断裂伸长率和亲水性能较 PBS 有所提高；利用双螺杆挤出流延机制备的单轴拉伸 PLLA/PBS 共混薄膜的屈服强度、弹性模量和结晶速率相比于 PBS 均明显提高，阻氧性能也得到改善。

3. 聚乙烯醇

聚乙烯醇（PVA）是一种主链仅通过碳-碳键连接的乙烯基聚合物。它具有诸多优良的物理性质，如较好的黏度、乳化性质和分散力，良好的拉伸强度、柔韧性及成膜性。PVA 耐水、油、油脂以及溶剂，广泛用于食品工业制膜和包装中。自 20 世纪 30 年代初，PVA 便已在工业、商业、医疗和食品应用中广泛使用，作为一种工业和商业产品，PVA 的价值在于它良好的溶解性和生物可降解性，以及对环境产生的友好保护作用。美国农业部 USDA 的肉类检验科和家禽事业部批准 PVA 可以作为肉类产品和禽类产品的包装材

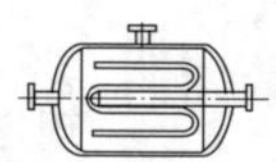

料使用。但是由于PVA结构分子中含有大量的羟基，结晶温度也较高，导致其熔融温度高于分解温度，使得热塑成型难以进行。所以为了弥补PVA结构上的不足，通常采取将PVA与其他物质进行共混改性。例如共混薄膜PVA/壳聚糖/脂肪酶的成功制备有效提高了单膜的拉伸应力和断裂伸长率，且成膜性能良好；将聚乙烯醇与壳聚糖、淀粉进行共混也得到了机械性能和阻隔性能良好的共混薄膜；聚碳酸亚丙酯/PVA/聚碳酸亚丙酯（PPC/PVA/PPC）和PPC/PVA/PPC-海藻糖（PPC/PVA/PPC-TH）复合薄膜的成功制备使冷鲜肉的货架期分别延长至20 d和32 d；将PVA与PPC共混后制备出PPC/PVA/PPC三层复合薄膜，研究表明复合薄膜的机械性能优于单膜的机械性能，且当PVA的质量分数为20%时，即用PPC/PVA20/PPC复合薄膜对冷鲜肉进行包裹后可将其货架期延长至19 d。

4. 聚碳酸亚丙酯

聚碳酸亚丙酯（PPC）是CO_2与环氧丙烷交替共聚合成的脂肪族多元醇碳酸酯，也是一种集诸多物理性质和化学性质于一身的可完全生物降解型高分子材料，例如良好的生物相容性、耐冲击性、半透明性、无毒无害性以及强疏水性。因其价格低廉，常被广泛用于制作黏合剂、固体电解质、阻隔材料、增塑剂以及新型包装材料。然而，PPC的机械性能相对较弱，其玻璃化温度为15～40 ℃，且在15 ℃以下材料变脆，在40 ℃以上材料变柔软，这就限制了它在食品包装领域中的应用。此外，PPC还可与众多成本低廉、可再生的天然降解聚合物进行共混制备符合食品包装标准的复合材料，如淀粉、纤维素、木质素等。国内有人制备出PLA/PPC/PHB/PCL四层复合薄膜，并成功应用于食品包装行业及农产品；PPC/PVA/PPC三层复合薄膜的成功制备使冷鲜肉的货架期延长至23 d，且价格低廉、使用价值较高，因此可完全替代市售的PA/PE薄膜；通过溶液混合方法制备玻璃纸（PT）复合薄膜（PPC/CS/PT/CS/PPC）的实验结果表明，在PPC表面涂层玻璃纸之后，提高了PPC的拉伸模量和拉伸强度，储存模量在0～70 ℃仍然保持一个较高的值，且多层复合膜的阻氧性能和阻湿性能也随之增强；为改善PPC的热稳定性和机械性能，在PPC中加入5%的天门冬氨酸（Asp）通过双螺杆熔融共混技术制备PPC/Asp复合材料，结果显示复合材料的热降解温度、玻璃化转变温度和屈服强度均有所提高，用相同的方法制备PPC/Asp/PPC复合材料，且当Asp的添加量为90%时，复合材料的玻璃化转变温度随之提高到41.7 ℃，拓宽了PPC材料的使用温度窗口。

5. 聚己内酯

聚己内酯（PCL）是一种可完全生物降解型高分子材料，由不可再生原材料，如原油聚合得到的半结晶型脂肪族聚酯。生物相容性良好，且可生物降解，降解时间短，渗透性好。PCL具有良好的柔韧性和多样的加工形式，如挤出、注塑、拉丝、吹膜等，因此在生物材料应用领域中具有广阔的应用前景。此外，PCL还具备优良的耐水性、耐油性和耐溶剂性，熔点较低，约为60 ℃。目前，PCL应用到食品加工领域中的研究甚少，但可以将其与淀粉进行共混制备出价格低廉的垃圾袋。也有人采用熔融共混的方法成功制备出性能优良的PLLA/PCL共混材料；将PCL与蒙脱土、壳聚糖复合之后得到了阻氧和阻湿性能良好的三层复合薄膜，并用此薄膜包裹冷鲜肉可使冷鲜肉的保质期延长至23 d；

将不同比例的 PCL 和 α-环糊精络合物通过溶液法热压制得 PCL/α-环糊精络合物薄膜，且制得的络合物的结晶度较 PCL 有所降低，薄膜的阻氧和阻湿性能增强；通过溶液混合法制备 PCL/CH/PT/CH/PCL 复合薄膜的实验结果表明，经涂覆玻璃纸后的复合薄膜具备较高的水蒸气阻隔性能和氧气阻隔性能。

参考文献

[1] 潘祖仁．高分子化学［M］．北京：化学工业出版社，2011，1-16.

[2] 陈祖云，曾秉芳．包装材料与容器手册［M］．广州：广东科技出版社，1998，152-176.

[3] 赵娜，程茜，徐晓云，等．食品轻质包装材料的发展现状与前景［J］．食品工业科技，2014，35（1）：363-367.

[4] 梁敏，王羽，宋树鑫，等．生物可降解高分子材料在食品包装中的应用［J］．塑料工业，2015，43（10）：1-5+18.

[5] CONN R E，KOLSTAD J J，BORZELLECA J F，et al. Safety assessment of polylactide（PLA）for use as a food-contact polymer［J］. Food Chemical Toxicity，1995，33（4）：273-283.

[4] 李大鹏，王洪江，孙文秀．食品包装学［M］．北京：中国纺织出版社，2014，1-10，41-70.